U0285703

防水技术与管理丛书

建筑防水工程监理

沈春林　主编

中国建筑工业出版社

图书在版编目（CIP）数据

建筑防水工程监理/沈春林主编. —北京：中国建筑工业出版
社，2018.3
（防水技术与管理丛书）
ISBN 978-7-112-21863-9

Ⅰ．①建… Ⅱ．①沈… Ⅲ．①建筑防水-工程施工-监理工
作 Ⅳ．①TU761.1

中国版本图书馆 CIP 数据核字（2018）第 034443 号

本书是《防水技术与管理丛书》中的一个分册。全书以《建筑工程监理规
范》GB/T 50319—2013 等国家和行业标准为依据，以建筑防水工程为例，在
全面介绍建设项目监理机构及其设施的建立，监理规划与监理实施细则等监理
文件的编制，建设工程质量、投资、进度等三大目标的控制，建设工程合同、
信息、安全生产的管理和组织协调工作的基础上，进一步就建筑防水材料的质
量、地下防水工程、屋面工程、建筑外墙防水工程、住宅室内防水工程的项目
监理要点、监理验收等作了系统、详尽的介绍。

为方便读者查找，书后附有《建筑工程监理合同》、工程监理企业资质管
理规定和防水工程的有关强制性条文和说明等十个附录。

本书资料翔实，实用性强，可供有关防水工程监理人员以及相关的防水工
程设计、施工、材料采购、质量检验、项目管理人员学习、参考、借鉴。

责任编辑：唐炳文
责任校对：焦　乐

防水技术与管理丛书

建筑防水工程监理

沈春林　主编

*

中国建筑工业出版社出版、发行（北京海淀三里河路 9 号）

各地新华书店、建筑书店经销

北京红光制版公司制版

北京圣夫亚美印刷有限公司印刷

*

开本：787×1092 毫米　1/16　印张：39　字数：973 千字
2018 年 4 月第一版　　2018 年 4 月第一次印刷
定价：**88.00** 元
ISBN 978-7-112-21863-9
（31775）

前　言

随着我国国民经济的持续发展，众多的建设项目已遍布城乡各地，但如果建筑物出现渗漏，不仅要花费大量的人力、物力去进行维修，而且还将给人们的生产、生活带来诸多不便，因此，如何提高建筑物的质量是至关重要的。建筑防水工程是一项保证建筑物结构免受水侵蚀的分部工程，在建筑中占有十分重要的地位。

建筑防水工程是一项系统工程，不仅涉及房屋的地下室、楼地面、墙面、屋面等诸多部位，还涉及材料、施工、验收和维护等诸多方面的因素。

为了促进我国建筑防水事业的发展，规范防水市场，推动我国建筑防水从业人员的技术培训和职业技能鉴定工作的展开，使广大读者能及时系统地掌握相关防水技能知识，在中国建筑工业出版社的大力支持下，由中国硅酸盐学会防水保温材料专业委员会主任委员、苏州非金属矿工业设计研究院防水材料设计研究所所长、教授级高级工程师沈春林主持编写了这套《防水技术与管理丛书》。

防水工程是基本建设工程中的一项重要工程，"材料是基础、设计是前提、施工是关键、管理是保证"，如能在防水工程诸多方面做到科学先进、经济合理、确保质量，这将对整个建筑工程具有重要意义。本丛书是根据这一前提进行编写的。全套丛书原由《建筑防水材料试验》、《建筑防水工程设计》、《建筑防水工程施工》、《建筑防水工程造价与监理》四个分册组成。由于《建筑防水工程造价与监理》篇幅较大，现分为《建筑防水工程造价》和《建筑防水工程监理》两个分册，故本丛书现由五个分册组成。全书以国家职业标准为依据，在内容上力求体现"以职业活动为导向、以职业技能为核心"的指导思想，在结构上针对防水职业活动的领域，根据防水工程的特点，较为详细地介绍了建筑防水的各个关键要点，可供防水从业人员在参加职业培训和在实际工作中参考。

本书是《防水技术与管理丛书》中的一个分册。全书以《建筑工程监理规范》GB/T 50319—2013等国家和行业标准为依据，以建筑防水工程为例，在全面介绍建设项目监理机构及其设施的建立，监理规划与监理实施细则等监理文件的编制，建设工程质量、投资、进度等三大目标的控制，建设工程合同、信息、安全生产的管理和组织协调工作的基础上，进一步就建筑防水材料的质量、地下防水工程、屋面工程、建筑外墙防水工程、住宅室内防水工程的项目监理要点、监理验收等，依据现行国家和行业标准作了系统、详尽的介绍。本书资料翔实，实用性强，可供有关防水工程监理人员以及相关的防水工程设计、施工、材料采购、质量检验、项目管理人员学习、参考、借鉴。

笔者在编写本丛书过程中，参考了多位学者的著作文献、工具书、标准资料，并得到了许多单位和同仁的支持与帮助，在此对其作者、编者致以诚挚的谢意，并衷心希望得到各位同仁的帮助和指正。

本书由沈春林任主编，苏立荣、李芳、杨建清、宫安、高岩、褚建军副主编，由马静、杨炳元、康杰分、王玉峰、王立国、张梅、俞岳峰、冯永、陈森森、岑英、薛玉梅、

3

程文涛、季静静、邵增峰、卫向阳、徐海鹰、周建国、刘振平、刘少东、李崇、吴冬、邱钰明、何克文、刘立、朱炳光、高德才、樊细杨、章宗友、王荣柱、蔡京福等参加编写。由于编者水平有限，加之时间仓促，书中肯定存在许多不足之处，敬请读者批评指正，提出宝贵意见和建议，以便再版之时更正。

编者

2017 年 8 月 18 日

目　　录

第一章 概　　论

随着建筑科学技术的快速发展，建筑物和构筑物正在向高、深两个方向发展，就空间的利用和开发而言，随着设施不断的增多，规模不断的扩大，对屋面的功能要求也越来越高。屋面的防水和保温功能在建筑功能中占有十分重要的地位，其技术亦随之日益显示出重要性。

第一节　防　水　工　程

一、房屋建筑的基本构成

一般的民用建筑主要是由基础、墙体、楼地面、楼梯、屋面、门窗等构件组成，工业建筑则有单层厂房、多层厂房及混合层数的厂房之分。这些构件由于所处的位置不同，故其各起着不同的作用。

基础是建筑物最下部的承重构件，其作用是承受建筑物的全部荷载，并把这些荷载传给地基。因此，基础必须具备足够的强度和稳定性，并能抵御地下各种有害因素的侵蚀。

墙体是建筑物的承重构件和围护构件。作为承重构件的外墙，其作用是承重并抵御自然界各种因素对室内的侵袭；内墙起着分隔空间的作用。在框架或排架结构中柱起承重作用，墙仅起围护作用。因此，对墙体的要求根据其功能的不同，应具有足够的强度、稳定性、保温和隔热、隔声、环保、防火、防水、耐久、经济等性能。

楼地面是指楼面和地面。楼面即楼板层，它是建筑物水平方向的承重构件，并在竖向将整幢建筑物按层高划分为若干部分。楼层的作用是承受家具、设备和人体以及本身的自重等，并把这些荷载传给墙（或柱）。同时，墙面还对墙身起水平支撑作用，增强建筑的刚度和整体性。因此，墙面必须具有足够的强度和刚度以及隔声性能，对水有侵蚀的房间，还应具有防潮和防水性能。地面又称地坪，它是底层房间与地基土层相接的构件，起承受底层房间荷载的作用。因此，地面不仅要有一定的承载能力，还应具有耐磨、防潮、防水和保温的性能。

楼梯是楼房建筑的垂直交通设施，供人和物上下楼层和紧急疏散之用。因此，楼梯应有适宜的坡度、足够的通行能力以及防火、防滑，确保安全使用。

屋面是建筑物顶部的承重和围护构件。作为承重构件，它承受着建筑物顶部的各种荷载，并将荷载传给墙或柱；作为围护构件，它抵御着自然界中雨、雪、太阳辐射等对建筑物顶层房间的影响。因此，屋顶应具有足够的强度和刚度，并要有防水、保温和隔热等性能。

门窗属非承重构件，也称配件。门的作用主要是供人们内外出入和分隔房间，有时也兼有采光、通风、分隔、眺望等围护作用。根据建筑使用空间的要求不同，门和窗还应有一定的密封、保温、隔声、防火、防水、防风沙的能力。

建筑物中，除了上述的基本组成构件以外，还有许多特有的构件和配件，例如：烟道、阳台、雨篷、台阶等。

二、建筑防水工程的功能和基本内容

建筑防水工程是建筑工程中的一个重要组成部分，建筑防水技术是保证建筑物和构筑物的结构不受水的侵袭，内部空间不受水危害的专门措施。具体而言，是指为防止雨水、生产或生活用水、地下水、滞水、毛细管水以及人为因素引起的水文地质改变而产生的水渗入建筑物、构筑物内部或防止蓄水工程向外渗漏所采取的一系列结构、构造和建筑措施。概括地讲，防水工程包括防止外水向建筑内部渗透、蓄水结构内的水向外渗漏和建筑物、构筑物内部相互止水三大部分。

建筑物防水工程涉及建筑物、构筑物的地下室、楼地面、墙体、屋面等诸多部位，其功能就是要使建筑物或构筑物在设计耐久年限内，防止各类水的侵蚀，确保建筑结构及内部空间不受污损，为人们提供一个舒适和安全的生活环境。对于不同部位的防水，其防水功能的要求是有所不同的。

屋面防水的功能是防止雨水或人为因素产生的水从屋面渗入建筑物内部所采取的一系列结构、构造和建筑措施，对于屋面有综合利用要求的，如用作活动场所、屋顶花园，则对其防水的要求更高。屋面防水工程的做法很多，大体上可分为：卷材防水屋面、涂膜防水屋面、刚性防水屋面、保温隔热屋面、瓦材防水屋面等。

墙体防水的功能是防止风雨袭击时，雨水通过墙体渗透到室内。墙面是垂直的，雨水虽无法停留，但墙面有施工构造缝以及毛细孔等，雨水在风力作用下，产生渗透压力可达到室内。

楼地面防水的功能是防止生活、生产用水和生活、生产产生的污水渗漏到楼下或通过隔墙渗入其他房间，这些场所管道多，用水量集中，飞溅严重。有时不但要防止渗漏，还要防止酸碱液体的侵蚀，尤其是化工生产车间。

贮水池和贮液池等的防水其功能是防止水或液体往外渗漏，设在地下时还要考虑地下水向里渗漏。贮水池和贮液池等结构除本身具有防水能力外，一般还将防水层设在内部，并且要求所使用防水材料不能污染水质或液体，同时又不能被贮液所腐蚀，这些防水材料多数采用无机类材料，如聚合物砂浆等。

建筑防水工程的主要内容见表1-1。

建筑防水工程的主要内容　　　　　　　　　　　　　表 1-1

类　别		防水工程的主要内容
建筑物地上工程防水	屋面防水	混凝土结构自防水、卷材防水、涂膜防水、复合防水、瓦材防水、金属屋面防水、屋面接缝密封防水
	墙地面防水 墙体防水	混凝土结构自防水、砂浆防水、涂膜防水、接缝密封防水
	墙地面防水 地面防水	混凝土结构自防水、砂浆防水、卷材防水、涂膜防水、接缝密封防水

续表

类别	防水工程的主要内容
建筑物地下工程防水	混凝土结构自防水、砂浆防水、卷材防水、涂膜防水、接缝密封防水、注浆防水、排水、塑料板防水、金属板防水、特殊施工法防水
特种工程防水	特种构筑物防水、路桥防水、市政工程防水、水工建筑物防水等

三、防水工程的分类

建筑防水工程的分类，可依据设防的部位、设防的方法、所采用的设防材料性能和品种来进行分类。

1. 按土木工程的类别进行分类

防水工程就土木工程的类别而言，可分为建筑物防水和构筑物防水。

2. 按设防的部位进行分类

依据房屋建筑的基本构成及各构件所起的作用，按建筑物、构筑物工程设防的部位可划分为地上防水工程和地下防水工程。地上防水工程包括屋面防水工程、墙体防水工程和地面防水工程。地下防水是指地下室、地下管沟、地下铁道、隧道、地下建筑物、构筑物等处的防水。

屋面防水是指各类建筑物、构筑物屋面部位的防水；

墙体防水是指外墙立面、坡面、板缝、门窗、框架梁底、柱边等处的防水；

地面防水是指楼面、地面以及卫生间、浴室、盥洗间、厨房、开水间楼地面，管道等处的防水；

特殊建筑物、构筑物等部位的防水是指水池、水塔、室内游泳池、喷水池、四季厅、室内花园、储油罐、储油池等处的防水。

3. 按设防方法分类

按设防方法可分为复合防水和构造自防水等。

复合防水是指采用各种防水材料进行防水的一种新型防水做法。在设防中采用多种不同性能的防水材料，利用各自具有的特性，在防水工程中复合使用，发挥各种防水材料的优势，以提高防水工程的整体性能，做到"刚柔结合，多道设防，综合治理"。如在节点部位，可用密封材料或性能各异的防水材料与大面积的一般防水材料配合使用，形成复合防水。

构造自防水是指采用一定形式或方法进行构造自防水或结合排水的一种防水做法。如地铁车站为防止侧墙渗水采用的双层侧墙内衬墙（补偿收缩防水钢筋混凝土），为防止顶板结构产生裂纹而设置的诱导缝和后浇带，为解决地铁结构漂浮而在底板下设置的倒滤层（渗排水层）等。

4. 按设防材料的品种分类

防水工程按设防材料的品种可分为：卷材防水、涂膜防水、密封材料防水、混凝土和水泥砂浆防水、塑料板防水、金属板防水等。

5. 按设防材料性能分类

按设防材料的性能进行分类，可分为刚性防水和柔性防水。

刚性防水是指采用防水混凝土和防水砂浆作防水层。防水砂浆防水层则是利用抹压均匀、密实的素灰和水泥砂浆分层交替施工，以构成一个整体防水层。由于是相间抹压的，各层残留的毛细孔道相互弥补，从而阻塞了渗漏水的通道，因此具有较高的抗渗能力。

柔性防水则是依据其防水作用的柔性材料作防水层，如卷材防水层、涂膜防水层、密封材料防水等。

四、防水工程的质量保证体系

防水工程的整体质量要求是不渗不漏，保证排水畅通，使建筑物具有良好的防水和使用功能。要保证地下工程的质量，涉及材料、设计、施工、维护以及管理诸多方面的因素，材料是基础，设计是前提，施工是关键，管理是保证，因此必须实施"综合治理"的原则方可获得防水工程的质量保证。

第二节　建筑工程的监理

建设工程的监理，是指具有相应资质的工程监理企业，接受建设单位的委托，根据法律法规、工程建设标准、勘察设计文件以及合同，在施工阶段对建设工程质量、造价、进度进行控制，对合同、信息进行管理，对工程建设相关方的关系进行协调，并履行建筑工程安全生产管理法定职责而承担的项目管理工作，并代表建设单位对承包单位的建设行为进行监督管理的专业化服务活动。建设单位又称业主、项目法人，是委托监理的一方，建设单位在工程建设中拥有确定建设工程规模、标准、功能以及选择勘察、设计、施工、监理单位等工程建设中重大问题的决定权。工程监理企业则是指已取得企业法人营业执照，具有监理资质证书依法从事建设工程监理业务活动的一类经济组织。

每幢建筑物都和水有着密切的关系，地下水、雨水、地面水、冷凝水、生活给排水均对建筑物有着重大的影响，建筑防水关系到人们生产、生活、居住的环境和卫生条件，是建筑物的主要使用功能之一，也对建筑物的耐久性和使用寿命起着重要的作用。

建设工程的缺陷之一是渗漏，是渗水和漏水的总称。渗水是指建筑物某一部位在水压作用下的一定面积范围内被水渗透并扩散，出现水印或处于潮湿的一类状态；漏水是指建筑物某一部位在水压作用下的一定面积范围内或局部区域内被较多水量渗入，并从孔、缝中漏出甚至出现冒水、涌水的一类现象。防水工程可按设防部位、设防材料的性能和设防材料的品种分类。按其设防部位不同，可分为屋面防水、地下室防水、室内防水和外墙防水；按设防材料性能的不同，可分为柔性防水和刚性防水；按采用的设防材料不同，可分为卷材防水、涂膜防水、密封防水、刚性防水等。防水工程是一项系统工程，涉及防水材料、防水工程的设计、防水工程的施工技术、建筑物的使用维护等各个方面，防水工程的质量和缺陷因而也和这些方面密切相关。

对建筑工程实行质量控制是建筑行业所有从事监理工作人员的永恒主题。监理工作已成为建筑产品交易过程中的一个非常重要的环节，我国制定和发布的建筑工程质量验收系列标准均强调了建筑工程施工质量的监理验收。《建筑防水工程监理》主要从现场监理的角度介绍监理人员在施工现场如何对建筑屋面、地下工程、墙面、室内防水工程实施质量控制的。

防水工程的监理是一项复杂的系统工程，一旦出现问题会对建筑物的使用功能产生很大的影响，监理人员应高度重视，从材料、人员、检测以及施工管理等方面采取措施加强管理，把防水工程的质量控制好。监理人员首先要检查进场的各类防水材料的性能指标，并对其进行见证抽样试验，必要时还应先进行试用，注意搜集防水材料的品种及其质量信息，以避免使用劣质防水材料；严格审查或选择施工质量信誉较好的施工队伍，检查施工人员的施工操作水平，并在施工时要强化防水施工的技术交底制度，在施工过程中应进行巡视，重点部位或可能出现质量问题的部位应采取旁站措施（旁站是指在关键部位或关键工序的施工过程中，由监理人员在现场进行的监督活动）；加强对防水工程的质量检测与检查，防水卷材、防水涂料、防水砂浆对温度变化较为敏感，其防水工程的质量要适应使用温度的变化，因此防水工程监理人员在施工验收时，要采取措施使这些材料能经过最不利温度变化极限的检验；监理人员还要避免、阻止防水工程在施工过程中发生的抢工期现象的发生。

建筑防水工程的监理工作是工程建设监理中的一个有机组成部分，为确保实施监理工程的投资效益，工程质量和进程发挥着重要的作用。

一、建设工程监理概述

建设工程监理，是指具有相应资质的监理单位受工程项目建设单位的委托，依据国家有关工程建设的法律、法规，经建设主管部门批准的工程项目建设文件、建设工程委托监理合同及其他建设工程合同，对工程项目建设所实施的专业化监督管理。实行建设工程监理制度，其目的在于提高工程建设的投资效益和社会效益。这项制度已经纳入《中华人民共和国建筑法》的规定范畴。

监理单位对建设工程监理的活动是针对一个具体的工程项目展开的，是微观性质的建设工程监督管理；对建设工程参与者的行为进行监控、督导和评价，使建设行为符合国家的法律、法规，制止建设行为的随意性和盲目性，使建设的工程质量、造价、进度按计划实现，确保建设行为的合法性、科学性、合理性和经济性。从事建设工程监理活动，应当遵循"守法、诚信、公正、科学"的准则。

《建筑法》明确规定，实行监理的建设工程，由建设单位委托具有相应资质条件的工程监理企业实施监理。建设工程监理只能由具有相应资质的工程监理企业来开展，建设工程监理的行为主体是工程监理企业，这是我国建设工程监理制度的一项重要的规定。建设工程监理不同于建设行政主管部门的监督管理。建设行政主管部门监督管理的行为主体是政府部门，它具有明显的强制性，是行政性的监督管理，其任务、职责，内容不同于建设工程监理。同样总承包单位对分包单位的监督管理也不能视为建设工程监理。

（一）建设工程监理实施的前提

《建筑法》明确规定，建设单位与其委托的工程监理企业应当订立书面建设工程委托监理合同。也就是说，建设工程监理的实施需要建设单位的委托和授权，工程监理企业应根据委托监理合同和有关建设工程合同的规定实施工程的监理。建设工程的监理只有在建设单位委托的情况下才能进行，只有与建设单位订立书面委托监理合同，明确了监理的范围、内容、权利、义务、责任后，工程监理企业方能在规定的范围内行驶管理权，合法地开展建设工程监理工作。工程监理企业在委托监理的工程中之所以拥有一定的管理权限，能够开展管理活动，是建设单位授权的结果。

承建单位根据法律、法规的规定和与建设单位签订的有关建设工程合同的规定接受工程监理企业对其建设行为进行的监督管理，接受并配合监理是其履行合同的一种行为。

（二）建设工程监理的目的和依据

建设工程监理的目的是"力求"实现工程建设项目目标。即全过程的建设工程监理要"力求"在计划的工程质量、投资、进度目标内全面实现建设项目的总目标；阶段性的建设工程监理要"力求"实现本阶段建设项目的目标。

建设工程监理的依据是工程建设文件；有关的法律、法规、规章和标准、规范；建设工程委托监理合同和有关的建设工程合同。①工程建设文件包括：批准的可行性研究报告、建设项目选址意见书、建设用地规划许可证、建设工程规划许可证、批准的施工图设计文件、施工许可证等；②有关的法律、法规、规章和标准、规范包括：《中华人民共和国建筑法》、《中华人民共和国合同法》、《中华人民共和国招标投标法》、《建设工程质量管理条例》等法律法规，《工程建设监理规定》等部门规章以及地方性法规等，也包括《工程建设标准强制性条文》、《建设工程监理规范》以及有关的工程技术标准、规范、规程。③建设工程委托监理合同和有关的建筑工程合同，是工程监理企业应当依据的两类合同，即工程监理企业与建设单位签订的建设工程委托监理合同等。

（三）建设工程监理的性质

建设工程监理是一种特殊的工程建设活动，《建筑法》第三十二条规定："建筑工程监理应当依照法律、行政法规及有关的技术标准、设计文件和建设工程承包合同，对承包单位在施工质量、建设工期和建设资金使用等方面，代表建设单位实施监督。"因此要充分理解我国建设工程的监理制度，必须深刻认识建设监理的性质。

1. 建设工程监理的服务性

工程建设监理是一种高智能、有偿的技术服务活动，是建筑监理人员利用自己的工程建设知识、技能和经验为建设单位提供的管理服务。其既不同于承建商的直接生产活动，也不同于建设单位的直接投资活动，其不向建设单位承包工程造价，也不参与承包单位的利益分成，其获得的只是技术服务性报酬。工程建设监理的服务客体是建设单位的工程项目，服务对象是建设单位，这种服务性的活动是严格按照监理合同和其他有关工程建设合同来进行的，是受法律约束和保护的。

2. 建设工程监理的科学性

工程建设监理理应遵循科学性准则，建设工程监理的科学性是体现在其工作内涵是为工程管理与工程技术提供知识的服务。监理的任务决定了其应当采用科学的思想、理论、方法和手段；监理的社会化、专业化特点要求监理单位按照高智能的原则进行组建；监理的服务性质则决定了其应当提供科技含量高的管理服务；工程建设监理维护社会公众利益和国家利益的使命决定了其必须提供科学性服务。工程监理的科学性主要表现在：工程监理企业应当由组织管理能力强、工程建设经验丰富的人员担任领导；应当有足够数量的有丰富的管理经验和应变能力的监理工程师组成的骨干队伍；要有一套健全的管理制度；要有现代化的管理手段；要掌握先进的管理理论、方法和手段；要积累足够的技术、经验资料和数据；要有科学的工作态度和严谨的工作作风；要实事求是、创造性地开展工作。

3. 建设工程监理的公正性

监理单位不仅是为建设单位提供技术服务的一方，还应当成为建设单位与承建商之间的公正的第三方。在任何时候，监理方都应依据国家法律、法规、技术标准、规范、规程和合同文件站在公正的立场上进行判断、证明并行驶自己的处理权，要维护建设单位和被监理单位双方的合法权益。

4. 建设工程监理的独立性

从事工程建设监理活动的监理单位是直接参与工程项目建设的"三方当事人"之一，与项目建设单位、承建商之间的关系是一种平等主体关系。《建筑法》第三十四条明确规定："工程监理单位应当根据建设单位的委托，客观、公正地执行监理任务。"《工程建设监理规范》要求："工程监理单位应公平、独立、诚信、科学地开展建设工程监理与相关服务活动。"按照独立性要求，工程监理单位应当严格地按照有关的法律、法规、规章、工程建设文件、工程建设技术标准、建设工程委托监理合同、有关的建设工程合同等的规定实施监理；在委托监理工程中，与承建单位不得有隶属关系和其他利益关系；在开展工程监理的过程中，必须建立自己的组织，按照自己的工作计划、程序、流程、方法、手段，根据自己的判断，独立地开展工作。

二、我国的建设工程监理制度

建设工程监理的相关法律、行政法规以及标准是建设工程监理的法律依据和工作指南。目前与工程监理密切相关的法律有《建筑法》、《招标投标法》和《合同法》；与建设工程监理密切相关的行政法规有《建设工程质量管理条例》、《建设工程安全生产管理条例》、《生产安全事故报告和调查处理条例》和《招标投标法实施条例》。建设工程监理标准有国家标准《建设工程监理规范》GB/T 50319—2013、《建设工程监理与相关服务收费标准》。此外，有关工程监理的部门规章和规范性文件以及地方性法规、地方政府规章及规范性文件、行业标准和地方标准等，也是建设工程监理的法律依据和工作指南。

（一）与建设工程监理相关的制度

按照有关规定，我国工程建设应实行项目法人责任制、工程监理制、工程招标投标制和合同管理制，这些制度相互关联、相互支持，共同构成了我国工程建设管理的基本制度。

1. 项目法人责任制

为了建立投资约束机制、规范建设单位行为，国家计委于 1996 年 3 月发布了《关于实行建设项目法人责任制的暂行规定》（计建设 [1996] 673 号），要求"国有单位经营性基本建设大中型项目在建设阶段必须组建项目法人"，"由项目法人对项目的策划、资金筹措、建设实施、生产经营、债务偿还和资产的保值增值，实行全过程负责"。项目法人责任制的核心内容是明确由项目法人承担投资风险，项目法人要对工程项目的建设及建成后的生产经营实行一条龙管理和全面负责。

新上项目在项目建议书被批准之后，应由项目的投资方派代表组成项目法人筹备组，具体负责项目法人的筹建工作。有关单位在申报项目可行性研究报告时，须同时提出项目法人的组建方案，否则，其可行性研究报告将不予审批。在项目可行性研究报告被批准后，应正式成立项目法人，按有关规定确保资本金按时到位，并及时办理公司设立登记。

项目公司可以是有限责任公司（包括国有独资公司），也可以是股份制有限公司。由原有企业负责建设的大中型基建项目，需新设立子公司的，要重新设立项目法人；只设分公司或分厂的，原企业法人即是项目法人，原企业法人应向分公司或分厂派遣专职管理人员，并实行专项考核。

项目法人的职权：①建设项目董事会的职权有：负责筹措建设资金；审核、上报项目初步设计和概算文件；审核、上报年度投资计划并落实年度资金；提出项目开工报告；研究解决建设过程中出现的重大问题；负责提出项目竣工验收申请报告；审定偿还债务计划和生产经营方针，并负责按时偿还债务；聘任和解聘项目总经理，并根据总经理的提名，聘任或解聘其他高级管理人员。②项目总经理的职权有：组织编制项目初步设计文件，对项目工艺流程、设备选型、建设标准、总图布置提出意见，提交董事会审查；组织工程设计、施工监理、施工队伍和设备材料采购的招标工作，编制和确定招标方案、标底和评标标准，评选和确定投标、中标单位；编制并组织实施项目的年度投资计划、用款计划、建设进度计划；编制项目财务预算、决算；编制并组织实施归还贷款和其他债务计划；组织工程建设实施，负责控制工程投资、工期和质量；在项目建设过程中，在批准的概算范围内对单项工程的设计进行局部调整（凡引起生产性质、能力、产品品种和标准变化的设计调整及概算调整，需经董事会决定并报原审批单位批准）；根据董事会授权处理项目实施中的重大紧急事件，并及时向董事会报告；负责生产准备工作和培训有关人员；负责组织项目试生产和单项工程预验收；拟订生产经营计划、企业内部机构设置、劳动定员定额方案及工资福利方案；组织项目后评价，提出项目后评价报告；按时向有关部门报送项目建设、生产信息和统计资料；提请董事会聘任或解聘项目高级管理人员。

项目法人责任制与工程监理制的关系是：①项目法人责任制是实行工程监理制的必要条件，项目法人责任制的核心是要落实"谁投资、谁决策、谁承担风险"的基本原则。实行项目法人责任制，必然使项目法人面临一个重要问题：如何做好投资决策和风险承担工作。项目法人为了切实承担其职责，必然需要社会化、专业化机构为其提供服务。这种需求为建设工程监理的发展提供了坚实基础。②工程监理制是实行项目法人责任制的基本保障。实行工程监理制，项目法人可以依据自身需求和有关规定委托监理，在工程监理单位的协助下，进行建设工程质量、造价、进度目标有效控制，从而为在计划目标内完成工程建设提供了基本保证。

2. 工程招标投标制

为了保护国家利益、社会公共利益，提高经济效益，保证工程项目质量，自 2000 年 1 月 1 日起开始施行的《招标投标法》（国家主席令第 21 号）规定，在中华人民共和国境内进行下列工程建设项目包括项目的勘察、设计、施工、监理以及与工程建设有关的重要设备、材料等的采购，必须进行招标：①大型基础设施，公用事业等关系社会公共利益、公众安全的项目；②全部或者部分使用国有资金投资或者国家融资的项目；③使用国际组织或者外国政府贷款、援助资金的项目。

2000 年 5 月 1 日开始施行的《工程建设项目招标范围和规模标准规定》（国家发展计划委员会令第 3 号）进一步明确了工程招标的具体范围和规模标准：

（1）关系社会公共利益、公众安全的基础设施项目的范围包括：①煤炭、石油、天然气、电力、新能源等能源项目；②铁路、公路、管道、水运、航空以及其他交通运输业等交通运输项目；③邮政、电信枢纽、通讯、信息网络等邮电通讯项目；④防洪、灌溉、排涝、引（供）水、滩涂治理、水土保持、水利枢纽等水利项目；⑤道路、桥梁、地铁和轻轨交通、污水排放及处理、垃圾处理、地下管道、公共停车场等城市设施项目；⑥生态环境保护项目；⑦其他基础设施项目。

（2）关系社会公共利益、公众安全的公用事业项目的范围包括：①供水、供电、供气、供热等市政工程项目；②科技、教育、文化等项目；③体育、旅游等项目；④卫生、社会福利等项目；⑤商品住宅，包括经济适用住房；⑥其他公用事业项目。

（3）使用国有资金投资项目的范围包括：①使用各级财政预算资金的项目；②使用纳入财政管理的各种政府性专项建设基金的项目；③使用国有企业和事业单位自有资金，并且国有资产投资者实际拥有控制权的项目。

（4）国家融资项目的范围包括：①使用国家发行债券所筹资金的项目；②使用国家对外借款或者担保所筹资金的项目；③使用国家政策性贷款的项目；④国家授权投资主体融资的项目；⑤国家特许的融资项目。

（5）使用国际组织或者外国政府资金的项目的范围包括：①使用世界银行、亚洲开发银行等国际组织贷款资金的项目；②使用外国政府及其机构贷款资金的项目；③使用国际组织或者外国政府援助资金的项目。

（6）上述五类项目的勘察、设计、施工、监理以及与工程建设有关的重要设备、材料等的采购，达到下列标准之一的，必须进行招标：①施工单项合同估算价在 200 万元人民币以上的；②重要设备、材料等货物的采购，单项合同估算价在 100 万元人民币以上的；③勘察、设计、监理等服务的采购、单项合同估算价在 50 万元人民币以上的；④单项合同估算价低于前三项规定的标准，但项目总投资额在 3000 万元人民币以上的。

依法必须进行招标的项目，全部使用国有资金投资或者国有资金投资占控股或者主导地位的，应当公开招标。

工程招标投标制与工程监理制的关系是：①工程招标投标制是实行工程监理制的重要保证。对于法律法规规定必须实施监理招标的工程项目，建设单位需要按规定采用招标方式选择工程监理单位。通过工程监理招标，有利于建设单位优选高水平的工程监理单位，确保建设单位监理效果。②工程监理制是落实工程招标投标制的重要保障。实行工程监理制，建设单位可以通过委托工程监理单位做好招标的工作，以便更好地优选施工单位和材料设备供应单位。

3. 合同管理制

工程建设是一个极为复杂的社会生产过程，由于现代社会化大生产和专业化分工，许多单位都会参与到工程建设之中，而各类合同则是维系各参与单位之间关系的纽带。自1999 年 10 月 1 日起施行的《合同法》（国家主席令第 15 号）明确了其合同的订立、效力、履行、变更与转让、终止、违约责任等有关内容以及包括建设工程合同、委托合同在内的 15 类合同，为实行合同管理制提供了重要的法律依据。

在工程项目合同体系中，建设单位和施工单位是两个最主要的节点。①建设单位的主要合同关系是：为实现工程项目总目标，建设单位可通过签订合同将工程项目的有关活动委托给相应的专业承包单位或专业服务机构。相应的合同有：工程承包（总承包、施工承包）合同、工程勘察合同、工程设计合同、材料设备采购合同、工程咨询（可行性研究、技术咨询、造价咨询）合同、工程监理合同、工程项目管理服务合同、工程保险合同、贷款合同等；②施工单位的主要合同关系是：施工单位作为工程承包合同的履行者，也可通过签订合同将工程承包合同中所确定的工程设计、施工、材料设备采购等部分任务委托给其他相关单位来完成。相应的合同有：工程分包合同、材料设备采购合同、运输合同、加工合同、租赁合同、劳务分包合同、保险合同等。

合同管理制与工程监理制的关系是：①合同管理制是实行工程监理制的重要保证，建设单位委托监理时，需要与工程监理单位建立合同关系，明确双方的义务和责任。工程监理单位实施监理时，需要通过合同管理控制工程质量、造价和进度目标。合同管理制的实施，为工程监理单位开展合同管理工作提供了法律和制度支撑。②工程监理制是落实合同管理制的重要保障。实行工程监理制，建设单位可以通过委托工程监理单位做好合同管理工作，更好地实现建设工程项目目标。

（二）我国的建设监理制度

为了保证建设监理的健康实施，建设主管部门还制订了相应的制度，这些制度与法律、法规形成了一个框架性系统。

1. 建设监理工程的考试注册制度

为加强监理工程师的资格考试和注册管理，保证监理工程师的素质，我国按照国际惯例对建设监理工程师实行考试注册制度。只有经过全国统一考试合格并经注册取得《监理工程师岗位证书》的人员才具备监理工程师的从业资格。

参加监理工程师资格考试者，必须具备以下条件：①具有高级专业技术职称，或取得中级专业技术职称后具有三年以上工程设计或施工管理实施经验；②在全国监理工程师注册管理机关认定的培训单位经过监理业务培训，并取得培训结业证书。

取得《监理工程师资格证书》人员必须注册，被授予《监理工程师岗位证书》后才能以监理工程师的名义从事工程建设监理业务。已经注册的监理工程师，不得以个人名义私自承接工程建设监理业务。

2. 工程建设监理单位资质管理制度

为促进建设工程监理工作的健康发展，规范工程建设监理单位的经营，我国对工程建设监理单位实行资质管理制度。

监理单位是指取得监理资质证书，具有法人资格的监理公司、监理事务所和兼营监理业务的工程设计、科学研究以及工程建设咨询单位。

监理单位资质是指从事监理业务应当具备的人员素质、资金数量、专业技能、管理水平以及监理业绩等。2007年施行的《工程监理企业资质管理规定》将监理单位的资质分为综合资质、专业资质和事务所资质。其中专业资质按照工程性质和技术特点划分为若干工程类别。综合资质和事务所资质不分级别。专业资质分为甲级、乙级，其中房屋建筑、水利水电、公路和市政公用专业资质可设立丙级。每级监理单位都有相应的设立条件、资质标准与业务范围。

3. 建设工程监理的强制制度

《建设工程质量管理条例》第十二条规定：实行监理的建设工程，建设单位应当委托具有相应资质等级的工程监理单位进行监理，也可以委托具有工程监理相应资质等级并与被监理工程的施工单位没有隶属关系或者其他利害关系的该工程的设计单位进行监理。对一般建设工程的监理、委托权存在于建设单位手中，是非强制性的，建设单位可以不委托。但该条同时要求下列建设工程必须实行监理：①国家重点建设工程；②大中型公用事业工程；③成片开发建设的住宅小区工程；④利用外国政府或者国际组织贷款、援助资金的工程；⑤国家规定必须实行监理的其他工程。

2001年1月17日发布施行的《建设工程监理范围和规模标准规定》分别对上述五类工程的具体范围和规模标准进行了解释。如大中型公用事业工程，是指项目总投资额在3000万元以上的工程；成片开发建设的住宅小区工程，是指建筑面积在5万 m² 以上的住宅建设工程。强制性监理的实施保证了国家重点建设工程的建设质量和投资效益，维护了社会公众的安全利益。

4. 工程建设监理的招投标制

《中华人民共和国招标投标法》中规定了有关的工程项目应实行建设监理招投标制度。监理单位作为独立的一方，受建设单位委托，对工程项目建设进行管理，对于提高工程建设水平和投资效益发挥着重要的作用，因此作为项目建设单位，选择一个高水准的监理单位来管理项目的实施是一项至关重要的工作。

监理招投标制的全面实行将发挥其积极作用：①有利于规范建设单位行为，通过监理招投标，将转变建设单位的观念，加深社会对监理工作的认识，提高建设监理的地位，使建设单位自觉接受监理；②有理于规范监理单位的行为，促进监理企业自身素质的提高、促进监理企业加强管理，提高竞争能力，③有利于形成统一开放、竞争有序的监理市场，打破行业垄断、部门分割、权利保护、发挥市场机制作用，达到优胜劣汰的目的。

三、建筑业、建筑产品和工程建设程序

建筑业是以建筑产品生产为对象的物质生产部门，是从事建筑生产经营活动的行业，其由勘察设计业（包括工程勘察、工程设计）、建筑安装业（包括土木工程建筑业、线路、管道和设备安装业，建筑物装饰装修业）和建筑工程管理、监督及咨询业组成。

建筑产品是建筑业生产活动的最终产品，通常是指具有一定使用功能或满足特定要求的建筑物或构筑物以及机械设备等的安装工程。建筑业不仅负责建造建（构）筑物，也负责安装建（构）筑物内部的机械、设备等，因此建筑工程和安装工程都属于建筑产品。

工程建设是指土木建筑工程、线路管道和设备安装工程、建筑装修装饰工程等项目的新建、扩建和改建，是形成国家资产的基本生产过程及与之相关的其他建设工作的总称。工程建设程序是指工程项目从策划、决策、设计、施工到竣工验收、投入生产或交付使用的整个建设过程中，各项工作必须遵循的先后工作次序。工程建设程序是建设工程策划决策和建设实施整个过程客观规律的反映，是建设工程科学策划和顺利实施的重要保证。按照建设项目发展的内在联系和发展过程，建设程序一般都要经过策划决策和建设实施两个发展时期，这两个发展时期又可分为若干阶段，各阶段之间存在着严格的先后次序，可以进行合理的交叉，但不能任意颠倒次序而违反它的规律，各项工作都必须遵循先后次序的法则。

（一）策划和决策阶段的工作内容

此阶段的工作内容主要包括项目建议书和可行性研究报告的编报和审批。

1. 编报项目建议书

项目建议书是拟建项目单位向政府投资主管部门提出的要求建设某一工程项目的建议

文件，是对工程项目建设的轮廓设想，其一般应包括以下几个方面的内容：

（1）项目提出的必要性和依据；

（2）产品方案、拟建规模和建设地点的初步设想；

（3）资源情况、建设条件、协作关系和设备技术引进国别、厂商的初步分析；

（4）投资估算、资金筹措及还贷方案设想；

（5）项目进度安排；

（6）经济效益和社会效益的初步估计；

（7）环境影响的初步评价。

项目建议书的主要作用是推荐一个拟建项目，论述其建设的必要性、建设条件的可行性和获利的可能性，以供政府投资主管部门选择并确定是否进行下一步工作。

对于政府投资工程，项目建议书按照要求编制完成后，应根据建设规模和限额划分报送有关部门审批。

2. 编报可行性研究报告

项目建议书经批准后，可进行可行性研究工作。可行性研究是指在工程项目进行决策之前，通过调查、研究、分析建设工程在技术、经济等方面的条件和情况，对可能的多种方案进行比较论证，同时对工程项目建成后的综合效益进行预测和评价的一种投资决策分析活动。可行性研究一般应完成以下几个方面的工作内容：

（1）进行市场研究，以解决工程项目建设的必要性问题；

（2）进行工艺技术方案研究，以解决工程项目建设的技术可行性问题；

（3）进行财务和经济分析，以解决工程项目建设的经济合理性问题。

在可行性研究工作完成后，需要编写出反映其全部工作成果的"可行性研究报告"，凡经可行性研究未能通过的项目，不得进行下一步工作。

3. 投资项目的决策管理制度

投资项目的决策管理，政府投资工程实行审批制，非政府投资工程实行核准制或登记备案制。

对于采用直接投资和资本金注入方式的政府投资工程，政府需要从投资决策的角度审批项目建议书和可行性研究报告，除特殊情况外，不再审批开工报告，同时还要严格审批其初步设计和概算；对于采用投资补助、转贷和贷款贴息方式的政府投资工程，则只审批资金申请报告。政府投资工程一般都要经过符合资质要求的咨询中介机构的评估论证，特别重大的工程还应实行专家评议制度。国家将逐步实行政府投资工程公示制度，以广泛听取各方面的意见和建议。

对于企业不使用政府资金投资建设的非政府投资工程，政府不再进行投资决策性质的审批，区别不同情况实行核准制或登记备案制。①核准制。企业投资建设《政府核准的投资项目目录》中的项目时，仅需向政府提交项目申请报告，不再需要经过批准项目建议书、可行性研究报告和开工报告的程序；②备案制。对于《政府核准的投资项目目录》以外的企业投资项目，实行备案制，除国家另有规定外，由企业按照属地原则向地方政府投资主管部门备案。

为扩大大型企业集团的投资决策权，对于基本建立现代企业制度的特大型企业集团，投资建设《政府核准的投资项目目录》中的项目时，可以按项目单独申报核准，也可编制中长期发展建设规划，其规划经国务院或国务院投资主管部门批准后，规划中属于《政府核准的投资项目目录》中的项目不再另行申报核准，只需办理备案手续，企业集团要及时向国务院有关部门报告规划执行和项目建设情况。

（二）建设实施阶段的工作内容

建设工程实施阶段的工作内容主要包括：勘察设计、建设准备、施工安装以及竣工验收等，对于生产性工程项目，在施工安装后期，还需要进行生产准备工作。

1. 勘察设计

工程勘察通过对地形、地质及水文等要素的测绘、勘探、测试及综合评定，提供工程建设所需的基础资料，工程勘察需要对工程建设场地进行详细论证，以保证建设工程的合理进行，促使建设工程取得最佳的经济、社会和环境效益。

工程设计工作一般划分为两个阶段（两阶段设计），即初步设计和施工图设计，重大工程和技术复杂工程，经主管部门同意，可根据需要增加技术设计阶段，即按照初步设计、技术设计和施工图设计等 3 个阶段进行。当采用两个阶段设计的初步设计深度已达到技术设计时，此时的初步设计也称之为扩大初步设计，对于技术简单、方案明确的小型建设项目，则可采用一阶段施工图设计。

（1）初步设计是根据可行性研究报告的要求、已批准的设计任务书和初测资料编制的，是进行具体实施方案的设计，应根据设计任务书的要求，拟定修建原则、选定方案、计算主要工程数量、提出施工方案的意见，提供文字说明及其图表资料，其目的是为了阐明在指定的地点、时间和投资控制数额内，拟建项目在技术上的可行性和经济上的合理性，并通过对建设工程所作的基本技术经济规定，编制工程总概算。初步设计不得随意改变被批准的可行性研究报告所确定的建设规模、产品方案、工程标准、建设地址和总投资等控制目标。设计概算一定要严格按照设计方案及其相应的施工方案进行编制，而且所编制出的设计概算不允许突破可行性研究报告总投资的 10% 以上，即概算与投资估算的出入不得大于 10%，否则必须说明充分的理由和计算依据，并重新向原审批单位报批可行性研究报告。经批准的初步设计可作为订购或调拨主要材料（例如机具设备）、征用土地、控制基本建设的投资以及编制施工组织设计和施工图设计的依据。当采用三阶段设计进行设计时，所批准的初步设计方案亦可作为编制技术设计文件的依据，由此可见初步设计十分重要。

（2）技术设计应根据已批准的初步设计及审批意见，对重大、复杂的技术问题通过科学试验、专题研究、加深勘察调查及分析比较，解决初步设计中未能解决的问题，落实技术方案，计算工程数量、提出修正的施工方案、修正设计概算、批准后的技术设计则作为编制施工图和施工图预算的依据。

（3）施工图设计应根据已批准的初步设计或技术设计，进一步对所审定的修建原则、设计方案、技术决定加以具体和深化，最终确定各项工程数量，提出文字说明和适应施工需要的图表资料，以及施工组织设计，并编制相应的施工图预算。施工图设计应结合工程现场的实际情况，完整地表现建筑物外形、内部空间分割、结构体系、构造状况以及建筑群的组成和周围环境的配合；施工图设计还应包括各种运输、通讯、管道系统、建筑设备的设计；在工艺方面，应具体确定各种设备的型号、规格及各种非标准设备的制造加工图。编制出的施工图预算要控制在设计概算以内，否则需要分析超出设计概算的原因，并调整预算。

建设单位应当将施工图送施工图审查机构进行审查，施工图审查机构应按照有关法律、法规，对施工图所涉及的公共利益、公众安全和工程建设强制性标准的内容进行审查，审查的主要内容如下：

① 是否符合工程建设强制性标准；

② 地基基础和主体结构的安全性；

③ 勘察设计企业和注册执业人员以及相关人员是否按照规定在施工图上加盖相应的图章和签字；

④ 其他法律、法规、规章规定必须审查的内容。

任何单位或者个人不得擅自修改已审查合格的施工图，如确需修改的，凡涉及以上审查内容的，建设单位应当将已修改后的施工图送原审查机构进行审查。

2. 建设准备

在初步设计经批准后，即应开始做好施工前的各项准备工作，其主要工作内容如下：

(1) 征地、拆迁和场地平整工作；

(2) 完成施工用水、电、通讯、道路等的接通工作；

(3) 组织招标选择工程监理单位、施工单位以及设备和材料供应商；

(4) 准备必要的施工图纸；

(5) 办理工程质量监督和施工许可手续。

① 工程质量监督手续的办理：建设单位在领取施工许可证或者开工报告前，应当到规定的工程质量监督机构办理工程质量监督注册手续，在办理工程质量监督注册手续时需提供以下资料：a. 施工图设计文件审查报告和批准书；b. 中标通知书和施工、监理合同；c. 建设单位、施工单位和监理单位工程项目的负责人和机构组成；d. 施工组织设计和监理规则（监理实施细则）；e. 其他需要的文件资料。

② 施工许可证的办理：从事各类房屋建筑及其附属设施的建造、装饰装修和与其配套的线路、管道、设备的安装，以及城镇市政基础设施工程的施工，建设单位在开工之前均应向工程所在地县级以上人民政府建设主管部门申请领取施工许可证。必须申请领取施工许可证的建筑工程若未取得施工许可证的，一律不得开工。工程投资额在 30 万元以下或者建筑面积在 $300m^2$ 以下的建筑工程，可以不申请办理施工许可证。

3. 施工安装

建设工程具备开工条件并取得施工许可后才能开始土建工程施工和机电设备安装。建设工程开工时间是指工程设计文件中规定的任何一项永久性工程第一次破土开槽的日期，不需要开槽的工程，则以正式开始打桩的日期作为开工日期。施工安装活动应按照工程设计要求、施工合同及施工组织设计，在保证工程质量、工期、成本及安全、环保等目标的前提下进行。

4. 生产准备

就生产性工程项目而言，生产准备是工程项目投产前由建设单位进行的一项重要工作，生产准备的主要工作内容包括：组建生产管理机构、制定管理有关制度和规定；招聘和培训生产人员，组织生产人员参加设备的安装、调试和工程验收工作；落实原材料、协作产品、燃料、水、电、气等的来源和其他需协作配合的条件，并组织工装、器具、备品、备件等的制造或订货等。生产准备是衔接建设和生产的桥梁，是工程项目建设转入生产经营的必要条件。

5. 竣工验收

建设工程按照设计文件的规定内容和标准全部完成，并按规定将施工现场清理完毕，达到竣工验收条件时，建设单位即可组织工程竣工验收。工程竣工验收时，工程勘察、设计、施工、监理等单位均应参加，工程竣工验收要审查工程建设的各个环节、审阅工程档案、实地查验建筑安装工程实体，对工程设计、施工和设备质量等进行全面评价。工程竣工验收是投资成果转入生产和使用的标志，也是全面考核工程建设成果，检验设计和施工质量的关键步骤，工程竣工验收合格后，建设工程方可投入使用。建设工程自竣工验收合格之日起，即进入工程质量保修期。

（三）建设工程项目监理工作的过程

工程监理企业应对哪些单位的哪些建设行为实施监理？应根据有关建设工程合同的规定而决定。例如：仅委托施工阶段监督的工程，工程监理企业则只能根据委托监理合同和施工合同对施工行为实行监理，工程项目施工阶段的监理一般是从工程项目已完成施工图设计，进入施工招标投标工作，签订建设工程施工合同开始，工程项目的承建单位进场准备、审查施工组织设计到工程竣工验收，竣工资料存档这一过程实施的监理。而在委托全过程监理的工程中，工程监理企业则可以根据委托监理合同以及勘察合同、设计合同、施工合同对勘察单位、设计单位和施工单位的建设行为实行监理。

四、建设工程监理工作的实施程序

建设监理单位从接受监理任务到圆满完成监理工作，其主要的工作程序见图 1-1。

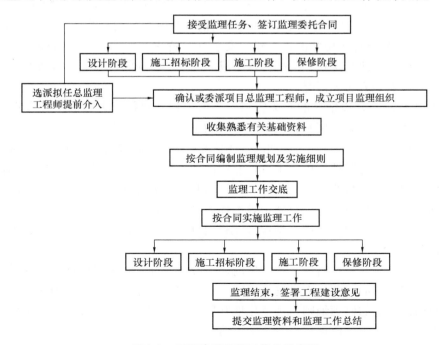

图 1-1　工程建设监理工作总程序图

（1）建设监理单位或通过编写监理大纲等有关文件参加投标，由业主择优委托，或由业主点名委托，或通过协商、议标委托而获得监理任务。

（2）按照国家统一文本签订监理委托合同，明确其委托内容及其各自的权利和义务。

（3）建设监理单位在与业主签订监理委托合同后，根据工程项目的规模、性质以及业主对监理的要求，委派称职的人员担任项目的总监理工程师，代表监理单位全面负责该项目的监理工作，总监理工程师对内向监理单位负责、对外向业主负责；在总监理工程师的具体领导下，组建项目的监理班子，并根据签订的监理委托合同，制定监理规划和具体的实施计划（监理实施细则），开展监理工作。在一般情况下，监理单位在承接项目监理任务时，在参与项目监理的投标、拟订监理方案（大纲），以及与业主商签监理委托合同时，即应选派称职的人员主持该项工作，在监理任务确定并签订监理委托合同后，该主持人即可作为项目总监理工程师。这样，项目的总监理工程师在承接任务阶段即早已介入，从而更能了解业主的建设意图和对监理工作的要求，并能更好地与后续工作衔接。

（4）收集有关资料，以作为开展建设监理工作的依据。

① 反映工程项目特征的有关资料：工程项目的批文；规划部门关于规划红线范围和设计条件通知；土地管理部门关于准予用地的批文；批准的工程项目可行性研究报告或设计任务书；工程项目地形图；工程项目勘测、设计图纸及有关说明。

② 反映当地工程建设政策、法规的有关资料：关于工程建设报建程序的有关规定；当地关于拆迁工作的有关规定；当地关于工程建设应缴纳有关税、费的规定；当地关于工程项目建设管理机构资质管理的有关规定；当地关于工程项目建设实行建设监理的有关规定；当地关于工程建设招标投标制的有关规定；当地关于工程造价管理的有关规定等。

③ 反映工程项目所在地区技术经济状况等建设条件的资料：气象资料；工程地质及水文地质资料；与交通运输（含铁路、公路、航运）有关的情况（可提供的能力、时间及价格等资料）；供水、供热、供电、供燃气、电信有线电视等的有关情况（可提供的容量、价格等资料）；勘察设计单位状况；土建、安装（含特殊行业安装，如电梯、消防、智能化）施工单位情况；建筑材料、构配件及半成品的生产供应情况；进口设备及材料的有关到货的口岸、运输的方法等情况。

④ 类似工程项目建设情况的有关资料：类似工程项目投资方面的有关资料；类似工程项目建设工期方面的有关资料；类似工程项目采用新结构、新材料、新技术、新工艺的有关资料；类似工程项目出现质量问题的具体情况；类似工程项目的其他技术经济指标等。

（5）制定由项目总监理工程师主持，专业监理工程师参加编制，建设监理单位技术负责人审核批准的工程项目监理规划，工程项目的监理规划是开展项目监理活动的纲领性文件，在监理规划的指导下，为了具体指导工程质量控制、工程造价控制、工程进度控制的进行，还需要结合工程项目的实际情况，制定相应的各专业监理的实施计划或细则（方案）等操作性文件。

（6）监理工作交底。在监理工作实施前，一般就监理工程项目管理工作的重点、难点以及监理工作应注意的问题，事先进行说明，增强监理工作的针对性、预见性。

（7）根据已制定的监理细则，规范化地开展监理工作。作为一种科学的工程项目管理制度，监理工作的规范化体现在以下几个方面：

① 工作的时序性　即监理的各项工作都应按一定的逻辑顺序先后展开，从而使监理

工作能有效地达到目的，而不致造成工作状态的无序和混乱。

②　职责分工的严密性　　工程建设监理工作是由不同专业、不同层次的专家群体共同来完成的，他们之间严密的职责分工，是协调进行监理工作的前提和实现监理目标的极为重要的保证。

③　工作目标的确定性　　在职责明确分工的基础上，每一项监理工作应达到的具体目标都应该是确定的，其完成时间也应是有明确的时限规定的，从而能通过报表资料对监理工作及其效果进行检查和考核。

④　工作过程系统化　　施工阶段的监理工作主要包括以下六个方面的内容：投资控制、进度控制、质量控制、合同管理、信息管理以及工程协调。其可以分为事前控制、事中控制、事后控制等三个阶段，形成矩阵形的系统。因此，监理工作的开展必须实现工作过程的系统化，施工监理的工程程序参见图1-2。

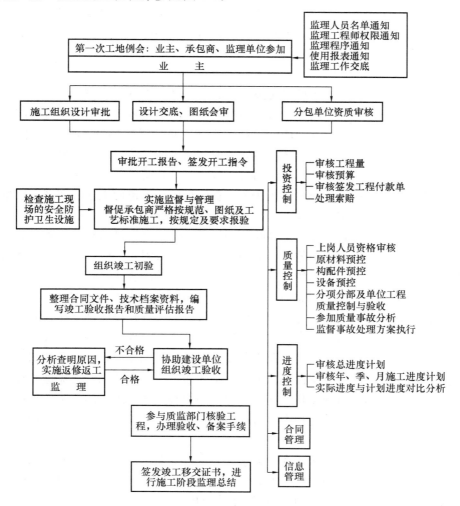

图1-2　施工监理的工作程序

（8）在工程项目施工完成后，应由施工单位在正式验交前组织竣工预验收，监理单位应参与预验收工作，在预验收过程中若发现问题，应与施工单位进行沟通，提出整改意见和要求。参加业主组织的竣工验收，签署监理单位意见。

(9) 在工程项目建设监理业务完成之后，应向业主提交的监理档案资料，其档案资料内容包括：监理设计变更；工程变更资料；监理指令性文件；各种鉴证资料；其他档案资料。

(10) 进行监理工作总结，其主要内容为：

① 向业主提交的监理工作总结其内容主要包括：监理委托合同履行情况概述；监理任务或监理目标完成情况的评价；由业主提供的供监理活动使用的办公用房、车辆、试验设施等的清单；表明监理工作终结的说明等。

② 向监理单位提交的监理工作总结其内容主要包括：监理工作的经验，可以是采用某种监理技术和方法的经验，也可以是采用某种经济措施和组织措施的经验，以及签订监理委托合同方面的经验，如何处理好与业主、承包单位关系的经验等。

③ 监理工作中存在的问题以及改进的建议。及时加以总结，以指导今后的监理工作，并向政府有关部门提出政策建议，不断提高工程建设监理的水平。

五、监理工作的原则

监理单位受业主委托对工程项目实施监理时，应遵守以下工作原则：

(1) 在工程建设监理中，监理人员必须尊重科学、尊重事实、组织各方协同配合，维护有关各方的合法权益，为使这一职能顺利地实施，必须坚持公正、独立、自由的原则，业主与承包商虽然都是独立运行的经济主体，但其追求的经济目标有差异，各自的行为也有差别，监理工程师应在按照合同约定的权、责、利关系基础上，协调双方的一致性，即只有按合同的约定建成项目，业主才能实现投资的目的，承包商也才能实现自己生产的产品的价值，取得工程款并实现盈利。

(2) 监理人员为履行其职责而从事的监理活动，是根据建设监理法规和受业主的委托与授权而进行的，监理人员承担的职责应与业主授予的权限相一致，业主向监理人员的授权，应以能保证其正常履行监理的职责为原则。监理活动的客体是承包商的活动，但监理人员与承包商之间并无经济合同关系，其之所以能行使监理职权，是依赖于业主的授权，这种权力的授予，除体现在业主与监理单位之间签订的工程建设监理委托合同中外，还应作为业主与承包商之间工程承包合同的合同条件。因此，监理工程师在明确业主提出的监理目标和监理工作内容要求后，应与业主协商，明确相应的授权，在达成共识后，反映在监理委托合同及承包合同中，据此，监理工程师才能开展监理活动。总监理工程师代表监理单位全面履行工程建设监理委托合同，承担合同中确定的监理方向业主所承担的义务和责任，因此，在监理合同实施过程中，监理单位应给予总监理工程师充分的授权，体现权责一致的原则。

(3) 监理人员应处理好与承建商的关系，并处理好业主与承建商之间的利益关系，遵守严格监理、热情服务的原则，即一方面应坚持严格按照合同办事，严格监理的要求，另一方面，又应该立场公正，积极为业主提供热情的服务。

(4) 工程建设监理活动既要充分考虑业主的经济效益，也必须要考虑与社会效益和环境效益的有机统一，符合"公众"的利益，遵守综合效益的原则。工程建设监理虽然是经业主的委托和授权才得以进行的，但监理工程师必须严格遵守国家的建设管理法规、法律以及标准，以高度负责的态度和责任感，即对业主负责，谋求最大的经济效益，又要对国家和社会负责，取得最佳的社会效益，只有在符合宏观经济效益、社会效益和环境效益的前提条件下，业主投资项目的微观经济效益才能得以实现。

（5）工程建设监理活动的产生与发展的前提条件是拥有一批具有工程技术与管理知识和实践经验、精通法律和经济的高素质专门人才，形成专门化、社会化的高职能工程建设监理单位，为业主提供服务。由于工程项目具有"一次性"、"单件性"等特点，使工程项目建设过程存在很多风险，因此监理工程师必须具有预见性，并把重点放在"预控"上，"防患于未然"。在制定监理规划、编制监理细则和实施监理控制过程中，对工程项目投资控制、进度控制和质量控制中可能发生的失控问题要有预见性和超前的考虑，遵守预防为主的原则，制定相应的对策和预控措施予以防范。此外，还应考虑多个不同的措施与方案，做到"事前有预测，情况变了有对策"，以避免被动，收到事半功倍之效。

（6）在监理工作中，监理人员应尊重事实，以理服人，监理工程师的任何指令、判断都应有事实依据，有证明、检验、试验资料，这是最具有说服力的。由于经济利益或认识上的关系，监理工程师不应以权压人，而应晓之以理（即具有说服力的事实依据），做到以"理"服人，严格遵守实事求是的原则。

第二章　监理的基本工作

建设工程监理的主要工作内容是工程监理单位通过合同管理、信息管理和组织协调等手段，控制建设工程质量、造价和进度目标，并履行建设工程安全生产管理的法定职责。其中巡视、平行检验、旁站、见证取样则是建设工程监理的主要方式。

第一节　工程监理的招投标和合同管理

建设工程的监理与相关服务可以由建设单位直接委托，也可以通过招标方式委托，但是，法律法规规定招标的，建设单位必须通过招标方式委托。因此，建设工程监理招标投标是建设单位委托监理与相关服务工作和工程监理单位承揽工程监理与相关服务工作的主要方式。

建设工程监理合同的管理，是工程监理单位明确监理和相关服务义务、履行监理与相关服务职责的重要保证。

一、建设工程监理招标的方式程序

建设工程监理招标的方式可分为公开招标和邀请招标两种方式。

公开招标是指建设单位以招标公告的方式邀请不特定工程监理单位参加投标，向其发售监理招标文件，按照招标文件规定的评标方式和标准，从符合投标资格要求的投标人中优选中标人，并与中标人签订建设工程监理合同的过程。国有资产占控股或者主导地位的必须依法进行监理招标的项目，应当采用公开招标方式委托监理任务。公开招标属于非限制性竞争招标，其优点是能够充分体现招标信息的公开性，招标程序规范性、投标竞争公开性，有助于打破垄断，实现公平竞争。公开招标可使建设单位有较大的选择范围，可在众多投标人中选择经验丰富、信誉良好、价格合理的工程监理单位，能够大大降低串标、围标、抬标和其他不正当交易的可能性。公开招标工作量大，因此，其招标时间长，招标费用亦较高。

邀请招标是指建设单位以投标邀请书的方式邀请特定工程监理单位参加投标，向其发售招标文件，按照招标文件规定的评标方法、标准，从符合投标资格要求的投标人中优选中标人，并与中标人签订建设工程监理合同的过程。邀请招标属于有限竞争性招标，也称之为选择性招标，采用邀请招标方式，建设单位不需要发布招标公告，也不进行资格预审（但可组织必要的资格审查），使招标程序得到简化，这样，既可节约招标费用，又可缩短招标时间。邀请招标虽然能够邀请到有经验和资信可靠的工程监理单位投标，但由于限制了竞争的范围，选择投标人的范围和投标人竞争的空间有限，可能会失去技术和报价方面有竞争力的投标者，失去理想的中标人，达不到预期的竞争效果。

建设工程监理招标的程序一般包括：招标准备；发出招标公告或者招标邀请书；组织

资格审查；编制和发售招标文件；组织现场踏勘；召开招标预备会；编制和递交投标文件；开标、评标和定标；签订建设工程监理合同等。

二、建设工程监理评标的内容和方法

（一）建设工程监理评标的内容

在建设工程监理评标的办法中，应将以下要素作为评标的内容：

1. 工程监理单位的基本要素

其包括：工程监理单位资质、技术及服务能力、社会信誉和企业诚信度以及类似工程监理业绩和经验。

2. 工程监理人员的配备

工程监理人员的素质与能力将会直接影响到建设工程监理工作的优劣，进而影响到整个工程监理目标的实现，项目监理机构监理人员的数量和素质，尤其是总监理工程师的综合能力和业绩是建设工程监理评标需要考虑的重要内容。对于工程监理人员配备的评价内容具体包括：项目监理机构的组织形式是否合理；总监理工程师人选是否符合招标文件规定的资格及能力要求；监理人员的数量、专业配置是否符合工程专业特点要求；工程监理整体力量投入是否能满足工程要求；工程监理人员年龄结构是否合理；现场监理人员进退场计划是否与工程进展相协调等。

3. 建设工程监理大纲

其是反映投标人的技术、管理和服务综合水平的文件，反映出投标人对工程的分析和理解程度。在评标时应重点评审建设工程监理大纲的全面性、针对性和科学性。①建设工程监理大纲内容是否全面、系统，工作目标是否明确，组织机构是否健全，工程监理的工作计划是否可行，质量、造价、进度控制等各项措施是否全面、得当，安全生产管理、合同管理、信息管理等方法是否科学，以及项目监理机构的制度建设规划是否到位，监理机制是否健全等；②在建设工程监理大纲中，应对工程特点、监理重点与监理难点进行识别，在对招标工程进行透彻分析的基础上，结合自身工程经验，从工程质量、造价、进度控制以及安全生产管理等方面确定监理工作的重点和难点，提出针对性的措施和对策；③除常规的监理措施外，建设工程监理大纲中应对招标工程的关键工序以及分部分项工程制定有针对性的监理措施，制定针对关键点、常见问题的预防措施，合理设置旁站清单和保障措施等。

4. 试验检测仪器设备及其应用能力

应重点评审投标人在投标文件中所列的设备、仪器、工具等能否满足建设工程监理要求。对于建设单位在现场另建试验、检测等中心的工程项目，应重点考查投标人评价分析、检验测量数据的能力。

5. 建设工程监理费用报价

其所对应的服务范围、服务内容、服务期限应与招标文件中的要求相一致。要重点评审监理费用报价水平和构成是否合理、完整，分析说明是否明确，监理服务费用的调整条件和办法是否符合招标文件的要求等。

（二）建设工程监理评标的方法

建设工程监理评标通常采用的是"综合评标法"。综合评标法是指通过衡量投标文件是否最大限度地满足招标文件中所规定的各项评价标准，对技术、企业资信、服务报价等因素进行综合评价从而确定中标人的一种工程监理评标方法。根据其具体分析方式的不同，综合评标法可分为定性综合评估法和定量综合评估法等两种。

1. 定性综合评估法

定性综合评估法是指对投标人的资质条件、人员配备、监理方案、投标价格等评审指标分项进行定性比较分析，全面评审、综合评议较优者作为中标人的一种工程监理评标方法。

定性综合评估法的特点是不量化各项评审指标，简单易行，能在广泛深入地开展讨论分析的基础上集中各方面观点，有利于评标委员会成员之间的直接对话和深入交流，集中体现各方意见，能使综合实力强、方案先进的投标单位处于优势地位。其缺点是评估标准弹性较大，衡量尺度不具体，透明度不高，受评标专家人为因素影响较大，可能会出现评标意见相差悬殊，使定标决策左右为难。

2. 定量综合评估法

定量综合评估法又称打分法、百分制计分评价法，通常是指在招标文件中明确规定需量化的评价因素及其权重，评标委员会根据投标文件内容和评标标准逐项进行分析记分，加权汇总，计算出各投标单位的综合评分，然后按照综合评分由高到低的顺序确定中标候选人或直接选定得分最高者为中标人的一种工程监理评标方法。

定量综合评估法是目前我国各地广泛采用的一种评标方法，其特点是量化所有评标指标，由评标委员会专家分别打分，从而减少了在评标过程中的相互干扰，增加了评标的科学性和公正性。需要注意的是，评标因素指标的设置和评分标准分值或权重的分配，应能充分评价工程监理单位的整体素质和综合实力，体现其评标的科学性、合理性。

三、建设工程监理投标的内容和策略

（一）建设工程监理投标工作内容

建设工程监理单位的投标工作内容包括：投标决策、投标策划、投标文件编制、参加开标及答辩、投标后评估等内容。

1. 建设工程监理的投标决策

工程监理单位若想中标获得建设工程监理任务并获得预期的利润，就需要认真进行投标决策。所谓投标决策，主要包括两个方面的内容：一为决定是否参与竞标；二为如果参加投标，应采用什么样的投标策略。

（1）投标决策的原则

投标决策活动要从工程特点与工程监理企业自身需求之间选择最佳结合点，为实现最优赢利目标，可以参考以下基本原则进行投标决策：①充分衡量自身人员和技术实力能否满足工程项目要求，且要根据工程监理单位自身实力、经验和外部资源等因素来确定是否要参与竞标；②充分考虑国家政策、建设单位信誉、招标条件、资金落实情况等，保证中标后工程项目能顺利实施；③在出现监理人员数量不足的情况时，工程监理单位与其将有限的人力资源分散到几个小工程的投标中去，不如集中优势力量参与到一个较大建设工程监理的投标中去；④对于竞争激烈、风险特别大或把握不大的工程项目，应主动放弃投标。

（2）投标决策定量分析方法

建设工程监理投标常用的投标决策定量分析方法有综合评价法和决策树分析法。

综合评价法是指决策者决定是否参加某一建设工程监理投标时，将影响其投标决策的主客观因素用某些具体的指标表示出来，并定量地进行综合评价，以此作为投标决策的依据。综合评价法也可用于工程监理单位对多个类似工程监理投标机会的选择，综合评价分值最高者将作为优先投标对象。

决策树分析法是适用于风险型决策分析的一种简便易行的实用方法，其特点是用一种树状图表示决策过程，通过事件出现的概率和损益期望值的计算比较，帮助决策者对行动方案作出抉择。当工程监理单位不考虑竞争对手的情况（投标时往往事先并不知道参与投标的竞争对手有哪些），仅根据自身实力决定某些工程是否投标及如何报价时，则是典型的风险型决策问题，适用于采用决策树法进行分析。工程监理单位有时会同时收到多个不同或类似建设工程监理投标邀请书，而工程监理单位的资源往往是有限的，若不分重点地将资源平均分布到各个投标工程，则每一个工程的中标概率都会很低，为此，工程监理单位应针对每项工程的特点进行分析，比选不同方案，以期选出最佳投标对象，这种多项目多方案的选择，通常也可以采用决策树分析法进行定量分析。

2. 建设工程监理的投标策划

建设工程监理的投标策划是指从总体上规划建设工程监理投标活动的目标、组织、任务分工等，通过严格的管理过程，提高投标效率和效果。

一旦决定投标，首先要明确投标目标，投标目标决定了企业层面对投标过程的资源支持力度。成立投标小组并确定任务分工，投标小组要由有类似建设工程监理投标经验的项目负责人全面负责收集信息、协调资源、做出决策，并组织参与资格审查、购买标书、编写质疑文件、进行质疑和现场踏勘、编制投标文件、封标、开标和答辩、标后总结等。同时，需要落实各参与人员的任务和职责，做到界面清晰，人尽其职。

3. 建筑工程监理投标文件的编制

建筑工程监理投标文件反映了工程监理单位的综合实力和完成监理任务的能力，是招标人选择工程监理单位的主要依据之一。投标文件编制质量的高低，直接关系到中标可能性的大小，因此，如何编制好建设工程监理投标文件是工程监理单位投标的首要任务。

（1）投标文件编制的原则

① 建设工程监理投标文件编制的前提是要按照招标文件要求的条款和内容格式编制，必须在满足招标文件要求的基本条件下，尽可能精益求精，响应招标文件的实质性条款，防止废标发生。

② 认真研究招标文件，深入领会招标文件的意图，才能防止因不熟悉招标文件而导致"失之毫厘，差之千里"的后果发生。

③ 投标文件要内容详细、层次分明、重点突出。应尽可能将投标人的想法、建议及自身实力叙述详细，做到内容深入而全面，并应尽可能让招标人或评标专家能在很短的评标时间内了解投标文件的内容及投标单位的实力。投标文件体现的内容要针对招标文件评分办法的重点得分内容，如企业业绩、人员素质及监理大纲中建设工程目标控制要点等，要有意识地说明和标设，力求起到加深印象的作用，起到事半功倍的效果。

（2）投标文件编制的依据

投标文件编制的依据是：①国家及地方有关建设工程监理投标的法律法规及政策；②建设工程监理招标文件；③企业现有的设备资源；④企业现有的人力及技术资源；⑤企业现有的管理资源。

（3）监理大纲的编制

建设工程监理投标文件的核心是反映监理服务水平高低的监理大纲，尤其是针对工程具体情况制定的监理对策，以及向建设单位提出的原则性建议等。监理大纲一般应包括以下主要内容：

① 工程概况。根据建设单位提供的和自己初步掌握的工程信息，对工程特征进行简要的描述，主要包括：工程名称、工程内容及建设规模；工程结构或工艺特点；工程地点及自然条件概况；工程质量、造价和进度控制目标等。

② 监理依据和监理工作内容。a. 监理依据：法律法规及政策；工程建设标准（包括《建设工程监理规范》GB/T 50319—2013）；工程勘察设计文件；建设工程监理合同及相关建设工程合同等。b. 监理工作内容：一般包括：质量控制、造价控制、进度控制、合同管理、信息管理、组织协调、安全生产管理的监理工作等。

③ 建设工程监理实施方案是监理评标的重点，根据监理招标文件的要求，针对建设单位委托监理工程特点，拟定监理工作指导思想、工作计划；主要管理措施、技术措施以及控制要点；拟采用的监理方法和手段；监理工作制度和流程；监理文件资料管理和工作表式；拟投入的资源等。建设单位一般会特别关注工程监理单位资源的投入：如项目监理机构的设置和人员配备，包括监理人员（尤其是总监理工程师）素质、监理人员数量和专业配套情况；又如监理设备配置：包括检测、办公、交通和通讯等设备。

④ 建设工程监理难点、重点及合理化建议是整个投标文件的精髓，工程监理单位在熟悉招标文件和施工图的基础上，要按照实际监理工作的开展和部署进行策划，既要全面涵盖"三控两管一协调"和安全生产管理职责的内容，又要有针对性地提出重点工作内容，分部分项工程控制措施和方法以及合理化建议，并说明采纳这些建议将会在工程质量、造价、进度等方面产生的效益。

（4）注意事项

建设工程监理的招标、评标注重于对工程监理单位能力的选择，因此，工程监理单位在投标时应在体现监理能力方面下功夫，应着重解决以下问题：①投标文件应对招标文件内容作出实质性响应；②项目监理机构的设置应合理，要突出监理人员素质，尤其是总监理工程师人选，将是建设单位重点考察的对象；③应有类似建设工程监理经验；④监理大纲能充分体现工程监理单位的技术、管理能力；⑤ 监理服务报价应符合国家收费规定和招标文件对报价的要求，以及建设工程监理成本、利润的测算；⑥投标文件既要响应招标文件要求，又要巧妙回避建设单位的苛刻要求，同时还要避免为提高竞争力而盲目扩大监理工作范围，否则会给合同的履行留下隐患。

4. 参加开标及答辩

参加开标是工程监理单位需要认真准备的投标活动，应按时参加开标，避免废标情况发生。

工程监理单位要充分做好答辩前的准备工作，强化工程监理人员的答辩能力，提高答辩的信心，积累相关的经验，提升监理队伍的整体实力，做到精心准备与快速反应有机结合，专业技术与管理能力同步，以饱满精神沉着应答。

5. 投标后的评估

投标后的评估要全面评价投标决策是否正确，影响因素和环境条件是否分析全面，重难点和合理化建议是否有针对性，总监理工程师及项目监理机构成员人数、资历及组织机构的设置是否合理，投标报价预测是否准确，参加开标和总监理工程师的答辩准备是否充分，投标过程组织是否到位等。投标过程中任何导致成功与失败的细节都不能放过，这些细节是工程监理单位在之后投标过程中需要注意的问题。

（二）建设工程监理投标的策略

建设工程监理投标策略的合理制定和成功实施关键在于以下几个方面：

（1）深入分析影响监理投标的因素，如工程建设单位（买方）的因素、投标人（卖方）自身的因素、竞争对手的因素、环境和条件的因素；

（2）把握和深刻理解招标文本的精神；

（3）选择有针对性的监理投标策略；

（4）充分重视项目监理机构的合理设置；

（5）重视合理化建议的提出；

（6）有效地组织项目监理团队的答辩。

四、建设工程监理合同的管理

（一）建设工程监理合同及其特点

建议工程监理合同是指委托人（建设单位）与监理人（工程监理单位）就委托的建设工程监理与相关服务内容签订的明确双方义务和责任的协议。其中，委托人是指委托工程监理与相关服务的一方，及其合法的继承人或受让人；监理人是指提供监理与相关服务的一方及其合法的继承人。

建设工程监理合同是一种委托合同，除具有委托合同的共同特点外，还具有以下特点：

（1）建设工程监理合同当事人双方应是具有民事权力能力和民事行为能力、具有法人资格的企事业单位及其他社会组织，个人在法律允许的范围内也可以成为合同当事人。接受委托的监理人必须是依法成立、具有工程监理资质的企业，其所承担的工程监理业务应与企业资质等级和业务范围相符合。

（2）建设工程监理合同委托的工作内容必须符合法律法规、有关工程建设标准、工程设计文件、施工合同及物资采购合同。建设工程监理合同是以对建设工程项目目标实施控制并履行建设工程安全生产管理法定职责的主要内容，因此，建设工程监理合同必须符合法律法规和有关工程建设标准，并与工程设计文件、施工合同及材料设备采购合同相协调。

（3）建设工程监理合同的标的是服务。工程建设实施阶段所签订的勘察设计合同、施工合同、物资采购合同、委托加工合同的标的物是产生新的信息成果或物质成果，而监理合同的履行不产生物质成果，而是由监理工程师凭借自己的知识、经验、技能、受委托人委托为其所签订的施工合同、物资采购合同等的履行实施监督管理。

（二）《建设工程监理合同（示范文本）》GF-2012-0202 的结构

建设工程监理合同的订立，意味着委托关系的形成，委托人与监理人之间的关系必将受到合同的约束。为了规范建设工程监理合同，住房和城乡建设部与国家工商行政管理总局于 2012 年 3 月发布了《建设工程监理合同（示范文本）》GF-2012-0202，该合同示范文本由"协议书"、"通用条件"、"专用条件"、附录 A 和附录 B 组成，详见附录一。

（三）建设工程监理合同的履行

1. 监理人的义务

（1）监理的范围和工作内容

建设工程监理范围可能是整个建设工程，也可能是建设工程中一个或若干施工标段，还可能是一个或若干施工标段中的部分工程（如土建工程、机电设备安装工程、桩基工程等）。合同双方需在《建设工程监理合同（示范文本）》的专用条件中明确建设工程监理的具体范围。

监理人需要完成的基本工作如下：①收到工程设计文件后编制监理规划，并在第一次工地会议 7 天前报委托人，根据有关规定和监理工作需要，编制监理实施细则；②熟悉工程设计文件，并参加由委托人主持的图纸会审和设计交底会议；③参加由委托人主持的第一次工地会议，主持监理例会并根据工程需要主持或参加专题会议；④审查施工承包人提交的施工组织设计，重点审查其中的质量安全技术措施、专项施工方案与工程建设强制性标准的符合性；⑤检查施工承包人工程质量、安全生产管理制度及组织机构和人员资格；⑥检查施工承包人专职安全生产管理人员的配备情况；⑦检查施工承包人提交的施工进度计划，核查施工承包人对施工进度计划的调整；⑧检查施工承包人的试验室；⑨审查施工分包人资质条件；⑩查验施工承包人的施工测量放线成果；⑪审查工程开工条件，对条件具备的签发开工令；⑫审查施工承包人报送的工程材料、构配件、设备的质量证明资料，抽验进场的工程材料、构配件的质量；⑬审核施工承包人提交的工程款支付申请，签发或出具工程款支付证书，并报委托人审核、批准；⑭在巡视、旁站和检验过程中，发现工程质量、施工安全存在事故隐患的，要求施工承包人整改并报委托人；⑮经委托人同意，签发工程暂停令和复工令；⑯审查施工承包人提交的采用新材料、新工艺、新技术、新设备的论证材料及相关验收标准；⑰验收隐蔽工程、分部分项工程；⑱审查施工承包人提交的工程变更申请，协调处理施工进度调整、费用索赔、合同争议等事项；⑲审查施工承包人提交的竣工验收申请，编写工程质量评估报告；⑳参加工程竣工验收，签署竣工验收意见；㉑审查施工承包人提交的竣工结算申请并报委托人；㉒编制、整理建设工程监理归档文件并报委托人。

委托人需要监理人提供相关服务（如勘察阶段、设计阶段、保修阶段服务及其他专业技术咨询、外部协调工作等）的，其范围和内容应在《建设工程监理合同（示范文本）》的附录 A 中约定。

（2）项目监理机构和人员

监理人应组建能满足工作需要的项目监理机构，配备必要的检测设备。

项目监理机构的主要人员应具有相应的资格条件。项目监理机构应由总监理工程师、专业监理工程师和监理员组成，且专业配套、人员数量能满足监理工作的需要。总监理工程师必须由注册管理工程师担任，必要时可设置总监理工程师代表。

在建设工程监理合同履行过程中，总监理工程师及重要岗位的监理人员应保持相对稳定，以保证监理工作正常进行。监理人可根据工程进展和工作需要调整项目监理机构人员，若需要更换总监理工程师时，则应提前7天向委托人书面报告，经委托人同意之后方可更换，监理人更换项目监理机构其他的监理人员时，应以不低于现有资格与能力为原则，并应将所需更换人员情况通知委托人。监理人应及时更换有下列情形之一的监理人员：①严重过失行为的；②有违法行为不能履行职责的；③涉嫌犯罪的；④不能胜任岗位职责的；⑤严重违反职业道德的；⑥专用条件约定的其他情形。委托人亦可要求监理人更换不能胜任本职工作的项目监理机构人员。

（3）履行职责

监理人应遵循职业道德准则和行为规范，严格按照法律法规、工程建设有关标准及监理合同履行职责。

① 在建设工程监理与相关服务范围内，项目监理机构应及时处置委托人、施工承包人及有关各方的意见和要求。当委托人与施工承包人及其他合同当事人发生合同争议时，项目监理机构应充分发挥协调作用，与委托人、施工承包人及其他合同当事人协商解决。

② 委托人与施工承包人及其他合同当事人发生合同争议的，首先应通过协商、调解等方式解决，如果协商、调解不成而通过仲裁或诉讼途径解决的，监理人应按仲裁机构或法院的要求提供必要的证明材料。

③ 合同变更的处理，监理人应在《建设工程监理合同（示范文本）》专用条件中约定的授权范围（如工程延期的授权范围、合同价款变更的授权范围）内，处理委托人与承包人所签订合同的变更事宜。如果变更超过授权范围，应以书面形式报委托人批准。在紧急情况下，为了保护财产和人身安全，项目监理机构可以不经请示委托人而直接发布指令，但应在发出指令后的24小时内以书面形式报委托人。

④ 施工承包人及其他合同当事人的人员不称职，则会影响建设工程的顺利实施，为此，项目监理机构有权要求施工承包人及其他合同当事人调换其不能胜任本职工作的人员。与此同时，为限制项目监理机构在此方面有过大的权力，委托人与监理人可在《建设工程监理合同（示范文本）》专用条件中约定项目监理机构指令施工承包人及其他合同当事人调换其人员的限制条件。

（4）其他义务

① 项目监理机构应按《建设工程监理合同（示范文本）》专用条件约定的种类、时间和份数向委托人提交监理与相关服务的报告，包括：监理规划、监理月报、还可以根据需要提交专项报告等。

② 建设工程监理工作中所用的图纸、报告是建设工程监理工作的重要依据，记录建设工程监理工作的相关文件是建设工程监理工作的重要证据，也是衡量建设工程监理效果的主要依据之一，发生工程质量、生产安全事故时，也是判别建设工程监理责任的重要依据。项目监理机构应设专人负责建设工程监理文件资料的管理工作。在监理合同履行期内，项目监理机构应在现场保留工作所用的图纸、报告及记录监理工作的相关文件。工程竣工后，应当按照档案管理规定将监理有关文件归档。

③ 在建设工程监理与相关服务过程中，委托人派遣的人员以及提供给项目监理机构无偿使用的房屋、资料、设备应在《建设工程监理合同（示范文本）》附录B中予以说

明，监理人应妥善使用和保管，并在合同终止时将这些房屋、设备按照《建设工程监理合同（示范文本）》专用条件中约定的时间和方式移交给委托人。

2. 委托人的义务

（1）告知

委托人应在其与施工承包人及其他合同当事人签订的合同中明确监理人、总监理工程师和授予项目监理机构的权限。若监理人、总监理工程师以及委托人授予项目监理机构的权限有变更时，委托人也应以书面形式及时通知施工承包人及其他合同当事人。

（2）提供资料

委托人应按照《建设工程监理合同（示范文本）》附录B中的约定，无偿、及时向监理人提供工程的有关资料，在建设工程监理合同履行过程中，委托人应及时向监理人提供最新的与工程有关的资料。

（3）提供工作条件

委托人应为监理人实施监理与相关服务提供必要的工作条件。

① 委托人应按照《建设工程监理合同（示范文本）》附录B的约定，派遣相应的人员，若所派遣的人员不能胜任所安排的工作，监理人可要求委托人调换；委托人还应按照《建设工程监理合同（示范文本）》附录B的约定，提供房屋、设备供监理人无偿使用。如果在使用过程中所发生的水、电、煤、油及通讯费用等需要监理人支付的，应在《建设工程监理合同（示范文本）》专用条件中约定。

② 委托人应负责协调工程建设中所有外部关系，为监理人履行合同提供必要的外部条件。这里的外部关系是指与工程有关的各级政府建设主管部门、建设工程安全质量监督机构以及城市规划、卫生防疫、人防、技术监督、交警、乡镇街道等管理部门之间的关系，还有与工程有关的各管线单位等之间的关系。若委托人将工程建设中所有或部分外部关系的协调工作委托监理人完成的，则应与监理人协商，并在《建设工程监理合同（示范文本）》专用条件中约定或签订补充协议，支付相关费用。

（4）授权委托人代表

委托人应授权一名熟悉工程情况的代表，负责与监理人联系。委托人应在双方签订合同后7天内，将其代表的姓名和职责书面告知监理人。当委托人更换代表时，也应提前7天通知监理人。

（5）委托人意见或要求

在建设工程监理合同约定的监理与相关服务工作范围内，委托人对承包人的任何意见或要求应通知监理人，由监理人向承包人发出相应的指令。这样，有利于明确委托人与承包单位之间的合同责任，保证监理人独立、公平地实施监理工作与相关服务，避免出现不必要的合同纠纷。

（6）答复

对于监理人以书面形式提交委托人并要求作出决定的事宜，委托人应在《建设工程监理合同（示范文本）》专用条件中约定的时间内给予书面答复，逾期未答复的，则视委托人认可。

（7）支付

委托人应按合同（包括补充协议）约定的额度、时间和方式向监理人支付酬金。

3. 违约责任

（1）监理人的违约责任

监理人若未履行监理合同义务，应承担相应的责任。

① 因监理人违反合同约定而给委托人造成损失的，监理人应当赔偿委托人的损失，赔偿金额的确定方法应在《建设工程监理合同（示范文本）》专用条件中约定，监理人承担部分赔偿责任的，其承担的赔偿金额由双方协商确定。监理人的违约情况包括不履行合同义务的故意行为和未正确履行合同义务的过错行为。监理人不履行合同义务的情形包括：a. 无正当理由单方解除合同；b. 无正当理由不履行合同约定的义务。监理人未正确履行合同义务的情形包括：a. 未完成合同约定范围内的工作；b. 未按规范程序进行监理；c. 未按正确数据进行判断而向施工承包人及其他合同当事人发出错误指令；d. 未能及时发出相关指令，导致工程实施进程发生重大延误或混乱；e. 发出错误指令，导致工程受到损失等。当合同协议书是根据《建设工程监理与相关服务收费管理规定》（发改价格〔2007〕670 号）约定酬金的，则应按照《建设工程监理合同（示范文本）》专用条件约定的百分比方法计算监理人应承担的赔偿金额：

$$赔偿金＝直接经济损失×正常工作酬金$$
$$÷工程概算投资额（或建筑工程安装费）\qquad(2\text{-}1)$$

② 监理人向委托人的索赔不成立时，监理人应赔偿委托人由此发生的费用。

（2）委托人的违约责任

委托人若未履行监理合同义务的，应承担相应的责任。

① 委托人违反合同约定造成监理人损失的，委托人应予以赔偿。

② 委托人向监理人的索赔不成立时，应赔偿监理人由此引起的费用。这与监理人索赔不成立的规定对等。

③委托人未能按合同约定的时间支付相应酬金超过 28 天的，应按《建设工程监理合同（示范文本）》专用条件约定支付逾期付款利息。逾期付款利息应按专用条件所约定的方法计算（拖延支付天数应从应支付日算起）：

$$逾期付款利息＝当期应付款总额×银行同期贷款利率×拖延支付天数\qquad(2\text{-}2)$$

（3）除外责任

因非监理人的原因，且监理人无过错，发生工程质量事故、安全事故、工期延误等造成的损失，监理人不承担赔偿责任。这是由于监理人不承包工程的实施，因此，在监理人无过错的前提下，由于第三方原因使建设工程遭受损失的，监理人不承担赔偿责任。

因不可抗力导致监理合同全部或部分不能履行时，双方各自承担其因此而造成的损失、损害。不可抗力是指合同双方当事人均不能预见、不能避免、不能克服的客观原因引起的事件。因不可抗力导致监理人现场的物质损失和人员伤害，由监理人自行负责。如果委托人投保的"建筑工程一切险"或"安装工程一切险"的被保险人中包括监理人，则监理人的物质损害也可从保险公司获得相应的赔偿。

监理人应自行投保现场监理人员的意外伤害保险。

4. 合同的生效、变更和终止

（1）建设工程监理合同的生效

建设工程监理合同属于无生效条件的委托合同。因此，合同双方当事人依法订立后合同即生效。即：委托人和监理人的法定代表人或其授权代理人在协议书上签字并盖单位章后合同生效，除非法律另有规定或者《建设工程监理合同（示范文本）》专用条件另有约定。

（2）建设工程监理合同的变更

在建设工程监理合同履行期间，由于主观或客观条件的变化，当事人任何一方均可提出变更合同的要求，经过双方协商达成一致后可以变更合同。

① 除不可抗力外，因非监理人原因导致监理人履行合同期限延长、工作内容增加时，监理人应将此情况与可能产生的影响及时通知委托人。增加的监理工作时间、工作内容应视作附加工作，附加工作的酬金其确定方法应在《建设工程监理合同（示范文本）》专用条件中约定。附加工作分为延长监理或相关服务时间、增加服务工作内容两类。增加服务工作内容的附加工作酬金由合同双方当事人根据实际增加的工作内容协商确定；延长监理或相关服务时间的附加工作酬金，应按式（2-3）计算：

$$附加工作酬金＝合同期限延长时间(天)×正常工作酬金$$
$$÷协议书约定的监理与相关服务期限(天) \qquad (2-3)$$

② 建设工程监理合同暂停履行，终止后的善后服务工作及恢复服务的准备工作。监理合同生效后，如果实际情况发生变化使得监理人不能完成全部或部分工作时，监理人应当立即通知委托人。其善后工作以及恢复服务的准备工作应作为附加工作，附加工作的酬金确定方法应在《建设工程监理合同（示范文本）》专用条件中约定。监理人用于恢复服务的准备时间不应超过 28 天。建设工程监理合同生效后，出现致使监理人不能完成全部或部分工作的情况可能包括：a. 因委托人原因致使监理人服务的工程被迫终止；b. 因委托人原因致使被监理合同终止。c. 因施工承包人或其他合同当事人原因致使被监理合同终止，实施工程需要更换施工承包人或其他合同当事人；d. 不可抗力原因致使被监理合同暂停履行或终止等。在上述情况下，附加工作酬金按式（2-4）计算：

$$附加工作酬金＝善后工作及恢复服务的准备工作时间(天)×正常工作酬金$$
$$÷协议书约定的监理与相关服务期限(天) \qquad (2-4)$$

③ 在监理合同履行期间、因法律法规、标准颁布或修订导致监理与相关服务的范围、时间发生变化时，应按合同变更对待，双方通过协商予以调整。增加的监理工作内容或延长的服务时间应视为附加工作。若致使委托范围内的工作相应减少或者服务时间缩短，也应调整监理与相关服务的正常工作酬金。

④ 工程投资额或建筑安装工程费用增加而引起的变更。协议书中约定的监理与相关服务酬金是按照国家颁布的收费标准确定时，其计算基数是工程概算投资额或建筑安装工程费。因非监理人原因造成工程投资额或建筑安装工程费增加时，监理与相关服务酬金的计算基数便发生变化，因此，正常工作酬金应作相应的调整。调整额按式（2-5）计算：

$$正常工作酬金增加额＝工程投资额或建筑安装工程费增加额×正常工作酬金$$
$$÷工程概算投资额（或建筑安装工程费） \qquad (2-5)$$

如果是按照《建设工程监理与相关服务收费管理规定》（发改价格 ［2007］670 号）约定的合同酬金，增加监理范围调整正常工作酬金时，若涉及专业调整系数、工程复杂程度调整系数变化，则应按照实际委托的服务范围重新计算正常监理工作酬金额。

⑤ 在监理合同履行期间，工程规模或监理范围的变化导致监理人的正常工作量减少

时，其监理与相关服务的投入成本也相应减少，因此，也应对《建设工程监理合同（示范文本）》协议书中约定的正常工作酬金作出调整。减少正常工作酬金的基本原则是：按照减少工作量的比例从协议书约定的正常工作酬金中扣减相同比例的酬金。如果是按照《建设工程监理与相关服务收费管理规定》（发改价格〔2007〕670号）约定的合同酬金，减少监理范围后调整正常工作酬金时，如果涉及专业调整系数、工程复杂程度调整系数变化，则应按实际委托的服务范围重新计算正常监理工作酬金额。

（3）建设工程监理合同暂停履行与解除

除双方协商一致可以解除合同外，当一方无正当理由未履行合同约定的义务时，另一方可以根据合同约定暂停履行合同直至解除合同。

① 在合同有效期内，由于双方无法预见和控制的原因导致合同全部或部分无法继续履行或者继续履行已无意义时，经双方协商一致后，可以解除合同或监理人的部分义务。在解除合同之前，监理人应按照诚信原则做出合理的安排，将解除合同所导致的工程损失减少至最小。除了不可抗力等原因依法可以免除责任外，因委托人原因而使正在实施的工程取消或暂停等，监理人有权获得因合同解除导致损失的补偿，其补偿金额由双方协商确定。解除合同的协议必须采取书面形式，在协议尚未达成之前，监理合同仍然有效，双方当事人应继续履行合同约定的义务。

② 委托人因不可抗力影响，筹措建设资金遇到困难、与施工承包人解除合同，办理相关审批手续、征地拆迁遇到困难等导致工程施工全部或部分暂停时，应书面通知监理人暂停全部或部分工作。监理人应立即安排停止工作，并将开支减至最小。除不可抗力外，由此导致监理人遭受的损失应由委托人予以补偿。暂停全部或部分监理或相关服务的时间超过182天，监理人可自主选择继续等待委托人恢复服务的通知，也可以向委托人发出解除全部或部分义务的通知。若暂停服务仅涉及合同协议的部分工作内容，则可视为委托人已将此部分约定的工作从委托任务中删除，监理人不需要再履行相应的义务；如果暂停全部服务工作，按委托人违约对待，监理人可以单方解除合同，监理人可发出解除合同的通知，合同自通知到达委托人时解除。委托人应将监理与相关服务的酬金支付至合同解除日。委托人因违约行为给监理人造成损失的，应承担违约赔偿责任。

③ 当监理人无正当理由而未履行合同约定的义务时，委托人应通知监理人限期改正。委托人在发出通知后7天内没有收到监理人书面形式的合理解释，即可视为监理人没有采取实质性改正违约行为的措施，则可进一步发出解除合同的通知，自通知到达监理人时合同解除。委托人应将监理与相关服务的酬金支付至限期改正通知到达监理人之日。监理人因违约行为给委托人造成损失的应承担违约赔偿责任。

④ 委托人按期支付酬金是其基本义务。监理人在《建设工程监理合同（示范文本）》专用条件约定的支付日的28天后未收到应支付的款项，可发出酬金催付通知。委托人接到通知14天后仍未支付或未提出监理人可以接受的延期支付安排，监理人可向委托人发出暂停工作的通知并可自行暂停全部或部分工作。暂停工作后14天内监理人仍未获得委托人应付酬金或者委托人的合理答复，监理人可向委托人发出解除合同的通知，自通知到达委托人时合同解除。委托人应对支付酬金的违约行为承担违约赔偿责任。

⑤ 因不可抗力致使合同部分或全部不能履行时，一方应立即通知另一方，可暂停或解除合同。根据《合同法》双方所受到的损失、损害各负其责。

⑥ 无论是协商解除合同，还是委托人或者监理人单方解除合同，在合同解除生效后，合同所约定的有关结算、清理条款仍然有效。单方解除合同的解除通知到达对方时生效，任何一方对对方解除合同的行为有异议，仍可按照约定的合同争议条款采用调解、仲裁或诉讼的程序保护自己的合法权益。

（4）监理合同的终止

以下条件全部成立时，监理合同即告终止：①监理人完成合同约定的全部工作；②委托人与监理人结清并支付全部酬金。

第二节 建设项目监理机构及其设施的建立

建设工程监理组织是完成建设工程监理工作的基础和前提。在建设工程的不同组织管理模式下，可采用不同的建设工程委托方式。工程监理单位在接受建设单位的委托后，应按照一定的程序和原则实施监理。

项目监理机构作为工程监理单位派驻施工现场履行建设工程监理合同的组织机构，应根据建设工程监理合同约定的服务内容、服务期限以及工程特点、规模、技术复杂程度、环境等因素设立，同时还需要明确项目监理机构中各类人员的基本职责。

一、建设工程监理的委托方式

建设工程组织管理一般采用平行承发包、施工总分包、工程总承包等模式，在不同的建设工程组织管理模式下，应选择不同的建设工程委托方式。

1. 在平行承发包模式下的工程监理委托方式

建设单位将建设工程设计、施工以及材料设备采购任务经分解后分别发包给若干设计单位、施工单位和材料设备供应单位，并分别与各承包单位签订合同的组织管理模式称之为平行承发包模式。在此模式中，各设计单位、施工单位、材料设备供应单位之间的关系是平行的，如图 2-1 所示。

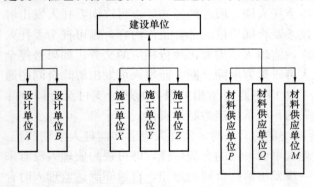

图 2-1 建设工程平行承发包模式

在建设工程平行承发包模式下，建设工程监理委托的方式有业主委托一家工程监理单位实施监理和建设单位委托多家工程监理单位实施监理两种主要形式。

（1）业主委托一家工程监理单位实施监理

此委托方式要求被委托的工程监理单位应具有较强的合同管理与组织协调能力，并能做好全面规划工作。工程监理单位的项目监理机构可以组建多个监理分支机构对各个施工单位分别实施监理，在建设工程的监理过程中，总监理工程师应重点做好总体协调工作，加强横向的联系，以确保建设工程监理工作的有效运行。此委托方式如图 2-2 所示。

（2）建设单位委托多家工程监理单位实施监理

建设单位（业主）委托多家工程监理单位针对不同施工单位实施监理，需要分别与多家工程监理单位签订工程监理合同，这样，各工程监理单位之间的相互协作与配合需要建设单位从中进行协调。采用此委托方式，工程监理单位的监理对象相对单一，便于管理，但建设工程的监理工作被肢解，各家工程监理单位各负其责，缺少一个对建设工程进行总体规划与协调控制的工程监理单位。此委托方式如图 2-3 所示。

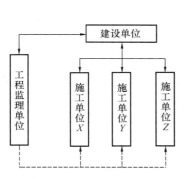

图 2-2　平行承发包模式下委托
一家工程监理单位的组织方式

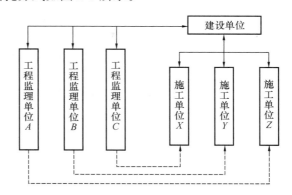

图 2-3　平行承发包模式下委托
多家工程监理单位的组织方式

为了克服上述的不足，建设单位可首先委托一个"总监理工程师单位"，总体负责建设工程总规划和协调控制，再由建设单位与"总监理工程师单位"共同选择几家工程监理单位分别承担不同施工合同段的监理任务。在建设工程监理工作中，由"总监理工程师单位"负责协调、管理各工程监理单位工作，从而可大大减轻建设单位的管理压力。此委托方式如图 2-4 所示。

2. 在施工总承包模式下的建设工程监理委托方式

建设单位将全部施工任务发包给一家施工单位作为总承包单位，总承包单位可以将其部分任务分包给其他施工单位，形成一个施工总包合同及若干个分包合同的组织管理模式称之为施工总承包模式，如图 2-5 所示。

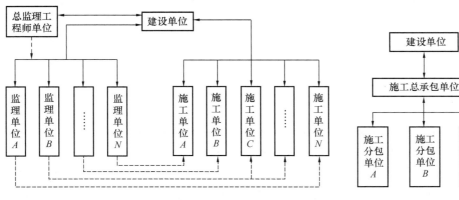

图 2-4　平行承发包模式下委托"总监理工程师单位"
的组织方式

图 2-5　建设工程施工
总分包模式

在建设工程施工总承包模式下，建设单位通常应委托一家工程监理单位实施监理，这样有利于工程监理单位统筹考虑工程质量、造价、进度控制，合理进行总体规划协调，更

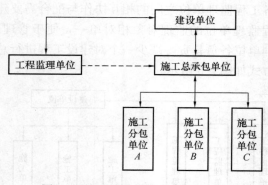

图 2-6　施工总承包模式下委托工程
监理单位的组织方式

可使监理工程师掌握设计思路与设计意图，有利于实施建设工程监理工作。虽然施工总承包单位对施工合同承担承包方的最终责任，但分包单位的资格、能力直接影响工程质量、进度等目标的实现，因此，监理工程师必须做好对分包单位资格的审查、确认工作。在建设工程施工总承包模式下，建设单位委托监理方式如图 2-6 所示。

3. 在工程总承包模式下的建设工程监理委托方式

建设单位将工程设计、施工、材料设备采购等工作全部发包给一家承包单位，由其进行实质性设计、施工和材料设备采购工作，最后向建设单位交出一个已达到设计要求的工程称之为工程总承包模式。按这种模式发包的工程又称为"交钥匙工程"。工程总承包模式如图 2-7 所示。

在工程总承包模式下，建设单位一般应委托一家工程监理单位实施监理。在该委托方式下，监理工程师需具备较全面的知识，做好合同管理工作。其委托方式如图 2-8 所示。

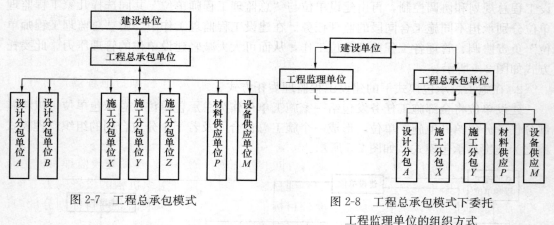

图 2-7　工程总承包模式　　　　　图 2-8　工程总承包模式下委托
　　　　　　　　　　　　　　　　　　　　　工程监理单位的组织方式

二、建立项目监理机构的步骤

项目监理机构是指工程监理单位在实施监理时，派驻工地负责履行建设工程监理合同的组织机构。监理单位应依据建设工程的规模、性质、业主对监理的要求，委托称职的人员担任项目总监理工程师，代表监理单位全面负责工程的监理工作。工程监理单位是指依法成立并取得建设主管部门颁发的工程监理企业资质证书，从事建设工程监理与相关服务活动的服务机构。相关服务是指工程监理单位受建设单位委托，按照建设工程监理合同约定，在建设工程勘察、设计、保修等阶段提供的服务活动。

项目监理机构的组织结构模式和规模，可根据建设工程监理合同约定的服务内容、服务期限以及工程特点、规模、技术复杂程度、环境等因素确定。

监理单位在建立工程项目监理组织机构时，一般应按图 2-9 步骤进行。

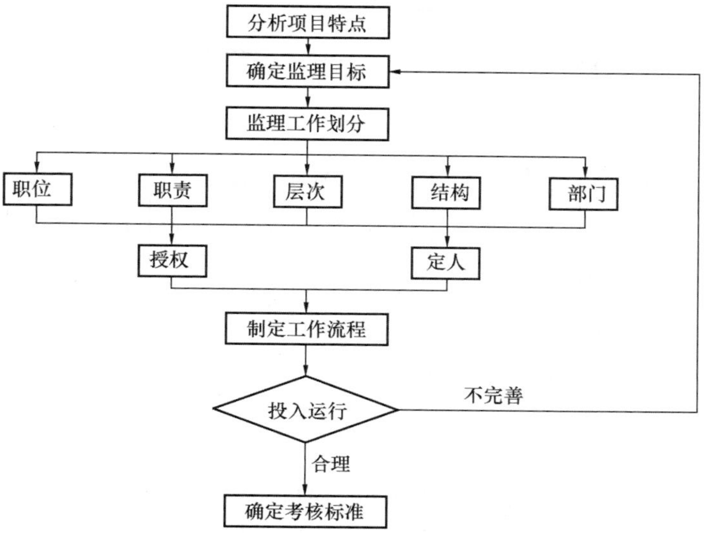

图 2-9 建立监理组织机构的步骤

1. 了解和分析项目的特点

项目监理机构是为一个特定的工程项目设立的，每一个工程项目都有自己的特点，项目的规模情况、地理位置、监理合同要求等的不同，项目监理机构的设计也不一样，如项目的规模会影响到监理机构组织的层次与跨度。又如监理合同的要求不同，相应地监理单位派出的监理人员专业配置情况也不同；监理单位考虑到所建工程项目地理位置的不同，在选择监理人员时，就应当考虑是从本单位派人为主，还是在当地招聘人员为主。监理项目的特点直接决定了监理的目标和任务内容。

2. 确定建设监理目标

监理目标的确定应根据工程建设监理合同和监理项目的特点。项目建设监理目标是监理组织机构设置的根本目的，若离开了监理目标，就能使监理组织机构的设置失去方向。所有的监理活动都应该从"一切为了监理目标的实现"出发，要根据监理目标划分部门，设置机构、确定人员、划分层次，因事而定岗定职定责，因责而授权。

3. 监理工作的划分

根据监理目标和监理合同中所规定的监理任务，明确列出监理工作内容，并进行分类归纳及组合，对于各项工作的归纳及组合应以便于监理目标控制为目的，并应考虑监理项目的规模、性质、工期、工程复杂程度以及监理单位自身技术业务水平、监理人员数量、组织管理水平等。如果进行全过程监理，监理工作划分可按决策阶段、设计阶段和施工阶段分别归纳和组合，如图 2-10 所示。如果进行施工阶段监理，则可按投资、进度、质量等目标进行归纳和组合。

4. 项目监理机构的组织设计

（1）结构形式的选择应考虑有利于合同项目的管理、有利于控制目标、有利于决策指挥、有利于信息沟通。

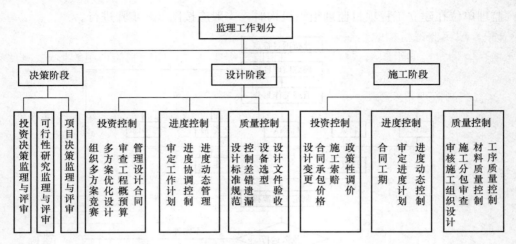

图 2-10   监理工作的划分

（2）总监理工程师、专业监理工程师和监理员构成了项目监理机构的三个管理层次，即决策层、中间控制层和操作层。组织的最高管理者到最基层的实际工作人员权责逐层递减，而人数却逐层递增。①决策层是由总监理工程师以及助手组成，其根据工程项目的监理活动特点与内容进行科学化和程序化的决策；②中间控制层又称协调层或者执行层，是由各专业监理工程师和子项目监理工程师组成，具体负责监理规划的落实，分项目标的控制以及合同实施的管理，属承上启下的管理层次，对上直接影响到决策的正确与否，对下则领导、指挥现场监理员工作；③操作层主要由监理员组成，具体负责现场监理活动的操作实施。

管理跨度是指一名上级管理人员所直接管理的下级人数，管理跨度越大，领导者需要协调的工作量也就越大，其管理难度也越大，为了能使组织结构高效运行，必须确定合理的管理跨度。在项目监理机构中管理跨度的确定应考虑到监理人员的素质、管理活动的复杂性和相似性、监理业务的标准化程度、各规章制度的建立健全情况、建设工程的集中或分散情况等。监理机构的人员构成是监理投标书中的重要内容，是业主在评标过程中认可的。总监理工程师在组建项目监理机构时，应根据监理大纲内容和签订的委托监理合同内容进行组建，并在监理规划和具体实施计划执行中进行及时的调整。

（3）制定岗位职责，岗位职务及岗位职责的确定，要有明确的目的性，不可因人设事，因人设岗，根据责权一致的原则，应进行适当的授权，以承担相应的职责。

（4）根据监理工作的具体任务，选择相应的各层次人员，除应考虑监理人员的个人素质外，还应当考虑总体的合理性与协调性。

工程监理单位在建设工程监理合同签订之后，应及时将项目监理机构的组织形式、人员构成及对总监理工程师的任命书面通知建设单位。

三、项目监理机构的设置和人员配备

监理单位与建设单位在签订施工阶段委托监理合同后，按合同约定的时间实施工程的监理。即必须在施工现场建立和进驻项目监理机构。在完成委托监理合同约定的监理工作后方可撤离现场，在撤离前监理单位应书面通知建设单位，并办理相应的移交

手续。

（一）项目监理机构的组织形式

项目监理机构的组织形式种类有直线制监理组织形式、职能制监理组织形式、直线职能制监理组织形式以及矩阵制监理组织形式等。

1. 直线制监理组织形式

直线制监理组织形式是指项目监理机构中的各种职位是按照垂直系统直线排列的，如图 2-11 所示。

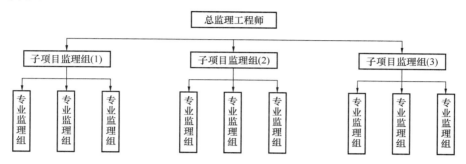

图 2-11　直线制监理组织形式

此组织形式的特点是项目监理机构中任何一个下级只接受唯一上级的命令，各级部门主管人员对各自所属部门的事务负责，项目监理机构中不再另设职能部门，此类组织形式适用于能划分为若干个相对独立的子项目的大、中型建设工程。总监理工程师负责整个工程的规划、组织和指导，并负责整个工程范围内各方面的指挥协调工作；子项目监理机构分别负责各子项目的目标控制，具体领导现场专业或专业监理机构的工作。

如果建设单位将相关的服务一并委托，项目监理机构的部门还可按不同的建设阶段分解设立直线制项目监理机构组织形式（图 2-12）。对于小型建设工程，其项目监理机构也可以采用按专业内容分解的直线制组织形式（图 2-13）。

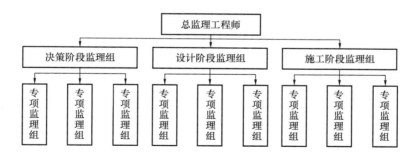

图 2-12　按建设阶段分解的直线制监理组织形式

2. 职能制监理组织形式

职能制组织形式是在项目监理机构内设立一些职能部门，将相应的监理职责和权力交给职能部门，各职能部门在其职能范围内有权直接发布指令指挥下级。此类组织形式一般适用于大中型建设工程（图 2-14）。若子项目规模较大时，则也可以在子项目层设置职能部门（图 2-15）。

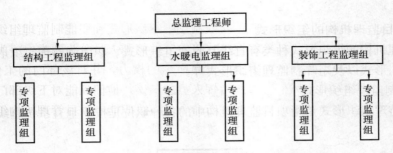

图 2-13 按专业内容分解的直线制监理组织形式

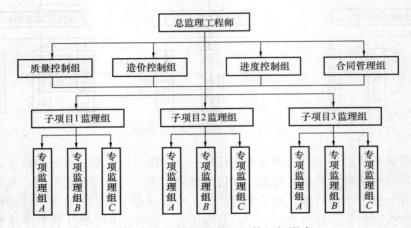

图 2-14 职能制项目监理机构组织形式

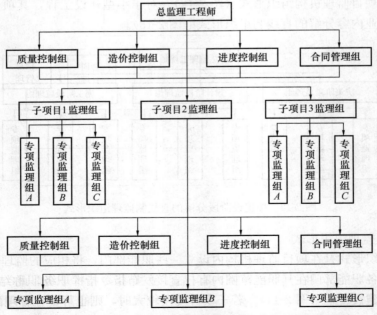

图 2-15 子项目设立职能部门的职能制项目监理机构组织形式

3. 直线职能制监理组织形式

直线职能制监理组织形式是吸收了直线制监理组织形式和职能制监理组织形式的优点而形成的一种监理组织形式。此类组织形式将管理部门和人员分为两类：一类是直线指挥部门的人员，他们拥有对下级实行指挥和发布命令的权力，并对该部门的工作全面负责；另一类是职能部门的人员，他们是直线指挥人员的参谋，他们只能对下级部门进行业务指导，而不能对下级部门直接进行指挥和发布命令。直线职能制项目管理机构组织形式参见图 2-16 所示。

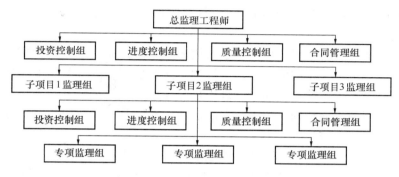

图 2-16　直线职能制监理组织形式

4. 矩阵制监理组织形式

矩阵制组织形式是由纵横两套管理系统组成的矩阵组织结构，一套是纵向职能系统，另一套是横向子项目系统（图 2-17）。这种组织形式的纵、横两套管理系统在监理工作中是相互融合的关系，纵横线所绘的交叉点上，表示了两者协同以共同解决问题。如图 2-17 所示，子项目 1 的质量验收是由子项目 1 监理组和质量控制组共同进行的。

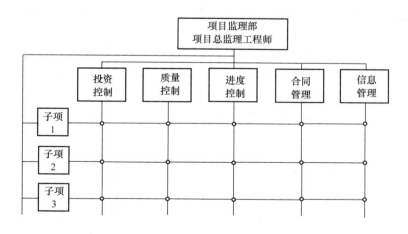

图 2-17　矩阵制监理组织形式

（二）监理人员的配备

监理人员的配备原则是专业结构合理，各专业配套，技术职务职称结构合理，高、中、低级人员比例适宜，以中级为主，责、权、利统一，职能落实，合理配置。人员配置数量适宜，应本着适应、精干、高效的原则，以不同专业满足监理工作需要为出发点。

监理机构中配备的监理人员数量和专业应根据所监理任务的范围、内容、期限、专业类别以及工程的类别、规模，技术复杂程度、工程环境等因素综合考虑，并符合委托监理合同中对监理深度和密度的要求，能体现监理机构的整体素质，满足监理目标控制的要求。监理人员的数量一般不少于3人，监理人员数量和专业配备可随工程施工进展情况作相应的调整，从而满足不同阶段监理工作的需要。项目监理机构的监理人员一般应由总监理工程师、专业监理工程师和施工现场监理员等人员组成，其专业配套、人员数量必须满足建设工程监理工作的需要，必要时还可设置总监理工程师代表，并可配备必要的文秘、翻译人员。

总监理工程师是指由工程监理单位法人代表人书面任命，负责履行建设工程监理合同，主持项目监理机构工作的注册监理工程师。注册监理工程师是指取得国务院建设主管部门颁发的《中华人民共和国注册监理工程师注册执业证书》和执业印章，从事建设工程监理与相关服务等活动的有关人员。总监理工程师是一个建设工程监理工作的总负责人。

总监理工程师代表是指经工程监理单位法定代表人同意，由总监理工程师书面授权，代表总监理工程师行使其部分职责和权力，具有工程类注册执业资格或具有中级及以上专业技术职称、3年及以上工程实践经验并经监理业务培训的人员。

专业监理工程师是指由总监理工程师授权，负责实施某一专业或者某一岗位的监理工作，有相应监理文件签发权，具有工程类注册执业资格或具有中级及以上专业技术职称，2年及以上工程实践经验并经监理业务培训的人员。

监理员是指从事具体监理工作，具有中专及以上学历并经过监理业务培训的人员。

工程监理单位在建设工程监理合同签订后，应及时将项目监理机构的组成形式、人员构成及对总监理工程师的任命书面通知建设单位。总监理工程师的任命书应按表2-12的要求进行填写。

工程监理单位若调换总监理工程师时，应征得建设单位的书面同意；若调换专业监理工程师时，总监理工程师应书面通知建设单位。

一名注册监理工程师可担任一项建设工程监理合同的监理工程师。若需要同时担任多项建设工程监理合同的总监理工程师时，应经建设单位书面同意，且最多不得超过三项。

四、监理人员的素质要求

工程监理是工程技术与工程管理的结合，担任监理工作的人员其基本素质要求是：不仅要有扎实的技术理论基础，还要有较为丰富的工程技术与管理经验，不仅要具有一定的工程技术、工程经济、法律等方面的知识，而且还应具有较强的社交能力、组织能力和协调能力。管理人员的基本素质要求详见表2-1。

监理人员的基本素质要求

表2-1

品质素质	是指监理人员应有高尚的职业道德品质、事业心强和工作的责任感
身体素质	是指监理人员应身体健康，有充沛的工作精力，能胜任工作

续表

知识素质	是指监理人员应有较扎实的相应专业基础理论知识、工作经历和实践经验；对相关规范、规程以及相关的强制性条文的深刻理解和掌握；对新材料、新工艺、新技术的施工过程及机理有一定的知识基础和实践经验；应具有检查、验收、检测方面的基本知识以及为开展国际交流而必须具备一定的外语会话能力
技能素质	是指监理人员应具有熟悉的监理业务，工作技能；必须的监理检查、验收、检测技能
能力素质	是指监理人员应具有观察和识别事物的属性、分析事物相关关系、处理和协调内部与外界、单位与单位、单位与个人、个人与个人间关系的识别与判断能力、协调能力；能用妥善而恰当的方法处理监理实施工作中的有关问题，同时具有文字表达能力

1. 对总监理工程师的素质要求

对总监理工程师的总体要求是：精业务、懂管理、善协调和能自控。其应由具有三年以上同类工程监理工作经验的人员担任。对本专业的专业技术知识必须精通，监理工作具有专业交叉渗透、覆盖面宽的特点，所以其他专业的主要技术业务（如建筑、建筑结构、工程测量、工程地质、给水排水、采暖与通风等）可以通过专家和其他监理人员协助胜任。

总监理工程师，必须具有较好的管理知识宽度，必须在管理理论和管理技术上训练有素并能灵活运用。作为监理班子的带头人，应具有较好的领导艺术和组织协调能力，应有榜样的力量，具有实干精神，开拓进取精神，合作精神、团结精神、牺牲精神、不耻下问和雷厉风行的精神；具有良好的组织才能和优秀的个人素质，头脑冷静，善于分析并且具有预见性。

2. 对其他监理人员的素质要求

（1）总监理工程师代表应具有三年以上同类工程监理工作经验的人员担任。

（2）专业监理工程师应由具有一年以上同类工程监理工作经验的人员担任，其素质要求为：要有良好的品质，必须爱国敬业，具有科学态度和综合分析能力，廉洁奉公、人为正直和办事公道，善于同各方合作共事；要有较高的学历和广泛的理论知识，应具有深厚的现代科技理论知识，精通本专业的知识，同时应具有一定的经济管理知识、法律知识等；要有丰富的工作经验；要有健康的体魄和充沛的精力。

（3）施工现场监理员应接受过监理业务培训，具有同类工程相关专业知识，从事具体监理工作的监理人员，是监理实务工作的直接作业者。

五、监理人员的工作职责

1. 总监理工程师的工作职责

（1）总监理工程师应履行下列职责：

① 保持与委托单位的密切联系，弄清建设单位的建设意图和监理要求，组建项目监理班子，并确定项目监理机构人员的分工及岗位职责；

② 负责与各承建单位负责人联系，确定监理工作中相互配合问题及需提供的各项相关资料；

③ 组织编制项目监理规划，审批项目监理实施细则，并负责管理项目监理机构的日常工作。根据监理规划组织、指导和检查项目的监理工作，保证项目管理的目标顺利完

成。负责建立项目的合同管理体系，严格履行合同管理任务；

④ 根据工程进展及监理工作情况调配监理人员，检查和监督监理人员的工作，对于不称职的人员应调换其工作；

⑤ 组织召开监理例会；主持监理工作会议，签发项目监理机构的文件和指令；

⑥ 组织审核总包单位选择的分包单位资格，并提出审查意见；

⑦ 组织审查承包单位提交的施工组织设计、（专项）施工技术方案；

⑧ 审查工程开工、复工报审表以及进度计划，提出改进意见，签发工程开工令、停工令和复工令。

⑨ 组织检查施工单位现场质量、安全生产管理体系的建立及运行情况；

⑩ 审查承包单位提出的材料和设备清单及其规格和质量，并且按照合同要求检查进入施工现场的材料、设备的质量；

⑪ 组织审核施工单位的付款申请，签发工程款支付证书，组织审核竣工结算，审查工程结算书，查明各项合同完成工作的最终价值；

⑫ 组织审查和处理工程变更；

⑬ 调解建设单位与施工单位之间的合同争议和纠纷，组织处理工程索赔事务，审批工程延期，向业主提供所有索赔和争议的资料，并提出监理方的意见；

⑭ 检查工程进度和施工质量、组织验收分部工程，组织审查单位工程质量检验资料。

⑮ 审查施工单位的竣工申请，组织监理人员对待验收的工程项目进行质量检查，组织工程竣工预验收，组织编写工程质量评估报告，参与工程项目竣工验收；

⑯ 参与或配合工程质量安全事故的调查和处理；

⑰ 负责组织项目实施中各有关方面（如政府有关部门、市政部门、公共事业、设计单位、施工单位、材料供应部门等）之间的综合协调工作；

⑱ 组织编写并签发监理月报、监理工作阶段报告、专题报告和项目监理工作总结，定期或不定期向委托单位提交项目实施的情况报告，主持整理工程项目的监理资料，组织整理监理文件和技术档案资料；

⑲ 签署项目竣工资料，并编写项目监理工作报告。

（2）总监理工程师不得将下列工作委托给总监理工程师代表：

① 组织编制项目监理规划，审批监理实施细则；

② 根据工程进展及监理工作情况调配监理人员；

③ 组织审查施工组织设计，（专项）施工方案；

④ 签发工程开工令、暂停令和复工令；

⑤ 签发工程款支付证书，组织审核竣工结算；

⑥ 调解建设单位与施工单位的合同争议，处理工程索赔；

⑦ 审查施工单位的竣工申请，组织工程竣工预验收，组织编写工程质量评估报告，参与工程竣工验收；

⑧ 参与或配合工程质量安全事故的调查和处理。

2. 总监理工程师代表的工作职责

总监理工程师代表的工作职责要点如下：

（1）负责总监理工程师指定或交办的监理工作；

（2）按总监理工程师的授权，行使总监理工程师的部分职责和权力。应该注意，总监理工程师不可把全部的工作职责一并委托给总监理工程师代表。如经济方面的合同、纠纷和人员调整方面的工作，总监理工程师不可以委托总监理工程师代表处理。

3. 专业监理工程师的工作职责

专业监理工程师的工作职责其要点如下：

（1）参与编制监理规划，负责编制监理实施细则；

（2）审查施工单位提交的涉及本专业的计划、方案、申请、变更等报审文件，并向总监理工程师提出报告；

（3）负责本专业监理工作的具体实施；

（4）参与审核分包单位资格；

（5）组织、指导、检查和监督本专业监理人员的工作，定期向总监理工程师报告本专业监理工作的实施情况，当人员需要调整时，向总监理工程师提出建议；

（6）检查进场的工程材料、构配件、设备的质量，检查进场材料、设备、构配件的原始凭证、检测报告等质量证明文件，根据实际情况认为有必要时对进场材料、设备、构配件进行平行检验，合格时予以签认；

（7）负责验收检验批、隐蔽工程、分项工程，参与验收分部工程；

（8）定期向总监理工程师提交本专业监理工作实施情况报告，对于重大问题应及时向总监理工程师汇报和请示；

（9）处置发现的质量问题和安全事故隐患；

（10）负责本专业的工程计量工作，审核工程计量的数据和原始凭证；

（11）参与工程变更的审查和处理；

（12）根据本专业监理工作实施情况组织编写监理日志，参与编写监理月报；

（13）负责本专业监理资料的收集、汇总，参与整理监理文件资料；

（14）参与工程竣工预验收和工程竣工验收等工作。

4. 监理员的工作职责

监理员的工作职责其要点如下：

（1）在专业监理工程师的指导下开展现场监理工作；

（2）检查承包单位投入工程项目的人力、材料、主要设备及其使用、运行状况，并做好检查记录，进行见证取样；

（3）复核或从施工现场直接获取工程计量的有关数据并签署原始凭证。

（4）按照设计图以及有关标准，对承包单位的工艺过程或施工工序进行检查和记录，对加工制作以及工序施工质量检查的结果进行记录。

（5）担任旁站工作，发现问题应及时指出并向专业监理工程师报告。

（6）认真做好监理日记和有关的监理工作记录。

六、监理设施

建设单位应提供建设工程监理合同所约定的，能够满足监理工作需要的办公、交通、通信、生活等设施，以方便项目监理机构进行监理活动。

对于建设单位所提供的设置，项目监理机构应妥善保管和使用，并应进行登记造册，在建设工程监理工作结束后或者建设工程监理合同终止后,按照建设工程监理合同约定的时间内移交建设单位。

工程监理单位应根据工程项目类别、规模、技术复杂程度、工程项目所在地的环境条件,按照建设工程监理合同的约定,配备能满足监理工作需要的检测设备和工器具。

第三节 监理规划与监理实施细则的编制

监理规划是指监理单位在接受建设单位委托并签订委托监理合同后,在项目总监理工程师的主持下,根据委托监理合同,在监理大纲的基础上,结合工程实际,广泛收集工程信息和资料的情况下制定并经监理单位技术负责人批准,用来指导项目监理机构全面开展建设工程监理工作的一类指导性文件。监理规划应结合所监理工程的实际情况,明确项目监理机构的工作目标,确定具体的监理工作制度、内容、程序、方法和措施。

监理实施细则是指在监理规划的基础上,由项目监理机构的专业监理工程师编写的,并经总监理工程师批准实施的,针对某一专业或某一方面建设工程监理工作的一类操作性文件。专业监理工程师所编写的监理实施细则应符合监理规划的要求,并应具有可操作性。

监理规划和监理实施细则的内容应全面、具体、完整,而且需要按照程序进行报批之后才能实施。

一、监理规划的编制

监理规划编制水平的高低,将直接影响到该工程项目监理的深度和广度,势将影响到该工程项目的总体质量。监理规划是一个监理单位综合能力的具体体现,其对监理业务的展开有着十分重要的作用,要圆满完成一项工程建设的监理任务,编制好工程建设监理规划尤为重要。

(一)监理规划的编写依据

1. 工程建设的法律法规和标准

工程建设的法律、法规和标准具体包括以下三个方面:①国家颁布的有关工程建设的法律、法规及政策。无论在任何地区或任何部分进行工程建议,都必须遵守国家颁布的工程建设方面的法律、法规及政策。②工程所在地或所属部门颁布的有关工程建设的法规、规章及政策。建设工程必然是在某一地区实施的,有时也由某一部门归口管理,这就要求工程建设必须遵守工程所在地或所属部门颁布的工程建设相关法规、规章及政策。③工程建设的各种标准、规范。工程建设必须遵守相关标准、规范及规程等工程建设技术标准和管理标准。

2. 建设工程外部环境调查研究资料

建设工程外部环境调查研究资料主要有自然条件方面的资料、社会和经济条件方面的资料等。①自然条件方面的资料包括:建设工程所在地点的地质、水文、气象、地形以及自然灾害发生情况等方面的资料;②社会和经济条件方面的资料包括:建设工程所在地的人文环境、社会治安、建筑市场状况、相关单位(政府主管部门、勘察和设计单位、施工单位、材料设备供应单位、工程咨询和工程监理单位)、基础设施(交通设施、通讯设施、公用设施、能源设施）、金融市场情况等方面的资料。

3. 政府批准的工程建设文件

政府批准的工程建设文件包括以下两个方面：①政府工程建设主管部门批准的可行性研究报告、立项批文；②政府规划、土地、环保等部门确定的规划条件、土地使用条件、环境保护要求、市政管理规定。

4. 建设工程监理合同文件

建设工程监理合同中的相关条款和内容是编写监理规划的重要依据，主要包括：监理工作的范围和内容、监理与相关服务的依据，工程监理单位和监理工程师的权利、义务和责任，建设单位的权利、义务和责任等。

建设工程监理投标书是建设工程监理合同文件的重要组成部分，工程监理单位在监理大纲中明确的内容，主要包括项目监理组织计划；拟投入主要监理人员；工程的质量、工程的造价、工程的进度控制方案；安全生产管理的监理工作；信息管理和合同管理方案；与工程建设相关单位之间关系的协调方法等，均是监理规划的编制依据。

5. 建设工程合同

在编写监理规划时，也应考虑到建设工程合同（特别是施工合同）中关于建设单位和施工单位义务和责任的内容，以及建设单位对于工程监理单位的授权。

6. 建设单位的合理要求

工程监理单位应竭诚为客户服务，在不超出合同职责范围的前提下，工程监理单位应最大限度地满足建设单位的合理要求。

7. 工程实施过程中输出的有关工程信息

在工程实施过程中输出的有关工程信息主要包括：①方案设计、初步设计、施工图设计；②工程实施状况；③工程招标投标情况；④重大工程变更；⑤外部环境变化等。

（二）监理规划编制的程序和编写要求

监理规划应在签订建设工程监理合同及收到工程设计文件后由总监理工程师组织编制，并应在召开第一次工地会议前报送建设单位。监理规划编审应遵循以下程序：①总监理工程师组织专业监理工程师编制；②总监理工程师签字后由工程监理单位技术负责人审批。

监理规划的编写要求如下：①监理规划的基本构成内容应当力求统一；②监理规划的内容应具有针对性、指导性和可操作性；③监理规划应由总监理工程师组织编制；④监理规划应把握工程项目运行脉搏；⑤监理规划应有利于建设工程监理合同的履行；⑥监理规划的表达方式应当标准化、格式化；⑦监理规划的编制应充分考虑时效性；⑧监理规划经审核批准后方可实施。

在实施建设工程监理过程中，实际情况或条件发生变化而需要调整监理规划时，应由总监理工程师组织专业监理工程师修改，并应经工程监理单位技术负责人批准后报建设单位。

（三）监理规划的内容

国家标准《建设工程监理规范》GB/T 50319明确规定，监理规划应包括下列主要内容：①工程概况；②监理工作的范围、内容、目标；③监理工作依据；④监理组织形式、人员配备及进退场计划、监理人员岗位职责；⑤监理工作制度；⑥工程质量控制；⑦工程造价控制；⑧工程进度控制；⑨安全生产管理的监理工作；⑩合同与信息管理；⑪组织协调；⑫监理工作设施。

1. 工程概况

工程项目的概况一般应包括工程项目名称；工程项目建设地点；工程项目组成及建设规模；主要建筑结构类型；工程概算的投资额或建筑安装工程造价；工程项目的计划工期（包括开竣工日期）；工程质量目标；建设单位、设计单位及施工单位名称、项目负责人；工程项目结构图、组织关系图和合同结构图；工程项目特点；其他说明等。

2. 监理工作的范围、内容和目标

监理工作的范围、内容和目标包括以下内容：

（1）工程监理单位所承担的建设工程监理任务，可能是全部工程项目，也可能是某单位工程，还可能是某专业工程。监理工作的范围虽然已在建设工程监理合同中明确，但需要在监理规划中列明并作进一步的说明；

（2）建设工程监理基本工作的内容包括：工程质量、造价、进度三大目标控制，合同管理和信息管理，组织协调，以及履行建设工程安全生产管理的法定职责。在监理规划中需要根据建设工程合同约定，对监理工作的内容作进一步的细化；

（3）监理工作的目标是指工程监理单位预期达到的工作目标，通常以建设工程质量、造价、进度三大目标的控制值来表示：

① 工程质量控制目标：工程质量合格及建设单位的其他要求；

② 工程造价控制目标：以____年预算为基价，静态投资为____万元（或合同价为____万元）；

③ 工期控制目标：____个月或自____年____月____日至____年____月____日。

在建设工程监理实际工作中，应进行工程质量、造价、进度目标的分解，运用动态控制原理对分解的目标进行跟踪检查，对实际值与计划值进行比较，分析和预测，发现问题时，应及时采取组织、技术、经济和合同等措施进行纠偏和调整，以确保工程质量、造价、进度等三大目标的实现。

3. 监理工作的依据

实施建设工程监理的依据主要包括建设工程的相关法律法规及与建设工程项目有关的标准、建设工程勘察设计文件、建设工程监理合同及其他合同文件等，编制特定工程的监理规划，不仅要以上述内容为依据，而且还要收集有关资料作为编制依据，参见表2-2。监理工作所依据的各种资料与文件均应列出主要的名称。

监理规划的编制依据　　　　　　　　　　　　　　　**表 2-2**

编制依据		文件资料名称
反映工程特征的资料	勘察设计阶段监理相关服务	（1）可行性研究报告或设计任务书 （2）项目立项批文 （3）规划红线范围 （4）用地许可证 （5）设计条件通知书 （6）地形图
	施工阶段监理	（1）设计图纸和施工说明书 （2）地形图 （3）施工合同及其他建设工程合同

续表

编制依据	文件资料名称
反映建设单位对项目监理要求的资料	监理合同：反映监理工作范围和内容、监理大纲、监理投标文件
反映工程建设条件的资料	（1）当地气象资料和工程地质及水文资料 （2）当地建筑材料供应状况的资料 （3）当地勘察设计和土建安装力量的资料 （4）当地交通、能源和市政公用设施的资料 （5）检测、监测、设备租赁等其他工程参建方的资料
反映当地工程建设法规及政策方面的资料	（1）工程建设程序 （2）招投标和工程监理制度 （3）工程造价管理制度等 （4）有关法律法规及政策
工程建设法律、法规及标准	法律法规，部门规章，建设工程监理规范，勘察、设计、施工、质量评定、工程验收等方面的规范、规程、标准等

4. 监理组织形式、人员配备及进退场计划、监理人员岗位职责

　　工程监理单位派驻施工现场的项目监理机构的组织形式和规模，应视建设工程监理合同约定的服务内容、服务期限，以及工程特点、规模、技术复杂程度、环境等因素确定。项目监理机构组织应按照项目监理机构的岗位设置，用图或表的形式列出，图 2-18 为某项目监理机构组织示例，在监理规划的组织机构图中可注明各相关部门所任职监理人员的姓名。

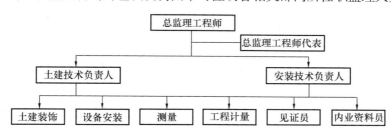

图 2-18　某项目监理机构组织示例

　　项目监理机构的人员配备计划应根据监理合同规定的服务内容、服务期限、工程类别、规模、技术复杂程度、工程环境等因素确定。其人员应与监理投标文件或监理项目建议书的内容一致，并详细注明职称及专业等，可按照表 2-3 格式填报，要求填入真实到位的人数。对于某些兼职监理人员，则要说明参加本建设工程监理的确切时间，以便核查，以免名单开列数与实际数不相符合而发生纠纷。项目监理机构人员配备计划应依据建设工程监理进程合理安排，可采用表 2-4～表 2-6 等形式表示。

项目监理机构人员配备计划表　　　　　　　　　　　　　　表 2-3

序号	姓名	性别	年龄	职称或职务	本工程拟担任岗位	专业特长	以往承担过的主要工程及岗位	进场时间	退场时间
1									
...									

项目监理机构人员配备计划举例　　　　表 2-4

月份	3	4	5	……	12
专业监理工程师	8	9	10		6
监理员	24	26	30		20
文秘人员	3	4	4		4

某工程项目监理机构人员配备计划　　　　表 2-5

月份	3	4	5	6	7	8	9	10	11	12	…	合计
总监理工程师	★	★	★	★	★	★	★	★	★	★		18
总监理工程师代表	★				★	★	★		★			9
土建监理工程师	★	★	★	★	★	★						10
机电监理工程师					★	★		★	★	★		8
造价监理工程师	★	★	★	★	★	★	★	★	★	★		18
造价监理员	★	★	★	★	★	★						10
土建监理员	★	★	★	★	★		★			★		11
机电监理员							★		★	★		9
资料员	★	★	★	★	★	★	★	★	★	★		18
……												
合计（人）	7	6	6	6	8	8	9	5	7	6		101

按照监理工作总流程进行的岗位分工　　　　表 2-6

工作内容 ＼ 监理岗位	总监理工程师	总监代表	土建监理师	土建监理员	材料见证人员	资料员
（熟悉施工图设计文件，提出监理意见）	○	○	★★	○	○	
审查分包单位资格和防水工操作证	○	○	★			
审查（屋面工程施工方案）调整的屋面工程施工方案	○	○	★			
监理实施细则（编制）调整		○	★			
审查（编制）调整的监理实施细则	★					
核验工程材料报审			★		○	
检查中小型施工机械（机具）和计量设备			★★	○		
巡查施工管理人员到岗和防水工持证上岗情况			★★	○		
检查（旁站）工程施工情况和材料使用情况			★★	○		
隐蔽工程验收			★★			

监理岗位 工作内容	总监理 工程师	总监 代表	土建 监理师	土建 监理员	材料见 证人员	资料员
检验批验收			★★			
分项工程验收			★★			
雨后观察或淋水（蓄水）试验			★★	○		
观感质量检查	★	○	○			
分部工程验收	★	○	○			
资料入卷和信息管理						★

说明：标注"★"的为主责，标注"○"的为次责；监理岗位中（如土建监理师）标注多个"★"的为该监理岗位有多名监理人员负责该监理岗位。

项目监理机构监理人员的分工及岗位职责应根据监理合同约定的监理工作范围和内容以及《建设工程监理规范》GB/T 50319 规定，由总监理工程师安排和明确。总监理工程师应根据项目监理机构监理人员的专业、技术水平、工作能力、实践经验等细化和落实相应的岗位职责并督促和考核之。必要时可设总监理工程师代表行使部分总监理工程师的岗位职责。

5. 监理工作制度

监理工作制度是监理单位为适应工作和发展而制定的制度，如工作导则、自律措施、岗位职责、监理程序、技术管理制度、材料报验制度、工程报验制度、监理规划编制制度、监理细则编制制度、监理月报编制规定、监理日记填写规定、信息管理制度等。为了全面履行建设工程监理职责，确保建设工程监理服务质量，在监理规划中应根据工程的特点和工作重点明确相应的监理工作制度，其主要包括：项目监理机构现场监理工作制度、项目监理机构内部工作制度以及相关服务工作制度（必要时）。

（1）项目监理机构现场监理工作制度

项目监理机构现场管理工作制度主要有：

设计文件、图纸会审制度；

技术交底制度；

施工组织设计与施工方案审核制度；

监理工作交底制度；

单位工程测量、定位、复测制度；

材料、构配件复验制度；

工程开工报告、复工报告审批制度；

工程质量检验制度、工程材料以及半成品的质量检验制度；

工程质量监理制度、整改制度（包括签发监理通知单、签发工程暂停令等）；

工序交接检查制度；

平行检验、见证取样、巡视检查和旁站的监理制度；

变更设计制度、工程变更处理制度；

隐蔽工程检查制度、分项（部）工程质量检查验收制度，单位工程和单项工程验收制度；

质量安全事故报告和处理制度；

施工安全控制制度、安全生产监督检查制度；

监理工作报告制度；

施工进度监督及报告制度；

投资监督制度、工程款支付审核和签认制度、工程索赔审核和签认制度；

现场协调会及会议纪要签发制度、监理会议制度、施工备忘录签发制度；

技术经济签证制度；

工程竣工验收制度。

（2）项目监理机构内部工作制度

项目监理机构内部工作制度主要有：①项目监理机构工作会议制度（包括监理交底会议、监理例会、监理专题会、监理工作会议等）；②项目监理机构人员岗位职责制度；③对外行文审批制度；④监理工作日志制度；⑤监理周报和月报制度；⑥技术、经济资料及档案管理制度；⑦监理人员教育培训制度；⑧监理人员考勤、业绩考核及奖惩制度。

（3）相关服务工作制度

如果需提供相关服务时，则还需要建立以下制度：①在项目立项阶段：可行性研究报告评审制度和工程估算审核制度；②在设计阶段：设计大纲和设计要求编写及审核制度、设计合同管理制度、设计方案评审方法、工程概算审核制度、施工图纸审核制度、设计费用支付签认制度、设计协调会制度等；③在施工招标阶段：招标管理制度、标底或招标控制价编制及审核制度、合同条件拟订及审核制度、组织招标实务有关规定等。

6. 工程质量控制

工程质量控制的重点在于预防、即在既定目标的前提下，遵循质量控制原则，制定总体质量控制措施、专项工程预控方案以及质量事故处理方案等，其具体包括：

（1）工程质量控制目标的描述：施工质量的控制目标；材料质量的控制目标；设备质量的控制目标；设备安装质量的控制目标；质量目标实现的风险分析。

（2）工程质量控制的主要任务：①审查施工单位现场的质量保证体系（包括：质量管理组织机构、管理制度及专职管理人员和特种作业人员的资格）；②审查施工组织设计、（专项）施工方案；③审查工程使用的新材料、新工艺、新技术、新设备的质量认证材料和相关验收标准的适用性；④检查、复核施工控制测量成果及保护措施；⑤审核分包单位资格，检查施工单位为本工程提供服务的试验室；⑥审查施工单位用于工程的材料、构配件、设备的质量证明文件，并按要求对用于工程的材料进行见证取样、平行检验、对施工质量进行平行检验；⑦审查影响工程质量的计量设备的检查和检定报告；⑧采用旁站、巡视检查、平行检验等方式对施工过程进行检查监督；⑨对隐蔽工程、检验批、分项工程和分部工程进行验收；⑩对质量缺陷、质量问题、质量事故及时进行处置和检查验收；⑪对单位工程进行竣工验收，并组织工程竣工预验收；⑫参加工程竣工验收，签署建设工程监理意见。

（3）工程质量控制工作的流程与措施：①依据所分解的目标编制质量控制工作流程图；②工程质量控制的组织措施：建立健全项目监理机构，完善职责分工，制定有关质量监督制度，落实质量控制责任；③工程质量控制的技术措施；协助完善质量保证体系，严格事前、事中和事后的质量检查监督；④工程质量控制的经济措施及合同措施：严格质量检查与验收，不符合合同规定质量要求的，拒付工程款，达到建设单位特定质量目标要求的，按合同支付工程质量补偿金或奖金。

（4）旁站方案；工程质量目标状况动态分析；工程质量控制表格等。

7. 工程造价控制

项目监理机构应全面了解工程施工合同文件、工程设计文件、施工进度计划等内容，熟悉合同价款的设计方式、施工投标报价及其组成，工程预算等情况，明确工程造价控制的目标和要求，制定工程造价控制的工作流程、方法和措施，以及针对工程特点确定工程造价控制的重点和目标值，将工程实际造价控制在计划造价的范围之内。

（1）工程造价控制的目标分解可分为：按建设工程费用组成分解；按年度、季度分解；按建设工程实施阶段分解。

（2）工程造价控制的工作内容主要有以下几个方面：①熟悉施工合同及约定的计价规则，复核、审查施工图预算；②定期进行工程计量，复核工程进度款申请，签署进度款付款签证；③建立月完成工程量统计表，对实际完成量与计划完成量进行比较分析，发现偏差的，应提出调整建议，并报告建设单位；④按程序进行竣工结算款审核，签署竣工结算款支付证书。

（3）工程造价控制的主要方法，可在工程造价目标分解的基础上，依据施工进度计划、施工合同等文件，编制资金使用计划、其可采用列表（表 2-7）的方法来编制，并运用动态控制的原理，对工程造价进行动态分析、比较和控制。其工程造价动态比较的内容包括：①工程造价目标分解值与造价实际值的比较；②工程造价目标值的预测分析。

资金使用计划表　　表 2-7

工程名称	____年度				____年度				____年度				总额
	一	二	三	四	一	二	三	四	一	二	三	四	

（4）项目监理机构宜根据工程特点、施工合同、工程设计文件及经过批准的施工组织设计对工程造价目标控制进行风险分析，并提出防范性对策。

（5）工程造价控制工作的流程与措施：①依据工程造价目标分解编制工程造价控制工作流程图；②工程造价控制的组织措施：包括建立健全项目监理机构、完善职责分工及有关制度，落实工程造价控制责任；③工程造价控制的技术措施：对材料、设备采购通过质量价格比选，合理确定生产供应单位，通过审核施工组织设计和施工方案，使施工组织合理化；④工程造价控制的经济措施：包括及时进行设计划费用与实际费用的分析比较，对原设计或施工方案提出合理化建议并被采用，由此产生的投资节约按合同规定予以奖励；⑤工程造价控制的合同措施：按照合同条款支付工程款，防止过早、过量的支付，减少施工单位的索赔，正确处理索赔事宜等。

8. 工程进度控制

项目管理机构应全面了解工程施工合同文件、施工进度计划等内容，明确施工进度控制的目标和要求，制定施工进度控制工作流程、方法和措施以及针对工程特点确定工程进度控制的重点和目标值，将工程实际进度控制在计划工期的范围之内。

（1）工程进度控制的目标

目标可分解为：①年度、季度进度目标；②各阶段的进度目标；③各子项目进度目标。

（2）工程进度控制的工作内容

①审查施工总进度计划和阶段性施工进度计划；②检查、督促施工进度计划的实施；③进行进度目标实现的风险分析，制订进度控制的方法和措施；④预测实际进度对工程总工期的影响，分析工期延误原因，制订对策和措施，并报告工程实际进展情况。

（3）工程进度控制的方法

工程进度控制的方法主要有：①加强施工进度计划的审查，监督施工单位制定和履行切实可行的施工计划；②运用动态控制原理进行进度控制，施工进度计划在实施过程中受到各种因素的影响可能会出现偏差，项目监理机构应对施工进度计划的实施情况进行动态检查，对照施工实际进度和计划进度，判定其实际进度是否出现偏差。发现实际进度严重滞后且影响合同工期时，应签发监理通知单，召开专题会议，要求施工单位采取调整措施加快施工进度，并督促施工单位按调整后批准的施工进度计划实施。工程进度动态比较的内容包括：①工程进度目标分解值与进度实际值的比较；②工程进度目标值的预测分析。

（4）工程进度控制的工作流程与措施

①编制工程进度控制工作流程图；②工程进度控制的组织措施：落实进度控制的责任，建立进度控制协调制度；③工程进度控制的技术措施：建立多级网络计划体系，监控施工单位的实施作业计划；④工程进度控制的经济措施：对工期提前者实行奖励，对应急工程实行较高的计件单位，确保资金的及时供应等；⑤工程进度控制的合同措施：按照合同要求及时协调有关各方的进度，以确保建设工程的进度。

9. 安全生产管理的监理工作

项目监理机构应根据法律法规、工程建设强制性标准，履行建设工程安全生产管理的监理职责，项目监理机构应根据工程项目的实际情况，加强对施工组织设计中所涉及的安全技术措施的审核，加强对专项施工方案的审查和监督，加强对现场安全事故隐患的检查，发现问题应及时处理，以防止和避免安全事故的发生。

（1）安全生产管理的监理工作目标

履行法律法规赋予工程监理单位的法定职责，尽可能防止和避免各种施工安全事故的发生。

（2）安全生产管理的监理工作内容

安全生产管理的监理工作内容主要有：①编制建设工程监理实施细则，落实相关监理人员；②审查施工单位现场安全生产规章制度的建立和实施情况；③审查施工单位安全生产许可证及施工单位项目经理、专职安全生产管理人员和特种作业人员的资格，核查施工机械和设施的安全许可验收手续；④审查施工承包人提交的施工组织设计，重点审查其中的质量安全技术措施、专项施工方案与工程建设强制性标准的符合性；⑤审查包括施工起重机械和整体提升脚手架、模板等自升式架设设施等在内的施工机械和设施的安全许可验收手续情况；⑥巡视检查危险性较大的分部分项工程专项施工方案实施情况；⑦对施工单位拒不整改或不停止施工时，应及时向有关主管部门报送监理报告。

审查施工组织设计的安全技术措施和专项施工方案，其具体内容如下：

① 安全防护：安全帽、安全带、安全网的质量和使用，安全保护的设置质量与标识，安全出入口等；

② 安全用电：实行三相五线制、三级配电二级保护、一机一闸一箱一漏；

③ 脚手架：严格按照施工组织设计要求进行搭设，采用密目安全网，架板固定可靠，安全平网兜底，必须符合封闭要求；

④ 施工机械与机具：不准使用国家明令淘汰的产品，机械及机具必须运转正常；

⑤ 安全管理：安全管理的目标、制度、措施与检查。制度是指安全管理的各项规章制度、安全生产岗位责任制、安全技术措施制度、安全监理日志填写规定、安全监理月报制度、安全检查、安全体系（项目负责人、技术负责人、安全员、工种班组兼职安全员）、持证上岗等。

（3）专项施工方案的编制、审查和实施的监理要求

① 专项施工方案的编制要求：实行施工总承包的，专项施工方案应当由总承包施工单位组织编制，其中，起重机械安装拆卸工程、深基坑工程、附着式升降脚手架等专业工程实行分包的，其专项施工方案可由专业分包单位组织编制。实行施工总承包的，专项施工方案应当由总承包施工单位技术负责人及相关专业分包单位技术负责人签字。对于超过一定规模的危险性较大的分部分项工程专项方案应当由施工单位组织召开专家论证会。

② 专项施工方案监理审查要求：a. 对编制的程序进行符合性审查；b. 对实质性内容进行符合性审查。

③ 专项施工方案的实施要求：施工单位应当严格按照专项施工方案组织施工，安排专职安全管理人员实施管理，不得擅自修改、调整专项施工方案。若因设计、结构、外部环境等因素发生变化，确需修改的，应及时报告项目监理机构、修改后的专项施工方案应当按照相关的规定重新审核。

（4）安全生产管理的监理方法和措施：①通过审查施工单位现场安全生产规章制度的建立和实施情况，督促施工单位落实安全技术措施和应急救援预案，加强风险防范意识、预防和避免安全事故发生。②通过项目监理机构安全管理责任风险分析，制定监理实施细则，落实监理人员，加强日常巡视和安全检查，发现安全事故隐患时，项目监理机构应当履行监理职责，采取会议、告知、通知、停工、报告等措施向施工单位管理人员指出，预防和避免安全事故的发生。

10. 合同管理

合同管理是指对建设单位与施工单位、材料设备供应单位等签订的合同进行的管理。

（1）合同管理的主要工作内容：①处理工程暂停工及复工、工程变更，索赔及施工合同争议、解除等事宜；②处理施工合同终止的有关事宜。

（2）合同结构：结合项目结构图和项目组织结构图，以合同结构图形式表示，并列出项目合同目录一览表（表2-8）。

项目合同目录一览表   表 2-8

序号	合同编号	合同名称	施工单位	合同价	合同工期	质量要求

（3）合同管理工作的流程与措施内容：①工作流程图；②合同管理的具体措施；③合同执行状况的动态分析；④合同争议调解与索赔处理的程序。

11. 信息管理

信息管理是指通过对建设工程所形成的信息进行收集、整理、处理、存储、传递与运用，从而保证能够及时、准确地获取所需要的信息。其具体工作包括：监理文件资料的管理内容，监理文件资料的管理原则，监理文件资料的管理制度和程序，如信息管理的工作流程措施和项目监理机构内部信息的流程，信息的分类（表 2-9），监理文件资料的归档和移交等。

信息分类表   表 2-9

序号	信息类别	信息名称	信息管理要求	责任人

12. 组织协调

组织协调工作是指监理人员通过对项目监理机构内部人与人之间、机构与机构之间，以及监理组织与外部环境组织之间的工作进行协调与沟通，从而使工程参建各方相互理解、步调一致的一项监理任务。其具体包括编制工程项目组织管理框架、明确组织协调的范围和层次，制定项目监理机构内、外协调的范围、对象和内容，制定监理组织协调的原则、方法和措施，明确处理危机关系的基本要求等。

（1）项目组织协调的范围包括建设单位、工程建设参与各方（政府管理部门）之间的关系；组织协调的层次包括：①协调工程参与各方之间的关系；②工程技术协调。

（2）组织协调的主要工作如下：

① 项目监理机构的内部协调：a. 总监理工程师牵头，做好项目监理机构内部工作人员之间的工作关系协调；b. 明确监理人员的分工以及各自的岗位职责；c. 建立信息的沟通制度；d. 及时交流信息，处理矛盾，建立良好的人际关系。

② 与工程建设有关单位的外部协调：a. 建设工程系统内的各单位之间的协调，主要包括建设单位、设计单位、施工单位、材料和设备供应单位、资金提供单位等；b. 建设工程系统外的单位，主要包括政府建设行政主管机构、政府其他有关部门、工程毗邻单位、社会团体等。

（3）组织协调的方法和措施

① 组织协调的方法主要有：a. 会议协调，如监理例会、专题会议等方式；b. 交谈协调：如面谈、电话、网络等方式；c. 书面协调：如通知书、联系单、月报等方式；d. 访

问协调：如走访、约见等方式。

②不同阶段的组织协调措施：a. 开工前的协调：如第一次工地例会等；b. 在施工过程中的协调；c. 在竣工验收阶段的协调。

（4）协调工作的程序

协调工作的程序有：工程质量控制的协调程序；工程造价控制的协调程序；工程进度控制的协调程度；其他方面工作的协调程序。

13. 监理设施

（1）制定监理设施的管理制度。

（2）根据建设工程的类别、规模、技术复杂程度、建设工程所在地的环境条件，按照建设工程监理合同的约定，建设单位应配备能满足监理工作需要的常规检测设备和工具；落实场地、办公、交通、通信、生活等设施，配备必要的影像设备。

（3）项目监理机构应将拥有的监理设备和工具造册，注明数量、型号和使用时间，并指定专人负责管理。

二、监理实施细则的编制

监理细则是一份全部监理与管理工作的流程，应具有可操作性，并应分专业编制。监理实施细则应在相应的工程施工开始前由专业监理工程师进行编制，监理实施细则在实施之前必须经总监理工程师批准。

（一）监理实施细则的编写依据

监理实施细则的编写依据是已批准的监理规划；与专业工程相关的工程建设标准、工程设计文件；施工组织设计、（专项）施工方案等。

采用新材料、新工艺、新技术、新设备的工程，以及对专业性较强、危险性较大的分部分项工程，项目监理机构应编制监理实施细则，对于工程规模较小、技术较为简单且有成熟监理经验和施工技术措施落实的情况下，可以不必编制监理实施细则，可将监理规划编制得更详细一些则可。

（二）监理实施细则编制的程序和编写要求

监理实施细则可随工程进展进行编制，但必须在相应工程施工之前完成，并经总监理工程师审批之后实施，监理规划报审程序参见表2-10。

监理规划报审程序 表 2-10

序号	时间节点安排	工作内容	负责人
1	签订监理合同及收到工程设计文件后	编制监理规划	总监理工程师组织 专业监理工程师参与
2	编制完成、总监签字后	监理规划审批	监理单位技术负责人审批
3	第一次工地会议前	报送建设单位	总监理工程师报送
4	设计文件、施工组织计划和施工方案等发生重大变化时	调整监理规划	总监理工程师组织 专业监理工程师参与，监理单位技术负责人审批
		重新审批监理规划	监理单位技术负责人重新审批

在实施建设工程监理过程中，监理实施细则可根据实现情况进行补充、修改，并应经总监理工程师批准后实施。

从监理实施细则编写的目的角度出发，监理实施细则应满足内容全面、针对性强、具有可操作性三方面的要求。

（三）监理实施细则的内容

监理实施细则应包括以下主要内容：①专业工程特点；②监理工作流程；③监理工作要点；④监理工作的方法及措施。

1. 专业工程的特点

专业工程特点是指需要编制监理实施细则的工程的专业特点，而不是简单的工程概述。专业工程特点的表述应从专业工程施工的重点和难点、施工范围和施工顺序、施工工艺、施工工序等内容进行有针对性地阐述，体现出工程施工的特殊性、技术的复杂性、与其他专业的交叉和衔接以及各种环境的约束条件。

除了专业工程外，所采用的新材料、新工艺、新技术以及对工程质量、造价、进度应加以重点控制等特殊要求也应在监理实施细则中体现。

2. 监理工作流程

监理工程流程是结合工程相应专业制定的具有可操作性和可实施性的流程图，其不仅涉及最终产品的检查验收，更多地涉及施工中各个环节及中间产品的监督检查与验收。监理工作涉及的工作流程有：开工审核工作流程、施工质量控制流程、进度控制流程、造价（工程量计量）控制流程、安全生产和文明施工监理流程、测量监理流程、施工组织设计审核工作流程、分包单位资格审核流程、建筑材料审核流程、技术审核流程、工程质量问题处理审核流程、旁站检查工程流程、隐蔽工程验收流程、工程变更处理流程、信息资料管理流程等。

3. 监理工作的要点

监理工作的控制要点及其目标值是对监理工作流程中工作内容的增加和补充，应将流程图设置的相关监理控制点和判断点进行详细而全面、完整地描述。应将监理工作目标和检查点的控制指标、数据和频率等阐述清楚。

4. 监理工作的方法及措施

监理规划中的方法及措施是针对工程总体概括要求提出的方法及措施，监理实施细则中的方法及措施则是针对专业工程指出的，故应更为具体、更具有可操作性和可实施性。

（1）监理工作的方法

监理工程师可通过旁站、巡视、见证取样、平行检测等监理方法，对专业工程作全面的监控，还可采用指令文件、监理通知、支付控制手段等方法实施监理。

（2）监理工作的措施

各专业工程的控制目标要有相应的监理措施，以保证控制目标的实现。制定监理工作措施通常采用两种方式：①根据措施实施内容的不同，可将监理工作措施分为技术措施、经济措施、组织措施和合同措施；②根据措施实施时间的不同，可将监理工作措施分为事前控制措施、事中控制措施以及事后控制措施。

第四节　建设工程监理的基本表式及应用

一、建设工程监理的基本表式

根据现行国家标准《建设工程监理规范》GB/T 50319—2013 规定，建设工程监理的基本表式可分为三大类，即：A 类表——工程监理单位用表（共 8 张表）；B 类表——施工单位报审、报验用表（共 14 张表）；C 类表——通用表（3 张表）。建设工程监理的基本表式目录见表 2-11。

建设工程监理的基本表式目录　　　　表 2-11

类别	编号	名　称	本章编号
A 类表	表 A.0.1	总监理工程师任命书	表 2-12
	表 A.0.2	工程开工令	表 2-13
	表 A.0.3	监理通知单	表 2-14
	表 A.0.4	监理报告	表 2-15
	表 A.0.5	工程暂停令	表 2-16
	表 A.0.6	旁站记录	表 2-17
	表 A.0.7	工程复工令	表 2-18
	表 A.0.8	工程款支付证书	表 2-19
B 类表	表 B.0.1	施工组织设计/（专项）施工方案报审表	表 2-20
	表 B.0.2	工程开工报审表	表 2-21
	表 B.0.3	工程复工报审表	表 2-22
	表 B.0.4	分包单位资格报审表	表 2-23
	表 B.0.5	施工控制测量成果报验表	表 2-24
	表 B.0.6	工程材料、构配件、设备报审表	表 2-25
	表 B.0.7	____报审、报验表	表 2-26
	表 B.0.8	分部工程报验表	表 2-27
	表 B.0.9	监理通知回复单	表 2-28
	表 B.0.10	单位工程竣工验收报审表	表 2-29
	表 B.0.11	工程款支付报审表	表 2-30
	表 B.0.12	施工进度计划报审表	表 2-31
	表 B.0.13	费用索赔报审表	表 2-32
	表 B.0.14	工程临时/最终延期报审表	表 2-33
C 类表	表 C.0.1	工作联系单	表 2-34
	表 C.0.2	工程变更单	表 2-35
	表 C.0.3	索赔意向通知书	表 2-36

1. 工程监理单位用表（A 类表）

（1）总监理工程师任命书（表 A.0.1）见表 2-12。在建设工程监理合同签订之后，工程监理单位法定代表人要通过《总监理工程师任命书》委派类似建设工程监理经验的注册监理工程师担任总监理工程师。《总监理工程师任命书》应由工程监理单位法定代表人签订，并加盖单位公章。

总监理工程师任命书（表 A.0.1）　　　　　　　　　　　　　　**表 2-12**

工程名称：　　　　　　　　　　　　　　　　　　　　　　　　　　　编号：

致：＿＿＿＿＿＿＿＿＿＿＿＿＿＿＿（建设单位）

　　兹任命＿＿＿＿＿（注册监理工程师注册号：＿＿＿＿）为我单位＿＿＿＿＿＿＿＿＿＿＿＿＿＿项目总监理工程师。负责履行建设工程监理合同、主持项目监理机构工作。

　　　　　　　　　　　　　　　　　　　　　　工程监理单位（盖章）

　　　　　　　　　　　　　　　　　　　　　　法定代表人（签字）

　　　　　　　　　　　　　　　　　　　　　　　　　年　　月　　日

注：本表一式三份：项目监理机构、建设单位、施工单位各一份。

（2）工程开工令（表 A.0.2）见表 2-13。建设单位代表在施工单位报送的《工程开工报审表》（表 B.0.2）上签字同意开工后，总监理工程师可签发《工程开工令》，指令施工单位开工，《工程开工令》需要由总监理工程师签字，并加盖执业印章。《工程开工令》中应明确具体开工日期，并作为施工单位计算工期的起始日期。

工程开工令（表 A.0.2） 表 2-13

工程名称： 编号：

致：_____（施工单位）

经审查，本工程已具备施工合同约定的开工条件，现同意你方开始施工，开工日期为___年___月___日。

附件：工程开工报审表

项目监理机构（盖章）

总监理工程师（签字、加盖执业印章）

年 月 日

注：本表一式三份：项目监理机构、建设单位、施工单位各一份。

（3）监理通知单（表 A.0.3）见表2-14。《监理通知单》是项目监理机构在日常监理工作中常用的指令性文件。项目监理机构在建设工程监理合同约定的权限范围内，在发现施工单位出现的各种问题后所发出的指令、提出的要求等，除另有规定外，均应该采用《监理通知单》。监理工程师在施工现场发出的口头指令及要求，也应采用《监理通知单》予以确认，施工单位在发生下列情况时，项目监理机构应发出监理通知：①在施工过程中，工程质量出现不符合设计要求、工程建设标准和规范、合同约定的；②施工现场存在工程质量、安全问题或隐患的；③施工单位使用不合格的工程材料、构配件和设备；④施工单位采取不适当的施工工艺，或施工不当，造成工程质量不合格的；⑤在工程质量、造价、进度等方面存在违规等行为的；⑥安全生产文明施工不符合当地建设行政主管部门规定和经批准的施工组织设计（方案）的。此表可由总监理工程师或专业监理工程师签发，对于一般问题可由专业监理工程师签发，对于重大问题则应由总监理工程师或经其同意之后方可签发。

监理通知单（表 A.0.3）　　　　　　　　　　　　　**表 2-14**

工程名称：　　　　　　　　　　　　　　　　　　　　编号：

致：_____（施工项目经理部）

事由：_____
_____
_____
_____

内容：_____
_____
_____
_____

项目监理机构（盖章）

总/专业监理工程师（签字）

年　　月　　日

注：本表一式三份：项目监理机构、建设单位、施工单位各一份。

《监理通知单》的主要内容应包括"事由"、"内容"等两个基本要素。①事由应简要说明签发《监理通知单》的理由。②内容应说明所发现的问题及其时间、部位、范围、状况及事态发展的可能后果（若必要时可附有音像或物证资料）、依据与性质、明确处理或整改的要求，包括诸如消除安全事故隐患源；临时加固、补强；停用、撤换或封存在质量上存疑的建筑材料、构配件；对于不符合质量验收规范、标准要求的施工成果、半成品等作修补、改正或拆除重新施工等。对于重要的整改，在保证现场情况、事态不进一步恶化、扩展的前提下，应责令当事责任单位在限期内按有关规定提出整改方案，经审批后方可实施。本表应明确要求当事责任单位完成整改的内容和时限，并使用《监理通知回复单》回复。

签发本表所述事实与内容应真实、准确，所提要求应有理有据，文字表述要严密、准确、清晰、具体，并应有效签署，正式发文，按规定办理收发文签字手续。监理通知单发出后，项目监理机构应跟踪指令的执行情况与效果，若发现监理通知单所发出的指令无效，事态进一步扩大、恶化时，应当对当事责任单位采取进一步的措施，包括发出《工程暂停令》，或向建设单位乃至政府主管部门报告。

（4）监理报告（表 A.0.4）见表 2-15。当项目监理机构对工程存在的安全事故隐患发出的《监理通知单》、《工程暂停令》后，而施工单位仍拒不整改或不停止施工时，项目监理机构应及时向有关主管部门报送《监理报告》，项目监理机构在报送《监理报告》时，还应附上相应的《监理通知单》或《工程暂停令》等证明监理人员履行安全生产管理职责的相关文件资料。

监理报告（表 A.0.4）　　　　　　　　　　　**表 2-15**

工程名称：　　　　　　　　　　　　　　　　　　编号：

致：＿＿＿＿＿＿＿＿＿＿＿＿＿＿＿＿＿＿＿＿＿＿＿＿（主管部门）

　　由＿＿＿＿＿＿＿＿＿＿＿（施工单位）施工的＿＿＿＿＿＿＿＿＿＿（工程部位），存在安全事故隐患。我方已于＿＿年＿＿月＿＿日发出编号为＿＿＿的《监理通知单》/《工程暂停令》，但施工单位未整改/停工。

　　特此报告。

　　附件：□监理通知单

　　　　　□工程暂停令

　　　　　□其他

项目监理机构（盖章）

总监理工程师（签字）

年　　月　　日

注：本表一式四份：主管部门、建设单位、工程监理单位、项目监理机构各一份。

（5）工程暂停令（表 A.0.5）见表 2-16。建设工程施工过程中若出现《建设工程监理规范》规定的停工情形时，总监理工程师应签发《工程暂停令》，《工程暂停令》中应注明工程暂停的原因、部位和范围、停工期间应进行的工作等。《工程暂停令》需由总监理工程师签字，并加盖执业印章。

工程暂停令（表 A.0.5）　　　　　　　　　　　　　　　**表 2-16**

工程名称：＿＿＿＿＿＿＿＿＿＿　　　　　　　　　　　　　　　　　　编号：＿＿＿＿＿＿

致：＿＿＿＿＿＿＿＿＿＿＿＿＿＿＿＿＿＿＿＿＿＿＿（施工项目经理部） 　由于＿＿＿原因，现通知你方于＿＿年＿＿月＿＿日＿＿时起，暂停＿＿部位（工序）施工，并按下述要求做好后续工作。 　要求：   　　　　　　　　　　　　　　　项目监理机构（盖章） 　　　　　　　　　　　　　　　总监理工程师（签字、加盖执业印章） 　　　　　　　　　　　　　　　　　　　　　　　年　　月　　日

注：本表一式三份：项目监理机构、建设单位、施工单位各一份。

（6）旁站记录（表 A.0.6）见表 2-17，项目监理机构监理人员对于关键部位、关键工序的施工质量进行施工现场跟踪监督时，需要填写《旁站记录》。"旁站的关键部位、关键工序施工情况"一档应当记录所旁站部位（工序）的施工作业内容、主要施工机械、材料、人员和完成的工程数量等内容及监理人员检查旁站部位施工质量的情况；"发现的问题及处理情况"一档应说明旁站所发现的问题及其采取的处置措施。

旁站记录（表 A.0.6）　　　　　　　　　　　　　　　表 **2-17**

工程名称：　　　　　　　　　　　　　　　　　　　　编号：

旁站的关键部位、关键工序		施工单位	
旁站开始时间	年　月　日　时　分	旁站结束时间	年　月　日　时　分
旁站的关键部位、关键工序施工情况：			
发现的问题及处理情况： 旁站监理人员（签字） 　　　年　　月　　日			

注：本表一式一份，项目监理机构留存。

（7）工程复工令（表 A.0.7）见表 2-18。当导致工程暂停施工的原因消失，具备复工条件时，建设单位代表在《工程复工报审表》（表 B.0.3）上签字同意复工后，总监理工程师应签发《工程复工令》，指令施工单位复工；或者工程具备复工条件而施工单位未提出复工申请的，总监理工程师应根据工程实际情况直接签发《工程复工令》，指令施工单位复工。《工程复工令》需要由总监理工程师签字，并加盖执业印章。

工程复工令（表 A.0.7）　　　　　　　　　　　**表 2-18**

工程名称：　　　　　　　　　　　　　　　　　　　　　　编号：

致：＿＿＿＿＿＿＿＿＿＿＿＿＿＿＿＿＿＿＿＿＿＿＿＿＿（施工项目经理部） 　　我方发出的编号为＿＿＿＿＿＿＿＿＿＿《工程暂停令》，要求暂停施工的＿＿＿＿部位（工序），经查已具备复工条件。经建设单位同意，现通知你方于＿＿年＿＿月＿＿日＿＿时起恢复施工。 　　附件：工程复工报审表   　　　　　　　　　　　　　　　　　　项目监理机构（盖章） 　　　　　　　　　　　　　　　　　　总监理工程师（签字、加盖执业印章） 　　　　　　　　　　　　　　　　　　　　　年　　　月　　　日

注：本表一式三份：项目监理机构、建设单位、施工单位各一份。

（8）工程款支付证书（表 A.0.8）见表2-19。项目监理机构在收到经建设单位签署审批意见的《工程款支付证书》（表 B.0.11）后，总监理工程师应向施工单位签发《工程款支付证书》，同时抄报建设单位，《工程款支付证书》需由总监理工程师签字，并加盖执业印章。

工程款支付证书（表 A.0.8）　　　　　　　　　　**表 2-19**

工程名称：　　　　　　　　　　　　　　　　　　　　　　　　编号：

致：＿＿＿＿＿＿＿＿＿＿＿＿＿＿＿＿＿＿＿＿＿＿＿＿＿（施工单位）

　　根据施工合同约定，经审核编号为＿＿＿工程款支付报审表，扣除有关款项后，同意支付工程款共计（大写）＿＿＿＿＿＿＿＿＿＿＿＿＿＿＿＿＿＿＿＿＿＿＿＿＿＿＿＿＿＿＿＿＿（小写：＿＿＿＿＿＿＿＿＿＿＿＿＿＿＿＿＿＿）。

　　其中：

　　1. 施工单位申报款为：

　　2. 经审核施工单位应得款为：

　　3. 本期应扣款为：

　　4. 本期应付款为：

　　附件：工程款支付报审表及附件

项目监理机构（盖章）
总监理工程师（签字、加盖执业印章）
年　　月　　日

注：本表一式三份：项目监理机构、建设单位、施工单位各一份。

2. 施工单位报审、报验用表（B类表）

（1）施工组织设计/（专项）施工方案报审表（表 B. 0. 1）见表 2-20，施工单位编制的施工组织设计、施工方案、专项施工方案经其技术负责人审查之后，需要连同《施工组织设计/（专项）施工方案报审表》一起报送项目监理机构，先由专业监理工程师审查后，然后再由总监理工程师审核签署意见，此表需要由总监理工程师签字并加盖执业印章，对于超过一定规模的危险性较大的分部分项工程专项施工方案，还需要报送建设单位审批。

施工组织设计/（专项）施工方案报审表（表 B. 0. 1）　　　**表 2-20**

工程名称：　　　　　　　　　　　　　　　　　　　编号：

致：＿＿＿＿＿＿＿＿＿＿＿＿＿＿＿＿＿＿＿＿＿＿＿＿（项目监理机构）
我方已完成＿＿＿＿＿＿＿工程施工组织设计/（专项）施工方案的编制和审批，请予以审查。   　附件：□施工组织设计   　　　　□专项施工方案   　　　　□施工方案   施工项目经理部（盖章）   项目经理（签字）   年　　月　　日
审查意见：   专业监理工程师（签字）   年　　月　　日
审核意见：   项目监理机构（盖章）   总监理工程师（签字、加盖执业印章）   年　　月　　日
审批意见（仅对超过一定规模的危险性较大的分部分项工程专项施工方案）：   建设单位（盖章）   建设单位代表（签字）   年　　月　　日

　注：本表一式三份：项目监理机构、建设单位、施工单位各一份。

（2）工程开工报审表（表 B.0.2）见表 2-21。单位工程在具备开工条件时，施工单位需要向项目监理机构报送《工程开工报审表》。在同时具备以下条件时，由总监理工程师签署审查意见，并报建设单位批准后，总监理工程师方可签发《工程开工令》：①设计交底和图纸会审已完成；②施工组织设计已由总监理工程师签认；③施工单位现场质量、安全生产管理体系已建立，管理及施工人员已到位，施工机械具备使用条件，主要工程材料已落实；④进场道路及水、电、通讯等已满足开工要求。《工程开工报审表》需要由总监理工程师签字，并加盖执业印章。

工程开工报审表（表 B.0.2） 表 **2-21**

工程名称： 编号：

致：＿＿＿＿＿＿＿＿＿＿＿＿＿＿＿＿＿＿＿＿＿＿（建设单位）
＿＿＿＿＿＿＿＿＿＿＿＿＿＿＿＿＿＿＿＿＿＿（项目监理机构）
 	
  我方承担的＿＿＿＿＿＿＿＿工程，已完成相关准备工作，具备开工条件，申请于＿＿年＿＿月＿＿日开工，请予以审批。
  附件：证明文件资料
 	
<div align="right">施工单位（盖章）
项目经理（签字）
年　　月　　日</div>

审核意见： <div align="right">项目监理机构（盖章） 总监理工程师（签字、加盖执业印章） 年　　月　　日</div>
审批意见： <div align="right">建设单位（盖章） 建设单位代表（签字） 年　　月　　日</div>

注：本表一式三份：项目监理机构、建设单位、施工单位各一份。

（3）工程复工报审表（表 B.0.3）见表 2-22。当导致工程暂停施工的原因消失，已具备复工条件时，施工单位需要向项目监理机构报送《工程复工报审表》。在总监理工程师签署审查意见，并报建设单位批准之后，总监理工程师方可签发《工程复工令》。

工程复工报审表（表 B.0.3）　　　　　　　　　　　　表 2-22

工程名称：　　　　　　　　　　　　　　　　　　　　　　编号：

致：＿＿＿＿＿＿＿＿＿＿（项目监理机构） 　　编号为＿＿＿＿＿＿＿＿《工程暂停令》所停工的＿＿＿＿＿部位（工序）已满足复工条件，我方申请于＿＿＿年＿＿＿月＿＿＿日复工，请予以审批。 　　附件：证明文件资料   　　　　　　　　　　　　　　　　　　　　　　　　施工项目经理部（盖章） 　　　　　　　　　　　　　　　　　　　　　　　　项目经理（签字） 　　　　　　　　　　　　　　　　　　　　　　　　　　　年　　月　　日
审核意见：   　　　　　　　　　　　　　　　　　　　　　　　　项目监理机构（盖章） 　　　　　　　　　　　　　　　　　　　　　　　　总监理工程师（签字） 　　　　　　　　　　　　　　　　　　　　　　　　　　　年　　月　　日
审核意见：   　　　　　　　　　　　　　　　　　　　　　　　　建设单位（盖章） 　　　　　　　　　　　　　　　　　　　　　　　　建设单位代表（签字） 　　　　　　　　　　　　　　　　　　　　　　　　　　　年　　月　　日

注：本表一式三份：项目监理机构、建设单位、施工单位各一份。

（4）分包单位资格报审表（表 B.0.4）见表 2-23。施工单位根据施工合同约定选择分包单位时，需要向项目监理机构报送《分包单位资格报审表》及相关证明材料。此表在由专业监理工程师提出审查意见后，应由总监理工程师审核签认。

分包单位资格报审表（表 B.0.4）   **表 2-23**

工程名称：   编号：

致：＿＿＿＿＿＿＿＿＿＿＿＿＿＿＿＿＿＿＿＿＿＿＿＿（项目监理机构）

    经考察，我方认为拟选择的＿＿＿＿＿＿＿＿＿＿＿＿＿＿＿＿＿＿（分包单位）具有承担下列工程的施工或安装资质和能力，可以保证本工程按施工合同第＿＿＿＿＿＿条款的约定进行施工或安装。请予以审查。

分包工程名称（部位）	分包工程量	分包工程合同额
合　计		

附件：1. 分包单位资质材料

      2. 分包单位业绩材料

      3. 分包单位专职管理人员和特种作业人员的资格证书

      4. 施工单位对分包单位的管理制度

施工项目经理部（盖章）

项目经理（签字）

年　月　日

审查意见：

专业监理工程师（签字）

年　月　日

审核意见：

项目监理机构（盖章）

总监理工程师（签字）

年　月　日

注：本表一式三份：项目监理机构、建设单位、施工单位各一份。

（5）施工控制测量成果报验表（表 B. 0. 5）见表 2-24。施工单位在完成施工控制测量并自检合格后，需要向项目监理机构报送此表及施工控制测量依据和成果表，专业监理工程师审查合格后予以签认。

施工控制测量成果报验表（表 B. 0. 5）　　　　**表 2-24**

工程名称：　　　　　　　　　　　　　　　　　　　　编号：

致：_____（项目监理机构） 　　我方已完成_____的施工控制测量，经自检合格。请予以查验。 　　附件：1. 施工控制测量依据资料 　　　　　2. 施工控制测量成果表   　　　　　　　　　　　　　　　　　　　　施工项目经理部（盖章） 　　　　　　　　　　　　　　　　　　　　项目技术负责人（签字） 　　　　　　　　　　　　　　　　　　　　　　　年　　月　　日
审查意见：   　　　　　　　　　　　　　　　　　　　　项目监理机构（盖章） 　　　　　　　　　　　　　　　　　　　　专业监理工程师（签字） 　　　　　　　　　　　　　　　　　　　　　　　年　　月　　日

　　注：本表一式三份：项目监理机构、建设单位、施工单位各一份。

（6）工程材料、构配件、设备报审表（表 B.0.6）见表 2-25。施工单位在对工程材料、构配件、设备自检合格后，应向项目监理机构报送此表及相关质量证明材料和自检报告，在专业监理工程师审查合格后予以签认。

工程材料、构配件、设备报审表（表 B.0.6）　　　　　表 **2-25**

工程名称：　　　　　　　　　　　　　　　　　　　　编号：

致：_____（项目监理机构）

　　于_____年_____月_____日进场的拟用于工程_____部位的_____，经我方检验合格，现将相关资料报上，请予以审查。

　　附件：1. 工程材料、构配件或设备清单

　　　　　2. 质量证明文件

　　　　　3. 自检结果

　　　　　　　　　　　　　　　　　　施工项目经理部（盖章）

　　　　　　　　　　　　　　　　　　项目经理（签字）

　　　　　　　　　　　　　　　　　　　　　　年　　月　　日

审查意见：

　　　　　　　　　　　　　　　　　　项目监理机构（盖章）

　　　　　　　　　　　　　　　　　　专业监理工程师（签字）

　　　　　　　　　　　　　　　　　　　　　　年　　月　　日

注：本表一式二份：项目监理机构、施工单位各一份。

（7）——报审、报验表（表 B.0.7）见表 2-26。该表主要用于隐蔽工程、检验批、分项工程的报验，此表也可以用于为施工单位提供服务的试验室的报审，在专业监理工程师审查合格后予以签认。

_____报审、报验表（表 B.0.7）　　　　　表 2-26

工程名称：　　　　　　　　　　　　　　　　　　　　　　编号：

致：_____（项目监理机构） 我方已完成_____工作，经自检合格，请予以审查或验收。 附件：□隐蔽工程质量检验资料 　　　□检验批质量检验资料 　　　□分项工程质量检验资料 　　　□施工试验室证明资料 　　　□其他   <div align="right">施工项目经理部（盖章） 项目经理或项目技术负责人（签字） 年　月　日</div>
审查或验收意见：   <div align="right">项目监理机构（盖章） 专业监理工程师（签字） 年　月　日</div>

注：本表一式二份：项目监理机构、施工单位各一份。

（8）分部工程报验表（表 B.0.8）见表 2-27。分部工程所包含的分项工程全部自检合格之后，施工单位应向项目监理机构报送此表及分部工程质量控制资料。在专业监理工程师验收的基础上，由总监理工程师签署验收意见。

分部工程报验表（表 B.0.8） **表 2-27**

工程名称：   编号：

致：_____（项目监理机构） 我方已完成_____（分部工程），经自检合格，请予以验收。 附件：分部工程质量资料   <div align="right">施工项目经理部（盖章） 项目技术负责人（签字） 年　　月　　日</div>
验收意见：   <div align="right">专业监理工程师（签字） 年　　月　　日</div>
验收意见：   <div align="right">项目监理机构（盖章） 总监理工程师（签字） 年　　月　　日</div>

注：本表一式三份：项目监理机构、建设单位、施工单位各一份。

（9）监理通知回复单（表 B.0.9）见表 2-28。施工单位在收到《监理通知单》之后，按要求进行整改。自查合格后，应向项目监理机构报送此表。项目监理机构收到施工单位报送的此表之后，一般可由原发出《监理通知单》的专业监理工程师进行核查，认可整改结果之后予以签认，重大问题可由总监理工程师进行核查签认。

监理通知回复单（表 B.0.9）   **表 2-28**

工程名称：	编号：

致：_____（项目监理机构）

我方接到编号为_____的监理通知单后，已按要求完成相关工作，请予以复查。

附件：需要说明的情况

施工项目经理部（盖章）

项目经理（签字）

年　　月　　日

复查意见：

项目监理机构（盖章）

总监理工程师/专业监理工程师（签字）

年　　月　　日

注：本表一式三份：项目监理机构、建设单位、施工单位各一份。

（10）单位工程竣工验收报审表（表 B.0.10）见表 2-29。单位（子单位）工程完成后，施工单位自检符合竣工验收条件后，应向项目监理机构报送此表及相关附件，申请竣工验收。总监理工程师在收到此表及相关附件后，应组织专业监理工程师进行审查并签署预验收意见，此表需要由总监理工程师签字，并加盖执业印章。

单位工程竣工验收报审表（表 B.0.10）

表 **2-29**

工程名称：　　　　　　　　　　　　　　　　　　　　　编号：

致：＿＿＿＿＿＿＿＿＿＿＿＿＿＿＿＿＿＿＿＿＿＿＿＿＿＿＿（项目监理机构） 　　我方已按施工合同要求完成＿＿＿＿＿＿＿＿＿＿＿＿＿＿＿＿＿＿工程，经自检合格，现将有关资料报上，请予以验收。 　　附件：1. 工程质量验收报告 　　　　　2. 工程功能检验资料   <div align="right">施工单位（盖章） 项目经理（签字） 年　　月　　日</div>
预验收意见： 　　经预验收，该工程合格/不合格，可以/不可以组织正式验收。   <div align="center">项目监理机构（盖章） 总监理工程师（签字、加盖执业印章） 年　　月　　日</div>

　注：本表一式三份：项目监理机构、建设单位、施工单位各一份。

（11）工程款支付报审表（表 B.0.11）见表 2-30。此表适用于施工单位工程预付款、工程进度款、竣工结算款等的支付申请，项目监理机构对施工单位的申请事项进行审核并签署意见，经建设单位批准之后方可作为总监理工程师签发《工程款支付证书》（表 A.0.8）的依据。

工程款支付报审表（表 B.0.11） **表 2-30**

工程名称： 　　　　　　　　　　　　　　　　　　　　编号：

至：＿＿＿＿＿＿＿＿＿＿＿＿＿＿＿＿＿＿＿＿＿＿＿＿（项目监理机构） 　　根据施工合同约定，我方已完成＿＿＿＿＿＿＿＿＿＿工作，建设单位应在＿＿年＿＿月＿＿日前支付工程款共计（大写）＿＿＿＿＿＿＿＿＿（小写：＿＿＿＿＿＿＿＿），请予以审核。 　　附件： 　　　　□已完成工程量报表 　　　　□工程竣工结算证明材料 　　　　□相应支持性证明文件 <div align="right">施工项目经理部（盖章） 项目经理（签字） 年　　月　　日</div>
审查意见： 　　1. 施工单位应得款为： 　　2. 本期应扣款为： 　　3. 本期应付款为： 　　附件：相应支持性材料 <div align="right">专业监理工程师（签字） 年　　月　　日</div>
审核意见：   <div align="right">项目监理机构（盖章） 总监理工程师（签字、加盖执业印章） 年　　月　　日</div>
审批意见：   <div align="right">建设单位（盖章） 建设单位代表（签字） 年　　月　　日</div>

注：本表一式三份：项目监理机构、建设单位、施工单位各一份；工程竣工结算报审时本表一式四份：项目监理机构、建设单位各一份、施工单位两份。

（12）施工进度计划报审表（表 B. 0.12）见表 2-31。此表适用于施工总进度计划、阶段性施工进度计划的报审。施工进度计划在专业监理工程师审查的基础上，由总监理工程师审核签认。

施工进度计划报审表（表 B. 0.12）　　　　　　　　**表 2-31**

工程名称：　　　　　　　　　　　　　　　　　　　　编号：

致：＿＿＿＿＿＿＿＿＿＿＿＿＿＿＿＿＿＿＿＿＿＿＿（项目监理机构） 　　根据施工合同约定，我方已完成＿＿＿＿＿＿＿＿＿＿＿＿＿＿＿＿工程施工进度计划的编制和批准，请予以审查。 　　附件：□施工总进度计划 　　　　　□阶段性进度计划   　　　　　　　　　　　　　　　　施工项目经理部（盖章） 　　　　　　　　　　　　　　　　项目经理（签字） 　　　　　　　　　　　　　　　　　　年　　月　　日
审查意见：   　　　　　　　　　　　　　　　　专业监理工程师（签字） 　　　　　　　　　　　　　　　　　　年　　月　　日
审核意见：   　　　　　　　　　　　　　　　　项目监理机构（盖章） 　　　　　　　　　　　　　　　　总监理工程师（签字） 　　　　　　　　　　　　　　　　　　年　　月　　日

注：本表一式三份：项目监理机构、建设单位、施工单位各一份。

（13）费用索赔报审表（表 B.0.13）见表 2-32。施工单位在索赔工程费用时，需要向项目监理机构报送本表，项目监理机构对施工单位的申请事项进行审核并签署意见，经建设单位批准之后方可作为支付索赔费用的依据。本表须由总监理工程师签字，并加盖执业印章。

费用索赔报审表（表 B.0.13）　　　　　　表 2-32

工程名称：　　　　　　　　　　　　　　　　　　　编号：

致：_____（项目监理机构）

根据施工合同_____条款，由于_____的原因，我方申请索赔金额（大写）_____请予批准。

索赔理由：_____
_____
_____
_____

附件：□索赔金额计算
　　　□证明材料

施工项目经理部（盖章）

项目经理（签字）

年　月　日

审核意见：

□不同意此项索赔。

□同意此项索赔，索赔金额为（大写）_____。

同意/不同意索赔的理由：_____
_____
_____
_____

附件：□索赔审查报告

项目监理机构（盖章）

总监理工程师（签字、加盖执业印章）

年　月　日

审批意见：

建设单位（盖章）

建设单位代表（签字）

年　月　日

注：本表一式三份：项目监理机构、建设单位、施工单位各一份。

（14）工程临时/最终延期报审表（表 B.0.14）见表 2-33。施工单位在申请工程延期时，需要向项目监理机构报送本表，项目监理机构对施工单位的申请事项进行审核并签署意见，经建设单位批准之后方可延长合同工期，《工程临时/最终延期报审表》须由总监理工程师签字，并加盖执业印章。

工程临时/最终延期报审表（表 B.0.14） 表 2-33

工程名称：   编号：

致：_____（项目监理机构）

　　根据施工合同_____（条款），由于_____原因，我方申请工程临时/最终延期_____（日历天），请予批准。

　　附件：1. 工程延期依据及工期计算

　　　　　2. 证明材料

施工项目经理部（盖章）

项目经理（签字）

年　　月　　日

审核意见：

　　□同意工程临时/最终延期_____（日历天）。工程竣工日期从施工合同约定的____年____月____日延迟到____年____月____日。

　　□不同意延期，请按约定竣工日期组织施工。

项目监理机构（盖章）

总监理工程师（签字、加盖执业印章）

年　　月　　日

审批意见：

建设单位（盖章）

建设单位代表（签字）

年　　月　　日

注：本表一式三份：项目监理机构、建设单位、施工单位各一份。

3. 通用表（C 类表）

（1）工作联系单（表 C. 0. 1）见表 2-34。此表用于项目监理机构与工程建设有关各方（包括建设、施工、监理、勘察、设计等单位和上级主管部门）之间的日常工作联系，是一类与有关参建各方进行沟通、协调的书面文件，其主要起到告知、备忘、提醒和建议等作用，参建单位均可向相关单位单方或多方发出，建设单位现场代表、施工单位项目经理、工程监理单位项目总监理工程师、设计单位本工程设计负责人及工程项目其他参建单位的相关负责人等有权签发《工作联系单》。

工作联系单（表 C. 0. 1）　　　　　　　　　　**表 2-34**

工程名称：　　　　　　　　　　　　　　　　　　　编号：

致：_____
发文单位 负责人（签字） 　　　　　　　　　　　年　　月　　日

工作联系单其主要内容应包括"事由"、"意见或建议"等，相关内容应条理清晰，便于阅读，工作联系单的文字应准确（如时间、周期、场所位置等）、清晰（如目的、原因、责任者、条件、措施等）、简洁，当采用较多数据作支持时，应对数据作归纳、汇总整理，并以图表形式表示。由于工程建设的复杂性，进行协调已成为工程监理的基本工作和重要的手段，工作联系单已成为参建各方工作沟通协调的主要方式之一。发出本表应办理发文登记手续，主动发出本表的一方应对接收方的处理情况进行跟踪。

（2）工程变更单（表 C.0.2）见表 2-35。施工单位、建设单位、工程监理单位提出工程变更时，应填写此表，由建设单位、设计单位、监理单位和施工单位共同签认。

工程变更单（表 C.0.2）　　　　　　　　　　　　　　　　表 **2-35**

工程名称：　　　　　　　　　　　　　　　　　　　　　　　编号：

致：_____

　　由于_____原因，兹提出

_____工程变更，请予以审批。

附件：

□变更内容

□变更设计图

□相关会议纪要

□其他

　　　　　　　　　　　　　　　　　　　　　　　　变更提出单位：

　　　　　　　　　　　　　　　　　　　　　　　　　负责人：

　　　　　　　　　　　　　　　　　　　　　　　　　　　年　　月　　日

工程量增/减	
费用增/减	
工期变化	

施工项目经理部（盖章） 项目经理（签字）	设计单位（盖章） 设计负责人（签字）
项目监理机构（盖章） 总监理工程师（签字）	建设单位（盖章） 负责人（签字）

注：本表一式四份：建设单位、项目监理机构、设计单位、施工单位各一份。

（3）索赔意向通知书（表 C.0.3）见表 2-36。在施工过程中发生索赔事件之后，受影响的单位依据法律法规和合同的约定，向对方单位声明或告知索赔意向时，需在合同约定的时间内报送本表。

索赔意向通知书（表 C.0.3）　　　　　　　　　　表 2-36

工程名称：　　　　　　　　　　　　　　　　　　　　　　编号：

致：_____

　　根据施工合同_____（条款）约定，由于发生了_____事件，且该事件的发生非我方原因所致。为此，我方向_____（单位）提出索赔要求。

　　附件：索赔事件资料

提出单位（盖章）

负责人（签字）

年　　月　　日

4. 基本表式的应用说明

建设工程监理基本表式的应用作如下说明：

（1）应依照合同文件、法律法规及标准等规定的程序和时限签发、报送、回复各类表。

（2）应按照有关规定，采用碳素墨水、蓝黑墨水书写或黑色碳素印墨打印各类表格，不得使用易褪色的书写材料。

（3）应使用规范语言，法定计量单位，公历年、月、日填写各类表，各类表中相关人员的签字栏均须由本人签署，由施工单位提供附件的，应在附件上加盖骑缝章。

（4）各类表在实际使用中，应分类建立统一的编码体系，各类表式应连续编号，不得重号、跳号。

（5）各类表中施工项目经理部用章的样章应在项目监理机构和建设单位备案，项目监理机构用章的样章应在建设单位和施工单位备案；

（6）工程开工令（表 A.0.2）、工程暂停令（表 A.0.5）、工程复工令（表 A.0.7）、工程款支付证书（表 A.0.8）、施工组织设计/（专项）施工方案报审表（表 B.0.1）、工程开工报审表（表 B.0.2）、单位工程竣工验收报审表（表 B.0.10）、工程款支付报审表（表 B.0.11）、费用索赔报审表（表 B.0.13）、工程临时/最终延期报审表（表 B.0.14）等表式应由总监理工程师签字并加盖执业印章；施工组织设计/（专项）施工方案报审表（表 B.0.1，仅对超过一定规模的危险性较大的分部分项工程专项施工方案）、工程开工报审表（表 B.0.2）、施工进度计划报审表（表 B.0.12）、费用索赔报审表（表 B.0.13）、工程临时/最终延期报审表（表 B.0.14）等表式需要建设单位审批同意；总监理工程师任命书（表 A.0.1）需要由工程监理单位法定代表人签字，并加盖工程监理单位公章；工程开工报审表（表 B.0.2）、单位工程竣工验收报审表（表 B.0.10）等表式必须由项目经理签字并加盖施工单位公章。

（7）对于涉及工程质量方面的基本表式，由于各行业、各部门的专业要求不同，各类工程的质量验收应按相关专业的验收规范以及相关表式要求办理，若没有相应的表式，在工程开工之前，项目监理机构应根据工程特点、质量要求、竣工及归档组卷要求，与建设单位、施工单位进行协商，制定工程质量验收相应的表式。项目监理机构应事前使施工单位、建设单位明确定制各类表式的使用要求。

二、建设工程施工质量验收的基本表式

《建设工程施工质量验收统一标准》GB 50300—2013 国家标准规定的质量方面的基本表式详见表 2-37～表 2-44。施工现场质量管理检查记录见表 2-37；检验批质量验收记录见表 2-38；分项工程质量验收记录见表 2-39；分部工程质量验收记录见表 2-40；单位工程质量竣工验收应按表 2-41 记录，单位工程质量控制资料及主要功能抽查核查应按表 2-42 记录，单位工程安全和功能检验资料核查应按表 2-43 记录；单位工程观感质量检查应按表 2-44 记录。

表 2-41 中的验收记录由施工单位填写，验收结论由监理单位填写，综合验收结论经参加验收各方共同商定，由建设单位填写，应对工程质量是否符合设计文件和相关标准的规定及总体质量水平作出评价。

施工现场质量管理检查记录 表 2-37

开工日期：

工程名称				施工许可证号		
建设单位				项目负责人		
设计单位				项目负责人		
监理单位				总监理工程师		
施工单位		项目负责人			项目技术负责人	
序号	项 目			主 要 内 容		
1	项目部质量管理体系					
2	现场质量责任制					
3	主要专业工种操作岗位证书					
4	分包单位管理制度					
5	图纸会审记录					
6	地质勘察资料					
7	施工技术标准					
8	施工组织设计、施工方案编制及审批					
9	物资采购管理制度					
10	施工设施和机械设备管理制度					
11	计量设备配备					
12	检测试验管理制度					
13	工程质量检查验收制度					
14						

自检结果：

检查结论：

施工单位项目负责人： 年 月 日

总监理工程师： 年 月 日

_____检验批质量验收记录 表 2-38

编号：_____

单位(子单位) 工程名称		分部(子分部) 工程名称		分项工程 名称	
施工单位		项目负责人		检验批容量	
分包单位		分包单位项目 负责人		检验批部位	
施工依据			验收依据		

	验收项目	设计要求及 规范规定	最小/实际 抽样数量	检查记录	检查 结果
主控项目	1				
	2				
	3				
	4				
	5				
	6				
	7				
	8				
	9				
	10				
一般项目	1				
	2				
	3				
	4				
	5				
施工单位 检查结果		专业工长： 项目专业质量检查员： 年 月 日			
监理单位 验收结论		专业监理工程师： 年 月 日			

_____分项工程质量验收记录　　　　　　　表 2-39

　　　　　　　　　　　　　　　　　　　　　　　　编号：____

单位(子单位) 工程名称		分部(子分部) 工程名称			
分项工程数量		检验批数量			
施工单位		项目负责人		项目技术 负责人	
分包单位		分包单位 项目负责人		分包内容	

序号	检验批名称	检验批容量	部位/区段	施工单位检查结果	监理单位验收结论
1					
2					
3					
4					
5					
6					
7					
8					
9					
10					
11					
12					
13					
14					
15					

说明：

施工单位 检查结果	项目专业技术负责人： 　　　　　　　　　年　月　日
监理单位 验收结论	专业监理工程师： 　　　　　　　　　年　月　日

_____分部工程质量验收记录 表 2-40

编号：____

单位(子单位)工程名称			子分部工程数量		分项工程数量	
施工单位			项目负责人		技术(质量)负责人	
分包单位			分包单位负责人		分包内容	
序号	子分部工程名称	分项工程名称	检验批数量	施工单位检查结果	监理单位验收结论	
1						
2						
3						
4						
5						
6						
7						
8						
质量控制资料						
安全和功能检验结果						
观感质量检验结果						
综合验收结论						

施工单位 项目负责人： 年 月 日	勘察单位 项目负责人： 年 月 日	设计单位 项目负责人： 年 月 日	监理单位 总监理工程师： 年 月 日

注：1. 地基与基础分部工程的验收应由施工、勘察、设计单位项目负责人和总监理工程师参加并签字。

   2. 主体结构、节能分部工程的验收应由施工、设计单位项目负责人和总监理工程师参加并签字。

单位工程质量竣工验收记录 表 2-41

工程名称			结构类型		层数/ 建筑面积	
施工单位			技术负责人		开工日期	
项目负责人			项目技术 负责人		完工日期	

序号	项 目	验收记录		验收结论
1	分部工程验收	共 分部，经查符合设计及标准 规定 分部		
2	质量控制资料核查	共 项，经核查符合规定 项		
3	安全和使用功能 核查及抽查结果	共核查 项，符合规定 项， 共抽查 项，符合规定 项， 经返工处理符合规定 项		
4	观感质量验收	共抽查 项，达到"好"和"一般" 的 项，经返修处理符合要求 的 项		
综合验收结论				

参 加 验 收 单 位	建设单位	监理单位	施工单位	设计单位	勘察单位
	（公章） 项目负责人： 年 月 日	（公章） 总监理工程师： 年 月 日	（公章） 项目负责人： 年 月 日	（公章） 项目负责人： 年 月 日	（公章） 项目负责人： 年 月 日

注：单位工程验收时，验收签字人员应由相应单位的法人代表书面授权。

单位工程质量控制资料核查记录

表 2-42

工程名称				施工单位				
序号	项目	资 料 名 称	份数	施工单位		监理单位		
				核查意见	核查人	核查意见	核查人	
1	建筑与结构	图纸会审记录、设计变更通知单、工程洽商记录						
2		工程定位测量、放线记录						
3		原材料出厂合格证书及进场检验、试验报告						
4		施工试验报告及见证检测报告						
5		隐蔽工程验收记录						
6		施工记录						
7		地基、基础、主体结构检验及抽样检测资料						
8		分项、分部工程质量验收记录						
9		工程质量事故调查处理资料						
10		新技术论证、备案及施工记录						
1	给水排水与供暖	图纸会审记录、设计变更通知单、工程洽商记录						
2		原材料出厂合格证书及进场检验、试验报告						
3		管道、设备强度试验、严密性试验记录						
4		隐蔽工程验收记录						
5		系统清洗、灌水、通水、通球试验记录						
6		施工记录						
7		分项、分部工程质量验收记录						
8		新技术论证、备案及施工记录						
1	通风与空调	图纸会审记录、设计变更通知单、工程洽商记录						
2		原材料出厂合格证书及进场检验、试验报告						
3		制冷、空调、水管道强度试验、严密性试验记录						
4		隐蔽工程验收记录						
5		制冷设备运行调试记录						
6		通风、空调系统调试记录						
7		施工记录						
8		分项、分部工程质量验收记录						
9		新技术论证、备案及施工记录						

续表

工程名称				施工单位			
序号	项目	资 料 名 称	份数	施工单位		监理单位	
				核查意见	核查人	核查意见	核查人
1	建筑电气	图纸会审记录、设计变更通知单、工程洽商记录					
2		原材料出厂合格证书及进场检验、试验报告					
3		设备调试记录					
4		接地、绝缘电阻测试记录					
5		隐蔽工程验收记录					
6		施工记录					
7		分项、分部工程质量验收记录					
8		新技术论证、备案及施工记录					
1	智能建筑	图纸会审记录、设计变更通知单、工程洽商记录					
2		原材料出厂合格证书及进场检验、试验报告					
3		隐蔽工程验收记录					
4		施工记录					
5		系统功能测定及设备调试记录					
6		系统技术、操作和维护手册					
7		系统管理、操作人员培训记录					
8		系统检测报告					
9		分项、分部工程质量验收记录					
10		新技术论证、备案及施工记录					
1	建筑节能	图纸会审记录、设计变更通知单、工程洽商记录					
2		原材料出厂合格证书及进场检验、试验报告					
3		隐蔽工程验收记录					
4		施工记录					
5		外墙、外窗节能检验报告					
6		设备系统节能检测报告					
7		分项、分部工程质量验收记录					
8		新技术论证、备案及施工记录					

续表

工程名称				施工单位			
序号	项目	资 料 名 称	份数	施工单位		监理单位	
				核查意见	核查人	核查意见	核查人
1	电梯	图纸会审记录、设计变更通知单、工程洽商记录					
2		设备出厂合格证书及开箱检验记录					
3		隐蔽工程验收记录					
4		施工记录					
5		接地、绝缘电阻试验记录					
6		负荷试验、安全装置检查记录					
7		分项、分部工程质量验收记录					
8		新技术论证、备案及施工记录					

结论：

施工单位项目负责人：

年　月　日

总监理工程师：

年　月　日

单位工程安全和功能检验资料核查及主要功能抽查记录　　　　表 2-43

工程名称			施工单位			
序号	项目	安全和功能检查项目	份数	核查意见	抽查结果	核查（抽查）人
1	建筑与结构	地基承载力检验报告				
2		桩基承载力检验报告				
3		混凝土强度试验报告				
4		砂浆强度试验报告				
5		主体结构尺寸、位置抽查记录				
6		建筑物垂直度、标高、全高测量记录				
7		屋面淋水或蓄水试验记录				
8		地下室渗漏水检测记录				
9		有防水要求的地面蓄水试验记录				
10		抽气（风）道检查记录				
11		外窗气密性、水密性、耐风压检测报告				
12		幕墙气密性、水密性、耐风压检测报告				
13		建筑物沉降观测测量记录				
14		节能、保温测试记录				
15		室内环境检测报告				
16		土壤氡气浓度检测报告				

续表

工程名称			施工单位			
序号	项目	安全和功能检查项目	份数	核查意见	抽查结果	核查（抽查）人
1	给水排水与供暖	给水管道通水试验记录				
2		暖气管道、散热器压力试验记录				
3		卫生器具满水试验记录				
4		消防管道、燃气管道压力试验记录				
5		排水干管通球试验记录				
6		锅炉试运行、安全阀及报警联动测试记录				
1	通风与空调	通风、空调系统试运行记录				
2		风量、温度测试记录				
3		空气能量回收装置测试记录				
4		洁净室洁净度测试记录				
5		制冷机组试运行调试记录				
1	建筑电气	建筑照明通电试运行记录				
2		灯具固定装置及悬吊装置的载荷强度试验记录				
3		绝缘电阻测试记录				
4		剩余电流动作保护器测试记录				
5		应急电源装置应急持续供电记录				
6		接地电阻测试记录				
7		接地故障回路阻抗测试记录				
1	智能建筑	系统试运行记录				
2		系统电源及接地检测报告				
3		系统接地检测报告				
1	建筑节能	外墙节能构造检查记录或热工性能检验报告				
2		设备系统节能性能检查记录				
1	电梯	运行记录				
2		安全装置检测报告				

结论：

施工单位项目负责人：　　　　　　　　　　　　　　　总监理工程师：

　　　　　　　年　月　日　　　　　　　　　　　　　　　　年　月　日

注：抽查项目由验收组协商确定。

单位工程观感质量检查记录　　　　　　　　　　表 2-44

工程名称			施工单位	
序号		项　目	抽 查 质 量 状 况	质量评价
1		主体结构外观	共检查　点，好　点，一般　点，差　点	
2		室外墙面	共检查　点，好　点，一般　点，差　点	
3		变形缝、雨水管	共检查　点，好　点，一般　点，差　点	
4	建筑与结构	屋面	共检查　点，好　点，一般　点，差　点	
5		室内墙面	共检查　点，好　点，一般　点，差　点	
6		室内顶棚	共检查　点，好　点，一般　点，差　点	
7		室内地面	共检查　点，好　点，一般　点，差　点	
8		楼梯、踏步、护栏	共检查　点，好　点，一般　点，差　点	
9		门窗	共检查　点，好　点，一般　点，差　点	
10		雨罩、台阶、坡道、散水	共检查　点，好　点，一般　点，差　点	
1		管道接口、坡度、支架	共检查　点，好　点，一般　点，差　点	
2	给水排水与供暖	卫生器具、支架、阀门	共检查　点，好　点，一般　点，差　点	
3		检查口、扫除口、地漏	共检查　点，好　点，一般　点，差　点	
4		散热器、支架	共检查　点，好　点，一般　点，差　点	
1		风管、支架	共检查　点，好　点，一般　点，差　点	
2		风口、风阀	共检查　点，好　点，一般　点，差　点	
3	通风与空调	风机、空调设备	共检查　点，好　点，一般　点，差　点	
4		管道、阀门、支架	共检查　点，好　点，一般　点，差　点	
5		水泵、冷却塔	共检查　点，好　点，一般　点，差　点	
6		绝热	共检查　点，好　点，一般　点，差　点	
1		配电箱、盘、板、接线盒	共检查　点，好　点，一般　点，差　点	
2	建筑电气	设备器具、开关、插座	共检查　点，好　点，一般　点，差　点	
3		防雷、接地、防火	共检查　点，好　点，一般　点，差　点	
1	智能建筑	机房设备安装及布局	共检查　点，好　点，一般　点，差　点	
2		现场设备安装	共检查　点，好　点，一般　点，差　点	

工程名称			施工单位		
序号	项 目		抽 查 质 量 状 况		质量评价
1	电梯	运行、平层、开关门	共检查 点，好 点，一般 点，差 点		
2		层门、信号系统	共检查 点，好 点，一般 点，差 点		
3		机房	共检查 点，好 点，一般 点，差 点		
观感质量综合评价					

结论：
施工单位项目负责人：　　　　　　　　　　　　　　　　　　总监理工程师：
　　　　　　　　　　　　　　年　月　日　　　　　　　　　　　　　　　　年　月　日

注：1. 对质量评价为差的项目应进行返修。
　　2. 观感质量现场检查原始记录应作为本表附件。

第五节　工程监理日志、月报、会议纪要及总结的编制

一、工程监理日志的编制

监理日志又称监理工作日志，是项目监理机构每日对建设工程的当日天气、施工进展情况、监理工作以及有关事项，由总监理工程师指定专业监理人员负责汇总和记录的，整个现场监理组织机构的、集体的监理工作记录。

监理日志以单位工程为记录对象，从工程开工之日始至工程竣工日止，应由专人或相关人员逐日进行记载，所记载内容应齐全、详细、准确、及时、真实反映当日的工程具体情况，文字应简练明了，技术用语规范，记录内容应保持连续性和完整性，若重要事项应当日采用专题书面报告的形式向总监理工程师报告，记录人应签章。

监理日志是一项重要的信息档案资料，应包括以下内容：①天气和施工环境情况；②当日施工进展情况；③当日监理工作情况，包括旁站、巡视、见证取样、平行检验等情况（监理人员在巡检、专检或工作后都应及时填写监理日记并签字）；④当日存在的问题及协调解决情况；⑤其他有关事项。

监理日志应使用统一制式的《监理日志》，每册的封面应标明工程名称、册号、记录的时间段以及建设、设计、施工、监理单位名称，并由总监理工程师签字。监理日志不得补记，不得隔页或扯页，以保持其记录的原始性，总监理工程师应每日阅示监理日志，以全面了解监理工作情况。监理日志表式参见表 2-45。

监理日志是规范监理行为的需要，是监理资料中重要的组成部分，是监理服务工作量和价值的体现，是工程实施过程中最真实的工作证据，为公平、公正地处理工程索赔、工程变更、工程质量事故及违约事件提供了现场真实的资料。通过检查监理工作日志，还可以评估监理工作的到位情况、履约情况以及监理工作质量。

监理工作日志表　　　　　　　　　　　　　　**表 2-45**

监理工作日期		年　月　日		星期		编号	
工程名称							
监理单位						监理人员	
天气和施工环境情况	时间 ＼ 项目	天气状况	风力（级）	最高（最低）温度（℃）		施工环境情况	
	白天						
	夜间						
施工情况	施工部位						
	施工其他情况						
监理工作记录	中间验收情况						
	旁站及见证						
	其他工作						
建设单位其他外部环境情况							
备　注							
记录人			记录日期		年　月　日		

注：1. 本表由监理单位项目监理机构填写并保存。
　　2. 各地方应按照地方要求的表式填写并保存。

二、工程监理月报的编制

工程监理月报是由总监理工程师组织各专业监理工程师进行编制，经总监理工程师签署后，每月报送给建设单位和监理单位的，在工程施工过程中项目监理机构就工程实施情况和监理工作情况等作出的分析总结报告。监理月报是建设单位了解工程情况及对重大问题做出决策的重要依据。监理月报所汇报的监理工作内容应全面、完整、真实，负责编制监理月报的监理工程师应针对工程的进展情况、存在的问题等方面进行编制，应如实反映工程现状和监理工作情况，以便于建设单位和上级监理部门对工程现状能有一个比较清晰的了解。监理工作中存在的问题不论是已解决或已有解决办法者均应一一列出，不留未了事项。

监理月报应包括以下具体内容：

1. 本月工程实施情况

（1）工程进展情况：工程实际完成情况与工程总进度计划比较；本月实际完成情况与进度计划比较；对进度完成情况以及所采取措施效果的分析；施工单位人、机、料进场及使用情况；本期在施工部位的工程照片。

（2）工程质量情况：工程材料、设备、构配件进场检验情况；主要施工试验情况；本月所采取的工程质量措施及效果；分项分部工程质量验收情况；对本月工程质量的分析。

（3）施工单位安全生产管理工作的评述。

（4）已完成工程量和已付工程款的统计及其说明。

2. 本月监理工作情况

（1）工程进度控制方面的工作情况。

（2）工程质量控制方面的工作情况。

（3）安全生产管理方面的工作情况。

（4）工程计量与工程款支付方面的工作情况：如工程量审核情况；工程款审批情况及月支付情况；工程款支付情况的分析；针对本月所采取的措施及效果。

（5）合同其他事项的管理工作情况：如工程变更；工程延期；费用索赔。

（6）监理工作统计及工作照片。

3. 本月施工中所存在的问题及处理情况

（1）工程质量控制方面的主要问题分析及处理情况。

（2）工程进度控制方面的主要问题分析及处理情况。

（3）施工单位安全生产管理方面的主要问题分析及处理情况。

（4）工程计量和工程款支付方面的主要问题分析及处理情况。

（5）合同其他事项管理方面的主要问题分析及处理情况。

4. 下月监理工作的重点

（1）在项目监理机构内部管理方面的工作重点。

（2）在工程管理方面的监理工作重点。

三、监理会议纪要的编制

在建设工程开工之前，应召开第一次工地会议，建设工程开工之后，应定期召开监理例会，检查分析施工质量状况，提出改进意见和下一步监理工作要求，并根据需要，召开专题会议。

1. 第一次工地会议及纪要

第一次工地会议是在建设工程开工前，由建设单位主持召开，监理人员及参建各方均应参加。本次会议是检查开工前各项准备工作是否就绪，明确监理工作程序与要求，建立参建各方工作关系的一次重要会议。

第一次工地会议虽然是由建设单位主持召开，但项目监理机构要协助建设单位做好会议的筹备工作，主要事项有：草拟会议通知和会议议程、准备监理方自己的会议材料、协助建设单位督促施工方准备会议材料、协助建设单位准备会议材料、建议建设单位将会议的时间和地点告知项目安全、质量监督机构。

第一次工地会议的会议程序与内容为：①建设单位、施工单位以及工程监理单位分别介绍各自驻施工现场的组织机构、人员及其分工情况；②建设单位介绍工程开工的准备情况，建设单位根据监理合同宣布对总监理的授权（一般在工程开工前，建设单位应将本建设项目所委托的工程监理单位名称、监理的范围、内容和权限及对总监理工程师的任命等内容书面告知施工单位）；③施工单位介绍施工的准备情况；④建设单位代表和总监理工程师对施工准备提出意见和要求、总监理工程师介绍监理规划的主要内容；⑤研究确定各方在施工过程中参加监理例会的主要人员，召开监理例会的周期、地点及主要议题；⑥其他有关事项。

第一次工地会议的会议纪要应由项目监理机构负责整理，并应在会议结束后尽快整理完成，经与会各方代表会签后发送相关单位签收。会议纪要应记录会议的与会单位、会议时间、与会人员（一般应另附参加会议人员签到表）、会议程序、议题和内容。会议纪要应对项目正式开工尚待解决、处理的问题作归纳，明确记录其原因、责任、解决、处理这些问题的具体措施、条件与完成期限（如问题较多时，则可列表阐述），以便在下一次监理例会中检查落实。

2. 监理例会及纪要

监理例会是项目监理机构进行协调工作的重要手段之一，监理例会的中心议题主要是对工程实施过程所发生的安全、质量、进度、造价及合同执行等问题进行检查、分析、协调、纠偏与控制，明确相关问题的责任、处理措施及要求。

项目监理机构应定期召开监理例会，并组织有关单位研究解决与监理相关的问题。监理例会由总监理工程师、总监理工程师代表、或由总监理工程师授权的专业监理工程师主持，项目监理机构通知建设单位、施工单位（包括总包、分包单位）、现场主要负责人和有关部门人员参加，并视工程实施情况邀请设计、质量安全监督机构的代表参加。

项目监理机构应在会前与参建各方做好沟通，了解工程实施中遇到的问题和困难，以及拟采取的措施等情况，并做好下列准备工作：①项目监理机构内部对会议内容、问题处理的观点、措施等情况的沟通和统一；②准备协调，处理问题所需要引证的依据性相关资料、文件等；③检查并收集施工单位落实执行上次监理例会决议的情况；④了解或收集参建各方需要监理协调解决的问题。

监理例会的主要内容有：①检查上次监理例会议定事项的具体落实情况，分析未完事项的原因；②检查分析工程项目进度计划的完成情况，提出下一阶段进度目标及其落实措施；③检查分析工程项目质量、施工安全管理状况，针对所存在的问题提出改进措施；④检查工程量核定及工程款支付情况；⑤解决需要协调的有关事项；⑥研究未决定的工程变更、延期、索赔、保险等问题；⑦其他有关的事宜。

项目监理机构应指定专人作会议记录，并应核对与会者签到表，在监理例会结束之后，项目监理机构应及时对记录内容作整理，从而形成监理例会纪要，与会各方代表应会签。监理例会会议纪要的内容一般包括：①到会单位与人员名单；②上次例会决定事项的完成情况及未完成事项的讲评与分析；③各方提出的问题、需要协调解决的事项及处理意见；④本次会议已达成的共识及其需要解决落实的事项及要求。会议纪要应如实反映各方对有关问题的意见和建议，对已达成共识的问题则以会议决定来体现。

3. 专题会议及纪要

专题会议是指项目参建单位为解决工程实施过程涉及单一或若干特定工程专项问题而不定期召开的会议，参建单位都可以提议召开。项目监理机构可根据工程的需要，主持或参加专题会议，解决监理工作范围内的工程专项问题。项目监理机构组织的专题会议，由总监理工程师、总监理工程师代表或总监理工程师授权的专业监理工程师负责主持。

在工程实施过程中，在监理例会或小范围人员内协商解决有困难时，则可通过召开专题会议协调、解决。一般需要通过专题会议处理解决的问题有：工程实施过程中急需要解决的技术或管理问题；工程变更、工程索赔（工期、费用等）、合同争议或纠纷处理；安全事故分析与处理、质量事故分析与处理；涉及勘察、设计单位的工程技术问题；其他需要通过专题会议解决的问题。

专题会议纪要按照会议记录整理而成，内容应包括会议时间、地点、与会单位、与会人员、与会主题、会议主要内容、会议达成的共识及处理意见或决议。由项目监理机构主持召开的专题会议的会议纪要，应由项目监理机构负责整理、与会各方代表应会签。

四、工程监理工作总结的编制

监理工作总结是指在施工阶段监理工作结束之时，监理单位对所履行委托监理合同情况及监理工作，由总监理工程师负责组织项目监理机构有关人员进行编写，然由总监理工程师审核签字，并按照规定份数交建设单位及监理单位档案管理部门作为归档监理资料的综合性总结。

监理工作总结应能客观、公式、真实地反映工程监理的全过程，对监理效果进行综合性描述，正确评价工程的主要质量状况、结构安全、投资控制及进度目标的实际情况。监理工作总结应包括以下主要内容：

1. 工程概况

工程概况主要包括以下内容：工程名称（全称）；工程详细地址；工程项目的单位工程数量；不同单位工程的结构类型；不同单位工程的建筑层数及高度；不同单位工程的建筑面积；开工时间、竣工时间和施工总天数；工程质量、进度及投资的总体状况等。

2. 项目监理机构

应正确反映建设项目监理机构的设置与实际变化过程。为了反映随施工进展情况所投入的人力、物力的变化情况，应在最后的监理工作总结中将不同时间、不同阶段的项目监理机构的人员配置数量和专业的变化情况等写清楚。如不同时间、不同阶段在监理现场的；总监理工程师的姓名、职务、职称；各专业监理工程师的姓名、职务、职称、专业；监理员的姓名、职务、职称、专业。监理工作运作过程中的人员实际变化过程概况：姓名、职务、职称、专业、变化时间。

3. 建设工程监理合同的履行情况

关于建设工程监理合同的履行情况，主要反映在以下两个方面：

（1）项目监理机构人员的配置数量是否符合监理委托合同的要求，人员的素质和职称结构是否符合投标时的承诺或按照监理委托合同规定的要求配置。

（2）在整个监理服务的过程中，是否真正起到了监理的监控作用，关键是是否能够控制好质量、造价、进度，使工程能够在达到质量目标的前提下，如期竣工交付使用。在这一方面主要是指质量、投资（造价）、进度的控制与合同管理的措施与方法。监理工作的质量、投资（造价）、进度控制和合同管理、组织协调是监理工作的最基本的内容，在编制监理工作总结中，应采用数据、表格给予说明所采取的措施及为实现这些措施所采用的技术保证。

① 质量控制：质量控制编写的内容有：对施工单位质保体系的控制；质量目标的控制结果；分部分项工程的质量控制情况；不同结构类型（如砖混结构、框架结构等）的质量控制要点及监控结果；质量控制的成效及存在的问题；施工试验及旁站监理情况；工程质量验收后的质量等级。

材料报验和工程报验情况（报验的数量和质量）是质量控制的一个重要内容。a. 材料报验：是指主要材料、构配件和设备报验的名称和数量，如土建材料的设备、构配件、电器材料与设备；b. 工程报验：是指分项（检验批）工程报验的数量、质量等级及存在的问题，分部（子分部）工程报验的数量、质量等级及存在的问题，单位工程报验的情况及存在的问题；c. 工程报验评定结果：是指分项（检验批）工程验收结果、分部（子分部）工程验收结果、单位工程验收结果；d. 混凝土、砂浆试验报告的报验与评定：是指混凝土、砂浆试验报告的报验数量及评定结果是否能满足标准要求。

② 投资控制：投资控制编写的内容有：月度工程量计量控制和签证情况，月度工程量计量总合数应等于其工程量的总计数；月度工程款签订情况，工作量计算结果应符合该段工程量预算结果合计数；工程决算的审查控制；工程决算与工程预算的对比及其原因分析；如何进行投资、预控管理；投资控制的成效和存在问题；合同变更与设计变更控制成效。

③ 进度控制：进度控制编写的内容有：进度控制总目标的控制简况；按合同要求如何强化和细化进度监督与控制，采取何种控制方法细化进度控制；进度控制的成效及进度控制存在的问题。

④ 合同管理：合同管理编写的内容有：建设、监理、施工三方执行合同的情况；公正处理各种纠纷的情况（具体数量及处理方法）；协调建设、设计、施工等单位各方关系情况，各方的索赔情况。

4. 监理工作成效

监理工作成效编写的主要内容有：监理工作制度化、标准化、规范化的开展情况；监理工作展开的具体方法；如何提高监理人员、施工单位人员的素质；业主方的总体信任度及评价。监理工作应做到与有关各方配合默契、互相信任、以诚相待，这对做好监理工作是至关重要的。

5. 监理工作中发现的问题及处理

监理工作中发现的问题及其处理情况主要是：监理工作存在的问题；对监理工作提出的建议。

6. 说明和建议

监理工作总结可按照各个阶段竣工之后分别进行总结和报告，应注意：总结应在总监理工程师和专业监理工程师所作小结的基础上进行归纳和编制，内容应翔实、公正、准确、全面。

第三章 监理工作的内容和主要方式

建设工程监理的基本方法是一个系统，其是由目标规划、动态控制、组织协调、信息管理和合同管理等若干个相互联系、相互支持、共同运行的、不可分割的子系统所组成，从而形成一个完整的方法体系。

建设工程项目监理机构的主要工作内容是根据建设工程监理合同的约定，遵循动态控制的原理，坚持预防为主的原则，制定和实施相应的监理措施，通过合同管理、信息管理和组织协调等手段，控制建设工程质量、造价和进度目标，并履行建设工程安全生产管理的法定职责，采用旁站、巡视、平行检验和见证取样等方式对建设工程实施监理。

建设工程项目监理机构宜根据建设工程的特点、施工合同、工程设计文件以及经过批准的施工组织设计对工程风险进行分析，并提出工程质量、造价、进度目标控制以及安全生产管理的防范性对策。

第一节　目　标　控　制

建设工程的目标系统是由质量、造价和进度等三大目标所构成的，三大目标之间的关系是相互关联，共同形成一个整体。建设工程监理单位的一项重要工作就是受建设单位的委托，确定和分解三大目标，协调处理三大目标之间的关系，并采取有效的措施控制三大目标。

一、目标规划

目标规划是指以实现目标控制为目的的规划和计划，是围绕工程项目质量、投资和进度目标进行研究确定、分解综合、安排计划、风险管理、制定措施等各项工作的集合。

目标规划是目标控制的基础和前提，只有做好目标规划的各项工作才能有效实施目标控制。目标规划得越好，目标控制的基础也就越牢固，目标控制的前提条件也就越充分。

目标规划工作包括：①正确地确定投资、进度、质量目标或对已经初步确定的目标进行论证；②按照目标控制的需要将各个目标进行分解，使每个目标都形成一个既能分解又能综合地满足控制要求的目标划分系统，以便实施控制；③把工程项目实施的过程、目标和活动编制成计划，用动态的计划系统来协调和规范工程项目的实施，为实现预期目标构筑一座桥梁，使项目协调有序地达到预期目标；④对计划目标的实现进行风险分析和管理，以便采取针对性的有效措施，实施主动控制；⑤制定各项目标的综合控制措施，力保项目目标的实现。

二、建设工程的三大目标

1. 建设工程三大目标之间的关系

从建设单位的角度出发，往往希望所建工程的质量好、投资省、进度快，但在工程实践中，这些目标几乎是不可能同时实现的。

在通常情况下，如果要对所建工程的质量有较高的要求，就需要投入较多的资金和花费较长的建设时间；如果要抢时间、争进度，在较短的时间内完成所建工程，势必或增加投资或使工程质量下降；如果要减少投资、节约费用，则势必会考虑降低工程项目的功能要求和质量标准。上述表明，建设工程三大目标之间存在着矛盾和对立的一面。

在通常情况下，若适当增加投资数量，为采取加快进度的措施提供必要的经济条件，即可加快工程建设进度，缩短工期，从而使工程项目尽早动用、投资尽早回收、建设工程的经济效益相应也得到了提高；若适当提高建设工程的功能要求和质量标准，虽会导致一次性投资的增加和建设工期的延长，但其能够节约工程项目动用后的运行费和维修费，从而也能获得更好的投资效益；若建设工程的进度计划科学、合理、工程进展具有连续性和均衡性，不但可以缩短建设工期，从而还有可能获得较好的工程质量和降低工程造价。上述表明，建设工程三大目标之间也存在着统一的一面。

综上所述，统筹兼顾三大目标之间的密切联系，防止发生盲目追求单一目标而冲击或干扰其他的目标，就必须确定和控制建设工程的三大目标。

2. 建设工程三大目标的确定和分解

控制建设工程三大目标，需要综合考虑建设工程三大目标之间的相互关系，在分析论证的基础上明确建设工程项目的质量、造价、进度总目标；需要从不同角度上将建设工程总目标分解成若干分目标、子目标及可执行目标，从而形成"自上而下层层展开、自下而上层层保证"的目标体系，为建设工程三大目标的动态控制奠定基础。

建设工程总目标是建设工程目标控制的基本前提，也是建设工程监理成功与否的重要判据。确定建设工程总目标，需要根据建设工程投资方以及利益相关者的需求，并结合建设工程本身及所处环境特点进行综合论证。分析论证建设工程总目标，应遵循以下基本原则：①确保建设工程质量目标符合工程建设强制性标准；②定性分析与定量分析相结合，在建设工程目标系统中，质量目标通常采用定性分析方法，造价、进度目标则可采用定量分析方法，对于某一具体的建设工程而言，采用不同的质量标准，会有不同的工程造价和工期，故需要采用定性分析与定量分析相结合的方法来综合论证建设工程的三大目标；③不同的建设工程其三大目标可具有不同的优先等级。三大目标的优先顺序并非固定不变的，由于每一建设工程的建设背景、复杂程度、投资方及利益相关者需求等的不同，决定了三大目标的重要性顺序不同，如有的建设工程工期要求紧迫，有的建设工程资金紧张等，从而决定了三大目标在不同建设工程中具有不同的优先等级。总而言之，建设工程三大目标之间是密切联系，相互制约的，需要应用多目标决策、多级梯阶、动态规划等理论统筹考虑、分析论证，寻求最佳匹配。

为了有效地控制建设工程的三大目标，需要逐级分解建设工程总目标，按照工程的参建单位、工程项目组成和时间进展等制定分目标、子目标以及可执行目标，从而形成图3-1所示的建设工程目标体系，在该体系上，各级目标之间的相互关系是上一级目标控制下一级目标，下一级目标保证上一级目标的实现，最终保证建设工程总目标的实现。

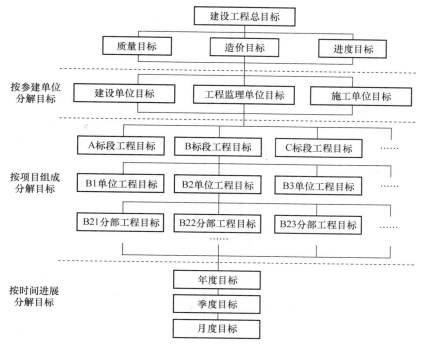

图 3-1　建设工程目标体系

3. 三大目标的动态控制过程

动态控制是指在完成工程项目的过程中，通过对过程、目标和活动的跟踪，全面、及时和准确地掌握工程建设信息，将实际目标值和工程建设状况与计划目标和状况进行对比，若发现偏离了计划和标准要求时，则应采取措施加以纠正，以达到计划总目标实现的一种开展工程建设监理活动时所采用的基本方法。动态控制是一个不断循环的过程，其贯穿于工程项目整个监理过程中，直至项目建成交付使用。

建设工程目标体系构建之后，建设工程监理工作的关键在于动态控制。为此，需要在建设工程实施过程中监测其实施绩效，并将实施绩效与计划目标进行比较，采取有效的措施纠正实施绩效与计划目标之间的偏差，力求使建设工程实现预定目标。建设工程目标体系的 PDCA（Plan——计划、Do——实施、Check——检查、Action——纠偏）动态控制过程见图 3-2 所示。

动态控制是一个动态的过程，过程在不同的空间展开，控制就应针对不同的空间来实施。工程项目的实施分不同的阶段，控制也就分成不同阶段的控制。工程项目的实现总要受到外部环境和内部因素的各种干扰，因此，必须采取应变性的控制措施。计划的不变是相对的，计划总是在调整中运行，控制也就要不断地适应计划的变化，从而达到有效的控制。监理工程师只有把握住工程项目运动的脉搏才能做好目标控制工作。动态控制是在目标规划的基础上针对各级分目标实施的控制。整个动态控制过程都是按照事先安排的计划来进行的。

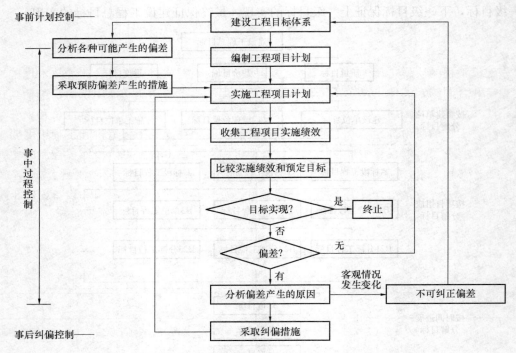

图 3-2 建设工程目标动态控制过程

4. 三大目标控制的措施

三大目标的控制措施主要有组织措施、技术措施、经济措施、合同措施等。

(1) 组织措施是其他各类措施的前提和保障,其包括:建立健全实施动态控制的组织机构、规章制度和人员数量,明确各级目标控制人员的任务和职责分工,改善建设工程目标控制的工作流程;建立建设工程目标控制工作考评机制,加强各单位(部门)之间的沟通和协作;加强动态控制过程中的激励措施,调动和发挥员工实现建设工程目标的积极性和创造性等。

(2) 技术措施是指为了对建设工程目标实施有效控制,需要对多个可能的建设方案、施工方案等进行的技术可行性分析。为此,需要对各种技术数据进行审核、比较,需要对施工组织设计、施工方案等进行审查、论证等。此外,在整个建设工程的实施过程中,还需要采用工程网络计划技术、信息化技术等实施动态控制。

(3) 经济措施不仅仅是审核工程量、工程款支付申请及工程结算报告,还包括编制和实施资金使用计划,对工程变更方案进行技术经济分析等。而且通过投资偏差分析和未完工程投资预测,可发现一些可能引起未完工程投资增加的潜在问题,从而便于以主动控制为出发点,采取有效措施加以预防。无论是对建设工程质量目标,还是对建设工程造价目标和进度目标实施控制,都离不开经济措施。

(4) 合同措施是加强合同管理、控制建设工程目标的一项重要措施。建设工程总目标及分目标将反映在建设单位与工程参建主体所签订的合同之中,通过选择合理的承发包模式和合同计划方式,选定满意的施工单位及材料设备供应单位,拟订完善的合同条款,并动态跟踪合同执行情况及处理好工程索赔等,均是控制建设工程目标的重要合同措施。

第二节　建设工程的质量控制

　　建设工程的质量是指通过工程建设过程所形成的工程项目应能符合相关技术规范、设计规定和合同约定的要求，满足用户从事生产、生活所需的功能和使用价值，包括其在安全、使用功能及其在耐久性能、环境保护等方面所有明显和隐含能力的特性总和。

　　建设工程的质量控制，就是通过采取有效的措施，在满足工程造价和工程进度要求的前提下，实现预定的工程质量目标。项目监理机构在建设工程施工阶段质量控制的主要任务是通过对施工投入、施工和安装过程、施工出产品（分部工程、分项工程、单位工程、单项工程等）进行全过程控制，以及对施工单位及其人员的资格、材料和设备、施工机械和机具、施工方案和方法、施工环境实施全面控制，以期按照标准实现预定的施工质量目标。

　　我国监理部门在施工阶段常采用的监理手段参见表 3-1。

施工阶段监理手段与实施范围

表 3-1

监理手段	实　施　范　围
旁站监理	监理人员在建筑工程施工阶段监理中，对关键部位、关键工序的施工质量实施全过程现场跟班的监督活动
巡视	监理人员在施工现场进行的定期或不定期的监督检查活动
平行检验	项目监理机构在施工单位自检的基础上，按照有关规定或建设工程监理合同约定独立进行的检测试验活动
见证取样	项目监理机构对施工单位进行的涉及结构安全的试块、试件及工程材料现场取样、封样、送检工作的监督活动
测量	监理人员利用测量仪器、工具进行建筑、构筑物的定位、放线及沉降观测，控制轴线、标高，验收或计量构件几何尺寸，探测焊缝的焊接质量、钢筋保护层厚度、混凝土强度、现浇混凝土桩的完整性、支护桩的位移及其水平支撑的内力等，风、水、电、设备安装过程及其调试、验收中的测量等
执行监理程序	项目监理机构在"三控"、"三管"过程中，严格按照监理程序执行
执法	项目监理机构执行法律、法规、条例、规范、规定、设计文件、招投标文件及有关合同等具有法律效力的文件中规定的监理人的权利、义务和责任
指令性文件	项目监理机构执行《建设工程监理规范》规定或地方建设主管部门规定的监理用表时对受监单位实施监督管理的书面文件
工地会议	包括第一次工地会议和施工过程中定期的监理例会，用于布置、督促检查、协调各参建单位之间的工作。监管工程质量、进度、造价和安全生产、文明施工等，实现预定目标
专家会议	对于复杂的技术问题或安全问题可事先由建设或施工单位组织专家论证后实施。如原建设部（建质〔2004〕213 号）文件规定：对深基坑、地下暗挖、高大模板及作业面距离坠落基准面 30m 及以上高空作业等工程必须由施工单位组织专家论证后方能实施

监理手段	实　施　范　围
计量支付与竣工结算审核	计量支付是指工程款的支付先通过专业监理人员计量（质量合格者计量，不合格者不计量），再经监理工程师计价，后报总监理工程师审核，并签发支付证书；竣工结算审核是指专业监理人员先行审查结算，后由总监审核，再报建设单位送审计
问责项目经理	当项目施工单位无视项目监理机构的指令和施工合同条款的约定进行工程活动时，由项目总监理工程师约见项目经理进行工作性问责，查明原因，提出整改措施，限期整改到位

一、工程施工质量控制的原则、方法、依据和工作程序

1. 工程施工质量控制的原则

（1）施工中必须使用国家标准、规范；若没有国家标准、规范但有行业标准、规范的，则使用行业标准、规范；若没有国家和行业标准规范的，则使用工程所在地的地方标准、规范。

（2）以主动控制为重点，对工程项目实施全过程的质量控制及管理。

（3）以督促承包单位建立、健全质量管理和质量保证体系为重点，对工程项目建设的人、机、料、法、环等生产要素实施全方位的质量控制。

（4）未经监理工程师审核或经审核其分包资格不合格的承包单位、供货单位不得进行工程的分包任务以及工程的供货任务。

（5）未经监理工程师的验收或经监理工程师验收为不合格的各种材料、构配件、设备均不准在工程上使用。

（6）未经监理工程师的验收或经监理工程师验收为不合格的工序所生产的工程产品，监理工程师不予签认，且承包单位不准进入下一道工序施工。

2. 工程施工质量控制的方法

监理人员在施工阶段的质量控制中，应履行自己的职责，其采用的方法是：

（1）审查有关的各种技术文件、报告或报表

审核有关技术文件、报告或报表，其具体内容包括：审核各有关分包单位的技术资质证明文件；审核施工单位的开工报告，并经核实后下达开工令；审核施工单位提交的施工方案或施工组织设计，以确保工程质量有可靠的技术措施；审核施工单位提交的有关原材料、半成品和构配件的质量检验报告；审核施工单位提交的有关工序交接检查，分项工程、分部工程和单位工程的质量检查和质量等级评定资料；审核有关设计变更、修改图纸和技术核定单等；审核有关工程质量事故处理报告；审核施工单位提交的反映工程质量动态的统计资料或管理图表等；审核有关应用新工艺、新技术、新材料、新结构的技术鉴定文件；审核并签署有关质量签证、文件等。在整个施工过程中，监理人员应按照监理工作计划书和监理工作实施细则的安排，并按照施工顺序和进度计划的要求，对上述文件及时进行审核和签署。

（2）进行质量监督、检查与验收

监理组成员应常驻施工现场，进行质量监督、检查与验收，其主要内容是：开工前检查是否具备开工条件，开工后是否能确保工程质量，能否进行正常的施工；工序交接检

查，主要是在施工单位班组自检、互检、专业质量检查人员检查的基础上，还应经监理人员对重要的工序或对工程质量有重大影响的工序进行质量检查；对隐蔽工程的检查和验收是监理人员的正常工作之一，监理人员应根据承包单位报送的隐蔽工程报验申请表和自检结果进行现场检查，应经监理人员检查、验收、签证后方可隐蔽，才能进行下一道工序；停工整顿后，复工前的检查；分项工程、分部工程完成后以及单位工程施工后的检查认可。

　　3. 工程施工质量控制的依据

　　工程施工质量控制的依据大体上有以下 4 类：

　　（1）工程合同文件

　　建设工程监理合同、建设单位与其他相关单位签订的合同（包括与施工单位签订的施工合同、与材料设备供应单位签订的材料设备采购合同）等。项目监理机构既要履行建设工程监理合同条款，又要监督施工单位、材料设备供应单位履行有关工程质量合同条款。因此，项目监理机构监理人员应熟悉这些相应的条款，并据此进行质量控制。

　　（2）工程勘察设计文件

　　工程勘察包括工程测量、工程地质和水文地质勘察等内容。工程勘察成果文件为工程项目选址、工程设计和施工提供了科学可靠的依据，也是项目监理机构审批工程施工组织设计或施工方案、工程地基基础验收等工程质量控制的重要依据。经过批准的设计图纸和技术说明书等设计文件，也是质量控制的重要依据。施工图审查报告与审查批准书、施工过程中设计单位出具的工程变更设计都属于设计文件的范畴，是项目监理机构进行质量控制的重要依据。

　　（3）有关质量管理方面的法律法规、部门规章与规范性文件

　　1）法律：《中华人民共和国建筑法》、《中华人民共和国刑法》、《中华人民共和国防震减灾法》、《中华人民共和国节约能源法》、《中华人民共和国消防法》等。

　　2）行政法规：《建设工程质量管理条例》、《民用建筑节能条例》等。

　　3）部门规章：《建筑工程施工许可管理办法》、《实施工程建设强制性标准监督规定》、《房屋建筑和市政基础设施工程质量监督管理规定》等。

　　4）规范性文件：《房屋建筑工程施工旁站监理管理办法（试行）》、《建设工程质量责任主体和有关机构不良记录管理办法（试行）》、关于《建设行政主管部门对工程监理企业履行质量责任加强监督》的若干意见等。国家发改委颁发的规范性文件——关于《加强重大工程安全质量保障措施》的通知等。

　　5）交通、能源、水利、冶金、化工等行业和省、市、自治区的有关主管部门根据本行业及地方的特点，制定和颁发的有关法规性文件。

　　（4）质量标准与技术规范（规程）

　　质量标准与技术规范（规程）是针对不同行业、不同的质量控制对象而制定的，包括各种有关的标准、规范或规程。标准可分为国家标准、行业标准、地方标准和企业标准。标准是建立和维护正常的生产和工作秩序应遵守的准则，也是衡量工程、设备和材料质量的尺度。对于国内工程，国家标准是必须执行与遵守的最低要求，行业标准、地方标准和企业标准的要求不能低于国家标准的要求。企业标准是企业生产与工作的要求与规定，其适用于企业的内部管理。

在工程建设国家标准与行业标准中，有些条文是采用粗体字表达的，这些条文被称之为工程建设强制性标准（条文），是指直接涉及工程质量、安全、卫生及环境保护等方面的工程建设标准强制性条文，如《屋面工程技术规范》GB 50345—2012 国家标准中的第 3.0.5、4.5.1、4.5.5、4.5.6、4.5.7、4.8.1、4.9.1、5.1.6 条均为强制性条文。国家规定，在中华人民共和国境内从事新建、扩建、改建等工程建设活动，必须执行工程建设强制性标准。工程质量监督机构对工程建设施工、监理、验收等执行强制性标准的情况实施监督，项目监理机构在质量控制中不得违反工程建设标准强制性条文的规定。《实施工程建设强制性标准监督规定》第十九条规定：工程监理单位违反强制性标准，将不合格的建设工程以及建筑材料、建筑构配件和设备按照合格签字的，责令改正、处 50 万元以上 100 万元以下的罚款、降低资质等级或者吊销资质证书；有违法所得的，予以没收；造成损失的，承担连带赔偿责任。

项目监理机构在质量控制中，依据的质量标准与技术规范（规程）主要有以下几类：

1）工程项目施工质量验收标准，此类标准主要是由国家或部门统一制定的，是用以作为检验和验收建设工程项目质量水平所依据的技术法规性文件。如《建筑工程施工质量验收统一标准》GB 50300—2013、《屋面工程质量验收规范》GB 50207—2013、《地下防水工程质量验收规范》GB 50208—2011 等。

2）有关工程材料、半成品和构配件质量控制方面的专门技术法规性依据：①有关材料及其制品质量的技术标准，如《聚氯乙烯（PVC）防水卷材》GB 12952—2011、《高分子防水材料　第 1 部分　片材》GB 18173.1—2012、《防水卷材沥青技术要求》JC/T 2218—2014 等；②有关材料或半成品等的取样、试验等方面的技术标准或规程，如《建筑防水卷材试验方法　第 1 部分　沥青和高分子防水卷材　抽样规则》GB/T 328.1—2007、《建筑防水涂料试验方法》GB/T 16777—2008 等；③有关材料验收、包装、标志方面的技术标准和规定，如《型钢验收、包装、标志及质量证明书的一般规定》GB/T 2101—2008 等。

3）控制施工作业活动质量的技术规程，如：《地下工程防水技术规范》GB 50108—2008、《屋面工程技术规范》GB 50345—2012 等。

4. 工程施工质量控制的工作程序

在施工阶段，项目监理机构要进行全过程的监督、检查与控制，不仅涉及最终产品的检查验收，而且还涉及在施工过程中各个环节及中间产品的监督、检查与验收。这种全过程的质量控制其一般工作程序见图 3-3。

二、建设工程施工准备阶段的质量控制

监理单位应按中标通知书或委托监理合同的规定及招标承诺人的要求，迅速将相关人员派往施工现场，建立起工作制度，明确监理人员职责，使项目监理机构尽快运作。

在工程开始前，施工单位须做好施工准备工作，待开工条件具备时，应向项目监理机构报送工程开工报审表（见表 2-21）以及相关的资料。专业监理工程师应重点审查施工单位的施工组织设计是否已由总监理工程师签认，是否已建立相应的现场质量、安全生产管理体系，管理及施工人员是否已到位，主要施工机械是否已具备使用条件，主要工程材料是否已落实到位；设计交底和图纸会审是否已完成，进场道路及水、电、通讯等是否已

满足开工要求。审查合格后，则由总监理工程师签署审核意见，并报建设单位批准后，总监理工程师签发开工令（见表 2-13），否则，施工单位应进一步做好施工准备，待条件具备之后，再次报送工程开工报审表。

工程开工前，项目监理机构应审查施工单位现场的质量管理组织机构、管理制度及专职管理人员和特种作业人员的资格。

监理工作必须是在施工单位建立健全的质量管理体系、技术管理体系和质量保证体系的基础上才能完成的，如果施工单位不健全质量管理体系、技术管理体系和质量保证体系，或者该体系有名无实，则是难以保证施工合同履行的。

施工现场质量管理检查的主要内容包括：①项目部的质量管理体系；②现场的质量责任制；③主要专业工种的操作岗位证书；④分包单位的管理制度；⑤施工控制测量成果；⑥图纸会审记录；⑦地质勘察资料；⑧施工技术标准；⑨施工组织设计的编制及审批；⑩施工方案的编制和审批；⑪物资采购管理制度；⑫施工设施和机械设备管理制度；⑬计量设备的配备；⑭检测试验的管理制度；⑮工程质量检查验收制度等。

施工准备阶段的质量控制应重点做好图纸会审与设计交底、施工组织设计的审查，施工方案的审查和现场施工准备质量控制等各项工作。

1. 图纸会审与设计交底

监理人员应熟悉工程设计文件，并应参加建设单位主持的图纸会审和设计交底会议，会议纪要应由总监理工程师签认。

（1）图纸会审

建设、监理、施工等相关单位，在收到经施工图审查机构审查合格的施工图设计文件之后，应在设计交底前进行全面细致地熟悉图纸和审查施工图工作，监理人员应熟悉工程设计文件，并参加建设单位主持的图纸会审会议，建设单位应及时主持召开图纸会审会议，组织项目监理机构、施工单位等相关人员进行图纸会审，并整理成会审问题清单，并由建设单位在设计交底前约定的时间内提交设计单位，图纸会审由施工单位整理会议纪要，与会各方会签。

总监理工程师组织监理人员熟悉工程设计文件，其目的：①通过熟悉工程设计文件、了解设计意图和工程设计特点、工程关键部位的质量要求；②在熟悉图纸的过程中，及时发现图纸差错，将图纸中的质量隐患消灭在萌芽之中。监理人员熟悉图纸，其重点是：设计的主导思想与设计构思；采用的设计规范、各专业设计说明等；工程设计文件对主要工程材料、构配件和设备的要求，对所采用的新材料、新工艺、新技术、新设备的要求；对施工技术的要求以及涉及工程质量、施工安全应特别注意的事项等。

图纸会审的主要内容：①审查设计图纸是否满足项目立项的功能、技术可靠、安全、经济适用的需求；②图纸是否已经过审查机构签字、盖章；③地质勘察资料是否齐全，设计图纸与说明是否齐全，有无分期供图的时间表，设计深度是否达到规范要求；④设计地震烈度是否符合当地要求；⑤总平面图与施工图的几何尺寸、平面位置、标高等是否一致；⑥防火和消防是否满足要求；⑦几个设计单位共同设计的图纸相互之间有无矛盾，各专业图纸本身是否有差错及矛盾，专业图纸之间、平立剖面图之间有无矛盾，标注有无遗漏，结构图与建筑图的平面尺寸及标高是否一致，建筑图与结构图的表示方法是否清楚，是否符合制图标准，预留、预埋件是否表示清楚，有无钢筋明细表；钢筋的构造要求在图

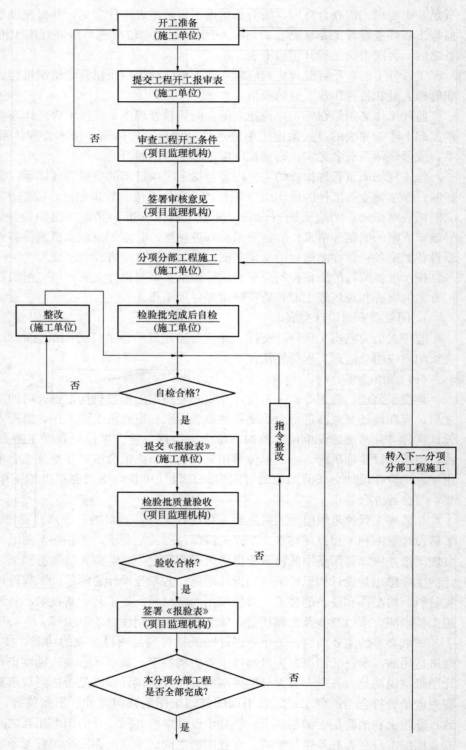

图 3-3 施工阶段工程质

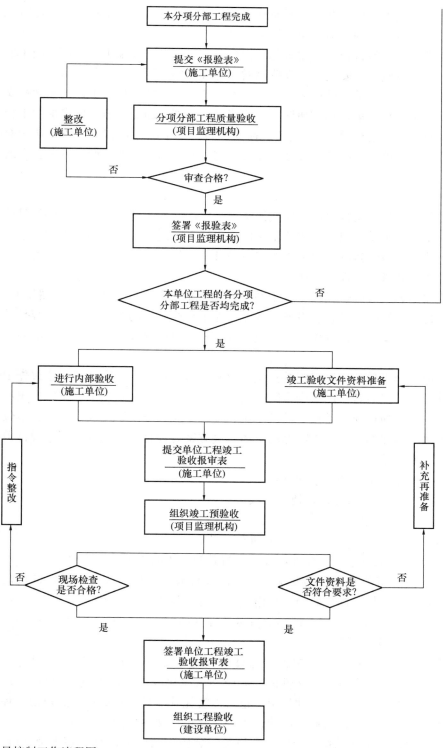

量控制工作流程图

中是否已表示清楚；图纸中所列各种标准图册施工单位是否都具备；⑧工程材料来源有无保障，能否代换，图中所提出的要求、条件能否满足，新材料、新工艺、新技术的应用有无问题；⑨地基处理的方法是否合理，建筑与结构构造是否存在不能施工、不便于施工的技术性问题，或容易导致质量、安全、工程费用增加等方面的问题；⑩工艺管道。

设计图纸和有关设计的技术文件资料，是施工单位赖以施工的，带根本性的技术性文件，必须认真地组织学习和会审，凡参加该工程的建设、监理、施工各方均应参加图纸会审，在施工前均应对施工图进行学习（熟悉），各工种间对施工图进行初审，各专业间对施工图进行会审，总分包单位之间则应按施工图要求进行专业间的协作，配合各项会商的综合性会审。

（2）设计交底

设计单位在交付工程设计文件之后，应按照法律规定的义务，就工程设计文件的具体内容向建设单位、工程监理单位以及工程施工单位作出详细的说明，以帮助工程施工单位和工程监理单位正确贯彻设计意图，以加深对工程设计文件特点、难点、疑点的理解，掌握关键工程部位的质量要求，确保工程质量。

设计交底的主要内容一般应包括：①施工图设计文件的总体介绍；②设计意图说明、特殊工艺要求；③建筑、结构、工艺、设备等各专业在工程施工中的难点、疑点和容易发生的问题说明；④对施工单位、监理单位、建设单位等相关单位对设计图纸所存在的疑问作出解释等。

在工程开工之前，建设单位应当组织并且主持召开工程设计技术交底会议，会议先由设计单位进行设计交底，然后转入图纸会审问题的解释，设计单位应对图纸会审中提出的会审问题清单予以解答。通过建设单位、监理单位、设计单位、施工单位及其他有关单位的研究协商，确定图纸存在的各种技术问题的具体解决方案。设计交底会议纪要由设计单位进行整理，与会各方会签。

在设计交底时，对监理单位的要求如下：

① 项目监理的有关人员应参加设计技术交底会；

② 设计技术交底会应由建设单位主持组织；

③ 设计技术交底会议纪应由总监理工程师进行签认；

④ 项目监理人员除参加技术交底会外，并应了解其施工图的以下基本内容：

a. 设计主导思想、建筑艺术构思和要求，采用的设计规范、施工规范、确定的抗震等级、防火等级、基础、结构、内外装修及机电设备设计（设备造型）等；

b. 建设单位提出的设计要求、施工现场的自然条件（如地形、地貌）、工程地质和水文地质条件、施工环境、环保要求等。

应注意：无论是建设单位还是施工单位和监理单位均不得修改建设工程勘察设计文件；如确有需要修改建设工程勘察设计文件的，亦应当由原建设工程勘察设计单位修改。经原建设工程勘察设计单位书面同意，建设单位也可以委托其他具有相应资质的建设工程勘察设计单位进行修改，修改单位对修改的建设工程勘察设计文件承担相应的责任。

c. 对土建施工（基础、主体结构、装修）和设备安装施工的要求，对主要建筑材料、构配件和设备的要求，所采用的新技术、新工艺、新材料、新设备的要求以及施工中应特别注意的事项等。

d. 设计单位应对承包单位和监理机构提交的图纸会审记录予以答复。

e. 对建设单位、承包单位和监理单位提出的对施工图的意见和建议的答复。

f. 在设计交底会上确认的设计变更由设计单位下发，并应由建设单位、设计单位、施工单位和监理单位会签确认后分发有关各方。

2. 施工组织设计审查

施工组织设计是指导施工单位进行施工的实施性文件。项目监理机构应审查施工单位报审的施工组织设计，若符合要求的，应由总监理工程师签认后报建设单位，项目监理机构应要求施工单位按照已批准的施工组织设计组织施工。若施工组织设计需要调整时，项目监理机构应按照程序重新进行审查。

施工组织设计审查应包括以下基本内容：①编审程序应符合相关规定；②施工进度、施工方案及工程质量保证措施应符合施工合同要求；③资金、劳动力、材料、设备等资源供应计划应满足工程施工需要；④安全技术措施应符合工程建设强制性标准；⑤施工总平面布置应科学合理。

施工组织设计或（专项）施工方案报审表应按表 2-20 的要求填写。

施工组织设计的报审应遵循以下程序及要求：①由施工单位编制的施工组织设计，在经过施工单位技术负责人审核签认，并填写施工组织设计方案报审表（表 2-20）后一并报送项目监理机构。②总监理工程师应在约定的时间内，及时组织专业监理工程师进行审查，提出审查意见后，符合要求的，由总监理工程师签认，若需要施工单位修改的，则由总监理工程师签发书面意见后退还施工单位，施工单位经修改、增补内容后再重新进行报审，总监理工程师应对修改、补充的内容和重新报审部分进行重新审定。③施工组织设计的审查应在工程项目开工前完成，已签认的施工组织设计由项目监理机构报送建设单位。④施工单位应按照已经审查的施工组织设计文件进行施工，施工组织设计在实施过程中，施工单位如需对其内容做较大变更时，则应在实施前将变更内容书面报送项目监理机构进行重新审定，并经总监理工程师审查同意，若施工单位擅自改动施工组织设计，监理机构应及时发出监理通知单，要求按照程序报审。⑤对规模大、结构复杂或者属于新结构、特种结构的工程，项目监理机构应在审查施工组织设计后，报送监理单位技术负责人审查，必要时还应组织有关专家进行会审。

3. 施工方案的审查

总监理工程师应组织专业监理工程师审查施工单位报审的施工方案，符合要求后应予以签认。施工方案审查应包括以下基本内容：①编审程序应符合相关规定；②工程质量保证措施应符合有关标准。

施工方案报审表应按表 2-20 的要求进行填写。

施工方案的审查要点如下：①应重点审查施工方案的编制人、审批人是否符合有关权限规定的要求。根据相关规定，通常情况下，施工方案应由项目技术负责人组织编制，并经施工单位技术负责人审批签字后提交项目监理机构。项目监理机构在审批施工方案时，应重点检查施工单位的内部审批程序是否完善，签章是否齐全，重点核对审批人是否为施工单位技术负责人。②应重点审查施工方案是否具有针对性、指导性、可操作性；现场施工管理机构是否建立了完善的质量保证体系，是否明确工程质量的要求及目标，是否健全了质量保证体系的组织机构及岗位职责，是否配备了相应的质量管理人员；是否建立了各项质量管理制度和质量管理程序等；施工质量保证措施是否符合现行的规范、标准等，特别是与工程建设强制性标准的符合性。

施工方案审查的主要依据是：建设工程施工合同文件和建设工程监理合同，经批准的建设工程项目文件和设计文件，相关的法律、法规、规范、规程、标准图集，以及其他的工程基础资料、工程场地周边环境资料等。

4. 分包单位资质的审核确认

在分包工程开工之前，项目监理机构应审核施工单位报送的分包单位资格报审表及有关资料，分包单位资格报审表应按表 2-23 的要求填写。专业监理工程师进行审核并提出审查意见，若符合要求之后，应由总监理工程师审核签认。分包单位资格审核应包括以下基本内容：①分包单位的营业执照、企业资质等级证书；②安全生产许可文件；③拟分包工程的内容和范围、类似工程的业绩；④专职管理人员和特种作业人员的资格证、上岗证；⑤特殊行业施工许可证等。

对监理单位审查分包单位资质的要求如下：

（1）分包单位资格报审表和报审所附的分包单位有关资格的审查应由专业监理工程师负责完成，分包单位的资格报审表和报审所附的分包单位有关资格的审查必须在分包工程开工之前完成。

（2）专业监理工程师应在约定的时间内，对施工单位所投资料的完整性、系统性、真实性和有效性进行审查，在审查过程中需与建设单位进行有效沟通，必要时还应会同建设单位对施工单位选定的分包单位的情况进行实地考察和调查，核实施工单位申报材料与实际情况是否相符。

（3）专业监理工程师在审查分包单位资质材料时，应查验《建筑业企业资质证书》、《企业法人营业执照》以及《安全生产许可证》，注意拟承担分包工程内容与资质等级、营业执照是否相符。分包单位的类似工程业绩，要求提供工程名称、工程质量验收等证明文件；审查拟分包工程的内容和范围时，应注意施工单位的发包性质，禁止转包、肢解分包、层层分包等违法行为。

（4）总监理工程师对报审资料进行审核，在报审表上签署书面意见前需征求建设单位意见。若分包单位的资质材料不符合要求，施工单位应根据总监理工程师的审核意见，或重新报审，或另选择分包单位再报审。

5. 查验施工控制测量成果

专业监理工程师应检查、复核施工单位报送的施工控制测量成果及保护措施，签署意见，并应对施工单位在施工过程中报送的施工测量放线成果进行查验。施工控制测量成果及保护措施的检查、复核应包括以下内容：①施工单位测量人员的资格证书及测量设备检定证书；②施工平面控制网、高程控制网和临时水准点的测量成果及控制桩的保护措施。

施工控制测量成果报验表应按表 2-24 的要求填写。项目监理机构在收到施工单位报送的施工控制测量成果报验表之后，应由专业监理工程师进行审查，专业监理工程师应审查施工单位的测量依据，测量人员资格和测量成果是否符合规范及标准要求，符合要求的予以签认。

6. 施工试验室的检查

专业监理工程师应检查施工单位为工程提供服务的试验室（包括施工单位自有的试验

室或委托的实验室），试验室的检查应包括以下内容：①试验室的资质等级及试验范围；②法定计量部门对试验设备出具的计量检定证明；③试验室的各项管理制度；④试验人员的资格证书。

施工单位的试验室报审表应按表 2-26 的要求填写。项目监理机构在收到施工单位报送的试验室报审表及有关资料后、总监理工程师应组织专业监理工程师对施工试验室审查。专业监理工程师应在熟悉本工程的试验项目及其要求后对施工试验室进行审查。

根据有关规定，为工程提供服务的实验室应具有政府主管部门颁发的资质证书及相应的试验范围，试验室的资质等级和试验范围必须满足工程需要；试验设备应由法定计量部门出具符合规定要求的计量检定证明；试验室还应具有相关的管理制度，以保证试验、检测的过程和结果的规范性、准确性、有效性、可靠性及可追溯性。试验室的管理制度主要有：试验人员工作记录、人员考核及培训制度、资料管理制度、原始记录管理制度、试验检测报告管理制度、样品管理制度、仪器设备管理制度、安全环保管理制度、外委试验管理制度、对比试验以及能力考核管理制度、施工现场（搅拌站）试验管理制度、检查评比制度、工作会议制度以及报表制度等；从事试验、检测工作的人员应按规定具备相应的上岗资格证书。专业监理工程师应对以上制度逐一进行检查，符合要求的予以签认。

施工单位是有一些用于施工现场进行计量的设备，例如在施工中使用的衡器、量具、计量装置等。施工单位应按照有关规定定期对这些计量设备进行检查、检定，以确保这些计量设备的精确性和可靠性。而专业监理工程师则应审查施工单位定期提交影响工程质量的计量设备的检查和检定报告。

7. 工程材料、构配件、设备的质量控制

项目监理机构在收到施工单位报送的工程材料、构配件、设备报审表（见表 2-25）后，应审查施工单位报送的用于工程的材料、构配件、设备的质量证明文件，并应按照有关的规定、建设工程监理合同的约定，对用于工程的材料进行见证取样、平行检验。用于工程的材料、构配件、设备的质量证明文件包括：出厂合格证、质量检验报告、性能检测报告以及施工单位的质量抽检报告等。对于工程设备应同时附有设备出厂合格证、技术说明书、质量检验证明、有关图纸、配件清单及技术资料等。项目监理机构对已进场经检验不合格的工程材料、构配件、设备，应要求施工单位限期将其撤出施工现场。

工程材料、构配件、设备报审表应按照表 2-25 的要求填写。

项目监理机构对工程材料、构配件、设备质量控制的要点如下：

（1）用于工程的主要材料，在材料进场时专业监理工程师应核查生产厂家的生产许可证、出厂合格证、材质化验单及其产品性能检测报告，若审查不合格的一律不准用于工程；专业监理工程师应参与建设单位组织的对施工单位负责采购的原材料、半成品、构配件的考察，并提出考察意见；对于半成品、构配件和设备，应按经过审批认可的设计文件和图纸要求采购订货，质量应满足相关标准和设计的要求；某些材料，订货时最好一次性备足货源，以免由于分批采购而出现色泽不一致的质量问题。

（2）在施工现场配制的材料，施工单位应进行级配设计与配合比试验，经试验合格后方能使用。

（3）对于进口材料、构配件和设备，专业监理工程师应要求施工单位报送进口商检证明文件，并应会同建设单位、施工单位、供货单位等相关单位的有关人员按照合同的约定进行联合检查验收，联合检查由施工单位提出申请，项目监理机构组织，建设单位主持。

（4）对于工程所采用的新材料、新工艺、新技术、新设备，专业监理工程师应审查施工单位报送的新材料、新工艺、新技术、新设备的质量认证材料和相关验收标准的适用性，还应核查相关部门的鉴定证书和工程应用的证明材料、实地考察报告，必要时应要求施工单位组织专题论证，经审查合格后报总监理工程师签认。

（5）原材料、（半）成品、构配件进场之时，专业监理工程师应检查其尺寸、规格、型号、产品标志、包装等外观质量，并判定其是否符合设计、规范、合同等要求。

（6）在工程设备验收之前，设备安装单位应提交设备验收方案，包括：验收方法、质量标准、验收的依据，经专业监理工程师审查同意后实施。

（7）对进场的设备，专业监理工程师应会同设备安装单位、供货单位等的有关人员进行开箱检验，检查其是否符合设计文件，合同文件和规范等所规定的厂家、型号、规格、数量、技术参数等，检查设备图纸、说明书、配件是否齐全。

（8）由建设单位采购的主要设备则应由建设单位、施工单位、项目监理机构进行开箱检查，并由三方在开箱检查记录上签字。

（9）质量合格的材料、构配件进场之后，到其使用或安装时通常要经过一定的时间间隔，在此时间里，专业监理工程师应对施工单位在材料、半成品、构配件的存放、保管及使用期限实行监控。

8. 审查开工条件

建设单位通过施工招标确定中标施工单位后，在规定的期限内，与中标的施工单位签订建设工程施工合同，然后施工单位则应按照合同的要求积极准备开工，同时建设单位也应为施工单位提供适当的条件，以确保工程的按期开工。在此期间，监理工程师既要协助和督促建设单位做好开工前的各项工作，满足施工单位工程开工所必需的条件，又要认真审查施工单位所递交的工程开工报审表（表2-21）。

总监理工程师应组织专业监理工程师审查施工单位报送的工程开工报审表及相关资料，在同时具备下列条件时，应由总监理工程师签署审查意见，并应报建设单位批准之后，总监理工程师签发工程开工令：①设计交底和图纸会审已完成；②施工组织设计已由总监理工程师签认；③施工单位现场质量、安全生产管理体系已建立，管理及施工人员已到位，施工机械已具备使用条件，主要工程材料已落实；④进场道路及水、电、通信等已满足开工要求。

总监理工程师应在开工日期7天前向施工单位发出工程开工令，工期自总监理工程师发出的工程开工令中载明的开工日期起计算。总监理工程师应组织专业监理工程师审查施工单位报送的开工报审表及相关资料，并对开工应具备的条件进行逐项审查，全部符合要求时签署审查意见，报建设单位得到批准后，再由总监理工程师签发工程开工令。施工单位应在开工日期尽快施工。

工程开工报审表应按表2-21的要求填写；工程开工令应按表2-13的要求填写。

三、建设工程施工过程阶段的质量控制

1. 质量控制的手段

建设工程施工过程阶段质量控制通常采用的手段有以下几种：

（1）巡视

巡视是项目监理机构对正在施工的部位或关键工序在施工现场进行的定期或不定期的检查督促活动，是项目监理机构对工程实施建设监理的方式之一。

项目监理机构应安排监理人员对工程施工质量进行巡视，巡视应包括以下主要内容：①施工单位是否按照工程设计文件、工程建设标准和批准的施工组织设计、（专项）施工方案进行施工；②使用的工程材料、构配件和设备是否合格；③施工现场管理人员，特别是施工质量管理人员是否到位；④特种作业人员是否持证上岗。

屋面工程巡视检查的要点如下：①施工现场原材料、构配件的采购和堆放是否符合施工组织设计（方案）要求；其规格、型号等是否符合设计要求；是否已见证取样，并检测合格；是否已按程序报验并允许使用；有无使用不合格材料，有无使用质量合格证明资料欠缺的材料。②施工现场管理人员，尤其是质检员、安全员等关键岗位人员是否到位，能否确保各项管理制度和质量保证体系是否落实；特种作业人员是否持证上岗、人证是否相符，是否进行了技术交底并有记录；现场施工人员是否按照规定佩戴安全防护用品。③屋面基层是否平整坚固、清理干净；若采用卷材防水层的，应检查防水卷材的搭接部位、宽度、施工顺序、施工工艺是否符合要求，卷材收头、节点、细部构造处理是否合格；屋面块材应检查其搭接、铺贴质量如何，有无损坏现象等。④施工环境和外界条件是否对工程质量、安全等造成不利影响，施工单位是否已采取相应的措施；在季节性天气中，工地是否采取了相应的季节性施工措施，比如暑期、冬季和雨季的施工措施等。

（2）旁站

旁站是指项目监理机构在工程的关键部位或关键工序的施工过程中，由监理人员在施工现场对施工质量进行的监督活动。

项目监理机构应根据工程特点和施工单位报送的施工组织设计，确定旁站的关键部位、关键工序，安排监理人员进行旁站，并应及时记录旁站情况。旁站记录应按表 2-17 的要求填写。旁站应重点检查施工过程中所使用的各种材料、配合比是否符合规定的标准、检查施工单位是否按照设计图纸、施工验收规范及经审批的施工技术方案进行施工，如地下工程防水混凝土的浇筑、卷材防水层细部构造的处理等。

旁站工作的程序：①开工前，项目监理机构应根据工程特点和施工单位报送的施工组织设计，确定旁站的关键部位、关键工序，并书面通知施工单位；②施工单位在需要实施旁站的关键部位、关键工序进行施工前书面通知项目监理机构；③在接到施工单位书面通知后，项目监理机构应安排旁站人员实施旁站；④监理人员则应在工地认真地、有目的地、及时系统地对工程的施工过程进行旁站检查以及检测；⑤在编制监理规划时，应明确旁站的部位和要求。

旁站监理的具体工作很多，现以卷材防水层的细部构造处理为例，介绍建筑防水工程旁站监理的内容：

① 检查施工准备情况（事先）

a. 检查防水分包单位的名称；防水卷材的名称、型号、规格、厚度以及胎基情况；检查防水卷材质量试验报告是否符合要求；检查现场使用材料是否与报验材料的尺寸、型号、外观等一致。

b. 检查质检员、施工员（工长）和技术管理人员是否到位，并核对人员姓名；检查防水施工操作人员的人数，其中有操作证人数。

c. 检查基层是否符合要求，主要检查基层（找平层）含水率、平整度、坡度、坡向、阴阳角（圆角及加层）、屋面节点等是否符合设计和规范的要求，检查管根、泛水、变形缝、收口处等细部构造的基层处理是否符合相关的规定；检查消防措施。

② 对施工过程进行监理（事中、事后）

a. 检查防水基层的表面处理剂是否存在漏刷情况；检查附加层是否粘贴到位，是否存在空鼓；检查卷材的搭接方向、搭接长度是否符合规定要求；检查地下混凝土后浇带及水平施工缝处的附加层是否按照方案进行施工；检查卷材的收口处是否按照要求施工；

b. 对隐蔽工程的隐蔽过程，下道工序施工完后难以检查的重要部位施工均应做好旁站记录；

c. 做好旁站记录，整理和保存旁站原始资料；

d. 对施工过程中出现的偏差应及时纠正，以确保施工质量，若发现施工单位有违反工程建设强制性标准的行为，应责令施工单位立即整改；发现其施工活动已经或者可能危及工程质量的，应当及时向专业监理工程师或总监理工程师报告，由总监理工程师下达暂停令，指令施工单位整改；

e. 对需要旁站的关键部位、关键工序的施工，凡没有实施旁站监理或者没有旁站记录的，专业监理工程师或总监理工程师不得在相应文件上签字，工程竣工验收后，项目监理机构应将旁站记录存档备查；

f. 旁站记录的内容应真实、准确并与监理日记相吻合。对旁站的关键部位、关键工序、应按照时间或工序形成完整的记录，必要时可进行拍照或摄影，记录当时的施工过程。

建筑防水工程旁站记录应填写的内容参见表 3-2。

建筑防水工程旁站记录填写的内容　　　　　　　　　　　　表 3-2

分部工程	子分部工程	分项工程	旁站记录填写的内容
地基与基础	地下工程	防水混凝土	1. 防水混凝土浇筑（原材料混凝土强度、抗渗等级、坍落度、振捣质量）； 2. 抗压抗渗试块取样留置时间、组数、编号； 3. 后浇带、变形缝和施工缝处理； 4. 穿墙管道、埋设件构造处理； 5. 基础梁、承台、地下室底板、混凝土柱插筋、结点钢筋敷设品种、数量及位置
		涂膜防水层	1. 基层处理（垫层厚度、干燥度、平整度）； 2. 分层涂刷（涂料品种、厚度、涂刷次数）
		卷材防水层	卷材防水层（附加层宽度、卷材搭接长度、冷底子油涂刷）质量，水落管口、排气管细部处理，接头、收头泛水处理，阴阳角处理）
建筑屋面	防水屋面	保温层	1. 保温材料型号、规格、厚度等材料质量情况； 2. 分仓缝设置和处理； 3. 施工质量
		细部构造	天沟、泛水、伸缩缝以及出屋面管道四周的处理
		涂膜防水层	涂料（品种、厚度、涂刷次数）
		卷材防水层	卷材防水层（附加层宽度、卷材搭接长度、冷底子油涂刷）质量，水落管口、排气管细部处理，收头处理，阴阳角处理
		闭水检测	1. 檐沟、屋面渗漏情况（注明部位） 2. 厨房、卫生间渗漏情况（注明部位）

（3）见证取样

见证取样是指项目监理机构对施工单位所进行的涉及结构安全的试块、试件及工程材料现场取样、封样、送检工作的监督活动。

见证取样的工作程序如下：①在工程项目施工前，由施工单位和项目监理机构共同对见证取样的检测机构进行考察确定，对于施工单位提出的试验室，专业监理工程师要进行实地考察，试验室一般是和施工单位没有行政隶属关系的第三方，试验室应具有相应的资质，经国家或地方计量、试验主管部门认证，试验项目能满足工程需要，试验室所出具的报告对外具有法定效果。②项目监理机构要将所选定的试验室报送负责本项目的质量监督机构备案并得到认可，同时要将项目监理机构中负责见证取样的专业监理工程师在该质量监督机构备案。③施工单位应按照规定制定检测试验计划，配备取样人员，负责施工现场的取样工作，并将检测试验计划报送项目监理机构。④施工单位在对进场材料、试块、试件、钢筋接头等实施见证取样前要通知负责见证取样的专业监理工程师，在该专业监理工程师现场监督下，施工单位按照相关规范的要求，完成材料、试块、试件等的取样过程。⑤在完成取样之后，施工单位的取样人员应在试样或其包装上作出标识、封志，标识和封志应标明工程名称、取样部位、取样日期、样品名称及样品数量等信息，并由见证取样的专业监理工程师和施工单位取样人员签字，并贴上专用加封标志，然后送往试验室。

（4）平行检验

平行检验是指项目监理机构在施工单位自检的同时，按照有关规定，建设工程监理合同约定，对同一检验项目进行的一种检测试验活动。

项目监理机构应根据工程特点、专业要求，以及建设工程监理合同约定，对施工质量进行平行检验。平行检验的项目、数量、频率和费用等应符合建设工程监理合同的约定，对于平行检验不合格的施工质量，项目监理机构应签发监理通知单，要求施工单位在指定的时间内整改并重新报验。在项目监理中心试验室进行的平行检验试验有验证试验、标准试验和抽样试验等。

验证试验是指材料或商品构件运入现场后，应按规定的批量和频率进行抽样试验的一类平行检验。凡经验证试验后不合格的材料或商品构件不准用于工程。

标准试验是指在各项工程开工前合同规定或合理的时间内，应由施工单位先完成标准试验，项目监理中心试验室则应在施工单位进行标准试验的同时或之后，平行进行复核（对比）试验，以肯定、否定或调整施工单位标准试验的参数或指标的一类平行检验。

抽样试验是指在施工单位的工地试验室（流动试验室）按技术规范的规定进行全频率抽样试验的基础上，项目监理中心试验室则应按规定的频率独立进行抽样试验，以鉴定施工单位的抽样试验结果是否真实可靠的一类平行检验。当监理人员对施工质量或材料产生疑问并提出要求时，监理中心试验室随时进行抽样试验。

2. 发布指令性文件

工程监理机构的指示一般均采用书面的形式，如"监理通知单"、"工程暂停令"、"工程复工令"、"工作联系单"等，这些文件称之为指令性文件。

工程监理机构应充分利用指令性文件对施工单位进行质量控制，若发现施工单位的质量保证体系不健全或质量管理制度不完善或工程的施工质量有缺陷等情况时，工程监理机构就可以发出"监理通知单"、"工作联系单"等指令性文件，通知施工单位进行整改或返工，甚至停工整顿。施工单位应严格履行工程监理机构对工程质量进行管理的指示，并应采用书面形式（如"监理通知回复单"）回复工程监理机构。

（1）监理通知单

在工程质量控制方面，项目监理机构若发现施工存在质量问题的，或施工单位采用不适当的施工工艺，或施工不当，造成工程质量不合格的，应及时签发监理通知单，要求施工单位整改，监理通知单应按表 2-14 的要求填写，由专业监理工程师或总监理工程师签发。

监理通知单对所存在问题的部位应表述具体，应采用数据说话，详细叙述问题存在的违规内容，一般应包括监理实测值、设计值、允许偏差值、违反规范种类及条款等，所反映的问题若能用照片予以记录的，则应附上照片，若要求施工单位整改时限的，则亦应叙述具体清楚，并应注明施工单位申诉的形式和时限。项目监理机构在签发监理通知单时，应要求施工单位在发文本上签字，并注明签收时间。

施工单位应按照监理通知单的要求进行整改，整改完毕之后，应向项目监理机构提交监理通知回复单。项目监理机构应根据施工单位报送的监理通知回复单对整改情况进行复查，提出复查意见。监理通知回复单应按表 2-28 的要求填写。

（2）工程暂停令

项目监理机构发现下列情况之一时，总监理工程师应及时签发工程暂停令：①建设单位要求暂停施工且工程需要暂停施工的；②施工单位未经批准擅自施工或拒绝项目监理机构管理的；③施工单位未按审查通过的工程设计文件施工的；④施工单位违反工程建设强制性标准的；⑤施工存在重大质量、安全事故隐患或发生质量、安全事故的。

对于建设单位要求停工的，总监理工程师应经过独立判断，认为有必要暂停施工的，则可签发工程暂停令，认为没有必要暂停施工的，则不应签发工程暂停令；施工单位拒绝执行项目监理机构的要求和指令时，总监理工程师则应视情况签发工程暂停令；对于施工单位未经批准擅自施工或分别出现上述③、④、⑤三种情况时，总监理工程师则应签发工程暂停令。总监理工程师在签发工程暂停令时，可根据停工原因的影响范围和影响程度，确定停工的范围，并应按照施工合同和建设工程监理合同的约定签发工程暂停令。工程暂停令应按表 2-16 的要求填写。

总监理工程师在签发工程暂停令时，应事先征得建设单位的同意，在紧急情况下，未能事先报告征得建设单位同意的，应在事后及时向建设单位作出书面报告。施工单位若未能按要求停工，项目监理机构应及时报告建设单位，必要时应向有关主管部门报送监理报告。

暂停施工事件发生时，项目监理机构应如实记录所发生的情况。对于建设单位要求停工且工程需要暂停施工的，应重点记录施工单位人工、设备在施工现场的数量和状态；对于因施工单位原因暂停施工的，则应记录直接导致停工发生的原因。

总监理工程师应会同有关各方按照施工合同的约定，处理因工程暂停而引起的与工期、费用有关的问题。

（3）工程复工令

因建设单位原因或非施工单位原因引起工程暂停的，在具备复工条件时，应及时签发工程复工令，指令施工单位复工。

因施工单位原因引起工程暂停的，项目监理机构应检查、验收施工单位的停工整改过程、结果，当暂停施工原因消失，具备复工条件时，施工单位在复工前应向项目监理机构提交工程复工报审表申请复工，工程复工报审时，应附有能够证明已具备复工条件的相关文件资料，包括相关的检查记录、有针对性的整改措施及其落实情况、会议纪要、影像资料等，若导致暂停的原因是危及结构安全或使用功能时，在整改完成之后，应有建设单位、设计单位、监理单位各方共同认可的整改完成文件，其中涉及建设工程鉴定的文件必须由有资质的检测单位出具。对于需要返工处理或加固补偿的质量缺陷，项目监理机构则应要求施工单位报送经设计等相关单位认可的处理方案，并应对质量缺陷的处理过程进行跟踪检查，同时还应对处理结果进行验收。对于需要返工处理或加固补强的质量事故，项目监理机构则应要求施工单位报送质量事故调查报告和经设计等相关单位认可的处理方案，并对质量事故的处理过程进行跟踪检查，对处理结果进行验收。项目监理机构应及时向建设单位提交质量事故书面报告，并应将完整的质量事故处理记录整理归档。工程复工报审表应按表 2-22 的要求进行填写。

项目监理机构在收到施工单位报送的工程复工报审表及有关材料之后，应对施工单位的整改过程、结果进行检查、验收，经审查符合要求后，总监理工程师应及时签署审查意见，并应报建设单位批准之后，签发工程复工令，施工单位在接到工程复工令之后组织复工。工程复工令应按表 2-18 的要求进行填写。施工单位未提出工程复工申请的，总监理工程师应根据工程实际情况指令施工单位恢复施工。

3. 工程计量与支付工程款

工程计量是指根据工程设计文件及施工合同约定，项目监理机构对施工单位申报的合格工程的工程量进行的核验。

监理人员确认工程计量与支付工程款的条件之一就是工程质量要达到合同规定的标准和等级，否则监理人员就有权采取拒绝对已完工程进行计量或支付工程款的手段，由此导致的损失则应由施工单位自行负责，这是保证工程质量的重要措施，也是监理人员在质量监理中的有效方法。

4. 工程变更的控制

在施工过程中，由于前期勘察设计等原因，或由于外界自然条件的变化，未探明的地下障碍物、管线、文物、地质条件不符等，以及施工工艺方面的限制或建设单位要求的改变，均可能涉及工程的变更。如何做好工程变更的控制工作，是工程质量控制的重要内容。

工程变更事宜应由提出单位按表 2-35 的要求填写，应写明工程变更的原因、工程变更的内容，并附有必要的附件，包括：工程变更的依据、详细内容、图纸；对工程造价、工期的影响程度分析，以及对功能、安全影响的分析报告。

对于施工单位提出的工程变更，项目监理机构应按以下程序进行处理：①总监理工程师组织专业监理工程师审查施工单位提出的工程变更申请，提出审查意见，对于涉及工程设计文件修改的工程变更，应由建设单位转交原设计单位修改工程设计文件，必要时，项目监理机构应建议建设单位组织设计、施工等单位召开论证工程设计文件的修改方案的专题会议；②总监理工程师组织专业监理工程师对工程变更费用及工期影响作出评估；③总监理工程师组织建设单位、施工单位等共同协商确定工程变更费用及工期变化，会签工程变更单；④项目监理机构根据已批准的工程变更文件，监督施工单位实施工程变更。

项目监理机构可对建设单位要求的工程变更提出评估意见，并应督促施工单位按会签后的工程变更单组织施工。

四、建设工程施工质量的验收

工程施工质量验收是指工程施工质量在施工单位自行检查评定合格的基础上，由工程质量验收责任方组织，工程建设相关单位参加，对检验批、分项、分部、单位工程以及隐蔽工程的质量进行抽样检验，对技术文件进行审核，并根据设计文件和相关标准以书面形式对工程质量是否达到合格做出的确认。工程施工质量验收包括工程施工过程质量验收和竣工质量验收。建设工程施工质量验收是工程质量控制的一个重要环节。

项目监理机构应对施工单位报验的隐蔽工程、检验批、分项工程和分部工程进行验收，对验收合格的应给予签认；对验收不合格的应拒绝签认，同时应要求施工单位在指定的时间内整改并重新报验。对已同意覆盖的工程隐蔽部位质量有疑问的，或发现施工单位私自覆盖工程隐蔽部位的，项目监理机构应要求施工单位对该隐蔽部位进行钻孔探测、剥离或其他方法进行重新检验。

隐蔽工程、检验批、分项工程报验表应按表 2-26 的要求填写；分部工程报验表应按表 2-27 的要求填写。

1. 工程施工质量验收的层次划分

建筑工程施工质量验收应划分为单位工程、分部工程、分项工程和检验批。

（1）单位工程应按以下原则划分：①具备独立施工条件并能形成独立使用功能的建筑物或构筑物为一个单位工程；②对于规模较大的单位工程，可将其能形成独立使用功能的部分划分为一个子单位工程。

（2）分部工程应按以下原则划分：①可按专业性能、工程部位确定；②当分部工程较大或较复杂时，可按材料种类、施工特点、施工程序、专业系统及其类别将分部工程划分为若干子分部工程。

（3）分项工程可按主要工种、材料、施工工艺、设备类别进行划分。

（4）检验批是指按相同的生产条件或按规定的方式汇总起来供抽样检验用的，由一定数量样本组成的检验体。检验批可根据施工、质量控制和专业验收的需要，按工程量、楼层、施工段、变形缝进行划分。

（5）建设工程的分部工程、分项工程划分宜按表 3-3 的规定进行划分；室外工程可根据专业类别和工程规模按表 3-4 规定划分子单位工程、分部工程和分项工程。

（6）施工前，应由施工单位制定分项工程和检验批的划分方案，并由监理单位审核。对于表 3-3 及相关专业验收规范未涵盖的分项工程和检验批，可由建设单位组织监理、施工等单位协商确定。

建筑工程的分部工程、分项工程划分　　　　　　　　　　　　　　　表 3-3

序号	分部工程	子分部工程	分项工程
1	地基与基础	地基	素土、灰土地基，砂和砂石地基，土工合成材料地基，粉煤灰地基，强夯地基，注浆地基，预压地基，砂石桩复合地基，高压旋喷注浆地基，水泥土搅拌桩地基，土和灰土挤密桩复合地基，水泥粉煤灰碎石桩复合地基，夯实水泥土桩复合地基
		基础	无筋扩展基础、钢筋混凝土扩展基础、筏形与箱形基础、钢结构基础、钢管混凝土结构基础、型钢混凝土结构基础、钢筋混凝土预制桩基础、泥浆护壁成孔灌注桩基础、干作业成孔桩基础、长螺旋钻孔压灌桩基础、沉管灌注桩基础、钢桩基础、锚杆静压桩基础、岩石锚杆基础、沉井与沉箱基础

续表

序号	分部工程	子分部工程	分项工程
1	地基与基础	基坑支护	灌注桩排桩围护墙、板桩围护墙、咬合桩围护墙、型钢水泥土搅拌墙、土钉墙、地下连续墙、水泥土重力式挡墙、内支撑、锚杆、与主体结构相结合的基坑支护
		地下水控制	降水与排水、回灌
		土方	土方开挖、土方回填、场地平整
		边坡	喷锚支护、挡土墙、边坡开挖
		地下防水	主体结构防水、细部构造防水、特殊施工法结构防水、排水、注浆
2	主体结构	混凝土结构	模板、钢筋、混凝土、预应力、现浇结构、装配式结构
		砌体结构	砖砌体、混凝土小型空心砌块砌体、石砌体、配筋砌体、填充墙砌体
		钢结构	钢结构焊接、紧固件连接、钢零部件加工、钢构件组装及预拼装、单层钢结构安装、多层及高层钢结构安装、钢管结构安装、预应力钢索和膜结构、压型金属板、防腐涂料涂装、防火涂料涂装
		钢管混凝土结构	构件现场拼装、构件安装、钢管焊接、构件连接、钢管内钢筋骨架、混凝土
		型钢混凝土结构	型钢焊接、紧固件连接、型钢与钢筋连接、型钢构件组装及预拼装、型钢安装、模板、混凝土
		铝合金结构	铝合金焊接、紧固件连接、铝合金零部件加工、铝合金构件组装、铝合金构件预拼装、铝合金框架结构安装、铝合金空间网格结构安装、铝合金面板、铝合金幕墙结构安装、防腐处理
		木结构	方木与原木结构、胶合木结构、轻型木结构、木结构的防护
3	建筑装饰装修	建筑地面	基层铺设、整体面层铺设、板块面层铺设、木、竹面层铺设
		抹灰	一般抹灰、保温层薄抹灰、装饰抹灰、清水砌体勾缝
		外墙防水	外墙砂浆防水、涂膜防水、透气膜防水
		门窗	木门窗安装、金属门窗安装、塑料门窗安装、特种门安装、门窗玻璃安装
		吊顶	整体面层吊顶、板块面层吊顶、格栅吊顶
		轻质隔墙	板材隔墙、骨架隔墙、活动隔墙、玻璃隔墙
		饰面板	石板安装、陶瓷板安装、木板安装、金属板安装、塑料板安装
		饰面砖	外墙饰面砖粘贴、内地饰面砖粘贴
		幕墙	玻璃幕墙安装、金属幕墙安装、石材幕墙安装、陶板幕墙安装
		涂饰	水性涂料涂饰、溶剂型涂料涂饰、美术涂饰
		裱糊与软包	裱糊、软包
		细部	橱柜制作与安装、窗帘盒和窗台板制作与安装、门窗套制作与安装、护栏和扶手制作与安装、花饰制作与安装
4	屋面	基层与保护	找坡层和找平层、隔汽层、隔离层、保护层
		保温与隔热	板状材料保温层、纤维材料保温层、喷涂硬泡聚氨酯保温层、现浇泡沫混凝土保温层、种植隔热层、架空隔热层、蓄水隔热层
		防水与密封	卷材防水层、涂膜防水层、复合防水层、接缝密封防水
		瓦面与板面	烧结瓦和混凝土瓦铺装、沥青瓦铺装、金属板铺装、玻璃采光顶铺装
		细部构造	檐口、檐沟和天沟、女儿墙和山墙、水落口、变形缝、伸出屋面管道、屋面出入口、反梁过水孔、设施基座、屋脊、屋顶窗
5	建筑给水排水及供暖	室内给水系统	给水管道及配件安装、给水设备安装、室内消火栓系统安装、消防喷淋系统安装、防腐、绝热、管道冲洗、消毒、试验与调试
		室内排水系统	排水管道及配件安装、雨水管道及配件安装、防腐、试验与调试
		室内热水系统	管道及配件安装、辅助设备安装、防腐、绝热、试验与调试

序号	分部工程	子分部工程	分项工程
5	建筑给水排水及供暖	卫生器具	卫生器具安装、卫生器具给水配件安装、卫生器具排水管道安装、试验与调试
		室内供暖系统	管道及配件安装、辅助设备安装、散热器安装、低温热水地板辐射供暖系统安装、电加热供暖系统安装、燃气红外辐射供暖系统安装、热风供暖系统安装、热计量及调控装置安装、试验与调试、防腐、绝热
		室外给水管网	给水管道安装、室外消火栓系统安装、试验与调试
		室外排水管网	排水管道安装、排水管沟与井池、试验与调试
		室外供热管网	管道及配件安装、系统水压试验、土建结构、防腐、绝热、试验与调试
		建筑饮用水供应系统	管道及配件安装、水处理设备及控制设施安装、防腐、绝热、试验与调试
		建筑中水系统及雨水利用系统	建筑中水系统、雨水利用系统管道及配件安装、水处理设备及控制设施安装、防腐、绝热、试验与调试
		游泳池及公共浴池水系统	管道及配件系统安装、水处理设备与控制设施安装、防腐、绝热、试验与调试
		水景喷泉系统	管道系统及配件安装、防腐、绝热、试验与调试
		热源及辅助设备	锅炉安装、辅助设备及管道安装、安全附件安装、换热站安装、防腐、绝热、试验与调试
		监测与控制仪表	检测仪器及仪表安装、试验与调试
6	通风与空调	送风系统	风管与配件制作，部件制作，风管系统安装，风机与空气处理设备安装，风管与设备防腐，旋流风口、岗位送风口、织物（布）风管安装，系统调试
		排风系统	风管与配件制作，部件制作，风管系统安装，风机与空气处理设备安装，风管与设备防腐，吸风罩及其他空气处理设备安装，厨房、卫生间排风系统安装，系统调试
		防排烟系统	风管与配件制作，部件制作，风管系统安装，风机与空气处理设备安装，风管与设备防腐，排烟风阀（口）、常闭正压风口、防火风管安装，系统调试
		除尘系统	风管与配件制作、部件制作、风管系统安装、风机与空气处理设备安装、风管与设备防腐、除尘器与排污设备安装、吸尘罩安装、高温风管绝热、系统调试
		舒适性空调系统	风管与配件制作、部件制作、风管系统安装、风机与空气处理设备安装，风管与设备防腐，组合式空调机组安装，消声器、静电除尘器、换热器、紫外线灭菌器等设备安装，风机盘管、变风量与定风量送风装置、射流喷口等末端设备安装，风管与设备绝热，系统调试
		恒温恒湿空调系统	风管与配件制作，部件制作，风管系统安装，风机与空气处理设备安装，风管与设备防腐，组合式空调机组安装，电加热器、加湿器等设备安装，精密空调机组安装，风管与设备绝热，系统调试

续表

序号	分部工程	子分部工程	分项工程
6	通风与空调	净化空调系统	风管与配件制作，部件制作，风管系统安装，风机与空气处理设备安装，风管与设备防腐，净化空调机组安装，消声器、静电除尘器、换热器、紫外线灭菌器等设备安装，中、高效过滤器及风机过滤器单元等末端设备清洗与安装，洁净度测试，风管与设备绝热，系统调试
		地下人防通风系统	风管与配件制作，部件制作，风管系统安装，风机与空气处理设备安装，风管与设备防腐，过滤吸收器、防爆阀门、防爆超压排气阀门等专用设备安装，系统调试
		真空吸尘系统	风管与配件制作、部件制作、风管系统安装、风机与空气处理设备安装、风管与设备防腐、管道安装、快速接口安装、风机与滤尘设备安装、系统压力试验及调试
		冷凝水系统	管道系统及部件安装，水泵及附属设备安装，管道冲洗，管道、设备防腐，板式热交换器、辐射板及辐射供热、供冷地埋管，热泵机组设备安装，管道、设备绝热，系统压力试验及调试
		空调（冷、热）水系统	管道系统及部件安装，水泵及附属设备安装，管道冲洗，管道、设备防腐，冷却塔与水处理设备安装，防冻伴热设备安装，管道、设备绝热，系统压力试验及调试
		冷却水系统	管道系统及部件安装，水泵及附属设备安装，管道冲洗，管道、设备防腐，系统灌水渗漏及排放试验，管道、设备绝热
		土壤源热泵换热系统	管道系统及部件安装，水泵及附属设备安装，管道冲洗，管道、设备防腐，埋地换热系统与管网安装，管道、设备绝热，系统压力试验及调试
		水源热泵换热系统	管道系统及部件安装，水泵及附属设备安装，管道冲洗，管道、设备防腐，地表水源换热管及管网安装，除垢设备安装，管道、设备绝热，系统压力试验及调试
		蓄能系统	管道系统及部件安装，水泵及附属设备安装，管道冲洗，管道、设备防腐，蓄水罐与蓄冰槽、罐安装，管道、设备绝热，系统压力试验及调试
		压缩式制冷（热）设备系统	制冷机组及附属设备安装，管道、设备防腐，制冷剂管道及部件安装，制冷剂灌注，管道、设备绝热，系统压力试验及调试
		吸收式制冷设备系统	制冷机组及附属设备安装，管道、设备防腐，系统真空试验，溴化锂溶液加灌，蒸汽管道系统安装，燃气或燃油设备安装，管道、设备绝热，试验及调试
		多联机（热泵）空调系统	室外机组安装、室内机组安装、制冷剂管路连接及控制开关安装、风管安装、冷凝水管道安装、制冷剂灌注、系统压力试验及调试
		太阳能供暖空调系统	太阳能集热器安装，其他辅助能源、换热设备安装，蓄能水箱、管道及配件安装，防腐，绝热，低温热水地板辐射采暖系统安装，系统压力试验及调试
		设备自控系统	温度、压力与流量传感器安装，执行机构安装调试，防排烟系统功能测试，自动控制及系统智能控制软件调试

续表

序号	分部工程	子分部工程	分项工程
7	建筑电气	室外电气	变压器、箱式变电所安装，成套配电柜、控制柜（屏、台）和动力、照明配电箱（盘）及控制柜安装，梯架、支架、托盘和槽盒安装，导管敷设，电缆敷设，管内穿线和槽盒内敷线，电缆头制作、导线连接和线路绝缘测试，普通灯具安装，专用灯具安装，建筑照明通电试运行，接地装置安装
		变配电室	变压器、箱式变电所安装，成套配电柜、控制柜（屏、台）和动力、照明配电箱（盘）安装，母线槽安装，梯架、支架、托盘和槽盒安装，电缆敷设，电缆头制作、导线连接和线路绝缘测试，接地装置安装，接地干线敷设
		供电干线	电气设备试验和试运行，母线槽安装，梯架、支架、托盘和槽盒安装，导管敷设，电缆敷设，管内穿线和槽盒内敷线，电缆头制作、导线连接和线路绝缘测试，接地干线敷设
		电气动力	成套配电柜、控制柜（屏、台）和动力配电箱（盘）安装，电动机、电加热器及电动执行机构检查接线，电气设备试验和试运行，梯架、支架、托盘和槽盒安装，导管敷设，电缆敷设，管内穿线和槽盒内敷线，电缆头制作、导线连接和线路绝缘测试
		电气照明	成套配电柜、控制柜（屏、台）和照明配电箱（盘）安装，梯架、支架、托盘和槽盒安装，导管敷设，管内穿线和槽盒内敷线，塑料护套线直敷布线，钢索配线，电缆头制作、导线连接和线路绝缘测试，普通灯具安装，专用灯具安装，开关、插座、风扇安装，建筑照明通电试运行
		备用和不间断电源	成套配电柜、控制柜（屏、台）和动力、照明配电箱（盘）安装，柴油发电机组安装，不间断电源装置及应急电源装置安装，母线槽安装，导管敷设，电缆敷设，管内穿线和槽盒内敷线，电缆头制作、导线连接和线路绝缘测试，接地装置安装
		防雷及接地	接地装置安装、防雷引下线及接闪器安装、建筑物等电位连接、浪涌保护器安装
8	智能建筑	智能化集成系统	设备安装、软件安装、接口及系统调试、试运行
		信息接入系统	安装场地检查
		用户电话交换系统	线缆敷设、设备安装、软件安装、接口及系统调试、试运行
		信息网络系统	计算机网络设备安装、计算机网络软件安装、网络安全设备安装、网络安全软件安装、系统调试、试运行
		综合布线系统	梯架、托盘、槽盒和导管安装，线缆敷设，机柜、机架、配线架安装，信息插座安装，链路或信道测试，软件安装，系统调试，试运行
		移动通信室内信号覆盖系统	安装场地检查
		卫星通信系统	安装场地检查
		有线电视及卫星电视接收系统	梯架、托盘、槽盒和导管安装，线缆敷设，设备安装，软件安装，系统调试，试运行

续表

序号	分部工程	子分部工程	分项工程
8	智能建筑	公共广播系统	梯架、托盘、槽盒和导管安装，线缆敷设，设备安装，软件安装，系统调试，试运行
		会议系统	梯架、托盘、槽盒和导管安装，线缆敷设，设备安装，软件安装，系统调试，试运行
		信息导引及发布系统	梯架、托盘、槽盒和导管安装，线缆敷设，显示设备安装，机房设备安装，软件安装，系统调试，试运行
		时钟系统	梯架、托盘、槽盒和导管安装，线缆敷设，设备安装，软件安装，系统调试，试运行
		信息化应用系统	梯架、托盘、槽盒和导管安装，线缆敷设，设备安装，软件安装，系统调试，试运行
		建筑设备监控系统	梯架、托盘、槽盒和导管安装，线缆敷设，传感器安装，执行器安装，控制器、箱安装，中央管理工作站和操作分站设备安装，软件安装，系统调试，试运行
		火灾自动报警系统	梯架、托盘、槽盒和导管安装，线缆敷设，探测器类设备安装，控制器类设备安装，其他设备安装，软件安装，系统调试，试运行
		安全技术防范系统	梯架、托盘、槽盒和导管安装，线缆敷设，设备安装，软件安装，系统调试，试运行
		应急响应系统	设备安装、软件安装、系统调试、试运行
		机房	供配电系统、防雷与接地系统、空气调节系统、给水排水系统、综合布线系统、监控与安全防范系统、消防系统、室内装饰装修、电磁屏蔽、系统调试、试运行
		防雷与接地	接地装置、接地线、等电位连接、屏蔽设施、电涌保护器、线缆敷设、系统调试、试运行
9	建筑节能	围护系统节能	墙体节能、幕墙节能、门窗节能、屋面节能、地面节能
		供暖空调设备及管网节能	供暖节能、通风与空调设备节能、空调与供暖系统冷热源节能、空调与供暖系统管网节能
		电气动力节能	配电节能、照明节能
		监控系统节能	监控系统节能、控制系统节能
		可再生能源	地源热泵系统节能、太阳能光热系统节能、太阳能光伏节能
10	电梯	电力驱动的曳引式或强制式电梯	设备进场验收、土建交接检验、驱动主机、导轨、门系统、轿厢、对重、安全部件、悬挂装置、随行电缆、补偿装置、电气装置、整机安装验收
		液压电梯	设备进场验收、土建交接检验、液压系统、导轨、门系统、轿厢、对重、安全部件、悬挂装置、随行电缆、电气装置、整机安装验收
		自动扶梯、自动人行道	设备进场验收、土建交接检验、整机安装验收

室外工程的划分 表 3-4

单位工程	子单位工程	分项工程
室外设施	道路	路基、基层、面层、广场与停车场、人行道、人行地道、挡土墙、附属构筑物
	边坡	土石方、挡土墙、支护
附属建筑及 室外环境	附属建筑	车棚、围墙、大门、挡土墙
	室外环境	建筑小品、亭台、水景、连廊、花坛、场坪绿化、景观桥

2. 工程施工质量验收的基本规定

工程施工质量验收的基本规定如下：

（1）施工现场应具有健全的质量管理体系，相应的施工技术标准、施工质量检验制度和综合施工质量水平评定考核制度。施工现场质量管理应按表 2-37 的要求进行检查记录。

（2）若工程未实行监理时，建设单位相关人员应履行有关验收规范涉及的监理职责。

（3）建筑工程的施工质量控制应符合以下规定：①建筑工程所采用的主要材料、半成品、成品、建筑构配件、器具和设备应进行进场检验，凡涉及安全、节能、环境保护和主要使用功能的重要材料、产品，应按各专业工程施工规范、验收规范和设计文件等规定进行复检，并应经监理工程师检查认可；②各施工工序应按施工技术标准进行质量控制，每道施工工序完成之后，经施工单位自检符合规定后，方能进行下道工序的施工，各专业工种之间的相关工序应进行交接检验，并应作好记录；③对于监理单位提出检查要求的重要工序，应经监理工程师检查认可，才能进行下道工序的施工。

（4）符合以下条件之一时，可按相关专业验收规范的规定适当调整抽样复验、试验数量，调整后的抽样复验、试验方案应由施工单位编制，并报监理单位审核确认。①同一项目中由相同施工单位施工的多个单位工程，使用同一生产厂家的同品种、同规格、同批次的材料、构配件、设备；②同一施工单位在现场加工的成品、半成品、构配件用于同一项目中的多个单位工程；③在同一项目中，针对同一抽样对象已有检验成果可以重复利用的。

（5）当专业验收规范对工程中的验收项目尚未作出相应规定时，应由建设单位组织监理、设计、施工等相关单位制定专项验收要求。涉及安全、节能、环境保护等项目的专项验收要求应由建设单位组织专家论证。

（6）建筑工程施工质量应按以下要求进行验收：①工程质量验收均应在施工单位自检合格的基础上进行；②参加工程施工质量验收的各方人员应具备相应的资格；③检验批的质量应按主控项目和一般项目验收；④对涉及结构安全、节能、环境保护和主要使用功能的试块、试件及材料，应在进场时或施工中按规定进行见证检验；⑤隐蔽工程在隐蔽之前应由施工单位通知监理单位进行验收，并应形成验收文件，在验收合格之后，方可继续施工；⑥对涉及结构安全、节能、环境保护和使用功能的重要分部工程，应在验收前按规定进行抽样检验；⑦工程的观感质量应由验收人员现场检查，并应共同确认。

（7）建筑工程施工质量验收合格应符合以下规定：①符合工程勘察、设计文件的要求；②符合国家标准《建筑工程施工质量验收统一标准》GB 50300—2013 和相关专业验收规范的规定。

3. 检验批的质量验收

检验批是工程质量验收的最小单位，是分项工程乃至整个建筑工程质量验收的基础。检验批质量验收应由专业监理工程师组织施工单位项目专业质量检查员、专业工长等进行。

验收前，施工单位应先对施工完成的检验批进行自检，合格之后由项目专业质量检查员填写检验批质量验收记录（见表 2-38）及检验批报审、报验表（见表 2-26），并报送项目监理机构申请验收；专业监理工程师对施工单位所报资料进行审查，并组织相关人员到验收现场进行主控项目和一般项目的实体检查、验收。对验收不合格的检验批，专业监理工程师应要求施工单位进行整改，并自检合格后予以复验；对验收合格的检验批，专业监理工程师应签认检验批报审，报验表及质量验收记录，准许进行下道工序施工。

检验批质量检验，可根据检验项目的特点在以下抽样方案中选取：①计量、计数或计量——计数的抽样方案；②一次、二次或多次抽样方案；③对重要的检验项目，当有简易快速的检验方法时，选用全数检验方案；④根据生产连续性和生产控制稳定性情况，采用调整型抽验方案；⑤经实践证明有效的抽样方案。

检验批抽样样本应随机抽取，满足分布均匀、具有代表性的要求，抽样数量应符合有关专业验收规范的规定。当采用计数抽样时，最小抽样数量应符合表 3-5 的要求。明显不合格的个体可不纳入检验批，但应进行处理，使其满足有关专业验收规范的规定，对处理的情况应予以记录并重新验收。

检验批最小抽样数量　　　　　　　　　　　　　　　　　　　　　表 3-5

检验批的容量	最小抽样数量	检验批的容量	最小抽样数量
2～15	2	151～280	13
16～25	3	281～500	20
26～90	5	501～1200	32
91～150	8	1201～3200	50

计量抽样的错判概率 α 和漏判概率 β 可按以下规定采取：①主控项目：对应于合格质量水平的 α 和 β 均不宜超过 5%；②一般项目：对应于合格质量水平的 α 不宜超过 5%，β 不宜超过 10%。

检验批质量验收合格的规定如下：

（1）主控项目的质量经抽样检验均应合格。主控项目是指建设工程中对安全、节能、环境保护和主要使用功能起决定性作用的检验项目，是对检验批的基本质量起着决定性影响的检验项目，是保证工程安全和使用功能的重要检验项目，因此必须全部符合有关专业验收规范的规定。主控项目如果达不到规定的质量指标，降低要求也就相当于降低该工程的性能指标，就会严重影响工程的安全性能。这就意味着主控项目不允许有不符合要求的检验结果，必须全部合格。如防水混凝土的抗压强度和抗渗性能必须符合设计要求等。为了使检验批的质量符合工程安全和使用功能的基本要求，达到保证工程质量的目的，各专业工程质量验收规范对各检验批的主控项目的合格质量给予了明确的规定，如防水砂浆的原材料及配合比必须符合设计要求，防水砂浆的粘结强度和抗渗性能必须符合设计规定，水泥砂浆防水层与基层之间应结合牢固、无空鼓现象。主控项目包括的主要内容：①工程材料、构配件和设备的技术性能等，如防水混凝土的原材料、配合比及坍落度的质量要求；②涉及结构安全、节能、环境保护和主要使用功能的检测项目，如防水混凝土的抗压强度、抗渗性能等；③一些重要的允许偏差项目，必须控制在允许偏差的限值之内。

（2）一般项目的质量经抽样检验合格，当采用计数抽样时，合格点率应符合有关专业验收规范的规定，且不得存在严重的缺陷。一般项目是指除主控项目以外的检验项目，为了使检验批的质量符合工程安全和使用功能的基本要求，达到保证工程质量的目的，各专业工程质量验收规范对各检验批的一般项目的合格质量给予了明确的规定，如《地下防水工程质量验收规范》GB 50208—2011 国家标准对防水混凝土一般项目提出的要求是：防水混凝土结构表面应坚实、平整，不得有露筋、蜂窝等缺陷，埋设件位置应准确；防水混凝土结构表面的裂缝宽度不应大于 0.2mm，且不得贯通；防水混凝土结构厚度不应小于250mm，其允许偏差应为＋8mm，－5mm，主体结构迎水面钢筋保护层厚度不应小于50mm，其允许偏差应为±5mm。对于一般项目，虽然允许存在一定数量的不合格点，但某些不合格点的指标若与合格要求偏差较大或存在严重缺陷时，仍将影响使用功能或感观的要求，对于这些位置应进行维修处理。一般项目包括的主要内容有：①允许有一定偏差的项目，而放在一般项目中，用数据规定的标准，可以有个别偏差范围；②对不能确定偏差值而又允许出现一定缺陷的项目，则以缺陷的数量来区分；③其他一些无法定量的而采用定性的项目，如水泥砂浆防水层表面应密实、平整，不得有裂纹、起砂、麻面等缺陷。对于计数抽样的一般项目，正常检验一次、二次抽样可按以下要求判定：①对于计数抽样的一般项目，正常检验一次抽样可按表 3-6 判定，正常检验二次抽样可按表 3-7 判定，抽样方案应在抽样前确定；②样本容量在表 3-6 或表 3-7 给出的数值之间时，合格判定数可通过插值并四舍五入取整确定。

一般项目正常检验一次抽样判定   表 3-6

样本容量	合格判定数	不合格判定数	样本容量	合格判定数	不合格判定数
5	1	2	32	7	8
8	2	3	50	10	11
13	3	4	80	14	15
20	5	6	125	21	22

一般项目正常检验二次抽样判定   表 3-7

抽样次数	样本容量	合格判定数	不合格判定数	抽样次数	样本容量	合格判定数	不合格判定数
（1）	3	0	2	（1）	20	3	6
（2）	6	1	2	（2）	40	9	10
（1）	5	0	3	（1）	32	5	9
（2）	10	3	4	（2）	64	12	13
（1）	8	1	3	（1）	50	7	11
（2）	16	4	5	（2）	100	18	19
（1）	13	2	5	（1）	80	11	16
（2）	26	6	7	（2）	160	26	27

注：（1）和（2）表示抽样次数，（2）对应的样本容量为两次抽样的累计数量。

（3）具有完整的施工操作依据、质量验收记录。质量控制资料反映了检验批从原材料到最终验收的各施工工序的操作依据，检查情况以及保证质量所必需的管理制度等，对其完整性的检查，实际是对过程控制的确认，这是检验批质量验收合格的前提。质量控制资料主要为：①图纸会审记录、设计变更通知单、工程洽商记录、竣工图；②工程定位测量、放线记录；③原材料出厂合格证书及进场检验、试验报告；④施工试验报告及见证检测报告；⑤隐蔽工程验收记录；⑥施工记录；⑦按专业质量验收规范规定的抽样检验、试验记录；⑧分项、分部工程质量验收记录；⑨工程质量事故调查处理资料；⑩新技术论证、备案及施工记录。

4. 隐蔽工程的质量验收

隐蔽工程是指在下道工序施工后将被覆盖或掩盖，不易进行质量检查的工程，因此隐蔽工程完成之后，必须在被覆盖或掩盖前进行质量验收。

隐蔽工程可能是一个检验批，也可能是一个分项工程或子分部工程，所以其可以按照检验批或分项工程、子分部工程进行验收。如隐蔽工程为检验批时，其质量验收应由专业监理工程师组织施工单位项目专业质量检验员、专业工长等进行。

施工单位应对隐蔽工程质量进行自检，合格后填写隐蔽工程质量验收记录（见表2-38）及隐蔽工程报审、报验表（见表2-26），并报送项目监理机构申请验收，专业监理工程师对施工单位所报资料进行审查，并组织相关人员到验收现场进行实体检查、验收，同时应留有照片、影像等资料。若验收不合格的工程，专业监理工程师应要求施工单位进行整改，在自检合格后予以复查；对于验收合格的工程，专业监理工程师应签认隐蔽工程报审、报验表及质量验收记录，准予进行下一道工序的施工。

5. 分项工程的质量验收

分项工程的质量验收应由专业监理工程师组织施工单位项目专业技术负责人等进行。

在进行验收之前，施工单位应预先对施工完成的分项工程进行自检，合格后填写分项工程质量验收记录（见表2-39）以及分项工程报审、报验表（见表2-26），报送项目监理机构申请验收。专业监理工程师对施工单位所报验收资料应逐项进行审查，符合要求的签认分项工程报审、报验表以及分项工程质量验收记录。

分项工程质量验收合格应符合以下规定：①所含检验批的质量均应验收合格；②所含检验批的质量验收记录应完整。

实际上分项工程的质量验收是在检验批的质量验收的基础上进行的，在一般情况下，检验批和分项工程两者具有相同或相近的性质，只是批量的大小不同而已。分项工程的质量验收是一个将有关的检验批汇总统计、构成分项工程的过程，并无新的内容和要求，分项工程质量验收的合格条件比较简单，只要构成分项工程的各检验批的质量验收资料完整，并且均已验收合格，则分项工程质量验收合格。在分项工程进行质量验收时，应注意以下事项：①核对检验批的部位、区段是否全部覆盖分项工程的范围，有没有缺漏的部位没有验收到；②一些在检验批中无法检验的项目，应在分项工程中直接验收，如防水砂浆粘结强度的评定；③检验批验收记录的内容及签字人是否正确、齐全。

6. 分部工程的质量验收

分部工程应由总监理工程师组织施工单位项目负责人和项目技术负责人等进行验收。勘察、设计单位项目负责人和施工单位技术、质量部门负责人应参加地基与基础分部工程的验收；设计单位项目负责人和施工单位技术、质量部门负责人应参加主体结构分部工程和建筑节能分部工程的验收。

在进行验收之前，施工单位应预先对施工完成的分部工程进行自检，合格后填写分部工程质量验收记录（应按表 2-40 的要求填写）以及分部工程报验表（应按表 2-19 的要求填写），并报送项目监理机构申请验收、总监理工程师应组织相关人员进行检查、验收，若验收不合格的分部工程，应要求施工单位进行整改，自检合格后予以复查。对于验收合格的分部工程，应签认分部工程报验表以及分部工程质量验收记录。

分部（子分部）工程质量验收合格应符合以下规定：①所含分项工程的质量均应验收合格；②质量控制资料应完整；③有关安全、节能、环境保护和主要使用功能的抽样检验结果应符合相应的规定；④观感质量应符合要求。

分部工程的质量验收是在其所包含的各分项工程质量验收的基础上进行的。分部工程所含各分项工程必须已验收合格且相应的质量控制资料齐全、完整，这是验收的基本条件。此外，由于各分项工程的性质不尽相同，因此作为分部工程不能简单地组合而加以验收，尚须进行下列两方面的检查：

（1）涉及安全、节能、环境保护和主要使用功能等的抽样检验结果应符合相应的规定。即涉及安全、节能、环境保护和主要使用功能的地基与基础、主体结构、设备安装等分部工程应进行有关见证检验或抽样检验。总监理工程师应组织相关人员，检查各专业验收规范中规定检测的项目是否都进行了检测；查阅各项检测报告（记录）、核查有关检测方法、内容、程序、检测结果等是否符合有关标准的规定；核查有关检测单位的资质，见证取样与送样人员资格，检测报告出具单位负责人的签署情况是否符合要求。

（2）观感质量是指通过观察和必要的测试所反映的工程外在质量和功能状态。观感质量验收往往难以定量，只能以观察、触摸或简单量测的方法进行观感质量验收，并由验收人的主观判断，其检查结果并不给出"合格"或者"不合格"的结论，而是综合给出"好"、"一般"、"差"的质量评价结果。所谓"一般"是指观感质量检验能符合验收规范的要求；所谓"好"是指在质量符合验收规范的基础上，能达到精致、流畅的要求，细部处理到位、精度控制好；所谓"差"是指勉强能达到验收规范要求或者有明显的缺陷，但不影响安全使用功能。评为"差"的项目能进行返修的应进行返修，不能返修的只要不影响结构安全和使用功能的可通过验收。有影响安全和使用功能的项目，不能评价，则应返修后再进行评价。

7. 单位工程的质量验收

单位工程质量验收也称之为质量竣工验收，是建设工程在投入使用之前的最后一次验收，也是最重要的一次验收。参建各方责任主体和有关单位及人员均应加以重视，认真做好单位工程质量竣工验收，把好工程质量关。

单位（子单位）工程质量验收的具体程序如下：

（1）预验收

当单位（子单位）工程完成后，施工单位应依据验收规范、设计图纸等组织有关人员进行自检，并对检查结果进行评定，符合要求后填写单位工程竣工验收报审表（见表 2-29），以及单位工程质量竣工验收记录（见表 2-41）、单位工程质量控制资料核查记录（见表 2-42）、单位工程安全和功能检验资料核查记录（见表 2-43）、单位工程观感质量检查记录（见表 2-44）等，并将单位工程质量竣工验收报审表以及有关竣工资料报送项目监理机构申请验收。

总监理工程师应组织专业监理工程师审查施工单位所提交的单位工程竣工验收报审表及有关竣工资料，并对工程质量进行竣工预验收，存在质量问题时，应由施工单位及时整改，待整改完毕且合格之后，总监理工程师应签认单位工程竣工验收报审表及有关资料，并向建设单位提交经总监理工程师和工程监理单位技术负责人审核签字的工程质量评估报告，施工单位向建设单位提交工程竣工报告，申请工程竣工验收。

对于需要进行功能试验的项目，专业监理工程师应督促施工单位及时进行试验，并对重要项目进行现场监督、检查，必要时请建设单位和设计单位参加，专业监理工程师应认真审查试验报告单并督促施工单位搞好成品保护和现场清理。

单位工程中的分包工程完成之后，分包单位应对所承包的工程项目进行自检，并应按照国家标准《建设工程施工质量验收统一标准》GB 50300—2013 规定的程序进行验收。验收时，总包单位亦应派人参加，分包单位应将所分包工程的质量控制资料整理完整，并移交给总包单位。建设单位在组织单位工程质量验收时，分包单位的负责人也应参加验收。

（2）验收

建设单位在收到施工单位提交的工程竣工报告和完整的质量控制资料以及项目监理机构提交的工程质量评估报告之后，由建设单位项目负责人组织设计、勘察、监理、施工等单位项目负责人进行单位工程验收，对于验收中提出的整改问题，项目监理机构应督促施工单位及时整改。工程质量符合要求的，总监理工程师应在工程竣工验收报告中签署验收意见。

建设工程竣工验收应当具备以下条件：①完成建设工程设计和合同约定的各项内容；②有完整的技术档案和施工管理资料；③有工程使用的主要建筑材料、建筑构配件和设备的进场试验报告；④有勘察、设计、施工、工程监理等单位分别签署的质量合格文件；⑤有施工单位签署的工程保修书。

对于不同性质的建设工程还应满足其他一些具体的要求，如工业建设项目，还应满足环境保护设施、劳动、安全与卫生设施、消防设施以及必需的生产设施已按设计要求与主体工程同时建成，并经有关专业部门验收合格可交付使用。

在一个单位工程中，对满足生产要求或具备使用条件，施工单位经自行检验，专业监理工程师已预验收通过的子单位工程，建设单位可组织进行验收。有几个施工单位负责施工的单位工程，当其中的施工单位所负责的子单位工程已按设计完成，并经自行检验，也可按规定的程序组织正式验收，办理交工手续，在整个单位工程进行全部验收时，已验收的子单位工程验收资料应作为单位工程验收的附件。

单位工程验收时，如因季节影响需后期调试的项目，单位工程可先行验收，后期调试项目则可约定具体时间另行验收。

（3）单位（子单位）工程质量验收合格的规定

单位（子单位）工程质量验收合格应符合以下规定：①所含分部工程的质量均应验收合格；②质量控制资料应完整；③所含分部工程中有关安全、节能、环境保护和主要使用功能的检验资料应完整；④主要使用功能的抽查结果应符合相关专业验收规范的规定；⑤观感质量应符合要求

8. 工程施工质量验收不符合要求的处理

在一般情况下，不合格现象在检验批质量验收时就应该被发现并及时处理，但在实际工程中不能完全避免不合格情况的出现，因此，在工程施工质量验收时，若发现不符合要求的则应按以下方法进行处理。

（1）经返工或返修的检验批，应重新进行验收。在检验批质量验收时，对于主控项目不能满足验收规范规定或一般项目超过偏差限值的，应及时进行处理。其中，对于严重的质量缺陷应重新施工，一般的质量缺陷则可通过返修或更换予以解决，允许施工单位在采取相应的措施后重新验收，如能够符合相应的专业验收规范要求的，则可以认为该检验批的质量合格。

（2）经有资质的检测机构检测鉴定能够达到设计要求的检验批，应予以验收。若个别检验批发现问题，但难以确定能否验收时，则应请具有资质的法定检测单位进行检测鉴定，当其鉴定结果认为能够达到设计要求时，该检验批则可以通过验收。

（3）经有资质的检测机构检测鉴定达不到设计要求，但经原设计单位核算认可能够满足安全和使用功能的检验批，可予以验收。例如，某一检验批经检测鉴定达不到设计要求，但经原设计单位核算、鉴定，仍可满足相关设计规范和使用功能的要求时，该检验批则可予以验收。在一般情况下，标准、规范所规定的是满足安全和功能的最低要求，而设计往往是在此基础上再留有一些余量。因此在一定范围内，会出现不满足设计要求而符合相应规范要求的情况，两者并不矛盾。

（4）经返修或加固处理的分项、分部工程，满足安全及使用功能要求时，可按技术处理方案和协商文件的要求予以验收。在经法定检测单位检测鉴定以后，认为达不到规范的相应要求，即不能满足最低限度的安全储备和使用功能时，则必须按照一定的技术处理方案进行加固处理，使之能满足安全使用的基本要求。但这样可能会造成一些永久性的影响，如增大结构外形尺寸，影响一些次要的使用功能等。为了避免建筑物的整体或局部拆除，避免社会财富更大的损失，在不影响安全和主要使用功能条件下，可按技术处理方案和协商文件的要求进行验收，而责任方则应按照法律法规承担相应的经济责任和接受处罚。这种方法不能作为降低质量要求，变相通过验收的一种出路，这是应该特别注意的。

（5）工程质量控制资料应齐全完整，当部分资料缺失时，应委托有资质的检测机构按有关标准进行相应的实体检验或抽样试验。在实际工程中偶尔会遇到因遗漏检验或资料丢失而导致部分施工验收资料不全的情况，使工程无法正常验收，对此可采用有针对性地进行工程质量检验，采取实体检测或抽样试验的方法确定工程质量状况。上述工作应由有资质的检测单位完成，检验报告可用于工程施工质量的验收。

（6）经返修或加固处理仍不能满足安全或重要使用要求的分部工程及单位工程，严禁验收。分部工程、单位工程、子单位工程如存在影响安全和使用功能的严重缺陷，经返修或加固处理后，仍不能满足安全使用要求的，严禁通过验收。

第三节　建设工程的投资控制

建设工程总投资一般是指进行某项工程建设所花费的全部费用。生产性建设工程总投资包括建设投资和铺底流动资金等两部分，非生产性建设工程总投资则仅包括建设投资。我国现行建设工程的投资构成参见图3-4。有关建设工程总投资的构成详见本丛书《建筑防水工程造价》分册中的有关章节。

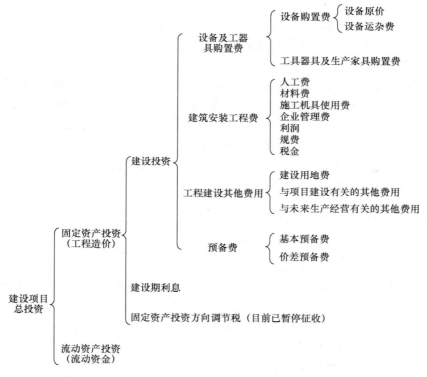

图 3-4 我国现行建设项目总投资构成

建设工程投资控制是指在投资决策阶段、设计阶段、发包阶段、施工阶段以及竣工阶段把项目投资控制在批准的投资限额以内，随时纠正发生的偏差，以保证项目投资管理目标的实现，以求在建设工程中能合理使用人才、物力、财力，从而取得较好的投资和社会效益。

一、投资控制的目标和措施

1. 投资控制的目标和重点

控制是为确保目标的实现而服务的，一个系统若没有目标则无法进行控制，目标的设置是严肃而有科学依据的。工程项目的建设过程是一个周期长、投入大的生产过程、有于种种原因，建设者在工程建设开始时，往往只能设置一个大致的投资控制目标，即投资估算，随着工程建设的深入，其投资控制目标一步步地清晰、准确，即设计概算、施工图预算、承包合同价等，这也就是说，投资控制目标的设置应是随着工程建设实践的不断深入而分阶段设置的。具体而言，投资估算应是建设工程设计方案选择和进行初步设计的投资控制目标；设计概算应是进行技术设计和施工图设计的投资控制目标；施工图预算或建筑安装工程承包合同则应是施工阶段投资控制的目标。有机联系的各个阶段的目标相互制约、相互补充，前者控制后者，后者补充前者，共同组成建设工程投资控制的目标系统。

投资控制贯穿于项目建设的全过程，但必须突出重点。影响项目投资最大的阶段是约占工程项目建设周期 1/4 的技术设计结束前的工作阶段。在初步设计阶段，影响项目投资的可能性为 75%～95%；在技术设计阶段，影响项目投资的可能性为 35%～75%；在施工图设计阶段，影响项目投资的可能性则为 5%～35%。很显然，项目投资控制的重点在于施工以前的投资决策和设计阶段，而在项目做出投资决策后，控制项目投资的关键就在于设计。

2. 投资控制的措施

要有效地控制项目投资，应从组织、技术、经济、合同与信息管理等多方面采取措施。从组织上采取措施，包括明确项目组织结构，明确项目投资控制者及其任务，以使项目投资控制有专人负责，管理职能分工明确；从技术上采取措施，包括重视设计多方案选择，严格审查监督初步设计、技术设计、施工图设计、施工组织设计，深入技术领域研究节约投资的可能性；从经济上采取措施，包括动态地比较项目投资的实际值和计划值，严格审核各项费用支出，采取节约投资的奖励措施等。

二、项目监理机构在投资控制中的任务

建设工程投资控制是我国建设工程监理的一项主要任务，投资控制贯穿于工程建设的各个阶段，也贯穿于监理工作的各个环节。

根据《建设工程监理规范》GB/T 50319—2013 的有关规定，建设工程监理单位要依据法律、法规、工程建设标准、勘察设计文件及合同，在施工阶段对建设工程进行造价控制。同时，工程监理单位还应根据建设工程监理合同的约定，在工程勘察、设计、保修等阶段为建设单位提供相关的服务工作。

（一）监理在项目决策阶段的任务

监理机构在建设决策阶段的主要任务是：对工程项目的机会研究，初步可行性研究、编制项目建设书、进行可行性研究、对拟建项目进行市场调查和预测、编制投资估算、进行环境影响评估、财务评估、国民经济评价和社会评价时进行的投资控制。

（二）监理在工程勘察设计阶段的服务

工程监理单位应根据建设工程监理合同所约定的相关服务范围，开展相关的服务工作，编制相关的服务工作计划。工程监理单位应当按照规定，汇总整理、分类归档相关的服务工作的文件资料。

工程勘察设计阶段是决定建设项目使用功能的阶段，也是决定其使用价值的主要阶段，同时对建设工程费用有着重要的影响。

1. 监理在工程勘察阶段的服务

（1）工程监理单位应协助建设单位编制工程勘察设计任务书和选择工程勘察设计单位，并应协助签订工程勘察设计合同。

（2）工程监理单位应审查勘察单位提交的勘察方案，提出审查意见，并应报建设单位，若变更勘察方案时，则应按原程序重新审查。勘察方案报审表可按表 2-20 的要求填写。

（3）工程监理单位应检查勘察现场以及室内试验主要岗位操作人员的资格，所使用设备、仪器计量的检定情况。

（4）工程监理单位应检查勘察进度计划的执行情况、督促勘察单位及时完成勘察合同约定的工作内容、审核勘察单位提交的勘察费用支付申请表以及签发勘察费用支付证书，并应报建设单位。工程勘察阶段的监理通知单可按表 2-14 的要求填写；监理通知回复单

可按表 2-28 的要求填写；勘察费用支付申请表可按表 2-30 的要求填写；勘察费用支付证书可按表 2-19 的要求填写。

（5）工程监理单位应检查勘察单位执行勘察方案的情况，对于重要点位的勘察与测试应进行现场检查。

（6）工程监理单位应审查勘察单位提交的勘察成果报告，并应向建设单位提交勘察成果评估报告，同时应参与勘察成果的验收。勘察成果评估报告应包括以下内容：①勘察工作概况；②勘察报告编制深度、与勘察标准的符合情况；③勘察任务书的完成情况；④存在的问题及建议；⑤评估结论。勘察成果报审表应按表 2-26 的要求填写。

2. 监理在工程设计阶段的服务

（1）利用所能收集到的类似建设工程的投资数据和资料，协助建设单位制定建设项目的造价目标规划。对建设工程总投资进行论证，以确保其可行性。

（2）协助业主提出设计要求，组织设计方案竞赛和设计招标，协助建设单位选择在投资控制方面最有利的设计方案。

（3）依据设计各个阶段所输出的成果制定造价目标计划系统，为本阶段和后续阶段的造价控制提供依据。

（4）开展技术经济分析等活动，协调和配合设计单位力求使所设计的项目其设计投资更合理化；在确保工程质量的前提下，协助设计单位进行限额设计工作；对设计进行技术经济分析、比较、论证，在保证功能的前提下进一步寻求节约投资的可能性。

（5）工程监理单位应依据设计合同及项目总体计划要求审查各专业、各阶段的设计进度计划；工程监理单位应检查设计进度计划的执行情况，督促设计单位完成设计合同约定的工作内容，审核设计单位提交的设计费用支付申请表，以及签认设计费用支付证书，并应报建设单位。工程设计阶段的监理通知单可按表 2-14 的要求填写，监理通知回复单可按表 2-28 的要求填写，设计费用支付申请表可按表 2-30 的要求填写，设计费用支付证书可按表 2-19 的要求填写。

（6）工程监理单位应审查设计单位提交的设计成果，并应提出评估报告，评估报告应包括以下内容：①设计工作概况；②设计深度、与设计标准的符合情况；③设计任务书的完成情况；④有关部门审查意见的落实情况；⑤存在的问题及建议。设计阶段成果报审表可按表 2-26 的要求填写。工程监理单位应协助建设单位组织专家对设计成果进行评审。

（7）配合设计单位对其项目进行优化设计，最终能满足建设单位对建设工程项目投资方面的要求。

（8）工程监理单位应审查设计单位提出的新材料、新工艺、新技术、新设备在相关部门的备案情况，必要时应协助建设单位组织专家评审。

（9）工程监理单位应审查设计单位提出的设计概算、施工图预算，提出审查意见，并应报建设单位。

（10）编制设计阶段的资金使用计划，并在付款方面进行控制管理。

（11）工程监理部门可协助建设单位向政府有关部门报审有关工程设计文件，并应根据审批意见，督促设计单位予以完善。

3. 监理在工程勘察设计阶段有关勘察设计延期、费用索赔等事宜的服务

工程监理单位应分析可能发生索赔的原因，并应制定防范对策。

工程监理单位应根据勘察设计合同，协调处理勘察设计延期、费用索赔等事宜。勘察设计延期报审表可按表 2-33 的要求填写，勘察设计费用索赔报审表可按表 2-32 的要求填写。

（三）监理在施工招投标阶段的任务

监理机构在施工招投标阶段的任务主要是：准备和发送招标文件；编制工程量清单和招标控制价（标底）；协助评审投标书，并提出评标建议；协助业主（建设单位）与中标单位（承包单位）签订承包合同。

（四）监理在施工阶段的投资控制

施工阶段是投资资金大量使用的阶段，因此，这一阶段是投资控制的关键时期。监理工程师应依据承发包双方签订的施工合同确定的承包方法、合同规定的工期、质量和工程造价，按照经过设计交底和图纸会审后的施工图设计图纸及说明、相关技术标准和技术规范，对工程建设施工全过程进行监督与控制。在施工阶段进行投资控制的基本原理是在项目施工的过程中，以控制循环理论为指导，把投资计划值作为投资控制的总目标值，把投资计划值分解为单位工程、分部分项工程的分目标值，在建设过程的每一个阶段或环节中，将实际支出值和投资计划值进行比较，若发现偏离，则从组织、经济、技术和合同等四个方面及时采取有效的纠偏措施加以控制。监理工程师应按照经济规律公正地维护建设单位和承包单位的合法权益，以投资额为控制目标值，在可能的情况下，努力节约工程投资费用。投资控制的措施参见表 3-8，施工阶段投资控制的工作流程参见图 3-5。

建设项目施工阶段的投资控制措施 表 3-8

措　施	内　　容
组织措施	（1）建立项目监理的组织保证体系，在项目监理班子中落实从投资控制方面进行投资跟踪、现场监督和控制的人员，明确任务及职责，如发布工程变更指令、对已完工程的计量、支付款复核、设计挖潜复查、处理索赔事宜，进行投资计划值和实际值比较，投资控制的分析与预测，报表的数据处理，资金筹措和编制资金使用计划等； （2）编制本阶段投资控制详细工作流程图
经济措施	（1）进行已完成的实物工程量的计量或复核，未完工程量的预测； （2）工程价款预付、工程进度付款、工程款结算、备料款和预付款的合理回扣等审核、签署； （3）在施工实施全过程中进行投资跟踪、动态控制和分析预测，对投资目标计划值按费用构成、工程构成、实施阶段、计划进度分解； （4）定期向监理负责人、建设单位提供投资控制报表、必要的投资支出分析对比； （5）编制施工阶段详细的费用支出计划，依据投资计划的进度要求编制，并控制其执行和复核付款账单，进行资金筹措和分阶段到位； （6）及时办理增减合同价款确认，如增加合同额外工作、项目特征不符、工程变更、工程量清单缺项、工程量偏差等重新确认综合单价调整，以及审核工程结算等 （7）制订行之有效的节约投资的激励机制和约束机制
技术措施	（1）对设计变更严格把关，并对设计变更进行技术经济分析和审查认可； （2）进一步寻找通过设计、施工工艺、材料、设备、管理等多方面挖潜节约投资的可能，组织"三查四定"查出的问题整改，组织审核降低造价的技术措施； （3）加强设计交底和施工图会审工作，把问题解决在施工之前
合同措施	（1）参与处理索赔事宜时以合同为依据； （2）参与合同的修改、补充工作，并分析研究对投资控制的影响； （3）监督、控制、处理工程建设中的有关问题时以合同为依据

注　三查四定，即查漏项、查错项、查质量隐患，定人员、定措施、定完成时间、定质量验收。

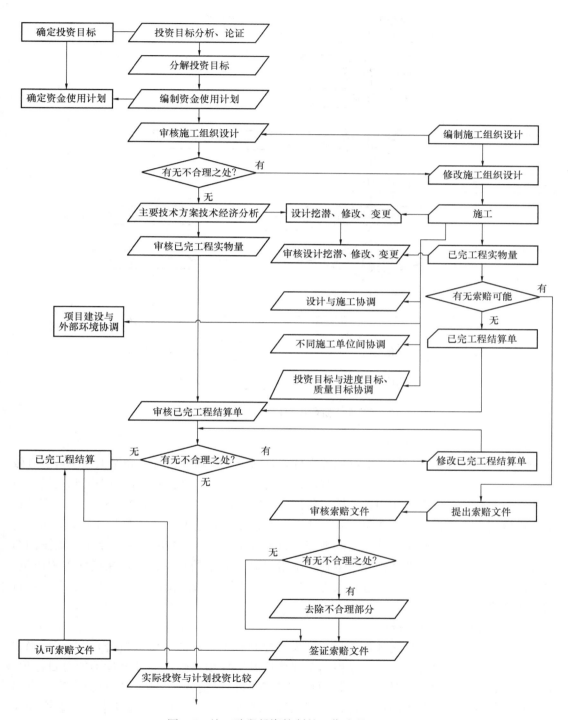

图 3-5 施工阶段投资控制的工作流程（一）

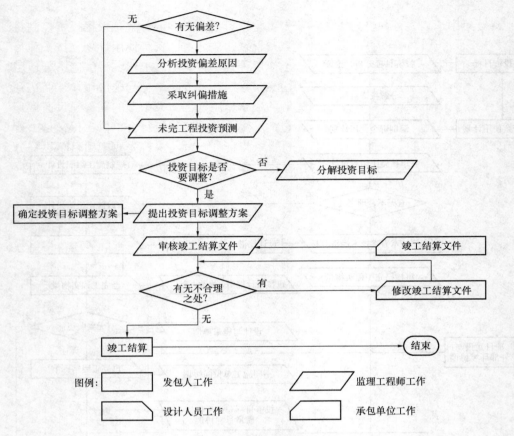

图 3-5 施工阶段投资控制的工作流程（二）

1. 认真审核施工组织设计

施工组织设计是指导施工的纲领性文件，是保证工程顺利进行，确保工程质量，有效控制工程造价的主要工具。若施工组织设计不合理，则不仅会影响项目的进度和质量，而且还会影响到项目资金的使用，如施工质量出现问题，则将直接造成投资损失。监理工程师在审核施工组织设计时，在保证其合法、有效、完整的基础上，应重点对施工流向、施工顺序和施工工艺的确定、施工段的划分、施工方法和施工机械的选择，施工平面图的布置等方面进行审查。还应特别注意审查施工组织设计方案的技术措施，在确保工程质量、安全的前提下，对各施工方案进行人力、物力、财力资源的比较，优选费用少、合理可行的方案来降低成本。

2. 资金使用计划的编制

施工阶段编制资金使用计划的目的是为了控制施工阶段的投资（造价），合理地确定工程项目投资控制目标值（也就是根据工程概算或工程预算确定的计划投资的总目标值、分目标值、细目标值）。如果没有明确的投资控制目标，则就无法进行项目投资实际支出值与目标值的比较，若不能进行比较，则也就不能找出偏差，不知道偏差程度，就会使控制措施缺乏针对性。在确定投资控制目标时，应有科学的依据。如果投资目标值与人工单价、材料预算价格、设备价格以及各项有关费用和各种取费标准不相适应，那么投资控制目标便没有实现的可能，则控制也是徒劳的。

　　编制资金使用计划过程中，最重要的步骤就是项目投资目标的分解，根据投资控制目标和要求的不同，投资目标的分解可以分为：按投资构成分解的资金使用计划，按子项目分解的资金使用计划，按时间进度分解的资金使用计划三种类型。上述三种编制资金使用计划的方法并不是相互独立的，在实践中，往往是将这几种方法结合起来使用，从而达到扬长避短的效果。以下侧重介绍按子项目分解的资金使用计划。大中型的工程项目通常是由若干单项工程构成的，而每个单项工程还包括了多个单位工程，每个单位工程又是由若干个分部分项工程构成的。因此，在进行项目投资目标分解时：①首先要把项目总投资分解到单项工程和单位工程中，一般而言，由于概算和预算大多是按照单项工程和单位工程来编制的，所以将项目总投资分解到各单项工程和单位工程时是比较容易的，但需要注意的是，按照本方法分解项目总投资，不能只是分解建设工程投资、安装工程投资和设备工器具购置投资，还应当分解项目的其他投资，但项目其他投资所包含的内容既与具体的单项工程或单位工程直接有关，也与整个项目建设有关，因此必须采取适当的方法将项目其他投资合理分解到各个单项工程和单位工程中去，常用的办法就是按照单项工程的建筑安装工程投资和设备工器具购置投资之和的比例分摊，但其结果可能与实际支出的投资相差甚远，因此在实践中一般应对工程项目的其他投资的具体内容进行分析，将其中确实与各单项工程和单位工程有关的投资分离出来，按照一定的比例分解到相应的工程内容中去，其他与整个项目有关的投资则不分解到各个单项工程和单位工程中去。②对各单位工程的建筑安装工程投资还需进一步作分解，在施工阶段一般可分解到分部分项工程。图 3-6 示例了按子项目分解投资目标的方法。

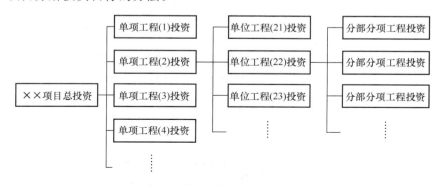

图 3-6　按子项目分解投资目标

　　在完成了工程项目投资目标分解之后，接下来就是具体地分配投资，编制工程分项的投资支出计划，从而得到详细的资金使用计划表。按子项目分解得到的资金使用计划表其内容一般包括：①工程分项编码；②工程内容；③计量单位；④工程数量；⑤计划综合单价；⑥本分项总计。在编制投资支出计划时，不但要在项目总的方面安排预备费，而且还应在主要的工程分项中安排适当的不可预见费。

　　3. 材料成本的控制

　　材料成本一般约占到工程投资的 60%～70%，因此，对材料价格的控制是非常重要的。监理工程师首先要严格把好材料价格关，在保证材料质量的基础上，力争把材料价格控制到最低水平，其次还必须加强材料的使用和管理。

4. 工程计量与支付的控制

工程计量与支付控制的程序参见图 3-7。

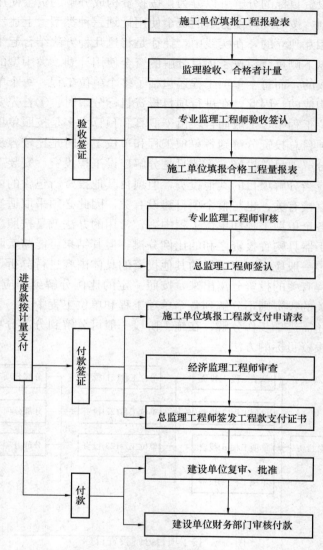

图 3-7 工程计量与支付控制的程序

（1）工程计量

工程计量系指监理工程师对发承包双方根据合同约定的建设项目、工程量计算规则、按照施工进度计划、施工图设计要求及变更指令等，在建设实施时，对实际完成合同工程的数量所进行的计算和确认。采用单价合同的承包工程，工程量清单中的工程量，只是在图纸和规范基础上的估算值，不能作为工程款结算的依据，监理工程师必须对已完工的工程进行计量，只有经过监理工程师计量确定的数量才是向承包商支付工程款的凭证。工程计量不仅是控制项目资金支出的关键环节，同时又是约束承包人履行合同义务，强化承包人合同意识的一种手段。

监理工程师一般只对工程量清单中的全部项目、合同文件中规定的项目、工程变更项目三个方面的工程项目进行计量。工程计量的方法参见表 3-9。

工程计量的方法 表 3-9

方法种类	内容及适用场合
1. 均摊法	对工程量清单中的项目，在合同期内每月都发生费用，根据费用发生特点，分为平衡均摊法（每月发生的费用平均分摊）和不平衡均摊法（每月发生的费用按进度不平均分摊），此法适用于工程量清单总则中的项目费用
2. 凭据法	按合同条件规定，由承建单位提供凭据进行计量支付。如承建单位需提供银行保单或履约保证金的凭据，办理时按分期银行保单或保证金的金额比例进行计量支付
3. 估价法	适用于购置多种仪器设备和交通工具等项目，且购置时需要多次才能购齐，则按合同工程量清单中的数量和金额，对照市场价格进行估价，在计量和支付时，对实际购进的仪器设备等不按实际采购价支付，只按估算价支付，但最终仍按合同工程量清单的金额支付
4. 图纸计算法	在工程计量中常采用的方法，通过对施工图纸计算数量，如对砖石工程、混凝土工程等按体积计算，但需要检查施工实施时与图纸及说明是否相同
5. 断面法	对一些地下工程、基础工程或填方路基等，由于实际施工时往往与施工图纸在数量上有出入，则采用此法计量
6. 分解计量法	适用于某个单项工程或单位工程工期较长、采用中间计量支付时，即将此工程按工序分解为若干个分部分项工程计量，如房屋建筑分解为土方工程、基础工程、砖石工程、混凝土工程等，其中的混凝土工程又可进一步分解为柱、梁、板等，并按工序分层计量。项目分解后费用总和应等于分解前总费用，即等于项目的合同价款，此法应用十分普遍

工程计量的方式一般由监理工程师和承建单位共同对实际完成的数量进行计量，也可由监理方或承建方各自单独计量后交对方认可。工程计量的程序如下：①承建单位在规定的时间内，将实际完成的工程数量及金额，向建设单位和监理工程师提交经质量验收合格的已完工程计量申请报告。②监理工程师在接到报告之后，在规定的时间内，按施工图纸核实确认已完工程数量（简称计量）。并在计量前事先通知承建单位，承建单位派人参加共同计量签字确认。承建单位若无故不参加计量，监理工程师自行进行的计量结果视为有效；若监理工程师事先不按规定时间通知承建单位，从而使承建单位不能如期参加计量，则计量无效。对承建单位要求计量的报告，若监理工程师未在规定的时间内共同计量，则承建单位报告中开列的工程量即视为已被确认。③对承建单位超出施工图纸要求增加的工程量和因其自身原因造成返工的工程量，则不予计量。④双方确认后的工程数量，承建单位填写的中间计量核验单、经监理工程师复核、审定后，签发中间支付证书或工程付款证书，作为工程价款支付的依据。中间支付证书或工程付款证书应包含审核已完成的分项工程的项数及编号名称，核定的工程款额是减去合同规定扣除预付款额后的应付款额。并附已完工程检验认可书、已完工程标价工程量表、分部分项工程验收单。

（2）工程支付

工程支付的范围如图 3-8 所示。工程价款的结算方式视不同情况，可采用按月结算、竣工后一次结算、分段结算、目标结款方式、结算双方约定的其他结算方式等多种。

项目监理机构应按照下列程序进行工程计量和付款签证：①专业监理工程师对施工单

位在工程款支付报审表中提交的工程量和支付金额进行复核，确定实际完成的工程量之后，提出到期应支付给施工单位的金额，并提出相应的支持性材料；②总监理工程师对专业监理工程师的审查意见进行审核，签认后报建设单位进行审批；③总监理工程师根据建设单位的审批意见，向施工单位签发工程款支付证书。

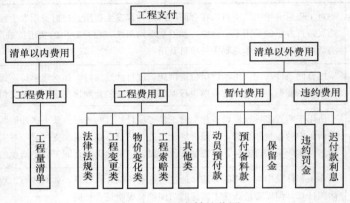

图 3-8　工程支付的范围

工程款支付报审表应按表 2-30 的要求进行填写；工程款支付证书应按表 2-19 的要求进行填写。

项目监理机构对于施工单位提交的工程款支付申请表应审核以下内容：①截至本次付款周期已实施工程的合同价款；②增加和扣减的变更金额；③增加和扣减的索赔金额；④支付的预付款和扣减的返还预付款；⑤扣减的质量保证金；根据合同应增加和扣减的其他金额。

（3）对完成的工程量进行偏差分析

项目监理机构应编制月完成工程量统计表，对实际完成量与计划完成量进行比较分析，若发现偏差的，则应提出调整建议，并应在监理日报中向建设单位报告。

5. 工程变更的控制

工程变更是指在工程项目实施的过程中，按照合同约定的程序对部分或全部工程在材料设计、工艺、构造、功能、尺寸、技术指标、工程数量，施工条件和方法等方面做出的改变，以及合同条款的修改补充，招标文件、合同条款、工程量清单中没有包括但又必须增加的工程项目等。工程变更可由建设单位、监理单位或承建单位提出，但都必须经监理工程师批准同意，并由监理工程师以书面形式发出有关变更指令，变更指令的性质属于合同的修正、补充，具有法律作用，承发包双方都必须执行监理工程师发出的变更指令，若没有变更指令，承发包的任何一方均不能对任何部分工程做出更改，因此工程变更指令应具有充分的严密、公正和完整性。

由于工程变更所引起的工程量的变化、承包人的索赔等，都有可能使项目投资超出原来的预算投资，故监理工程师必须严格予以控制，密切注意其对未完工程投资支出的影响及对工期的影响。

承包人（施工单位）提出工程变更的情形有：①图纸出现错、漏、碰、缺等缺陷无法进行施工；②图纸不便施工，变更后更为经济、方便；③采用新材料、新产品、新工艺、新技术的需要；④承包人考虑到自身利益，为费用索赔提出工程变更。

对此，项目监理机构可按照下列程序处理施工单位（承包人）提出的工程变更：①总监理工程师组织专业监理工程师审查施工单位提出的工程变更申请，提出审查意见，对涉及工程设计文件修改的工程变更，应由建设单位转交原设计单位修改工程设计文件。必要时，项目监理机构应建议建设单位组织设计、施工等单位召开论证工程设计文件修改方案的专题会议；②总监理工程师组织专业监理工程师对工程变更而涉及的费用及对工期产生的影响作出评估；③总监理工程师组织建设单位、施工单位等共同协商确定工程变更费用及工期变化，会签工程变更单（见表 2-35）；④项目监理机构根据批准的工程变更文件监督施工单位实施工程变更。施工单位提出设计变更的控制程序参见图 3-9。

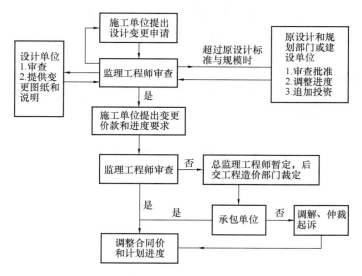

图 3-9　施工单位提出设计变更的控制程序

除了施工单位提出的工程变更外，建设单位可能由于局部调整使用功能，也可能是在制定方案阶段考虑不周而提出工程变更。项目监理机构应对建设单位要求的工程变更可能造成的设计修改、工程暂停、返工损失、增加工程造价等进行全面评估，为发包人正确决策提供依据，避免反复和不必要的浪费。建设单位提出工程变更的控制程序是：①建设单位向监理单位提出工程变更要求；②监理单位与设计单位研究变更的合理性和可行性；③监理单位与施工单位商讨对进度与费用相应变化的建议；④建设单位确认变更要求而引起的工程进度和费用的变化；⑤监理单位起草工程变更通知；⑥承发包双方签字认可；⑦调整合同价和计划进度。项目监理机构可对建设单位要求的工程变更提出评估意见，并应督促施工单位按照会签后的工程变更单组织施工。

设计单位若提出设计变更，其设计变更的控制程序是：①设计单位提出设计变更要求；②监理单位讨论变更的可能性并征求咨询；③监理单位与施工单位研究对进度和费用相应变化的建议；④监理单位向建设单位详述各方意见及对进度和费用变化的建议；⑤建设单位确认进度及费用变化；⑥设计单位签发变更设计文件；⑦监理单位起草变更通知；⑧承发包双方签字认可；⑨调整合同价和计划进度。

当承包人收到工程变更指示后 14 天内，应向监理人提交变更价格的申请，监理人应在收到变更价格申请后 7 天内审查完毕并送发包人。若监理人对变更价格申请有异议，应通知承包人修改后重新提交变更价格申请，发包人应在承包人提交变更价格申请后 14 天内审批完，若逾期未提出异议的，视为认可。

项目监理机构可在工程变更实施前与建设单位、施工单位等协商确定工程变更的计价原则、计价方法和价款。若建设单位与施工单位未能就工程变更费用达成协议时，项目监理机构则可提出一个暂定价格并经建设单位同意，作为临时支付工程款的依据。工程变更款项最终结算时，应以建设单位与施工单位达成的协议为依据。

《建设工程工程量清单计价规范》GB 50500—2013 还规定了因非承包人原因删减合同工作的补偿要求：如果发包人提出的工程变更，因非承包人原因删减了合同中的某项原定工作或工程，致使承包人发生的费用或（和）得到的收益不能被包括在其他已支付或应支付的项目中，也未被包含在任何替代的工作或工程中，则承包人有权提出并得到合理的费用及利润补偿。

6. 合同价款的调整

合同价款的调整是指在项目建设实施期间，按照合同约定，在合同价款调整因素出现后，发承包双方对合同价款进行变动的提出、计算和确认。

（1）合同价款调整的事项

以下事项的发生，发承包双方则应当按照合同约定调整合同价款：

① 法律法规变化；

② 工程变更；

③ 项目特征不符；

④ 工程量清单缺项；

⑤ 工程量偏差；

⑥ 计日工；

⑦ 物价变化；

⑧ 暂估价；

⑨ 不可抗力；

⑩ 提前竣工（赶工补偿）；

⑪ 误期赔偿；

⑫ 索赔；

⑬ 现场签证；

⑭ 暂列金额；

⑮ 发承包双方约定的其他调整事项。

（2）合同价款调整的程序

合同价款调整应按照以下程序进行：

① 出现合同价款调整事项（不含工程量偏差、计日工、现场签证、施工索赔）后的 14 天内，承包人应向发包人提交合同价款调增报告并附上相关资料；承包人若在 14 天内未提交合同价款调增报告的，应视为承包人对该事项不存在调整价款请求；

② 出现合同价款调减事项（不含工程量偏差、施工索赔）后的 14 天内，发包人应向承包人提交合同价款调减报告并附相关资料；发包人在 14 天内未提交合同价款调减报告

的，应视为发包人对该事项不存在调整价款请求；

③ 发（承）包人应在收到承（发）包人合同价款调增（减）报告及相关资料之日起14 天内对其核实，予以确认的应书面通知承（发）包人。当有疑问时，应向承（发）包人提出协商意见。发（承）包人在收到合同价款调增（减）报告之日起 14 天内未确认也未提出协商意见的，则视为承（发）包人提交的合同价款调增（减）报告已被发（承）包人认可。发（承）包人提出协商意见的，承（发）包人应在收到协商意见后的 14 天内对其核实，予以确认的应书面通知发（承）包人。承（发）包人在收到发（承）包人的协商意见后 14 天内既不确认也未提出不同意见的，视为发（承）包人提出的意见已被承（发）包人认可。

如果发包人与承包人对合同价款调整的不同意见不能达成一致，只要对承发包双方履约不产生实质性影响，双方则应继续履行合同义务，直到其按合同约定的争议解决方式得到处理。《建设工程工程量清单计价规范》GB 50500—2013 对合同价款调整后的支付原则规定如下：经发承包双方确认调整的合同价款，作为追加（减）合同价款，与工程进度款或结算款同期支付。

7. 现场签证的管理

现场签证是指在施工现场由建设单位代表和监理工程师签批，用以证实施工活动中某一些特殊情况的一种书面手续。现场签证不包含在施工合同和图纸中，也不似设计变更文件那样有一定的程序和正式手续，其特点是临时发生的，具体内容不同，没有规律性的。现场签证是施工阶段造价控制的重点，也是影响项目投资的关键因素之一，监理工程师必须严格审核，对于发生金额较大，理由不充分的签证必须经建设单位同意。现场签证还有一个应当共同遵守的原则，必须先经同意，签证之后方可施工。

（1）现场签证的主要内容

① 施工合同范围之外的零星工程；

② 施工现场发生的与主体工程施工无关的用工；

③ 在工程施工发生变更后需要现场确认的工程量，工程变更导致的工程施工措施费用的增减；

④ 确认修改施工方案引起的工程量或费用的增减；

⑤ 在施工组织设计中写明，并按现场实际发生情况签证的临时设施增补项目；

⑥ 隐蔽工程签证；

⑦ 非承包人原因停工导致的人员、机械经济损失，如停水、停电、建设单位供料不足或不及时、因设计图纸修改而延时交图等；

⑧ 材料设备价格认价单，如合同约定需要定价的材料和设备，需要在施工前确定材料价格；

⑨ 因停水、停电延长工期的签证；

⑩ 符合施工合同规定的非承包人原因引起的工程量或费用增减；

⑪ 非施工单位原因停工造成的工期拖延；

⑫ 其他需要签证的费用。

（2）现场签证的顺序

① 承包人应发包人的要求，完成合同以外的零星项目、非承包人责任事件等工作的。

发包人应以书面形式向承包人发出指令并提供所需的相关资料；承包人在收到指令后的 7 天内向发包人提交现场签证报告；发包人应在收到现场签证报告后的 48 小时内对报告内容进行核实，予以确认或提出修改意见，发包人在收到承包人的现场签证报告后的 48 小时内若未能确认也未能提出修改意见的，则视为承包人提交的现场签证报告已被发包人认可。

② 现场签证的工作如已有相应的计日工单价，现场签证中应列明完成该签证工作所需的人工，材料设备和施工机械台班的数量。若现场签证的工作没有相应的计日工单价，则应在现场签证报告中列明完成该签证工作所需的人工、材料设备和施工机械台班的数量及其单价。

③ 合同工程发生现场签证事项，若未经发包人签证确认，承包人便擅自施工的，除非征得发包人书面同意，否则所发生的费用应由承包人承担。

④ 在现场签证工作完成后的 7 天内，承包人应按照现场签证的内容计算价款，报送发包人确认后，作为增加合同价款，与进度款同期支付。

⑤ 在施工过程中，若发现合同工程内容与场地条件、地质水文情况、发包人的要求等不一致时，承包人应提供所需的相关资料，提交发包人签证认可，作为合同价款调整的依据。

（3）现场签证费用的计价方式

现场签证费用的计价方式有以下两种：

1）完成合同以外的零星工作时，按计日工作单价计算，此时提交现场签证费用申请时，应包括以下证明材料：①工作名称、内容以及数量；②投入该工作所有人员的姓名、工种、级别和耗用工时；③投入该工作的材料类别和数量；④投入该工作的施工设备型号、台数和耗用台时；⑤监理人员要求提交的其他资料和凭证。

2）完成其他非承包人责任引起的事件，应按合同中的约定计算。

8. 工程项目施工索赔的处理

工程建设项目施工索赔是指在工程合同履行的过程中，合同当事人一方因非自身因素或对方未履行或未能正确履行合同而受到经济损失或权利损害时，通过一定的合法程序向对方提出的经济或时间补偿的要求。

建设工程施工中的索赔是发、承包双方行使的正当权利行为，承包人可以向发包人提出索赔，发包同样也可以向承包人提出索赔。

项目监理机构应当及时地收集、整理有关工程费用的原始资料，为处理费用索赔提供证据。项目监理机构处理费用索赔的主要依据应当包括以下内容：①法律法规；②勘察设计文件，施工合同文件；③工程建设标准；④索赔事件的证据。

项目监理机构可按照下列程序处理施工单位提出的费用索赔：①受理施工单位在施工合同约定的期限内提交的费用索赔意向通知书，索赔意向通知书应按表 2-36 的要求填写；②收集与索赔有关的资料；③受理施工单位在施工合同约定的期限内提交的费用索赔报审表，费用索赔报审表应按表 2-32 的要求填写；④审查费用索赔报审表时，若需要施工单位进一步提交详细资料时，则应在施工合同约定的期限内发出通知；⑤与建设单位和施工单位协商一致后，在施工合同约定的期限内签发费用索赔报审表，并报建设单位。

项目监理机构批准施工单位费用索赔时，应同时满足下列条件：①施工单位在施工合同约定的期限内提出费用索赔；②索赔事件是因非施工单位原因造成的，且符合施工合同的约定；③索赔事件造成施工单位直接经济损失的。若施工单位的费用索赔要求与工程延期要求相关联时，项目监理机构可提出费用索赔和工程延期的综合处理意见，并应与建设单位和施工单位协商。

因施工单位原因造成建设单位损失的，建设单位提出索赔时，项目监理机构应与建设单位与施工单位协商处理。

9. 施工阶段工程投资的控制要点

施工阶段工程投资控制的主要工作是做好计量与计价，并且按照合同规定做好工程款支付的审核与签认，其控制要点可归纳为以下几点：

（1）对于工程项目的投资应及时进行风险分析并制定防范对策，这是监理工程师进行投资预控的重要工作内容，在施工过程中，常发生工程变更情况，工程变更应经建设单位、设计单位、施工单位和项目监理机构的签认，并应通过项目工程总监理工程师下达的变更指令后，施工单位方可进行施工。同时施工单位应当按照施工合同的有关规定，编制工程变更价格申请书，报送项目工程总监理工程师审核、确认，经建设单位、施工单位认可后方可进入工程计量和工程款支付程序。

（2）对施工单位报送的工程款支付申请表进行审核时，应会同施工单位对现场实际完成情况进行计量，对验收手续齐全，资料符合验收要求并符合施工合同规定的计量范围内的工程量予以确认。

（3）工程款支付申请表包括合同内工作量、工程变更增减费用、批准的索赔费用、应扣除的预付款、保证金及合同中约定的其他费用，专业监理工程师应对工程款支付申请表中的各项应得和应扣除的工程款认真审查，提出审查意见报总监理工程师签认。

（4）涉及工程索赔的有关施工和监理资料应包括施工合同、协议，供货合同，工程变更，施工方案，施工进度计划，施工单位工、料、机动态记录（文字、照相等），建设单位和施工单位的有关文件、会议纪要，监理工程师通知等。

（五）监理在竣工阶段的投资控制

项目工程完工后，发承包双方必须在合同约定时间内办理工程竣工结算。工程结算分为期中结算（包括月度结算、季度结算、年度结算和形象进度结算）、终止结算（指合同解除后的结算）、竣工结算等。竣工结算是指在工程竣工验收合格后，以施工图预算为基础，根据实际施工情况，由承包人（施工单位）或者受其委托具有相应资质的工程造价咨询人编制的，由发包人（建设单位）或者受其委托具有相应资质的工程造价咨询人核对的，发承包双方依据合同约定办理的一类工程结算，是期中结算的汇总。竣工结算包括单位工程竣工结算、单项工程竣工结算和建设项目竣工结算。单项工程竣工结算由单位工程竣工结算组成，建设项目竣工结算由单项工程竣工结算组成。若竣工结算有异议时，可投诉工程造价管理机构进行质量鉴定。竣工结算办理完毕后，发包人将该文件报工程所在地或行业管理部门备案，并应作为工程竣工验收备案、编制建设项目竣工决算，交付使用财产价值的必备文件。竣工结算是承包商在所承包的工程全部完工并交付之后，向建设方最后一次办理结算工程价款的手续，也是监理方投资控制的最后环节，其造价控制的成效最终将体现在竣工结算价款上。

工程竣工阶段的投资控制参见图 3-10。

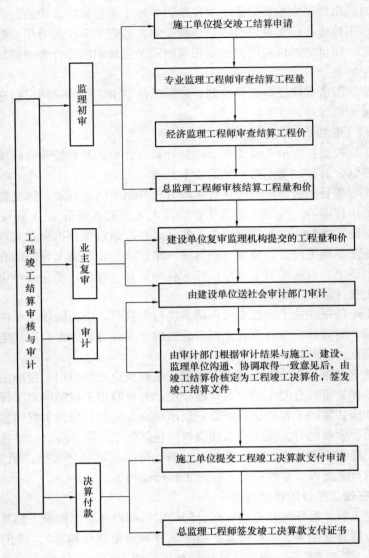

图 3-10   竣工阶段投资控制程序图

1. 竣工结算的程序

竣工结算的程序如下：①承包人按施工合同的规定，汇总发承包双方确定的合同工程期中价款结算，编制竣工结算报表，与竣工验收报告一起提交发包人；②专业监理工程师审核承包人报送的竣工结算报表；③总监理工程师审定竣工结算报与建设方、承包商协商一致后，签发竣工结算文件和最终的工程款支付证书，并报建设方；若总监理工程师无法就竣工结算的价款总额与建设方和承包商协商一致时，则应按合同争议的规定进行处理。

2. 竣工结算的审核

（1）项目监理机构应按照以下程序进行竣工结算款的审核：①专业监理工程师审查施工单位提交的工程竣工结算款支付申请，提出审查意见；②总监理工程师对专业监理工程师的审查意见进行审核，签认后报建设单位审批，同时抄送施工单位，并就工程竣工结算事宜与建设单位、施工单位协商；达成一致意见的，根据建设单位审批意见向施工单位签发竣工结算款支付证书；不能达成一致意见的，应按施工合同约定处理；③工程竣工结算款支付报审表按表 2-30 的要求填写，竣工结算款支付证书应按表 2-19 的要求填写。

（2）项目监理机构进行竣工结算审核，一般应从以下几个方面入手：①核对合同条款；②检查隐蔽验收记录；③落实设计变更签证；④按图核实工程数量；⑤执行定额单价；⑥防止各种计算误差。

3. 竣工决算

竣工决算是以实物数量和货币指标为计量单位，综合反映竣工项目从筹建开始到项目竣工交付使用为止的全部建设费用、建设成果和财务情况的总结性文件，是竣工验收报告的重要组成部分，竣工决算是正确核定新增固定资产价值，考核分析投资效果，建立健全经济责任制的依据，是反映建设项目实际造价和投资效果的文件。

建设项目竣工决算应包括从筹划到竣工投产全过程的全部实际费用。按照国家有关规定，竣工决算的内容包括竣工财务决算说明书、竣工财务决算报表、工程竣工图和工程造价对比分析四个部分。

（六）监理在工程保修阶段的服务

在承担工程保修阶段的服务工作时，工程监理单位应定期回访。

1. 对于建设单位或使用单位提出的工程质量缺陷，工程监理单位应安排监理人员进行检查和记录，并应要求施工单位予以修复，同时应监督实施，合格后应予以签认。

2. 工程监理单位应对工程质量缺陷原因进行调查，并应与建设单位、施工单位协商确定责任归属。对非施工单位原因而造成的工程质量缺陷，应核实施工单位申报的修复工程费用，并应签认工程款支付证书，同时应报建设单位。

第四节　建设工程的进度控制

建设工程的进度控制是指对工程项目进行建设的各阶段的工作内容、工作程序、持续时间和衔接关系，根据建设进度总目标以及资源优化配置的原则编制计划并付诸实施，然后在进度计划的实施过程中经常检查实际进度是否按照计划要求进行，并对出现的偏差情况进行分析、采取补救措施或调整、修改原计划后再付诸实施，如此循环，直到建设工程竣工验收交付使用所进行的一项监理工作内容。

一、建设工程进度控制的计划体系

为了确保建设工程进度控制目标的实现，参与工程项目建设的各有关单位都要编制进度计划，并且控制这些进度计划的实施。

1. 建设单位的进度计划系统

建设单位（也可以委托监理单位）编制的进度计划包括：工程项目前期工作计划、工程项目建设总进度计划和工程项目年度计划。

（1）工程项目建设总进度计划是在初步设计被批准之后，编制工程项目年度计划之前，根据初步设计，对工程项目从开始建设（设计、施工准备）至竣工投产（动用）全过程的统一部署。其主要目的是安排各单位工程的建设进度、合理分配年度投资、组织各方面的协作，保证初步设计所确定的各项建设任务的完成。工程项目建设总进度计划是编制工程项目年度计划的依据，其主要内容包括文字和表格两部分，文字部分主要是说明工程项目的概况和特点，安排建设总进度的原则和依据，建设投资来源和资金年度安排情况，技术设计、施工图设计、设备交付和施工力量进场时间的安排，道路及水电等方面的协作配合及进度的衔接，计划中存在的问题及采取的措施，需要上级及有关部门解决的重大问题等；表格部分主要有工程项目一览表、工程项目总进度计划、投资计划年度分配表、工程项目进度平衡表等。在此基础上，可以分别编制综合进度、设计进度、采购进度、施工进度和验收投产进度计划等。

（2）工程项目年度计划是依据工程项目建设总进度计划和批准的设计文件进行编制的，该计划既要满足工程项目建设总进度计划的要求，又要与当年可能获得的资金、设备、材料、施工力量相适应，应根据分批配套投资或交付使用的要求，合理安排本年度建设的工程项目。本计划主要包括文字和表格两部分内容，表格部分主要有年度计划项目表、年度竣工投产交付使用计划表、年度建设资金平衡表、年度设备平衡表等。

2. 监理单位的进度计划系统

监理单位除了对被监理单位的进度计划进行监控外，自己也应编制有关进度计划，以更有效地控制建设工程的实施进度。监理单位的进度计划系统主要包括监理总进度计划、监理总进度分解计划等。

（1）监理总进度计划是依据工程项目可行性研究报告、工程项目前期工作计划和工程项目建设总进度计划编制的，是对建设工程进度控制总目标进行规划、明确建设工程前期准备、设计、施工、动用前准备及项目动用等各个阶段的进度实施全过程监理的安排。

（2）监理总进度分解计划可分为按工程进展阶段分解（如：设计准备阶段的进度计划、设计阶段进度计划、施工阶段进度计划、动用前准备阶段进度计划等）和按时间分解（如：年度进度计划、季度进度计划、月度进度计划）。

3. 设计单位的进度计划系统

设计单位的进度计划系统包括设计总进度计划、阶段性设计进度计划（如：设计准备工作进度计划、初步设计工作进度计划、施工图设计工作进度计划等）和设计作业进度计划。

4. 施工单位的进度计划系统

施工单位的进度计划系统包括施工准备工作计划、施工总进度计划、单位工程施工进度计划、分部分项工程施工进度计划。

（1）施工准备工作计划的主要任务是为建设工程的施工创造必要的技术和物资条件，统筹安排施工力量和施工现场。施工准备的工作内容是技术准备、物资准备、劳动组织准备、施工现场准备和施工场外准备等。为落实各项施工准备工作，加强检查和监督，应根据各项施工准备工作的具体内容、时间和人员，编制施工准备工作进度计划。

（2）施工总进度计划是根据施工部署中施工方案和工程项目的开展程序，对全工地所有单位工程做出的时间安排。其目的在于确定各单位工程及全工地性工程的施工期限及开竣工日期，进而确定施工现场劳动力、材料、成品、半成品、施工机械的需要数量和调配情况，以及现场临时设施的数量、水电供应量和能源、交通需求量。科学、合理地编制施工总进度计划十分重要。

（3）单位工程施工进度计划是在既定施工方案的基础上，根据规定的工期和各种资源供应条件，遵循各施工过程的合理施工顺序，对单位工程中的各施工过程做出时间和空间上的安排，并以此为依据，确定施工作业所必需的劳动力、施工机具和材料供应计划。合理安排单位工程施工进度，是保证在规定的工期内完成符合质量要求的工程任务的重要前提。

（4）分部分项工程进度计划是针对工程量较大或者施工技术比较复杂的分部分项工程编制的。为这些工程编制详细的进度计划，从而保证单位工程施工进度计划的顺利实施。

（5）为了有效地控制建设工程的施工进度，施工单位还应编制年度施工计划、季度施工计划、月（旬）作业计划，将施工进度计划逐层细化，可形成一个旬保月、月保季、季保年的计划体系。

二、进度控制的措施和进度控制方案的制定

1. 进度控制的措施

为了实施进度控制，监理工程师必须根据建设工程的具体情况，认真制定进度控制的措施，以确保建设工程进度目标的实现。进度控制的措施包括组织措施、技术措施、经济措施以及合同措施。

（1）进度控制的组织措施主要包括：①建立进度控制的目标体系，明确建设工程现场监理组织机构中进度控制的负责人员及其职责分工；②建立工程进度报告制度及进度信息沟通的网络；③建立进度控制计划审核制度和进度控制计划实施中的检查分析制度；④建立进度协调会议制度；⑤建立图纸审查、工程变更和设计变更管理制度。

（2）进度控制的技术措施主要包括：①审查承包商提交的进度计划；②编制进度控制工作细则，指导监理人员实施进度控制；③采用网络计划技术及其他科学适用的计划方法，结合计算机的应用，对建设工程进度实施动态控制。

（3）进度控制的经济措施主要包括：①及时办理工程预付款和工程进度款的支付手续；②对于应急赶工给予优厚的赶工费用；③对于工期提前的给予奖励；④对于工程延误的，收取误期损失赔偿金；

（4）进度控制的合同措施主要包括：①推行 CM 承发包模式；②加强合同管理，协调合同工期与进度计划之间的关系，保证合同中进度目标的实现；③严格控制合同变更，监理工程师应严格审查之后再补入合同文件之中；④加强风险管理，在合同中应充分考虑风险因素及其对进度的影响，以及相应的处理方法；⑤加强索赔管理，公正处理索赔。

2. 进度控制方案的制定

监理的进度控制方案应由专业监理工程师负责编制，施工进度控制方案的主要内容如下：编制施工进度控制目标分解图；进行实现施工进度控制目标的风险分析；明确施工进度控制的主要工作内容和深度；制定监理人员对进度控制的职责分工；制定进度控制的工作流程；制定进度控制方法（包括检查周期、数据采集方式、报表格式、统计分析方法等）；制定进度控制的具体措施（包括组织、技术、经济措施及合同措施等）；尚待解决的其他有关问题。

编制和实施施工进度计划是承包单位的责任，施工进度计划经项目监理机构审查或批准后，应当视为施工合同文件的一部分，是以后处理承包单位提出的工程延期和费用索赔的重要依据，监理工程师审查施工进度计划，其主要目的是防止承包单位计划不当，为承包单位实现合同工期目标提供帮助，同时向建设单位提供相关的建设性意见，因此，项目监

理机构对施工进度计划的审查或批准，并不解除承包单位对施工进度计划的责任或义务。

三、建设工程各阶段的进度控制

建设工程的进度控制包括勘察设计阶段的进度控制、施工阶段的进度控制等。

（一）建设工程勘察设计阶段的进度控制

建设工程勘察设计阶段的进度是影响项目工期的关键阶段，监理工程师对勘察设计进度的控制是控制项目总进度的基础，是施工进度控制的前提。勘察设计阶段的监理从实现项目总工期目标出发对勘察设计单位制定的设计进度计划进行审核、监督执行、协调、纠偏，从而保证设计单位保质、按时提供各阶段的设计文件和图纸，保证工程项目能按时进行招标、开工，保障材料和设备的供应进度，使项目进度不受设计进度牵连，最终保证项目总工期的实现。

（二）建设工程施工阶段的进度控制

建设工程施工进度控制程序图参见图 3-11 所示。

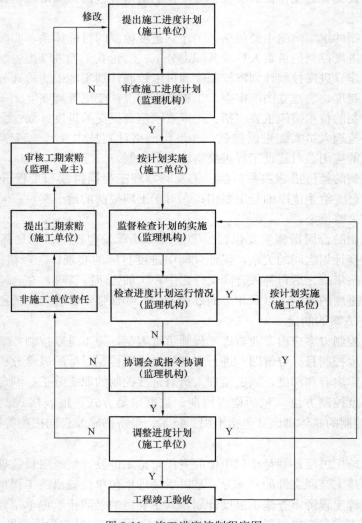

图 3-11　施工进度控制程序图

　　施工阶段是工程项目实体的形成阶段，对其进度实施控制是建设工程进度控制的重点。做好施工进度计划与项目建设总进度计划的衔接，并跟踪检查施工进度计划的执行情况，并在必要时对施工进度计划进行调整，对于建设工程进度控制总目标的实现具有重要的意义。监理机构受业主的委托，在建设工程施工阶段实施监理，其进度控制的总任务就是在满足工程项目建设总进度计划要求的基础上，编制或审核施工进度计划，并对其执行情况加以动态控制，以保证工程项目能按期竣工交付使用。

　　1. 施工进度控制目标的确定和分解

　　在确定施工进度控制目标时，应全面细致地分析与工程项目进度有关的各种有利和不利的因素，订出一个科学、合理的进度控制目标。确定施工进度控制目标的主要依据是：建设工程总进度目标对施工工期的要求；工期定额、类似工程项目的实际进度；工程难易程度和工程条件的落实情况等。在确定施工进度分解项目时，还要考虑到诸多各个方面的具体情况。为了有效地控制施工的进度，还必须将施工进度总目标从不同角度进行层层分解，形成施工进度的控制目标体系，从而作为实现进度控制的依据。建设工程施工进度目标分解图参见图 3-12。

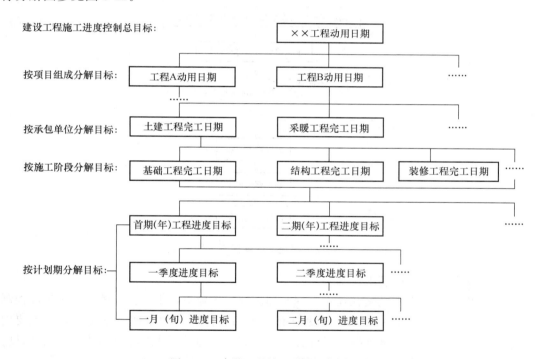

图 3-12　建设工程施工进度目标分解图

　　要想对工程项目的施工进度进行有效的控制，就必须编制出一个明确、合理的进度目标（进度总目标和进度分目标）。

　　2. 项目施工进度控制工作的内容

　　建设工程施工进度控制的工作流程参见图 3-13。

　　监理工程师对工程建设施工进度控制的工作，是从审核施工单位提交的施工进度计划开始，直至工程建设保修期满为止，其主要工作内容如下：

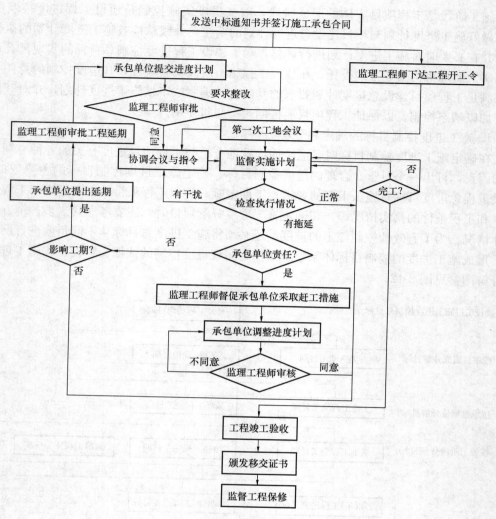

图 3-13 建设工程施工进度控制工作流程图

（1）编制施工进度控制工作细则

施工进度控制工作细则是在建设工程监理规划的指导下，由项目监理班子中进度控制部门的监理工程师负责编制，是一份更具有实施性和操作性的监理业务文件。其主要内容：①工程概况；②施工进度控制目标分解图；③施工进度控制的主要工作内容和深度；④进度控制人员的职责分工；⑤与进度控制的有关各项工作的时间安排及工作流程；⑥施工进度控制监理工作控制的要点；⑦进度控制的方法（包括进度检查周期、数据采集的方法、进度报表的格式、统计分析的方法等）；⑧进度控制的具体措施（包括组织措施、技术措施、经济措施以及合同措施等）；⑨施工进度控制目标实现的风险分析；⑩尚待解决的有关问题。

施工进度控制工作细则是对建设工程监理规划中有关进度控制内容的进一步深化和补充，对监理工程师的进度控制务实工作起着具体的指导作用。

（2）编制或审核施工进度计划

为了保证建设工程施工任务能够按时完成，监理工程师必须审核承包单位提交的施工进度计划。若工程项目采取分期分批发包又没有一个负责全部工程的总承包单位时，或工程项目由若干个承包单位平行承包时，这就需要监理工程师来编制施工总进度计划。施工总进度计划应确定分期分批的项目组成；各批工程项目的开工、竣工顺序及时间安排，全场性准备工程，特别是首批准备工程的内容与进度安排等。若工程项目有总承包单位时，监理工程师就只需要对总承包单位提交的施工总进度计划进行审核即可了。而对于单位工程施工进度计划，监理工程师只需要负责对其进行审核而不需要编制。

施工进度计划审核的内容主要有：

1）项目监理机构应审查施工单位报审的施工总进度计划和阶段性施工进度计划（年、季、月度施工进度计划），提出审查意见，并应由总监理工程师审核后报建设单位。施工进度计划审查应包括以下基本内容：①施工进度计划应符合施工合同中工期的约定；②施工进度计划中的主要工程项目应无遗漏，应满足分批投入试运、分批动用的需要，阶段性施工进度计划应满足总进度控制目标的要求，总承包单位、分承包单位所分别编制的各个单项工程的进度计划之间是否相互协调；③施工顺序的安排应符合施工工艺的要求；④施工人员、工程材料、施工机械等资源供应计划应满足施工进度计划的需要；⑤施工进度计划应符合建设单位提供的资金、施工图纸、施工场地、物资等施工条件；⑥工期是否进行了优化，进度安排是否合理；⑦施工进度计划报审表应符合表 2-31 的填写要求。

2）项目监理机构应检查施工进度计划的实施情况，发现实际进度严重滞后于计划进度且影响合同工期时，应签发监理通知单，要求施工单位采取调整措施，加快施工进度，总监理工程师应向建设单位报告工期延误的风险。

3）项目监理机构应比较分析工程施工实际进度与计划进度，预测实际进度对工程总工期的影响，并应在监理月报中向建设单位报告工程实际进展情况。

为了有效地控制建设工程的进度，监理工程师要在设计准备阶段向建设单位提供有关工期的信息，协助建设单位确定工期总目标，并进行环境及施工现场条件的调查和分析。在设计阶段和施工阶段，监理工程师不仅要审查设计单位和施工单位提交的进度计划，更要编制监理工程计划，以确保进度控制目标的实现。

（3）对按计划期编制的进度控制计划的平衡

对于按计划期（按年、季、月）编制的进度计划，监理工程师应着重解决各承包单位施工进度计划之间、施工进度计划与资源（包括资金、设备、机具、材料及劳动力）保障计划之间及外部协作条件的延伸性计划之间的综合平衡与相互衔接问题，并根据前一期计划的完成情况对本期计划作出必要的调整，从而作为承包单位近期执行的指令性计划。

（4）下达工程开工令

监理工程师可视承包单位和建设单位双方关于工程开工的准备情况，选择合适的时机下达工程开工令。为了检查双方的准备情况，监理工程师应参加由建设方（业主）主持召开的第一次工地会议。工程开工应具备的条件包括：施工许可证已获得政府主管部门的批准；征地拆迁工作满足工程进度需要；施工组织设计已获得监理工程师的批准；现场管理人员已到位，施工机具、材料已落实；现场水、电、通信等已满足施工要求；质量、技术管理机构和制度已建立；专职和特种作业人员已获得相应的资格；现场临时设施已满足开工要求；地下障碍物已清除或已查明；测量控制桩、实验室已得到监理机构的审查确认；

建设方还应当完成法律及财务方面的手续，以便能及时向承包单位支付工程预付款；按合同规定可为监理工程师提供各种条件。

工程开工令的发布，要尽可能及时，因为从发布工程开工令之日算起，加上合同工期后即为工程竣工日期，若开工令发布拖延，也就等于推迟了竣工时间。

（5）协助承包单位实施进度计划

监理工程师要随时了解施工进度计划在执行过程中所存在的问题，并帮助承包单位予以解决。

（6）监督施工进度计划的实施

监理工程师不仅要及时检查承包单位报送的施工进度报表和分析资料，同时还应进行必要的现场实际检查，核实所报送的已完成项目的时间及工程量。在对工程实际进度资料进行整理的基础上，监理工程师应将其与计划进度相比较，以判定实际进度是否出现偏差，若出现进度偏差，监理工程师应作进一步分析，研究对策，提出纠偏措施。

（7）组织现场协调会

监理工程师应每月、每周定期组织召开不同层级的现场协调会议，以解决在工程施工过程中的相互协调配合问题；在平行、交叉施工单位多、工序交接频繁且工期紧迫的情况下，现场协调会甚至需要每日召开；对于某些未曾预料的突发变故或问题，监理工程师还可以通过发布紧急协调指令，督促有关单位采取应急措施，维护施工的正常秩序。

（8）签发工程进度款支付凭证

监理工程师应对承包单位申请的已完成的分项工程量进行核实，在质量监理人员检查验收之后，签发工程进度款支付凭证。

（9）审批工程延期

造成工程项目进度拖延的原因有两个方面，即施工单位自身的原因或者施工单位以外的原因。由于施工单位自身的原因造成的施工期延长的时间称之为工期延误；由于非施工单位原因造成合同工期延长的时间称之为工程延期。

a. 工程延期的处理

在工程施工过程中，若发生非施工单位原因造成的持续影响工期的事件，必然导致施工单位无法按原定的竣工日期完工（延期），在此情况下，施工单位会提出要求工程延期。当施工单位提出工程延期要求符合施工合同约定时，项目监理机构应予以受理。

当影响工期事件具有持续性时，项目监理机构应对施工单位提交的阶段性工程临时延期报审表进行审查，并应签署工程临时延期审核意见后报建设单位；当影响工期事件结束后，项目监理机构应对施工单位提交的工程最终延期报审表进行审查，并应签署工程最终延期审核意见后报建设单位。工程临时延期报审表和工程最终延期报审表应按表2-33的要求填写。项目监理机构在批准工程临时延期、工程最终延期前，均应与建设单位和施工单位协商。

项目监理机构在批准工程延期时，还应同时满足以下条件：①施工单位在施工合同约定的期限内提出工程延期；②因非施工单位原因造成施工进度滞后；③施工进度滞后影响到施工合同约定的工期。

施工单位因工程延期提出费用索赔时，项目监理机构可按照合同约定来进行处理。

b. 工期延误的处理

若发生工期延误时，项目监理机构应按施工合同约定进行处理。

当出现工期延误时，监理工程师有权要求承包单位采取有效措施加快施工进度，如果经过一段时间之后，实际进度没有明显改进，仍然拖后于计划进度，而且显然影响工程按期竣工时，监理工程师应要求施工单位修改进度计划，并提交给监理工程师重新确认。监理工程师对修改后的施工进度计划的确认，只是要求施工单位在合理的状态下施工，并不是对工期延误的批准，因此，监理工程师对进度计划的确认，并不能解除施工单位应负的一切责任，施工单位仍需要承担赶工的全部额外开支和误期损失赔偿。

（10）向建设方提供进度报告

监理工程师应随时整理进度资料，并做好工程记录，定期向建设方提交工程进度报告。

（11）督促施工单位整理技术资料

监理工程师要根据工程的进展情况，督促施工单位及时、完整地整理与工程项目有关的技术资料。

（12）签署工程竣工报验单，提交质量评估报告。

在单位工程符合竣工验收条件后，施工单位在自行预验的基础上提交工程竣工报验单，申请竣工验收。监理工程师在对竣工资料及工程实体进行全面检查、验收合格之后，签署工程竣工报验单，并向建设方提出此工程的质量评估报告。

（13）整理工程进度资料

在工程项目完工之后，监理工程师应及时将工程进度资料收集齐全，进行归类、编目和建档。

（14）工程移交

监理工程师应督促施工单位办理工程移交手续，颁发工程移交证书。

（15）保修期内的工作

在工程移交之后的保修期内，还应处理验收后质量问题的原因及责任等争议问题，并督促责任单位及时修理，当保修期结束且再无争议时，建设工程进度控制的任务方告完成。

第五节　建设工程合同管理

建设市场中的各方主体有建设单位、勘察设计单位、施工单位、咨询单位、监理单位、材料和设备供应单位等。由于建设工程活动投资规模大，故这些主体都是依靠合同来确立相互之间的关系的。这些合同主要有建设单位与监理单位签订的建设工程委托监理合同、建设单位与设计单位签订的建设工程勘察和设计合同，建设单位与施工单位签订的建设工程施工合同、建设单位与材料设备供应单位签订的物资采购合同等。在这众多的合同中，有些属于建设工程合同，有些则是属于与建设工程相关的合同。

合同是平等主体的自然人、法人、其他组织之间设立、变更、终止民事权利义务关系的协议。所谓建设工程合同，是指发包人和承包人为完成双方商定的建设工程，明确相互利益关系，即承包人进行工程的勘察、设计、施工等工程建设活动，发包人支付价款或酬金所签订的协议。建设工程合同的双方当事人分别称为承包人和发包人，"承包人"是指在建设工程合同中负责工程的勘察、设计、施工任务的一方当事人；"发包人"是指在建设工程合同中委托承包人进行工程的勘察、设计、施工任务的建设者。

对于这些合同进行有效的管理是项目监理机构顺利实现工程项目控制目标的关键性工作，进行建设工程，监理工程师的权利和责任都来自于合同。

一、建设工程合同的类型和特征

建设工程合同可以从不同的角度进行分类。建设工程合同按其完成的承包内容不同，可分为建设工程勘察合同、建设工程设计合同和建设工程施工合同三类。按其承发包的不同范围和数量，可分为建设工程设计施工总承包合同、建设工程施工承包合同和建设工程施工分包合同。发包人将工程建设的勘察、设计、施工等任务发包给一个承包人的合同称之为建设工程设计施工总承包合同；发包人将全部或部分施工任务发包给一个承包人的合同称之为建设工程施工承包合同；承包人经发包人的认可，将自己所承包的工程中的部分施工任务交与其他人完成而订立的合同称之为建设工程施工分包合同。建设工程合同按其计价方式的不同，可分为总价合同、单价合同和成本加酬金合同。总价合同又称总价包干合同，是指合同当事人约定以施工图、已标价工程量清单或预算书及有关条件进行合同价格计算，调整和确认的，在约定的范围内合同总价不作调整的一种建设工程施工合同。即当建设工程项目内容和有关条件不发生变化时，建设单位支付给承包单位的价款的总额也不发生变化。单价合同是指合同当事人约定以工程量清单及其综合单价进行合同价格计算、调整和确认的，在约定的范围内合同单价不作调整的一种建设工程施工合同，即在合同中明确每项工程内容的单位价格（如每平方米的价格），在实际支付时则根据每一个子项的实际完成工程量乘以该子项的合同单价计算该项工作的应付工程款。成本加酬金合同是指工程最终合同价格将按照工程的实际成本再加上一定的酬金进行计算的一种建设工程施工合同。在签订合同时，工程的实际成本往往是不能确定的，只能确定酬金的取值比例或计算原则。

建设工程合同具有合同主体的严格性、合同标的特殊性、合同履行期限的长期性、合同内容的多样性和复杂性、计划和程序的严格性及合同形式的特殊要求等特征。

1. 建设工程委托监理合同

建设工程监理合同是指工程建设单位聘请监理单位代其对工程项目进行管理，明确双方权利、义务的协议。建设单位称委托人，监理单位称监理人。建设工程监理合同是委托合同的一种。

建筑工程监理合同在我国一般采用《建设工程监理合同（示范文本）》GF-2012-0202，该监理合同由协议书、通用条件和专用条件所组成（详见本书附录一）。协议书是监理合同的总协议，其内容包括工程概况、词语限定，组成监理合同的文件，总监理工程师的基本信息，签约酬金、期限，双方承诺及合同订立；通用条件涵盖了合同中所用的定义与解释，监理人义务，委托人义务，违约责任，支付，合同生效、变更、暂停、解除与终止、争议解决及其他内容；专用条件则根据地域特点、专业特点和委托监理项目的特点，对标准条件中的某些条款进行的补充、修改。

2. 建设工程施工合同

建设工程施工合同是发包人与承包人就完成具体工程项目的建筑施工、设备安装、设备调试、工程保修等工作内容，确定双方权利和义务的协议。建设工程施工合同是建设工程的主要合同之一，其标的是将设计图纸变为满足功能、质量、进度、投资等发包人投资预期目的的建筑产品。

住房和城乡建设部、国家工商行政管理总局制定的《建设工程施工合同（示范文本）》GF-2013-0201是推荐在公用建筑、民用住宅、工业厂房等施工活动中应用的合同文本。其是由合同协议书、通用合同条款、专用合同条款三部分及附件组成。

合同协议书共计13条，主要包括工程概况，合同工期，质量标准，签约合同价与合同价格形成，项目经理，合同文件构成、承诺、词语含义、签订时间、签订地点、补充协议、合同生效、合同份数等重要内容，集中约定了合同当事人基本的合同权利义务。

通用合同条款共计20条，具体条款分别为一般约定；发包人；承包人；监理人；工程质量；安全文明施工与环境保护；工期和进度；材料与设备；试验与检验；变更；价格调整；合同价格、计量与支付；验收和工程试本；竣工结算；缺陷责任与保修；违约；不可抗力；保险；索赔；争议解决。上述条款安排既考虑了现行法律法规对工程建设的有关要求，也考虑了建设工程施工管理的特殊需要。

专用合同条款是对通用合同条款原则性约定的细化、完善、补充、修改或另行约定的条款。合同当事人可以根据不同建设工程的特点及具体情况，通过双方的谈判、协商对相应的专用合同条款进行修改补充。在使用专用合同条款时，应注意以下事项：①专用合同条款的编号应与相应的通用合同条款的编号相一致；②合同当事人可以通过对专用合同条款的修改，满足具体建设工程的特殊要求，避免直接修改通用合同条款；③在专用合同条款中有横道线的地方，合同当事人可针对相应的通用合同条款进行细化、完善、补充、修改或者另行约定；如无细化、完善、补充、修改或另行约定，则填写"无"或者画"/"。

《建设工程施工合同示范文本》为非强制性使用文本，适用于房屋建筑工程、土木工程、线路管道和设备安装工程、装修工程等建设工程的施工承发包活动，合同当事人可结合建设工程具体情况，根据《建设工程施工合同示范文本》订立合同，并按照法律法规规定和合同约定承担相应的法律责任及合同权利义务。

二、监理在工程建设合同管理中的任务

工程项目建设合同的管理是工程建设管理中的一项十分重要的内容，工程建设合同是控制工程质量、工程投资和工程进度的极其重要的依据。

监理工程师对于建设工程项目的合同管理贯穿于从合同结构的策划，合同的谈判、起草和签订，运用指导和监督等手段，促使双方当事人依法履行合同、变更合同，对合同的争议和纠纷进行处理和解决，保证合同项目能顺利地进行，直到合同归档的全过程。

工程监理单位在工程建设监理过程中的合同管理主要是指根据监理合同的要求，对工程承包合同的签订、履行、变更和解除进行的监督、检查，对合同双方的争议进行调解和处理，以保证合同的依法签订和全面履行的一种监理方法。

合同管理对于监理单位完成监理任务是非常重要的。一项工程合同，应当对参与建设项目的各方建设行为起到控制作用，同时具体指导这项工程如何操作完成，从这个意义上讲，合同管理起着控制整个项目实施的作用。

监理工程师在合同管理中应当着重于以下几个方面的工作：

1. 合同分析

其是对合同各类条款进行分门别类的认真研究和解释，并找出合同中的缺陷和弱点，以发现和提出需要解决的问题。同时，更为重要的是对引起合同变化的事件进行分析研究，以便采取相应的措施。合同分析对于促进合同各方履行义务和正确行使合同赋予的权利，对于监督工程的实施，对于解决合同争议，对于预防索赔和处理索赔等项工作都是必要的。

2. 建立合同目录、编码和档案

合同目录和编码是采用图表方式进行合同管理的一种很好的工具，其为合同管理的自动化提供了便利条件，使计算机辅助合同管理成为了可能。合同档案的建立可以把合同条款分门别类地加以存放，为查询、检索合同条款，也为分解和综合合同条款提供了方便。合同资料的管理，应当起到为合同管理提供整体性服务的作用。其不仅要起到存放和查找的简单作用，还应当进行高层次的服务。如采用科学的方式将有关的合同程序和数据指示出来。

3. 对合成履行的监督、检查

通过检查发现合同执行中存在的问题，并根据法律、法规和合同的规定加以解决，以提高合同的履约率，使工程项目能够顺利地建成。合同监督还包括经常性地对合同条款进行解释，常念"合同经"，以促使承包方能够严格地按照合同要求实现工程进度、工程质量和费用要求，按合同的有关条款做出工作流程图、质量检查和协调关系图等，可以有效地进行合同监督。合同监督需要经常检查合同双方往来的文件、信函、记录、业主指示等，以确认其是否符合合同的要求和对合同的影响，便于采取相应对策。根据合同监督、检查所获得的信息进行统计分析，以发现费用金额、履约率、违约原因、纠纷数量、变更情况等问题，向有关监理部门提供情况，为目标控制和信息管理服务。

4. 索赔

索赔是合同管理中的一项重要工作，又是关系合同双方切身利益的问题，同时牵扯监理单位的目标控制工作，是参与项目建设的各方都关注的事情。监理单位应当首先协助业主制定并采取防止索赔的措施，以便最大限度地减少无理索赔的数量和索赔影响量，其次，要处理好索赔事件。对于索赔，监理工程师应当以公正的态度对待，同时按照事先规定的索赔程序做好处理索赔的工作。

合同管理直接关系着投资、进度、质量控制，是工程建设监理方法系统中不可分割的一个组成部分。

三、施工准备阶段的合同管理

施工准备阶段合同管理的要点如下：

1. 发包人应按合同约定的责任，完成满足开工的准备工作，保障承包人能按约定的时间顺利开工。发包人的义务是提供施工场地，组织设计交底，约定开工时间。

2. 承包人的义务主要有以下几个方面：①对施工场地和周围环境进行查勘，核对发包人提供的资料，以便编制施工组织设计和专项施工方案。②编制施工实施计划：编制施工组织设计和施工进度计划，并对所有施工作业和施工方法的完备性、安全性、可靠性负责，在施工组织设计中应针对深基坑工程、地下暗挖工程、高大模板工程、高空作业工程、深水作业工程、大爆破工程的施工编制专项施工方案，对于危险性较大的分部分项工程的专项施工，还需经 5 人以上专家论证方案的安全性和可靠性。施工组织设计完成后，按专用条款的约定，将施工进度计划和施工方案说明报送监理人审批；配备专职质量检查人员，建立完善的质量管理体系；编制施工环保措施计划。③负责修建施工现场内的交通道路和临时工程。④依据监理人提供的测量基准点、基准线和水准点及其书面资料，根据国家测绘基准、测绘系统和工程测量技术规范以及合同中对工程精度的要求，测设施工控制网，并将施工控制网点的资料报送监理人审批。承包人在施工过程中负责管理施工控制网点，对丢失或损坏的施工控制网点应及时修复，并在工程竣工后将施工控制网点移交发包人。⑤提交开工申请。

3. 监理人的职责：①监理人对承包人报送的施工组织设计、质量管理体系、环境保护措施应进行认真审查，批准或要求承包人对不满足合同要求的部分进行修改。②审查进度计划，不仅要看施工阶段的时间安排是否能满足合同要求，更应评审拟采用的施工组织、技术措施能否保证计划的实现。监理人为了便于工程进度的管理，可以要求承包人在合同进度计划的基础上编制并提交分阶段和分项的进度计划，特别是合同进度计划关键线路上的单位工程或分部工程的详细施工计划。③合同进度计划对承包人、发包人和监理人均有约束力，不仅要求承包人按计划施工，同时要求发包人在材料供应、图纸发放等方面不应造成施工延误，监理人应按照计划进行协调管理。合同进度计划的另一重要作用是在施工进度受到非承包人责任原因干扰后，判定是否应给承包人顺延合同工期的主要依据。④在开工日期 7 天前向承包人发出开工通知。合同工期则自开工通知中载明的开工日起计算。

四、施工阶段的合同管理

在建设工程的施工阶段，项目监理机构应根据《建设工程监理规范》GB/T 50319—2013、《建设工程监理合同（示范文本）》GF-2012-0202、《建设工程施工合同（示范文本）》GF-2013-0201 提出的要求，实施对工程施工的监督与管理，促使施工合同发承包双方主动遵守合同条款的约定，促使项目监理机构在施工合同条款约定的条件下，做好对工程质量、投资、进度的控制，对合同、信息、安全生产的管理以及组织协调工作。施工合同管理的程序参见图 3-14。

1. 监理应根据施工合同进行管理

项目监理机构对施工的质量、进度、投资（造价）的控制（三控）和对合同、信息、安全的管理（三管）均应符合施工合同条款中约定的内容。施工合同条款对监理的"三控"和"三管"提出了明确的目标要求（表 3-10）。

《施工合同》对"三控""三管"的目标要求 表 3-10

序号	各项目标名称	监理目标与《施工合同目标的一致性》
1	质量控制目标	合格工程，争取优质工程（施工合同条款约定的）
2	投资控制目标	××××万元人民币（施工合同条款约定的）
3	进度（工期）控制目标	×××天（施工合同条款约定的）
4	合同管理目标	协调合同双方遵守合同条款、确保工程顺利进行
5	信息管理目标	符合《建筑工程文件归档整理规范》GB/T 50328 的要求（施工合同条款约定的）
6	安全监督管理目标	在工程建设过程中，杜绝安全事故发生，创建省、市文明工地（施工合同条款约定的）
7	协调目标	协调各参建主体协调配合，使项目建设过程顺利进行

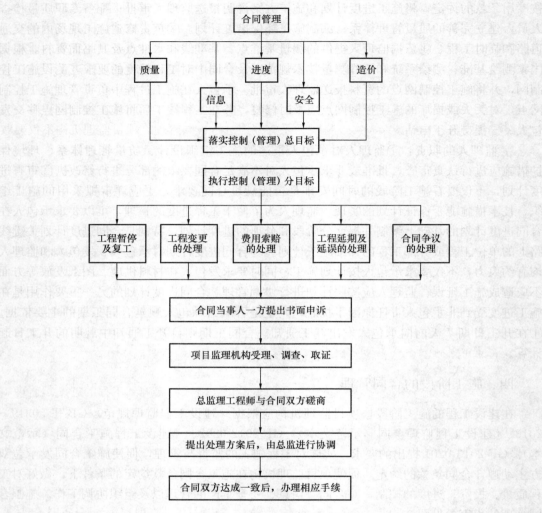

图 3-14 施工合同管理程序图

若细读《建筑工程施工合同》的条款,可以将属于"三控""三管"的条款汇聚起来,就能看出在《施工合同》条款中对于"三控""三管"内容提出的具体规定。如果项目监理机构的相关监理人员,在对"三控""三管"的监理过程中,能够认真领会和执行《施工合同》中的有关条款,那么,原则上这样的监理是属于成功的监理。

提高项目监理人员对施工合同管理认识的要点如下:

(1)项目监理人员应参与施工合同签订的谈判工作和施工合同条款的草拟工作,从而了解合同谈判的全过程,了解合同双方在合同谈判过程中所争议的问题,有助于之后进行工程施工监理时对于施工合同的管理;

(2)在施工合同签订之后,项目监理机构应组织全体监理人员认真学习所有条款的约定,让每个监理人员都认识到在自己今后的监理工作中必须参与的合同管理的具体内容;

(3)监理人员要提高对施工合同重要性的认识:在施工过程中施工合同是监理人员实行"三控""三管"的依据;在工程项目竣工时,施工合同又是竣工验收的依据;在工程项目竣工结算时，施工合同也是监理审核竣工结算的依据；在工程项目竣工结算审计时，施工合同更是审计部门的重要依据；在工程项目竣工资料入库时，施工合同是发承包双方均作为长期保存的档案，也是城建档案管理部门需要保存的档案。对于如此重要的监理文件，监理人员一定要用充分的时间去学习、研究、管理，以便能够顺利地推进工程建设。

2. 合同台账的建立

在建设工程的施工阶段，相关各方所签订的合同不但数量多，而且在执行过程中，有关条件和合同内容也可能会发生变更。为了有效地进行合同管理，项目监理机构不仅要收集所涉及工程建设的全部各类合同，保存副本或复印件，而且要建立合同台账。

建立合同台账，首先要全面了解各类合同的基本内容、合同管理的要点、执行的顺序等，然后按专业（如工程施工、咨询服务、材料设备供货等）进行分类，把在合同执行过程中的所有信息可采用表格的形式动态地全部记录下来（如合同的基本概况、开工日期、竣工日期、合同造价、支付方式、结算要求、质量标准、工程变更、隐蔽工程、现场签证、材料设备供应情况、合同变更、多方来往信函等事项）。合同台账要事先制作模板，分总台账和明细统计表；合同台账应由专人负责跟踪进行动态填写和登记，还应有专人进行检查、审核填写结果。

项目监理机构要定期对台账进行分析、研究，若发现问题应及时解决，从而推动合同管理的系统化、规范化。

3. 工程的暂停及复工处理

（1）工程暂停令的签发

在施工过程中，有很多原因会导致暂停施工，暂停施工会影响到工程的进度，监理工程师应当尽量避免暂停施工。

暂停施工的原因是多方面的，如监理工程师要求的暂停施工；由于建设单位违约、施工单位主动提出的暂停施工；发生了必须暂时停止施工的紧急事件而暂停施工；施工单位未经许可擅自施工或拒绝项目监理机构管理，总监理工程师提出的暂停施工等。

总监理工程师应按照《建设工程施工合同（示范文本）》GF-2013-0201 和《建设工程监理合同（示范文本）》GF-2012-0202 的约定以及《建设工程监理规范》GB/T 50319—2013 的规定签发工程暂停令。

签发工程暂停令的注意事项如下：

① 由于非承包单位的原因时，总监理工程师在签发工程暂停令之前，应就有关工期和费用等事宜与承包单位进行协商；

② 由于建设单位的原因，或其他非承包单位原因导致工程暂停时，项目监理机构则应如实地记录所发生的实际情况，总监理工程师应在施工暂停原因消失并具备复工条件时，应及时签署工程复工报审表，指令承包单位继续进行施工；

③ 由于承包单位原因导致的工程暂停，在已具备恢复施工条件时，项目监理机构应审查承包单位报送的复工申请及有关材料，同意后由总监理工程师签署工程复工报审表，指令承包单位继续施工；

④ 总监理工程师在签发工程暂停令到签发工程复工报审表之间的时间内，宜会同有关各方按照施工合同的约定，处理因工程暂停施工引起的与工期、费用等有关的问题。并确定工程复工的条件；

⑤ 暂停施工后，发承包人应采取有效的措施，积极消除暂停施工的影响。

（2）复工指令的签发

当工程已具备复工条件后，监理人应经发包人批准后，向承包人发出复工通知。

工程暂停是由非承包单位原因引起的，总监理工程师在签发工程复工报审表时，只需看引起暂停施工的原因是否还存在，若已不存在时即可签发复工指令。

工程暂停是由承包单位原因引起的，应重点审查承包单位的管理或质量、安全等方面的整改情况和措施、总监理工程师在确认承包单位在已采取所报送的措施后，不会再发生类似问题后，则可以签发复工指令，否则则不应同意复工。

承包人应按照复工通知的要求复工。

4. 监理对工程变更的处理

在施工过程中出现的变更包括监理人指示的变更和承包人申请的变更两类。监理人根据工程施工的实际需要或发包人要求实施的变更，还可以进一步划分为直接指示的变更和通过与承包人协商后确定的变更两种情况；承包人提出的变更主要有承包人建议的变更和承包人要求的变更。

监理人可按照《建设工程施工合同》GF-2013-0201 通用条款中有关变更的处理规定、《建设工程施工合同》GF-2013-0201 专用条款中有关变更处理的约定、《建设工程监理规范》GB/T 50319—2013 的规定来办理。

标准施工合同通用条款规定的变更范围如下：①取消合同中任何一项工作，但被取消的工作不能转由发包人或其他人实施；②改变合同中任何一项工作的质量或其他特性；③改变合同工程的基线、标高、位置或尺寸；④改变合同中任何一项工作的施工时间或改变已批准的施工工艺或顺序；⑤为完成工程需要追加的额外工作。

监理人按照变更顺序向承包人做出变更指示，承包人应遵照执行，若没有监理人的变更指示，承包人不得擅自变更。

总监理工程师应根据实际情况，工程变更文件和其他有关资料，在专业监理工程师对下列内容进行分析的基础上，对工程变更费用及工期影响作出评估：①工程变更引起的增减工程量；②工程变更引起的费用变化；③工程变更引起的工期变化。

工程变更的估价原则：①已标价工程量清单中有适用于变更工作的子目，则可直接采用该子目的单价计算来变更费用；②已标价工程量清单中若无适用于变更工作的子目，但有类似子目，则可在合理范围内参照类似子目的单价，由监理人商定或确定变更工作的单价；③已标价工程量清单中无适用或类似子目的单价，可按照成本加利润的原则，由监理人商定或确定变更工作的单价。

不利物质条件是指承包人在施工场地遇到的不可预见的自然物质条件、非自然的物质障碍和污染物，包括地下和水文条件，但不包括气候条件。不利物质条件属于发包人应承担的风险，承包人在遇到不利物质条件时，应采取适应不利物质条件的合理措施继续施工，并通知监理人。监理人应当及时发出指示，如已构成变更的，则应按变更对待；监理人若没有发出指示，承包人因采取合理措施而增加的费用和工期延误，则由发承包人承担。

5. 监理对费用索赔的处理

费用索赔是根据承包合同的约定，合同一方因合同另一方的原因而造成本方经济损失，通过项目监理机构向对方索取赔偿费用的一项活动。在工程建设的各个阶段，都有可能发生索赔，但其中施工阶段由于不确定的因素比较多，故索赔的发生也较多，其索赔分类见图 3-15。

施工单位（承包人）可以向建设单位（发包人）提出索赔，建设单位也可以向施工单位提出索赔。若承包人根据合同认为自己有权得到追加付款和（或）延长工期时，则可按照规定程序向发包人提出索赔。发包人的索赔则包括承包人应承担责任的赔偿扣款和缺陷责任期的延长。

监理人应按照《建设工程监理规范》GB/T 50319—2013 的规定、《建设工程施工合同》GF-2013-0201 通用条款中有关索赔条款的处理规定以及专用条款中有关违约款项处理的约定来处理索赔。

项目监理机构对费用索赔的处理要点如下：

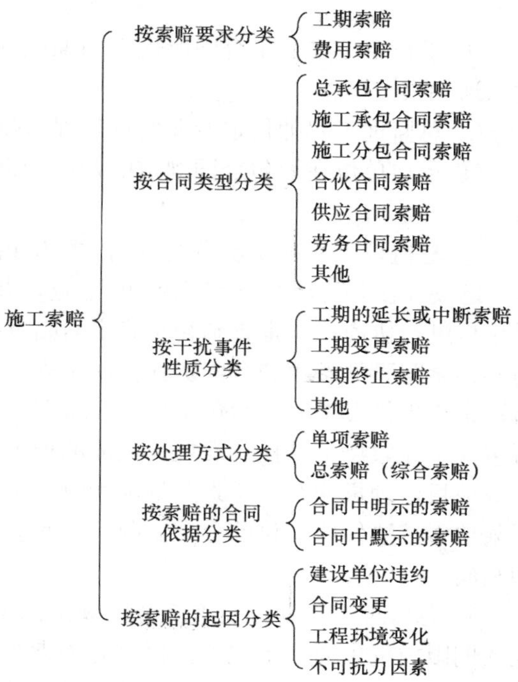

（1）处理的程序

索赔处理的程序参见图 3-16。

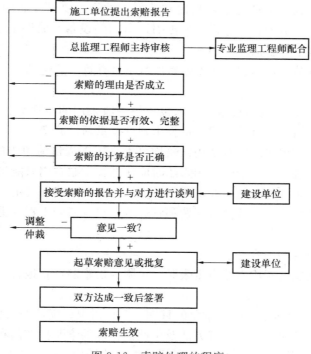

图 3-15　施工索赔的分类

项目监理机构对于费用索赔的处理，首先通过与当事人双方协商，争取达成一致，分歧较大时应在协商基础上确定索赔的金额和缺陷责任期延长的时间。费用索赔的程序要点

图 3-16　索赔处理的程序

如下：

①　承包单位在施工合同所规定的期限内向项目监理机构提交对建设单位的费用索赔意向通知书。

②　总监理工程师指定专业监理工程师收集与索赔有关的资料。

③　承包单位在承包合同规定的期限内向项目监理机构提交对建设单位的费用索赔申请表。

④　总监理工程师初步审查费用索赔申请，符合监理规范所规定的条件时予以受理。

⑤　总监理工程师进行费用索赔审查，并在初步确定一个额度之后，与承包单位和建设单位进行协商；在审查和初步确定索赔批准额时，项目监理机构要审查以下几个方面的内容：索赔事件发生的合同责任；由于索赔事件的发生，施工成本及其他费用的变化和分析；索赔事件发生后，承包单位是否采取了减少损失的措施；承包单位报送的索赔额中是否包含了让索赔事件任意发展而造成的损失额。

项目监理机构在确定索赔批准额时，可采用实际费用法。索赔批准额等于承包单位为了某项索赔事件所支付的合理实际开支减去施工合同中的计划开支，再加上应得的管理费和利润。

⑥　总监理工程师应在施工合同规定的期限内签署费用索赔审批表，或在施工合同规定的期限内发出要求承包单位提交有关索赔报告的进一步详细资料的通知，待收到承包单位提交的详细资料后，再按上述④、⑤、⑥款程序处理费用索赔。

（2）审核的程序和要点

监理工程师查证索赔原因，首先应看到承包单位的索赔申请是否有合同依据，然后查看承包单位所附的原始记录和账目单等，与驻地监理工程师所保存的记录核对，以了解下列情况：工程是在遇到怎么情况下才减慢和者停工的；需要另外雇用多少人才能加快进度，或停工已使多少人员闲置；怎样另外再引进所需的设备，或停工已使多少设备闲置；监理工程师曾经采取了哪些措施。

核实索赔费用的数量，承包人的索赔费用数量其计算一般包括：

①　所列明的数量。

②　所采用的费率，在费用索赔中，承包单位一般采用的费率为：采用工程量清单中有关费率或从工程量清单里有关费率中推算出费率；重新计算费率。

原则上，承包单位提出的所有费用索赔均可不采用工程量清单中的费率而重新计算，监理工程师在审核承包单位提出的费用索赔时应注意：索赔费用只能是承包单位实际发生的费用，而且必须符合工程项目所在国或所在地区的有关法律和规定。另外，绝大部分的费用索赔是不包括利润的，只涉及直接费和管理费，只有遇到工程变更时，才可以索赔到费用和利润。

（3）索赔审查报告的内容

总监理工程师在签署费用索赔审批表时，可附一份索赔审查报告，索赔审查报告应包括以下内容：

①　正文，其内容应包括：受理索赔的日期；工作概况；确认的索赔理由及合同依据，经过调查、讨论、协商而确定的计算方法及由此而得出的索赔批准额和结论。

②　附件，其内容应包括：总监理工程师对索赔的评价、承包单位的索赔报告及其有

关的证据、资料。

承包人应付给发包人的赔偿款可从应支付给承包人的合同价款或质量保证金内扣除，也可以由承包人以其他方式支付。

6. 工程延期的处理

在工程项目的施工过程中，工程的进度常常要出现偏差，发生工程拖延，工程拖延有两种情况，即工期延误和工程延期，两者虽都能使工程进度控制目标受到不好的影响，但性质是不同的，建设单位与施工单位所承担的责任也是不同的。项目监理机构应按照《建设工程施工合同（示范文本）》GF-2013-0201通用条款中有关工程延期及工期延误的处理规定和专用条款中有关工程延期及工期延误的处理约定、《建设工程监理规范》GB/T 50319—2013的规定来处理工程延期。

7. 监理对合同争议和合同解除的处理

（1）监理对施工合同争议的调解工作

在建设工程项目进展的过程之中，由于对某些问题的处理需要依据合同，当合同双方对合同条款的解释无法形成一致的意见或对合同条款的适用性有争议时，就出现了合同争议。

合同当事人之间发生争议是不可避免的，如果争议发生了，合同双方之间首先应当根据公平合理和诚实信用的原则，本着互谅互让的精神，争取以自愿协商的方式解决争议或者通过调解的方式解决纠纷；若当事人不愿和解、调解或者和解、调解不成的，可以根据仲裁协议向仲裁机构申请仲裁；合同当事人没有订立仲裁协议或者仲裁协议无效的，可以向人民法院起诉。

项目监理机构在接到合同争议的调解要求后，应按照《建设工程施工合同（示范文本）》GF-2013-0201通用条款中有关施工合同争议的处理和专用条款中有关施工合同的处理约定、《建设工程监理规范》GB/T 50319—2013的规定，积极地在建设单位和施工单位之间进行调解，争取以调解的方式解决合同争议，以减小合同争议对项目施工的影响。

项目监理机构在处理施工合同争议时，应进行下列工作：①及时了解合同争议的全部情况，包括进行调查和取证；②及时与合同争议双方进行磋商；③在项目监理机构提出合同争议调解方案之后，由总监理工程师进行争议的调解；④若合同双方未能达成一致时，总监理工程师应提出处理合同争议的意见。

项目监理机构在施工合同争议调解处理的过程中，对未达到施工合同约定的暂停履行合同条件规定的，项目监理机构应要求施工合同双方继续履行合同，以保持施工连续，保护好已完工程。

施工合同争议调解最后决定的条件

① 总监理工程师在签发合同争议处理意见后，建设单位或承包单位在施工合同规定的期限内未对合同争议处理决定提出异议，在符合施工合同的前提下，此意见应成为最后的决定，双方必须执行；

② 施工合同中没有规定合同争议的期限时，总监理工程师应在工程开工前与建设单位和承包单位协商确定合同争议的调解期限规定；

③ 总监理工程师的合同争议调解意见必须符合施工合同的规定；

④ 合同争议调解任何一方在合同规定的期限内提出了异议，总监理工程师应根据提

出意见的正确程度，进一步与双方协商，力争圆满解决。

在施工合同争议的仲裁或诉讼过程中，项目监理机构应按照仲裁机关或法院要求提供与争议有关的证据。

（2）监理在施工合同解除中的工作

合同解除是指合同当事人依法行驶解除权或者双方协商决定，提前解除合同效力的行为。根据合同解除的原因不同，项目监理机构在合同解除中所做的工作是有所不同的。

1）因建设单位的原因导致施工合同解除时，项目监理机构应按施工合同的约定，与建设单位和施工单位按下列款项协商确定施工单位应得的款项，并应签发工程款支付证书：①施工单位按施工合同约定已完成的工作应得款项；②施工单位按批准的采购计划订购工程材料、构配件、设备的款项；③施工单位撤离施工设备至原基地或其他目的地的合理费用；④施工单位人员的合理遣返费用；⑤施工单位合理的利润补偿；⑥施工合同约定的建设单位应支付的违约金。

2）因施工单位的原因导致施工合同解除时，项目监理机构应按施工合同的约定，从下列款项中确定施工单位应得款项或偿还建设单位的款项，并应与建设单位和施工单位进行协商后，书面提交施工单位应得款项或偿还建设单位款项的证明：①施工单位已按照施工合同约定实际完成的工作应得款项和已给付的款项；②施工单位已提供的材料、构配件、设备和临时工程等的价值；③对已完工程进行检查和验收、移交工程资料、修复已完工程质量缺陷等所需的费用；④施工合同约定的施工单位应支付的违约金。

3）因非建设单位、施工单位原因导致施工合同解除时，项目监理机构应按照施工合同约定处理合同解除后的有关事宜。

五、竣工和缺陷责任期阶段的合同管理

（一）竣工验收阶段的管理

1. 单位工程验收

合同工程全部完工前进行单位工程验收和移交，此时可能涉及以下三种情况：其一是专用条款内约定了某些单位工程分部移交；其二是发包人在全部工程竣工前希望使用已经竣工的单位工程而提出的单位工程提前移交；其三承包人从后续施工管理的角度出发而提出单位工程提前验收的建议并经发包人同意。

验收合格后，由监理人向承包人出具经发包人签认的单位工程验收证书，单位工程的验收成果和结论作为全部工程竣工验收申请报告的附件。移交后的单位工程由发包人负责照管，除了合同约定的单位工程分部移交的情况外，如果发包人在全部工程竣工前，使用已接收的单位工程运行影响了承包人的后续施工，发包人应承担由此增加的费用和（或）工期延误，并支付承包人合理利润。

2. 施工期运行

施工期运行是指合同工程尚未全部竣工，其中的某项或某几项单位工程已经竣工或者工程设备已经安装完毕的，需要投入施工期的运行时，须经检验合格能确保安全后，才能在施工期投入运行的一类试运行。

除了专用条款约定由发包人员负责试运行的情况外，承包人应负责提供试运行所需的人员、器材和必要的条件、并承担全部试运行费用。在施工期运行中若发现工程或工程设

备损坏或存在缺陷时，应由承包人进行修复，并按照其缺陷原因由责任方承担相应的费用。

3. 合同工程的竣工验收

监理人审查承包人报送的竣工验收申请报告的各项内容，若认为工程尚不具备竣工验收条件的，应在收到竣工验收申请报告后的 28 天内通知承包人，提出在颁发接收证书前承包人还需进行的工作内容，承包人在完成监理人通知的全部工作内容后，应再次提交竣工验收申请报告，直至监理人同意为止。监理人审查后认为已具备竣工验收条件者，应在收到竣工验收申请报告后的 28 天内提请发包人进行工程验收。

竣工验收结果处理如下：①项目工程竣工验收合格的，监理人应在收到竣工验收申请报告后的 56 天内，向承包人出具经发包人签认的工程接收证书，以承包人提交竣工验收申请报告的日期为实际竣工日期，并应在工程接收证书中写明，实际竣工日用以计算施工期限，与合同工期对照判定承包人是提前竣工还是延误竣工；②项目工程竣工验收基本合格但提出了需要整修和完善要求的，监理人应指示承包人限期修好，并缓发工程接收证书，在经监理人复查整修和完善工作达到要求后，再签发工程接收证书，竣工日仍为承包人提交竣工验收申请报告的日期；③项目工程竣工验收不合格的，监理人应按照验收意见发出指示，要求承包人对不合格工程认真返工重做或者进行补救处理，并承担由此产生的费用，承包人在完成不合格工程的返工重做或者进行补救工作后，应重新提交竣工验收申请报告，重新验收如果合格，则工程接收证书中注明的实际竣工日，应为承包人重新提交竣工验收申请报告的日期；④发包人在收到承包人报送的竣工验收申请报告 56 天后，仍未进行验收，则视为验收合格，实际竣工日期以提交竣工验收申请报告的日期为准，但发包人由于不可抗力不能进行验收的情况除外。

4. 竣工结算

工程进度款的分期支付是阶段性的临时支付，因此在工程接收证书颁发后，承包人应按专用合同条款约定的份数和期限向监理人提交竣工付款申请单，并提供相关的证明材料。竣工付款申请单应说明竣工结算的合同总价，发包人已支付承包人的工程价款，应扣留的质量保证金、应支付的竣工付款金额。

竣工结算的合同价格，应为通过单价乘以实际完成工程量的单价子目款，采用固定价格的各子项目包干价，依据合同条款进行调整（变更、索赔、物价浮动调整等）构成的最终合同结算价。监理人对竣工附款申请单有异议，有权要求承包人进行修正和提供补充资料，监理人和承包人协商后，由承包人向监理人提交修正后的竣工付款申请单。

监理人在收到承包人提交的竣工付款申请单后的 14 天内完成核查，将核定的合同价格和结算尾款金额提交发包人进行审核并抄送承包人，发包人应在收到后 14 天内审核完毕，由监理人向承包人出具经发包人签认的竣工付款证书。监理人若未在约定的时间内核查，又未提出具体意见，视为承包人所提交的竣工付款申请单已经监理人核查同意。发包人若未在约定时间内审核又未提出具体意见，监理人提出发包人到期应支付给承包人的结算尾款视为已经发包人同意。

发包人应在监理人出具的竣工付款证书后的 14 天内，将应支付款支付给承包人。发包人不按期支付，还应加付逾期付款的违约金。如果承包人对发包人签认的竣工付款证书有异议，发包人可出具竣工付款申请单中承包人已同意部分的临时付款证书，存在争议的部分，按合同约定的争议条款处理。

5. 竣工清场

工程接收证书颁发后，承包人应对施工场地进行清理，直至监理人检验合格为止。承包人若未能按照监理人的要求恢复临时占地，或者场地清理未达到合同约定，发包人有权委托其他人恢复或清理，所发生的金额从拟支付给承包人的款项中扣除。

（二）缺陷责任期的管理

1. 缺陷责任及缺陷责任期终止证书

缺陷责任期从工程接收证书中写明的竣工日开始起算，期限视具体工程的性质和使用条件的不同在专用条款内约定（一般为 1 年）。对于合同内约定有分部移交的单位工程，按提前验收的该单位工程接收证书中所约定的竣工日为准，起算时间相应提前。

在工程移交发包人运行之后，对于在缺陷责任期内出现的工程质量缺陷可能是承包人的施工质量原因，也可能属于非承包人应负责的原因导致，应由监理人与发包人和承包人共同查明原因，分清责任。对于工程主要部位承包人责任的缺陷工程修复后，缺陷责任期则应作相应的延长。任何一项缺陷或损坏修复后，经检查证明其影响到工程或者工程设备的使用性能，承包人应重新进行合同约定的试验和试运行，试验和试运行的全部费用应由责任方承担。

缺陷责任期满，包括延长的期限终止后 14 天内，由监理人向承包人出具经发包人签认的缺陷责任期终止证书，并退还剩余的质量保证金。颁发缺陷责任期终止证书，意味着承包人已按合同约定完成了施工、竣工和缺陷修复责任的义务。

2. 最终结清

在缺陷责任期终止证书签发之后，发包人与承包人进行合同付款的最终结清。结清的内容涉及质量保证金的返还、缺陷责任期内修复的非承包人缺陷责任的工作，缺陷责任期内涉及的索赔等，最终结清工作的要点如下：

（1）承包人按照专用合同条款约定的份数和期限向监理人提交最终结清申请单，并提供缺陷责任期内的索赔、质量保证金应返还的余额等相关的证明材料。若质量保证金不足以抵减发包人损失时，承包人还应承担不足部分的赔偿责任。发包人若对最终结清申请单内容有异议时，有权要求承包人进行修正和提供补充资料。承包人再向监理人提交修正之后的最终结清申请单。

（2）监理人在收到承包人提交的最终结清申请单后的 14 天内，提出发包人应支付给承包人的价款送发包人审核并抄送承包人。发包人应在收到后 14 天内审核完毕，由监理人向承包人出具经发包人签认的最终结清证书。若监理人未能在约定时间内核查，又未提出具体的意见，则视为承包人提交的最终结清申请已经监理人核查同意；若发包人未能在约定时间内审核，又未提出具体的意见，则视为监理人提出的应支付给承包人的价款已经发包人同意。

（3）发包人应在监理人出具最终结算证书后的 14 天内，将应支付款支付给承包人，发包人若不按期支付，则还需将逾期付款违约金支付给承包人。承包人对最终结清证书有异议，则可按照合同争议处理。

（4）承包人收到发包人最终支付款后结清单生效。结清单生效即表明合同终止，承包人不再拥有索赔的权利，如果发包人未按对支付结清款，承包人则仍可就此事项进行索赔。

第六节　建设工程的信息管理

　　建设工程信息管理是指对建设工程信息的收集、加工整理、存储、传递、应用等一系列工作的总称。工程建设监理离不开工程信息，信息管理是建设工程监理的重要手段之一，项目监理机构应建立完善的监理文件资料管理制度，宜设专人管理监理文件资料。项目监理机构应及时、准确、完整地收集、整理、编制、传递监理文件资料。项目监理机构宜采用信息技术进行监理文件资料的管理。

　　信息管理对工程建设监理是十分重要的，项目监理机构在开展监理工作时，要不断预测或发现问题，要不断地进行规划，做好决策、执行和检查工作，而做好每项工作都离不开相应的信息。项目监理机构在监理过程中的主要任务是进行目标控制，而目标控制的基础就是信息，任何控制只有在信息的支持下才能有效地进行。

一、监理信息的管理

　　监理信息管理是建设项目监理"三控两管一协调"，并履行建设工程安全生产管理法定职责的重要内容之一。随着建设监理业务规范化管理的不断加强和细化，监理信息管理的作用已显得越来越重要。信息管理工作的好坏，将直接影响建设工程监理与相关服务工作的成败。

　　1. 信息管理的基本环节

　　建设工程信息管理贯穿工程建设全过程，其基本环节包括：信息的收集、传递、加工、整理、分发、检索和存储。

　　（1）建设工程信息的收集

　　在建设工程的不同进展阶段，均会产生大量的信息，建设工程监理机构的介入阶段的不同，则决定了信息收集的内容不同。

　　1）如果工程监理机构在建设工程决策阶段接受委托，提供咨询服务，则需要收集与建设工程相关的市场、资源、自然环境、社会环境等方面的信息。

　　2）如果工程监理机构在建设工程设计阶段接受委托，提供项目管理服务，则需要收集工程项目可行性研究报告及其前期相关的文件资料；同类工程的相关资料；拟建工程所在地信息；勘察、测量、设计单位的相关信息；拟建工程所在地政府部门的相关规定；拟建工程设计质量保证体系及进度计划等。

　　3）如果工程监理机构在建设工程施工招标阶段接受委托，提供相关服务，则需要收集的信息有：工程立项审批文件；工程地质、水文地质勘察报告；工程设计及概算文件；施工图设计审批文件；工程所在地工程材料、构配件、设备、劳动力市场价格及变化规律；工程所在地工程建设标准及招投标相关规定等。

　　4）如果工程监理机构在建设工程施工阶段接受委托，提供建设监理服务，则需要收集以下几个方面的信息：①建设工程施工现场的地质、水文、测量、气象等数据；地面、地下管线，地下洞室，地面既有建筑物、构筑物及树木，道路、建筑红线，水、电、气管道的引入标志；地质勘察报告、地形测量图及标桩等环境信息。②施工机构的组成及进场人员的资格；施工现场质量及安全生产保证体系；施工组织设计及（专项）施工方案、施工进度计划；分包单位资格等信息。③进场设备的规格型号、保修记录；工程材料、构配件、设备的进场、保管、使用等信息。④施工项目管理机构的管理程序；施工单位内部工程质量、成本、进度控制及安全生产管理的措施及实施效果；工序交接制度；事故处理程序；应急预案等信息。⑤施工中需要执行的国家、行业或地方工程建设标准；施工合同履行情况。⑥施工过程中发生的工程数据，如工序交接检验记录、隐蔽工程检查验收记录、分部分项工程检查验收记录等。⑦工程材料、构配件、设备质量证明资料及现场测试报告。⑧设备安装试运行及测试信息，如电气接地电阻、绝缘电阻测试，管道通水、通气、通风试验，电梯施工试验，消防报警、自动喷淋系统联动试验等信息。⑨工程索赔的相关信息，如索赔处理程序、索赔处理依据、索赔证据等。

（2）信息的加工和整理

信息的加工和整理主要是指将所获得的数据和信息通过鉴别、选择、核对、合并、排序、更新、计算、汇总等，生成不同形式的数据和信息，目的是提供给各类管理人员使用。

加工、整理数据和信息，往往需要按照不同的需求分层进行。工程监理人员对于数据和信息的加工要从鉴别、选择、核对开始，对于动态数据还需及时更新。为了便于应用，还需要对收集来的数据和信息按照工程项目组成（单位工程、分部工程、分项工程等）、工程项目目标（质量、造价、进度）等进行汇总和组织。

科学的信息加工和整理，需要基于业务流程图和数据流程图。业务流程图是以图示形式表示业务处理过程，通过绘制业务流程图，可以发现业务流程的问题或不完善之处，进而可以优化业务处理过程。数据流程图是根据业务流程图，将数据流程以图示形式表示出来，数据流程图的绘制应自上而下地层层细化。结合建设工程监理与相关服务业务工作绘制业务流程图和数据流程图，不仅是建设工程信息加工和整理的重要基础，而且是优化建设工程监理与相关服务业务处理过程、规范建设工程监理与相关服务行为的重要手段。

（3）信息的分发和检索

经加工整理后的信息要及时提供给需要使用信息的部门和人员，信息的分发要根据需要来进行，信息的检索需要建立在一定的分级管理制度上。信息分发和检索的基本原则是：需要信息的部门和人员，有权在需要的第一时间内，方便地得到所需要的信息。

设计信息分发制度时需要考虑到：①了解信息使用部门和人员的使用目的、使用周期、使用频率、获得时间及其信息的安全要求等；②决定信息分发的内容、数量、范围、数据来源；③决定分发信息的数据结构、类型、精度和格式；④决定提供信息的介质。

设计信息检索时需要考虑到：①允许检索的范围，检索的密级划分、密码管理等；②检索的信息能否及时、快速地提供实现的手段；③所检索信息的输出形式，能否根据关键词实现智能检索等。

（4）信息的存储

存储信息需要建立统一的数据库，需要根据建设工程实际，规范地组织数据文件。其具体要求如下：①按照工程进行组织，同一工程按照质量、造价、进度、合同等类别组织，各类信息再进一步根据具体情况进行细化；②工程参建各方要协调统一数据存储方式，数据文件名要规范化，要建立统一的编码体系；③尽可能以网络数据库形式存储数据，减少数据冗余，保证数据的唯一性，并实现数据的共享。

2. 信息管理系统

随着工程建设规模的不断扩大，其信息量若仍依靠传统的手工处理方式已难以适应工程建设管理的需求，建设工程信息管理系统已成为建设工程管理的基本手段。

建设工程信息管理系统的目标是实现信息的系统管理和提供必要的决策支持。建设工程信息管理系统可以为监理工程师提供标准化、结构化的数据；提供预测、决策所需要的信息及分析模型；提供建设工程目标动态控制的分析报告；提供解决建设工程监理问题的多个备选方案。在工程实践中，建设工程信息管理系统的名称有多种，但不论名称如何，建设工程信息管理系统的基本功能应至少包括：工程质量控制、工程造价控制、工程进度控制、工程合同管理等子系统。

随着信息化技术的快速发展，信息管理平台已得到越来越广泛的应用，基于建设工程信息管理平台，工程参建各方可以实现信息共享和协同工作，特别是近年来建筑信息建模（BIM）技术的应用，为建设工程信息管理提供了可视化手段。

二、监理文件资料的管理

监理文件资料是指工程监理单位在履行建设工程监理合同过程中形成或获取的，以一定形式记录、保存的文件资料。监理文件资料的管理是对监理文件资料的收集、填写、编制、审核、审批、整理、组卷、移交以及归档工作的统称。

1. 监理文件资料的主要内容及分类

（1）监理文件资料的主要内容

监理文件资料应包括以下主要内容：

① 勘察设计文件、建设工程监理合同及其他合同文件；

② 监理规划、监理实施细则；

③ 设计交底和图纸会审会议纪要；

④ 施工组织设计（专项）施工方案、施工进度计划报审文件资料；

⑤ 分包单位资格报审文件资料；

⑥ 施工控制测量成果报验文件资料；

⑦ 总监理工程师任命书、工程开工会、暂停令、复工令、工程开工或复工报审文件资料；

⑧ 工程材料、构配件、设备报验文件资料；

⑨ 见证取样和平行检验文件资料；

⑩ 工程质量检查报验资料及工程有关验收资料；

⑪ 工程变更、费用索赔及工程延期文件资料；

⑫ 工程计量、工程款支付文件资料；

⑬ 监理通知单、工作联系单与监理报告；

⑭ 第一次工地会议、监理例会、专题会议等会议纪要；

⑮ 监理月报、监理日志、旁站记录；

⑯ 工程质量或生产安全事故处理的文件资料；

⑰ 工程质量评估报告及竣工验收监理的文件资料；

⑱ 监理工作总结。

（2）常用监理文件资料的分类

项目监理机构应及时整理、分类汇总监理文件资料，并应按规定进行组卷，形成监理档案。

工程监理单位应根据工程的特点和有关的规定，保存监理档案，并应向有关单位、部门移交需要存档的监理文件资料。

监理资料可按监理工作阶段、资料产生的来源、监理资料的作用、监理工作目标等方法进行分类。

① 按监理工作阶段对监理资料进行分类，一般可分为施工准备阶段的资料、施工阶段的资料、质量保修期阶段的资料。

② 按资料产生的来源对监理资料进行分类，一般可分为建设单位提供的资料、施工单位（设备制造单位、材料生产厂家等）报送的资料、项目监理机构形成的资料等。

③ 按监理资料的作用进行分类，一般可分为监理工作依据资料（如委托监理合同、施工承包合同、建设单位与第三方签订的本工程有关的合同、勘察设计文件等）、监理工作基础资料（如各种定额、技术规范、工程有关的法律、法规等）、监理工作过程中形成的资料（如各方往来函件、会议纪要、试验、检测资料；项目监理机构的各种工作制度、监理工程师通知、隐蔽工程检查证、质量验收资料、计量及支付资料、索赔及工程变更资料等）。

④ 按监理工作目标对监理资料进行分类，一般可分为质量控制资料、进度控制资料、投资控制资料、安全管理资料、合同管理资料、信息管理资料、组织协调资料、项目监理机构管理资料等。

1）A类：质量控制

A-01　施工组织设计（方案）报审表

A-02　施工单位管理架构资质报审表

A-03　分包单位资格报审表

A-04　工作联系单

A-05　不合格项通知单

A-06　监理通知单/回复单

A-07　监理机构审查表

A-08　材料/构配件/设备报审表

A-09　模板安装工程报审表

A-10　模板拆除工程报审表

A-11　钢筋工程报审表

A-12　防水工程报审表

A-13　混凝土工程浇灌审批表

A-14　_____工程报验表

A-15　施工测量放线报验单

A-16　图纸会审记录

A-17　工程变更图纸

A-18　见证送检报告

A-19　监理规划

A-20　监理细则、方案

A-21　监理月报

A-22　监理例会纪要

A-23　专题会议纪要

A-24　监理日志

A-25　工程创优资料

A-26　工程质量保修资料

A-27　工程质量快报等

2）B类：进度控制

B-01　工程开工/复工报审表

B-02　施工进度计划（调整）报审表

B-03　工程暂停令

B-04　工程开工/复工令

B-05　施工单位周报

B-06　施工单位月报等

3）C类：投资控制

C-01　工程款支付证书

C-02　施工签证单

C-03　费用索赔申请表

C-04　费用索赔审批表

C-05　乙供材料（设备）选用/变更审批表

C-06　工程变更费用报审表

C-07　新增综合单价表

C-08　预算审查意见

C-09　工程竣工结算审核意见书等

4）D类：安全管理

D-01　安全监理法规文件资料

D-02　三级安全教育

D-03　施工安全评分表

D-04　施工机械（特种设备）报验资料

D-05　安全技术交底

D-06　特种作业上岗证、平安卡

D-07　重大危险源辨析及巡查资料

D-08　安全监理内部会议、培训资料

D-09　安全监理巡查表

D-10 每周安全联合巡查

D-11 监理单位巡查评分表

D-12 安全监理资料用表：

D-12-01 监理单位安全监理责任制 GDAQ4101

D-12-02 监理单位安全管理制度 GDAQ4102

D-12-03 监理单位安全教育培训制度 GDAQ4103

D-12-04 安全监理规划/方案 GDAQ4201

D-12-05 安全监理实施细则 GDAQ4202

D-12-06 监理单位管理人员签名笔迹备查表 GDAQ4301

D-12-07 安全会议纪要 GDAQ4302

D-12-08 安全监理危险源控制表 GDAQ4303

D-12-09 安全监理工作联系单 GDAQ4304

D-12-10 安全监理日志 GDAQ4305

D-12-11 施工安全监理周报 GDAQ4306

D-12-12 建筑施工起重机械安装/拆卸旁站监理记录表 GDAQ4307

D-12-13 危险性较大的分部分项工程旁站监理记录表 GDAQ4308

D-12-14 安全隐患整改通知 GDAQ4309

D-12-15 安全隐患整改通知回复 GDAQ4310

D-12-16 暂时停止施工通知 GDAQ4311

D-12-17 复工申请表 GDAQ4312

D-12-18 安全监理重大情况报告 GDAQ4313

D-12-19 安全专项施工方案报审表 GDAQ21103

D-12-20 危险性较大分部分项工程专项施工方案专家论证审查表 GDAQ4314

D-12-21 安全防护、文明施工措施费使用计划报审表 GDAQ4315

D-12-22 施工单位（总包/分包）安全管理体系报审表 GDAQ4316

D-12-23 施工安全防护用具、设备、器材报审表 GDAQ4317

D-12-24 建设工程施工安全评价书 GDAQ4318

D-13 危险性较大分部分项工程报验资料等

5）E 类：合同管理

E-01 合同管理台账

E-02 监理酬金申请表

E-03 工程临时延期申请表

E-04 工程临时延期审批表

E-05 工程最终延期审批表

E-06 工、料、机动态报表

E-07 合同争议处理意见书

E-08 工程竣工移交证书等

6）F 类：信息管理

F-01 工程建设法定程序文件清单

F-02　监理人员资历资料

F-03　监理工作程序、制度及常用表格

F-04　施工机械进场报审表

F-05　监理单位来往文函

F-06　监理单位监理信息化文件

F-07　收发文登记本

F-08　传阅文件表

F-09　旁站记录

F-10　监理日志

F-11　工程质量评估报告

F-12　监理工作总结

F-13　监理声像资料等

7）G类：组织协调

G-01　建设单位来文、函件

G-02　设计单位来文、函件、施工图纸

G-03　施工单位来文、函件

G-04　其他单位文件

G-05　招标文件

G-06　投标文件

G-07　勘察报告

G-08　第三方工程检测报告

G-09　工程质量安全监督机构文件

G-10　建筑节能监理评估报告

8）H类：项目监理机构管理

H-01　总监任命通知书

H-02　项目监理机构印章使用授权书

H-03　项目监理机构设置通知书

H-04　项目监理机构监理人员调整通知书

H-05　项目监理机构监理人员执业资质证复印件

H-06　监理单位营业执照及资质证书复印件

H-07　监理办公设备、设施及检测试验仪器清单

H-08　项目监理机构考勤表

H-09　项目监理机构内部会议记录及监理工作交底资料

H-10　监理单位业务管理部门巡查、检查资料

H-11　监理单位发布实行的规章制度、规定、通知、要求等文件

在实际工作中，一般是几种分类的组合，如首先按工作阶段分成大类，每一大类再按控制目标分项，每一项内按资料的作用分成子项，每一子项再按资料来源分成目。

2. 监理资料的管理

监理资料是工程项目在监理实施过程中直接形成的，具有保存价值的各种形式的原

始记录，其应与工程建设同步进行。从项目监理机构进场起，即应开始对监理资料进行积累、整理和审查工作，直至委托监理合同终止。待工程结束时，应完成监理资料的归档。

（1）监理日志的内容

监理日志应包括以下主要内容：

① 天气和施工环境情况；

② 当日施工进展情况；

③ 当日监理工作情况，包括旁站、巡视、见证取样、平行检验等情况；

④ 当日存在的问题及处理情况；

⑤ 其他有关事项。

（2）施工阶段监理月报的编制

施工阶段监理月报由总监理工程师组织编制，并由总监理工程师签认后报建设单位和合同签订的监理单位。监理月报报送时间由监理单位和建设单位协商确定。

施工阶段监理月报的主要内容如下：

① 本月工程实施情况；

② 本月监理工作情况；

③ 工程进度：本月实际完成情况与计划进度比较；对进度完成情况及采取措施效果的分析；

④ 工程质量：本月工程质量情况分析；本月施工中存在的问题及处理情况；

⑤ 工程计量与工程款支付：工程量审核情况；工程款审批情况及月支付情况；工程款支付情况分析；本月采取的措施及效果；

⑥ 合同其他事项的处理情况：工程的变更；工程的延期；费用索赔；

⑦ 本月监理工作小结：对本月进度、质量、工程款支付等方面情况的综合评价；本月监理工作情况；有关本工程的意见和建议；下月监理工作的重点等。

监理月报应由总监理工程师组织编制，总监理工程师签认后报建设单位和合同签订的监理单位。监理月报报送的时间应由监理单位和建设单位协商确定。

（3）监理工作总结的内容

在施工阶段监理工作结束时，监理单位应向建设单位提交监理工作总结。

监理工作总结应包括如下内容：

① 工程概况；

② 监理组织机构、监理人员和投入的监理设施；

③ 建设工程监理合同的履行情况；

④ 监理工作成效；

⑤ 监理工作中发现的问题及其处理情况；

⑥ 说明和建议；

⑦ 工程照片（有必要时）。

3. 工程文件资料的归档与移交

工程文件资料案卷是指由一组互有联系的价值大体相同的若干工程文件资料组成的档案保管单位。在组织保管单位时，要充分考虑到工程文件资料的成套性特点，维护工程文件资料内部的有机联系。例如：对单位工程的质量监理，则应以一个单位工程组成一个保管单位，把质量委托合同、质监计划、施工图纸、检查记录、材料试验报告、竣工验收资料等组织起来。当一个保管单位形成之后，应采用档案袋册、盒的形式进行组织保管。

工程文件资料的整理就是把平时工程建设活动中所积累的资料进行整理，形成系统化。工程文件资料必须及时进行整理，真实完整、分类有序，并应指定专人具体负责实施。对已形成案卷的工程文件资料应及时归档和移交。

（1）工程文件资料归档的基本规定：

工程文件资料归档的基本规定如下：

① 工程文件的形成和积累应纳入工程建设管理的各个环节和有关人员的职责范围。

② 工程文件应随工程建设进度同步形成，不得事后补编。

③ 每项建设工程应编制一套电子档案，随纸质档案一并移交城建档案管理机构。

④ 建设单位应按下列流程开展工程文件的整理、归档、验收、移交等工作：a. 在工程招标及与勘察、设计、施工、监理等单位签订协议、合同时，应明确竣工图的编制单位、工程档案的编制套数、编制费用及承担单位、工程档案的质量要求和移交时间等内容；b. 收集和整理工程准备阶段形成的文件，并进行立卷归档；c. 组织、监督和检查勘察、设计、施工、监理等单位的工程文件的形成、积累和立卷归档工作；d. 收集和汇总勘察、设计、施工、监理等单位立卷归档的工程档案；e. 收集和整理竣工验收文件，并进行立卷归档；f. 在组织工程竣工验收前，提请当地的城建档案管理机构对工程档案进行预验收，未取得工程档案验收认可文件，不得组织工程竣工验收；g. 对列入城建档案管理机构接收范围的工程，工程竣工验收后 3 个月内，应向当地城建档案管理机构移交一套符合规定的工程档案。

⑤ 勘察、设计、施工、监理等单位应将本单位形成的工程文件立卷后向建设单位移交。

⑥ 建设工程项目实行总承包管理的，总包单位应负责收集、汇总各分包单位形成的工程档案，并应及时向建设单位移交；各分包单位应将本单位形成的工程文件整理、立卷后及时移交总包单位，建设工程项目由几个单位承包的，各承包单位应负责收集、整理立卷其承包项目的工程文件，并应及时向建设单位移交。

⑦ 城建档案管理机构应对工程文件的立卷归档工作进行监督、检查、指导。在工程竣工验收前，应对工程档案进行预验收，验收合格后，必须出具工程档案认可文件。

⑧ 工程资料管理人员应经过工程文件归档整理的专业培训。

（2）归档文件及其质量要求

归档文件及其质量要求如下：

① 对与工程建设有关的重要活动、记载工程建设主要过程和现状、具有保存价值的各种载体的文件、均应收集齐全、整理立卷后归档。

② 工程文件的具体归档范围应符合表 3-11 的要求；声像资料的归档范围和质量要求则应符合现行行业标准《城建档案业务管理规范》CJJ/T 158 的要求。不属于归档范围、没有保存价值的工程文件、文件形成单位可自行组织销毁。

③ 工程文件的内容及其深度应符合国家现行有关工程勘察、设计、施工、监理等标

准的规定，工程文件的内容必须真实、准确、应与工程实际相符合。

建筑工程文件归档范围

表 3-11

类别	归 档 文 件	保存单位				
		建设单位	设计单位	施工单位	监理单位	城建档案馆
工程准备阶段文件（A 类）						
A1	**立项文件**					
1	项目建议书批复文件及项目建议书	▲				▲
2	可行性研究报告批复文件及可行性研究报告	▲				▲
3	专家论证意见、项目评估文件	▲				▲
4	有关立项的会议纪要、领导批示	▲				▲
A2	**建设用地、拆迁文件**					
1	选址申请及选址规划意见通知书	▲				▲
2	建设用地批准书	▲				▲
3	拆迁安置意见、协议、方案等	▲				△
4	建设用地规划许可证及其附件	▲				▲
5	土地使用证明文件及其附件	▲				▲
6	建设用地钉桩通知单	▲				▲
A3	**勘察、设计文件**					
1	工程地质勘察报告	▲	▲			▲
2	水文地质勘察报告	▲	▲			▲
3	初步设计文件（说明书）	▲	▲			▲
4	设计方案审查意见	▲	▲			▲
5	人防、环保、消防等有关主管部门（对设计方案）审查意见	▲	▲			▲
6	设计计算书	▲	▲			△
7	施工图设计文件审查意见	▲	▲			▲
8	节能设计备案文件	▲				▲
A4	**招投标文件**					
1	勘察、设计招投标文件	▲	▲			
2	勘察、设计合同	▲	▲			▲
3	施工招投标文件	▲		▲	△	
4	施工合同	▲		▲	△	▲
5	工程监理招投标文件	▲			▲	
6	监理合同	▲			▲	▲
A5	**开工审批文件**					
1	建设工程规划许可证及其附件	▲		△	△	▲
2	建设工程施工许可证	▲		▲	▲	▲

续表

类别	归档文件	保存单位				
		建设单位	设计单位	施工单位	监理单位	城建档案馆
A6	**工程造价文件**					
1	工程投资估算材料	▲				
2	工程设计概算材料	▲				
3	招标控制价格文件	▲				
4	合同价格文件	▲		▲		△
5	结算价格文件	▲		▲		△
A7	**工程建设基本信息**					
1	工程概况信息表	▲	△			▲
2	建设单位工程项目负责人及现场管理人员名册	▲				▲
3	监理单位工程项目总监及监理人员名册	▲			▲	▲
4	施工单位工程项目经理及质量管理人员名册	▲		▲		▲
	监理文件（B类）					
B1	**监理管理文件**					
1	监理规划	▲			▲	▲
2	监理实施细则	▲		△	▲	▲
3	监理月报	△			▲	
4	监理会议纪要	▲		△	▲	
5	监理工作日志				▲	
6	监理工作总结				▲	▲
7	工作联系单	▲		△	△	
8	监理工程师通知	▲		△	△	△
9	监理工程师通知回复单	▲		△	△	△
10	工程暂停令	▲		△	△	▲
11	工程复工报审表	▲		▲	▲	▲
B2	**进度控制文件**					
1	工程开工报审表	▲		▲	▲	▲
2	施工进度计划报审表	▲		△	△	
B3	**质量控制文件**					
1	质量事故报告及处理资料	▲		▲	▲	▲
2	旁站监理记录	△		△	▲	
3	见证取样和送检人员备案表	▲		▲	▲	
4	见证记录	▲		▲	▲	
5	工程技术文件报审表			△		

续表

类别	归 档 文 件	保存单位				
		建设 单位	设计 单位	施工 单位	监理 单位	城建 档案馆
B4	**造价控制文件**					
1	工程款支付	▲		△	△	
2	工程款支付证书	▲		△	△	
3	工程变更费用报审表	▲		△	△	
4	费用索赔申请表	▲		△	△	
5	费用索赔审批表	▲		△	△	
B5	**工期管理文件**					
1	工程延期申请表	▲		▲	▲	▲
2	工程延期审批表	▲		▲	▲	▲
B6	**监理验收文件**					
1	竣工移交证书	▲		▲	▲	▲
2	监理资料移交书	▲		▲		
	施工文件（C 类）					
C1	**施工管理文件**					
1	工程概况表	▲		▲	▲	△
2	施工现场质量管理检查记录			△	△	
3	企业资质证书及相关专业人员岗位证书	△		△	△	△
4	分包单位资质报审表	▲		▲	▲	
5	建设单位质量事故勘查记录	▲		▲	▲	▲
6	建设工程质量事故报告书	▲		▲	▲	▲
7	施工检测计划	△		△	△	
8	见证试验检测汇总表	▲		▲	▲	▲
9	施工日志			▲		
C2	**施工技术文件**					
1	工程技术文件报审表	△		△	△	
2	施工组织设计及施工方案	△		△	△	△
3	危险性较大分部分项工程施工方案	△		△	△	△
4	技术交底记录	△		△		
5	图纸会审记录	▲	▲	▲	▲	▲
6	设计变更通知单	▲	▲	▲	▲	▲
7	工程洽商记录（技术核定单）	▲	▲	▲	▲	▲
C3	**进度造价文件**					
1	工程开工报审表	▲	▲	▲	▲	▲
2	工程复工报审表	▲	▲	▲	▲	▲

续表

类别	归档文件	保存单位				
		建设单位	设计单位	施工单位	监理单位	城建档案馆
3	施工进度计划报审表			△	△	
4	施工进度计划			△	△	
5	人、机、料动态表			△	△	
6	工程延期申请表	▲		▲	▲	▲
7	工程款支付申请表	▲		△	△	
8	工程变更费用报审表	▲		△	△	
9	费用索赔申请表	▲		△	△	
C4	**施工物质出厂质量证明及进场检测文件**					
	出厂质量证明文件及检测报告					
1	砂、石、砖、水泥、钢筋、隔热保温、防腐材料、轻骨料出厂证明文件	▲		▲	▲	△
2	其他物资出厂合格证、质量保证书、检测报告和报关单或商检证等	△		▲	△	
3	材料、设备的相关检验报告、型式检测报告、3C强制认证合格证书或3C标志	△		▲	△	
4	主要设备、器具的安装使用说明书	▲		▲	△	
5	进口的主要材料设备的商检证明文件	△		▲		
6	涉及消防、安全、卫生、环保、节能的材料、设备的检测报告或法定机构出具的有效证明文件	▲		▲	▲	△
7	其他施工物资产品合格证、出厂检验报告					
	进场检验通用表格					
1	材料、构配件进场检验记录			△	△	
2	设备开箱检验记录			△	△	
3	设备及管道附件试验记录	▲		▲	△	
	进场复试报告					
1	钢材试验报告	▲		▲	▲	▲
2	水泥试验报告	▲		▲	▲	▲
3	砂试验报告	▲		▲	▲	▲
4	碎（卵）石试验报告	▲		▲	▲	▲
5	外加剂试验报告	△		▲	▲	▲
6	防水涂料试验报告	▲		▲	△	
7	防水卷材试验报告	▲		▲	△	
8	砖（砌块）试验报告	▲		▲	▲	▲
9	预应力筋复试报告	▲		▲	▲	▲

续表

类别	归 档 文 件	保存单位				
		建设单位	设计单位	施工单位	监理单位	城建档案馆
10	预应力锚具、夹具和连接器复试报告	▲		▲	▲	▲
11	装饰装修用门窗复试报告	▲		▲	△	
12	装饰装修用人造木板复试报告	▲		▲	△	
13	装饰装修用花岗石复试报告	▲		▲	△	
14	装饰装修用安全玻璃复试报告	▲		▲	△	
15	装饰装修用外墙面砖复试报告	▲		▲	△	
16	钢结构用钢材复试报告	▲		▲	▲	▲
17	钢结构用防火涂料复试报告	▲		▲	▲	▲
18	钢结构用焊接材料复试报告	▲		▲	▲	▲
19	钢结构用高强度大六角头螺栓连接副复试报告	▲		▲	▲	▲
20	钢结构用扭剪型高强螺栓连接副复试报告	▲		▲	▲	▲
21	幕墙用铝塑板、石材、玻璃、结构胶复试报告	▲		▲	▲	▲
22	散热器、供暖系统保温材料、通风与空调工程绝热材料、风机盘管机组、低压配电系统电缆的见证取样复试报告	▲		▲	▲	▲
23	节能工程材料复试报告	▲		▲	▲	▲
24	其他物资进场复试报告					
C5	**施工记录文件**					
1	隐蔽工程验收记录	▲		▲	▲	▲
2	施工检查记录			△	△	
3	交接检查记录			▲	△	
4	工程定位测量记录	▲		▲	▲	▲
5	基槽验线记录	▲		▲	▲	▲
6	楼层平面放线记录			△	△	△
7	楼层标高抄测记录			△	△	△
8	建筑物垂直度、标高观测记录	▲		▲	△	△
9	沉降观测记录	▲		▲	△	▲
10	基坑支护水平位移监测记录			△	△	
11	桩基、支护测量放线记录			△	△	
12	地基验槽记录	▲	▲	▲	▲	▲
13	地基钎探记录	▲		△	△	▲
14	混凝土浇灌申请书			△	△	
15	预拌混凝土运输单			△		
16	混凝土开盘鉴定			△	△	

续表

类别	归 档 文 件	保存单位				
		建设单位	设计单位	施工单位	监理单位	城建档案馆
17	混凝土拆模申请单			△	△	
18	混凝土预拌测温记录			△		
19	混凝土养护测温记录			△		
20	大体积混凝土养护测温记录			△		
21	大型构件吊装记录	▲		△	△	▲
22	焊接材料烘焙记录			△		
23	地下工程防水效果检查记录	▲		△	△	
24	防水工程试水检查记录	▲		△	△	
25	通风（烟）道、垃圾道检查记录	▲		△	△	
26	预应力筋张拉记录	▲		▲	△	▲
27	有粘结预应力结构灌浆记录	▲		▲	△	▲
28	钢结构施工记录	▲		▲	△	
29	网架（索膜）施工记录	▲		▲	△	▲
30	木结构施工记录	▲		▲	△	
31	幕墙注胶检查记录	▲		▲	△	
32	自动扶梯、自动人行道的相邻区域检查记录	▲		▲	△	
33	电梯电气装置安装检查记录	▲		▲	△	
34	自动扶梯、自动人行道电气装置检查记录	▲		▲	△	
35	自动扶梯、自动人行道整机安装质量检查记录	▲		▲	△	
36	其他施工记录文件					
C6	**施工试验记录及检测文件**					
	通用表格					
1	设备单机试运转记录	▲		▲	△	△
2	系统试运转调试记录	▲		▲	△	△
3	接地电阻测试记录	▲		▲	△	△
4	绝缘电阻测试记录	▲		▲	△	△
	建筑与结构工程					
1	锚杆试验报告	▲		▲	△	▲
2	地基承载力检验报告	▲		▲	△	▲
3	桩基检测报告	▲		▲	△	▲
4	土工击实试验报告	▲		▲	△	▲
5	回填土试验报告（应附图）	▲		▲	△	▲
6	钢筋机械连接试验报告	▲		▲	△	△
7	钢筋焊接连接试验报告	▲		▲	△	△

续表

类别	归 档 文 件	保存单位				
		建设单位	设计单位	施工单位	监理单位	城建档案馆
8	砂浆配合比申请单、通知单			△	△	△
9	砂浆抗压强度试验报告	▲		▲	▲	▲
10	砌筑砂浆试块强度统计、评定记录	▲		▲	▲	△
11	混凝土配合比申请单、通知单	▲		△	△	△
12	混凝土抗压强度试验报告	▲		▲	▲	▲
13	混凝土试块强度统计、评定记录	▲		▲	▲	△
14	混凝土抗渗试验报告	▲		▲	▲	△
15	砂、石、水泥放射性指标报告	▲		▲	▲	△
16	混凝土碱总量计算书	▲		▲	▲	△
17	外墙饰面砖样板粘结强度试验报告	▲		▲	▲	△
18	后置埋件抗拔试验报告	▲		▲	▲	△
19	超声波探伤报告、探伤记录	▲		▲	△	△
20	钢构件射线探伤报告	▲		▲	△	△
21	磁粉探伤报告	▲		▲	△	△
22	高强度螺栓抗滑移系数检测报告	▲		▲	△	△
23	钢结构焊接工艺评定	▲		▲	△	△
24	网架节点承载力试验报告	▲		▲	△	△
25	钢结构防腐、防火涂料厚度检测报告	▲		▲	△	△
26	木结构胶缝试验报告	▲		▲	△	△
27	木结构构件力学性能试验报告	▲		▲	△	△
28	木结构防护剂试验报告	▲		▲	△	△
29	幕墙双组分硅酮结构胶混匀性及拉断试验报告	▲		▲	△	▲
30	幕墙的抗风压性能、空气渗透性能、雨水渗透性能及平面内变形性能检测报告	▲		▲	△	△
31	外门窗的抗风压性能、空气渗透性能和雨水渗透性能检测报告	▲		▲	△	△
32	墙体节能工程保温板材与基层粘结强度现场拉拔试验	▲		▲	△	△
33	外墙保温浆料同条件养护试件试验报告	▲		▲	△	△
34	结构实体混凝土强度验收记录	▲		▲	△	△
35	结构实体钢筋保护层厚度验收记录	▲		▲	△	△
36	围护结构现场实体检验	▲		▲	△	△
37	室内环境检测报告	▲		▲	△	△
38	节能性能检测报告	▲		▲	△	▲

续表

类别	归 档 文 件	保存单位				
		建设 单位	设计 单位	施工 单位	监理 单位	城建 档案馆
39	其他建筑与结构施工试验记录与检测文件					
	给水排水及供暖工程					
1	灌（满）水试验记录	▲		△	△	
2	强度严密性试验记录	▲		▲	△	△
3	通水试验记录	▲		△	△	
4	冲（吹）洗试验记录	▲		▲	△	
5	通球试验记录	▲		△	△	
6	补偿器安装记录			△	△	
7	消火栓试射记录	▲		▲	△	
8	安全附件安装检查记录			▲	△	
9	锅炉烘炉试验记录			▲	△	
10	锅炉煮炉试验记录			▲	△	
11	锅炉试运行记录	▲		▲	△	
12	安全阀定压合格证书	▲		▲	△	
13	自动喷水灭火系统联动试验记录	▲		▲	△	△
14	其他给水排水及供暖施工试验记录与检测文件					
	建筑电气工程					
1	电气接地装置平面示意图表	▲		▲	△	△
2	电气器具通电安全检查记录	▲		△	△	
3	电气设备空载试运行记录	▲		▲	△	△
4	建筑物照明通电试运行记录	▲		▲	△	△
5	大型照明灯具承载试验记录	▲		▲	△	
6	漏电开关模拟试验记录	▲		▲	△	
7	大容量电气线路结点测温记录	▲		▲	△	
8	低压配电电源质量测试记录	▲		▲	△	
9	建筑物照明系统照度测试记录	▲		△	△	
10	其他建筑电气施工试验记录与检测文件					
	智能建筑工程					
1	综合布线测试记录	▲		▲	△	△
2	光纤损耗测试记录	▲		▲	△	△
3	视频系统末端测试记录	▲		▲	△	△
4	子系统检测记录	▲		▲	△	△
5	系统试运行记录	▲		▲	△	△
6	其他智能建筑施工试验记录与检测文件					

续表

类别	归 档 文 件	保存单位				
		建设单位	设计单位	施工单位	监理单位	城建档案馆
	通风与空调工程					
1	风管漏光检测记录	▲		△	△	
2	风管漏风检测记录	▲		▲	△	
3	现场组装除尘器、空调机漏风检测记录			△	△	
4	各房间室内风量测量记录	▲		△	△	
5	管网风量平衡记录	▲		△	△	
6	空调系统试运转调试记录	▲		▲	△	△
7	空调水系统试运转调试记录	▲		▲	△	△
8	制冷系统气密性试验记录	▲		▲	△	△
9	净化空调系统检测记录	▲		▲	▲	
10	防排烟系统联合试运行记录	▲		▲	△	△
11	其他通风与空调施工试验记录与检测文件					
	电梯工程					
1	轿厢平层准确度测量记录	▲		△	△	
2	电梯层门安全装置检测记录	▲		▲	△	
3	电梯电气安全装置检测记录	▲		▲	△	
4	电梯整机功能检测记录	▲		▲	△	
5	电梯主要功能检测记录	▲		▲	△	
6	电梯负荷运行试验记录	▲		▲	△	△
7	电梯负荷运行试验曲线图表	▲		▲	△	
8	电梯噪声测试记录	△		△	△	
9	自动扶梯、自动人行道安全装置检测记录	▲		▲	△	
10	自动扶梯、自动人行道整机性能、运行试验记录	▲		▲	△	△
11	其他电梯施工试验记录与检测文件					
C7	**施工质量验收文件**					
1	检验批质量验收记录	▲		△	△	
2	分项工程质量验收记录	▲		△	▲	
3	分部（子分部）工程质量验收记录	▲		▲	▲	▲
4	建筑节能分部工程质量验收记录	▲		▲	▲	▲
5	自动喷水系统验收缺陷项目划分记录	▲		△	△	
6	程控电话交换系统分项工程质量验收记录	▲		▲	△	
7	会议电视系统分项工程质量验收记录	▲		▲	△	
8	卫星数字电视系统分项工程质量验收记录	▲		▲	△	

续表

类别	归 档 文 件	保存单位				
		建设单位	设计单位	施工单位	监理单位	城建档案馆
9	有线电视系统分项工程质量验收记录	▲		▲	△	
10	公共广播与紧急广播系统分项工程质量验收记录	▲		▲	△	
11	计算机网络系统分项工程质量验收记录	▲		▲	△	
12	应用软件系统分项工程质量验收记录	▲		▲	△	
13	网络安全系统分项工程质量验收记录	▲		▲	△	
14	空调与通风系统分项工程质量验收记录	▲		▲	△	
15	变配电系统分项工程质量验收记录	▲		▲	△	
16	公共照明系统分项工程质量验收记录	▲		▲	△	
17	给水排水系统分项工程质量验收记录	▲		▲	△	
18	热源和热交换系统分项工程质量验收记录	▲		▲	△	
19	冷冻和冷却水系统分项工程质量验收记录	▲		▲	△	
20	电梯和自动扶梯系统分项工程质量验收记录	▲		▲	△	
21	数据通信接口分项工程质量验收记录	▲		▲	△	
22	中央管理工作站及操作分站分项工程质量验收记录	▲		▲	△	
23	系统实时性、可维护性、可靠性分项工程质量验收记录	▲		▲	△	
24	现场设备安装及检测分项工程质量验收记录	▲		▲	△	
25	火灾自动报警及消防联动系统分项工程质量验收记录	▲		▲	△	
26	综合防范功能分项工程质量验收记录	▲		▲	△	
27	视频安防监控系统分项工程质量验收记录	▲		▲	△	
28	入侵报警系统分项工程质量验收记录	▲		▲	△	
29	出入口控制（门禁）系统分项工程质量验收记录	▲		▲	△	
30	巡更管理系统分项工程质量验收记录	▲		▲	△	
31	停车场（库）管理系统分项工程质量验收记录	▲		▲	△	
32	安全防范综合管理系统分项工程质量验收记录	▲		▲	△	
33	综合布线系统安装分项工程质量验收记录	▲		▲	△	
34	综合布线系统性能检测分项工程质量验收记录	▲		▲	△	
35	系统集成网络连接分项工程质量验收记录	▲		▲	△	
36	系统数据集成分项工程质量验收记录	▲		▲	△	
37	系统集成整体协调分项工程质量验收记录					

续表

类别	归 档 文 件	保存单位				
		建设单位	设计单位	施工单位	监理单位	城建档案馆
38	系统集成综合管理及冗余功能分项工程质量验收记录	▲		▲	△	
39	系统集成可维护性和安全性分项工程质量验收记录	▲		▲	△	
40	电源系统分项工程质量验收记录	▲		▲	△	
41	其他施工质量验收文件					
C8	**施工验收文件**					
1	单位（子单位）工程竣工预验收报验表	▲		▲		▲
2	单位（子单位）工程质量竣工验收记录	▲	△	▲		▲
3	单位（子单位）工程质量控制资料核查记录	▲		▲		▲
4	单位（子单位）工程安全和功能检验资料核查及主要功能抽查记录	▲		▲		▲
5	单位（子单位）工程观感质量检查记录	▲		▲		▲
6	施工资料移交书	▲		▲		
7	其他施工验收文件					
	竣工图（D 类）					
1	建筑竣工图	▲		▲		▲
2	结构竣工图	▲		▲		▲
3	钢结构竣工图	▲		▲		▲
4	幕墙竣工图	▲		▲		▲
5	室内装饰竣工图	▲		▲		▲
6	建筑给水排水及供暖竣工图	▲		▲		▲
7	建筑电气竣工图	▲		▲		▲
8	智能建筑竣工图	▲		▲		▲
9	通风与空调竣工图	▲		▲		▲
10	室外工程竣工图	▲		▲		▲
11	规划红线内的室外给水、排水、供热、供电、照明管线等竣工图	▲		▲		▲
12	规划红线内的道路、园林绿化、喷灌设施等竣工图	▲		▲		▲
	工程竣工验收文件（E 类）					
E1	**竣工验收与备案文件**					
1	勘察单位工程质量检查报告	▲		△	△	▲
2	设计单位工程质量检查报告	▲	▲	△	△	▲

续表

类别	归档文件	保存单位				
		建设单位	设计单位	施工单位	监理单位	城建档案馆
3	施工单位工程竣工报告	▲		▲	△	▲
4	监理单位工程质量评估报告	▲	△		▲	▲
5	工程竣工验收报告	▲	▲	▲	▲	▲
6	工程竣工验收会议纪要	▲	▲	▲	▲	▲
7	专家组竣工验收意见	▲	▲	▲	▲	▲
8	工程竣工验收证书	▲	▲	▲	▲	▲
9	规划、消防、环保、民防、防雷等部门出具的认可文件或准许使用文件	▲	▲	▲	▲	▲
10	房屋建筑工程质量保修书	▲				▲
11	住宅质量保证书、住宅使用说明书	▲			▲	▲
12	建设工程竣工验收备案表	▲	▲	▲	▲	▲
13	建设工程档案预验收意见			△		▲
14	城市建设档案移交书	▲				▲
E2	**竣工决算文件**					
1	施工决算文件	▲		▲		△
2	监理决算文件	▲			▲	△
E3	**工程声像资料等**					
1	开工前原貌、施工阶段、竣工新貌照片	▲		△	△	▲
2	工程建设过程的录音、录像资料（重大工程）	▲		△	△	▲
E4	**其他工程文件**					

注：表中符号"▲"表示必须归档保存；"△"表示选择性归档保存。

④ 归档的纸质工程文件应为原件。

⑤ 工程文件应采用碳素墨水、蓝黑墨水等耐久性强的书写材料，不得使用红色墨水、纯蓝墨水、圆珠笔、复写纸、铅笔等易褪色的书写材料。计算机输出文字和图件应使用激光打印机，不应使用色带式打印机、水性墨打印机和热敏打印机。工程文件应字迹清楚，图样清晰，图表整洁，签字盖章手续应完备。工程文件中的文字材料幅面尺寸规格宜为A4幅面（297mm×210mm），图纸宜采用国家标准图幅。工程文件的纸张应采用能长期保存的韧力大、耐久性强的纸张。

⑥ 所有竣工图均应加盖竣工图章（图3-17）并应符合以下规定：a. 竣工图章的基本内容应包括："竣工图"字样、施工单位、编制人、审核人、技术负责人、编制日期、监理单位、现场监理、总监；b. 竣工图章尺寸应为：50mm×80mm；c. 竣工图章应使用不易褪色的印泥，应盖在图标栏上方空白处。

⑦ 竣工图的绘制与改绘应符合国家现行有关制图标准的规定。

⑧ 归档的建设工程电子文件应采用表3-12所列的开放式文件格式或通用格式进行存

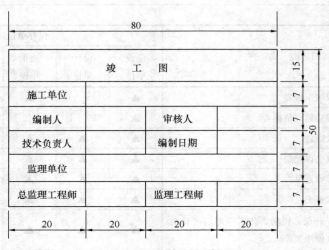

图 3-17　竣工图章示例

储，专用软件产生的非通用格式的电子文件应转换成通用格式。

工程电子文件存储格式表　　　　　　　　　　　　　表 3-12

文件类别	格　　式
文本（表格）文件	PDF、XML、TXT
图像文件	JPEG、TIFF
图形文件	DWG、PDF、SVG
影像文件	MPEG2、MPEG4、AVI
声音文件	MP3、WAV

⑨ 归档的建设工程电子文件应包含元数据，保证文件的完整性和有效性，元数据应符合现行行业标准《建设电子档案元数据标准》CJJ/T 187 的规定。归档的建设工程电子文件应采用电子签名等手段，所载内容应真实和可靠。归档的建设工程电子文件的内容必须与其纸质档案一致。离线归档的建设工程电子档案载体，应采用一次性写入光盘，光盘不应有磨损、划伤。

⑩ 存储移交电子档案的载体应经过检测，应无病毒、无数据读写故障，并应确保接收方能通过适当设备读出数据。

⑪ 归档的工程建设文件资料在检查时应注意：发现资料中表述的事实与时间是否存在矛盾；分析资料中记录的内容是否与常规施工规律相符合；考查记录的笔迹以鉴定其真伪。

（3）工程文件的立卷

1）工程文件立卷的流程、原则和方法

a. 工程文件的立卷应按照以下流程进行：①对属于归档范围的工程文件进行分类，确定归入案卷的文件材料；②对卷内文件材料进行排列，编目、装订或装盒；③排列所有案卷，形成案卷目录。

b. 工程文件的立卷应遵循以下原则：①立卷应遵循工程文件的自然形成规律和工程专业的特点；②工程文件应按不同的形成、整理单位及建设程序，按工程准备阶段文件、监理文件、施工文件、竣工图、竣工验收文件分别进行立卷，并可根据数量多少组成一卷或多卷；③一项建设工程由多个单位工程组成时，工程文件应按单位工程立卷；④不同载体的文件应分别立卷。

c. 工程文件的立卷应采用以下方法：①工程准备阶段文件应按建设程序、形成单位等进行立卷；②监理文件应按单位工程、分部工程或专业、阶段等进行立卷；③施工文件应按单位工程、分部（分项）工程进行立卷；④竣工图应按单位工程分专业进行立卷；⑤竣工验收文件应按单位工程分专业进行立卷；⑥电子文件立卷时，每个工程（项目）应建立多级文件夹，应与纸质文件在案卷设置上一致，并应建立相应的标识关系；⑦声像资料应按建设工程各阶段立卷，重大事件及重要活动的声像资料则应按专题立卷，声像档案与纸质档案应建立相应的标识关系。

d. 施工文件的立卷应符合以下要求：①专业承（分）包施工的分部、子分部（分项）工程应分别单独立卷；②室外工程应按室外建筑环境和室外安装工程单独立卷；③当施工文件中部分内容不能按一个单位工程分类立卷时，可按建设工程立卷；④不同幅面的工程图纸，应统一折叠成 A4 幅面（297mm×210mm），图面应朝内，首先沿标题栏的短边方向以 W 形折叠，然后再沿标题栏的长边方向以 W 形折叠，并使标题栏露在外面；⑤案卷不宜过厚，文字材料卷厚度不宜超过 20mm，图纸卷厚度不宜超过 50mm；⑥案卷内不应有重份文件，印刷成册的工程文件宜保持原状。

e. 建设工程电子文件的组织和排序可按纸质文件进行。

2）卷内文件的排列

卷内文件应按表 3-11 的类别和顺序排列，文字材料应按事项、专业顺序排列，同一事项的请示与批复、同一文件的印本与定稿、主体与附件不应分开，并应按批复在前、请示在后，印本在前、定稿在后，主体在前、附件在后的顺序排列；图纸应按专业排列、同专业图纸应按图号顺序排列；当案卷内既有文字材料又有图纸时，文字材料应排在前面，图纸则应排在后面。

3）案卷的编目

工程文件经系统排列组成案卷后，随之就要对案卷编目，通过编目以固定案卷内资料的位置，以便于日后的查找和利用。案卷编目的内容如下：

a. 编制卷内文件页号应符合以下规定：①卷内文件均应按有书写内容的页面编号，每卷单独编号，页号从"1"开始。②单面书写的文件其页号编写的位置在右下角；双面书写的文件其页号编写的位置：正面在右下角，背面在左下角；折叠后的图纸其页号编写的位置一律在右下角。③成套图纸或印刷成册的文件材料，自成一卷的，原目录可代替卷内目录，不必重新编写页码。④案卷封面、卷内目录、卷内备考表不编写页号。

b. 卷内目录的编制应符合以下规定：①卷内目录应排列在卷内文件首页之前，式样宜符合表 3-13 的要求。②序号应以一份文件为单位编写，用阿拉伯数字从 1 依次标注。③文件编号应填写文件形成单位的发文号或图纸的图号，或设备、项目代号。④责任者应填写文件的直接形成单位或个人，有多个责任者时，应选择两个主要责任者，其余用"等"代替。⑤文件题名应填写文件标题的全称，当文件无标题时，应根据内容拟写标题，拟写标题外应加"[]"符号。⑥日期应填写文件的形成日期或文件的起止日期，竣工图应填写编制日期。日期中"年"应用四位数字表示，"月"和"日"应分别用两位数字表示。⑦页次应填写文件在卷内所排的起始页号，最后一份文件应填写起止页号。⑧备注应填写需要说明的问题。

卷内目录式样 表 3-13

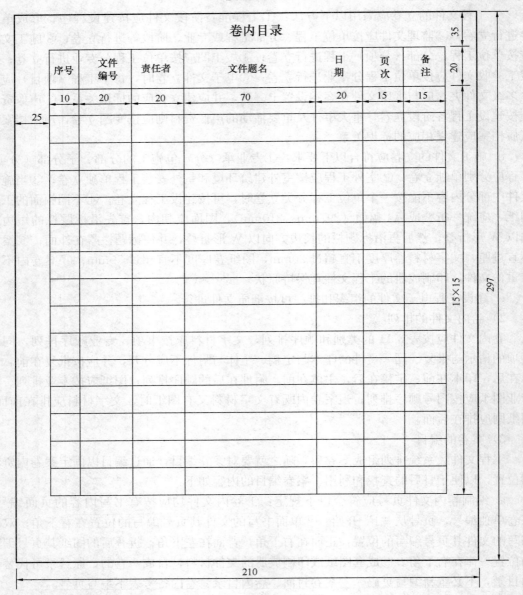

卷内目录

序号	文件编号	责任者	文件题名	日期	页次	备注
10	20	20	70	20	15	15

注：1. 尺寸单位统一为：mm。
　　2. 比例 1：2。

c. 卷内备考表是用来记录和说明归档前后保管单位内质监资料的基本情况和变化情况的一类显示工具，其内容主要包括两个部分：一是对图样资料、文字资料、胶片等数量的记录和说明，另一部分属质监档案部门负责填写，主要是归档后对保管单位变化的记载和说明。卷内备考表的编制应符合以下规定：①卷内备考表应排列在卷内文件的尾页之后，其式样宜符合表 3-14 的要求；②卷内备考表应标明卷内文件的总页数、各类文件页数或照片张数及立卷单位对案卷情况的说明；③立卷单位的立卷人和审核人应在卷内备考表上签名，年、月、日应按立卷、审核时间填写。

卷内备考表式样　　　　　　　　　表 3-14

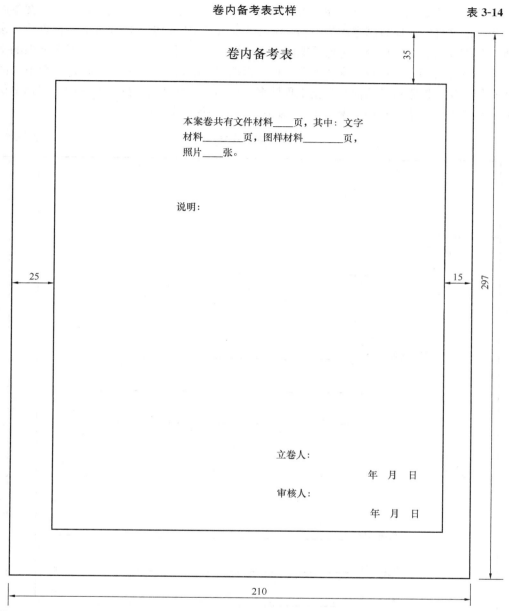

注：1. 尺寸单位统一为：mm。

　　2. 比例 1：2。

d. 编制保管单位封面，以一定的格式概要介绍保管单位内监理资料的内容，同时其又对保管单位内的监理资料起着保护作用。案卷封面的编制应符合以下规定：①案卷封面应印刷在卷盒、卷夹的正表面，也可采用内封面形式，案卷封面的式样宜符合表 3-15 的要求。②案卷封面的内容应包括档号、案卷题名、编制单位、起止日期、密级、保管期限、本案卷所属工程的案卷总量、本案卷在该工程案卷总量中的排序。③档号应由分类号、项目号和案卷号组成，档号由档案保管单位负责填写。④案卷题名应简明、准确地揭示卷内文件的内容。⑤编制单位应填写案卷内文件的形成单位或主要责任者。⑥起止单位应填写案卷内全部文件形成的起止日期。⑦密级应在绝密、机密、秘密三个级别中选择划定，当同一案卷内有不同密级的文件时，应以高密级为本卷密级。⑧保管期限应根据卷内文件的保存价值在永久保管、长期保管、短期保管三种保管期限中选择划定，当同一案卷内有不同保管期限的文件时，该案卷保管期限应从长。永久保管是指工程档案无限期地、尽可能长远地保存下去的一种工程档案保管期限；长期保管是指工程档案保存到该工程被彻底拆除的一种工程档案保管期限；短期保管是指工程档案保存 10 年以下的一种工程档案保管期限。

案卷封面式样 表 3-15

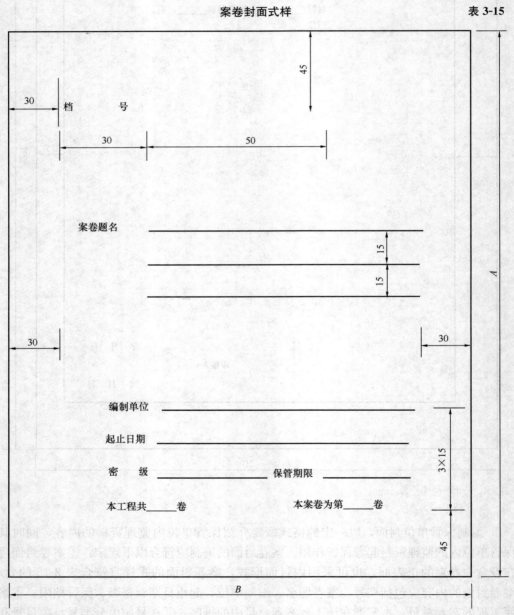

注：1. 卷盒、卷夹封面 $A \times B = 310 \times 220$。

2. 案卷封面 $A \times B = 297 \times 210$。

3. 尺寸单位统一为：mm，比例 1：2。

e. 建筑工程案卷题名的编写应包括工程名称（含单位工程名称）、分部工程或专业名称及卷内文件概要等内容，当房屋建筑有地名管理机构批准的名称或正式名称时，应以正式名称为工程名称，建设单位名称可省略，必要时可增加工程地址内容。卷内文件概要应符合表 3-12 所列案卷内容（标题）的要求。外文资料的题名及主要内容应译成中文。

f. 案卷脊背应由档号、案卷题名构成，由档案保管单位填写，其式样宜符合图 3-18 的规定。

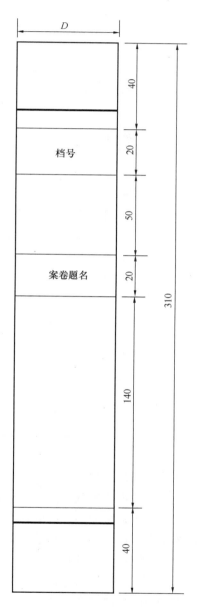

图 3-18　案卷脊背式样

注：1. D＝20、30、40、50。

　　2. 尺寸单位统一为：mm，比例 1：2。

g. 卷内目录、卷内备考表、案卷内封面宜采用 70g 以上白色书写纸制作,幅面应统一采用 A4 幅面。

4)案卷的装订与装具

案卷可采用装订与不装订两种形式。文字材料必须装订,装订时不应破坏文件的内容,并应保持整齐、牢固、以便于保管和利用。

案卷的装具可采用卷盒、卷夹两种形式,并应符合以下规定:a. 卷盒的外表尺寸应为:310mm×220mm,厚度可为:20、30、40、50(mm);b. 卷夹的外表尺寸应为:310mm×220mm,厚度宜为 20～30mm;C. 卷盒、卷夹应采用无酸纸制作。

5)案卷目录的编制

案卷应按表 3-11 的类别和顺序排列。案卷目录的编制应符合以下规定:a. 案卷目录式样宜符合表 3-16 的要求;b. 编制单位应填写负责立卷的法人组织或主要责任者;c. 编制日期应填写完成立卷工作的日期。

案卷目录式样 表 3-16

| 案卷号 | 案卷题名 | 卷内数量 | | | 编制单位 | 编制日期 | 保管期限 | 密级 | 备注 |
		文字（页）	图纸（张）	其他					

(4)工程文件的归档

根据国家标准《建设工程文件归档规范》GB/T 50328—2014 的规定,对于工程建设有关的重要活动、记载工程建设主要过程和现状、具有保存价值的各种载体的文件,均应收集齐全,整理立卷后归档。归档文件必须完整、准确、系统,能够反映工程建设活动的全过程,并须经过分类整理,按要求组成案卷。各种监理资料亦应在各阶段监理工作结束之后及时整理归档。工程文件的归档应符合下列规定:

① 归档应符合以下规定:a. 归档文件范围和质量应符合《建设工程文件归档规范》GB/T 50328—2014 第 4 章的规定;b. 归档的文件必须经过分类整理,并且应符合《建设工程文件归档规范》GB/T 50328—2014 第 5 章的规定。

② 电子文件归档应包括以线式归档和离线式归档两种方式,可根据实际情况选择其中一种或两种方式进行归档。

③ 归档时间应符合以下规定：a. 根据建设程序和工程特点，归档可分阶段分期进行，也可在单位或分部工程通过竣工验收后进行；b. 勘察、设计单位应在任务完成之后，施工、监理单位应在工程竣工验收前，将各自形成的有关工程档案向建设单位归档。

④ 勘察、设计、施工单位在收齐工程文件并整理立卷之后，建设单位、监理单位应根据城建档案管理机构的要求，对归档文件的完整、准确、系统情况和案卷质量进行审查，审查合格后方可向建设单位移交。

⑤ 工程档案的编制不得少于两套，一套应由建设单位保管，一套（原件）应移交当地城建档案管理机构保存。

⑥ 勘察、设计、施工、监理等单位向建设单位移交档案时，应编制移交清单，双方签字，盖章后方可交接。

⑦ 设计、施工及监理单位需向本单位归档的文件，应按国家有关规定和表3-11的要求立卷归档。

（5）工程档案的验收与移交

列入城建档案管理机构档案接收范围的工程，竣工验收前，城建档案管理机构应对工程档案进行预验收。城建档案管理机构在进行工程档案预验收时，应查验以下主要内容：①工程档案齐全、系统、完整，能全面反映工程建设活动和工程的实际状况；②工程档案已整理立卷、立卷符合国家标准《建设工程文件归档规范》GB/T 50328—2014 的规定；③竣工图的绘制方法、图式及规格等符合专业技术要求，图面整洁，盖有竣工图章；④文件的形成、来源符合实际，要求单位或个人签章的文件，其签章手续完备；⑤文件的材质、幅面、书写、绘图、用墨、托裱等符合要求；⑥电子档案格式、载体等符合要求；⑦声像档案内容、质量、格式符合要求。

列入城建档案管理机构接收范围的工程，建设单位应在工程竣工验收后3个月以内，必须向城建档案管理机构移交一套符合规定的工程档案。停建、缓建建设工程的档案，可暂由建设单位保管。对改建、扩建和维修工程，建设单位应组织设计、施工单位对改变部位据实编制新的工程档案，并应在工程竣工验收后3个月内向城建档案管理机构移交。

当建设单位向城建档案管理机构移交工程档案资料时，应同时提供移交案卷目录、办理移交手续、双方签字，盖章之后方可交接工程档案资料。

施工合同文件、勘察设计文件均是施工阶段监理工作的依据，应由建设单位无偿提供（其数量应在委托监理合同中约定），项目监理机构应视其为监理资料予以保管。

在监理工作过程中，与工程质量有关的隐蔽工程检查验收资料、工程项目质量验收的资料、材料设备的试验检测资料，项目监理机构均应随工作进展，随时提交给建设单位，故监理工作结束时，项目监理机构只向建设单位提交监理工作总结。

为保证监理资料的完整、分类有序，工程开工前项目总监理工程师应与建设单位、承包单位对工程项目有关资料的分类、格式（包括用纸尺寸）、份数达成一致意见，并在工程实施中遵照执行。

工程资料的组卷及归档，各地区各部门有不同的要求。因此，项目开工前，项目监理机构应主动与当地档案部门或行政主管部门进行联系，明确其具体要求。

第七节　安全生产管理和组织协调工作

一、建设工程的安全生产管理

项目监理机构应根据法律法规、工程建设强制性标准，履行建设工程安全生产管理的监理职责，并应将安全生产管理的监理内容、方法和措施纳入监理规划及监理实施细则。

（1）项目监理机构应审查施工单位现场安全生产规章制度的建立和实施情况，并应审查施工单位的安全生产许可证以及施工单位项目经理、专职安全生产管理人员和特种作业人员的资格，同时应核查施工机械和设施的安全许可验收手续。

（2）项目监理机构应审查施工单位报审的专项施工方案，专项施工方案报审表应按表2-20的要求填写，符合要求的，应由总监理工程师签认后报建设单位。超过一定规模的危险性较大的分部分项工程的专项施工方案，应检查施工单位组织专家进行论证、审查的情况，以及是否附具安全验算结果。项目监理机构应要求施工单位按照已批准的专项施工方案组织施工。专项施工方案需要调整时，施工单位应按程序重新提交项目监理机构审查。专项施工方案审查应包括下列基本内容：①编审程序应符合相关规定；②安全技术措施应符合工程建设强制性标准。

（3）项目监理机构应巡视检查危险性较大的分部分项工程专项施工方案的实施情况，若发现未按专项施工方案实施时，应签发监理通知单，要求施工单位按照专项施工方案实施。

（4）项目监理机构在实施监理的过程中，若发现工程存在安全事故隐患时，应签发监理通知单，要求施工单位进行整改；情况严重时，应签发工程暂停令，并应及时报告建设单位。若施工单位拒不整改或者不停止施工时，项目监理机构应及时向有关主管部门报送监理报告，监理报告应按表2-15的要求填写。

二、建设工程监理的组织协调工作

项目监理机构应协调工程建设相关各方的关系，项目监理机构与工程建设相关各方之间的工作联系，除另有规定外宜采用工作联系单形式进行。工作联系单应按表2-34的要求填写。

组织协调与目标控制是密不可分的。协调的目的就是为了实现项目目标。在监理过程中，若设计概算超过投资估算时，监理工程师则应与设计单位进行协调，从而使设计与投资限额之间达成一致，既要满足建设单位对项目的功能和使用要求，又要力求使费用不超过限定的投资额度；若施工进度影响到项目动能和使用时间时，监理工程师则应与施工单位进行协调，或改变投入，或修改计划，或调整目标，直至制定出一个能解决问题的方案为止。

组织协调包括项目监理组织内部人与人、机构与机构之间的协调，如项目总监理工程师与各专业监理工程师之间、各专业监理工程师之间的人际关系，以及纵向监理部门与横向监理部门之间关系的协调。组织协调还存在于项目监理组织与外部环境组织之间，其中主要是与项目建设单位、设计单位、施工单位、材料和设备供应单位、以及与政府有关部门、社会团体、咨询单位、科学研究单位、工程毗邻单位之间的协调。

为了开展好工程建设监理工作，要求项目监理组织内的所有监理人员都能主动地在自己负责的范围内进行协调，并采用科学有效的方法。为了搞好组织协调工作，需要对经常性事项的协调加以程序化，事先确定协调内容、协调方式和具体的协调流程；需要经常通过监理组织系统和项目组织系统，利用权责体系，采取指令等方式进行协调，需要设置专门机构或专人进行协调，需要召开各种类型的会议进行协调。只有这样，项目系统内各子系统、各专业、各工种、各项资源以及时间、空间等方面才能实现有机的配合，使工程项目成为一体化运行的整体。

项目监理机构组织协调的方法主要有会议协调法、交谈协调法和书面协调法等。会议协调法是建设工程监理中最常见的一种协调方法，包括第一次工地会议、监理例会、专题会议等；交谈协调法包括面对面的交谈和电话、电子邮件等形式的交谈；书面协调法其特点是具有合同效力，一般常用于以下几个方面：①不需双方直接交流的书面报告、报表、指令和通知等；②需要以书面形式向各方提供详细信息和情况通报的报告、信函和备忘录等；③事后对会议记录、交谈内容或口头指令的书面确认。

第四章　防水材料的质量监理

防水材料的品种繁多，功能有别、施工工艺不一。防水工程的监理，其监理人员首先要检查材料的各种性能指标，并对它进行见证取样试验，必要时应先进行试用，同时，监理人员也要搜集防水材料的品种及其质量信息，避免使用劣质防水材料。

第一节　质量验收规范对防水材料的要求

一、《屋面工程质量验收规范》对防水材料提出的要求

《屋面工程质量验收规范》GB 50207—2012 国家标准对防水材料提出的要求如下：

a. 屋面防水材料进场检验项目应符合表 4-1 的规定；

b. 现行屋面防水材料标准应按表 4-2 选用。

屋面防水材料进场检验项目（GB 50207—2012）　　　　　　　　　　　表 4-1

序号	防水材料名称	现场抽样数量	外观质量检验	物理性能检验
1	高聚物改性沥青防水卷材	大于 1000 卷抽 5 卷，每 500 卷～1000 卷抽 4 卷，100 卷～499 卷抽 3 卷，100 卷以下抽 2 卷，进行规格尺寸和外观质量检验。在外观质量检验合格的卷材中，任取一卷作物理性能检验	表面平整，边缘整齐，无孔洞、缺边、裂口，胎基未浸透，矿物粒料粒度，每卷卷材的接头	可溶物含量、拉力、最大拉力时延伸率、耐热度、低温柔度、不透水性
2	合成高分子防水卷材		表面平整，边缘整齐，无气泡、裂纹、粘结疤痕，每卷卷材的接头	断裂拉伸强度、扯断伸长率、低温弯折性、不透水性
3	高聚物改性沥青防水涂料		水乳型：无色差、凝胶、结块、明显沥青丝；溶剂型：黑色黏稠状，细腻、均匀胶状液体	固体含量、耐热性、低温柔性、不透水性、断裂伸长率或抗裂性
4	合成高分子防水涂料	每 10t 为一批，不足 10t 按一批抽样	反应固化型：均匀黏稠状，无凝胶、结块；挥发固化型：经搅拌后无结块，呈均匀状态	固体含量、拉伸强度、断裂伸长率、低温柔性、不透水性
5	聚合物水泥防水涂料		液体组分：无杂质、无凝胶的均匀乳液；固体组分：无杂质、无结块的粉末	固体含量、拉伸强度、断裂伸长率、低温柔性、不透水性

续表

序号	防水材料名称	现场抽样数量	外观质量检验	物理性能检验
6	胎体增强材料	每3000m² 为一批，不足3000m² 的按一批抽样	表面平整，边缘整齐，无折痕、无孔洞、无污迹	拉力、延伸率
7	沥青基防水卷材用基层处理剂	每5t产品为一批，不足5t的按一批抽样	均匀液体，无结块、无凝胶	固体含量、耐热性、低温柔性、剥离强度
8	高分子胶粘剂		均匀液体，无杂质、无分散颗粒或凝胶	剥离强度、浸水168h后的剥离强度保持率
9	改性沥青胶粘剂		均匀液体，无结块、无凝胶	剥离强度
10	合成橡胶胶粘带	每1000m 为一批，不足1000m 的按一批抽样	表面平整，无固块、杂物、孔洞、外伤及色差	剥离强度、浸水168h后的剥离强度保持率
11	改性石油沥青密封材料	每1t产品为一批，不足1t的按一批抽样	黑色均匀膏状，无结块和未浸透的填料	耐热性、低温柔性、拉伸粘结性、施工度
12	合成高分子密封材料		均匀膏状物或黏稠液体，无结皮、凝胶或不易分散的固体团状	拉伸模量、断裂伸长率、定伸粘结性
13	烧结瓦、混凝土瓦	同一批至少抽一次	边缘整齐，表面光滑，不得有分层、裂纹、露砂	抗渗性、抗冻性、吸水率
14	玻纤胎沥青瓦		边缘整齐，切槽清晰，厚薄均匀，表面无孔洞、硌伤、裂纹、皱折及起泡	可溶物含量、拉力、耐热度、柔度、不透水性、叠层剥离强度
15	彩色涂层钢板及钢带	同牌号、同规格、同镀层重量、同涂层厚度、同涂料种类和颜色为一批	钢板表面不应有气泡、缩孔、漏涂等缺陷	屈服强度、抗拉强度、断后伸长率、镀层重量、涂层厚度

现行屋面防水材料标准　　　　　　　　　　　表 4-2

类　别	标准名称	标准编号
改性沥青防水卷材	1. 弹性体改性沥青防水卷材	GB 18242
	2. 塑性体改性沥青防水卷材	GB 18243
	3. 改性沥青聚乙烯胎防水卷材	GB 18967
	4. 带自粘层的防水卷材	GB/T 23260
	5. 自粘聚合物改性沥青防水卷材	GB 23441

续表

类　别	标准名称	标准编号
合成高分子 防水卷材	1. 聚氯乙烯防水卷材	GB 12952
	2. 氯化聚乙烯防水卷材	GB 12953
	3. 高分子防水材料（第一部分：片材）	GB 18173.1
	4. 氯化聚乙烯-橡胶共混防水卷材	JC/T 684
防水涂料	1. 聚氨酯防水涂料	GB/T 19250
	2. 聚合物水泥防水涂料	GB/T 23445
	3. 水乳型沥青防水涂料	JC/T 408
	4. 溶剂型橡胶沥青防水涂料	JC/T 852
	5. 聚合物乳液建筑防水涂料	JC/T 864
密封材料	1. 硅酮建筑密封胶	GB/T 14683
	2. 建筑用硅酮结构密封胶	GB 16776
	3. 建筑防水沥青嵌缝油膏	JC/T 207
	4. 聚氨酯建筑密封胶	JC/T 482
	5. 聚硫建筑密封胶	JC/T 483
	6. 中空玻璃用弹性密封胶	JC/T 486
	7. 混凝土建筑接缝用密封胶	JC/T 881
	8. 幕墙玻璃接缝用密封胶	JC/T 882
	9. 彩色涂层钢板用建筑密封胶	JC/T 884
瓦	1. 玻纤胎沥青瓦	GB/T 20474
	2. 烧结瓦	GB/T 21149
	3. 混凝土瓦	JC/T 746
配套材料	1. 高分子防水卷材胶粘剂	JC/T 863
	2. 丁基橡胶防水密封胶粘带	JC/T 942
	3. 坡屋面用防水材料　聚合物改性沥青防水垫层	JC/T 1067
	4. 坡屋面用防水材料　自粘聚合物沥青防水垫层	JC/T 1068
	5. 沥青防水卷材用基层处理剂	JC/T 1069
	6. 自粘聚合物沥青泛水带	JC/T 1070
	7. 种植屋面用耐根穿刺防水卷材	JC/T 1075

二、《地下防水工程质量验收规范》对防水材料提出的要求

《地下防水工程质量验收规范》GB 50208—2011 国家标准对防水材料提出的要求如下：

a. 地下工程用防水材料进场抽样检验应符合表 4-3 的规定；

b. 地下工程用防水材料标准应按表 4-4 的规定选用；

c. 高聚物改性沥青类防水卷材的主要物理性能应符合表 4-5 的要求，合成高分子类防水卷材的主要物理性能应符合表 4-6 的要求，聚合物水泥防水粘结材料的主要物理性能应

符合表 4-7 的要求；

　　d. 有机防水涂料的主要物理性能应符合表 4-8 的要求，无机防水涂料的主要物理性能应符合表 4-9 的要求；

地下工程用防水材料进场抽样检验（GB 50208—2011）

表 4-3

序号	材料名称	抽样数量	外观质量检验	物理性能检验
1	高聚物改性沥青类防水卷材	大于 1000 卷抽 5 卷，每 500～1000 卷抽 4 卷，100～499 卷抽 3 卷，100 卷以下抽 2 卷，进行规格尺寸和外观质量检验。在外观质量检验合格的卷材中，任取一卷作物理性能检验	断裂、折皱、孔洞、剥离、边缘不整齐、胎体露白、未浸透、撒布材料粒度、颜色，每卷卷材的接头	可溶物含量，拉力，延伸率，低温柔度，热老化后低温柔度，不透水性
2	合成高分子类防水卷材	大于 1000 卷抽 5 卷，每 500～1000 卷抽 4 卷，100～499 卷抽 3 卷，100 卷以下抽 2 卷，进行规格尺寸和外观质量检验。在外观质量检验合格的卷材中，任取一卷作物理性能检验	折痕、杂质、胶块、凹痕，每卷卷材的接头	断裂拉伸强度，断裂伸长率，低温弯折性，不透水性，撕裂强度
3	有机防水涂料	每 5t 为一批，不足 5t 按一批抽样	均匀黏稠体，无凝胶，无结块	潮湿基面粘结强度，涂膜抗渗性，浸水 168h 后拉伸强度，浸水 168h 后断裂伸长率，耐水性
4	无机防水涂料	每 10t 为一批，不足 10t 按一批抽样	液体组分：无杂质、凝胶的均匀乳液 固体组分：无杂质、结块的粉末	抗折强度，粘结强度，抗渗性
5	膨润土防水材料	每 100 卷为一批，不足 100 卷按一批抽样；100 卷以下抽 5 卷，进行尺寸偏差和外观质量检验。在外观质量检验合格的卷材中，任取一卷作物理性能检验	表面平整、厚度均匀，无破洞、破边，无残留断针，针刺均匀	单位面积质量，膨润土膨胀指数，渗透系数、滤失量
6	混凝土建筑接缝用密封胶	每 2t 为一批，不足 2t 按一批抽样	细腻、均匀膏状物或黏稠液体，无气泡、结皮和凝胶现象	流动性、挤出性、定伸粘结性
7	橡胶止水带	每月同标记的止水带产量为一批抽样	尺寸公差；开裂，缺胶，海绵状，中心孔偏心，凹痕，气泡，杂质，明疤	拉伸强度，扯断伸长率，撕裂强度

续表

序号	材料名称	抽样数量	外观质量检验	物理性能检验
8	腻子型遇水膨胀止水条	每 5000m 为一批，不足 5000m 按一批抽样	尺寸公差；柔软、弹性匀质，色泽均匀，无明显凹凸	硬度，7d 膨胀率，最终膨胀率，耐水性
9	遇水膨胀止水胶	每 5t 为一批，不足 5t 按一批抽样	细腻、黏稠、均匀膏状物，无气泡、结皮和凝胶	表干时间，拉伸强度，体积膨胀倍率
10	弹性橡胶密封垫材料	每月同标记的密封垫材料产量为一批抽样	尺寸公差；开裂，缺胶，凹痕，气泡，杂质，明疤	硬度，伸长率，拉伸强度，压缩永久变形
11	遇水膨胀橡胶密封垫胶料	每月同标记的膨胀橡胶产量为一批抽样	尺寸公差；开裂，缺胶，凹痕，气泡，杂质，明疤	硬度，拉伸强度，扯断伸长率，体积膨胀倍率，低温弯折
12	聚合物水泥防水砂浆	每 10t 为一批，不足 10t 按一批抽样	干粉类：均匀，无结块；乳胶类：液料经搅拌后均匀无沉淀，粉料均匀、无结块	7d 粘结强度，7d 抗渗性，耐水性

地下工程用防水材料标准   表 4-4

类别	标 准 名 称	标 准 号
防水卷材	1 聚氯乙烯防水卷材 2 高分子防水材料 第1部分 片材 3 弹性体改性沥青防水卷材 4 改性沥青聚乙烯胎防水卷材 5 带自粘层的防水卷材 6 自粘聚合物改性沥青防水卷材 7 预铺/湿铺防水卷材	GB 12952 GB 18173.1 GB 18242 GB 18967 GB/T 23260 GB 23441 GB/T 23457
防水涂料	1 聚氨酯防水涂料 2 聚合物乳液建筑防水涂料 3 聚合物水泥防水涂料 4 建筑防水涂料用聚合物乳液	GB/T 19250 JC/T 864 JC/T 894 JC/T 1017
密封材料	1 聚氨酯建筑密封胶 2 聚硫建筑密封胶 3 混凝土建筑接缝用密封胶 4 丁基橡胶防水密封胶粘带	JC/T 482 JC/T 483 JC/T 881 JC/T 942

续表

类别	标 准 名 称	标准号
其他防水材料	1 高分子防水材料 第2部分 止水带 2 高分子防水材料 第3部分 遇水膨胀橡胶 3 高分子防水卷材胶粘剂 4 沥青基防水卷材用基层处理剂 5 膨润土橡胶遇水膨胀止水条 6 遇水膨胀止水胶 7 钠基膨润土防水毯	GB 18173.2 GB 18173.3 JC/T 863 JC/T 1069 JG/T 141 JG/T 312 JG/T 193
刚性防水材料	1 水泥基渗透结晶型防水材料 2 砂浆、混凝土防水剂 3 混凝土膨胀剂 4 聚合物水泥防水砂浆	GB 18445 JC 474 GB 23439 JC/T 984
防水材料试验方法	1 建筑防水卷材试验方法 2 建筑胶粘剂试验方法 3 建筑密封材料试验方法 4 建筑防水涂料试验方法 5 建筑防水材料老化试验方法	GB/T 328 GB/T 12954 GB/T 13477 GB/T 16777 GB/T 18244

高聚物改性沥青类防水卷材的主要物理性能（GB 50208—2011） 表 4-5

项 目		指 标				
		弹性体改性沥青防水卷材			自粘聚合物改性沥青防水卷材	
		聚酯毡胎体	玻纤毡胎体	聚乙烯膜胎体	聚酯毡胎体	无胎体
可溶物含量（g/m²）		3mm 厚≥2100 4mm 厚≥2900			3mm 厚 ≥2100	—
拉伸性能	拉力（N/50mm）	≥800 （纵横向）	≥500 （纵横向）	≥140（纵向） ≥120（横向）	≥450 （纵横向）	≥180 （纵横向）
	延伸率（%）	最大拉力时 ≥40（纵横向）	—	断裂时≥250 （纵横向）	最大拉力时 ≥30 （纵横向）	断裂时 ≥200 （纵横向）
低温柔度（℃）		−25，无裂纹				
热老化后低温柔度（℃）		−20，无裂纹		−22，无裂纹		
不透水性		压力 0.3MPa，保持时间 120min，不透水				

合成高分子类防水卷材的主要物理性能（GB 50208—2011）　　　表 4-6

项　目	指　标			
	三元乙丙橡胶防水卷材	聚氯乙烯防水卷材	聚乙烯丙纶复合防水卷材	高分子自粘胶膜防水卷材
断裂拉伸强度	≥7.5MPa	≥12MPa	≥60N/10mm	≥100N/10mm
断裂伸长率（%）	≥450	≥250	≥300	≥400
低温弯折性（℃）	−40，无裂纹	−20，无裂纹	−20，无裂纹	−20，无裂纹
不透水性	压力 0.3MPa，保持时间 120min，不透水			
撕裂强度	≥25kN/m	≥40kN/m	≥20N/10mm	≥120N/10mm
复合强度（表层与芯层）	—	—	≥1.2N/mm	—

聚合物水泥防水粘结材料的主要物理性能（GB 50208—2011）　　　表 4-7

项　目		指　标
与水泥基面的粘结拉伸强度（MPa）	常温 7d	≥0.6
	耐水性	≥0.4
	耐冻性	≥0.4
可操作时间（h）		≥2
抗渗性（MPa，7d）		≥1.0
剪切状态下的粘合性（N／mm，常温）	卷材与卷材	≥2.0 或卷材断裂
	卷材与基面	≥1.8 或卷材断裂

有机防水涂料的主要物理性能（GB 50208—2011）　　　表 4-8

项　目		指　标		
		反应型防水涂料	水乳型防水涂料	聚合物水泥防水涂料
可操作时间（min）		≥20	≥50	≥30
潮湿基面粘结强度（MPa）		≥0.5	≥0.2	≥1.0
抗渗性（MPa）	涂膜（120min）	≥0.3	≥0.3	≥0.3
	砂浆迎水面	≥0.8	≥0.8	≥0.8
	砂浆背水面	≥0.3	≥0.3	≥0.6
浸水 168h 后拉伸强度（MPa）		≥1.7	≥0.5	≥1.5 ·
浸水 168h 后断裂伸长率（%）		≥400	≥350	≥80
耐水性（%）		≥80	≥80	≥80
表干（h）		≤12	≤4	≤4
实干（h）		≤24	≤12	≤12

注：1　浸水 168h 后的拉伸强度和断裂伸长率是在浸水取出后只经擦干即进行试验所得的值；
　　2　耐水性指标是指材料浸水 168h 后取出擦干即进行试验，其粘结强度及抗渗性的保持率。

无机防水涂料的主要物理性能（GB 50208—2011）　　表 4-9

项　目	指　标	
	掺外加剂、掺合料水泥 基防水涂料	水泥基渗透结晶型防水涂料
抗折强度（MPa）	>4	≥4
粘结强度（MPa）	>1.0	≥1.0
一次抗渗性（MPa）	>0.8	>1.0
二次抗渗性（MPa）	—	>0.8
冻融循环（次）	>50	>50

e. 橡胶止水带的主要物理性能应符合表 4-10 的要求，混凝土建筑接缝用密封胶的主要物理性能应符合表 4-11 的要求，腻子型遇水膨胀止水条的主要物理性能应符合表 4-12 的要求，遇水膨胀止水胶的主要物理性能应符合表 4-13 的要求，弹性橡胶密封垫材料的主要物理性能应符合表 4-14 的要求，遇水膨胀橡胶密封垫胶料的主要物理性能应符合表 4-15 的要求；

f. 防水砂浆的主要物理性能要求应符合表 4-16 的要求；

g. 塑料防水板的主要物理性能要求应符合表 4-17 的要求；

h. 膨润土防水毯的主要物理性能要求应符合表 4-18 的要求。

橡胶止水带的主要物理性能（GB 50208—2011）　　表 4-10

项　目			指　标		
			变形缝 用止水带	施工缝 用止水带	有特殊耐老化要求 的接缝用止水带
硬度（邵尔 A，度）			60±5	60±5	60±5
拉伸强度（MPa）			≥15	≥12	≥10
扯断伸长率（%）			≥380	≥380	≥300
压缩永久变形 （%）		70℃×24h	≤35	≤35	≤25
		23℃×168h	≤20	≤20	≤20
撕裂强度（kN/m）			≥30	≥25	≥25
脆性温度（℃）			≤−45	≤−40	≤−40
热空气老化	70℃× 168h	硬度变化（邵尔 A，度）	+8	+8	—
		拉伸强度（MPa）	≥12	≥10	—
		扯断伸长率（%）	≥300	≥300	—
	100℃× 168h	硬度变化（邵尔 A，度）	—	—	+8
		拉伸强度（MPa）	—	—	≥9
		扯断伸长率（%）	—	—	≥250
橡胶与金属粘合			断面在弹性体内		

注：橡胶与金属粘合指标仅适用于具有钢边的止水带。

混凝土建筑接缝用密封胶的主要物理性能（GB 50208—2011）　　表 4-11

项　　目			指　　标			
			25（低模量）	25（高模量）	20（低模量）	20（高模量）
流动性	下垂度（N 型）	垂直（mm）	≤3			
		水平（mm）	≤3			
	流平性（S 型）		光滑平整			
挤出性（mL/min）			≥80			
弹性恢复率（%）			≥80		≥60	
拉伸模量（MPa）	23℃		≤0.4 和	>0.4 或	≤0.4 和	>0.4 或
	−20℃		≤0.6	>0.6	≤0.6	>0.6
定伸粘结性			无破坏			
浸水后定伸粘结性			无破坏			
热压冷拉后粘结性			无破坏			
体积收缩率（%）			≤25			

注：体积收缩率仅适用于乳胶型和溶剂型产品。

腻子型遇水膨胀止水条的主要物理性能（GB 50208—2011）　　表 4-12

项　　目	指　　标
硬度（C 型微孔材料硬度计，度）	≤40
7d 膨胀率	≤最终膨胀率的 60%
最终膨胀率（21d，%）	≥220
耐热性（80℃×2h）	无流淌
低温柔性（−20℃×2h，绕 φ10 圆棒）	无裂纹
耐水性（浸泡 15h）	整体膨胀无碎块

遇水膨胀止水胶的主要物理性能（GB 50208—2011）　　表 4-13

项　　目		指　　标	
		PJ220	PJ400
固含量（%）		≥85	
密度（g/cm³）		规定值±0.1	
下垂度（mm）		≤2	
表干时间（h）		≤24	
7d 拉伸粘结强度（MPa）		≥0.4	≥0.2
低温柔性（−20℃）		无裂纹	
拉伸性能	拉伸强度（MPa）	≥0.5	
	断裂伸长率（%）	≥400	
体积膨胀倍率（%）		≥220	≥400
长期浸水体积膨胀倍率保持率（%）		≥90	
抗水压（MPa）		1.5，不渗水	2.5，不渗水

弹性橡胶密封垫材料的主要物理性能(GB 50208—2011) 表 4-14

项　　目		指　　标	
		氯丁橡胶	三元乙丙橡胶
硬度(邵尔 A，度)		45±5～60±5	55±5～70±5
伸长率(%)		≥350	≥330
拉伸强度(MPa)		≥10.5	≥9.5
热空气老化 (70℃×96h)	硬度变化值(邵尔 A，度)	≤+8	≤+6
	拉伸强度变化率(%)	≥-20	≥-15
	扯断伸长率变化率(%)	≥-30	≥-30
压缩永久变形(70℃×24h，%)		≤35	≤28
防霉等级		达到与优于 2 级	达到与优于 2 级

注：以上指标均为成品切片测试的数据，若只能以胶料制成试样测试，则其伸长率、拉伸强度应达到本指标的 120%。

遇水膨胀橡胶密封垫胶料的主要物理性能(GB 50208—2011) 表 4-15

项　　目		指　　标		
		PZ-150	PZ-250	PZ-400
硬度(邵尔 A，度)		42±7	42±7	45±7
拉伸强度(MPa)		≥3.5	≥3.5	≥3.0
扯断伸长率(%)		≥450	≥450	≥350
体积膨胀倍率(%)		≥150	≥250	≥400
反复浸水试验	拉伸强度(MPa)	≥3	≥3	≥2
	扯断伸长率(%)	≥350	≥350	≥250
	体积膨胀倍率(%)	≥150	≥250	≥300
低温弯折(-20℃×2h)		无裂纹		
防霉等级		达到与优于 2 级		

注：1 PZ-×××是指产品工艺为制品型，按产品在静态蒸馏水中的体积膨胀倍率(即浸泡后的试样质量与浸泡前的试样质量的比率)划分的类型；

　　2 成品切片测试应达到本指标的 80%；

　　3 接头部位的拉伸强度指标不得低于本指标的 50%。

防水砂浆的主要物理性能(GB 50208—2011) 表 4-16

项　　目	指　　标	
	掺外加剂、掺合料的 防水砂浆	聚合物水泥防水砂浆
粘结强度(MPa)	≥0.6	≥1.2
抗渗性(MPa)	≥0.8	≥1.5
抗折强度(MPa)	同普通砂浆	≥8.0
干缩率(%)	同普通砂浆	≤0.15
吸水率(%)	≤3	≤4

续表

项　目	指　标	
	掺外加剂、掺合料的防水砂浆	聚合物水泥防水砂浆
冻融循环（次）	＞50	＞50
耐碱性	10％NaOH 溶液浸泡14d 无变化	—
耐水性（%）	—	≥80

注：耐水性指标是指砂浆浸水 168h 后材料的粘结强度及抗渗性的保持率。

塑料防水板的主要物理性能（GB 50208—2011）　　　　　　表 4-17

项　目	指　标			
	乙烯—醋酸乙烯共聚物	乙烯—沥青共混聚合物	聚氯乙烯	高密度聚乙烯
拉伸强度（MPa）	≥16	≥14	≥10	≥16
断裂延伸率（%）	≥550	≥500	≥200	≥550
不透水性（120min，MPa）	≥0.3	≥0.3	≥0.3	≥0.3
低温弯折性（℃）	—35，无裂纹	—35，无裂纹	—20，无裂纹	—35，无裂纹
热处理尺寸变化率（%）	≤2.0	≤2.5	≤2.0	≤2.0

膨润土防水毯的主要物理性能（GB 50208—2011）　　　　　　表 4-18

项　目		指　标		
		针刺法钠基膨润土防水毯	刺覆膜法钠基膨润土防水毯	胶粘法钠基膨润土防水毯
单位面积质量（干重，g/m²）		≥4000		
膨润土膨胀指数（mL/2g）		≥24		
拉伸强度（N/100mm）		≥600	≥700	≥600
最大负荷下伸长率（%）		≥10	≥10	≥8
剥离强度	非织造布—编织布（N/100mm）	≥40	≥40	—
	PE 膜—非织造布（N/100mm）	—	≥30	—
渗透系数（m/s）		≤5.0×10⁻¹¹	≤5.0×10⁻¹²	≤1.0×10⁻¹²
滤失量（mL）		≤18		
膨润土耐久性（mL/2g）		≥20		

第二节　建筑防水卷材

一、防水卷材概述

1. 防水卷材的概念及分类

以原纸、纤维毡、纤维布、金属箔、塑料膜或纺织物等材料中的一种或数种复合为胎基，浸涂石油沥青、煤沥青、高聚物改性沥青制成的或以合成高分子材料为基料加入助剂、填充剂经过多种工艺加工而成的长条片状成卷供应并起防水作用的产品称为防水卷材。

防水卷材在我国建筑防水材料的应用中处于主导地位，在建筑防水工程的实践中起着重要的作用，广泛应用于建筑物地上、地下和其他特殊构筑物的防水，是一种面广量大的防水材料。

建筑防水卷材目前的规格品种已由 20 世纪 50 年代单一的沥青油毡发展到具有不同物理性能的几十种高、中档新型防水卷材，常用的防水卷材按照材料的组成不同一般可分为沥青防水卷材、合成高分子防水卷材两大系列，此外，还有柔性聚合物水泥防水卷材、金属防水卷材等大类产品，建筑防水卷材的分类详见图 4-1。

建筑防水卷材按其施工工艺的不同，可分为两大类施工法，其一为热施工法，包括热玛琋脂粘结法、热熔法、热风焊接法等；其二为冷施工法，包括冷粘结法、自粘法、机械

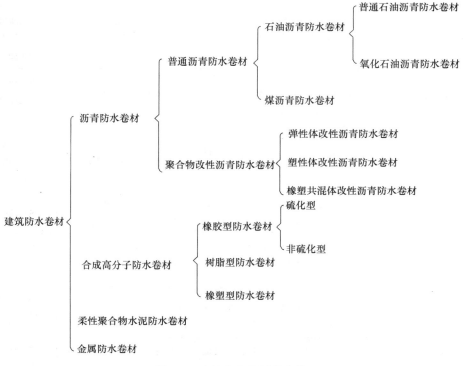

图 4-1　建筑防水卷材的分类

固定法等。这些不同的施工工艺方法均各有各自的适用范围，大体来说，冷施工法可应用于大多数合成高分子防水卷材的粘贴，具有一定的优越性。

2. 防水卷材的性能特点及适用范围

为了满足防水工程的要求，防水卷材必须具备以下性能：

(1)耐水性 即在水的作用和被水浸润后其性能基本不变，在水的压力下具有不透水性。

(2)温度稳定性 即在高温下不流淌、不起泡、不滑动，低温下不脆裂的性能。亦可认为是在一定温度变化下保持原有性能的能力。

(3)机械强度、延伸性和抗断裂性 即在承受建筑结构允许范围内荷载应力和变形条件下不断裂的性能。

(4)柔韧性 对于防水材料特别要求具有低温柔性，保证易于施工、不脆裂。

(5)大气稳定性 即在阳光、热、氧气及其他化学侵蚀介质、微生物侵蚀介质等因素的长期综合作用下抵抗老化、抵抗侵蚀的能力。

各类防水卷材的特点及适用范围参见表 4-19。

各类防水卷材的特点及适用范围　　　　　　　表 4-19

卷材类别	卷材名称	特 点	适用范围	施工工艺
沥青防水卷材	石油沥青纸胎防水卷材	是我国传统的防水材料，目前在屋面工程中仍占主导地位。低温柔性差，防水层耐用年限较短，但价格较低	三毡四油、二毡三油叠层铺设的屋面工程	热玛琋脂冷玛琋脂粘贴施工
	石油沥青玻璃布胎防水卷材	拉伸强度高，胎体不易腐烂，材料柔性好，耐久性比纸胎卷材提高一倍以上	多用作纸胎油毡的增强附加层和突出部位的防水层	热玛琋脂冷玛琋脂粘贴施工
	石油沥青玻纤毡胎防水卷材	有良好的耐水性、耐腐蚀性和耐久性，柔性也优于纸胎沥青卷材	常用作屋面或地下防水工程	热玛琋脂冷玛琋脂粘贴施工
	石油沥青麻布胎防水卷材	拉伸强度高、耐水性好，但胎体材料易腐烂	常用作屋面增强附加层	热玛琋脂冷玛琋脂粘贴施工
	石油沥青铝箔胎防水卷材	有很高的阻隔蒸汽的渗透能力，防水功能好，且具有一定的拉伸强度	与带孔玻纤毡配合或单独使用，宜用于隔汽层	热玛琋脂粘贴
高聚物改性沥青防水卷材	SBS 改性沥青防水卷材	耐高、低温性能有明显提高，卷材的弹性和耐疲劳性明显改善	单层铺设的屋面防水工程或复合使用	冷施工或热熔铺贴
	APP 改性沥青防水卷材	具有良好的强度、延伸性、耐热性、耐紫外线照射及耐老化性能，耐低温性能稍低于 SBS 改性沥青防水卷材	单层铺设，适合于紫外线辐射强烈及炎热地区屋面使用	热熔法或冷粘法铺设
	PVC 改性焦油防水卷材	有良好的耐热及耐低温性能，最低开卷温度为 -18℃	有利于在冬季负温度下施工	可热作业亦可冷作业

续表

卷材类别	卷材名称	特　　点	适用范围	施工工艺
高聚物改性沥青防水卷材	再生胶改性沥青防水卷材	有一定的延伸性，且低温柔性较好，有一定的防腐蚀能力，价格低廉，属低档防水卷材	变形较大或档次较低的屋面防水工程	热沥青粘贴
	废橡胶粉改性沥青防水卷材	比普通石油沥青纸胎油毡的拉伸强度、低温柔性均明显改善	叠层使用于一般屋面防水工程，宜在寒冷地区使用	热沥青粘贴
合成高分子防水卷材	三元乙丙橡胶防水卷材	防水性能优异、耐候性好、耐臭氧性、耐化学腐蚀性、弹性和拉伸强度大，对基层变形开裂的适应性强，质量轻，使用温度范围宽，寿命长，但价格高，粘结材料尚需配套完善	屋面防水技术要求较高、防水层耐用年限要求长的工业与民用建筑，单层或复合使用	冷粘法或自粘法
	丁基橡胶防水卷材	有较好的耐候性、拉伸强度和伸长率，耐低温性能稍低于三元乙丙防水卷材	单层或复合使用于要求较高的屋面防水工程	冷粘法施工
	氯化聚乙烯防水卷材	具有良好的耐候、耐臭氧、耐热老化、耐油、耐化学腐蚀及抗撕裂的性能	单层或复合使用，宜用于紫外线强的炎热地区	冷粘法施工
	氯磺化聚乙烯防水卷材	伸长率较长、弹性较好、对基层变形开裂的适应性较强，耐高、低温性能好，耐腐蚀性能优良，有很好的难燃性	适合于有腐蚀介质影响及在寒冷地区的屋面工程	冷粘法施工
	聚氯乙烯防水卷材	具有较高的拉伸强度和撕裂强度，伸长率较大，耐老化性能好，原材料丰富，价格便宜，容易粘结	单层或复合使用于外露或有保护层的屋面防水	冷粘法或热风焊接法施工
	氯化聚乙烯-橡胶共混防水卷材	不但具有氯化聚乙烯特有的高强度和优异的耐臭氧、耐老化性能，而且具有橡胶特有的高弹性、高延伸性以及良好的低温柔性	单层或复合使用，尤宜用于寒冷地区或变形较大的屋面	冷粘法施工
	三元乙丙橡胶-聚乙烯共混防水卷材	是热塑性弹性材料，有良好的耐臭氧和耐老化性能，使用寿命长，低温柔性好，可在负温条件下施工	单层或复合使用于外露防水屋面，宜在寒冷地区使用	冷粘法施工

3. 建筑防水卷材的环境标志产品技术要求

《环境标志产品技术要求 防水卷材》HJ 455—2009 国家环境保护标准对防水卷材提出了如下技术要求：

（1）基本要求

a. 产品质量应符合各自产品质量标准的要求。

b. 产品生产企业污染物排放应符合国家或地方规定的污染物排放标准的要求。

（2）技术内容

a. 产品中不得人为添加表 4-20 中所列的物质。

防水卷材产品中不得人为添加的物质 表 4-20

类　别	物　质
持续性有机污染物	多溴联苯（PBB）、多溴联苯醚（PBDE）
邻苯二甲酸酯类	邻苯二甲酸二辛酯（DOP）、邻苯二甲酸二正丁酯（DBP）

b. 改性沥青类防水卷材中不应使用煤沥青作原材料。

c. 产品使用的矿物油中芳香烃的质量分数应小于 3%。

d. 产品中可溶性重金属的含量应符合表 4-21 要求。

防水卷材产品中可溶性重金属的限值 单位为 mg/kg 表 4-21

重金属种类	限　值	重金属种类	限　值
可溶性铅（Pb）　≤	10	可溶性铬（Cr）　≤	10
可溶性镉（Cd）　≤	10	可溶性汞（Hg）　≤	10

e. 产品说明书中应注明以下内容：

（a）产品使用过程中宜使用液化气、乙醇为燃料或电加热进行焊接。

（b）改性沥青类防水卷材使用热熔法施工时材料表面温度不宜高于 200℃。

f. 企业应建立符合《化学品安全技术说明书编写规定》GB 16483 国家标准要求的原料安全数据单（MSDS），并可向使用方提供。

《环境标志产品技术要求 防水卷材》HJ 455—2009 标准适用于改性沥青类防水卷材、高分子防水卷材、膨润土防水毯，不适用于石油沥青纸胎油毡、沥青复合胎柔性防水卷材、聚氯乙烯防水卷材。

二、高聚物改性沥青防水卷材

高聚物改性沥青防水卷材简称改性沥青防水卷材，俗称改性沥青油毡。

高聚物改性沥青防水卷材是以玻纤毡、聚酯毡、黄麻布、聚乙烯膜、聚酯无纺布、金属箔或两种材料复合为胎基，以掺量不少于 10% 的合成高分子聚合物改性沥青、氧化沥青为浸涂材料，以粉状、片状、粒状矿质材料、合成高分子薄膜、金属膜为覆面材料制成的可卷曲的一类片状防水材料。

高聚物改性沥青防水卷材其特点主要是利用高聚物的优良特性，改善了石油沥青热淌冷脆的性能特点，从而提高了沥青防水卷材的技术性能。

高分子聚合物改性沥青防水卷材一般可分为弹性体聚合物改性沥青防水卷材、塑性体聚合物改性沥青防水卷材、橡塑共混体聚合物改性沥青防水卷材三大类，各类可再按聚合物改性体作进一步的分类，例弹性体聚合物改性沥青防水卷材可进一步分为 SBS 改性沥青防水卷材、SBR 改性沥青防水卷材、再生胶改性沥青防水卷材等。以外还可以根据卷材有无胎体材料分为有胎防水卷材、无胎防水卷材两大类。

高聚物改性沥青防水卷材目前国内广泛应用的主要品种其分类参见图 4-2。

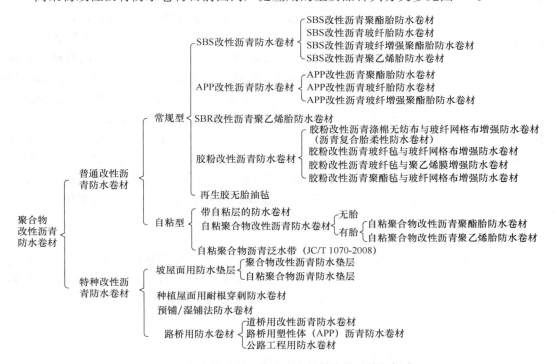

图 4-2　聚合物改性沥青防水卷材的分类及执行标准

高聚物改性沥青防水卷材根据其应用的范围不同，可分为普通改性沥青防水卷材和特种改性沥青防水卷材。普通改性沥青防水卷材根据其是否具有自粘功能可分为：常规型防水卷材和自粘型防水卷材，常规型防水卷材可根据其所采用的改性剂材质的不同，可分为 SBS 改性沥青防水卷材、APP 改性沥青防水卷材、SBR 改性沥青防水卷材、胶粉改性沥青防水卷材、再生胶油毡等多个大类品种、各大类品种还可依据其采用的胎基材料的不同，进一步分为聚酯胎防水卷材，玻纤胎防水卷材、玻纤增强聚酯胎防水卷材、聚乙烯胎防水卷材等品种；自粘型防水卷材根据其采用的自粘材料的不同，可分为带自粘层的防水卷材，自粘聚合物改性沥青防水卷材等，然后根据胎基材质的不同，进一步分为无胎防水卷材、聚酯胎防水卷材、聚乙烯胎防水卷材等类别。特和改性沥青防水卷材可根据其特殊的使用功能作进一步的分类，如坡屋面用防水垫层、路桥用防水卷材、预铺/湿铺法防水卷材等。

（一）弹性体改性沥青防水卷材

弹性体改性沥青防水卷材简称 SBS 防水卷材，是以聚酯胎、玻纤胎、玻纤增强聚酯胎为胎基，以苯乙烯-丁二烯-苯乙烯（SBS）热塑性弹性体作石油沥青改性剂，两面覆以隔离材料所制成的防水卷材。其产品已发布了 GB 18242—2008 国家标准。

弹性体改性沥青防水卷材主要适用于工业和民用建筑的屋面和地下防水工程。玻纤增强聚酯毡防水卷材可应用于机械固定单层防水，但其需通过抗风荷载试验；玻纤毡防水卷材适用于多层防水中的底层防水；外露使用时可采用上表面隔离材料为不透明的矿物粒料的防水卷材，地下工程防水可采用表面隔离材料为细砂（细砂为其粒径不超过 0.60mm 的矿物颗粒）的防水卷材。

SBS 改性沥青防水卷材属弹性体沥青防水卷材中有代表性的品种。此产品的特点是综合性能强，具有良好的耐高温和耐低温及耐老化性能，施工方便。本品在石油中加入 10％～15％的 SBS 热塑性弹性体（苯乙烯-丁二烯-苯乙烯嵌段共聚物），可使卷材兼有橡胶和塑料的双重特性，在常温环境下，具有橡胶状弹性，在高温环境下，又像塑料那样具有熔融流动特性。SBS 是塑料、沥青等脆性材料的增韧剂、经过 SBS 这种热塑性弹性体材料改性的沥青用作防水卷材的浸涂层，可提高防水卷材的弹性和耐疲劳性，延长防水卷材的使用寿命，从而增强了防水卷材的综合性能，将本品加热到 90℃，2 小时后观察，卷材表面仍不起泡，不流淌，当温度降至−75℃时，卷材仍具有一定的柔软性，−50℃以下仍然具有防水功能，所以此类产品所具有的优异的耐高、低温性能特别适宜于在严寒地区使用，也可以用于高温地区，此类产品拉伸强度高、延伸率大、自重轻、耐老化、施工方法简便，既可以采用热熔工艺施工，又可用于冷粘结施工。

1. 产品的分类和标记

产品按其胎基可分为聚酯毡（PY）、玻纤毡（G）、玻纤增强聚酯毡（PYG）；按其上表面隔离材料可分为聚乙烯膜（PE）、细砂（S）、矿物粒料（M）；按其下表面隔离材料可分为细砂（S）、聚乙烯膜（PE）；按其材料性能可分为Ⅰ型和Ⅱ型。

产品规格为：

卷材公称宽度为 1000mm；

聚酯毡卷材公称厚度为 3mm、4mm、5mm；

玻纤毡卷材公称厚度为 3mm、4mm；

玻纤增强聚酯毡卷材公称厚度为 5mm；

每卷卷材公称面积为 7.5m²、10m²、15m²。

产品按其名称、型号、胎基、上表面材料、下表面材料、厚度、面积和标准编号顺序标记。

示例：10m² 面积、3mm 厚、上表面材料为矿物粒料、下表面材料为聚乙烯膜、聚酯毡Ⅰ型弹性体改性沥青防水卷材标记为：

SBS 1 PY M PE 3 10 GB 18242—2008

2. 原材料要求

（1）改性沥青

改性沥青宜符合 JC/T 905 的规定

（2）胎基

1）胎基仅采用聚酯毡、玻纤毡、玻纤增强聚酯毡。

2）采用聚酯毡与玻纤毡作胎基应符合 GB/T 18840 的规定。玻纤增强聚酯毡的规格与性能应满足按本标准生产防水卷材的要求。

（3）表面隔离材料

表面隔离材料不得采用聚酯膜（PET）和耐高温聚乙烯膜。

3. 产品要求

（1）单位面积质量、面积及厚度

单位面积质量、面积及厚度应符合表 4-22 的规定。

弹性体改性沥青防水卷材单位面积质量、面积及厚度（GB 18242—2008）　　**表 4-22**

规格（公称厚度）/mm		3			4			5		
上表面材料		PE	S	M	PE	S	M	PE	S	M
下表面材料		PE	PE、S		PE	PE、S		PE	PE、S	
面积/（m²/卷）	公称面积	10、15			10、7.5			7.5		
	偏差	±0.10			±0.10			±0.10		
单位面积质量/（kg/m²） ≥		3.3	3.5	4.0	4.3	4.5	5.0	5.3	5.5	6.0
厚度/mm	平均值 ≥	3.0			4.0			5.0		
	最小单值	2.7			3.7			4.7		

（2）外观

1）成卷卷材应卷紧卷齐，端面里进外出不得超过 10mm。

2）成卷卷材在（4～50）℃任一产品温度下展开，在距卷芯 1000mm 长度外不应有 10mm 以上的裂纹或粘结。

3）胎基应浸透，不应有未被浸渍处。

4）卷材表面应平整，不允许有孔洞、缺边和裂口、疙瘩，矿物粒料粒度应均匀一致并紧密地粘附于卷材表面。

5）每卷卷材接头处不应超过一个，较短的一段长度不应少于 1000mm，接头应剪切整齐，并加长 150mm。

（3）材料性能

材料性能应符合表 4-23 的规定。

弹性体改性沥青防水卷材的材料性能（GB 18242—2008）　　**表 4-23**

序号	项　目		指　标				
			Ⅰ		Ⅱ		
			PY	G	PY	G	PYG
1	可溶物含量（g/m²） ≥	3mm	2100				—
		4mm	2900				—
		5mm	3500				
		试验现象	—	胎基不燃	—	胎基不燃	
2	耐热性	℃	90		105		
		≤mm	2				
		试验现象	无流淌、滴落				
3	低温柔性（℃）		—20		—25		
			无裂缝				

续表

序号	项 目		指 标				
			I		II		
			PY	G	PY	G	PYG
4	不透水性 30min		0.3MPa	0.2MPa	0.3MPa		
5	拉力	最大峰拉力（N/50mm）≥	500	350	800	500	900
		次高峰拉力（N/50mm）≥	—	—	—	—	800
		试验现象	拉伸过程中，试件中部无沥青涂盖层 开裂或与胎基分离现象				
6	延伸率	最大峰时延伸率（%）≥	30		40		—
		第二峰时延伸率（%）≥	—		—		15
7	浸水后质量增加（%）≤	PE、S	1.0				
		M	2.0				
8	热老化	拉力保持率（%）≥	90				
		延伸率保持率（%）≥	80				
		低温柔性（℃）	—15		—20		
			无裂缝				
		尺寸变化率（%）≤	0.7		0.7		0.3
		质量损失（%）≤	1.0				
9	渗油性	张数 ≤	2				
10	接缝剥离强度（N/mm）≥		1.5				
11	钉杆撕裂强度a（N）≥						300
12	矿物粒料粘附性b（g）≤		2.0				
13	卷材下表面沥青涂盖层厚度c（mm）≥		1.0				
14	人工气候加速老化	外观	无滑动、流淌、滴落				
		拉力保持率（%）≥	80				
		低温柔性（℃）	—15		—20		
			无裂缝				

a 仅适用于单层机械固定施工方式卷材。

b 仅适用于矿物粒料表面的卷材。

c 仅适用于热熔施工的卷材。

（二）塑性体改性沥青防水卷材

塑性体改性沥青防水卷材是以聚酯毡、玻纤毡、玻纤增强聚酯毡为胎基，以无规聚丙烯（APP）或聚烯烃类聚合物（APAO、APO 等）作石油沥青改性剂，两面覆以隔离材料所制成的一类防水卷材，简称 APP 防水卷材。其产品已发布了 GB 18243—2008 国家标准。

塑性体改性沥青防水卷材适用于工业与民用建筑的屋面和地下防水工程。玻纤增强聚酯毡卷材可应用于机械固定单层防水，但其需要通过抗风荷载试验；玻纤毡卷材适用于多层防水中的底层防水；外露使用应采用上表面隔离材料为不透明的矿物粒料的防水卷材；地下工程的防水应采用表面隔离材料为细砂的防水卷材。

APP改性沥青防水卷材其特点是：分子结构稳定，老化期长，具有良好的耐热性、拉伸强度高，伸长率大，施工简便且无污染。APP（无规聚丙烯）是生产聚丙烯的副产品，其在改性沥青中呈网状结构，与石油沥青有良好的互溶性，将沥青包在网中。APP分子结构为饱和态，故其具有非常好的稳定性，在受到高温以及阳光照射后，分子结构不会重新排列，老化期长，在一般情况下，APP改性沥青的老化期在20年以上。加入量为30%～35%的APP改性沥青防水卷材，其温度适应范围为－15～130℃，尤其是耐紫外线能力比其他改性沥青防水卷材都强，非常适宜在有强烈阳光照射的炎热地区使用。APP改性沥青复合在具有良好物理性能的聚酯毡或玻纤毡上面，制成的防水卷材具有良好的拉伸强度和延伸率，本产品具有良好的憎水性和粘结性，既可以采用冷黏法工艺施工，又可以采用热熔法工艺施工，且无污染，可在混凝土板、塑料板、木板、金属板等基面上施工。

1. 产品的分类和标记

产品按其胎基可分为聚酯毡（PY）、玻纤毡（G）、玻纤增强聚酯毡（PYG）；按其上表面隔离材料可分为聚乙烯膜（PE）、细砂（S）、矿物粒料（M）；按其下表面隔离材料可分为细砂（S）、聚乙烯膜（PE）；按其材料性能可分为Ⅰ型和Ⅱ型。

产品规格为：

卷材公称宽度为1000mm；

聚酯毡卷材公称厚度为3mm、4mm、5mm；

玻纤毡卷材公称厚度为3mm、4mm；

玻纤增强聚酯毡卷材公称厚度为5mm；

每卷卷材公称面积为7.5m²、10m²、15m²。

产品按其名称、型号、胎基、上表面材料、下表面材料、厚度、面积和标准编号顺序标记

示例：10m²面积、3mm厚、上表面材料为矿物粒料、下表面材料为聚乙烯膜的聚酯毡Ⅰ型塑性体改性沥青防水卷材标记为：

APP 1 PY M PE 3 10 GB 18243—2008

2. 原材料要求

（1）改性沥青

改性沥青应符合JC/T 904的规定。

（2）胎基

1）胎基仅采用聚酯毡、玻纤毡、玻纤增强聚酯毡。

2）采用聚酯毡与玻纤毡作胎基应符合GB/T 18840的规定。玻纤增强聚酯毡的规格与性能应满足按本标准生产防水卷材的要求。

（3）表面隔离材料

表面隔离材料不得采用聚酯膜（PET）和耐高温聚乙烯膜。

3. 产品要求

（1）单位面积质量、面积及厚度

单位面积质量、面积及厚度应符合表4-24的规定。

塑性体改性沥青防水卷材单位面积质量、面积及厚度（GB 18243—2008）　表 4-24

规格（公称厚度）(mm)		3			4			5		
上表面材料		PE	S	M	PE	S	M	PE	S	M
下表面材料		PE	PE、S		PE	PE、S		PE	PE、S	
面积/ (m²/卷)	公称面积	10、15			10、7.5			7.5		
	偏差	±0.10			±0.10			±0.10		
单位面积质量/(kg/m²) ≥		3.3	3.5	4.0	4.3	4.5	5.0	5.3	5.5	6.0
厚度（mm)	平均值 ≥	3.0			4.0			5.0		
	最小单值	2.7			3.7			4.7		

（2）外观

1）成卷卷材应卷紧卷齐，端面里进外出不得超过 10mm。

2）成卷卷材在（4～60）℃任一产品温度下展开，在距卷芯 1000mm 长度外不应有 10mm 以上的裂纹或粘结。

3）胎基应浸透，不应有未被浸渍处。

4）卷材表面应平整，不允许有孔洞、缺边和裂口、疙瘩，矿物粒料粒度应均匀一致并紧密地粘附于卷材表面。

5）每卷卷材接头处不应超过一个，较短的一段长度不应少于 1000mm，接头应剪切整齐，并加长 150mm。

（3）材料性能

材料性能应符合表 4-25 的要求。

塑性体改性沥青防水卷材的材料性能（GB 18243—2008）　表 4-25

序号	项目			指标				
				I		II		
				PY	G	PY	G	PYG
1	可溶物含量（g/m²）≥		3mm	2100				—
			4mm	2900				—
			5mm	3500				
			试验现象	—	胎基不燃	—	胎基不燃	—
2	耐热性		℃	110		130		
			≤mm	2				
			试验现象	无流滴、滴落				
3	低温柔性（℃）			−7		−15		
				无裂缝				
4	不透水性 30min			0.3MPa	0.2MPa	0.3MPa		
5	拉力	最大峰拉力（N/50mm）≥		500	350	800	500	900
		次高峰拉力（N/50mm）≥		—	—	—	—	800
		试验现象		拉伸过程中，试件中部无沥青涂盖层开裂或与胎基分离现象				

续表

序号	项　目		指　标				
			I		II		
			PY	G	PY	G	PYG
6	延伸率	最大峰时延伸率（%）　≥	25		40		
		第二峰时延伸率（%）　≥	—				15
7	浸水后质量增加（%）　≤	PE、S	1.0				
		M	2.0				
8	热老化	拉力保持率（%）　≥	90				
		延伸率保持率（%）　≥	80				
		低温柔性（℃）	−2		−10		
			无裂缝				
		尺寸变化率（%）　≤	0.7	—	0.7	—	0.3
		质量损失（%）　≤	1.0				
9	接缝剥离强度（N/mm）　≥		1.0				
10	钉杆撕裂强度[a]（N）　≥		—				300
11	矿物粒料粘附性[b]（g）　≤		2.0				
12	卷材下表面沥青涂盖层厚度[c]（mm）　≥		1.0				
13	人工气候加速老化	外观	无滑动、流淌、滴落				
		拉力保持率（%）　≥	80				
		低温柔性（℃）	−2		−10		
			无裂缝				

a　仅适用于单层机械固定施工方式卷材。

b　仅适用于矿物粒料表面的卷材。

c　仅适用于热熔施工的卷材。

（三）改性沥青聚乙烯胎防水卷材

改性沥青聚乙烯胎防水卷材是指以高密度聚乙烯膜为胎基、改性沥青或自黏沥青为涂盖层、表面覆盖隔离材料或防黏材料而制成的一类防水卷材。改性沥青聚乙烯胎防水卷材适用于非外露的建筑与基础设施的防水工程。此产品已发布了《改性沥青聚乙烯胎防水卷材》GB 18967—2009 国家标准。

1. 产品的分类、规格和标记

产品按其施工工艺可分为热熔型（标记：T）和自黏型（标记：S）两类。热熔型产品按其改性剂的成分可分为改性氧化沥青防水卷材（标记：O）、丁苯橡胶改性氧化沥青防水卷材（标记：M）、高聚物改性沥青防水卷材（标记：P）、高聚物改性沥青耐根穿刺防水卷材（标记：R）等四类。改性氧化沥青防水卷材是指用添加改性剂的沥青氧化后制成的一类防水卷材；丁苯橡胶改性氧化沥青防水卷材是指用丁苯橡胶和树脂将氧化沥青改性后制成的一类防水卷材；高聚物改性沥青防水卷材是指用苯乙烯-丁二烯-苯乙烯（SBS）等高聚物将沥青改性后制成的一类防水卷材；高聚物改性沥青耐根穿刺防水卷材是指以高密度聚乙烯膜（标记：E）为胎基、上下表面覆以高聚物改性沥青，并以聚乙烯膜为隔离材料而制成的具有耐根穿刺功能的一类防水卷材。自粘型防水卷材是指以高密度聚乙烯膜为胎基，上下表面为自黏聚合物改性沥青，表面覆盖防黏材料而制成的一类防水卷材。改性沥青聚乙烯胎防水卷材的分类参见图 4-3。

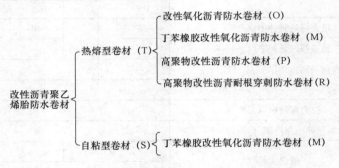

图 4-3 改性沥青聚乙烯胎防水卷材的分类

热熔型卷材的上下表面隔离材料为聚乙烯膜（标记：E），自粘型卷材的上下表面隔离材料为防黏材料。

产品的厚度：热熔型产品为 3.0mm、4.0mm，其中耐根穿刺卷材为 4.0mm；自黏型产品为 2.0mm，3.0mm。产品的公称密度为 1000mm、1100mm；产品的公称面积：每卷面积为 10m²、11m²。生产其他规格的卷材，可由供需双方协商确定。

产品的标记方法按施工工艺、产品类型、胎体、上表面覆盖材料、厚度和标准号顺序进行标记。例 3.0mm 厚的热熔型聚乙烯胎聚乙烯膜覆面高聚物改性沥青防水卷材，其标记如下：TPEE 3 GB 18967—2009。

2. 产品的技术要求

改性沥青聚乙烯胎防水卷材产品的技术要求如下：

a. 单位面积质量及规格尺寸应符合表 4-26 的规定。

b. 产品的外观要求：成卷卷材应卷紧卷齐，端面里进外出不得超过 20mm；成卷卷材在（4～45）℃任一产品温度下展开，在距卷芯 1000mm 长度外不应有裂纹或长度 10mm 以上的黏结；卷材表面应平整，不允许有孔洞、缺边和裂口，疙瘩或任何其他能观察到的缺陷存在；每卷卷材的接头处不应超过一个，较短的一段长度不应少于 1000mm，接头应剪切整齐，并加长 150mm。

c. 产品的物理力学性能应符合表 4-27 提出的要求。高聚物改性沥青耐根穿刺防水卷材（R）的性能除了应符合表 4-27 的要求外，其耐根穿刺与耐霉菌腐蚀性能还应符合 JC/T 1075—2008 标准提出的要求，见本节二（十）。

单位面积质量及规格尺寸（GB 18967—2009） 表 4-26

公称厚度（mm）		2	3	4
单位面积质量/(kg/m²)	≥	2.1	3.1	4.2
每卷面积偏差（m²）			±0.2	
厚度/mm	平均值 ≥	2.0	3.0	4.0
	最小单值 ≥	1.8	2.7	3.7

物理力学性能（GB 18967—2009）　　　　表 4-27

序号	项目			技术指标				
				T				S
				O	M	P	R	M
1	不透水性			0.4MPa，30min 不透水				
2	耐热性（℃）			90				70
				无流淌，无起泡				无流淌，无起泡
3	低温柔性（℃）			−5	−10	−20	−20	−20
				无裂纹				
4	拉伸性能	拉力（N/50mm）≥	纵向	200		400		200
			横向					
		断裂延伸率（%）≥	纵向	120				
			横向					
5	尺寸稳定性	℃		90				70
		% ≤		2.5				
6	卷材下表面沥青涂盖层厚度（mm）≥			1.0				—
7	剥离强度（N/mm）≥	卷材与卷材		—				1.0
		卷材与铝板						1.5
8	钉杆水密性			通过				
9	持粘性/min ≥			15				
10	自粘沥青再剥离强度（与铝板）（N/mm）≥			1.5				
11	热空气老化	纵向拉力（N/50mm）≥		200		400		200
		纵向断裂延伸率（%）≥		120				
		低温柔性（℃）		5	0	−10	−10	−10
				无裂纹				

（四）带自粘层的防水卷材

带自粘层的防水卷材是指其卷材表面覆以有黏层的、冷施工的一类改性沥青或合成高分子防水卷材。此类产品已发布了《带自粘层的防水卷材》GB/T 23260—2009 国家标准。

1. 产品的分类和标记

带粘层的防水卷材根据其材质的不同，可分为高聚物改性沥青防水卷材和合成高分子防水卷材等类型。

产品名称为：带自粘层的＋主体材料防水卷材产品名称。按本标准名称、主体材料标准标记方法和本标准编号顺序进行标记。示例如下：

a. 规格为 3mm 矿物料面聚酯胎Ⅰ型，10m² 的带自粘层的弹性体改性沥青防水卷材其标记为：带自粘层 SBS IPY M3 10 GB 18242—GB/T 23260—2009

b. 长度 20m、宽度 2.1m、厚度 1.2mmⅡ型 L 类聚氯乙烯防水卷材其标记为：带自粘层 PVC 卷材 LⅡ1.2/20×2.1 GB 12952—GB/T 23260—2009（注：非沥青基防水卷材规格中的厚度为主体材料厚度。）

2. 产品的技术要求

带自粘层的防水卷材应符合主体材料相关现行产品标准的要求，参见表 4-28 其中受自粘层影响性能的补充说明见表 4-29。

部分相关主体材料产品标准

表 4-28

序号	标 准 名 称	备注
1	GB 12952　聚氯乙烯防水卷材	见本节三（二）
2	GB 12953　氯化聚乙烯防水卷材	见本节三（三）
3	GB 18173.1　高分子防水材料　第 1 部分：片材	见本节三（一）
4	GB 18242　弹性体改性沥青防水卷材	见本节二（一）
5	GB 18243　塑性体改性沥青防水卷材	见本节二（二）
6	GB 18967　改性沥青聚乙烯胎防水卷材	见本节二（三）
7	JC/T 684　氯化聚乙烯—橡胶共混防水卷材	见本节三（四）
8	JC/T 1076　胶粉改性沥青玻纤毡与玻纤网格布增强防水卷材	
9	JC/T 1077　胶粉改性沥青玻纤毡与聚乙烯膜增强防水卷材	
10	JC/T 1078　胶粉改性沥青聚酯毡与玻纤网格布增强防水卷材	

受自粘层影响性能的补充说明（GB/T 23260—2009）

表 4-29

序号	受自粘层影响项目	补 充 说 明
1	厚度	沥青基防水卷材的厚度包括自粘层厚度 非沥青基防水卷材的厚度不包括自粘层厚度，且自粘层厚度不小于 0.4mm
2	卷重、单位面积质量	卷重、单位面积质量包括自粘层
3	拉伸强度、撕裂强度	对于根据厚度计算强度的试验项目，厚度测量不包括自粘层
4	延伸率	以主体材料延伸率作为试验结果，不考虑自粘层延伸率
5	耐热性/耐热度	带自粘层的沥青基防水卷材的自粘面耐热性（度）指标按表 3 要求，非自粘面按相关产品标准执行
6	尺寸稳定性、加热伸缩量、老化试验	对于由于加热引起的自粘层外观变化在试验结果中不报告
7	低温柔性/低温弯折性	试验要求的厚度包括产品自粘层的厚度

产品的自粘层物理力学性能应符合表 4-30 的规定。

卷材自粘层物理力学性能（GB/T 23260—2009）

表 4-30

序号	项　目		指　标
1	剥离强度 （N/mm）	卷材与卷材	≥1.0
		卷材与铝板	≥1.5
2	浸水后剥离强度（N/mm）		≥1.5
3	热老化后剥离强度（N/mm）		≥1.5
4	自粘面耐热性		70℃，2h 无流淌
5	持粘性（min）		≥15

（五）自粘聚合物改性沥青防水卷材

自粘聚合物改性沥青防水卷材是指以自粘聚合物改性沥青为基料，非外露使用的无胎基或者采用聚酯胎基增强的一类本体自粘防水卷材，此类产品简称自粘卷材，有别于仅在表面覆以自粘层的聚合物改性沥青防水卷材。此类产品已发布了《自粘聚合物改性沥青防水卷材》GB 23441—2009 国家标准。

1. 产品的分类、规格和标记

此类产品按其有无胎基增强可分为无胎基（N 类）自粘聚合物改性沥青防水卷材、聚酯胎基（PY 类）自粘聚合物改性沥青防水卷材。N 类按其上表面材料的不同可分为聚乙烯膜（PE）、聚酯膜（PET）、无膜双面自粘（D）；PY 类按其上表面材料的不同可分为聚乙烯膜（PE）、细砂（S）、无膜双面自粘（D）。产品按其性能可分为Ⅰ型和Ⅱ型。卷材厚度为 2.0mm 的 PY 类只有Ⅰ型，其他规格可由供需双方商定。自粘聚合物改性沥青防水卷材的分类参见图 4-4。

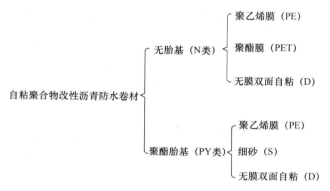

图 4-4　自粘聚合物改性沥青防水卷材

产品按其产品名称、类、型、上表面材料厚度、面积、本标准编号顺序标记。例 20m²、2.0mm 聚乙烯膜面Ⅰ型 N 类，自粘聚合物改性沥青防水卷材的标记为：自粘卷材 NI PE 2.0 20 GB 23441—2009。

2. 产品的技术要求

（1）面积、单位面积质量、厚度

面积不小于产品面积标记值的 99%；N 类单位面积质量、厚度应符合表 4-31 的规定，PY 类单位面积质量、厚度应符合表 4-32 的规定。由供需双方商定的规格，N 类其厚度不得小于 1.2mm，PY 类其厚度不得小于 2.0mm。

N 类单位面积质量、厚度（GB/T 23441—2009）　　　　表 4-31

厚度规格（mm）			1.2	1.5	2.0
上表面材料			PE、PET、D	PE、PET、D	PE、PET、D
单位面积质量（kg/m²）　≥			1.2	1.5	2.0
厚度（mm）	平均值　≥		1.2	1.5	2.0
	最小单值		1.0	1.3	1.7

PY 类单位面积质量、厚度（GB 23441—2009）   表 4-32

厚度规格（mm）		2.0		3.0		4.0	
上表面材料		PE、D	S	PE、D	S	PE、D	S
单位面积质量（kg/m²） ≥		2.1	2.2	3.1	3.2	4.1	4.2
厚度（mm）	平均值 ≥	2.0		3.0		4.0	
	最小单值	1.8		2.7		3.7	

（2）外观

成卷卷材应卷紧卷齐，端面里进外出不得超过 20mm。成卷卷材任一产品在 4～45℃温度下展开，在距卷芯 1000mm 长度外不应有裂纹或长度 10mm 以上的粘结。PY 类产品其胎基应浸透，不应有未被浸渍的浅色条纹。卷材表面应平整，不允许有孔洞、结块、气泡、缺边和裂口，上表面为细砂的，细砂应均匀一致并紧密地粘附于卷材表面。每卷卷材接头不应超过一个，较短的一段长度不应少于 1000mm，接头应剪切整齐，并加长 150mm。

（3）物理力学性能

N 类卷材其物理力学性能应符合表 4-33 的规定；PY 类卷材其物理力学性能应符合表 4-34 的规定。

N 类卷材物理力学性能（GB 23441—2009）   表 4-33

序号	项 目		指 标				
			PE		PET		D
			Ⅰ	Ⅱ	Ⅰ	Ⅱ	
1	拉伸性能	拉力（N/50mm） ≥	150	200	150	200	—
		最大拉力时延伸率（%） ≥	200		30		—
		沥青断裂延伸率（%） ≥	250		150		450
		拉伸时现象	拉伸过程中，在膜断裂前无沥青涂盖层与膜分离现象				
2	钉杆撕裂强度（N） ≥		60	110	30	40	—
3	耐热性		70℃滑动不超过 2mm				
4	低温柔性（℃）		—20	—30	—20	—30	—20
			无裂纹				
5	不透水性		0.2MPa，120min 不透水				—
6	剥离强度（N/mm）≥	卷材与卷材	1.0				
		卷材与铝板	1.5				
7	钉杆水密性		通过				
8	渗油性/张数 ≤		2				
9	持粘性（min） ≥		20				

续表

序号	项目		指标				
			PE		PET		D
			I	II	I	II	
10	热老化	拉力保持率（%）　≥	80				
		最大拉力时延伸率（%）　≥	200		30		400（沥青层断裂延伸率）
		低温柔性（℃）	−18	−28	−18	−28	−18
			无裂纹				
		剥离强度卷材与铝板（N/mm）　≥	1.5				
11	热稳定性	外观	无起鼓、皱褶、滑动、流淌				
		尺寸变化（%）　≤	2				

PY 类卷材物理力学性能（GB 23441—2009）　　　　表 4-34

序号	项目			指标	
				I	II
1	可溶物含量（g/m²）　≥		2.0mm	1300	—
			3.0mm	2100	
			4.0mm	2900	
2	拉伸性能	拉力（N/50mm）　≥	2.0mm	350	—
			3.0mm	450	600
			4.0mm	450	800
		最大拉力时延伸率（%）　≥		30	40
3	耐热性			70℃无滑动、流淌、滴落	
4	低温柔性（℃）			−20	−30
				无裂纹	
5	不透水性			0.3MPa，120min 不透水	
6	剥离强度（N/mm）≥	卷材与卷材		1.0	
		卷材与铝板		1.5	
7	钉杆水密性			通过	
8	渗油性/张数　≤			2	
9	持粘性（min）　≥			15	
10	热老化	最大拉力时延伸率（%）　≥		30	40
		低温柔性（℃）		−18	−28
				无裂纹	
		剥离强度　卷材与铝板（N/mm）　≥		1.5	
		尺寸稳定性（%）　≤		1.5	1.0
11	自粘沥青再剥离强度（N/mm）　≥			1.5	

（六）预铺/湿铺防水卷材

预铺/湿铺防水卷材是指采用后浇混凝土或采用水泥砂浆拌合物粘结的一类防水卷材。产品按其施工方式分为预铺防水卷材（Y）和湿铺防水卷材（W），预铺防水卷材用于地下防水等工程，其可直接与后浇结构混凝土拌合物粘结；湿铺防水卷材用于非外露防水工程，采用水泥砂浆拌合物使其与基层粘结，卷材之间宜采用自粘搭接。此类产品已发布了《预铺/湿铺防水卷材》GB/T 23457—2009 国家标准。

1. 产品的分类、规格和标记

预铺/湿铺防水卷材根据其主体材料的不同，可分为沥青基聚酯胎防水卷材（PY 类）和高分子防水卷材（P 类）。产品按其粘结表面可分为单面粘结（S）和双面粘结（D），其中沥青基聚酯胎防水卷材（PY 类）产品宜为双面粘合。湿铺防水卷材产品按其性能可分为Ⅰ型和Ⅱ型。预铺/湿铺防水卷材的分类参见图 4-5。

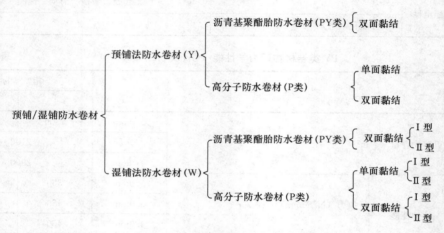

图 4-5　预铺/湿铺防水卷材的分类

预铺防水卷材产品的厚度规格如下：

P 类：高分子主体材料厚度为：0.7mm、1.2mm、1.5mm，对应的卷材全厚度为 1.2mm、1.7mm、2.0mm；

PY 类：4.0mm。

湿铺防水卷材产品的厚度规格如下：

P 类（卷材全厚度）：1.2mm、1.5mm、2.0mm。

PY 类：3.0mm、4.0mm。

产品按其施工方法、类型、粘结表面、主体材料厚度/全厚度、面积、本标准编号顺序标记，例：20m² 3.0mm 双面粘合Ⅰ型沥青基聚酯胎湿铺防水卷材的标记为：WPYID 3.0mm 20m²-GB/T 23457—2009。

2. 产品的技术要求

（1）面积、单位面积质量、厚度

面积不小于产品面积标记值的 99%；

PY 类产品单位面积质量、厚度应符合表 4-35 的规定；P 类预铺产品高分子主体材料的厚度、卷材全厚度平均值都应不小于规定值，P 类湿铺产品的卷材全厚度平均值不小于规定值。

PY 类产品单位面积质量、厚度（GB/T 23457—2009）　　表 4-35

项目		规格	
		3.0mm	4.0mm
单位面积质量/（kg/m²） ≥		3.1	4.1
厚度/mm	平均值 ≥	3.0	4.0
	最小单值	2.7	3.7

其他规格可由供需双方商定，但预铺 P 类产品高分子主体材料厚度不得小于 0.7mm、卷材全厚度不小于 1.2mm，预铺 PY 类产品厚度不得小于 4.0mm。湿铺 P 类产品全厚度不得小于 1.2mm、湿铺 PY 类产品厚度不得小于 3.0mm。

（2）外观

成卷卷材应卷紧卷齐，端面里进外出不得超过 20mm。成卷卷材在（4～45）℃任一产品温度下展开，在距卷芯 1000mm 长度外不应有裂纹或 10mm 以上的黏结。PY 类产品其胎基应浸透，不应有未被浸渍的条纹。卷材表面应平整，不允许有孔洞、结块、气泡、缺边和裂口。每卷卷材接头处不应超过一个，较短的一段长度不应小于 1000mm，接头应剪切整齐，并加长 150mm。

（3）物理力学性能

预铺防水卷材的物理力学性能应符合表 4-36 的规定，湿铺防水卷材的物理力学性能应符合表 4-37 的规定。

预铺防水卷材物理力学性能（GB/T 23457—2009）　　表 4-36

序号	项目		指标	
			P	PY
1	可溶物含量（g/m²） ≥		—	2900
2	拉伸性能	拉力（N/50mm） ≥	500	800
		膜断裂伸长率（%） ≥	400	—
		最大拉力时伸长率（%） ≥		40
3	钉杆撕裂强度（N） ≥		400	200
4	冲击性能		直径（10±0.1）mm，无渗漏	
5	静态荷载		20kg，无渗漏	
6	耐热性		70℃，2h 无位移、流淌、滴落	
7	低温弯折性		—25℃，无裂纹	
8	低温柔性		—	—25℃，无裂纹
9	渗油性/张数 ≤		—	2
10	防窜水性		0.6MPa，不窜水	
11	与后浇混凝土剥离强度（N/mm） ≥	无处理	2.0	
		水泥粉污染表面	1.5	
		泥沙污染表面	1.5	
		紫外线老化	1.5	
		热老化	1.5	

续表

序号	项 目			指标	
				P	PY
12	与后浇混凝土浸水后剥离强度（N/mm）		≥		1.5
13	热老化 （70℃，168h）	拉力保持率（%）	≥		90
		伸长率保持率（%）	≥		80
		低温弯折性		−23℃，无裂纹	—
		低温柔性		—	−23℃，无裂纹
14	热稳定性	外观			无起皱、滑动、流淌
		尺寸变化（%）	≤		2.0

湿铺防水卷材物理力学性能（GB/T 23457—2009）　　　　表 4-37

序号	项 目			指标			
				P		PY	
				Ⅰ	Ⅱ	Ⅰ	Ⅱ
1	可溶物含量（g/m²） ≥		3.0mm	—		2100	
			4.0mm			2900	
2	拉伸性能	拉力（N/50mm）	≥	150	200	400	600
		最大拉力时伸长率（%）	≥	30	150	30	40
3	撕裂强度（N）		≥	12	25	180	300
4	耐热性			70℃，2h 无位移、流淌、滴落			
5	低温柔性（℃）			−15	−25	−15	−25
				无裂纹			
6	不透水性			0.3MPa，120min 不透水			
7	卷材与卷材剥离强度 （N/mm） ≥	无处理		1.0			
		热处理		1.0			
8	渗油性/张数		≤	2			
9	持粘性（min）		≥	15			
10	与水泥砂浆剥离强度 （N/mm） ≥	无处理		2.0			
		热老化		1.5			
11	与水泥砂浆浸水后剥离强度（N/mm）		≥	1.5			
12	热老化（70℃，168h）	拉力保持率（%） ≥		90			
		伸长率保持率（%） ≥		80			
		低温柔性（℃）		−13	−23	−13	−23
				无裂纹			
13	热稳定性	外观		无起鼓、滑动、流淌			
		尺寸变化（%） ≤		2.0			

（七）聚合物改性沥青防水垫层

本产品是指适用于坡屋面建筑工程中、各种瓦材及其他屋面材料下面使用的聚合物改性沥青防水垫层（简称改性垫层）。该产品已发布了《坡屋面用防水材料 聚合物改性沥青防水垫层》（JC/T 1067—2008）建材行业标准。

1. 产品的分类和标记

改性垫层的上表面材料一般为聚乙烯膜（PE）、细砂（S）、铝箔（AL）等，增强胎基为聚酯毡（PY）、玻纤毡（G）。

产品宽度规格为 1m，其他宽度规格由供需双方商定；厚度规格为：1.2mm、2.0mm。

产品按产品主体材料名称、胎基、上表面材料、厚度、宽度、长度和标准号顺序进行标记，例：SBS 改性沥青聚酯胎细砂面、2mm 厚、1m 宽、20m 长的防水垫层标记为：SBS 改性聚合物改性沥青防水垫层 PY-S-2mm×1m×20m—JC/T 1067—2008。

2. 技术要求

（1）一般要求

改性垫层产品表面应有防滑功能，有利于人员安全施工。

（2）尺寸偏差

宽度允许偏差为：生产商规定值±3%。

面积允许偏差为：不小于生产商规定值的 99%。

改性垫层的厚度应符合表 4-38 的规定。

改性垫层厚度及单位面积质量（JC/T 1067—2008）   表 4-38

公称厚度（mm）	1.2				2.0			
上表面材料	PE	S	AL	其他	PE	S	AL	其他
单位面积质量（kg/m²）≥	1.2	1.3	1.2	1.2	2.0	2.1	2.0	2.0
最小厚度（mm）≥	1.2	1.3	1.2	1.2	2.0	2.1	2.0	2.0

（3）外观

1）垫层应边缘整齐、表面应平整，无裂纹、缺口、机械损伤、疙瘩、气泡、孔洞、粘着等可见缺陷。

2）成卷垫层在 5～45℃的任一产品温度下，应易于展开，无裂纹或粘结。

3）每卷接头处不应超过 1 个，接头应剪切整齐，并加长 150mm 作为搭接。

（4）改性垫层单位面积质量

改性垫层单位面积质量应符合表 4-38 的规定。

（5）改性垫层物理力学性能

改性垫层物理力学性能应符合表 4-39 的规定。

改性垫层物理力学性能（JC/T 1067—2008）   表 4-39

序号	项 目		指标	
			PY	G
1	可溶物含量（g/m²）≥	1.2mm	700	
		2.0mm	1200	

序号	项目		指标	
			PY	G
2	拉力（N/50mm） ≥		300	200
3	延伸率（%） ≥		20	—
4	耐热度（℃）		90	
5	低温柔度（℃）		−15	
6	不透水性		0.1MPa，30min 不透水	
7	钉杆撕裂强度（N） ≥		50	
8	热老化	外观	无裂纹	
		延伸率保持率（%） ≥	85	
		低温柔度（℃）	−10	

（八）自粘聚合物沥青防水垫层

本产品是指适用于坡屋面建筑工程中，各种瓦材及其他屋面材料下面使用的自粘聚合物沥青防水垫层（简称自粘垫层）。该产品已发布了《坡屋面用防水材料 自粘聚合物沥青防水垫层》（JC/T 1068—2008）建材行业标准。

1. 产品的分类和标记

产品所用沥青完全为自粘聚合物沥青。自粘垫层的上表面材料一般为聚乙烯膜（PE）、聚酯膜（PET）、铝箔（AL）等，无内部增强胎基，自粘垫层也可以按生产商要求采用其他类型的上表面材料。

产品宽度规格为 1m，其他宽度规格由供需双方商定；厚度规格不小于 0.8mm。

产品按产品主体材料名称、胎基、上表面材料、厚度、宽度、长度和标准号顺序进行标记，例：自粘聚合物沥青 PE 膜面、1.2mm 厚、1m 宽、20m 长的防水垫层标记为：自粘聚合物沥青防水垫层 PE-1.2mm×1m×20m—JC/T 1068—2008。

2. 技术要求

（1）一般要求

自粘垫层产品表面应有防滑功能，有利于人员安全施工。

（2）尺寸偏差

宽度允许偏差为：生产商规定值±3%，

面积允许偏差为：不小于生产商规定值的 99%。

厚度应不小于 0.8mm，厚度平均值不小于生产商规定值。

（3）外观

1）垫层应边缘整齐，表面应平整，无裂纹、缺口、机械损伤、疙瘩、气泡、孔洞、粘着等可见缺陷。

2）成卷垫层在 5~45℃ 的任一产品温度下，应易于展开，无裂纹或粘结。

3）每卷接头处不应超过 1 个，接头应剪切整齐，并加长 150mm 作为搭接。

（4）自粘垫层物理力学性能

自粘垫层物理力学性能应符合表 4-40 的规定。

自粘垫层物理力学性能（JC/T 1068—2008）　　表 4-40

序号	项　　目			指标
1	拉力（N/25mm）　≥			70
2	断裂延伸率（%）　≥			200
3	低温柔度[a]（℃）			−20
4	耐热度，70℃		滑动（mm）　≤	2
5	剥离强度	垫层与铝板（N/mm）　≥	23℃	1.5
			5℃	1.0
		垫层与垫层（N/mm）　≥		1.2
6	钉杆撕裂强度（N）　≥			40
7	紫外线处理	外观		无起皱和裂纹
		剥离强度（垫层与铝板），（N/mm）　≥		1.0
8	钉杆水密性			无渗水
9	热老化	拉力保持率（%）　≥		70
		断裂延伸率保持率（%）　≥		70
		低温柔度[a]（℃）		−15
10	持粘力，min　≥			15

a　根据需要，供需双方可以商定更低的温度。

b　仅适用于低温季节施工供需双方要求时。

（九）自粘聚合物沥青泛水带

自粘聚合物沥青泛水带是指适用于建筑工程节点部位使用的自粘聚合物沥青泛水材料。产品已发布了《自粘聚合物沥青泛水带》JC/T 1070—2008 建材行业标准。

1. 产品的分类和标记

产品所用沥青完全为自粘聚合物沥青，产品按上表面材料分类：聚乙烯膜（PE）、聚酯膜（PET）、铝箔（AL）、无纺布（NW）等。也可按生产商要求采用其他类型的上表面材料。

产品按产品名称、上表面材料、厚度、宽度和标准号顺序进行标记。例：自粘聚合物沥青泛水带、聚酯膜面 0.7mm 厚、30mm 宽、20m 长标记为：泛水带 PET-0.7mm×30mm×20m—JC/T 1070—2008。

2. 技术要求

（1）厚度、宽度及长度

厚度平均值不小于生产商规定值，生产商规定值厚度应不小于 0.6mm。

宽度允许偏差为：生产商规定值±5%。

长度允许偏差为：大于生产商规定值×99%。

（2）外观

1）泛水带应边缘整齐，表面应平整、无裂纹、缺口、机械损伤、疙瘩、气泡、孔洞、粘着等可见缺陷。

2）成卷泛水带在 5～45℃的任一产品温度下，应易于展开，无粘结。

3）每卷接头处不应超过 1 个，接头应剪切整齐，并加长 150mm 作为搭接。

（3）物理力学性能

泛水带物理力学性能应符合表 4-41 的规定。

泛水带物理力学性能（JC/T 1070—2008）　　　　表 4-41

序号	项　目			指标
1	拉力（N/25mm）　≥			60
2	断裂延伸率（%）　≥			200
3	低温柔度a)（℃）			—20
4	耐热度，75℃		滑动（mm）　≤	2
5	剥离强度	泛水带与铝板（N/mm）　≥	23℃	1.5
			5℃ b)	1.0
		泛水带与泛水带（N/mm）　≥		1.0
6	紫外线处理	外观		无起皱和裂纹
		剥离强度（泛水带与铝板）（N/mm）　≥		1.0
7	抗渗性			1500mm 水柱无渗水
8	热老化	拉力保持率（%）　≥		70
		断裂延伸率保持率（%）　≥		70
		低温柔度a)（℃）		—15
9	持粘力 min　≥			15

a) 根据需要，供需双方可以商定更低的温度。

b) 仅适用于低温季节施工供需双方要求时。

（十）种植屋面用耐根穿刺防水卷材

种植屋面用耐根穿刺防水卷材是一类适用于种植屋面使用的具有耐根穿刺能力的防水卷材。此类产品已发布了《种植屋面用耐根穿刺防水卷材》JC/T 1075—2008 建材行业标准。

1. 产品的分类和标记

种植屋面用耐根穿刺防水卷材根据其材质的不同，可分为改性沥青类（B）、塑料类（P）、橡胶类（R）等三类。

产品的标记由耐根穿刺加厚标准标记和 JC/T 1075 标准号组成，例：4mmⅡ型弹性体改性沥青（SBS）聚酯脂（PY）砂面种植屋面用耐根穿刺防水卷材标记为：耐根穿刺 SBS Ⅱ PY S 4 JC/T 1075—2008。

2. 产品的技术要求

（1）一般要求

种植屋面用耐根穿刺防水卷材的生产与使用不应对人体、生物与环境造成有害的影响，所涉及与使用有关的安全与环保要求，应符合我国相关国家标准和规范的规定。

（2）厚度

改性沥青类防水卷材的厚度不小于 4.0mm，塑料、橡胶类防水卷材不小于 1.2mm。

（3）基本性能

种植屋面用耐根穿刺防水卷材的基本性能包括人工气候加速老化，应符合相应的国家标准和行业标准中的相关要求，表 4-42 列出了应符合的现行国家标准中的相关要求，尺寸变化率应符合表 4-43 的规定，种植屋面用耐根穿刺防水卷材的应用性能指标应符合表 4-43 提出的要求。

现行国家标准及相关要求　　表 4-42

序号	标准名称	要求	备注
1	GB 18242 弹性体改性沥青防水卷材	Ⅱ型全部要求	见本节二（一）
2	GB 18243 塑性体改性沥青防水卷材	Ⅱ型全部要求	见本节二（二）
3	GB 18967 改性沥青聚乙烯胎防水卷材	Ⅱ型全部要求	见本节二（三）
4	GB 12952 聚氯乙烯防水卷材	Ⅱ型全部要求	见本节三（二）
5	GB 18173.1 高分子防水材料　第 1 部分：片材	全部要求	见本节三（一）

应用性能（JC/T 1075—2008）　　表 4-43

序号	项目		技术指标
1	耐根穿刺性能		通过
2	耐霉菌腐蚀性	防霉等级	0 级或 1 级
		拉力保持率（%）　≥	80
3	尺寸变化率（%）　≤		1.0

（十一）沥青基防水卷材用基层处理剂

沥青基防水卷材施工配套使用的基层处理剂俗称底涂料或冷底子油，此类材料现已发布了《沥青基防水卷材用基层处理剂》JC/T 1069—2008 建材行业标准。沥青基防水卷材用基层处理剂按其性质可分为水性（W）和溶剂型（S）等两类。产品按名称、类型、有害物质含量等级和标准号顺序标记。如有害物质含量为 B 级的水性 SBS 改性沥青基层处理剂的标记为：SBS 改性沥青基层处理剂 W B JC/T 1069—2008。

产品的技术性能要求如下：

a. 产品的有害物质含量不应高于 JC 1066 标准中 B 级要求；

b. 外观为均匀、无结块、无凝胶的液体；

c. 物理性能应符合表 4-44 的规定。

基层处理剂的物理性能（JC/T 1069—2008）　　表 4-44

项目		技术指标	
		W	S
黏度（MPa·s）		规定值±3%	
表干时间（h）　≤		4	2
固体含量（%）　≥		40	30
剥离强度[a]（N/mm）　≥		0.8	
浸水后剥离强度[a]（N/mm）　≥		0.8	
耐热性		80℃无流淌	
低温柔性		0℃无裂纹	
灰分（%）　≤		5	

a）剥离强度应注明采用的防水卷材类型。

三、合成高分子防水卷材

合成高分子防水卷材亦称高分子防水片材，是以合成橡胶、合成树脂或二者的共混体为基料，加入适量的化学助剂。填充剂等，采用混炼、塑炼、压延或挤出成型、硫化、定型等橡胶或塑料的加工工艺所制成的无胎加筋或不加筋的弹性或塑性的片状可卷曲的一类建筑防水材料。

合成高分子防水卷材在我国整个防水材料工业中处于发展、上升阶段，仅次于聚合物改性沥青防水卷材，其生产工艺、产品品种、生产技术装备、应用技术和应用领域正在不断提高和完善发展之中。

合成高分子防水卷材具有以下特点。

（1）拉伸强度高，合成高分子防水卷材的拉伸强度都在 3MPa 以上，最高的拉伸强度可达 10MPa 左右，可以满足施工和应用的实际要求。

（2）断裂伸长率大，合成高分子防水卷材的伸长率都在 100% 以上，最高达 500% 左右，可以适应建筑工程防水基层伸缩或开裂变形的需要，确保防水质量。

（3）撕裂强度好，合成高分子防水卷材的撕裂强度都在 25kN/m 以上。

（4）耐热性能好，合成高分子防水卷材一般都在 100℃ 以上的温度条件下，不会流淌和产生集中性气泡。

（5）低温柔性好，一般都在 -20℃ 以下，如三元乙丙橡胶防水卷材的低温柔性在 -45℃ 以下，因此，选用高分子防水卷材可在低温条件下施工，可延长冬季施工的周期，提高施工效率。

（6）耐腐蚀性能好，合成高分子防水卷材具有耐臭氧、耐紫外线、耐气候等性能，耐老化性能好，延长防水耐用年限。

（7）施工工序简易，合成高分子防水卷材适宜于单层、冷粘法铺贴，具有工序简易、操作方便等特点，克服了传统沥青卷材的多叠层、支锅熬沥青、烟熏火燎的热施工等难度，减少了施工环境污染，降低了施工劳动强度，提高了施工效率。

许多橡胶和塑料都可以用来制造高分子卷材，且还可以采用两种以上材料来制造防水卷材，因而合成高分子防水卷材的品种也是多种多样的。

高分子防水卷材按其是否具有特种性能可分为普通高分子防水卷材和特种高分子防水卷材；按其是否具有自粘功能可分为常规型和自黏型；按其基料的不同可分为橡胶类、树脂类、橡胶（橡塑）共混类，然后可再进一步细分；按其加工工艺的不同可分为橡胶类、塑料类，橡胶类还可进一步分为硫化型和非硫化型；按其是否增强和复合可分为均质片、复合片和点黏片。合成高分子防水卷材的分类及执行标准参见图 4-6。

（一）高分子防水片材

高分子防水片材是指以高分子材料为主材料，以挤出或压延等方法生产，用于各类工程防水、防渗、防潮、隔气、防污染、排水等的均质片材（均质片）、复合片材（复合片）、导形片材（异型片）、自粘片材（自粘片）、点（条）粘片材（点（条）粘片）等。均质片是指以高分子合成材料为主要材料，各部位截面结构一致的一类防水片材；复合片是指以高分子合成材料为主要材料，复合织物等保护或增强层，以改变其尺寸稳定性和力学特性，各部位截面结构一致的一类防水片材；自粘片是指在高分子片材表面复合一层自

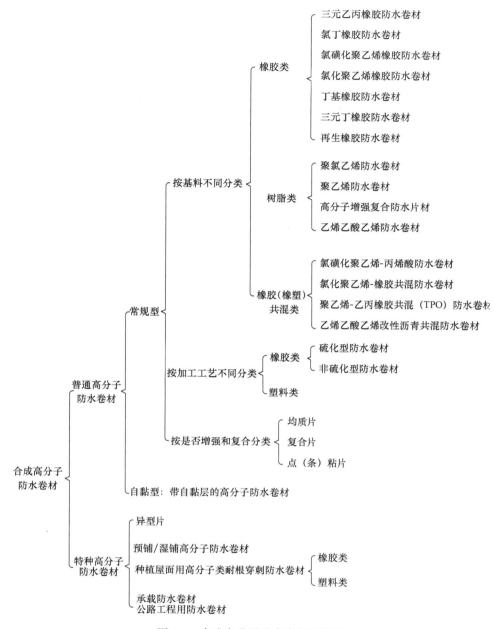

图 4-6　合成高分子防水卷材的分类

粘材料和隔离保护层，以改善或提高其与基层的粘结性能，各部位截面结构一致的一类防水片材；异型片是指以高分子合成材料为主要材料，经特殊工艺加工成表面为连续凸凹壳体或特定几何形状的一类防（排）水片材；点（条）粘片是指均质片材与织物等保护层多点（条）粘结在一起，粘结点（条）在规定的区域内均匀分布，利用粘结点（条）的间距，使其具有切向排水功能的一类防水片材。高分子防水片材产品现已发布了《高分子防水材料　第 1 部分：片材》GB 18173.1—2012 国家标准。

合成高分子防水片材的分类参见表 4-45，产品应按：类型代号、材质（简称或代号）、规格（长度×宽度×厚度），异型片材加入壳体高度的顺序进行标记，并可根据需要增加标记内容。其标记示例如下：

均质片：长度为 20.0m，宽度为 1.0m，厚度为 1.2mm 的硫化型三元乙丙橡胶（EP-DM）片材标记为：JL1-EPDM-20.0m×1.0m×1.2mm。

异形片：长度为 20.0m、宽度为 2.0m、厚度为 0.8mm、壳体高度为 8mm 的高密度聚乙烯防排水片材标记为：YS-HDPE-20.0m×2.0m×0.8mm×8mm。

片材的分类（GB 18173.1—2012）　　　　　　　　　　　　　表 4-45

分　类		代号	主要原材料
均质片	硫化橡胶类	JL1	三元乙丙橡胶
		JL2	橡塑共混
		JL3	氯丁橡胶、氯磺化聚乙烯、氯化聚乙烯等
	非硫化橡胶类	JF1	三元乙丙橡胶
		JF2	橡塑共混
		JF3	氯化聚乙烯
	树脂类	JS1	聚氯乙烯等
		JS2	乙烯醋酸乙烯共聚物、聚乙烯等
		JS3	乙烯醋酸乙烯共聚物与改性沥青共混等
复合片	硫化橡胶类	FL	（三元乙丙、丁基、氯丁橡胶、氯磺化聚乙烯等）/织物
	非硫化橡胶类	FF	（氯化聚乙烯、三元乙丙、丁基、氯丁橡胶、氯磺化聚乙烯等）/织物
	树脂类	FS1	聚氯乙烯/织物
		FS2	（聚乙烯、乙烯醋酸乙烯共聚物等）/织物
自粘片	硫化橡胶类	ZJL1	三元乙丙/自粘料
		ZJL2	橡塑共混/自粘料
		ZJL3	（氯丁橡胶、氯磺化聚乙烯、氯化聚乙烯等）/自粘料
	硫化橡胶类	ZFL	（三元乙丙、丁基、氯丁橡胶、氯磺化聚乙烯等）/织物/自粘料
	非硫化橡胶类	ZJF1	三元乙丙/自粘料
		ZJF2	橡塑共混/自粘料
		ZJF3	氯化聚乙烯/自粘料
		ZFF	（氯化聚乙烯、三元乙丙、丁基、氯丁橡胶、氯磺化聚乙烯等）/织物/自粘料
	树脂类	ZJS1	聚氯乙烯/自粘料
		ZJS2	（乙烯醋酸乙烯共聚物、聚乙烯等）/自粘料
		ZJS3	乙烯醋酸乙烯共聚物与改性沥青共混等/自粘料
		ZFS1	聚氯乙烯/织物/自粘料
		ZFS2	（聚乙烯、乙烯醋酸乙烯共聚物等）/织物/自粘料

续表

分	类	代号	主要原材料
异形片	树脂类（防排水保护板）	YS	高密度聚乙烯，改性聚丙烯，高抗冲聚苯乙烯等
点（条）粘片	树脂类	DS1/TS1	聚氯乙烯/织物
		DS2/TS2	（乙烯醋酸乙烯共聚物、聚乙烯等）/织物
		DS3/TS3	乙烯醋酸乙烯共聚物与改性沥青共混物等/织物

片材的规格尺寸及允许偏差见表 4-46 及表 4-47 所示，特殊规格由供需双方商定。

片材的规格尺寸（GB 18173.1—2012） 表 **4-46**

项 目	厚度（mm）	宽度（m）	长度/m
橡胶类	1.0，1.2，1.5，1.8，2.0	1.0，1.1，1.2	≥20ᵃ
树脂类	≥0.5	1.0，1.2，1.5，2.0，2.5，3.0，4.0，6.0	

ᵃ 橡胶类片材在每卷 20m 长度中允许有一处接头，且最小块长度应≥3m，并应加长 15cm 备作搭接；树脂类片材在每卷至少 20m 长度内不允许有接头；自粘片材及异型片材每卷 10m 长度内不允许有接头。

允许偏差（GB 18173.1—2012） 表 **4-47**

项 目	厚 度		宽 度	长 度
允许偏差	<1.0mm	≥1.0mm	±1%	不允许出现负值
	±10%	±5%		

片材的外观质量要求如下：①片材表面应平整，不能有影响使用性能的杂质、机械损伤、折痕及异常粘着等缺陷。②在不影响使用的条件下，片材表面的缺陷应符合以下规定：凹痕深度：橡胶类片材不得超过片材厚度的 20%，树脂类片材不得超过 5%；气泡深度：橡胶类不得超过片材厚度 20%，每 1m² 内气泡面积不得超过 7mm²，树脂类片材不允许有。③异型片表面应边缘整齐，无裂纹、孔洞、粘连、气泡、疤痕及其他机械损伤缺陷。

片材的物理性能要求如下：①均质片的物理性能应符合表 4-48 的规定。②复合片的物理性能应符合表 4-49 的规定。对于聚酯胎上涂覆三元乙丙橡胶的 FF 类片材，拉断伸长率（纵/横）指标不得小于 100%，其他性能指标应符合表 3-49 的规定；对于总厚度小于 1.0mm 的 FS2 类复合片材，拉伸强度（纵/横）指标常温（23℃）时不得小于 50N/cm，高温（60℃）时不得小于 30N/cm，拉断伸长率（纵/横）指标常温（23℃）时不得小于 100%，低温（−20℃）时不得小于 80%，其他性能应符合表 4-49 规定值要求。③自粘片的主体材料应符合表 4-48、表 4-49 中相关类别的要求，自粘层性能应符合表 4-50 规定。④异型片的物理性能应符合表 4-51 的规定。⑤点（条）粘片主体材料应符合表 4-48 中相关类别的要求，粘结部位的性能应符合表 4-52 的规定。

均质片的物理性能（GB 18173.1—2012）　　　　表 4-48

项　目		指　标								
		硫化橡胶类			非硫化橡胶类			树脂类		
		JL1	JL2	JL3	JF1	JF2	JF3	JS1	JS2	JS3
拉伸强度（MPa）	常温（23℃）≥	7.5	6.0	6.0	4.0	3.0	5.0	10	16	14
	高温（60℃）≥	2.3	2.1	1.8	0.8	0.4	1.0	4	6	5
拉断伸长率（%）	常温（23℃）≥	450	400	300	400	200	200	200	550	500
	低温（-20℃）≥	200	200	170	200	100	100	—	350	300
撕裂强度（kN/m）≥		25	24	23	18	10	10	40	60	60
不透水性（30min）		0.3MPa 无渗漏	0.3MPa 无渗漏	0.2MPa 无渗漏	0.3MPa 无渗漏	0.2MPa 无渗漏	0.2MPa 无渗漏	0.3MPa 无渗漏	0.3MPa 无渗漏	0.3MPa 无渗漏
低温弯折		-40℃ 无裂纹	-30℃ 无裂纹	-30℃ 无裂纹	-30℃ 无裂纹	-20℃ 无裂纹	-20℃ 无裂纹	-20℃ 无裂纹	-35℃ 无裂纹	-35℃ 无裂纹
加热伸缩量（mm）	延伸≤	2	2	2	2	4	4	2	2	2
	收缩≤	4	4	4	4	6	10	6	6	6
热空气老化（80℃×168h）	拉伸强度保持率（%）	80	80	80	90	60	80	80	80	80
	拉断伸长率保持率（%）≥	70	70	70	70	70	70	70	70	70
耐碱性〔饱和Ca(OH)₂ 溶液23℃×168h〕	拉伸强度保持率（%）≥	80	80	80	80	70	70	80	80	80
	拉断伸长率保持率（%）	80	80	80	90	80	70	80	90	90
臭氧老化（40℃×168h）	伸长率40%，500×10⁻⁸	无裂纹	—	—	无裂纹	—	—	—	—	—
	伸长率20%，200×10⁻⁸	—	无裂纹	—	—	—	—	—	—	—
	伸长率20%，100×10⁻⁸	—	—	无裂纹	—	无裂纹	无裂纹	—	—	—
人工气候老化	拉伸强度保持率（%）≥	80	80	80	80	70	80	80	80	80
	拉断伸长率保持率（%）≥	70	70	70	70	70	70	70	70	70
粘结剥离强度（片材与片材）	标准试验条件（N/mm）≥	1.5								
	浸水保持率（23℃×168h）（%）≥	70								

注 1：人工气候老化和粘结剥离强度为推荐项目。

注 2：非外露使用可以不考核臭氧老化、人工气候老化、加热伸缩量、60℃拉伸强度性能。

复合片的物理性能（GB 18173.1—2012）　　表 4-49

项　目			指　标			
			硫化橡胶类 FL	非硫化橡胶类 FF	树脂类	
					FS1	FS2
拉伸强度（N/cm）	常温（23℃）	≥	80	60	100	60
	高温（60℃）	≥	30	20	40	30
拉断伸长率（%）	常温（23℃）	≥	300	250	150	400
	低温（−20℃）	≥	150	50	—	300
撕裂强度（N）		≥	40	20	20	50
不透水性（0.3MPa，30min）			无渗漏	无渗漏	无渗漏	无渗漏
低温弯折			−35℃ 无裂纹	−20℃ 无裂纹	−30℃ 无裂纹	−20℃ 无裂纹
加热伸缩量（mm）	延伸	≤	2	2	2	2
	收缩	≤	4	4	2	4
热空气老化（80℃×168h）	拉伸强度保持率（%）	≥	80	80	80	80
	拉断伸长率保持率（%）	≥	70	70	70	70
耐碱性［饱和 Ca(OH)$_2$ 溶液 23℃×168h］	拉伸强度保持率（%）	≥	80	60	80	80
	拉断伸长率保持率（%）	≥	80	60	80	80
臭氧老化（40℃×168h），200×10^{-8}，伸长率 20%			无裂纹	无裂纹	—	—
人工气候老化	拉伸强度保持率（%）	≥	80	70	80	80
	拉断伸长率保持率（%）	≥	70	70	70	70
粘结剥离强度（片材与片材）	标准试验条件（N/mm）	≥	1.5	1.5	1.5	1.5
	浸水保持率（23℃×168h）（%）	≥	70			70
复合强度（FS2 型表层与芯层）/（MPa）		≥	—			0.8

注 1：人工气候老化和粘合性能项目为推荐项目。

注 2：非外露使用可以不考核臭氧老化、人工气候老化、加热伸缩量、高温（60℃）拉伸强度性能。

自粘层性能（GB 18173.1—2012）　　表 4-50

项　目				指　标
低温弯折				−25℃ 无裂纹
持粘性（min）			≥	20
剥离强度/（N/mm）	标准试验条件	片材与片材	≥	0.8
		片材与铝板	≥	1.0
		片材与水泥砂浆板	≥	1.0
	热空气老化后（80℃×168h）	片材与片材	≥	1.0
		片材与铝板	≥	1.2
		片材与水泥砂浆板	≥	1.2

异型片的物理性能（GB 18173.1—2012）　　　　　　　表 4-51

项　目		指标		
		膜片厚度 <0.8mm	膜片厚度 0.8mm～1.0mm	膜片厚度 ≥1.0mm
拉伸强度（N/cm） ≥		40	56	72
拉断伸长率（%） ≥		25	35	50
抗压性能	抗压强度（kPa） ≥	100	150	300
	壳体高度压缩 50% 后外观	无破损		
排水截面积（cm²） ≥		30		
热空气老化 （80℃×168h）	拉伸强度保持率（%） ≥	80		
	拉断伸长率保持率（%） ≥	70		
耐碱性［饱和 Ca(OH)₂ 溶液 23℃×168h］	拉伸强度保持率（%） ≥	80		
	拉断伸长率保持率（%） ≥	80		

注：壳体形状和高度无具体要求，但性能指标须满足本表规定。

点(条)粘片粘接部位的物理性能（GB 18173.1—2012）　　　　表 4-52

项　目		指标		
		DS1/TS1	DS2/TS2	DS3/TS3
常温（23℃）拉伸强度（N/cm） ≥		100	60	
常温（23℃）拉断伸长率（%） ≥		150	400	
剥离强度（N/mm） ≥		1		

（二）聚氯乙烯（PVC）防水卷材

聚氯乙烯（PVC）防水卷材是指适用于建筑防水工程所用的，以聚氯乙烯（PVC）树脂为主要原料，经捏合、塑化、挤出压延、整形、冷却、检验、分类、包装等工序加工而制成的，可卷曲的一类片状防水材料。产品按其组成分为均质卷材（代号为 H）、带纤维背衬卷材（代号为 L）、织物内增强卷材（代号为 P）、玻璃纤维内增强卷材（代号为 G）、玻璃纤维内增强带纤维背衬卷材（代号为 GL）。均质的聚氯乙烯防水卷材是指不采用内增强材料或背衬材料的一类聚氯乙烯防水卷材；带纤维背衬的聚氯乙烯防水卷材是指采用织物如聚酯无纺布等复合在卷材下表面中的一类聚氯乙烯防水卷材；织物内增强的聚氯乙烯防水卷材是指采用聚酯或玻纤网格布在卷材中间增强的一类聚氯乙烯防水卷材；玻璃纤维内增强的聚氯乙烯防水卷材是指在卷材中加入短切玻璃纤维或玻璃纤维无纺布，对拉伸性能等力学性能无明显影响，仅能提高产品尺寸稳定性的一类聚氯乙烯防水卷材；玻璃纤维内增强带纤维背衬的聚氯乙烯防水卷材是指在卷材中加入短切玻璃纤维或玻璃纤维无纺布，并用织物如聚酯无纺布等复合在卷材下表面的一类聚氯乙烯防水卷材。聚氯乙烯（PVC）防水卷材产品现已发布了《聚氯乙烯（PVC）》GB 12952—2011 国家标准。

聚氯乙烯（PVC）防水卷材的规格如下：公称长度规格为：15m、20m、25m；公称宽度规格为：1.00m、2.00m；厚度规格为：1.20mm、1.50mm、1.80mm、2.00mm。其他规格可由供需双方商定。

聚氯乙烯（PVC）防水卷材按产品名称（代号 PVC 卷材）、是否外露使用、类型、厚度、长度、宽度和标准号顺序进行标记。如长度 20m、宽度 2.00m、厚度 1.50mm、L 类外露使用聚氯乙烯防水卷材的标记为："PVC 卷材　外露 L 1.50mm/20m×2.00m GB 12952—2011"。

聚氯乙烯（PVC）防水卷材的尺寸偏差：①长度、宽度应不小于规格值的 99.5%；②厚度不应小于 1.20mm，厚度允许偏差和最小单值见表 4-53。

厚度允许偏差（GB 12952—2011）　　　　　　　　　表 4-53

厚度（mm）	允许偏差（%）	最小单值（mm）
1.20		1.05
1.50	−5，+10	1.35
1.80		1.65
2.00		1.85

聚氯乙烯（PVC）防水卷材的外观质量要求如下：①卷材的接头不应多于一处，其中较短的一段长度不应小于 1.5m，接头应剪切整齐，并应加长 150mm；②卷材表面应平整、边缘整齐、无裂纹、孔洞、粘结、气泡和疤痕。

聚氯乙烯（PVC）防水卷材的材料性能指标应符合表 4-54 的规定。

材料性能指标（GB 12952—2011）　　　　　　　　　表 4-54

序号	项　目			指标				
				H	L	P	G	GL
1	中间胎基上面树脂层厚度(mm)		≥	—		0.40		
2	拉伸性能	最大拉力(N/cm)	≥	—	120	250	—	120
		拉伸强度(MPa)	≥	10.0	—	—	10.0	—
		最大拉力时伸长率(%)	≥	—	—	15	—	—
		断裂伸长率(%)	≥	200	150	—	200	100
3	热处理尺寸变化率(%)		≤	2.0	1.0	0.5	0.1	0.1
4	低温弯折性			−25℃无裂纹				
5	不透水性			0.3MPa，2h不透水				
6	抗冲击性能			0.5kg·m，不渗水				
7	抗静态荷载[a]			—	—	20kg 不渗水		
8	接缝剥离强度(N/mm)		≥	4.0 或卷材破坏		3.0		
9	直角撕裂强度(N/mm)		≥	50	—	—	50	—
10	梯形撕裂强度(N)		≥	—	150	250	—	220
11	吸水率(70℃，168h)(%)	浸水后	≤	4.0				
		晾置后	≥	−0.40				
12	热老化（80℃）	时间(h)		672				
		外观		无起泡、裂纹、分层、粘结和孔洞				
		最大拉力保持率(%)	≥	—	85	85	—	85
		拉伸强度保持率(%)	≥	85	—	—	85	—
		最大拉力时伸长率保持率(%)	≥	—	—	80	—	—
		断裂伸长率保持率(%)	≥	80	80	—	80	80
		低温弯折性		−20℃无裂纹				

续表

序号	项目			指 标				
				H	L	P	G	GL
13	耐化学性	外观		无起泡、裂纹、分层、粘结和孔洞				
		最大拉力保持率(%)	≥	—	85	85	—	85
		拉伸强度保持率(%)	≥	85	—	—	85	—
		最大拉力时伸长率保持率(%)	≥	—	—	80	—	—
		断裂伸长率保持率(%)	≥	80	80	—	80	80
		低温弯折性		−20℃无裂纹				
14	人工气候加速老化[c]	时间(h)		1500[b]				
		外观		无起泡、裂纹、分层、粘结和孔洞				
		最大拉力保持率(%)	≥	—	85	85	—	85
		拉伸强度保持率(%)	≥	85	—	—	85	—
		最大拉力时伸长率保持率(%)	≥	—	—	80	—	—
		断裂伸长率保持率(%)	≥	80	80	—	80	80
		低温弯折性		−20℃无裂纹				

[a] 抗静态荷载仅对用于压铺屋面的卷材要求。

[b] 单层卷材屋面使用产品的人工气候加速老化时间为2500h。

[c] 非外露使用的卷材不要求测定人工气候加速老化。

聚氯乙烯（PVC）防水卷材的抗风揭能力要求如下：采用机械固定方法施工的单层屋面卷材，其抗风揭能力的模拟风压等级应不低于4.3kPa（90psf）。

（三）氯化聚乙烯防水卷材

氯化聚乙烯防水卷材是指适用于建筑防水工程用的，以含氯量为30%～40%的氯化聚乙烯树脂为主要原料，掺入适量的化学助剂和大量的填充材料，采用塑料或橡胶的加工工艺，经过捏和、塑炼、压延、卷曲、检验、分卷、包装等工序，加工制成的弹塑性防水卷材。其产品包括无复合层、用纤维单面复合及织物内增强的氯化聚乙烯防水卷材。这类卷材由于具有热塑性弹性体的优良性能，加之原材料来源丰富，价格较低，生产工艺较简单，施工方便，故发展迅速，目前在国内属中高档防水卷材。其产品已发布了《氯化聚乙烯防水卷材》GB 12953—2003国家标准。

1. 产品的分类和标记

产品按照有无复合层进行分类，无复合层的为N类，用纤维单面复合的为L类，织物内增强的为W类。每类产品按理化性能分为Ⅰ型和Ⅱ型。

卷材长度规格为10m、15m、20m；厚度规格为1.2mm、1.5mm、2.0mm；其他长度、厚度规格可由供需双方商定，但厚度规格不得低于1.2mm。

产品按其产品名称（代号CPE卷材）、外露或非外露使用、类、型、厚度、长×宽、标准号的顺序进行标记，例长度20m、宽度1.2m、厚度1.5mmⅡ型L类外露使用的氯化聚乙烯防水卷材的标记为：CPE卷材、外露LⅡ1.5/20×1.2 GB 12953—2003

2. 技术要求

（1）尺寸偏差

其长度、宽度不小于规定值的99.5%，厚度偏差和最小单值参见表4-55。

厚 度 单位为毫米   表 4-55

厚 度	允许偏差	最小单值
1.2	±0.10	1.00
1.5	±0.15	1.30
2.0	±0.20	1.70

（2）外观

卷材的外观要求其接头不多于一处，其中较短的一段长度不少于 1.5m，接头应剪切整齐，并加长 150mm。卷材其表面应平整，边缘整齐、无裂纹、孔洞和粘结，不应有明显的气泡、疤痕。

（3）理化性能要求

N 类无复合层的卷材理化性能应符合表 4-56 的规定；L 类纤维单面复合及 W 类织物内增强的卷材其理化性能应符合表 4-57 的规定。

氯化聚乙烯 N 类卷材理化性能（GB 12953—2003）   表 4-56

序号	项 目		Ⅰ型	Ⅱ型
1	抗伸强度（MPa） ≥		5.0	8.0
2	断裂伸长率（%） ≥		200	300
3	热处理尺寸变化率（%） ≤		3.0	纵向 2.5 横向 1.5
4	低温弯折性		−20℃无裂纹	−25℃无裂纹
5	抗穿孔性		不渗水	
6	不透水性		不透水	
7	剪切状态下的粘合性（N/mm） ≥		3.0 或卷材破坏	
8	热老化处理	外观	无起泡、裂纹、粘结与孔洞	
		拉伸强度变化率（%）	+50 −20	±20
		断裂伸长率变化率（%）	+50 −30	±20
		低温弯折性	−15℃无裂纹	−20℃无裂纹
9	耐化学侵蚀	拉伸强度变化率（%）	±30	±20
		断裂伸长率变化率（%）	±30	±20
		低温弯折性	−15℃无裂纹	−20℃无裂纹
10	人工气候加速老化	拉伸强度变化率（%）	+50 −20	±20
		断裂伸长率变化率（%）	+50 −30	±20
		低温弯折性	−15℃无裂纹	−20℃无裂纹

注：非外露使用可以不考核人工气候加速老化性能。

氯化聚乙烯 L 类及 W 类理化性能（GB 12953—2003）　　　　　表 4-57

序号	项　目			Ⅰ型	Ⅱ型
1	拉力（N/cm）		≥	70	120
2	断裂伸长率（%）		≥	125	250
3	热处理尺寸变化率（%）		≤	1.0	
4	低温弯折性			−20℃无裂纹	−25℃无裂纹
5	抗穿孔性			不渗水	
6	不透水性			不透水	
7	剪切状态下的粘合性 （N/mm）　≥	L 类		3.0 或卷材破坏	
		W 类		6.0 或卷材破坏	
8	热老化处理	外观		无起泡、裂纹、粘结与孔洞	
		拉力（N/cm）	≥	55	100
		断裂伸长率（%）	≥	100	200
		低温弯折性		−15℃无裂纹	−20℃无裂纹
9	耐化学侵蚀	拉力（N/cm）	≥	55	100
		断裂伸长率（%）	≥	100	200
		低温弯折性		−15℃无裂纹	−20℃无裂纹
10	人工气候加速老化	拉力（N/cm）	≥	55	100
		断裂伸长率（%）	≥	100	200
		低温弯折性		−15℃无裂纹	−20℃无裂纹

注：非外露使用可以不考核人工气候加速老化性能。

（四）氯化聚乙烯—橡胶共混防水卷材

氯化聚乙烯—橡胶共混防水卷材是以氯化聚乙烯树脂和合成橡胶共混为主体，加入适量的硫化剂、促进剂、稳定剂、软化剂和填充剂等，经过素炼、混炼、压延或挤出成型、硫化、检验、分卷、包装等工序加工制成的高弹性防水卷材。

氯化聚乙烯—橡胶共混防水卷材兼有塑料和橡胶的特点，不但具有氯化聚乙烯所特有的高强度和优异的耐臭氧、耐老化性能，而且还具有橡胶类材料的高弹性、高延伸性以及良好的低温柔韧性能。

目前我国已发布了适用于氯化聚乙烯—橡胶共混、无织物增强的硫化型防水卷材的建材行业标准《氯化聚乙烯—橡胶共混防水卷材》JC/T 684—1997。

1. 产品的分类和标记

产品按物理力学性能分为 S 型、N 型两种类型。其规格尺寸见表 4-58

规　格　尺　寸　　　　　　　　　　表 4-58

厚度（mm）	宽度（mm）	长度（m）
1.0，1.2，1.5，2.0	1000，1100，1200	20

产品按下列顺序标记：产品名称、类型、厚度、标准号。

标记示例：

厚度 1.5mm S 型氯化聚乙烯—橡胶共混防水卷材标记为：

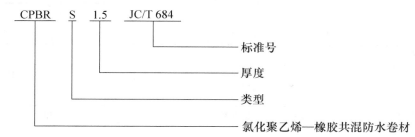

2. 技术要求

（1）外观质量

表面平整，边缘整齐。

表面缺陷应不影响防水卷材使用，并符合表 4-59 的规定。

外　观　质　量（JC/T 684—1997）　　　　表 4-59

项　目	外观质量要求
折痕	每卷不超过 2 处，总长不大于 20mm
杂质	不允许有大于 0.5mm 颗粒
胶块	每卷不超过 6 处，每处面积不大于 4mm²
缺胶	每卷不超过 6 处，每处不大于 7mm²，深度不超过卷材厚度的 30%
接头	每卷不超过 1 处，短段不得少于 3000mm，并应加长 150mm 备作搭接

（2）尺寸偏差

应符合表 4-60 的规定。

尺　寸　偏　差（JC/T 684—1997）　　　　表 4-60

厚度允许偏差（%）	宽度与长度允许偏差
+15 −10	不允许出现负值

（3）物理力学性能

应符合表 4-61 的规定。

物理力学性能（JC/T 684—1997）　　　　表 4-61

序号	项　目			指　标	
				S 型	N 型
1	抗伸强度(MPa)		≥	7.0	5.0
2	断裂伸长率(%)		≥	400	250
3	直角形撕裂强度(kN/m)		≥	24.5	20.0
4	不透水性(30min)			0.3MPa 不透水	0.2MPa 不透水
5	热老化保持率 (80℃±2℃，168h)	拉伸强度(%)	≥	80	
		断裂伸长率(%)	≥	70	

续表

序号	项目			指标	
				S 型	N 型
6	脆性温度（℃）		≤	−40	−20
7	臭氧老化 500pphm，168h×40℃，静态			伸长率 40% 无裂纹	伸长率 20% 无裂纹
8	粘结剥离强度（卷材与卷材）	（kN/m）	≥	2.0	
		浸水 168h，保持率（%）	≥	70	
9	热处理尺寸变化率（%）		≤	+1	+2
				−2	−4

（五）带自粘层的合成高分子防水卷材

在表面覆以自粘层的冷施工的一类防水卷材称其为带自粘层的防水卷材，根据其材质的不同，可分为带自粘层的聚合物改性沥青防水卷材和带自粘层的合成高分子防水卷材。此类产品已发布了《带自粘层的防水卷材》GB/T 23260—2009 国家标准。带自粘层的合成高分子防水卷材的产品分类和标记、产品的技术要求等详见本节二（四）。

（六）特种合成高分子防水卷材

特种合成高分子防水卷材是指其具有某些特种性能的一类防水卷材。

1. 预铺/湿铺高分子防水卷材

预铺/湿铺防水卷材是指采用后浇混凝土或采用水泥砂浆拌合物粘结的一类防水卷材，根据其主体材料的不同，可分为沥青基聚酯胎防水卷材和高分子防水卷材。此类产品已发布了《预铺/湿铺防水卷材》GB/T 23457—2009 国家标准。预铺/湿铺高分子防水卷材的产品分类、规格和标记，产品的技术要求等详见本节二（六）。

2. 种植屋面用高分子类耐根穿刺防水卷材

种植屋面用耐根穿刺防水卷材是一类适用于种植屋面使用的具有耐根穿刺能力的防水卷材，根据其材质的不同可分为改性沥青类、塑料类和橡胶类（高分子类）。此类产品已发布了《种植屋面用耐根穿刺防水卷材》JC/T 1075—2008 建材行业标准。种植屋面用塑料类和橡胶类（高分子类）耐根穿刺防水卷材的产品分类和标记、产品的技术要求等详见本节二（十）。

（七）高分子防水卷材胶粘剂

高分子防水卷材胶粘剂是指以合成弹性体为基料冷粘结的一类高分子防水卷材胶粘剂。现已发布了适用于其产品的《高分子防水卷材胶粘剂》JC/T 863—2011 建材行业标准。

高分子防水卷材胶粘剂按其组分的不同，可分为单组分（Ⅰ）和双组分（Ⅱ）两个类型；按其用途的不同，可分为基底胶（J）和搭接胶（D）两个品种，基底胶是指用于卷材与基层粘结的一类胶粘剂，搭接胶是指用于卷材与卷材接缝搭接的一类胶粘剂。

高分子防水卷材胶粘剂按其产品名称、标准编号、类型、品种的顺序进行标记。例符合 JC/T 863—2011，聚氯乙烯防水卷材用，单组分的基底胶粘剂应标记为：聚氯乙烯防水卷材胶粘剂 JC/T 863—2011-I-J。

产品的一般要求：产品的生产和使用不应对人体、生物与环境造成有害的影响，所涉及与使用有关的安全和环保要求，应符合国家现行有关标准规范的规定。

产品的技术要求如下：①卷材胶粘剂的外观：经搅拌应为均匀液体，无分散颗粒或凝胶；②卷材胶粘剂的物理力学性能应符合表 4-62 的规定。

高分子防水卷材胶粘剂物理力学性能（JC/T 863—2011）　　　　表 4-62

序号	项　目				技术指标	
					基底胶 J	搭接胶 D
1	黏度(Pa·s)				规定值[a]±20%	
2	不挥发物含量(%)				规定值[a]±2	
3	适用期[b](min)			≥	180	
4	剪切状态下的粘合性	卷材-卷材	标准试验条件(N/mm)	≥	—	3.0 或卷材破坏
			热处理后保持率(%)(80℃，168h)	≥	—	70
			碱处理后保持率(%)(10%Ca(OH)$_2$，168h)	≥	—	70
		卷材-基底	标准试验条件(N/mm)	≥	2.5	
			热处理后保持率(%)(80℃，168h)	≥	70	
			碱处理后保持率(%)[10%Ca(OH)$_2$，168h]	≥	70	
5	剥离强度	卷材-卷材	标准试验条件(N/mm)	≥		1.5
			浸水后保持率(%)(168h)	≥		70

[a] 规定值是指企业标准、产品说明书或供需双方商定的指标量值。

[b] 适用期仅用于双组分产品，指标也可由供需双方协商确定。

四、钠基膨润土防水毯（GCL）

钠基膨润土防水毯简称 GCL，是以钠基膨润土为主要原料，采用针刺法、针刺覆膜法或胶粘法生产的一类新型的土工合成材料。

GCL 的主要组成部分是膨润土粉末层，其具有高膨胀性和高吸水能力，湿润时其透水很低，裹在膨润土外面的土工合成材料一般为无纺土工织物，也有采用机织土工织物或土工膜的，主要是起保护和加固作用，使 GCL 具有一定的整体强度。

钠基膨润土防水毯品种根据生产工艺的不同，可细分为针刺法钠基膨润土防水毯、针刺覆膜法钠基膨润土防水毯、胶粘法钠基膨润土防水毯等。针刺法钠基膨润土防水毯是由两层土工布包裹钠基膨润土颗粒针刺而成的一类毯状材料，针刺覆膜法钠基膨润土防水毯是指在针刺法钠基膨润土防水毯的非织造土工布外表面上复合一层高密度聚乙烯薄膜的一类毯状材料，胶粘法钠基膨润土防水毯是指用胶粘剂把膨润土颗粒粘结到高密度聚乙烯板上，压缩生产而成的一类钠基膨润土防水毯。

膨润土防水毯按其所采用的膨润土品种不同，可分为人工纳化膨润土和天然纳基膨润土；

该类产品现已发布了适用于地铁、隧道、人工湖、垃圾填埋场、机场、水利、路桥、建筑等领域的防水、防渗工程使用的以钠基膨润土为主要原料，采用针刺法、针刺覆膜法、胶粘法工艺生产的钠基膨润土防水毯（简称 GCL）《钠基膨润土防水毯》JG/T 193—2006 建筑工业行业标准。该标准不适用于存在高浓度电解质溶液的防水、防渗工程。

产品单位面积质量为：$4000g/m^2$、$4500g/m^2$、$5000g/m^2$、$5500g/m^2$ 等。产品主要规格以长度和宽度区分，推荐系列如下：产品长度以米为单位，用 20、30 等表示，产品宽度以米为单位，用 4.5、5.0、5.85 等表示，如有特殊需要则可根据要求设计。

针刺法钠基膨润土防水毯用 GCL-NP 表示；针刺覆膜法钠基膨润土防水毯用 GCL-OF 表示；胶粘法钠基膨润土防水毯用 GCL-AH 表示；人工钠化膨润土用 A 表示；天然钠基膨润土用 N 表示。

钠基膨润土防水毯外规质量要求表面平整，厚度均匀，无破洞、破边，无残留断针，针刺均匀，产品的物理力学性能应符合表 4-63 的要求。

钠基膨润土防水毯物理力学性能指标（JG/T 193—2006） 表 4-63

项　　目		技 术 指 标		
		GCL-NP	GCL-OF	GCL-AH
膨润土防水毯单位面积质量（g/m^2）		≥4000 且 不小于规定值	≥4000 且 不小于规定值	≥4000 且 不小于规定值
膨润土膨胀指数（mL/2g）		≥24	≥24	≥24
吸蓝量（g/100g）		≥30	≥30	≥30
拉伸强度（N/100mm）		≥600	≥700	≥600
最大负荷下伸长率（%）		≥10	≥10	≥8
剥离强度 （N/100mm）	非织造布与编织布	≥40	≥40	—
	PE 膜与非织造布	—	≥30	—
渗透系数（m/s）		≤$5.0×10^{-11}$	≤$5.0×10^{-12}$	≤$1.0×10^{-12}$
耐静水压		0.4MPa，1h，无渗漏	0.6MPa，1h，无渗漏	0.6MPa，1h，无渗漏
滤失量（mL）		≤18	≤18	≤18
膨润土耐久性（mL/2g）		≥20	≥20	≥20

第三节 建筑防水涂料

一、防水涂料概述

1. 防水涂料的概念及分类

建筑防水涂料简称防水涂料。防水涂料一般是由沥青、合成高分子聚合物、合成高分子聚合物与沥青、合成高分子聚合物与水泥或以无机复合材料等为主要成膜物质，掺入适量的颜料、助剂、溶剂等加工制成的溶剂型、水乳型或反应型的，在常温下呈无固定形状的黏稠状液态或可液化之固体粉末状态的高分子合成材料，是单独或与胎体增强材料复合，分层涂刷或喷涂在需要进行防水处理的基层表面上，通过溶剂的挥发或水分的蒸发或反应固化后可形成一个连续、无缝、整体的，且具有一定厚度的、坚韧的、能满足工业与民用建筑的屋面、地下室、厕浴、厨房间以及外墙等部位的防水渗漏要求的一类材料的总称。

防水涂料的分类参见图 4-7。

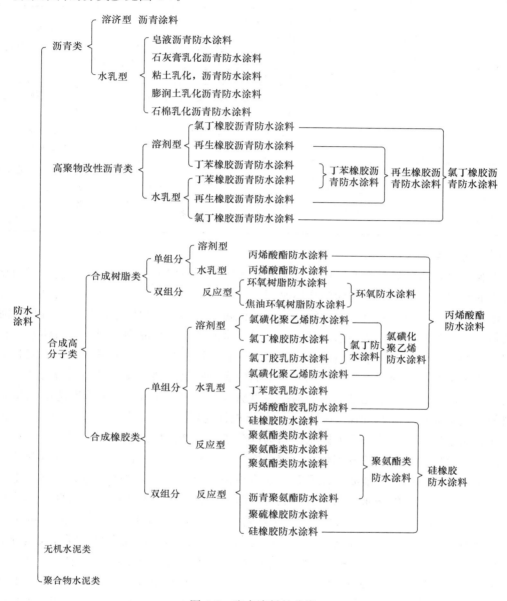

图 4-7　防水涂料的分类

防水涂料按其成膜物质可分为沥青类、高聚物改性沥青类（亦称橡胶沥青类）、合成高分子类（又可再分为合成树脂类、合成橡胶类）、无机类、聚合物水泥类等五大类。按其涂料状态与形式，大致可以分为溶剂型、反应型、乳液型三大类型。

2. 防水涂料的性能特点和适用范围

（1）防水涂料的性能特点

乳液型、溶剂型和反应型等三类防水涂料的主要性能特点参见表 4-64。

各类型防水涂料的性能特点　　　　　　　　　　表 4-64

种类	成膜特点	施工特点	贮存及注意事项
乳液型	通过水分蒸发，高分子材料经过固体微粒靠近、接触、变形等过程而成膜，涂层干燥较慢，一次成膜的致密性较溶剂型涂料低	施工较安全，操作简单，不污染环境，可在较为潮湿的找平层上施工，一般不宜在 5℃以下的气温下施工，生产成本较低	贮存期一般不宜超过半年，产品无毒，不燃，生产及贮存使用均比较安全
溶剂型	通过溶剂的挥发，经过高分子材料的分子链接触、搭接等过程而成膜，涂层干燥快，结膜较薄而致密	溶剂苯有毒，对环境有污染，人体易受侵害，施工时，应具备良好的通风环境，以保证人身的安全	涂料贮存的稳定性较好，应密封存放，产品易燃、易爆、有毒、生产、运输、贮存和施工时均应注意安全、注意防火
反应型	通过液态的高分子预聚物与固化剂等辅料发生化学反应而成膜，可一次结成致密的较厚的涂膜，几乎无收缩	施工时，需在现场按规定配方进行准确配料，搅拌应均匀，方可保证施工质量、价格较贵	双组分涂料每组分需分别桶装、密封存放，产品有异味，生产运输贮存和施工时均应注意防火

（2）防水涂料的应用范围

涂膜防水是由各类防水涂料经重复多遍地涂刷在找平层上，达到一定厚度静置固化后所形成的无接缝、整体性好的涂膜作防水层。

地下工程涂料防水层所采用的涂料包括无机防水涂料、有机防水涂料、聚合物水泥防水涂料。无机防水涂料可选用水泥基防水涂料。水泥基渗透结晶型涂料、有机防水涂料可选用反应型、水乳型等防水涂料。无机防水涂料宜应用于结构主体的背水面，有机防水涂料宜应用于结构主体的迎水面，如用于背水面的有机防水涂料应具有较高的抗渗性，且与基层有较强的粘结性。水泥基防水涂料的厚度宜为 1.5～2.0mm，水泥基渗透结晶型防水涂料的厚度不应小于 0.8mm，有机防水涂料可根据材料的性能，厚度宜为 1.2～2.0mm。

涂膜防水屋面工程应采用的防水涂料为高分子聚合物改性沥青防水涂料、合成高分子防水涂料（反应固化型，挥发固化型，聚合物水泥涂料）等。屋面防水工程根据建筑物的性质、重要程度、使用功能要求以及防水层合理使用年限，按不同等级进行设防，Ⅰ级防水设三道或三道以上的防水设防，合成高分子防水涂料可作为其中的一道设防，其涂膜厚度不应小于 1.5mm；Ⅱ级防水设二道设防，防水涂料可作为其中的一道设防，可选用的防水涂料有合成高分子防水涂料、高聚物改性沥青防水涂料等，其涂膜厚度合成高分子防水涂料不应小于 1.5mm，高聚物改性沥青防水涂料不应小于 3mm；Ⅲ级防水设一道设防，防水涂料可单独一道进行设防，可选用的防水涂料有合成高分子防水涂料、高聚物改性沥青防水涂料等，其涂膜厚度合成高分子防水涂料不应小于 2mm，高聚物改性沥青防水涂料不应小于 3mm；Ⅳ级防水设防设一道防水，高聚物改性沥青防水涂料可单独一道进行设防，其厚度不应小于 2mm。

由于涂膜防水层的整体性好，对建筑物的细部构造、防水节点和任何不规则的部位均可形成无接缝的防水层，且施工方便，如涂膜和卷材等材料作复合防水层，充分发挥其整体性好的特性，将取得良好的防水效果。

3. 建筑防水涂料环境保护的技术要求

（1）建筑防水涂料的环境标志产品技术要求

《环境标志产品技术要求　防水涂料》HJ 457—2009 国家环境保护标准对防水涂料提出了如下技术要求：

1）基本要求

a. 产品质量应符合各自产品质量标准的要求。

b. 产品生产企业污染物排放应符合国家或地方规定的污染物排放标准的要求。

2）技术内容

a. 产品中不得人为添加表 4-65 中所列的物质。

产品中不得人为添加物质　　　（HJ 457—2009）表 4-65

类　别	物　质
乙二醇甲醚及其酯类	乙二醇甲醚、乙二醇甲醚醋酸酯、乙二醇乙醚、乙二醇乙醚醋酸酯、二乙二醇丁醚醋酸酯
邻苯二甲酸酯类	邻苯二甲酸二辛酯（DOP）、邻苯二甲酸二正丁酯（DBP）
二元胺	乙二胺、丙二胺、丁二胺、己二胺
表面活性剂	烷基酚聚氧乙烯醚（APEO）、支链十二烷基苯磺酸钠（ABS）
酮类	3，5，5-三甲基-2 环己烯基-1-酮（异佛尔酮）
有机溶剂	二氯甲烷、二氯乙烷、三氯甲烷、三氯乙烷、四氯化碳、正己烷

b. 产品中有害物质限值应满足表 4-66 和表 4-67 的要求。

挥发固化型防水涂料中有害物限值（HJ 457—2009）　　表 4-66

项　目		双组分聚合物水泥防水涂料		单组分丙烯酸酯聚合物乳液防水涂料
		液料	粉料	
VOC（g/L）	≤	10	—	10
内照射指数	≤	—	0.6	
外照射指数	≤		0.6	—
可溶性铅（Pb）（mg/kg）	≤	90		90
可溶性镉（Cd）（mg/kg）	≤	75		75
可溶性铬（Cr）（mg/kg）	≤	60		60
可溶性汞（Hg）（mg/kg）	≤	60		60
甲醛（mg/kg）	≤	100		100

反应固化型防水涂料中有害物限值（HJ 457—2009）　　表 4-67

项　目		环氧防水涂料	聚脲防水涂料	聚氨酯防水涂料	
				单组分	双组分
VOC（g/kg）	≤	150	50	100	
苯（g/kg）	≤		0.5		
苯类溶剂（g/kg）	≤	80	50	80	
可溶性铅（Pb）（mg/kg）	≤		90		
可溶性镉（Cd）（mg/kg）	≤		75		
可溶性铬（Cr）（mg/kg）	≤		60		
可溶性汞（Hg）（mg/kg）	≤		60		
固化剂中游离甲苯二异氰酸酯（TDI）（%）	≤	—	0.5	—	0.5

a. 企业应建立符合《化学品安全技术说明书编写规定》GB 16483 国家标准要求的原料安全数据单（MSDS），并可向使用方提供。

《环境标志产品技术要求 防水涂料》HJ 457—2009 标准适用于挥发固化型防水涂料（双组分聚合物水泥防水涂料、单组分丙烯酸酯聚合物乳液防水涂料）和反应固化型防水涂料（聚氨酯防水涂料、改性环氧防水涂料、聚脲防水涂料），不适用于煤焦油聚氨酯防水涂料。

（2）建筑防水涂料中有害物质限量

《建筑防水涂料中有限物质限量》JC 1066—2008 建材行业标准对建筑防水涂料提出了如下技术要求：

建筑防水涂料按其性质分为水性、反应型、溶剂型等三类，表 4-68 给出了现有产品的分类示例。建筑防水涂料按有害物质含量分为 A 级和 B 级。

防水涂料性质分类示例　　　　　　　　　　　　　　　表 4-68

分类	产品示例
水性	水乳型沥青基防水涂料、水性有机硅防水剂、水性防水剂、聚合物水泥防水涂料、聚合物乳液防水涂料（含丙烯酸、乙烯醋酸乙烯等）、水乳型硅橡胶防水涂料、聚合物水泥防水砂浆等
反应型	聚氨酯防水涂料（含单组分、水固化、双组分等）、聚脲防水涂料、环氧树脂改性防水涂料、反应型聚合物水泥防水涂料等
溶剂型	溶剂型沥青基防水涂料、溶剂型防水剂、溶剂型基层处理剂等

水性建筑防水涂料中有害物质的含量应符合表 4-69 要求，反应型建筑防水涂料中有害物质的含量应符合表 4-70 要求，溶剂型建筑防水涂料中有害物质的含量应符合表 4-71 要求。

水性建筑防水涂料中有害物质含量（JC 1066—2008）　　　　　表 4-69

序号	项　目		含量	
			A	B
1	挥发性有机化合物（VOC）（g/L）　≤		80	120
2	游离甲醛/mg（kg）　≤		100	200
3	苯、甲苯、乙苯和二甲苯总和（mg/kg）　≤		300	
4	氨（mg/kg）　≤		500	1000
5	可溶性重金属[a]（mg/kg）　≤	铅（Pb）	90	
6	可溶性重金属[a]（mg/kg）　≤	镉（Cd）	75	
		铬（Cr）	60	
		汞（Hg）	60	

a 无色、白色、黑色防水涂料不需测定可溶性重金属。

反应型建筑防水涂料中有害物质含量（JC 1066—2008） 表 4-70

序号	项　目	含量	
		A	B
1	挥发性有机化合物（VOC）（g/L）　≤	50	200
2	苯（mg/kg）　≤	200	
3	甲苯＋乙苯＋二甲苯（g/kg）　≤	1.0	5.0
4	苯酚（mg/kg）　≤	200	500
5	蒽（mg/kg）　≤	10	100
6	萘（mg/kg）　≤	200	500
7	游离 TDI[a]（g/kg）　≤	3	7
8	可溶性重金属[b]（mg/kg）　≤	铅 Pb	90
		镉 Cd	75
		铬 Cr	60
		汞 Hg	60

a　仅适用于聚氨酯类防水涂料。

b　无色、白色、黑色防水涂料不需测定可溶性重金属。

溶剂型建筑防水涂料有害物质含量（JC 1066—2008） 表 4-71

序号	项　目	含量	
		B	
1	挥发性有机化合物（VOC）（g/L）　≤	750	
2	苯（g/kg）　≤	2.0	
3	甲苯＋乙苯＋二甲苯（g/kg）　≤	400	
4	苯酚（mg/kg）　≤	500	
5	蒽（mg/kg）　≤	100	
6	萘（mg/kg）　≤	500	
7	可溶性重金属[a]（mg/kg）　≤	铅 Pb	90
		镉 Cd	75
8		铬 Cr	60
		汞 Hg	60

a　无色、白色、黑色防水涂料不需测定可溶性重金属。

二、高聚物改性沥青防水涂料

高聚物改性沥青防水涂料一般是以沥青为基料，用合成高分子聚合物对其进行改性，配制而成的溶剂型或水乳型涂膜防水材料。

高聚物改性沥青防水涂料按其成分可分为溶剂型高聚物改性沥青防水涂料、水乳型高聚物改性沥青防水涂料两大类型。

（一）溶剂型高聚物改性沥青防水涂料

溶剂型高聚物改性沥青防水涂料是以橡胶、树脂改性沥青为基料，经溶剂溶解配制而成的黑色黏稠状、细腻而均匀胶状液体的一种防水涂料。产品具有良好的粘结性、抗裂性、柔韧性和耐高、低温性能。

溶剂型高聚物改性沥青防水涂料根据其改性剂的类别可分为：溶剂型橡胶改性沥青防水涂料和溶剂型树脂改性沥青防水涂料两大类。溶剂型橡胶改性沥青防水涂料的技术性能要求执行《溶剂型橡胶沥青防水涂料》JC/T 852—1999 行业标准，其物理力学性能见表4-72。

溶剂型橡胶沥青防水涂料的物理力学性能 （JC/T 852—1999） **表 4-72**

项　目		技术指标	
		一等品	合格品
固体含量（%）　≥		48	
抗裂性	基层裂缝（mm）	0.3	0.2
	涂膜状态	无裂纹	
低温柔性（φ10mm，2h）		−15℃	−10℃
		无裂纹	
粘结强度（MPa）　≥		0.20	
耐热性（80℃×5h）		无流淌、鼓泡、滑动	
不透水性（0.2MPa，30min）		不渗水	

（二）水乳型沥青防水涂料

水乳型沥青防水涂料是指以水为介质，采用化学乳化剂和（或）矿物乳化剂制得的一类沥青基防水涂料。此类产品已发布了《水乳型沥青防水涂料》JC/T 408—2005 建材行业标准。

产品按其性能分为 H 型和 L 型两类。

产品按产品类型和标准号顺序标记，例：H 型水乳型沥青防水涂料标记为：水乳型沥青防水涂料 H JC/T 408—2005。

产品外观要求样品搅拌后均匀无色差、无凝胶、无结块、无明显沥青丝。

产品的物理力学性能应满足表4-73 的要求。

水乳型沥青防水涂料物理力学性能 （JC/T 408—2005） **表 4-73**

项　目		L	H
固体含量（%）　≥		45	
耐热度（℃）		80±2	110±2
		无流淌、滑动、滴落	
不透水性		0.10MPa，30min 无渗水	
粘结强度（MPa）　≥		0.30	
表干时间（h）　≤		8	
实干时间（h）　≤		24	
低温柔度[a]（℃）	标准条件	−15	0
	碱处理	−10	5
	热处理		
	紫外线处理		

续表

项　目		L	H
断裂伸长率（％）≥	标准条件	600	
	碱处理		
	热处理		
	紫外线处理		

ᵃ 供需双方可以商定温度更低的低温柔度指标。

三、合成高分子防水涂料

合成高分子防水涂料是以合成橡胶或合成树脂为主要成膜物质，加入其他辅助材料而配制成的单组分或多组分的一类防水涂膜材料。合成高分子防水涂料的种类繁多，在通常情况下，一般都按其化学成分进行命名，如聚氨酯防水涂料，聚合物水泥防水涂料等。合成高分子防水涂料按其形态的不同，可分为乳液型、溶剂型和反应型等三类。按其包装形式的不同，可分为单组分、多组分等类型。

（一）聚氨酯防水涂料

聚氨酯（PU）防水涂料也称聚氨酯涂膜防水材料，是一类以聚氨酯树脂为主要成膜物质的高分子防水涂料。

聚氨酯防水涂料是由异氰酸酯基（—NCo）的聚氨酯预聚体和含有多羟基（—OH）或胺基（—NH₂）的固化剂以及其他助剂的混合物按照一定比例混合所形成的一种反应型涂膜防水材料。此类涂料产品现已发布了适用于工程防水的《聚氨酯防水涂料》GB/T 19250—2013国家标准。

聚氨酯防水涂料产品按其组分的不同，可分为单组分（S）和多组分（M）两种；按其基本性能的不同，可分为Ⅰ型、Ⅱ型和Ⅲ型；按其是否暴露使用，可分为外露（E）和非外露（N）两种；按其有害物质限量，可分为A类和B类。

聚氨酯防水涂料Ⅰ型产品可用于工业与民用建筑工程；Ⅱ型产品可用于桥梁等非直接通行部位；Ⅲ型产品可用于桥梁、停车场、上人屋面等外露通行部位。

室内、隧道等密闭空间宜选用有害物质限量A类的产品，施工与使用应注意通风。

聚氨酯防水涂料按其产品名称、组分、基本性能、是否暴露、有害物质限量和标准号的顺序进行标记，例：A类Ⅲ型外露单组分聚氨酯防水涂料标记为：PU防水涂料SⅢEA GB/T 19250—2013。

聚氨酯防水涂料的技术性能要求如下：

a. 产品的一般要求：产品的生产和应用不应对人体、生物与环境造成有害的影响，所涉及与使用有关的安全与环保要求，应符合我国的相关国家标准和规范的规定。

b. 产品的外观为均匀黏稠体，无凝胶、结块。

c. 酸氨酯防水涂料的基本性能应符合表4-74的规定。

d. 聚氨酯防水涂料的可选性能应符合表4-75的规定，根据产品应用的工程或环境条件由供需双方商定选用，并在订货合同与产品包装上明示。

e. 聚氨酯防水涂料中的有害物质含量应符合表4-76的规定。

聚氨酯防水涂料基本性能（GB/T 19250—2013）　　　　表 4-74

序号	项　目		技术指标		
			Ⅰ	Ⅱ	Ⅲ
1	固体含量(%) ≥	单组分	85.0		
		多组分	92.0		
2	表示时间(h) ≤		12		
3	实干时间(h) ≤		24		
4	流平性[a]		20min 时无明显齿痕		
5	拉伸强度(MPa) ≥		2.00	6.00	12.0
6	断裂伸长率(%) ≥		500	450	250
7	撕裂强度(N/mm) ≥		15	30	40
8	低温弯折性		−35℃无裂纹		
9	不透水性		0.3MPa，120min，不透水		
10	加热伸缩率(%)		−4.0～+1.0		
11	粘结强度(MPa) ≥		1.0		
12	吸水率(%) ≤		5.0		
13	定伸时老化	加热老化	无裂纹及变形		
		人工气候老化	无裂纹及变形		
14	热处理 (80℃，168h)	拉伸强度保持率(%)	80～150		
		断裂伸长率(%) ≥	450	400	200
		低温弯折性	−30℃，无裂纹		
15	碱处理 [0.1%NaOH＋饱和 Ca(OH)₂ 溶液，168h]	拉伸强度保持率(%)	80～150		
		断裂伸长率(%) ≥	450	400	200
		低温弯折性	−30℃，无裂纹		
16	酸处理 (2%H₂SO₄ 溶液，168h)	拉伸强度保持率(%)	80～150		
		断裂伸长率(%) ≥	450	400	200
		低温弯折性	−30℃，无裂纹		
17	人工气候老化[b] (1000h)	拉伸强度保持率(%)	80～150		
		断裂伸长率(%) ≥	450	400	200
		低温弯折性	−30℃，无裂纹		
18	燃烧性能[b]		B₂-E(点火 15s，燃烧 20s，Fs≤150mm， 无燃烧滴落物引燃滤纸)		

a　该项性能不适用于单组分和喷涂施工的产品。流平性时间也可根据工程要求和施工环境由供需双方商定并在
　　订货合同与产品包装上明示。

b　仅外露产品要求测定。

聚氨酯防水涂料可选性能（GB/T 19250—2013）　　表 4-75

序号	项　目		技术指标	应用的工程条件
1	硬度(邵 AM)	≥	60	上人屋面、停车场等外露通行部位
2	耐磨性(750g，500r)(mg)	≤	50	上人屋面、停车场等外露通行部位
3	耐冲击性(kg·m)	≥	1.0	上人屋面、停车场等外露通行部位
4	接缝动态变形能力(10000 次)		无裂纹	桥梁、桥面等动态变形部位

聚氨酯防水涂料有害物质限量（GB/T 19250—2013）　　表 4-76

序号	项　目		有害物质限量	
			A 类	B 类
1	挥发性有机化合物(VOC)(g/L)	≤	50	200
2	苯(mg/kg)	≤	200	
3	甲苯＋乙苯＋二甲苯(g/kg)	≤	1.0	5.0
4	苯酚(mg/kg)	≤	100	100
5	蒽(mg/kg)	≤	10	10
6	萘(mg/kg)	≤	200	200
7	游离 TDI(g/kg)	≤	3	7
8	可溶性重金属(mg/kg)[a]　≤	铅 Pb	90	
		镉 Cd	75	
		铬 Cr	60	
		汞 Hg	60	

[a] 可选项目，由供需双方商定。

（二）聚合物水泥防水涂料

聚合物水泥防水涂料（简称 JS 防水涂料）是指以丙烯酸酯、乙烯-乙酸乙烯酯等聚合物乳液和水泥为主要原料，加入填料及其他助剂配制而成，经水分挥发和水泥水化反应固化成膜的一类双组分水性防水涂料。此类产品现已发布了《聚合物水泥防水涂料》GB/T 23445—2009 国家标准。

1. 产品的分类和标记

聚合物水泥防水涂料按其物理力学性能分为Ⅰ型、Ⅱ型和Ⅲ型，Ⅰ型适用于活动量较大的基层，Ⅱ型和Ⅲ型适用于活动量较小的基层。

产品按产品名称、类型、标准号顺序进行标记，例：Ⅰ型聚合物水泥防水涂料的标记为：JS 防水涂料Ⅰ GB/T 23445—2009。

2. 产品的技术要求

产品的一般要求是不应对人体与环境造成有害的影响，所涉及与使用有关的安全和环保要求应符合相关国家标准和规范的规定，产品中有害物质含量应符合 JC 1066—2008 4.1 中 A 级的要求（详见表 4-69 中 A 级的要求）。

产品的外观要求是产品的两组分经分别搅拌后，其液体组分应为无杂质、无凝胶的均匀乳液；其固体组分应为无杂质、无结块的粉末。产品的物理力学性能应符合表 4-77 的要求。

粘合物水泥防水涂料物理力学性能（GB/T 23445—2009）　表 4-77

序号	试验项目			技术指标		
				Ⅰ型	Ⅱ型	Ⅲ型
1	固体含量（%）		≥	70	70	70
2	拉伸强度	无处理（MPa）	≥	1.2	1.8	1.8
		加热处理后保持率（%）	≥	80	80	80
		碱处理后保持率（%）	≥	60	70	70
		浸水处理后保持率（%）	≥	60	70	70
		紫外线处理后保持率（%）	≥	80		
3	断裂伸长率	无处理（%）	≥	200	80	30
		加热处理（%）	≥	150	65	20
		碱处理（%）	≥	150	65	20
		浸水处理（%）	≥	150	65	20
		紫外线处理（%）	≥	150		
4	低温柔性（φ10mm 棒）			−10℃无裂纹		
5	粘结强度	无处理（MPa）	≥	0.5	0.7	1.0
		潮湿基层（MPa）	≥	0.5	0.7	1.0
		碱处理（MPa）	≥	0.5	0.7	1.0
		浸水处理（MPa）	≥	0.5	0.7	1.0
6	不透水性（0.3MPa，30min）			不透水	不透水	不透水
7	抗渗性（砂浆背水面）（MPa）		≥		0.6	0.8

产品的自闭性为可选项目，指标由供需双方商定。自闭性是指防水涂膜在水的作用下，经物理和化学反应使涂膜裂缝自行愈合、封闭的性能，以规定条件下涂膜裂缝自封闭的时间表示。

（三）聚合物乳液建筑防水涂料

聚合物乳液建筑防水涂料是指以各类聚合物乳液为主要原料，加入其他添加剂而制得的一类单组分水乳型防水涂料，此类涂料以丙烯酸酸聚合物乳液防水涂料为代表。聚合物乳液建筑防水涂料现已发布了《聚合物乳液建筑防水涂料》JC/T 864—2008 建材行业标准。此类产品可在屋面、墙面、室内等非长期浸水环境下的建筑防水工程中使用，若用于地下及其他建筑防水工程，其技术性能还应符合相关技术规程的规定。

1. 产品的分类和标记

产品按其物理性能分为Ⅰ类和Ⅱ类。Ⅰ类产品不用于外露场合。

产品按产品名称、分类、标准编号的顺序进行标记，例：Ⅰ类聚合物乳液建筑防水涂料的标记为：聚合物乳液建筑防水涂料Ⅰ JC/T 864—2008。

2. 产品的技术要求

产品的外观要求：涂料经搅拌后无结块，呈均匀状态。产品的物理力学性能要求应符合表 4-78 的规定。

聚合物乳液建筑防水涂料物理力学性能（JC/T 864—2008）　　**表 4-78**

序号	试验项目		指标	
			Ⅰ	Ⅱ
1	拉伸强度（MPa）≥		1.0	1.5
2	断裂延伸率（%）≥		300	
3	低温柔性（绕 Φ10mm，棒弯 180°）		−10℃，无裂纹	−20℃，无裂纹
4	不透水性（0.3MPa，30min）		不透水	
5	固体含量（%）≥		65	
6	干燥时间（h）	表干时间≤	4	
		实干时间≤	8	
7	处理后的拉伸强度保持率（%）	加热处理≥	80	
		碱处理≥	60	
		酸处理≥	40	
		人工气候老化处理[a]	—	80～150
8	处理后的断裂延伸率（%）	加热处理≥	200	
		碱处理≥		
		酸处理≥		
		人工气候老化处理[a]≥	—	200
9	加热伸缩率（%）	伸长≤	1.0	
		缩短≤	1.0	

[a] 仅用于外露使用产品。

（四）建筑防水涂料用聚合物乳液

建筑防水涂料用聚合物乳液是指以聚合物单体为主要原料，通过聚合反应而成，以水为分散介质，并在建筑防水涂料中起到成膜作用的各类聚合物乳液。此类产品现已发布了《建筑防水涂料用聚合物乳液》JC/T 1017—2006 建材行业标准。

建筑防水涂料用聚合物乳液产品按名称、标准号顺序标记，例：建筑防水涂料用聚合物乳液 JC/T 1017—2006。

建筑防水涂料用聚合物乳液产品的一般要求如下：产品不应对人体、生物与环境造成有害的影响，所涉及与使用有关的安全与环保要求，应符合我国相关国家标准和规范的规定。产品的技术性能应符合表 4-79 的要求。

建筑防水涂料用聚合物乳液技术要求（JC/T 1017—2016）　　**表 4-79**

序　号	试　验　项　目	技　术　指　标
1	容器中状态	均匀液体，无杂质、无沉淀、不分层
2	不挥发物含量（%）	规定值±1
3	pH 值	规定值±1
4	残余单体总和（%）　≤	0.10
5	冻融稳定性（3 次循环，−5℃）	无异常

续表

序　号	试 验 项 目	技 术 指 标
6	钙离子稳定性（0.5%$CaCl_2$溶液，48h）	无分层，无沉淀，无絮凝
7	机械稳定性	不破乳、无明显絮凝物
8	贮存稳定性	无硬块、无絮凝、无明显分层和结皮
9	吸水率（24h）（%）　≤	8.0
10	耐碱性（0.1%NaOH溶液，168h）	无起泡、溃烂

第四节　建筑防水密封材料

一、建筑防水密封材料概述

1. 建筑防水密封材料的概念及分类

凡是采用一种装置或一种材料来填充缝隙，密封接触部位，防止其内部气体或液体的泄漏，外部灰尘、水气的侵入以及防止机械振动冲击损伤或达到隔声、隔热作用的称之为密封。

建筑防水密封材料是指能够承受接缝位移以达到气密、水密目的而嵌入建筑接缝中的一类材料，广义上的密封材料还包括嵌缝膏。嵌缝膏是指由油脂、合成树脂等与矿物填充材料混合制成的，表面形成硬化膜而内部硬化缓慢的一类密封材料。

建筑防水密封材料品种繁多，组成复杂，性状各异，故有多种不同的分类方法。

建筑防水密封材料按其形态可分为预制密封材料和密封胶（密封膏）等两大类。预制密封材料是指预先成型的，具有一定形状和尺寸的密封材料；密封胶是指以非成形状态嵌入接缝中，通过与接缝表面粘结而密封接缝的溶剂型、乳液型、化学反应型的黏稠状的一类密封材料，其包括弹性的和非弹性的密封胶、密封腻子和液体状的密封垫料等品种。广义上的密封胶还包括嵌缝材料，所谓的嵌缝材料是指采用填充挤压等方法将缝隙密封并具有不透水性的一类材料。

建筑防水密封材料按其基料的不同，可分为油基及高聚物改性沥青基建筑防水密封材料和合成高分子建筑防水密封材料。油基及高聚物改性沥青基建筑防水密封材料主要有沥青玛瑞脂、建筑防水沥青嵌缝油膏、建筑门窗用油灰等类型的产品；合成高分子建筑防水密封材料主要有硅酮建筑密封胶、聚氨酯建筑密封胶聚硫建筑密封胶、丙烯酸酯建筑密封胶等类型的产品。

建筑防水密封材料按其产品的用途可分为混凝土建筑接缝用密封胶、幕墙玻璃接缝用密封胶、彩色涂层钢板用建筑密封胶、石材用建筑密封胶、建筑用防霉密封胶、道桥用嵌缝密封胶、中空玻璃用弹性密封胶、中空玻璃用丁基热熔密封胶、建筑窗用弹性密封胶、水泥混凝土路面嵌缝密封材料等 。

建筑防水密封材料按其材性可分为弹性和塑性两大类。弹性密封材料是嵌入接缝后，呈现明显弹性，当接缝位移时，在密封材料中引起的残余应力几乎与应变量成正比的密封材料；塑性密封材料是嵌下接缝后，呈现明显塑性，当接缝位移时，在密封材料中引起的残余应力迅速消失的密封材料。

建筑防水密封材料按其固化机理可分为溶剂型密封材料、乳液型密封材料、化学反应型密封材料等类别。溶剂型密封材料是通过溶剂挥发而固化的密封材料；乳液型密封材料是以水为介质，通过水蒸发而固化的密封材料；化学反应型密封材料是通过化学反应而固化的密封材料。

　　建筑防水密封材料按其结构粘结作用可分为结构型密封材料和非结构型密封材料，结构型密封材料是在受力（包括静态或动态负荷）构件接缝中起结构粘结作用的密封材料，非结构型密封材料是在非受力构件接缝中不起结构粘结作用的密封材料。

　　建筑防水密封材料还可按其流动性分为自流平型密封材料和非下垂型密封材料；按其施工期可分为全年用、夏季用以及冬季用等三类；按其组分及包装形式、使用方法可分为单组分密封材料、多组分密封材料以及加热型密封材料（热熔性密封材料）。

　　2. 建筑密封胶的分级和要求

　　建筑用密封胶根据性能及应用进行分类和分级，现已发布了《建筑密封胶分级和要求》GB/T 22083—2008 国家标准，并给出了不同级别的要求和相应的试验方法。

　　1. 建筑密封胶的分级

　　建筑密封胶的分级参见图 4-8。

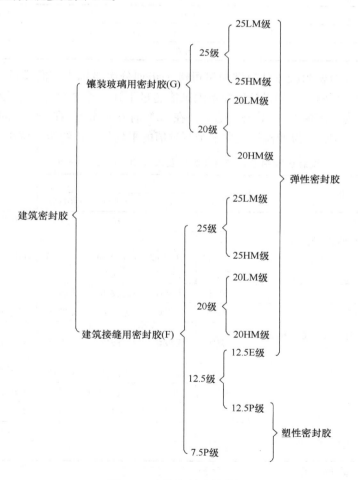

图 4-8　建筑密封胶的分级

　　a. 按照密封胶的用途可分为：镶装玻璃接缝用密封胶（G 类）、镶装玻璃以外的建筑接缝用密封胶（F 类）等两类。

　　b. 密封胶按其满足接缝密封功能的位移能力进行分级，参见表 4-80；高位移能力的弹性密封胶根据其在接缝中的位移能力进行分级，其推荐级别参见表 4-81。

建筑密封胶级别（GB/T 22083—2008）　　　　　　　　　　　　表 4-80

级　别[a]	试验拉压幅度（%）	位移能力[b]（%）
25	±25	25.0
20	±20	20.0
12.5	±12.5	12.5
7.5	±7.5	7.5

　　[a] 25 级和 20 级适用于 G 类和 F 类密封胶，12.5 级和 7.5 级仅适用于 F 类密封胶。

　　[b] 在设计接缝时，为了正确解释和应用密封胶的位移能力，应当考虑相关标准与有关文件。

高位移能力弹性密封胶级别（GB/T 22083—2008）　　　　　　表 4-81

级　别	试验拉压幅度（%）	位移能力（%）
100/50	+100/−50	100/50
50	±50	50
35	±35	35

　　c. 25 级和 20 级密封胶按其拉伸模量可进一步划分次级别为：低模量（代号 LM）、高模量（代号 HM）等两类。如果拉伸模量测试值超过下述一个或两个试验温度下的规定值，该密封胶应分级为"高模量"。其规定值为：在 23℃时 0.4MPa；在 −20℃时 0.6MPa（见表 4-82 和表 4-83 第二项）。拉伸模量应取三个测试值的平均值并修约至 1 位小数。

镶装玻璃用密封胶（G 类）要求（GB/T 22083—2008）　　　　表 4-82

性　能	指　标				试验方法
	25LM	25HM	20LM	20HM	
弹性恢复率（%）	≥60	≥60	≥60	≥60	GB/T 13477.17
拉伸粘结性，拉伸模量（MPa） 23℃下 −20℃下	≤0.4 和 ≤0.6	>0.4 或 >0.6	≤0.4 和 ≤0.6	>0.4 或 >0.6	GB/T 13477.8
定伸粘结性	无破坏	无破坏	无破坏	无破坏	GB/T 13477.10
冷拉-热压后粘结性	无破坏	无破坏	无破坏	无破坏	GB/T 13477.13
经过热、透过玻璃的人工光源和水曝露后粘结性[a]	无破坏	无破坏	无破坏	无破坏	GB/T 13477.15—2002
浸水后定伸粘结性	无破坏	无破坏	无破坏	无破坏	GB/T 13477.11
压缩特性	报告	报告	报告	报告	GB/T 13477.16
体积损失（%）	≤10	≤10	≤10	≤10	GB/T 13477.19
流动性[b]（mm）	≤3	≤3	≤3	≤3	GB/T 13477.6

　　"无破坏"按 GB/T 22083—2008 第 7 章确定。

　　[a]　所用标准暴露条件见 GB/T 13477.15—2002 的 9.2.1 或 9.2.2。

　　[b]　采用 U 型阳极氧化铝槽，宽 20mm、深 10mm，试验温度（50±2）℃和（5±2）℃，按步骤 A 和步骤 B 试验。如果流动值超过 3mm，试验可重复一次。

建筑接缝用密封胶（F 类）要求（GB/T 22083—2008） 表 4-83

性能		25LM	25HM	20LM	20HM	12.5E	12.5P	7.5P	试验方法
弹性恢复率（%）		≥70	≥70	≥60	≥60	≥40	<40	<40	GB/T 13477.17
拉伸粘结性	a）拉伸模量（MPa）23℃下 −20℃下	≤0.4 和 ≤0.6	>0.4 或 >0.6	≤0.4 和 ≤0.6	>0.4 或 >0.6	—	—	—	GB/T 13477.8
	b）断裂伸长率（%）23℃下	—	—	—	—	—	≥100	≥25	
定伸粘结性		无破坏	无破坏	无破坏	无破坏	无破坏	—	—	GB/T 13477.10
冷拉-热压后粘结性		无破坏	无破坏	无破坏	无破坏	无破坏	—	—	GB/T 13477.13
同一温度下拉伸-压缩循环后粘结性		—	—	—	—	—	无破坏	无破坏	GB/T 13477.12
浸水后定伸粘结性		无破坏	无破坏	无破坏	无破坏	无破坏	—	—	GB/T 13477.11
浸水后拉伸粘结性，断裂伸长率（23℃下）（%）		—	—	—	—	—	≥100	≥25	GB/T 13477.9
体积损失（%）		≤10[a]	≤10[a]	≤10[a]	≤10[a]	≤25	≤25	≤25	GB/T 13477.19
流动性[b]（mm）		≤3	≤3	≤3	≤3	≤3	≤3	≤3	GB/T 13477.6

"无破坏" 按 GB/T 22083—2008 第 7 章确定。

[a] 对水乳型密封胶，最大值 25%。

[b] 采用 U 型阳级氧化铝槽，宽 20mm、深 10mm，试验温度（50±2）℃和（5±2）℃。按步骤 A 和步骤 B 试验，如果流动值超过 3mm，试验可重复一次。

d. 12.5 级密封胶按其弹性恢复率可分级为：弹性恢复率等于或大于 40%，代号 E（弹性）；弹性恢复率小于 40%，代号 P（塑性）等两类。

e. 25E 级、20E 级和 12.5E 级密封胶称为弹性密封胶；12.5P 级和 7.5P 级密封胶称为塑性密封胶。

2. 不同级别密封胶的要求

G 类和 F 类密封胶的要求参见表 4-82 和表 4-83，其试验条件参见表 4-84。

F 类和 G 类密封胶试验条件（GB/T 22083—2008） 表 4-84

项目	试验方法	级别						
		25LM	25HM	20LM	20HM	12.5E	12.5P	7.5P
伸长率[a]	GB/T 13477.8 GB/T 13477.10 GB/T 13477.11 GB/T 13477.15—2002 GB/T 13477.17	100%	100%	60%	60%	60%	60%	25%
幅度	GB/T 13477.12 GB/T 13477.13	±25%	±25%	±20%	±20%	±12.5%	±12.5	±7.5%
压缩率	GB/T 13477.16	25%	25%	20%	20%	—	—	—

[a] 伸长率（%）为相对原始宽度的比例：伸长率＝［（最终宽度−原始宽度）/原始宽度］×100。

高位移能力弹性密封胶 G 类和 F 类产品的要求参见表 4-85，其试验条件参见表 4-86。

高位移能力弹性密封胶要求（GB/T 22083—2008）　　　　表 4-85

性　能	指　标			试验方法
	100/50	50	35	
弹性恢复率（%）	≥70	≥70	≥70	GB/T 13477.17
定伸粘结性	无破坏	无破坏	无破坏	GB/T 13477.10
冷拉-热压后粘结性	无破坏	无破坏	无破坏	GB/T 13477.13
经过热、透过玻璃的人工光源和水暴露后粘结性[a]	无破坏	无破坏	无破坏	GB/T 13477.15—2002
浸水后定伸粘结性	无破坏	无破坏	无破坏	GB/T 13477.11
体积损失（%）	≤10	≤10	≤10	GB/T 13477.19
流动性[b]（mm）	≤3	≤3	≤3	GB/T 13477.6

[a] 仅 G 类产品测试此项性能，所用标准曝露条件见 GB/T 13477.15—2002 的 9.2.1 或 9.2.2。

[b] 采用 U 型阳极氧化铝槽，宽 20mm、深 10mm，试验温度（50±2）℃和（5±2）℃，按 GB/T 13477.6—2002 的 6.1.2 试验，如果流动值超过 3mm，试验可重复一次。

高位移能力弹性密封胶的试验条件（GB/T 22083—2008）　　　　表 4-86

性　能	试验方法	级　别		
		100/50	50	35
伸长率[a]	GB/T 13477.10 GB/T 13477.11 GB/T 13477.15—2002 GB/T 13477.17	100%	100%	100%
幅度	GB/T 13477.13	+100/−50	±50%	±35%

[a] 伸长率（%）为相对原始宽度的比例：伸长率＝[（最终宽度－原始宽度）/原始宽度]×100。

3. 防水密封材料的性能

防水密封材料应具有能与缝隙、接头等凹凸不平的表面通过受压变型或流动润湿而紧密接触或粘结并能占据一定空间而不下垂，达到水密、气密的性能。为了确保接头和缝隙的水密、气密性能，防水密封材料必须具备下列性能要求。

（1）防水密封材料的材料性能

防水密封材料配制的原材料必须是非渗透性的材料，即不透水、不透气的材料。

传统的防水嵌缝密封材料常使用油灰和玛琋脂，随着高分子合成材料工业的发展，许多高分子合成材料已被用作嵌缝密封材料，除橡胶尤其是合成橡胶外，常用来配制密封材料的还有氯乙烯、聚乙烯、环氧、聚异丁烯等树脂。这些材料是具有柔软、耐水和耐候性好、粘合力强的非渗透性材料。

采用橡胶和树脂等合成高分子掺混物来制作密封材料是一个有前途且发展迅速的应用方向。

（2）防水密封材料的物理性能

1）良好的耐活动性

能随接缝运动和接缝处出现的运动速率变形，并经循环反复变形后能充分恢复其原有性能和形状，不断裂、不剥落，使构件与构件形成完整的防水体系。即材料必须具有抗下垂性、伸缩性、粘结性。

a. 密封胶的流变性

常用的密封胶通常有自流平型和非下垂型之分，前者在施用后表面可自然流平，后者有时类似膏状，不能流平，填嵌于垂直面接缝等部位，不产生下垂、坍落，并能保持一定的形状。真正的液态密封胶其黏度不超过 500Pa·s，超过这个黏度值，胶液类似油灰状或糨糊状。

b. 机械性能

密封胶的重要机械性能主要有：强度、伸长率、压缩性、弹性模数、撕裂和耐疲劳性等。

根据使用情况的不同，有的密封胶强度要求不高，有的则反之，要求具有像某些结构胶那样大的剪切拉伸和剥离强度。用于接缝的密封胶，其接缝的体积膨胀与压缩变形对密封膏影响很大，当接缝体积变小时，密封胶受到挤压，当接缝体积增大时，密封胶则被拉伸，参见图 4-9。在密封胶众多的机械性能中，定伸应力是一个极为重要的物理机械性能指标。在密封胶使用中，尤其是在接缝密封及需要阻尼防振的部位密封中，一般要求较低的定伸应力。例中空玻璃构件的粘结及密封所作用的内层丁基密封胶和外层硫化型密封胶（如聚硫、硅橡胶、聚氨酯等密封胶）都具有较低的定伸应力，以便吸收由于各种原因在中空玻璃上所产生的应力，避免因应力集中使玻璃破碎。表 4-87 列出了密封胶的定伸应力。

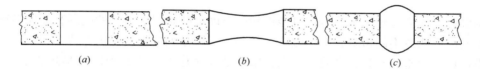

（a）　　　　　　　　　　（b）　　　　　　　　　　（c）

图 4-9 对接接缝伸缩体积变化对密封胶的影响

（a）原形；（b）接缝体积增大，密封胶被拉伸；（c）接缝体积缩小，密封胶被压缩

拉伸试验所测得密封胶定伸应力　　　　　　　　　　表 4-87

密封胶类型	密封胶定伸应力（MPa）	
	50%伸长，开始后 30s	50%伸长，开始后 5min
硅橡胶	1.26～5.01	0.63～1.26
双组分聚硫橡胶	0.79	0.13～0.20
单组分聚硫橡胶	0.63	0.13
非坍塌双组分聚氨酯	1.0	0.63
丙烯酸	0.13	0.013
氯磺化聚乙烯	0.025	0.0032

磨损和机械磨耗对密封胶有明显影响，柔性密封胶，尤其是聚氨酯、氯丁橡胶都具有良好的耐磨性。

c. 粘结性

在密封胶的特性中，粘结性能是一个十分重要的性能。影响粘结性的主要因素包括密封胶与被粘表面之间的相互作用，被粘表面形状、平滑度以及所使用的底胶，粘结性还受接缝设计、材料以及与密封胶相关的环境因素的影响。

通常，密封胶经受不起外部的强应力作用，密封胶的定伸应力随湿度而变化。当密封胶用于一个动密封接缝时，在接缝的底部应加上防粘结保护层，以防止粘结并避免应力过大。

d. 动态环境

快速应力变化会引起经常受振动的密封胶产生疲劳破坏。在动态负荷情况下，一般应首先选择柔软性的密封胶。

2）良好的耐候性

防水密封材料在室外，长期经受日光、雨雪等恶劣的环境因素的影响，应仍能确保原有性能并起到防水密封功能。即材料具有耐候性、耐热性、耐寒性、耐水性、耐化学药品性以及保持外观色泽稳定性。

a. 耐候性

在室外工作条件下，密封胶根据其使用场所的不同，应具有不同程度的耐水、热、冷、紫外线和阳光照射等性能。在工业领域，密封材料必须耐酸雾；在海洋方面，又必须耐盐雾。紫外光对某些密封胶具有较大的破坏作用，通过加速寿命试验可测出紫外光的作用。聚硫密封胶对热敏感，聚氨酯对水敏感，硅橡胶则既耐水又耐热。

b. 使用温度和压力范围

密封胶应具有较宽的使用温度和压力范围。抗压性主要取决于密封胶的强度和接缝设计。

耐温度性能应考虑两个因素：可能得到的温度极限和温度升降的范围和周期频率。温度以不同的方式对不同密封胶发生影响。某些密封胶会失去强度但仍保持柔软性，另一些会发脆，还有的密封胶会在高温下完全分解。还应考虑的一些其他因素是热收缩、伸长、模数的变化及弯曲疲劳。

硅橡胶可制成最好的耐高温密封胶，可长时间在 205℃下使用，短时间使用温度可达 260℃，氟硅橡胶可在 260℃下连续使用。用重铬酸盐或二氧化锰硫化的聚硫密封胶可经受 107℃高温；三元共聚丙烯酸可耐 175℃；丙烯酸胶乳类则只能耐 73℃。

耐热试验可参照 ASTM D573 进行。

c. 相容性和渗透性

可以配制出能耐任何化学试剂腐蚀的密封胶。由于其他条件对密封膏的影响，因而一个密封胶的配制应兼顾各个方面。化学药品能引起密封胶分解、收缩、膨胀、变脆，或使其变成渗透的。例如，某些密封胶可吸收少量湿气，从而引起密封胶耐老化性能及耐化学腐蚀性能发生变化；然而另一些单组分密封胶则要求吸收湿气才能交联硫化反应。如果一个密封胶透气性差，在接缝中就会残留所隔绝的气体。一个密封胶的湿气透过率数值大小取决于配方中聚合物、填充剂、增塑剂的选择。密封胶的耐油、耐水和耐化学药品试验方法可按 ASTMD471 进行。测定湿-蒸气透过性可按 ASTM E-96 进行。

d. 外观色泽稳定性

如果对密封胶的颜色有一定要求，应选择硫化反应后呈理想颜色或能调色的材料。加速老化可测定使用期间颜色的保持性。如果要在密封胶表面涂刷油漆，那么密封胶的颜色应与涂层颜色相适应。

e. 耐火焰和毒性

在防火场合要求使用具有阻燃性能的密封胶；与食品接触的密封胶则应符合食品卫生和药品卫生的有关规定。

（3）防水密封材料的施工性能

密封胶的施工性能相当重要，主要有以下几种特性：硫化特性、操作特性、使用方法、表面处理和维修性能。

1）密封胶的硫化特性

密封胶硫化特性包括硫化时间、温湿度控制。对于非硬化型密封胶，这些因素不是关键问题。大多数硫化型弹性密封胶的硫化时间较长，但大多数密封胶在几分钟到 24h 内就能失黏而凝固。密封胶硫化时间长，生产效率降低，尤其在电子工业等流水线操作时，硫化时间过长，则将严重影响流水线的进度；但硫化时间过短会缩短密封胶的贮存期，同时给生产过程带来问题。

非硫化型密封胶在使用前后保持相同黏度而不发生化学变化，为便于使用，有时也采用一些溶剂，其固化周期取决于溶剂挥发速度，其间，黏度发生变化但密封膏不变硬。

热塑性树脂密封胶可溶解于溶剂中，也可制成水剂乳液，还可用增塑剂改性，有时还要加入填料及补强剂。它们全都是热软化型，在硬化期间不发生化学变化。

硬化型密封胶有单、双组分两种，单组分密封胶有些以水（湿）气作催化剂（如聚硫、聚氨酯），在湿气存在下通过化学变化而交联，有些密封胶需加热，以加速硫化。一般密封胶在仅有 20% 相对湿度的空气中就可以硫化，在一定的范围内，增加湿度可缩短硫化时间。双组分密封胶一经与硫化剂及促进剂混合，在室温下就发生硫化，某些双组分配合还须加热。

溶剂挥发型密封胶（如丁基密封胶、丙烯酸密封胶）含有大量溶剂，在固化时首先使溶剂挥发，但不发生化学反应。在设计接缝时应考虑到溶剂挥发及因溶剂挥发引起的密封胶收缩等问题。

水乳型密封胶（乳液丙烯酸）无论是室温还是高温，只有当水分挥发后才开始凝固。

2）密封胶的操作特性

密封胶的操作性能包括密封胶的形式、黏度、必要的预加工等。

双组分密封胶要求混合简便，并可用手工或自动化设备施工。密封胶一般都有一个使用期限，通过配方调整，可以使密封胶的活性期符合操作要求，某些双组分密封胶经与硫化剂混合后，应贮存在低温冷冻条件下，以延长其贮存期。

密封胶的黏度对使用工艺有明显影响，黏度高的密封胶难以施工，因而会影响施工进度和施工质量，可通过调整配方（如加入溶剂或稀释剂）调整其黏度，但在施工现场不能作如此的处理。稀释的密封胶可提高使用性，但会引起另外的问题（如流淌）。在垂直表面上施工的密封胶不能坍塌，则要求黏度稍高，且有触变性。触变性密封胶可用于垂直表面。通常油灰或糊状密封胶也可能具有液态的稠度，但不坍塌。

非触变性密封胶是自流平的，施工后可以流动到一定的水平。

3）密封胶的施工方法

密封胶大多呈液态，以糊膏或油灰状供应，其施工方法有：涂刷或辊涂，用油灰刀或刮板等进行刮涂以及用嵌缝的挤压枪。刷、刮、挤这三种方法都要求操作者具有一定的操作技术水平，特别是在关键部位使用时，嵌缝技术能直接影响到密封接缝的质量。

4）被密封基材的表面处理

许多密封胶都要求对其密封基材的表面进行处理，一般基材表面处理只要求除尘、去油污和湿气即可；关键部位，尤其是那些既要求密封又要求粘结的地方，对基材表面处理要求较高，某些密封胶还要求使用底涂胶。

5）密封胶的维修性能

在密封胶正常使用期间，要求有一种能修补密封胶的材料。有些密封胶，尤其是非硬化型密封胶容易拆除并可重复使用。但有的密封膏，尤其是某些塑料或弹性体基材，一经破坏就很难修复，但大多数弹性密封胶其自身可相互粘结而不失去应有强力的性能。

二、密封胶

建筑防水密封胶（密封膏）是指以非成型状态嵌入接缝中，通过与接缝表面粘结而密封接缝的一类密封材料。

（一）建筑防水沥青嵌缝油膏

沥青类嵌缝材料是以石油沥青为基料，加入改性材料（如橡胶、树脂等）、稀释剂、填料等配制而成的一类黑色膏状嵌缝材料。沥青基密封胶有热熔型、溶剂型和水乳型等三种类型，按其施工类型的不同，沥青类嵌缝材料可分为热施工型和冷施工型，溶剂型和水乳型沥青类嵌缝材料均可采用冷施工，冷施工型建筑防水沥青嵌缝油膏现已发布了《建筑防水沥青嵌缝油膏》JC/T 207—2011 建材行业标准。

产品按其耐热性和低温柔性可分为 702 和 801 两个标号，产品外观应为黑色均匀膏状，无结块和未浸透的填料。产品的物理力学性能要求应符合表 4-88 的规定。

建筑防水沥青嵌缝油膏的物理力学性能（JC/T 207—2011）　　　　表 4-88

序号	项　目			技术指标	
				702	801
1	密度（g/cm³）			规定值±0.1	
2	施工度（mm）		≥	22.0	22.0
3	耐热性	温度（℃）		70	80
		下垂值（mm）	≤	4.0	
4	低温柔性	温度（℃）		−20	−10
		粘结状况		无裂纹和剥离现象	
5	拉伸粘结性（%）		≥	125	
6	浸水后拉伸粘结性（%）		≥	125	
7	渗出性	渗出幅度（mm）	≤	5	
		渗出张数（张）	≤	4	
8	挥发性（%）		≤	2.8	

注：规定值由厂方提供或供需双方商定。

（二）硅酮建筑密封胶

硅酮建筑密封胶是由有机聚硅氧烷为主剂，加入硫化剂、硫化促进剂、增强填充料和颜料等组成的高分子非定形密封材料。

硅酮建筑密封胶分单组分和双组分，单组分应用较多，双组分应用较少，两种密封胶的组成主剂相同，而硫化剂及其固化机理不同。

以聚硅氧烷为主要成分、室温固化的单组分，适用于镶装玻璃和建筑接缝用的硅酮建筑密封胶现已发布了《硅酮建筑密封胶》GB/T 14683—2003 国家标准。

1. 产品的分类和标记

硅酮建筑密封胶按其固化机理可分为 A 型——脱酸（酸性）、B 型——脱醇（中性）等两种类型；按其用途可分为 G 类——镶装玻璃用、F 类——建筑接缝用等两种类型；按其产品的位移能力可分为 25、20 两个级别（表 4-89）；产品按拉伸模量分为高模量（HM）和低模量（LM）等两个次级别。

密封胶级别（单位为百分数）　　　表 4-89

级　别	试验拉压幅度	位移能力
25	±25	25
20	±20	20

产品不适用于建筑幕墙和中空玻璃。

产品按名称、类型、类别、级别、次级别、标准号顺序标记，例：镶装玻璃用 25 级高模量酸性硅酮建筑密封胶的标记为：硅酮建筑密封胶 AG25HM GB/T 14683—2003。

2. 产品的技术要求

产品的外观应为细腻、均匀膏状物，不应有气泡、结皮和凝胶；产品的颜色与供需双方商定的样品相比，不得有明显差异。

产品的理化性能应符合表 4-90 的规定。

硅酮建筑密封胶的理化性能（GB/T 14683—2003）　　　表 4-90

序号	项　目		技术指标			
			25HM	20HM	25LM	20LM
1	密度（g/cm³）		规定值±0.1			
2	下垂度（mm）	垂直	≤3			
		水平	无变形			
3	表干时间（h）		≤3[a]			
4	挤出性（ml/min）		≥80			
5	弹性恢复率（%）		≥80			
6	拉伸模量（MPa）	23℃	>0.4 或>0.6		≤0.4 和≤0.6	
		−20℃				
7	定伸粘结性		无破坏			
8	紫外线辐射后粘结性[b]		无破坏			
9	冷拉-热压后的粘结性		无破坏			
10	浸水后定伸粘结性		无破坏			
11	质量损失率（%）		≤10			

[a]　允许采用供需双方商定的其他指标值。

[b]　此项仅适用于 G 类产品。

（三）建筑用硅酮结构密封胶

建筑用硅酮结构密封胶是以聚硅氧烷为主要成分的，在受力（包括静态或动态负荷）构件接缝中起结构粘结作用的一类密封材料。

我国已发布了适用于建筑幕墙及其他结构粘结装配用的《建筑用硅酮结构密封胶》GB 16776—2005 国家标准。

1. 分类和标记

产品按其组成不同，可分为单组分和双组分型两类，分别用数字"1"和"2"表示。

产品按其适用的基材不同，可分为金属（M）、玻璃（G）、其他（Q），括号内的字母表示其代号。产品可按其型别、适用基材类别、产品标准号顺序进行标记。例适用于金属、玻璃的双组分硅酮结构胶标记为：2MG GB16776—2005。

2. 技术要求

产品的外观应为细腻、均匀膏状物，无气泡、结块、凝胶、结皮，无不易分散的析出物，双组分产品两组分的颜色应有明显区别。产品物理力学性能应符合表 4-91 的要求。

产品物理力学性能（GB 16776—2005）　　　　表 4-91

序号	项　目			技术指标
1	下垂度	垂直放置（mm）		≤3
		水平放置		不变形
2	挤出性[a]（s）			≤10
3	适用期[b]（min）			≥20
4	表干时间（h）			≤3
5	硬度（Shore A）			20~60
6	拉伸粘结性	拉伸粘结强度（MPa）	23℃	≥0.60
			90℃	≥0.45
			−30℃	≥0.45
			浸水后	≥0.45
			水-紫外线光照后	≥0.45
		粘结破坏面积（%）		≤5
		23℃时最大拉伸强度时伸长率（%）		≥100
7	热老化	热失重（%）		≤10
		龟裂		无
		粉化		无

[a] 仅适用于单组分产品。

[b] 仅适用于双组分产品。

（四）聚氯酯建筑密封胶

聚氨酯建筑密封胶是指以氨基甲酸酯聚合物为主要成分的一类单组分和多组分建筑密封胶。此类产品现已发布了《聚氨酯建筑密封胶》JC/T 482—2003 建材行业标准。

1. 产品的分类和标记

聚氨酯建筑密封胶按其产品的包装形式可分为单组分（Ⅰ）和多组分（Ⅱ）两个品种。产品按流动性可分为非下垂型（N）和自流平型（L）两个类型。

产品按位移能力分为 25、20 两个级别，参见表 4-89。产品按拉伸模量分为高模量（HM）和低模量（LM）两个次级别。

产品按名称、品种、类型、级别、次级别、标准号的顺序进行标记，例 25 级低模量单组分非下垂型聚氨酯建筑密封胶的标记为：聚氨酯建筑密封胶 IN 25LM JC/T 482—2003。

2. 技术要求

产品的外观应为细腻、均匀膏状物或黏稠液，不应有气泡；

产品的颜色与供需双方商定的样品相比，不得有明显差异。多组分产品各组分的颜色间应有明显差异。

聚氨酯建筑密封胶的物理力学性能应符合表 4-92 的规定。

聚氨酯建筑密封胶的物理力学性能（JC/T 482—2003）　　　　　**表 4-92**

试　验　项　目		技　术　指　标		
		20HM	25LM	20LM
密度（g/cm³）		规定值±0.1		
流动性	下垂度(N 型)，mm	≤3		
	流平性(L 型)	光滑平整		
表干时间(h)		≤24		
挤出性ᵃ(mL/min)		≥80		
适用期ᵇ(h)		≥1		
弹性恢复率(%)		≥70		
拉伸模量(MPa)	23℃	>0.4 或>0.6		≤0.4 和≤0.6
	—20℃			
定伸粘结性		无破坏		
浸水后定伸粘结性		无破坏		
冷拉—热压后的粘结性		无破坏		
质量损失率(%)		≤7		

ᵃ　此项仅适用于单组分产品。

ᵇ　此项仅适用于多组分产品，允许采用供需双方商定的其他指标值。

（五）聚硫建筑密封胶

聚硫建筑密封胶是由液体聚硫橡胶为基料的室温硫化的一类双组分建筑密封胶。此类产品已发布了应用于建筑工程接缝的《聚硫建筑密封胶》JC/T 483—2006 建材行业标准。

1. 产品的分类和标记

产品按流动性能可分为非下垂型（N）和自流平型（L）两个类型。产品按位移能力分为 25、20 两个级别，参见表 4-89。产品按拉伸模量分为高模量（HM）和低模量（LM）两个次级别。

产品按名称、类型、级别、次级别、标准号的顺序进行标记。例 25 级低模量非下垂型聚硫建筑密封胶的标记为：聚硫建筑密封胶 N25LM JC/T 483—2006。

2. 产品的技术要求

（1）产品的外观应为均匀膏状物、无结皮结块，组分间颜色应有明显差别。

（2）产品的颜色与供需双方商定的样品相比，不得有明显差异。

聚硫建筑密封胶的物理力学性能应符合表 4-93 的规定。

聚硫建筑密封胶物理力学性能（JC/T 483—2006）　　　表 4-93

序号	项　目		技术指标		
			20HM	25LM	20LM
1	密度（g/cm³）		规定值±0.1		
2	流动性	下垂度（N 型）（mm）	≤3		
		波平性（L 型）	光滑平整		
3	表干时间（h）		≤24		
4	适用期（h）		≥2		
5	弹性恢复率（%）		≥70		
6	拉伸模量（MPa）	23℃	>0.4 或>0.6	≤0.4 和≤0.6	
		−20℃			
7	定伸粘结性		无破坏		
8	浸水后定伸粘结性		无破坏		
9	冷拉-热压后粘结性		无破坏		
10	质量损失率（%）		≤5		

注：适用期允许采用供需双方商定的其他指标值。

（六）中空玻璃用弹性密封胶

中空玻璃用弹性密封胶是指应用于中空玻璃单道或第二道密封用两组分聚硫类密封胶和第二道密封用硅酮类密封胶。

中空玻璃用弹性密封胶要求其具有高粘结性、抗湿气渗透、耐湿热、长期紫外光照下在玻璃中空内不发雾、组分比例和黏度应满足机械混胶注胶施工等特点。目前能满足要求的产品主要是抗水蒸气渗透的双组分聚硫密封胶，随着玻璃幕墙结构节能要求的提高，所用中空玻璃日渐增多，特别强调玻璃结构粘结的安全和耐久性，开始将硅酮密封胶用做中空玻璃结构的二道密封，但由于其耐湿气渗透性较差，故不允许其单道使用，必须有丁基嵌缝膏为一道密封，以阻挡湿气渗透。

中空玻璃用弹性密封胶已发布了 JC/T 486—2001 行业标准。

1. 产品的分类和标记

（1）产品分类　按基础聚合物分类，聚硫类代号 PS，硅酮类代号 SR。

（2）产品分级　按位移能力和模量分级。位移能力±25%高模量级，代号 25HM；位移能力±20%高模量级，代号 20HM；位移能力±12.5%弹性级，代号 12.5E。

（3）产品标记　产品按以下顺序标记：类型、等级、标准号：

标记示例：P　S-20HM-JC/T　486-2001

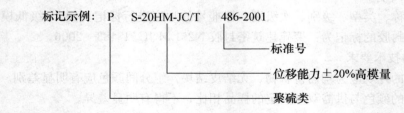

2. 产品的技术要求

密封胶的外观不应有粗粒、结块和结皮，无不易迅速均匀分散的析出物。

两组分产品，两组分颜色应有明显的差别。

中空玻璃用弹性密封胶的物理性能应符合表 4-94 的要求。

中空玻璃密封胶物理性能（JC/T 486—2001）　　　　　　　表 4-94

序号	项　目		技　术　指　标				
			PS 类		SR 类		
			20HM	12.5E	25HM	20HM	12.5E
1	密度(g/cm³)	A 组分	规定值±0.1				
		B 组分	规定值±0.1				
2	黏度(Pa·s)	A 组分	规定值±10%				
		B 组分	规定值±10%				
3	挤出性(仅单组分)(s) ≤		10				
4	适用期(min) ≥		30				
5	表干时间(h) ≤		2				
6	下垂度	垂直放置(mm) ≤	3				
		水平放置	不变形				
7	弹性恢复率(%) ≥		60%	40%	80%	60%	40%
8	拉伸模量(MPa)	23℃	>0.4 或 >0.6	—	>0.6 或 >0.4		—
		−20℃					
9	热压—冷拉后粘结性	位移(%)	±20	±12.5	±25	±20	±12.5
		破坏性质	无破坏				
10	热空气-水循环后 定伸粘结性	伸长率(%)	60	10	100	60	60
		破坏性质	无破坏				
11	紫外线辐照-水浸 后定伸粘结性	伸长率(%)	60	10	100	60	60
		破坏性质	无破坏				
12	水蒸气渗透率[g/(m²·d)]		15		—		
13	紫外线辐照发雾性(仅用于单道密封时)		无		—		

（七）混凝土建筑接缝用密封胶

混凝土建筑接缝密封胶是指应用于混凝土建筑接缝用弹性和塑性密封胶。由于构件材质、尺寸、使用温度、结构变形、基础沉降影响等使用条件范围宽，对密封胶接缝位移能力及耐久性要求差别较大，产品包括了 25 级至 7.5 级的所有级别。混凝土建筑接缝用密封胶产品主要包括中性硅酮密封胶、改性硅酮密封胶、聚氨酯密封胶、聚硫型密封胶，还包括硅化丙烯酸密封胶、丙烯酸密封胶、丁基型密封胶、改性沥青嵌缝膏等，后三种主要应用于建筑内部接缝密封。混凝土建筑接缝用密封胶其产品已发布了《混凝土建筑接缝用密封胶》JC/T 881—2001 行业标准。

1. 产品的分类和标记

密封胶分为单组分（Ⅰ）和多组分（Ⅱ）两个品种。

密封胶按流动性分为非下垂型（N）和自流平型（S）两个类型。

密封胶按位移能力分为 25、20、12.5、7.5 四个级别，见表 4-95。

混凝土建筑接缝用密封胶级别 表 4-95

级　别	试验拉压幅度（%）	位移能力（%）
25	±25	25
20	±20	20
12.5	±12.5	12.5
7.5	±7.5	7.5

25 级和 20 级密封胶按拉伸模量分为低模量（LM）和高模量（HM）两个次级别。

12.5 级密封胶按弹性恢复率又分为弹性和塑性两个次级别：恢复率不小于 40% 的密封胶为弹性密封胶（E），恢复率小于 40% 的密封胶为塑性密封胶（P）。

25 级、20 级和 12.5E 级密封胶称为弹性密封胶；12.5P 级和 7.5P 级密封胶称为塑性密封胶。

密封胶按下列顺序标记：名称、品种、类型、级别、次级别、标准号，标记示例如下：

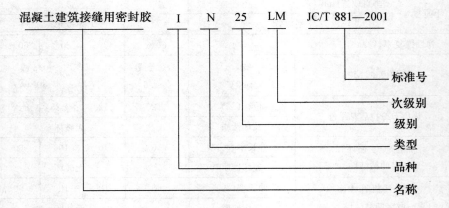

2. 产品的技术要求

密封胶的外观应为细腻、均匀膏状物或黏稠液体，不应有气泡、结皮或凝胶。

密封胶的颜色与供需双方商定的样品相比，不得有明显差异。多组分密封胶各组分的颜色应有明显差异。

密封胶适用期和表干时间指标由供需双方商定。

密封胶的物理力学性能应符合表 4-96 的规定。

混凝土建筑接缝用密封胶的物理力学性能（JC/T 881—2001） 表 4-96

序号	项　目			技　术　指　标						
				25LM	25HM	20LM	20HM	12.5E	12.5P	7.5P
1	流动性	下垂度（N 型）（mm）	垂直	≤3						
			水平	≤3						
		流平性　（S 型）		光滑平整						

续表

序号	项目			技术指标						
				25LM	25HM	20LM	20HM	12.5E	12.5P	7.5P
2	挤出性（mL/min）			≥80						
3	弹性恢复率（%）			≥80		≥60		≥40	<40	<40
4	拉伸粘结性	拉伸模量（MPa）	23℃ −20℃	≤0.4 和 ≤0.6	>0.4 或 >0.6	≤0.4 和 ≤0.6	>0.4 或 >0.6	—		
		断裂伸长率（%）		—					≥100	≥20
5	定伸粘结性			无破坏					—	
6	浸水后定伸粘结性			无破坏					—	
7	热压—冷拉后的粘结性			无破坏					—	
8	拉伸-压缩后的粘结性			—					无破坏	
9	浸水后断裂伸长率（%）			—					≥100	≥20
10	质量损失率（%）			≤10						
11	体积收缩率（%）			≤25[2)]					≤25	

注：乳胶型和溶剂型产品不测质量损失率。

（八）幕墙玻璃接缝用密封胶

幕墙玻璃接缝用密封胶是指适用于玻璃幕墙工程中嵌填玻璃与玻璃接缝的硅酮耐候密封胶。其产品已发布了《幕墙玻璃接缝用密封胶》JC/T 882—2001 行业标准，玻璃与铝等金属材料接缝的耐候密封胶也参照此标准采用，该标准不适用于玻璃幕墙工程中结构性装配用的密封胶。

1. 产品的分类和标记

密封胶分为单组分（Ⅰ）和多组分（Ⅱ）两个品种。

密封胶按位移能力分为 25、20 两个级别，见表 4-89。

密封胶按拉伸模量分为低模量（LM）和高模量（HM）两个级别。25、20 级密封胶为弹性密封胶。

密封胶按下列顺序标记：名称、品种、级别、次级别、标准号。

标记示例：

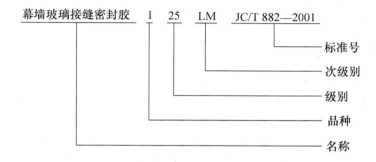

2. 产品的技术要求

密封胶的外观应为细腻、均匀膏状物，不应有气泡、结皮或凝胶。

密封胶的颜色与供需双方商定的样品相比，不得有明显差异。多组分密封胶各组分的颜色应有明显差异。

密封胶的适用期指标由供需双方商定。

密封胶的物理力学性能应符合表 4-97。

幕墙玻璃用接缝密封胶的物理力学性能（JC/T 882—2001）　表 4-97

序号	项 目		技 术 指 标			
			25LM	25HM	20LM	20HM
1	下垂度（mm）	垂直	≤3			
		水平	无变形			
2	挤出性（mL/min）		≥80			
3	表干时间（h）		≤3			
4	弹性恢复率（%）		≥80			
5	拉伸模量（MPa）	标准条件	≤0.4 和 ≤0.6	>0.4 或 >0.6	≤0.4 和 ≤0.6	>0.4 或 >0.6
		−20℃				
6	定伸粘结性		无破坏			
7	热压—冷拉后的粘结性		无破坏			
8	浸水光照后的定伸粘结性		无破坏			
9	质量损失率（%）		≤10			

（九）金属板用建筑密封胶

金属板用建筑密封胶是指适用于金属板接缝用中性建筑密封胶，此类产品已发布了 JC/T 884—2016《金属板用建筑密封胶》建材行业标准。

产品按其基础聚合物种类分为硅酮（SR）、改性硅酮（MS）、聚氨酯（PU）、聚硫（PS）等；按其组分分为单组分（Ⅰ）和双组分（Ⅱ）。

产品按其位移能力可分为 12.5 级、20 级、25 级，12.5、20、25 级别产品的试验拉压幅度、位移能力见表 4-80。产品的次级别按 GB/T 22083—2008 进行分类，LM、HM、E 为弹性密封胶。

产品按下列顺序标记：产品名称、标准编号、组分、聚合物种类、级别、次级别。示例如下：单组分高模量 25 级位移能力的硅酮金属板密封胶标记为：金属板密封胶 JC/T 884—2016 Ⅰ SR 25HM。

产品的技术要求如下：

外观：密封胶应为细腻、均匀膏状物或黏稠体，不应有气泡、结块、结皮或凝胶，无不易分散的析出物。双组分密封胶的各组分的颜色应有明显差异，产品的颜色也可由供需双方商定，产品的颜色与供需双方商定的样品相比，不应有明显差异。

物理力学性能：①密封胶物理力学性能应符合表 4-98 的规定；②双组分密封胶的适用期由供需双方商定；③密封胶与工程用金属板基材剥离粘结性应符合表 4-99 的规定；

④需要时污染性由供需双方商定，试件应无变色、流淌和粘结破坏。

金属板用密封胶物理力学性能（JC/T 884—2016） 表 4-98

序号	项 目		技术指标				
			25LM	25HM	20LM	20HM	12.5E
1	下垂度	垂直（mm）	≤3				
		水平	无变形				
2	表干时间（h）		≤3				
3	挤出性（mL/min）		≥80				
4	弹性恢复率（%）		≥70		≥60		≥40
5	拉伸模量（MPa）	23℃	≤0.4 和 ≤0.6	>0.4 或 >0.6	≤0.4 和 ≤0.6	>0.4 或 >0.6	—
		−20℃					—
6	定伸粘结性		无破坏				
7	冷拉—热压后粘结性		无破坏				
8	浸水后定伸粘结性		无破坏				
9	质量损失（%）		≤7.0				

与工程金属板基材剥离粘结性（JC/T 884—2016） 表 4-99

序号	项 目		技术指标
1	剥离粘结性	剥离强度（N/mm）	≥1.0
		粘结破坏面积（%）	≤25

（十）遇水膨胀止水胶

遇水膨胀止水胶是指以聚氨酯预聚体为基础，含有特殊接枝的脲烷膏状体，固化成形后具有遇水体积膨胀密封止水作用的一类非定型密封材料。其适用于工业与民用建筑地下工程、隧道、防护工程、地下铁道、污水处理池等土木工程的施工缝（含后浇带）、变形缝和预埋构件的防水，以及既有工程的渗漏水治理。此类产品现已发布了 JG/T 312—2011《遇水膨胀止水胶》建筑工业行业标准。

产品按照其体积膨胀倍率分为：

膨胀倍率为≥220%且<400%的遇水膨胀止水胶，代号为 PJ-220；

膨胀倍率为≥400%的遇水膨胀止水胶，代号为 PJ-400。

该产品按其产品名称、代号、所执行标准号的顺序进行标记。例：体积膨胀倍率不小于 400%的遇水膨胀止水胶的标记为：遇水膨胀止水胶 PJ-400 JG/T 312—2011。

产品的外观应为细腻、黏稠、均匀的膏状物，应无气泡、结皮和凝胶现象。

产品的性能指标应符合表 4-100 的规定。

遇水膨胀止水胶的性能指标（JG/T 312—2011）　　　　表 4-100

项　　目		指　　标	
		PJ-220	PJ-400
固含量（%）		≥85	
密度（g/cm³）		规定值±0.1	
下垂度（mm）		≤2	
表干时间（h）		≤24	
7d 拉伸粘结强度（MPa）		≥0.4	≥0.2
低温柔性		−20℃，无裂纹	
位伸性能	拉伸强度（MPa）	≥0.5	
	断裂伸长率（%）	≥400	
体积膨胀倍率（%）		≥220	≥400
长期浸水体积膨胀倍率保持率（%）		90	
抗水压（MPa）		1.5，不渗水	2.5，不渗水
实干厚度（mm）		≥2	
浸泡介质后体积膨胀倍率保持率[a]（%）	饱和 Ca（OH）₂ 溶液	≥90	
	5% NaCl 溶液	≥90	
有害物质含量	VOC（g/L）	≤200	
	游离甲苯二异氰酸酯 TDI（g/kg）	≤5	

[a] 此项根据地下水性质由供需双方商定执行。

三、预制密封材料

建筑预制密封材料是指预先成型的具有一定形状和尺寸的密封材料。

建筑工程各种接缝（如构件接缝、门窗框密封伸缩缝、沉降缝等）常用的预制防水密封材料其品种和规格很多，主要有止水带、密封垫等。

预制密封材料习惯上可分为刚性和柔性两大类。大多数刚性预制密封材料是由金属制成的，如金属止水带、防雨披水板等；柔性预制密封材料一般是采用天然橡胶或合成橡胶、聚氯乙烯之类材料制成的，用于止水带、密封垫和其他各种密封目的。

预制密封材料的共同特点是：

a. 具有良好的弹塑性和强度，不致于因构件的变形、振动而发生脆裂和脱落，并且有防水、耐热、耐低温度性能；

b. 具有优良的压缩变形性能及回复性能；

c. 密封性能好，而且持久；

d. 一般由工厂制造成型，尺寸精度高。

（一）高分子防水材料止水带

止水带又名封缝带，系处理建筑物或地下构筑物接缝用的一种条带状防水密封材料。此类产品现已发布了适用于全部或部分浇捣于混凝土中或外贴于混凝土表面的橡胶止水带、遇水膨胀橡胶复合止水带、具有钢边的橡胶止水带以及沉管隧道接头缝用橡胶止水带和橡胶复合止水带（简称止水带）的《高分子防水材料　第 2 部分：止水带》GB 18173.2—2014 国家标准。

1. 产品的分类和标记

止水带按其用途的不同，可分为变形缝用止水带（用 B 表示）、施工缝用止水带（用 S 表示）、沉管隧道接头缝用止水带（用 J 表示），沉管隧道接头缝用止水带又可进一步分为可卸式止水带（用 JX 表示）和压缩式止水带（用 JY 表示）；止水带按其结构形式的不同，可分为普通止水带（用 P 表示）、复合止水带（用 F 表示），复合止水带又可进一步分为与钢边复合的止水带（用 FG 表示）、与遇水膨胀橡胶复合的止水带（用 FP 表示）、与帘布复合的止水带（用 FL 表示）。

产品应按用途、结构、宽度、厚度的顺序标记：例宽度为 300mm、厚度为 8mm 施工缝用与钢边复合的止水带标记为：S-FG-300×8。

2. 产品的技术要求

（1）尺寸公差

止水带的结构示意图如图 4-10 所示，其尺寸公差如表 4-101 所示。

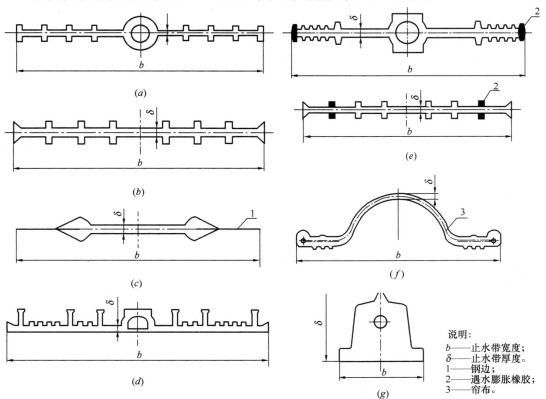

图 4-10　止水带结构示意图

（a）变形缝用止水带；（b）施工缝用止水带；（c）与钢边复合的止水带；（d）变形缝外贴式止水带；（e）与遇水膨胀橡胶复合的止水带（上——两端与遇水膨胀橡胶复合止水带，下——中间与遇水膨胀橡胶复合止水带）；（f）沉管隧道接头缝用与帘布复合可卸式止水带；（g）沉管隧道接头缝用压缩式止水带

止水带的尺寸公差（GB 18173.2—2014）　　　表 4-101

产品类型：B类、S类、JX类止水带

项　目	厚度 δ（mm）				宽度 b（%）
	4≤δ≤6	6<δ≤10	10<δ≤20	δ>20	
极限偏差	+1.00 0	+1.30 0	+2.00 0	+10% 0	±3

产品类型：JY类止水带

项　目	厚度 δ（mm）			宽度 b（%）	
	δ≤160	160<δ≤300	δ>300	<300	≥300
极限偏差	±1.50	±2.00	±2.50	±2	±2.5

（2）外观质量

a. 止水带中心孔偏差不允许超过壁厚设计值的 1/3。

b. 止水带表面不允许有开裂、海绵状等缺陷。

c. 在 1m 长度范围内，止水带表面深度不大于 2mm、面积不大于 $10mm^2$ 的凹痕、气泡、杂质、明疤等缺陷不得超过 3 处。

（3）物理性能

a. 止水带橡胶材料的物理性能要求和相应的试验方法应符合表 4-102 的规定。

止水带的物理性能（GB 18173.2—2014）　　　表 4-102

序号	项　目		指标			适用试验条目
			B、S	J		
				JX	JX	
1	硬度（邵尔 A）（度）		60±5	60±5	40~70[a]	5.3.2
2	拉伸强度（MPa）	≥	10	16	16	5.3.3
3	拉断伸长率（%）	≥	380	400	400	5.3.3
4	压缩永久变形 （%）	70℃×24h，25% ≤	35	30	30	5.3.4
		23℃×168h，25% ≤	20	20	15	
5	撕裂强度（kN/m）	≥	30	30	20	5.3.5
6	脆性温度（℃）	≤	−45	−40	−50	5.3.6
7	热空气老化 70℃×168h	硬度变化（邵尔 A）（度） ≤	+8	+6	+10	5.3.7
		拉伸强度（MPa） ≥	9	13	13	
		拉断伸长率（%） ≥	300	320	300	
8	臭氧老化 50×10⁻⁸：20%，（40±2）℃×48h		无裂纹			5.3.8
9	橡胶与金属粘合[b]		橡胶间破坏	—	—	5.3.9
10	橡胶与帘布粘合强度[c]（N/mm）	≥	—	5	—	5.3.10

遇水膨胀橡胶复合止水带中的遇水膨胀橡胶部分按 GB/T 18173.3 的规定执行。

注：若有其他特殊需要时，可由供需双方协议适当增加检验项目。

[a] 该橡胶硬度范围为推荐值，供不同沉管隧道工程 JY 类止水带设计参考使用。

[b] 橡胶与金属粘合项仅适用于与钢边复合的止水带。

[c] 橡胶与帘布粘合项仅适用于与帘布复合的 JX 类止水带。

b. 止水带接头部位的拉伸强度指标应不低于表 4-102 规定的 80％（现场施工接头除外）。

（二）遇水膨胀橡胶

遇水膨胀橡胶是指以水溶性聚氨酯预聚体、丙烯酸钠高分子吸水性树脂等吸水性材料与天然橡胶、氯丁橡胶等合成橡胶制得的遇水膨胀性防水橡胶一类产品。此类材料主要应用于各种隧道、顶管、人防等地下工程，基础工程的接缝、防水密封和船舶、机车等工业设备的防水密封。此类制品现已发布了《高分子防水材料　第 3 部分　遇水膨胀橡胶》GB/T 18173.3—2014 国家标准。

1. 产品的分类和标记

遇水膨胀橡胶产品按其工艺的不同，可分为制品型（用 PZ 表示）、腻子型（用 PN 表示）；按其在静态蒸馏水中的体积膨胀倍率（％）可分为：制品型有≥150％、≥250％、≥400％、≥600％等几类，腻子型有≥150％、≥220％、≥300％等几类；按其截面形状不同，可分为圆形（用 Y 表示）、矩形（用 J 表示）、椭圆形（用 T 表示）、其他形状（用 Q 表示）。

产品按：类型—体积膨胀倍率、截面形状—规格、标准号的顺序标记。例：宽度为 30mm、厚度为 20mm 的矩形制品型遇水膨胀橡胶，体积膨胀倍率≥400％，标记为：PZ-400 J-30mm×20mm GB 18173.3—2014。

2. 产品的技术要求

（1）制品型尺寸公差

遇水膨胀橡胶的断面结构示意图如图 4-11 所示，制品型遇水膨胀橡胶尺寸公差应符合表 4-103 的规定。

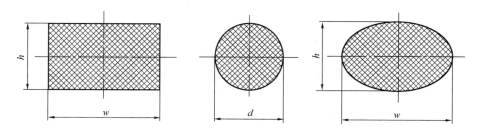

图 4-11　断面结构示意图

遇水膨胀橡胶的尺寸公差　　　　　　　　　　　　　　　　表 4-103

规格尺寸（mm）	≤5	>5～10	>10～30	>30～60	>60～150	>150
极限偏差（mm）	±0.5	±1.0	+1.5 -1.0	+3.0 -2.0	+4.0 -3.0	+4％ -3％

注：其他规格制品尺寸公差由供需双方协商确定。

（2）制品型外观质量

每米遇水膨胀橡胶表面允许有深度不大于 2mm、面积不大于 16mm^2 的凹痕、气泡、杂质、明疤等缺陷不超过 4 处。

（3）物理性能

a. 制品型遇水膨胀橡胶胶料物理性能及相应的试验方法应符合表 4-104 的规定。

制品型遇水膨胀橡胶胶料物理性能（GB/T 18173.3—2014）　　　　**表 4-104**

项　目		指　标				适用试验条目
		PZ-150	PZ-250	PZ-400	PZ-600	
硬度（邵尔 A）（度）		42±10		45±10	48±10	6.3.2
拉伸强度（MPa） ≥		3.5		3		6.3.3
拉断伸长率（%） ≥		−450		350		
体积膨胀倍率（%） ≥		150	250	400	600	6.3.4
反复浸水试验	拉伸强度（MPa）　≥	3		2		6.3.5
	拉断伸长率（%）　≥	350		250		
	体积膨胀倍率（%）≥	150	250	300	500	
低温弯折（−20℃×2h）		无裂纹				6.3.6

注：成品切片测试拉伸强度、拉断伸长率应达到本标准的 80%；接头部位的拉伸强度、拉断伸长率应达到本标准的 50%。

b. 腻子型遇水膨胀橡胶物理性能及相应的试验方法应符合表 4-105 的规定。

腻子型遇水膨胀橡胶物理性能（GB/T 18173.3—2014）　　　　**表 4-105**

项　目		指　标			适用试验条目
		PN-150	PN-220	PN-300	
体积膨胀倍率[a]（%）　≥		150	220	300	6.3.4
高温流淌性（80℃×5h）		无流淌	无流淌	无流淌	6.3.7
低温试验（−20℃×2h）		无脆裂	无脆裂	无脆裂	6.3.8

[a]　检验结果应注明试验方法。

（三）膨润土橡胶遇水膨胀止水条

膨润土橡胶遇水膨胀止水条是以膨润土为主要原料，添加橡胶及其他助剂，经混炼加工而成的有一定形状的制品。

膨润土橡胶遇水膨胀止水条是一种新型的建筑防水密封材料。本品主要应用于各种建筑物、构筑物、隧道、地下工程及水利工程的缝隙止水防渗。其产品已发布《膨润土橡胶遇水膨胀止水条》JG/T 141—2001 建筑工业行业标准。

1. 产品的分类和标记

（1）产品的分类

膨润土橡胶遇水膨胀止水条根据产品特性可分为普通型及缓膨型。

（2）代号

1）名称代号

膨润土　　　　B（Bentonite）

止水　　　　　W（Weterstops）

2）特性代号

普通型　　　　C（Common）

缓膨型　　　　S（Slow-swelling）

3）主参数代号

以吸水膨胀倍率达 200％～250％时所需不同时同为主参数，见表 4-106。

膨润土橡胶遇水膨胀止水条的主参数代号　　　　表 4-106

主参数代号	4	24	48	72	96	120	144
吸水膨胀倍率达 200％～250％时所需时间（h）	4	24	48	72	96	120	144

（3）标记

标记方法如下：

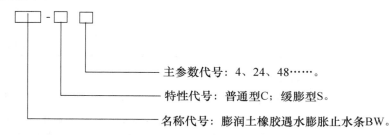

主参数代号：4、24、48……。

特性代号：普通型C；缓膨型S。

名称代号：膨润土橡胶遇水膨胀止水条BW。

普通型膨润土橡胶遇水膨胀止水条，吸水膨胀倍率达 200％～250％时所需时间为 4h，标记为：BW-C4

缓膨型膨润土橡胶遇水膨胀止水条，吸水膨胀倍率达 200％～250％时所需时间为 120h，标记为：BW-S120

2. 技术要求

产品外观为柔软有一定弹性匀质的条状物，色泽均匀，无明显凹凸等缺陷。

产品的常用规格尺寸见表 4-107。

膨润土橡胶遇水膨胀止水条常用规格尺寸　　　　表 4-107

长度（mm）	宽度（mm）	厚度（mm）
10000	20	10
10000	30	10
5000	30	20

规格尺寸偏差：长度为规定值的±1％；宽度及厚度为规定值的±10％。

其他特殊规格尺寸由供需双方商定。

3. 技术指标

产品应符合表 4-108 规定的技术指标。

膨润土橡胶遇水膨胀止水条技术指标 （JG/T 141—2001）　　　**表 4-108**

项　目		技 术 指 标	
		普通型 C	缓膨型 S
抗水压力（MPa）　　　　　　　　　　　　　　　≥		1.5	2.5
规定时间吸水膨胀倍率（%）	4h	200～250	—
	24h		
	48h		
	72h	—	200～250
	96h		
	120h		
	144h		
最大吸水膨胀倍率（%）　≥		400	300
密度（g/cm³）		1.6±0.1	1.4±0.1
耐热性	80℃、2h	无流淌	
低温柔性	—20℃、2h绕φ20mm圆棒	无裂纹	
耐水性	浸泡24h	不呈泥浆状	—
	浸泡240h	—	整体膨胀无碎块

（四）丁基橡胶防水密封胶粘带

丁基橡胶防水密封胶粘带简称丁基胶粘带，是以饱和聚异丁烯橡胶、丁基橡胶、卤化丁基橡胶等为主要原料制成的，具有粘结密封功能的弹塑性单面或双面，适用于高分子防水卷材、金属板屋面等建筑防水工程中接缝密封用的卷状胶粘带。该产品已发布《丁基橡胶防水密封胶粘带》JC/T 942—2004 行业标准。

1. 产品的分类和标记

（1）产品按粘结面分为：

单面胶粘带，代号 1；

双面胶粘带，代号 2。

（2）单面胶粘带产品按覆面材料分为：

单面无纺布覆面材料，代号 1W；

单面铝箔覆面材料，代号 1L；

单面其他覆面材料，代号 1Q。

（3）产品按用途分为：

高分子防水卷材用，代号 R；

金属板屋面用，代号 M。

注：双面胶粘带不宜外露使用。

（4）产品规格通常为：

厚度：1.0mm、1.5mm、2.0mm；

宽度：15mm、20mm、30mm、40mm、50mm、60mm、80mm、100mm；

长度：10m、15m、20m。

其他规格可由供需双方商定。

（5）产品标记：

产品按下列顺序标记：名称、粘结面、覆面材料、用途、规格（厚度－宽度－长度）、标准号。

示例：厚度 1.0mm、宽度 30mm、长度 20m 金属板屋面用双面丁基橡胶防水密封胶粘带的标记为：

丁基橡胶防水密封胶粘带 2M 1.0-30-20 JC/T 942—2004。

2．产品的技术要求

（1）外观

丁基胶粘带应卷紧卷齐，在 5～35℃环境温度下易于展开，开卷时无破损、粘连或脱落现象。

丁基胶粘带表面应平整，无团块、杂物、空洞、外伤及色差。

丁基胶粘带的颜色与供需双方商定的样品颜色相比无明显差异。

（2）尺寸偏差

丁基胶粘带的尺寸偏差应符合表 4-109 的规定。

丁基胶粘带的尺寸偏差　　　　　　　　表 **4-109**

厚度 （mm）		宽度 （mm）		长度 （m）	
规格	允许偏差	规格	允许偏差	规格	允许偏差
1.0 1.5 2.0	±10%	15 20 30 40 50 60 80 100	±5%	10 15 20	不允许有负偏差

（3）理化性能

丁基胶粘带的理化性能应符合表 4-110 的规定。彩色涂层钢板以下简称彩钢板。

丁基胶粘带的理化性能（JC/T 942—2004）　　　表 **4-110**

试验项目			技术指标
1. 持粘性（min）		≥	20
2. 耐热性，80℃，2h			无流淌、龟裂、变形
3. 低温柔性：—40℃			无裂纹
4. 剪切状态下的粘合性[a]（N/mm）	防水卷材	≥	2.0
5. 剥离强度[b]（N/mm）	防水卷材	≥	0.4
	水泥砂浆板	≥	0.6
	彩钢板	≥	

试验项目			技术指标
热处理，80℃、168h	防水卷材	≥	80
	水泥砂浆板	≥	
	彩钢板	≥	
6. 剥离强度保持率[b]（%）	碱处理，饱和氢氧化钙溶液、168h	防水卷材	≥	80
		水泥砂浆板	≥	
		彩钢板	≥	
	浸水处理，168h	防水卷材	≥	80
		水泥砂浆板	≥	
		彩钢板	≥	

[a] 第 4 项仅测试双面胶粘带。

[b] 第 5 和第 6 项中，测试 R 类试样时采用防水卷材和水泥砂浆板基材，测试 M 类试样时采用彩钢板基材。

第五节　刚性防水及堵漏材料

一、刚性防水及堵漏材料概述

1. 刚性防水及堵漏材料的概念及分类

刚性防水材料是指以水泥、砂石、水等原材料或在其内掺入少量外加剂、高分子聚合物、纤维类增强材料等，通过调整其配合比，抑制或减小孔隙率、改变孔隙特征、增加各组成材料界面间的密实性等方法，配制而成的具有一定抗渗透能力的混凝土或砂浆类防水材料，以及各种类型的混凝土外加剂、防水剂等。堵漏止水材料是指能在短时间内迅速凝结从而堵住水渗出的一类防水材料。刚性防水及堵漏材料的分类参见图 4-12。

2. 刚性防水及堵漏材料的性能特点和适用范围

刚性防水技术是根据不同的工程结构采取不同的方法使浇筑后的混凝土工程细致密实，抗裂防渗，水分子难以通过，防水耐久性好，施工工艺简单和方便，造价较低，易于维修。在土木建筑工程中，刚性防水其所占的比例相当大。刚性防水层可根据其构造形式和所采用的材料不同进行分类，其类型详见表 4-111。防水混凝土和防水砂浆防水与柔性防水相比较，其具有以下特点：

a. 兼具防水、承重等功德，节约材料，能加快施工速度；

b. 在建筑结构造型复杂的情况下，刚性防水层施工简单、防水性能可靠；

c. 渗漏水发生时，易于检查，便于修复；

d. 耐久性能好；

e. 材料来源广泛，成本低廉；

f. 可改善劳动条件。

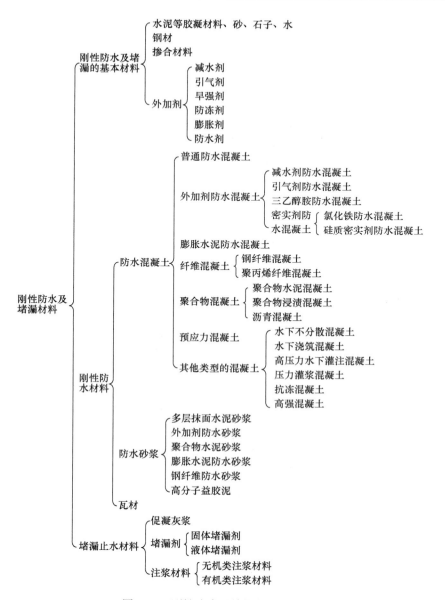

图 4-12 刚性防水及堵漏材料的分类

刚性防水层的分类 表 4-111

防水层类型		构造及特点	适用范围
按构造型式分类	非隔离式防水层	1. 防水层直接浇筑在结构层上，使防水层与结构层形成整体，可加强结构刚度 2. 省工、省料、造价低 3. 防水层易受结构层制约，对地基不均匀沉降、温度变化、构件伸缩、屋面振动等因素极为敏感，易引起防水层开裂而导致渗漏	1. 分格缝尺寸较小的普通钢筋混凝土屋面 2. 补偿收缩混凝土防水层 3. 温度、湿度变化较小的钢纤维混凝土防水层 4. 蓄水屋面

续表

防水层类型		构造及特点	适用范围
按构造型式分类	隔离式防水层	1. 在结构层与防水层之间设隔离层，使两者互不粘结 2. 防水层受结构层的变形约束较小，在一定范围内可以自由伸缩，有一定的应变能力	1. 分格缝尺寸较大的普通钢筋混凝土屋面 2. 温度、湿度变化较大的防水工程
按所用材料分类	普通防水混凝土防水层	1. 防水层采用普通钢丝网细石混凝土，依靠混凝土的密实性达到防水目的 2. 施工简单、造价低 3. 当隔离层效果不好，节点构造和分格不当，或施工质量不良时，结构层的变形和温度、湿度变化易引起防水层开裂，防水效果较差	如防水层中不配钢丝网，分块尺寸不宜超过 16m²；配置钢丝网后分块尺寸可大些，但也不宜大于 60m²
	外加剂防水混凝土防水层	1. 防水层所用的细石混凝土中掺入适量外加剂，用以改善混凝土的和易性，便于施工操作 2. 可提高防水层的密实性和抗渗、抗裂能力，有利于减缓混凝土的表面风化、碳化，延长其使用寿命	分块尺寸与普通防水混凝土防水层相同的防水工程
	预应力混凝土防水层	1. 利用施工阶段在防水层混凝土内建立的预压应力来抵消或部分抵消在使用过程中可能出现的拉应力，克服混凝土抗拉强度低的缺点，避免板面开裂 2. 抗渗性和防水性好 3. 材料省、造价低、施工简单	1. 分块尺寸大，可大于 60m² 2. 可不设隔离层 3. 屋顶设置钢筋混凝土圈梁的屋面防水工程
	补偿收缩混凝土防水层	1. 防水层混凝土利用微膨胀水泥或膨胀剂拌制而成，具有适当的膨胀性能 2. 利用混凝土在硬化过程中产生的膨胀来抵消其全部或大部分收缩，避免和减轻防水层开裂而取得良好的防水效果 3. 具有遇水膨胀，失水收缩的可逆反应，遇水时可使细微裂缝闭合而不致渗漏，抗渗性好 4. 早期强度较高	处于推广应用阶段，南方省区应用较多
	纤维混凝土防水层	1. 防水层混凝土中掺入短而不连续的钢纤维或聚丙烯纤维 2. 纤维在混凝土中可抑制细微裂缝的开展，使其具有较高的抗拉强度和较好的抗裂性能 3. 防水效果好，使用年限长，施工工艺简单，维修率低、造价低	处于推广应用阶段，南方省区应用较多
	聚合物混凝土防水层	1. 用硅酸盐水泥和聚合物树脂作复合胶粘料，卵石作骨料，砂子作填充料而制成 2. 和易性好，抗拉强度和伸长率高，抗冻性、防水性、抗腐蚀性能强	价格较贵，用于防冻、防裂要求较高的防水工程
	块体刚性防水层	1. 结构层上铺设黏土砖或其他块材，用防水水泥砂浆填缝和抹面而形成防水层 2. 块材导热系数小，热膨胀率低，单元体积小，在温度、收缩作用下应力能均匀地分散和平衡，块体之间的缝隙很小，可提高防水层防水能力 3. 施工简单	不得用于屋面防水等级为Ⅰ、Ⅱ级的建筑，也不宜用于屋面刚度小的建筑、有振动设备的厂房及大跨度的建筑

续表

防水层类型		构造及特点	适用范围
按所用材料分类	砂浆防水层	结构层上涂抹防水砂浆作防水层，施工简单，具有较好的防水效果	适用于不会因结构沉降、振动等原因而产生有害裂缝的防水工程

防水混凝土的适用范围很广，主要应用于工业、民用和公共建筑的地下防水工程、屋面防水工程、贮水构筑物、取水构筑物以及其他防水工程，防水砂浆防水层适用于结构刚度较大、建筑物变形较小、埋置深度不大，在使用时不会因结构沉降、温度、湿度变化以及受振动等产生有害裂缝的地面及地下防水工程。除聚合物防水砂浆外，其他防水砂浆均不宜用在长期受冲击荷载和较大振动作用下的防水工程，也不适用于处在侵蚀性介质，100℃以上高温环境以及遭受着反复冻融的砖砌工程。

建筑防水工程的渗漏水其主要形式有点、缝和面的渗漏，根据其渗漏水量的不同，又可分为慢渗、快渗、漏水和涌水。防水工程修补堵漏，要根据工程特点，针对不同的渗漏部位，选用不同的堵漏止水材料和工艺技术，针对孔洞渗漏水可选用促凝灰浆、高效无机防水粉、膨胀水泥、快速止水剂进行堵漏；裂缝渗漏水的处理方法很多，采用的主要材料有促凝灰浆（砂浆）、灌浆材料等；大面积渗漏水最常用的修补材料可选用水泥砂浆抹面、膨胀水泥砂浆、氯化铁防水砂浆、有机硅防水砂浆、水泥基渗透结晶型防水材料等；细部构造防水堵漏可采用止水带、遇水膨胀橡胶止水材料、密封胶、混凝土建筑接缝防水体系等。

3. 刚性防水材料的环境标志产品技术要求

《环境标志产品技术要求　刚性防水材料》HJ 456—2009 国家环境保护标准对刚性防水材料提出了如下技术要求：

（1）基本要求

a. 无机堵漏防水材料的质量应符合 JC 900 的要求；聚合物水泥防水砂浆的质量应符合 JC/T 984 的要求；水泥基渗透结晶型防水材料的质量应符合 GB 18445 的要求。

b. 产品生产企业污染物排防应符合国家或地方规定的污染物排放标准的要求。

（2）技术内容

a. 产品中不得人为添加铅（Pb）、镉（cd）、汞（Hg）、硒（Se）、砷（As）、锑（Sb）、六价铬（Cr^{6+}）等元素及其化合物。

b. 产品的内、外照射指数均不大于 0.6。

c. 产品有害物限值应符合表 4-112 要求。

刚性防水材料产品有害物限值（HJ 456—2009）　　　　表 4-112

项　目		限　值
甲醛（mg/m³）	≤	0.08
苯（mg/m³）	≤	0.02
氨（mg/m³）	≤	0.1
总挥发性有机化合物（TVOC）（mg/m³）	≤	0.1

d. 企业应建立符合 GB 16483 要求的原料安全数据单（MSDS），并可向使用方提供。

《环境标志产品技术要求　刚性防水材料》HJ 456—2009 标准适用于无机堵漏防水材料、聚合物水泥防水砂浆和水泥基渗透结晶型防水材料。

二、防水混凝土和防水砂浆

刚性防水材料按其作用又可分为有承重作用的防水材料（即结构自防水材料）和仅有防水作用的防水材料，前者是指各种类型的防水混凝土，后者是指各种类型的防水砂浆。

防水混凝土是按照混凝土的性能、用途进行分类得出的一个混凝土类别，其主要是指应用于一般工业与民用建筑和构筑物的，以无机胶凝材料水泥为主，通过调整混凝土的配合比，掺外加剂（如掺入少量的减水剂，引气剂、早强剂，密实剂、膨胀剂等）或使用新品种水泥等方法来提高自身的密实性、憎水性、抗渗性和抗裂性，使其满足抗渗压力的一类具有防水功能的不透水性混凝土。防水混凝土又称防渗混凝土，其适用的范围广泛，应用于建筑工程中，可兼起建筑物的承重、围护、防水三重作用。防水混凝土一般包括普通防水混凝土、外加剂防水混凝土（引气剂防水混凝土、减水剂防水混凝土、三乙醇胺防水混凝土、氯化铁防水混凝土）、膨胀剂或膨胀水泥防水混凝土等三大类。具有抗裂防水功能的混凝土材料还有纤维混凝土、聚合物混凝土、预应力混凝土等。防水混凝土根据其胶凝材料的不同，又可分为两大类：一类是以硅酸盐水泥为基料，采用级配方式或者加入无机或有机添加剂配制而成的防水混凝土；另一类是以膨胀水泥为主的特种水泥为基料配制的防水混凝土。

砂浆是由胶凝材料、细骨料、掺合料和水，以及根据需要加入适量的外加剂、按照一定比例配制而成的一类建筑工程材料，在建筑工程中起着粘结、衬垫和传递应力的作用。应用于建筑物或构筑物防水层的砂浆则称之为防水砂浆。防水砂浆是通过严格的操作技术或掺入适量的防水剂、高分子聚合物等材料，以提高砂浆的密实性、达到抗渗防水目的的一种重要的刚性防水材料。常用的防水砂浆可分为多层抹面水泥砂浆、掺外加剂的防水砂浆和膨胀水泥与无收缩性水泥配制的防水砂浆等类别，掺外加剂的防水砂浆可分为掺加无机质防水剂的防水砂浆和掺加有高分子聚合物的聚合物水泥防水砂浆。

防水混凝土和防水砂浆的基本组成材料为水泥（胶凝材料）、砂（细骨料）、石子（粗骨料）、掺合材料、拌合水以及各种类型的外加剂等。

（一）混凝土外加剂

混凝土外加剂（添加剂）是指在拌制混凝土和砂浆的过程中掺入的，用以改善混凝土和砂浆性能的一类物质。

混凝土外加剂按其化学成分的不同，可分为无机外加剂、有机外加剂、复合外加剂等三类。无机外加剂主要为一些电解质盐类；有机外加剂大多为表面活性物质，还有一些高分子聚合物、有机化合物及复盐。表面活性剂类外加剂又可分为阴离子型、阳离子型和非离子型等三类，其中阴离子型表面活性剂是目前应用最多的；复合外加剂通常则由无机和有机化合物复合而成，一般具有多种功能。混凝土外加剂按其化学性质的分类参见表4-113，按其功能可分为六大类，参见表 4-114。

混凝土外加剂按化学性质的分类

表 4-113

类别	类别名称	分类	外加剂	作用
无机化合物外加剂	无机电解质盐类	I 价金属强酸盐	$LiCl$、Li_2SO_4 $NaCl$、KNO_3、KCl、K_2SO_4、Na_2SO_4 $NaNO_3$、$NaNO_2$	碱骨料反应抑制剂 调凝剂 阻锈剂
		I 价金属弱酸盐	Na_2CO_3、Na_2SiO_2、Na_3PO_4 $Na_4P_2O_7$、$K_4P_2O_7$、CH_3COONa	调凝剂
		I 价金属强酸盐	$CaCl_2$、$MgCl_2$、CaI_2、CaF_2 $Ca(NO_3)_2$、$Ca(NO_2)_2$ $BaCl_2$、$SiCl_2$、$Ba(NO_2)_3$ $CaSO_4 \cdot 2H_2O$、$CaSO_4$、$MgSO_4$、$PbSO_4$ $BaSO_4$	调凝剂、早强剂（作用并不全部相同）
		I 价金属弱酸盐	$Ca(CH_3COO)_2$、$CaCO_3$、$ZnCO_3$、 $Ca_2P_2O_7$	调凝剂
		I 价金属强酸盐	$Al_2(SO_4)_3$、$AlCl_3$、$Al(NO_3)_3$	
	金属氢氧化物		$NaOH$、KOH、$Ca(OH)_2$ $Mg(OH)_2$、$Al(OH)_3$、$Fe(OH)_3$	调凝剂、早强剂
	金属氧化物		CaO	膨胀剂
			CaO、CuO、Fe_2O_3、Cr_2O_3	着色剂
			ZnO、PbO、CdO、B_2O_3	缓凝剂
	轻金属		Al 粉、Mg 粉	加气剂
有机化合物外加剂	表面活性剂	阴离子表面活性剂	木质素磺酸盐类 多环芳香族磺酸盐类 羟基、羟基酸盐类	减水剂
			多羟基碳水化合物及其盐类 水溶性蜜胺树脂甲醛磺酸盐	调凝剂
			烷基苯磺酸盐类 其他	引气剂
		阳离子表面活性剂	三甲烷基或二甲二烷基胺盐 杂环胺盐	减水剂 调凝剂
			其他	
		非离子表面活性剂	多元醇化合物 含氧有机酸	早强剂
			醇胺 其他	调凝剂

续表

类别	类 别 名 称	分 类	外加剂	作 用
有机化合物外加剂	高分子聚合物	树脂类	聚氯乙烯 聚酯酸乙烯	粘结剂
			聚丙烯酸酯 聚乙烯基呋喃	防水剂
		橡胶类	合成橡胶	粘结剂
		高分子电解质	各种高分子盐类	凝聚剂
	各种有机化合物及复盐	各种醇、酸、酯、酚及衍生物	烷基磷酸盐 硼酸酯等	消泡剂
		皂类化合物	松香皂热聚物	引气剂
		硬脂酸盐 油酸盐	硬酯酸钙、硬酯酸锌、 硬酯酸铵 油酯钙、油酯铵、丁基硬脂酸	防水剂

各种有机及无机化合物复合外加剂

外加剂的类型及主要品种   表 4-114

序号	按外加剂功能分类	品 种	序号	按外加剂功能分类	品 种
1	改善新拌混凝土流变特性	普通减水剂 高效减水剂 早强减水剂 缓凝减水剂 引气减水剂	4	改善混凝土耐久性	抗冻剂
2	调节混凝土硬化性能	速凝剂	5	提供混凝土特殊性能	膨胀剂 防水剂 养护剂
3	调节混凝土含气量	引气剂 消泡剂	6	其他功能	砂浆外加剂 矿渣水泥改性剂 混凝土表面缓凝剂 混凝土界面处理剂

　　高性能减水剂（早强型、标准型、缓凝型）、高效减水剂（标准型、缓凝型）、普通减水剂（早强型、标准型、缓凝型）、引气减水剂、泵送剂、早强剂、缓凝剂以及引气剂等八类混凝土外加剂已发布了《混凝土外加剂》GB 8076—2008 国家标准。

　　掺外加剂混凝土的性能应符合表 4-115 的要求，匀质性指标应符合表 4-116 的要求。

表 4-115

受检混凝土性能指标（GB 8076—2008）

项　目		高性能减水剂 HPWR			高效减水剂 HWR		普通减水剂 WR			引气减水剂 AEWR	泵送剂 PA	早强剂 Ac	缓凝型 Re	引气剂 AE
		早强剂 HPWR-A	标准型 HPWR-S	缓凝型 HPWR-R	标准型 HWR-S	缓凝型 HWR-R	早强剂 WR-A	标准型 WR-S	缓凝型 WR-R					
减水率（%）≥		25	25	25	14	14	8	8	8	10	12	—	—	6
泌水率比（%）≤		50	60	70	90	100	95	100	100	70	70	100	100	70
含气量（%）		≤6.0	≤6.0	≤6.0	≤3.0	≤4.5	≤4.0	≤4.0	≤5.5	≥3.0	≤5.5	—	—	≥3.0
凝结时间之差（min）	初凝	-90~+90	-90~+120	>+90	-90~+120	>+90	-90~+90	-90~+120	>+90	-90~+120	—	-90~+90	>+90	-90~+120
	终凝	—	—	—	—	—	—	—	—	—	—	—	—	—
1h经时变化量	坍落度（mm）	—	≤80	≤80	—	—	—	—	—	—	≤80	—	—	—
	含气量（%）	—	—	—	—	—	—	—	—	-1.5~+1.5	—	—	—	-1.5~+1.5

续表

| 项目 | 高性能减水剂 HPWR | | | 高效减水剂 HWR | | 普通减水剂 WR | | | 引气减水剂 AEWR | 泵送剂 PA | 早强剂 Ac | 缓凝型 Re | 引气剂 AE |
	早强型 HPWR-A	标准型 HPWR-S	缓凝型 HPWR-R	标准型 HWR-S	缓凝型 HWR-R	早强剂 WR-A	标准型 WR-S	缓凝型 WR-R					
抗压强度比（%）≥ 1d	180	170	—	140	—	135	—	—	—	—	135	—	—
3d	170	160	—	130	—	130	115	—	115	—	130	—	95
7d	145	150	140	125	125	110	115	110	110	115	110	100	95
28d	130	140	130	120	120	100	110	110	100	110	100	100	90
收缩率比（%）≤ 28d	110	110	110	135	135	135	135	135	135	135	135	135	135
相对耐久性（200次）（%）≥	—	—	—	—	—	—	—	—	80	—	—	—	80

注：1. 表中抗压强度比、相对耐久性、收缩率比为强制性指标，其余为推荐性指标。

2. 除含气量和相对耐久性外，表中所列数据均为掺外加剂混凝土与基准混凝土的差值或比值。

3. 凝结时间之差性能指标中的"—"号表示提前，"+"号表示延缓。

4. 相对耐久性（200次）性能指标中的"≥80"表示将28d龄期的受检混凝土试件快速冻融循环200次后，动弹性模量保留值≥80%。

5. 1h含气量经时变化量指标中的"+"号表示含气量增加，"—"号表示含气量减少。

6. 其他品种的外加剂是否需要测相对耐久性指标，由供、需双方协商确定。

7. 当用户对泵送剂等产品有特殊要求时，需要进行补充试验项目、试验方法及指标，由供需双方协商决定。

掺外加剂混凝土匀质性指标（GB 8076—2008）　　　　表 4-116

项　目	指　标
氯离子含量（%）	不超过生产厂控制值
总碱量（%）	不超过生产厂控制值
含固量（%）	$S>25\%$时，应控制在 $0.95S\sim1.05S$ $S\leqslant25\%$时，应控制在 $0.90S\sim1.10S$
含水率（%）	$W>5\%$时，应控制在 $0.90W\sim1.10W$ $W\leqslant5\%$时，应控制在 $0.80W\sim1.20W$
密度（g/cm³）	$D>1.1$时，应控制在 $D\pm0.03$ $D\leqslant1.1$时，应控制在 $D\pm0.02$
细度	应在生产厂控制范围内
pH 值	应在生产厂控制范围内
硫酸钠含量（%）	不超过生产厂控制值

注：1. 生产厂应在相关的技术资料中明示产品匀质性指标的控制值。

　　2. 对相同和不同批次之间的匀质性和等效性的其他要求，可由供需双方商定。

　　3. 表中的 S、W 和 D 分别为含固量、含水率和密度的生产厂控制值。

（二）砂浆、混凝土防水剂

砂浆、混凝土防水剂是指能降低砂浆、混凝土在静水压力下的透水性的一类外加剂。此类产品现已发布了《砂浆、混凝土防水剂》JC 474—2008 建材行业标准。

产品的匀质性指标应符合表 4-117 的要求，受检砂浆的性能应符合表 4-118 的要求，受检混凝土的性能应符合表 4-119 的规定。

砂浆、混凝土防水剂匀质性指标（JC 474—2008）　　　　表 4-117

试验项目	指　标	
	液　体	粉　状
密度（g/cm³）	$D>1.1$时，要求为 $D\pm0.03$ $D\leqslant1.1$时，要求为 $D\pm0.02$ D 是生产厂提供的密度值	—
氯离子含量（%）	应小于生产厂最大控制值	应小于生产厂最大控制值
总碱量（%）	应小于生产厂最大控制值	应小于生产厂最大控制值
细度（%）	—	0.315mm 筛筛余应小于 15%
含水率（%）	—	$W\geqslant5\%$时，$0.90W\leqslant X<1.10W$ $W<5\%$时，$0.80W\leqslant X<1.20W$ W 是生产厂提供的含水率（质量%）， X 是测试的含水率（质量%）
固体含量（%）	$S\geqslant20\%$时，$0.95S\leqslant X<1.05S$ $S<20\%$时，$0.90S\leqslant X<1.10S$ S 是生产厂提供的固体含量（质量%）， X 是测试的固体含量（质量%）	—

注：生产厂应在产品说明书中明示产品匀质性指标的控制值。

受检砂浆的性能 （JC 474—2008）　　　　表 4-118

试 验 项 目		性 能 指 标	
		一等品	合格品
安定性		合格	合格
凝结时间	初凝（min）　≥	45	45
	终凝（h）　≤	10	10
抗压强度比（%）　≥	7d	100	85
	28d	90	80
透水压力比（%）　≥		300	200
吸水量比（48h）（%）　≤		65	75
收缩率比（28d）（%）　≤		125	135

注：安定性和凝结时间为受检净浆的试验结果，其他项目数据均为受检砂浆与基准砂浆的比值。

受检混凝土的性能 （JC 474—2008）　　　　表 4-119

试验项目		性能指标	
		一等品	合格品
安定性		合格	合格
泌水率比（%）　≤		50	70
凝结时间差（min）　≥	初凝	-90^a	-90^a
抗压强度比（%）　≥	3d	100	90
	7d	110	100
	28d	100	90
渗透高度比（%）　≤		30	40
吸水量比（48h）（%）　≤		65	75
收缩率比（28d）（%）　≤		125	135

注：安定性为受检净浆的试验结果，凝结时间差为受检混凝土与基准混凝土的差值，表中其他数据为受检混凝土与基准混凝土的比值。

[a]"—"表示提前。

（三）混凝土膨胀剂

混凝土膨胀剂是指与水泥、水拌合后经水化反应生成钙矾石、氢氧化钙或钙矾石和氢氧化钙，使混凝土产生体积膨胀的一类外加剂。此类产品现已发布了《混凝土膨胀剂》GB 23439—2009 国家标准。

1. 产品的分类和标记

混凝土膨胀剂按其水化产物可分为：硫铝酸钙类混凝土膨胀剂（代号 A）、氧化钙类混凝土膨胀剂（代号 C）、硫铝酸钙-氧化钙类混凝土膨胀剂（代号 AC）等三类；按其限制膨胀率可分为Ⅰ型和Ⅱ型。

混凝土膨胀剂的产品名称标注为 EA，产品按其产品名称、代号、型号、标准号顺序进行标记。例Ⅱ型硫铝酸钙-氧化钙类混凝土膨胀剂的标记为：EA AC Ⅱ GB 23439—2009。

2. 产品的技术性能要求

混凝土膨胀剂中的氧化镁含量应不大于 5%；

混凝土膨胀剂中的碱含量按 $Na_2O+0.658K_2O$ 计算值表示，若使用活性骨料，用户要求提供低碱混凝土膨胀剂时，混凝土膨胀剂中的碱含量应不大于 0.75%，或由供需双方协商确定。

混凝土膨胀剂的物理性能指标应符合表 4-120 的规定。

混凝土膨胀剂性能指标（GB 23439—2009）　　　　　表 4-120

项　　目			指　标　值	
			Ⅰ　型	Ⅱ　型
细度	比表面积（m²/kg）	≥	200	
	1.18mm 筛筛余（%）	≤	0.5	
凝结时间	初凝（min）	≥	45	
	终凝（min）	≤	600	
限制膨胀率（%）	水中 7d	≥	0.025	0.050
	空气中 21d	≥	−0.020	−0.010
抗压强度（MPa）	7d	≥	20.0	
	28d	≥	40.0	

注：本表中的限制膨胀率为强制性的，其余为推荐性的。

（四）聚合物水泥防水砂浆

聚合物水泥防水砂浆简称 JF 防水砂浆，是指以水泥、细骨料为主要组分，以聚合物乳液或可再分散乳胶粉为改性剂，添加适量助剂混合制成的，适用于建设工程用的一类防水砂浆。此类产品现已发布了《聚合物水泥防水砂浆》JC/T 984—2011 建材行业标准。

1. 分类和标记

产品按其组分的不同分为单组分（S 类）和双组分（D 类）两类。单组分（S 类）由水泥、细骨料和可再分散乳胶粉、添加剂等组成；双组分（D 类）由粉料（水泥、细骨料）和液料（聚合物乳液、添加剂等）组成。

产品按其物理力学性能的不同可分为Ⅰ型和Ⅱ型两种。

产品按名称、类型、标准号顺序进行标记，例单组分Ⅰ型聚合物水泥防水砂浆标记为：JF 防水砂浆 SⅠ JC/T 984—2011。

2. 产品的技术性能要求

产品的一般要求是：产品的生产与使用不应对人体、生物与环境造成有害的影响，所涉及与使用有关的安全和环保要求应符合相关国家标准和规范的规定。

产品的外观要求是：液体经搅拌后均匀无沉淀；粉料为均匀、无结块的粉末。

产品的物理力学性能应符合表 4-121 的要求。

聚合物水泥防水砂浆的物理力学性能 （JC/T 984—2011）　　**表 4-121**

序号	项　　目				技术指标	
					Ⅰ型	Ⅱ型
1	凝结时间a	初凝（min）		≥	45	
		终凝（h）		≤	24	
2	抗渗压力b（MPa）	涂层试件	≥	7d	0.4	0.5
		砂浆试件	≥	7d	0.8	1.0
				28d	1.5	1.5
3	抗压强度（MPa）			≥	18.0	24.0
4	抗折强度（MPa）			≥	6.0	8.0
5	柔韧性（横向变形能力）（mm）			≥	1.0	
6	粘结强度（MPa）		≥	7d	0.8	1.0
				28d	1.0	1.2
7	耐碱性				无开裂、剥落	
8	耐热性				无开裂、剥落	
9	抗冻性				无开裂、剥落	
10	收缩率（%）			≤	0.30	0.15
11	吸水率（%）			≤	6.0	4.0

a　凝结时间可根据用户需要及季节变化进行调整。

b　当产品使用的厚度不大于 5mm 时测定涂层试件抗渗压力；当产品使用的厚度大于 5mm 时测定砂浆试件抗渗压力。亦可根据产品用途，选择测定涂层或砂浆试件的抗渗压力。

（五）水泥基渗透结晶型防水材料

水泥基渗透结晶型防水材料（简称 CCCW），是以硅酸盐水泥为主要成分，掺入一定量的活性化学物质制成的一类用于水泥混凝土结构防水工程的粉状刚性防水材料。其与水作用后，材料中所含有的活性化学物质以水为载体在混凝土中渗透，与水泥水化产物生成不溶于水的针状结晶体，填塞毛细孔道和微细缝隙，从而提高了混凝土的致密性与防水性。水泥基渗透结晶型防水材料按其使用方法的不同，可分为水泥基渗透结晶型防水涂料（代号 C）和水泥基渗透结晶型防水剂（代号 A）。

水泥基渗透结晶型防水涂料是指以硅酸盐水泥、石英砂为主要成分，掺入一定量活性化学物质制成的粉状材料，经与水拌合后调配成可刷涂或喷涂在水泥混凝土表面的浆料，亦可采用干撒压入未完全凝固的水泥混凝土表面的一类水泥基渗透结晶型防水材料。水泥基渗透结晶型防水剂是指以硅酸盐水泥和活性化学物质为主要成分制成的粉状材料，掺入水泥混凝土拌合物中使用的一类水泥基渗透结晶型防水材料。水泥基渗透结晶型防水材料中的活性化学物质是指由碱金属盐或碱土金属盐、络合化合物等复配而成，具有较强的渗透性，能与水泥的水化产物发生反应生成针状晶体的一类化学物质。

水泥基渗透结晶型防水材料现已发布了《水泥基渗透结晶型防水材料》GB 18445—2012 国家标准。

水泥基渗透结晶型防水材料产品按产品名称和标准号的顺序标记，如：水泥基渗透结晶型防水涂料的标记为："CCCW C GB 18445—2012"。

水泥基渗透结晶型防水材料的一般要求是：产品不应对人体、生物、环境与水泥混凝土性能（尤其是耐久性）造成有害的影响，所涉及与使用有关的安全与环保问题，应符合我国相关标准和规范的规定。

水泥基渗透结晶型防水材料的技术要求如下：①水泥基渗透结晶型防水涂料应符合表4-122的规定；②水泥基渗透结晶型防水剂应符合表4-123的规定。

水泥基渗透结晶型防水涂料（GB 18445—2012） 表 4-122

序号	试 验 项 目		性能指标
1	外观		均匀、无结块
2	含水率（%）	≤	1.5
3	细度，0.63mm 筛余（%）	≤	5
4	氯离子含量（%）	≤	0.10
5	施工性	加水搅拌后	刮涂无障碍
		20min	刮涂无障碍
6	抗折强度（MPa），28d	≥	2.8
7	抗压强度（MPa），28d	≥	15.0
8	湿基面粘结强度（MPa），28d	≥	1.0
9	砂浆抗渗性能	带涂层砂浆的抗渗压力[a]（MPa），28d	报告实测值
		抗渗压力比（带涂层）（%），28d ≥	250
		去除涂层砂浆的抗渗压力[a]（MPa），28d	报告实测值
		抗渗压力比（去除涂层）（%），28d ≥	175
10	混凝土抗渗性能	带涂层混凝土的抗渗压力[a]（MPa），28d	报告实测值
		抗渗压力比（带涂层）（%），28d ≥	250
		去除涂层混凝土的抗渗压力[a]（MPa），28d	报告实测值
		抗渗压力比（去除涂层）（%），28d ≥	175
		带涂层混凝土的第二次抗渗压力（MPa），56d ≥	0.8

[a] 基准砂浆和基准混凝土 28d 抗渗压力应为 $0.4^{+0.0}_{-0.1}$ MPa，并在产品质量检验报告中列出。

水泥基渗透结晶型防水剂（GB 18445—2012） 表 4-123

序号	试 验 项 目		性能指标
1	外观		均匀、无结块
2	含水率（%）	≤	1.5
3	细度，0.63mm 筛余（%）	≤	5
4	氯离子含量（%）	≤	0.10
5	总碱量（%）		报告实测值
6	减水率（%）	<	8
7	含气量（%）	≤	3.0
8	凝结时间差	初凝（min） >	−90
		终凝（h）	—

续表

序号	试　验　项　目		性能指标
9	抗压强度比（%）	7d　　　≥	100
		28d　　　≥	100
10	收缩率比（%），28d　　　≤		125
11	混凝土抗渗性能	掺防水剂混凝土的抗渗压力[a]（MPa），28d	报告实测值
		抗渗压力比（%），28d　　　≥	200
		掺防水剂混凝土的第二次抗渗压力（MPa），56d	报告实测值
		第二次抗渗压力比（%），56d　　　≥	150

[a]　基准混凝土 28d 抗渗压力应为 $0.4^{+0.0}_{-0.1}$ MPa，并在产品质量检验报告中列出。

三、堵漏止水材料

堵漏止水材料包括抹面防水工程渗漏水堵漏材料和注浆堵漏材料两大类，堵漏止水材料主要品种有促凝灰浆、固体堵漏剂（粉状）、液体堵漏剂、注浆材料以及防水砂浆（参见本节二）、密封材料（密封胶、止水带、遇水膨胀橡胶止水材料等，参见本章第四节）。注浆材料又称灌浆材料，是指将无机材料或有机高分子材料配制成具有特定性能要求的浆液、采用压送设备将其灌入缝隙或孔洞中，使其扩散、胶凝或固化，达到防渗堵漏目的的一类防水材料。

《地下工程渗漏治理技术规程》JGJ/T 212—2010 行业标准对堵漏止水材料提出的材料现场抽样复验项目和材料性能要求如下：

1. 材料现场抽样复验应符合表 4-124 的规定。

材料现场抽样复验项目　　　　　　　　　表 4-124

序号	材料名称	现场抽样数量	外观质量检验	物理性能检验
1	聚氨酯灌浆材料	每 2t 为一批，不足 2t 按一批抽样	包装完好无损，且标明灌浆材料名称、生产日期、生产厂名、产品有效期	黏度、固体含量、凝胶时间、发泡倍率
2	环氧树脂灌浆材料	每 2t 为一批，不足 2t 按一批抽样	包装完好无损，且标明灌浆材料名称、生产日期、生产厂名、产品有效期	黏度、可操作时间、抗压强度
3	丙烯酸盐灌浆材料	每 2t 为一批，不足 2t 按一批抽样	包装完好无损，且标明灌浆材料名称、生产日期、生产厂名、产品有效期	密度、黏度、凝胶时间、固砂体抗压强度
4	水泥基灌浆材料	每 5t 为一批，不足 5t 按一批抽样	包装完好无损，且标明灌浆材料名称、生产日期、生产厂名、产品有效期	粒径、流动度、泌水率、抗压强度
5	合成高分子密封材料	每 500 支为一批，不足 500 支按一批抽样	均匀膏状，无结皮、凝胶或不易分散的固体团状	拉伸模量、拉伸粘结性、柔性

续表

序号	材料名称	现场抽样数量	外观质量检验	物理性能检验
6	遇水膨胀止水条	每一批至少抽一次	色泽均匀，柔软有弹性，无明显凹陷	拉伸强度、断裂伸长率、体积膨胀倍率
7	遇水膨胀止水胶	每 500 支为一批，不足 500 支按一批抽样	包装完好无损，且标明材料名称、生产日期、生产厂家、产品有效期	表干时间、延伸率、抗拉强度、体积膨胀倍率
8	内装可卸式橡胶止水带	每一批至少抽一次	尺寸公差、开裂、缺胶、海绵状、中心孔偏心、气泡、杂质、明疤	拉伸强度、扯断伸长率、撕裂强度
9	内置式密封止水带及配套胶粘剂	每一批至少抽一次	止水带的尺寸公差，表面有无开裂；胶粘剂名称、生产日期、生产厂家、产品有效期、使用温度	拉伸强度、扯断伸长率、撕裂强度；可操作时间、粘结强度、剥离强度
10	改性渗透型环氧树脂类防水涂料	每 1t 为一批，不足 1t 按一批抽样	包装完好无损，且标明材料名称、生产日期、生产厂名、产品有效期	黏度、初凝时间、粘结强度、表面张力
11	水泥基渗透结晶型防水涂料	每 5t 为一批，不足 5t 按一批抽样	包装完好无损，且标明材料名称、生产日期、生产厂名、产品有效期	凝结时间、抗折强度（28d）、潮湿基层粘结强度、抗渗压力（28d）
12	无机防水堵漏材料	缓凝型每 10t 为一批，不足 10t 按一批抽样 速凝型每 5t 为一批，不足 5t 按一批抽样	均匀、无杂质、无结块	缓凝型：抗折强度、粘结强度、抗渗性 速凝型：初凝时间、终凝时间、粘结强度、抗渗性
13	聚合物水泥防水砂浆	每 20t 为一批，不足 20t 按一批抽样	粉体型均匀，无结块；乳液型液料经搅拌后均匀无沉淀，粉料均匀，无结块	抗渗压力、粘结强度
14	聚合物水泥防水涂料	每 10t 为一批，不足 10t 按一批抽样	包装完好无损，且标明材料名称、生产日期、生产厂名、产品有效期；液料经搅拌后均匀无沉淀，粉料均匀，无结块	固体含量、拉伸强度、断裂延伸率、低温柔性、不透水性、粘结强度

2. 灌浆材料的物理性能应符合以下规定：①聚氨酯灌浆材料的物理性能应符合表4-125的规定，并应按现行行业标准《聚氨酯灌浆材料》JC/T 2014 规定的方法进行检测。②环氧树脂灌浆材料的物理性能应符合表4-126 和表4-127 的规定，并应按现行行业标准《混凝土裂缝用环氧树脂灌浆材料》JC/T 1041 规定的方法进行检测。③丙烯酸盐灌浆材料的物理性能应符合表4-128、表4-129 的规定，并应按现行行业标准《丙烯酸盐灌浆材料》JC/T 2037 规定的方法进行检测。④水泥基灌浆材料的物理性能与试验方法应符合表4-130 的规定。⑤水泥-水玻璃双液注浆材料应符合以下规定：宜采用普通硅酸盐水泥配制浆液，普通硅酸盐水泥的性能应符合现行国家标准《通用硅酸盐水泥》GB 175 的规定，水泥浆的水胶比（W/C）宜为 0.6～1.0；水玻璃性能应符合现行国家标准《工业硅酸钠》GB/T 4209 的规定，模数宜为 2.4～3.2，浓度不宜低于 $30°Be'$；拌合用水应符合国家现行行业标准《混凝土用水标准》JGJ 63 的规定；浆液的凝胶时间应事先通过试验确定，水泥浆与水玻璃溶液的体积比可在 1:0.1～1:1 之间。

聚氨酯灌浆材料的物理性能（JGJ/T 212—2010）　　　　表 4-125

序号	试验项目	性　能	
		水溶性	油溶性
1	黏度（mPa·s）	≤1000	
2	不挥发物含量（%）	≥75	≥78
3	凝胶时间（s）	≤150	
4	凝固时间（s）	—	≤800
5	包水性（s）（10 倍水）	≤200	—
6	发泡率（%）	≥350	≥1000
7	固结体抗压强度（MPa）	—	≥6.0

注：第 7 项仅在有加固要求时检测。

环氧树脂灌浆材料的物理性能（JGJ/T 212—2010）　　　　表 4-126

序号	项　目	性　能	
		低黏度型	普通型
1	外观	A、B组分均匀，无分层	
2	初始黏度（mPa·s）	≤30	≤200
3	可操作时间（min）	>30	

环氧树脂灌浆材料固化物的物理性能（JGJ/T 212—2010）　　　　表 4-127

序号	项　目		性　能
1	抗压强度（MPa）		≥40
2	抗拉强度（MPa）		≥10
3	粘结强度（MPa）	干燥基层	≥3.0
		潮湿基层	≥2.0
4	抗渗压力（MPa）		≥1.0

丙烯酸盐灌浆材料的物理性能（JGJ/T 212—2010） 表 4-128

序号	项 目	性 能
1	外观	不含颗粒的均质液体
2	密度（g/cm³）	1.1±0.1
3	黏度（mPa·s）	≤10
4	凝胶时间（min）	≤30
5	pH	≥7.0

丙烯酸盐灌浆材料固结体的物理性能（JGJ/T 212—2010） 表 4-129

序号	项 目	性 能
1	渗透系数(cm/s)	<10⁻⁶
2	挤出破坏比降	≥200
3	固砂体抗压强度(MPa)	≥0.2
4	遇水膨胀率(%)	≥30

水泥基灌浆材料的物理性能与试验方法（JGJ/T 212—2010） 表 4-130

序号	项 目		性 能	试验方法
1	粒径(%)(4.75mm方孔筛筛余)		≤2.0	现行行业标准《水泥基灌浆材料》JC/T 986
2	泌水率(%)		0	
3	流动度(mm)	初始流动度	≥290	
		30min流动度保留值	≥260	
4	抗压强度（MPa）	1d	≥20	
		3d	≥40	
		28d	≥60	
5	竖向膨胀率（%）	3h	0.1~3.5	
		24h与3h膨胀率之差	0.02~0.5	
6	对钢筋有无腐蚀作用		无	
7	比表面积（m²/kg）	干磨法	≥600	现行国家标准《水泥比表面积测定方法》GB/T 8074
		湿磨法	≥800	

注：第7项仅适用于超细水泥灌浆材料。

3. 密封材料的性能应符合下列规定：①建筑接缝用密封胶的物理性能应符合表 4-131 的规定，并应按现行行业标准《混凝土接缝用密封胶》JC/T 881 规定的方法进行检测。②遇水膨胀止水胶的物理性能与试验方法应符合表 4-132 的规定。③遇水膨胀橡胶止水条的物理性能应符合表 4-133 的规定，并应按现行国家标准《高分子防水材料 第 3 部分 遇水膨胀橡胶》GB 18173.3 规定的方法进行检测。④内装可卸式橡胶止水带的物理性能应符合表 4-134 的规定，并应按现行国家标准《高分子防水材料 第 2 部分 止水带》GB 18173.2 的规定进行检测。⑤内置式密封止水带及配套胶粘剂的物理性能与试验方法应符合表 4-135、表 4-136 的规定。⑥丁基橡胶防水密封胶粘带的物理性能应符合表 4-137 的规定，并应按现行行业标准《丁基橡胶防水密封胶粘带》JC/T 942 的规定进行检测。

建筑接缝用密封胶物理性能（JGJ/T 212—2010）   表 4-131

序号	项　目			性　能			
				25LM	25HM	20LM	20HM
1	流动性	下垂度（N 型）	垂直（mm）	≤3			
			水平（mm）	≤3			
		流平性（S 型）		光滑平整			
2	挤出性（mL/min）			≥80			
3	弹性恢复率（%）			≥80		≥60	
4	拉伸模量（MPa）	23℃ −20℃		≤0.4 和 ≤0.6	>0.4 或 >0.6	≤0.4 和 ≤0.6	>0.4 或 >0.6
5	定伸粘结性			无破坏			
6	浸水后定伸粘结性			无破坏			
7	热压冷拉后粘结性			无破坏			
8	质量损失（%）			≤10			

注：N 型——非下垂型；S 型——自流平型。

遇水膨胀止水胶的物理性能与试验方法（JGJ/T 212—2010）   表 4-132

序号	项　目		指标	试验方法
1	表干时间（h）		≤12	现行国家标准《建筑密封材料试验方法　第 5 部分　表干时间的测定》GB/T 13477.5
2	拉伸性能	拉伸强度（MPa）	≥0.5	现行国家标准《建筑防水涂料试验方法》GB/T 16777
		断裂伸长率（%）	≥400	
3	吸水体积膨胀倍率（%）		≥220	现行国家标准《高分子防水材料　第 3 部分　遇水膨胀橡胶》GB 18173.3
4	溶剂浸泡后体积膨胀倍率保持率（3d，%）	5% Ca(OH)$_2$	≥90	
		5% NaCl	≥90	

遇水膨胀橡胶止水条的物理性能（JGJ/T 212—2010）   表 4-133

序号	项　目		性　能	
			PZ-150	PZ-250
1	硬度（邵尔 A，度）		42±7	
2	拉伸强度（MPa）		≥3.5	
3	断裂伸长率（%）		≥450	
4	体积膨胀倍率（%）		≥150	≥250
5	反复浸水试验	拉伸强度（MPa）	≥3	
		扯断伸长率（%）	≥350	
		体积膨胀倍率（%）	≥150	≥250
6	低温弯折（−20℃，2h）		无裂纹	
7	防霉等级		达到或优于 2 级	

内装可卸式橡胶止水带的物理性能（JGJ/T 212—2010）　　表 4-134

序号	项　目		性　能
1	硬度（邵尔 A，度）		60±5
2	拉伸强度（MPa）		≥15
3	断裂伸长率（%）		≥380
4	压缩永久变形（%）	70℃，24h	≤35
		23℃，168h	≤20
5	撕裂强度（kN/m）		≥30
6	脆性温度（℃，无破坏）		≤−45
7	热空气老化（70℃，168h）	硬度变化（度）（邵尔 A）	+8
		拉伸强度（MPa）	≥12
		断裂伸长率（%）	≥300

内置式密封止水带的物理性能与试验方法（JGJ/T 212—2010）　　表 4-135

序号	项　目	性　能	试验方法
1	厚度（mm）	≥1.2	现行国家标准《高分子防水材料　第 1 部分　高分子片材》GB 18173.1
2	抗拉强度（MPa）	≥10.0	
3	断裂伸长率（%）	≥200	
4	接缝剥离强度（N/mm）	≥4.0	
5	低温柔性（−25℃）	无裂纹	

配套胶粘剂的物理性能（JGJ/T 212—2010）　　表 4-136

序号	项　目	性　能	试验方法
1	可操作时间（h）	≥0.5	现行行业标准《混凝土裂缝用环氧树脂灌浆材料》JC/T 1041
2	抗压强度（MPa）	≥60	
3	与混凝土基层粘结强度（MPa）	≥2.5	现行国家标准《建筑防水涂料试验方法》GB/T 16777

丁基橡胶防水密封胶粘带的物理性能（JGJ/T 212—2010）　　表 4-137

序号	项　目		性　能
1	持粘性（min）		≥20
2	耐热性（80℃，2h）		无流淌、龟裂、变形
3	低温柔性（−40℃）		无裂纹
4	*剪切状态下的粘合性（N/mm）	防水卷材	≥2
5	剥离强度（N/mm）	防水卷材	≥0.4
		水泥砂浆板	≥0.6
		彩钢板	

续表

序号	项 目			性 能
6	剥离强度保持率 （%）	热处理（80℃， 168h）	防水卷材	≥80
			水泥砂浆板	
			彩钢板	
		碱处理〔饱和 Ca（OH）₂，168h〕	防水卷材	≥80
			水泥砂浆板	
			彩钢板	
		浸水处理 （168h）	防水卷材	≥80
			水泥砂浆板	
			彩钢板	

注：＊仅双面胶粘带测试。

4. 刚性防水材料应满足下列规定：①渗透型环氧树脂类防水涂料的物理性能与试验方法应符合表 4-138 的规定。②水泥基渗透结晶型防水涂料的性能指标应符合表 4-139 的规定，并应按现行国家标准《水泥基渗透结晶型防水材料》GB 18445 的规定进行检测。③无机防水墙漏材料的物理性能应符合表 4-140 的规定，并应按现行国家标准《无机防水堵漏材料》GB 23440 的规定进行检测。④聚合物水泥防水砂浆的物理性能应符合表 4-141 的规定，并应按现行行业标准《聚合物水泥防水砂浆》JC/T 984 规定的方法进行检测。

渗透型环氧树脂类防水涂料的
物理性能与试验方法（JGJ/T 212—2010）　　　　表 4-138

序号	项 目		性 能	试验方法
1	黏度（mPa·s）		≤50	现行行业标准《混凝土裂缝用环氧树脂灌浆材料》JC/T 1041
2	初凝时间（h）		≥8	
3	终凝时间（h）		≤72	
4	固结体抗压强度（MPa）		≥50	
5	粘结强度（MPa）	干燥基层	≥3.0	
		潮湿基层	≥2.5	
6	表面张力（10^{-5}N/cm）		≤50	现行国家标准《表面活性剂　用拉起液膜法测定表面张力》GB/T 5549

水泥基渗透结晶型防水涂料的物理性能（JGJ/T 212—2010）　　　　表 4-139

序号	项 目		性 能
1	凝结时间	初凝时间（min）	≥20
		终凝时间（h）	≤24
2	抗折强度（MPa）	7d	≥2.8
		28d	≥4.0
3	抗压强度（MPa）	7d	≥12
		28d	≥18

续表

序号	项　　目		性　　能
4	潮湿基层粘结强度（28d，MPa）		≥1.0
5	抗渗压力（MPa）	一次抗渗压力（28d）	≥1.0
		二次抗渗压力（56d）	≥0.8
6	冻融循环（50 次）		无开裂、起皮、脱落

无机防水堵漏材料的物理性能（JGJ/T 212—2010）　　**表 4-140**

序号	项　　目		性　　能	
			缓凝型	速凝型
1	凝结时间（min）	初凝	≥10	≤5
		终凝	≤360	≤10
2	抗压强度（MPa）	1d	—	≥4.5
		3d	≥13	≥15
3	抗折强度（MPa）	1d	—	≥1.5
		3d	≥3	≥4
4	抗渗压力（7d，MPa）	涂层	≥0.5	—
		试块	≥1.5	
5	粘结强度（7d，MPa）		≥0.6	
6	冻融循环（50 次）		无开裂、起皮、脱落	

聚合物水泥防水砂浆的物理性能（JGJ/T 212—2010）　　**表 4-141**

序号	项　　目		性　　能	
			干粉类	乳液类
1	凝结时间	初凝（min）	≥45	
		终凝（h）	≤12	≤24
2	抗渗压力（MPa）	7d	≥1.0	
		28d	≥1.5	
3	抗压强度（28d，MPa）		≥24	
4	抗折强度（28d，MPa）		≥8.0	
5	粘结强度（MPa）	7d	≥1.0	
		28d	≥1.2	
6	冻融循环（次）		>50	
7	收缩率（28d，%）		≤0.15	
8	耐碱性（10%NaOH 溶液浸泡 14d）		无变化	
9	耐水性（%）		≥80	

注：耐水性指标是指砂浆浸水 168h 后材料的粘结强度及抗渗性的保持率。

　　5. 聚合物水泥防水涂料的物理性能应符合表 4-142 的规定，并应按现行国家标准《聚合物水泥防水涂料》GB/T 23445 的规定进行检测。

聚合物水泥防水涂料的物理性能（JGJ/T 212—2010）　　　　表 4-142

序号	项目		性能	
			Ⅱ型	Ⅲ型
1	固体含量（%）		≥70	
2	表干时间（h）		≤4	
3	实干时间（h）		≤12	
4	拉伸强度（MPa）	无处理（MPa）	≥1.8	
		加热处理后保持率（%）	80	
		碱处理后保持率（%）	80	
5	断裂伸长率	无处理（MPa）	≥80	≥30
		加热处理后保持率（%）	65	
		碱处理后保持率（%）	65	
6	不透水性（0.3MPa，0.5h）		不透水	
7	潮湿基层粘结强度（MPa）		≥1.0	
8	抗渗性（背水面）（MPa）		≥0.6	

第六节　瓦　　材

瓦材是建筑物的传统屋面防水工程所采用的一类防水材料，其包括玻纤胎沥青瓦、烧结瓦、混凝土瓦等多种。在屋面工程防水技术中，采用瓦材进行排水，在我国具有悠久的历史，在现代建筑工程中，采用瓦材进行防排水的技术措施仍在广泛地应用。

一、玻纤胎沥青瓦

玻纤胎沥青瓦简称沥青瓦，是以玻纤胎为胎基，以石油沥青为主要原料，加入矿物填料作浸涂材料，上表面覆以矿物粒（片）料作保护材料，采用搭接法工艺铺设施工的一类应用于坡屋面的，集防水、装饰双重功能于一体的一类柔性瓦状防水片材。玻纤胎沥青瓦产品现已发布了《玻纤胎沥青瓦》GB/T 20474—2015 国家标准。

1. 产品的分类和标记

玻纤胎沥青瓦按其产品的形式不同，可分为平面沥青瓦（P）和叠合沥青瓦（L）等两种形式。平面沥青瓦是以玻纤胎为胎基，采用沥青材料浸渍涂盖之后，表面覆以保护隔离材料，并且外表面平整的一类沥青瓦，其俗称平瓦；叠合沥青瓦是采用玻纤胎为胎基生产的，在其实际使用的外露面的部分区域，采用沥青粘合了一层或多层沥青瓦材料而形成叠合状的一类沥青瓦，俗称叠瓦。

产品规格长度推荐尺寸为 1000mm，宽度推荐尺寸为 333mm。

产品按标准号、产品名称和产品形式的顺序标记。例：平瓦玻纤胎沥青瓦其标记为：GB/T 20474—2016 沥青瓦 P。

2. 产品的技术要求

（1）原材料

1) 在浸渍、涂盖、叠合过程中，使用的石油沥青应满足产品的耐久性要求，在使用过程中不应有轻油成分渗出。

2) 所有使用胎基采用纵向加筋或不加筋的低碱玻纤毡，应符合 GB/T 18840 的要求，胎基单位面积质量不小于 90g/m²。不应采用带玻纤网格布复合的胎基。

3) 上表面材料应为矿物粒（片）料，应符合 JC/T 1071 的规定。

4) 沥青瓦表面采用的沥青自粘胶在使用过程中应能将其相互锁合粘结，不产生流淌。

（2）要求

1) 规格尺寸、单位面积质量

a. 长度尺寸偏差为 ±3mm，宽度尺寸偏差为 +5mm、−3mm。

b. 切口深度不大于（沥青瓦宽度 −43）/2，单位为毫米（mm）。

c. 沥青瓦单位面积质量不小于 3.6kg/m²，厚度不小于 2.6mm。

2) 外观

a. 沥青瓦在 10~45℃ 时，应易于分开，不得产生脆裂和破坏沥青瓦表面的粘结。胎基应被沥青完全浸透，表面不应有胎基外露，叠瓦的层间应用沥青材料粘结在一起。

b. 表面材料应连续均匀地粘结在沥青表面，以达到紧密覆盖的效果。矿物粒（片）料应均匀，嵌入沥青的矿物粒（片）料不应对胎基造成损伤。

c. 沥青瓦表面应有沥青自粘胶和保护带。

d. 沥青瓦表面应无可见的缺陷，如孔洞、未切齐的边、裂口、裂纹、凹坑和起鼓。

3) 物理力学性能

沥青瓦的物理力学性能应符合表 4-143 的规定。

沥青瓦的物理力学性能（GB/T 20474—2015） 表 4-143

序号	项 目			指标	
				P	L
1	可溶物含量（g/m²）		≥	800	1500
2	胎基			胎基燃烧后完整	
3	拉力（N/50mm）	纵向	≥	600	
		横向	≥	400	
4	耐热度（90℃）			无流淌、滑动、滴落、气泡	
5	柔度[a]（10℃）			无裂纹	
6	撕裂强度/N		≥	9	
7	不透水性（2m 水柱，24h）			不透水	
8	耐钉子拔出性能（N）		≥	75	
9	矿物料粘附性（g）		≤	1.0	
10	自粘胶耐热度	50℃		发粘	
		75℃		滑动 ≤2mm	
11	叠层剥离强度（N）		≥	—	20
12	人工气候加速老化	外观		无气泡、渗油、裂纹	
		色差，ΔE	≤	3	
		柔度（12℃）		无裂纹	
13	燃烧性能			B₂-E 通过	
14	抗风揭性能（97km/h）			通过	

a 根据使用环境和用户要求，生产企业可以生产比标准规定柔度温度更低的产品，并应在产品订购合同中注明。

二、烧结瓦

烧结瓦是指由黏土或其他无机非金属原料，经成型、烧结等工艺处理，用于建筑物屋面覆盖及装饰用的板状或块状烧结制品的一类防水材料。此类产品现已发布了《烧结瓦》GB/T 21149—2007 国家标准。

烧结瓦通常根据形状、表面状态以及吸水率的不同来进行分类和具体产品的命名。烧结瓦根据其形状的不同，可分为：平瓦、脊瓦、三曲瓦、双筒瓦、鱼鳞瓦、牛舌瓦、板瓦、筒瓦、滴水瓦、沟头瓦、J 形瓦、S 形瓦、波形瓦和其他异形瓦及其配件、饰件；根据表面状态的不同，可分为：有釉（含表面经加工处理形成装饰薄膜层）瓦和无釉瓦；根据吸水率的不同，可分为：Ⅰ类瓦、Ⅱ类、Ⅲ类瓦、青瓦。青瓦是指在还原气氛中烧成的青灰色的一类烧结瓦。

烧结瓦的通常规格及主要结构尺寸参见表 4-144；瓦之间以及和配件、饰件搭配使用时应保证搭接合适；对以拉挂为主铺设的瓦，应有 1～2 个孔，能有效拉挂的孔 1 个以上，钉孔或钢丝孔铺设后不能漏水；瓦的正面或背面可以有以加固、挡水等为目的的加强筋、凹凸纹等；需要粘结的部位不得附着大量釉以致妨碍粘结。

通常规格及主要结构尺寸（mm）（GB/T 21149—2007）　　　　表 4-144

产品类别	规格	基本尺寸							
		厚度	瓦槽深度	边筋高度	搭接部分长度		瓦爪		
					头尾	内外槽	压制瓦	挤出瓦	后爪有效高度
平瓦	400×240～360～220	10～20	≥10	≥3	50～70	25～40	具有四个瓦爪	保证两个后爪	≥5
脊瓦	L≥300 b≥180	h 10～20		l_1 25～35			d >$b/4$		h_1 ≥5
三曲瓦、双筒瓦、鱼鳞瓦、牛舌瓦	300×200～150×150	8～12	同一品种、规格瓦的曲度和弧度应保持基本一致						
板瓦、筒瓦、滴水瓦、沟头瓦	430×350～110×50	8～16							
J 形瓦、S 形瓦	320×320～250×250	12～20	谷深 c≥35，头尾搭接部分长度 50～70，左右搭接部分长度 30～50						
波形瓦	420×330	12～20	瓦脊高度≤35，头尾搭接部分长度 30～70，内外槽搭接部分长度 25～40						

相同品种、物理性能合格的产品，根据尺寸偏差和外观质量分为优等品（A）和合格品（C）等两个等级。

瓦的产品标记按：产品品种、等级、规格和标准编号的顺序进行编写，例：外形尺寸 305mm×205mm、合格品、Ⅲ类有釉平瓦的标记为："釉平瓦Ⅲ C 305×205 GB/T 21449—2007"。

烧结瓦产品的技术要求如下：

1. 烧结瓦产品的尺寸允许偏差应符合表 4-145 的规定。

烧结瓦尺寸允许偏差（GB/T 21149—2007） 表 4-145

外形尺寸范围（mm）	优等品（mm）	合格品（mm）
L（b）≥350	±4	±6
250≤L（b）≤350	±3	±5
200≤L（b）<250	±2	±4
L（b）<200	±1	±3

2. 烧结瓦产品的外观质量要求如下：①表面质量应符合表 4-146 的规定；②最大允许变形应符合表 4-147 的规定；③裂纹长度允许范围应符合表 4-148 的规定；④磕碰、釉粘的允许范围应符合表 4-149 的规定；⑤石灰爆裂允许范围应符合表 4-150 的规定；⑥各等级的瓦均不允许有欠水、分层缺陷存在。

烧结瓦表面质量（GB/T 21149—2007） 表 4-146

缺陷项目		优等品	合格品
有釉类瓦	无釉类瓦		
缺釉、斑点、落脏、棕眼、熔洞、图案缺陷、烟熏、釉缕、釉泡、釉裂	斑点、起包、熔洞、麻面、图案缺陷、烟熏	距1m处目测不明显	距2m处目测不明显
色差、光泽差	色差	距2m处目测不明显	

烧结瓦最大允许变形（GB/T 21149—2007） 表 4-147

产品类别			优等品（mm）	合格品（mm）
平瓦、波形瓦 ≤			3	4
三曲瓦、双筒瓦、鱼鳞瓦、牛舌瓦 ≤			2	3
脊瓦、板瓦、筒瓦、滴水瓦、沟头瓦、J形瓦、S形瓦 ≤	最大外形尺寸（mm）	L≥350	5	7
		250<L<350	4	6
		L≤250	3	5

烧结瓦裂纹长度允许范围（GB 21149—2007） 表 4-148

产品类别	裂纹分类	优等品	合格品（mm）
平瓦、波形瓦	未搭接部分的贯穿裂纹		不允许
	边筋断裂		不允许
	搭接部分的贯穿裂纹	不允许	不得延伸至搭接部分的1/2处
	非贯穿裂纹	不允许	≤30
脊瓦	未搭接部分的贯穿裂纹		不允许
	搭接部分的贯穿裂纹	不允许	不得延伸至搭接部分的1/2处
	非贯穿裂纹	不允许	≤30
三曲瓦、双筒瓦、鱼鳞瓦、牛舌瓦	贯穿裂纹		不允许
	非贯穿裂纹	不允许	不得超过对应边长的6%
板瓦、筒瓦、滴水瓦、沟头瓦、J形瓦、S形瓦	未搭接部分的贯穿裂纹		不允许
	搭接部分的贯穿裂纹		不允许
	非贯穿裂纹	不允许	≤30

烧结瓦磕碰、釉粘的允许范围（GB/T 21149—2007）   **表 4-149**

产品类别	破坏部位	优等品（mm）	合格品（mm）
平瓦、脊瓦、板瓦、筒瓦、滴水瓦、沟头瓦、J形瓦、S形瓦、波形瓦	可见面	不允许	破坏尺寸不得同时大于 10×10
	隐蔽面	破坏尺寸不得同时大于 12×12	破坏尺寸不得同时大于 18×18
三曲瓦、双筒瓦、鱼鳞瓦、牛舌瓦	正面	不允许	
	背面	破坏尺寸不得同时大于 5×5	破坏尺寸不得同时大于 10×10
平瓦、波形瓦	边筋	不允许	
	后爪	不允许	

烧结瓦石灰爆裂允许范围（GB/T 21149—2007）   **表 4-150**

缺陷项目	优等品	合格品（mm）
石灰爆裂	不允许	破坏尺寸不大于 5

3. 烧结瓦产品的物理性能要求如下：

a. 抗弯曲性能：平瓦、脊瓦、板瓦、筒瓦、滴水瓦、沟头瓦类弯曲破坏荷重不小于1200N，其中青瓦类的弯曲破坏荷重不小于850N；J形瓦、S形瓦、波形瓦类的弯曲破坏荷重不小于1600N；三曲瓦、双筒瓦、鱼鳞瓦、牛舌瓦类的弯曲强度不小于8.0MPa。

b. 抗冻性能

经15次冻融循环不出现剥落、掉角、掉棱及裂纹增加现象。

c. 耐急冷急热性

经10次急冷急热循环不出现焊裂、剥落及裂纹延长现象。此项要求只适用于有釉瓦类。

d. 吸水率

Ⅰ类瓦不大于60%，Ⅱ类瓦大于6.0%，不大于10.0%，Ⅲ类瓦大于10.0%，不大于18.0%，青瓦类不大于21.0%。

e. 抗渗性能

经3h圆框注水测试后瓦背面无水滴产生。此项要求只适用于无釉瓦类，若其吸水率不大于10.0%时，取消抗渗性能要求，否则必须进行抗渗试验并符合本条规定。

4. 其他异形瓦类和配件的技术要求参照上述要求执行。

三、混凝土瓦

混凝土瓦是指由水泥、细骨料和水等为主要原材料经拌合、挤压、静压成型或其他成型方法制成的，用于坡屋面的一类混凝土屋面瓦及与其配合使用的混凝土配件瓦的统称。混凝土瓦此类产品现已发布了《混凝土瓦》JC/T 746—2007建材行业标准。

1. 混凝土瓦的分类、规格和标记

混凝土瓦可分为混凝土屋面瓦及混凝土配件瓦，混凝土屋面瓦又可分为波形屋面瓦和平板屋面板。混凝土屋面瓦简称屋面瓦，是指其由混凝土制成的，铺设于坡屋面与配件瓦等共同完成瓦屋面功能的一类建筑制品。混凝土波形屋面瓦简称波形瓦，是指其断面为波形状，铺设于坡屋面的一类瓦材。混凝土平板屋面瓦简称平板瓦，是指其断面边缘成直线形状、铺于坡屋面的一类瓦材。混凝土配件瓦简称配件瓦，是指其由混凝土制成的，铺设于坡屋面特定部位、满足瓦屋面特殊功能的、配合屋面完成瓦屋面功能的一类建筑制品。混凝土配件瓦包括：四向脊顶瓦、三向脊顶瓦、脊瓦、花脊瓦、单向脊瓦、斜脊封头瓦、平脊封头瓦、檐口瓦、檐口封瓦、檐口顶瓦、排水沟瓦、通风瓦、通风管瓦等，统称混凝土配件瓦。

混凝土瓦可以是本色的、着色的或者表面经过处理的。混凝土本色瓦简称素瓦，是指未添加任何着色剂制成的一类混凝土瓦材。混凝土彩色瓦简称彩瓦，是指由混凝土材料并添加着色剂等生产的整体着色的，或由水泥及着色剂等材料制成的彩色料浆喷涂在瓦胚体表面，以及将涂料喷涂在瓦体表面等工艺生产的一类混凝土瓦材。

规格特异的，非普通混凝土原材料生产的、《混凝土瓦》JC/T 746 建材行业标准技术指标及检验方法未涵盖的混凝土瓦，称之为特殊性能混凝土瓦。

各种类型的混凝土瓦英文缩略语如下：

CT——混凝土瓦；

CRT——混凝土屋面瓦；

CRWT——混凝土波形屋面瓦；

CRFT——混凝土平板屋面瓦；

CFT——混凝土配件瓦；

CST——混凝土脊瓦；

CUFT——混凝土单向脊瓦；

CTST——混凝土三向脊顶瓦脊；

CFDT——混凝土四向脊顶瓦；

CFRT——混凝土平脊封头瓦；

CSRT——混凝土斜脊封头瓦；

CDFT——混凝土花脊瓦；

CCT——混凝土檐口瓦；

CCST——混凝土檐口封瓦；

CCTT——混凝土檐口顶瓦；

CVT——混凝土通风瓦；

CVPT——混凝土通风管瓦；

CDT——混凝土排水沟瓦。

混凝土瓦的规格以长×宽的尺寸（mm）表示（注：混凝土瓦外形正面投影非矩形者，规格应选择两条边乘积能代表其面积者来表示。如正面投影为直角梯形者，以直角边长×腰中心线长表示）。

混凝土屋面瓦按分类、规格及标准编号的顺序进行标记。例：混凝土波形屋面瓦、规格 430mm×320mm 的标记为："CRWT 430×320 JC/T 746—2007"（可以在标记中加入商品名称）。

2. 混凝土瓦的技术性能要求

a. 混凝土瓦所采用的原材料均应符合以下的产品标准：水泥应符合 GB 175、GB/T 2015 及 JC/T 870 的规定；骨料应符合 GB/T 14684 的规定；当采用硬质密实的工业废渣作为骨料时，不得对混凝土瓦的品质产生有害的影响，有关相应的技术要求应符合 YBJ 205—1984 的规定；粉煤灰应符合 GB/T 1596 的规定；水应符合 JGJ 63 的规定；外加剂应符合 GB 8076 的规定；颜料应符合 JC/T 539 的规定；涂料应具有良好的耐热、耐腐蚀、耐酸、耐盐类等性能。

b. 混凝土瓦的外形应符合以下规定：①混凝土瓦应瓦型清晰、边缘规整、屋面瓦应瓦爪齐全。②混凝土瓦若有固定孔，其布置要确保屋面瓦或配件瓦与挂瓦条的连接安全可靠，固定孔的布置和结构应保证不影响混凝土瓦正常的使用功能。③在遮盖宽度范围内，单色混凝土瓦应无明显色泽差别，多色混凝土瓦的色泽由供需双方商定。

c. 混凝土瓦的外观质量应符合表 4-151 的规定；尺寸允许偏差应符合表 4-152 的规定。

混凝土瓦外观质量　　　　　　　　　　表 4-151

序号	项　　目	指标（mm）
1	掉角：在瓦正表面的角两边的破坏尺寸均不得大于	8
2	瓦爪残缺	允许一爪有缺，但小于爪高的 1/3
3	边筋裂缺：边筋短缺、断裂	不允许
4	擦边长度不得超过（在瓦正表面上造成的破坏宽度小于 5mm 者不计）	30
5	裂纹	不允许
6	分层	不允许
7	涂层	瓦表面涂层完好

混凝土瓦尺寸允许偏差（JC/T 746—2007）　　　　表 4-152

序号	项　　目	指标（mm）
1	长度偏差绝对值	≤4
2	宽度偏差绝对值	≤3
3	方正度	≤4
4	平面性	≤3

d. 混凝土瓦的物理力学性能应符合以下规定：①混凝土瓦的质量标准差应不大于 180g。②混凝土屋面瓦的承载力不得小于承载力标准值，其承载力标准值应符合表 4-153 的规定；混凝土配件瓦的承载力不作具体要求。③混凝土彩色瓦经耐热性能检验后，其表面涂层应完好。④混凝土瓦的吸水率应不大于 10.0%。⑤混凝土瓦经抗渗性能检验后，瓦的背面不得出现水滴现象。⑥混凝土屋面瓦经抗冻性能检验后，其承载力仍不小于承载力标准值。同时，外观质量应符合表 4-151 的规定。⑦利用工业废渣生产的混凝土瓦，其放射性核素限量应符合 GB 6566 的规定。

混凝土屋面瓦的承载力标准值（JC/T 746—2007） 表 4-153

项目	波形屋面瓦						平板屋面瓦		
瓦脊高度 d（mm）	$d>20$			$d\leqslant20$			—		
遮盖宽度 b_1（mm）	$b_1\geqslant300$	$b_1\leqslant200$	$200<b_1$ <300	$b_1\geqslant300$	$b_1\leqslant200$	$200<b_1$ <300	$b_1\geqslant300$	$b_1\leqslant200$	$200<b_1$ <300
承载力标准值（N）	1800	1200	$6b_1$	1200	900	$3b_1+300$	1000	800	$2b_1+400$

e. 特殊性能混凝土瓦的技术指标及检验方法由供需双方商定。

第七节　防水材料的质量控制

加强防水材料的质量控制，是提高建筑防水工程质量的重要保证。材料是工程施工的物质条件，若材料质量达不到技术要求，则工程质量是不可能符合标准的。

一、防水材料质量控制的要点

防水材料的质量控制应当从采购、加工制造、运输、装卸、进场、存放、使用等方面进行系统的监督与控制，对防水材料的质量控制应当是全过程、全面的。

1. 材料采购时的质量控制

防水材料在采购时的质量控制要点如下：①应按照防水工程设计文件、图纸以及有关的技术标准采购材料。凡是由施工单位负责采购的材料，在订货之前应向监理工程师申报；对于重要的材料应提交样品以供试验和鉴定，材料的供货单位应提交产品的技术性能试验报告，经监理工程师审查后发出书面认可证明后，方可进行订货采购；②应通过对供货厂家的技术水平、管理水平等各方面情况的评估，择优选择供货厂商；③监理工程师可以通过制定质量保证计划，详细提出供货厂方应达到的质量保证要求，供货厂方则应向订货方提供质量保证文件，用以表明产品能够完全达到订货方的要求；④某些材料宜订货时一次订齐备足货源，以免由于分批采购而出现质量不一。

2. 材料制造时的质量控制

对于某些材料，可以采取对生产过程进行监督控制的方式，及时了解产品内部质量的真实情况，随时掌握供货方是否严格执行其质量保证和履行订货合同，确保交货质量。

3. 防水材料进场时的质量控制

防水材料在进场验收时的质量控制要点如下：①用于防水工程的防水材料，进场时必须具备正式的出厂合格证和产品理化性质检验证明，无相关质量证明材料的防水材料产品不得进场使用。②防水工程中采用的各种构件，必须具有厂家批号和出厂合格证；③凡标志不清或认为质量有问题的材料、对质量保证资料有怀疑或与合同规定不符的一般材料、由工程重要程度决定应进行一定比例试验的材料、需要进行跟踪检验以控制和保证其质量的材料等，均应进行抽验；对于进口的材料、设备和重要工程或关键施工部位所用的材料，则应进行全部检验；④对于进口材料、设备应会同商检局检验，如核对凭证中发现问题，应取得供方和商检人员签署的商务记录，按期提出索赔。

4. 材料现场存放条件的质量控制

应根据材料的特点、特性以及对防潮、防晒、防腐蚀、通风、隔热、温度等方面的不同要求，安排合适的存放条件，以保证其存放质量。对于施工单位所准备的各种材料、设备等的存放条件及环境，事先应得到监理工程师的确认，若存放、保管条件不良，监理工程师有权要求其加以改善并达到要求后予以确认。

5. 现场配制材料的质量控制

在现场配制的材料如双组分防水涂料等的配合比，应先提出试配要求，经试验检验合格后方可使用。同时，应严格控制材料的化学成分，防止各组分材料间发生不良化学反应影响配制品的质量，并充分考察到施工现场的加工条件与设计、试验条件不同而可能导致的材料或半成品的质量差异。

6. 材料使用的检查认证

为了防止错用或使用不合格的材料，在材料正式投入使用时，应当进行检查确认。其检查确认要点如下：①凡是应用于重要结构、部位的材料，在使用时必须仔细地进行核对，认证其材料的品种、规格、型号、性能有无错误，是否适合工程特点和满足设计要求；②当应用新材料时，必须通过试验和鉴定；代用材料必须通过设计计算和充分的论证，经监理及有关部门确认后方可使用；③材料认证不合格时，不许用于工程中。

二、防水材料质量控制的内容

建筑防水材料质量控制的内容主要有材料的质量标准、材料的质量检（试）验、材料的选择和使用要求。

1. 材料的质量标准

材料的质量标准是衡量材料质量的尺度，是验收、检验材料质量的依据。不同的材料有不同的材料质量标准，掌握材料的质量标准，则可便于可靠地控制材料和工程的质量。

2. 材料的质量检（试）验

材料的质量检验是指采用一系列的检测手段，将所获取的材料数据与材料的质量标准相比较，借以判断材料质量的可靠性以及能否应用于工程中的一种材料质量控制手段。

材料质量的检验方法有外观检验、理化性能检验、书面检验以及无损检验等，其中书面检验是指通过对所提供的材料质量保证资料、试验报告等进行审核，取得认可方能使用的一种检验方法；无损检验是在不破坏材料样品的前提下，利用超声波、X射线、表面探伤仪等对材料进行检测的一种检验方法。建筑防水材料的检验方法标准有：《建筑防水卷材试验方法》GB/T 328、《建筑防水涂料试验方法》GB/T 16777、《建筑密封材料试验方法》GB/T 13477等（参见本书附录九）。

根据材料信息和保证资料的具体情况，质量检验程度可分为免检、抽检和全部检验等三种。材料质量检验的项目包括一般试验项目和其他试验项目，其中一般试验项目为通常进行试验的项目，其他试验项目为根据需要进行的试验项目。材料质量检验标准是用来判断材料合格与否的依据，不同的材料有不同的检验项目和不同的检验标准。

材料质量检验取样方法应符合标准要求，必须按规定的部位、数量及采选的操作要求进行，所采取样品的质量应能代表该批材料的质量，对于重要构件或非匀质的材料，还应酌情增加采样的数量。抽样检验一般适用于对原材料、半成品或成品的质量鉴定，由于产品数量大或检验费用高，不可能对产品逐个进行检验，特别是破坏性和损伤性检验，通过抽样检验，可判断整批产品合格与否。

3. 材料的选择和使用

针对工程特点，根据材料的性能、质量标准、适用范围和对施工要求，应进行综合考虑，慎重地选择和使用材料。

三、防水材料的见证取样和送检

见证取样和送检是指在建设单位或工程监理单位人员的见证下，由施工单位的现场试验人员对工程中涉及结构安全的试块、试件和材料在现场取样，并送至经过省级以上建设行政主管部门对其资质认可和质量技术监督部门对其计量认证的质量检测单位进行检测。

涉及结构安全的试块、试件和材料见证取样和送检的比例不得低于有关技术标准中规定应取样数量的30%。地下、屋面、厕浴间使用的防水材料必须实施见证取样和送检。

见证取样必须采取相应的措施，以保证见证取样和送检具有公正性和真实性，并应做到：①严格执行原建设部建［2000］211号文确定的见证取样项目及数量；②按规定确定见证人员，见证人员应由建设单位或该工程的监理单位具备建筑施工试验知识的专业人员担任，并应由建设单位或该工程的监理单位书面通知施工单位、检测单位和负责该项工程的质量监督机构；③在施工过程中，见证人员应按照见证取样和送检计划，对施工现场的取样和送检进行见证，取样人员应在试样或其包装上作出标识、封志，标识和封志应标明工程名称、取样部位、取样日期、样品名称和样品数量，并由见证人员和取样人员签字；见证人员应制作见证记录，并将见证记录归入施工技术档案。见证人员和取样人员应对试样的代表性和真实性负责；④见证取样的试块、试件和材料送检时，应由送检单位填写委托单，委托单应有见证人员和送检人员签字。检测单位应检查委托单及试样上的标识和封志，确认无误后方可进行检测；⑤检测单位应严格按照有关管理规定和技术标准进行检测，出具公正、真实，准确的检测报告，见证取样和送检的检测报告必须加盖见证取样检测的专用章。

见证取样和送检见证人授权书参见表4-154或按当地建设行政主管部门授权部门下发的表式；见证取样试验委托单参见表4-155或按当地建设行政主管部门授权部门下发的表式归存。

见证取样送检记录（参考用表）见表4-156，见证试验检测汇总表见表4-157。

见证取样送检见证人授权书　　表 4-154

（质量监督机构）	
经研究决定授权　　　　　　　同志任　　　　　　　　　　工程见证取样和送检见证人。负责对涉及结构安全的试块、试样和材料见证取样和送检，施工单位、试验单位予以认可。	
见证取样和送检印章	见证人签字手迹
	监理（建设）单位（章） 　　年　月　日

见证取样试验委托单 表 4-155

工程名称		使用部位	
委托试验单位		委托日期	
样品名称		样品数量	
产地（生产厂家）		代表数量	
合格证号		样品规格	
试验内容及要求			
备注			
取样人		见证人	

见证取样送检记录（参考用表） 表 4-156

编号：_____

工程部位			
取样部位			
样品名称		取样数量	
取样地点		取样日期	
见证记录：			
有见证取样和送检印章：			
取样人签字：			
见证人签字：			
填制本记录日期：			

见证试验检测汇总表 表 4-157

工程名称：_____

施工单位：_____

建设单位：_____

监理单位：_____

见 证 人：_____

试验室名称：_____

试验项目	应送试总次数	有见证试验次数	不合格次数	备注

施工单位：　　　　　　　　　　　　　　　　　　　　　　　　　　制表人：

注：此表由施工单位汇总填写，报当地质量监督总站（或站）。

第五章　地下防水工程的监理

地下工程的防水原则应紧密结合工程地质、水文地质、区域地形、环境条件、埋置深度、地下水位的高低、工程结构特点及修建方法、防水标准、工程用途和使用要求、技术经济指标、材料来源等综合考虑并在吸取地下防水的经验基础上，坚持遵循"防、排、截、堵，以防为主、多道设防、刚柔结合、因地制宜、综合治理"的原则进行设计和施工。

对于地下工程防水的监理工作，首先要认识地下工程的防水设防要求和防水等级规定。我国现行的《地下工程防水技术规范》GB 50108—2008 规定了地下工程的防水等级分为四级，各级的标准应符合表 5-1 的规定，按照工程的重要性和使用中对防水的要求，规范提出了各级防水等级的适用范围，详见表 5-2。在实际工程中可参照选取相应的防水等级。

地下工程的防水设防要求，应根据使用功能、结构形式、环境条件、施工工艺以及材料性能等因素合理决定。其中明挖法地下工程的防水设防要求应按表 5-3 选用，暗挖法地下工程的防水设防要求应按表 5-4 使用。

对于处于侵蚀性介质中的工程，应采用耐侵蚀的防水混凝土、防水砂浆、卷材或涂料等防水材料；处于冻土层中的混凝土结构，其混凝土的抗冻融循环不得少于 100 次；结构刚度较差或受振动作用的工程，应采用卷材、涂料等柔性防水材料。

地下工程防水标准　　　　　　　　　　　　　　　　　　　　　　　表 5-1

防水等级	防水标准
一级	不允许渗水，结构表面无湿渍
二级	不允许漏水，结构表面可有少量湿渍； 工业与民用建筑：总湿渍面积不应大于总防水面积（包括顶板、墙面、地面）的 1/1000；任意 100m² 防水面积上的湿渍不超过 2 处，单个湿渍的最大面积不大于 0.1m²； 其他地下工程：总湿渍面积不应大于总防水面积的 2/1000；任意 100m² 防水面积上的湿渍不超过 3 处，单个湿渍的最大面积不大于 0.2m²；其中，隧道工程还要求平均渗水量不大于 0.05L/(m²·d)，任意 100m² 防水面积上的渗水量不大于 0.15L/(m²·d)
三级	有少量漏水点，不得有线流和漏泥砂； 任意 100m² 防水面积上的漏水或湿渍点数不超过 7 处，单个漏水点的最大漏水量不大于 2.5L/d，单个湿渍的最大面积不大于 0.3m²
四级	有漏水点，不得有线流和漏泥砂； 整个工程平均漏水量不大于 2L/(m²·d)；任意 100m² 防水面积上的平均漏水量不大于 4L/(m²·d)

不同防水等级的适用范围　　　　　　　　　　　　　表 5-2

防水等级	适用范围
一级	人员长期停留的场所；因有少量湿渍会使物品变质、失效的贮物场所及严重影响设备正常运转和危及工程安全运营的部位；极重要的战备工程、地铁车站
二级	人员经常活动的场所；在有少量湿渍的情况下不会使物品变质、失效的贮物场所及基本不影响设备正常运转和工程安全运营的部位；重要的战备工程
三级	人员临时活动的场所；一般战备工程
四级	对渗漏水无严格要求的工程

明挖法地下工程防水设防要求　　　　　　　　　　表 5-3

工程部位		主体结构							施工缝							后浇带					变形缝（诱导缝）					
防水措施		防水混凝土	防水卷材	防水涂料	塑料防水板	膨润土防水材料	防水砂浆	金属防水板	遇水膨胀止水条（胶）	外埋式止水带	中埋式止水带	外抹防水砂浆	外涂防水涂料	水泥基渗透结晶型防水涂料	预埋注浆管	补偿收缩混凝土	外贴式止水带	预埋注浆管	遇水膨胀止水条（胶）	防水密封材料	中埋式止水带	外贴式止水带	可卸式止水带	防水密封材料	外贴防水卷材	外涂防水涂料
防水等级	一级	应选	应选一至二种						应选二种						应选	应选	应选二种				应选	应选一至二种				
	二级	应选	应选一种						应选一至二种						应选	应选	应选一至二种				应选	应选一至二种				
	三级	应选	宜选一种						宜选一至二种						应选	应选	宜选一至二种				应选	宜选一至二种				
	四级	宜选	—						宜选一种						应选	宜选	宜选一种				应选	宜选一种				

暗挖法地下工程防水设防要求　　　　　　　　　　表 5-4

工程部位		衬砌结构						内衬砌施工缝						内衬砌变形缝（诱导缝）				
防水措施		防水混凝土	塑料防水板	防水砂浆	防水涂料	防水卷材	金属防水层	外贴式止水带	预埋注浆管	遇水膨胀止水条（胶）	防水密封材料	中埋式止水带	水泥基渗透结晶型防水涂料	中埋式止水带	外贴式止水带	可卸式止水带	防水密封材料	遇水膨胀止水条（胶）
防水等级	一级	必选	应选一至二种					应选一至二种						应选	应选一至二种			
	二级	应选	应选一种					应选一种						应选	应选一种			
	三级	宜选	宜选一种					宜选一种						应选	宜选一种			
	四级	宜选	宜选一种					宜选一种						应选	宜选一种			

地下工程采用的防水做法主要有以下几种：

1. 结构自防水法

结构自防水又称刚性防水，是利用结构自身的密实性、憎水性以及刚度，来提高结构自身抗渗性能的一种防水做法，其防水材料主要有防水混凝土和防水砂浆等。

2. 隔水法

隔水法是利用不透水材料或弱透水材料，将地下水（包括无压水、承压水、毛细管水、潜水）与结构隔开，起到防水防潮作用的一种防水做法。隔水法的做法可分为外防水和内防水两种类型，其采用的主要材料有防水卷材、防水涂料、金属板材等。

3. 接缝防水法

接缝防水法是指在地下工程设计时，合理地设置变形缝、施工缝以防止混凝土结构开裂造成渗漏的重要措施。

变形缝是沉降缝和伸缩缝的总称。沉降缝是为了适应地下工程相邻部位因不同荷载、不同地基承载力可能引起不均匀沉降而设置的；伸缩缝是为了适应温度变化引起混凝土伸缩而设置的。

施工缝是指在混凝土施工中不能一次完成第一次浇注和第二次浇注时产生的缝。

沉降缝、伸缩缝和施工缝等三缝以及其他细部（如穿墙孔、阴角等）构造的处理在地下工程防水施工中占有重要的位置，必须引起高度的重视。沉降缝、伸缩缝的防水处理一般可采用中埋式、内表可卸式和灌入不定型密封材料等构造形式，所采用的材料有橡胶、塑料止水带和氯丁胶板、各种胶泥等；施工缝一般采用钢板止水、卷材止水等方法防水。

4. 注浆止水法

各种防水混凝土虽然在地下工程中已经广泛采用，但仍有一些工程存在着渗漏，其渗漏部分或大部分都发生在施工缝、裂缝、蜂窝麻面、埋设件、穿墙孔以及变形缝等部位，这种渗漏水一般是由于施工不慎或基础沉降所造成的。在新开挖的地下工程中，同时亦会遇到大量的地下水涌出，特别是在岩石中构筑的地下工程，地下水通过岩石裂隙对地下工程造成严重的危害，对此若不先止水，工程则无法开展。因此注浆止水法在地下工程中有着重要的意义，已成为地下工程防水施工中必不可少的一种手段。

注浆止水法一般有两个方面的用途：①在进行新开挖地下工程时，对围岩进行防水处理，其基本原理就是将制成的浆液压入岩石裂隙之中，使浆液沿着岩石裂隙流动扩散，形成具有一定强度的低透水性的结合体，从而堵塞裂隙截断水流。围岩处理一般采用水泥浆液和水泥化学浆液。只有在碰到流砂层、粉砂、细砂冲积层时，才采用可灌性好的化学浆液注浆；②对防水混凝土地下工程的堵漏修补，修补堵漏技术是根据工程特点，针对不同的渗水情况，分析产生渗漏的原因，选择相应的材料、工艺、机具设备等处理地下工程渗漏的一项专门性技术。

5. 疏水法

疏水法是采用有引导地将地下水泄入工程内边的排水系统，使之不作用在衬砌结构上的一种防水方法。

第一节　主体结构防水工程的监理

一、防水混凝土

防水混凝土结构是由具有一定防水能力的整体式混凝土或整体式钢筋混凝土承重结构本身构成，防水混凝土是人为地从材料和施工两方面采取措施提高混凝土本身的密实性，抑制和减少混凝土内部孔隙生成，改变孔隙的特性，堵塞渗水的通路，从而达到防水的目的。

防水混凝土适用于抗渗等级不小于 P6 的地下混凝土结构，不适用于环境温度高于80℃的地下工程。处于侵蚀性介质中，防水混凝土的耐侵蚀性要求应符合现行国家标准《工业建筑防腐蚀设计规范》GB 50046 和《混凝土结构耐久性设计规范》GB 50476 的有关规定。

《地下工程防水技术规范》GB 50108 国家标准第 4.1.4 条对防水混凝土的设计抗渗等级规定如下：

工程埋置深度 H（m）	设计抗渗等级
$H<10$	P6
$10\leqslant H<20$	P8
$20\leqslant H<30$	P10
$11\geqslant 30$	P12

以上要求适用于Ⅰ、Ⅱ、Ⅲ类围岩（土层及软弱围岩）；山岭隧道防水混凝土的抗渗等级可按国家现行有关标准执行。

（一）防水混凝土对原材料的要求

防水混凝土对原材料的要求如下：

1. 水泥

水泥的选择应符合以下规定：①宜采用普通硅酸盐水泥或硅酸盐水泥，采用其他品种水泥时应经试验确定；②在受侵蚀性介质作用时，应按介质的性质选用相应的水泥品种；③不得使用过期或受潮结块的水泥，并不得将不同品种或强度等级的水泥混合使用。

2. 砂石

砂、石的选择应符合以下规定：①砂宜选用中粗砂，含泥量不应大于 3.0%，泥块含量不宜大于 1.0%；②不宜使用海砂，若在设备使用海砂，应对海砂进行处理后才能使用，且控制氯离子含量不得大于 0.06%；③碎石或卵石的粒径宜为 5~40mm，含泥量不应大于 1.0%，泥块含量不应大于 0.5%；④对长期处于潮湿环境的重要结构混凝土用砂、石应进行碱活性检验。

3. 矿物掺合料

矿物掺合料的选择应符合以下规定：①粉煤灰的级别不应低于Ⅱ级，烧失量不应大于5%；②硅粉的比表面积不应小于 15000m³/kg，SiO_2 含量不应小于 85%；③粒化高炉矿渣粉的品质要求应符合现行国家标准《用于水泥和混凝土中的粒化高炉矿渣粉》GB/T 18046 的有关规定。

4. 混凝土拌合用水

混凝土拌合用水，应符合现行行业标准《混凝土用水标准》JGJ 63 的有关规定。

5. 外加剂

外加剂的选择应符合以下规定：①外加剂的品种和用量应经试验确定，所用外加剂应符合现行国家标准《混凝土外加剂应采用技术规范》GB 50119 的质量规定；②掺加引气剂或引气型减水剂的混凝土，其含气量宜控制在 3%～5%；③考虑外加剂对硬化混凝土收缩性能的影响；④严禁使用对人体产生危害、对环境产生污染的外加剂。

（二）防水混凝土的监理要点

（1）防水混凝土施工前应做好降排水工作，不得在有积水的环境中浇筑混凝土。

（2）防水混凝土的配合比应经试验确定，并应符合以下规定：①试配要求的抗渗水压值应比设计值提高 0.2MPa；②胶凝材料的用量应根据混凝土的抗渗等级和强度等级等选用，混凝土胶凝材料总量不宜小于 320kg/m³，当强度要求较高或地下水有腐蚀性时，胶凝材料的用量可通过试验调整，在满足混凝土抗渗等级、强度等级和耐久性条件下，水泥用量不宜小于 260kg/m³，粉煤灰掺量宜为胶凝材料总量的 20%～30%，硅粉的掺量宜为胶凝材料总量的 2%～5%；③水胶比不得大于 0.50，有侵蚀性介质时水胶比不宜大于 0.45；④砂率宜为 35%～40%，泵送时可增至 45%；⑤灰砂比宜为 1∶1.5～1∶2.5；⑥掺加引气剂或引气型减水剂时，混凝土的含气量应控制在 3%～5%；⑦预拌混凝土的初凝时间宜为 6～8h；⑧防水混凝土采用预拌混凝土时，入泵坍落度宜控制在 120～160mm，坍落度每小时损失不应大于 20mm，坍落度总损失值不应大于 40mm；⑨混凝土拌合物的氯离子含量不应超过胶凝材料总量的 0.1%，混凝土中各类材料的总碱量即 Na_2O 当量不得大于 3kg/m³；⑩防水混凝土配料应按配合比准确称量，其计量允许偏差应符合表 5-5 的规定；⑪使用减水剂时，减水剂宜配制成一定浓度的溶液。

混凝土组成材料计量结果的允许偏差（%）　　　　　　表 5-5

混凝土组成材料	每盘计量	累计计量
水泥、掺合料	±2	±1
粗、细骨料	±3	±2
水、外加剂	±2	±1

注：累计计量仅适用于微机控制计量的搅拌站。

混凝土坍落度允许偏差（mm）　　　　　　表 5-6

规定坍落度	允许偏差
≤40	±10
50～90	±15
＞90	±20

混凝土入泵时的坍落度允许偏差（mm）　　　　　　表 5-7

所需坍落度	允许偏差
≤100	±20
＞100	±30

（3）混凝土拌制和浇筑过程的控制应符合以下规定：①拌制混凝土所用材料的品种、规格和用量，每工作班检查不应少于两次；②防水混凝土拌合物应采用机械搅拌，搅拌时间不宜小于 2min，在掺外加剂时，搅拌时间应根据外加剂的技术要求确定；③混凝土在浇筑地点的坍落度，每工作班至少检查两次，坍落度试验应符合现行国家标准《普通混凝土拌合物性能试验方法标准》GB/T 50080 的有关规定，混凝土坍落度允许偏差应符合表 5-6 的规定；④泵送混凝土在交货地点的入泵坍落度，每工作班至少检查两次，混凝土入泵时的坍落度允许偏差应符合表 5-7 的规定；⑤防水混凝土拌合物在运输后如出现离析，必须进行二次搅拌，当坍落度损失后不能满足施工要求时，应加入原水胶比的水泥浆或掺加同品种的减水剂进行搅拌，严禁直接加水；⑥用于浇筑防水混凝土的模板拼缝应严密，支撑牢固；⑦防水混凝土应分层连续浇筑，分层厚度不得大于 500mm；⑧防水混凝土应采用机械振捣，避免漏振、欠振和超振。

（4）防水混凝土结构内部设置的各种钢筋或绑扎钢丝，不得接触模板，用于固定模板的螺栓必须穿过混凝土结构时，可采用工具式螺柱或螺栓加堵头，螺栓上应加焊方形止水环，拆模后应将留下的凹槽用密封材料封堵密实，并应用聚合物水泥砂浆抹平，详见图 5-1。

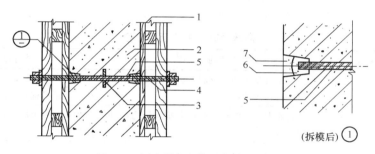

图 5-1　固定模板用螺栓的防水构造

1—模板；2—结构混凝土；3—止水环；4—工具式螺栓；
5—固定模板用螺栓；6—密封材料；7—聚合物水泥砂浆

（5）防水混凝土应连续浇筑，宜少留施工缝，若留设施工缝时，应符合本章第二节一2.（1）的规定。

（6）防水混凝土抗压强度试件，应在混凝土浇筑地点随机取样后制作，并应符合以下规定：①同一工程、同一配合比的混凝土，取样频率与试件留置组数应符合现行国家标准《混凝土结构工程施工质量验收规范》GB 50204 的有关规定；②抗压强度试验应符合现行国家标准《普通混凝土力学性能试验方法标准》GB/T 50081 的有关规定；③结构构件的混凝土强度评定应符合现行国家标准《混凝土强度检验评定标准》GB/T 50107 的有关规定。

（7）防水混凝土的抗渗性能应采用标准条件下养护混凝土抗渗试件的试验结果评定，试件应在混凝土浇筑地点随机取样后制作，并应符合以下规定：①连续浇筑混凝土每 500m³ 应留置一组 6 个抗渗试件，且每项工程不得少于两组，采用预拌混凝土的抗渗试件，留置组数应视结构的规模和要求而定；②抗渗性能试验应符合现行国家标准《普通混凝土长期性能和耐久性能试验方法标准》GB/T 50082 的有关规定。

（8）大体积防水混凝土的施工应采取材料选择、温度控制、保温保湿等技术措施，并应符合以下规定：①在设计许可的情况下，掺粉煤灰混凝土设计强度等级的龄期宜为 60d 或者 90d；②宜选用水化热低和凝结时间长的水泥；③宜掺入减水剂、缓凝剂等外加剂和粉煤灰、磨细矿渣粉等掺合料；④炎热季节施工时，应采取降低原材料温度、减少混凝土运输时吸收外界热量等降温措施，入模温度不应大于 30℃；⑤混凝土内部预埋管道，宜进行水冷散热；⑥应采取保温保湿养护，混凝土中心温度与表面温度的差值不应大于 25℃，表面温度与大气温度的差值不应大于 20℃，温降梯度不得大于 3℃/d，养护时间不应少于 14d。

（9）防水混凝土的冬期施工，应符合以下规定：①混凝土入模温度不应低于 5℃；②混凝土养护应采用综合蓄热法、蓄热法、暖棚法、掺化学外加剂等方法，不得采用电热法或蒸汽直接加热法；③应采取保湿保温措施。

（10）防水混凝土终凝后，应立即进行养护，养护时间不得少于 14d。

（三）防水混凝土的监理验收

防水混凝土分项工程检验批的抽样检验数量，应按混凝土外露面积每 100m² 抽查 1 处，每处 10m²，且不得少于 3 处，主控项目的检验标准应符合表 5-8 的规定，一般项目的检验标准应符合表 5-9 的规定。

防水混凝土主控项目检验　　　　　　　　　　　　　表 5-8

序号	项目	合格质量标准	检验方法
1	原材料、配合比、坍落度要求	防水混凝土的原材料、配合比及坍落度必须符合设计要求	检查产品合格证、产品性能检测报告、计量措施和材料进场检验报告
2	抗压强度、抗渗性能	防水混凝土的抗压强度和抗渗压力必须符合设计要求	检查混凝土抗压强度、抗渗性能检验报告
3	细部做法	防水混凝土结构的施工缝、变形缝、后浇带、穿墙管、埋设件等设置和构造，必须符合设计要求	观察检查和检验隐蔽工程验收记录

防水混凝土一般项目检验　　　　　　　　　　　　　表 5-9

序号	项目	合格质量标准	检验方法
1	表面质量	防水混凝土结构表面应坚实、平整，不得有露筋、蜂窝等缺陷；埋设件位置应正确	观察检查
2	裂缝宽度	防水混凝土结构表面的裂缝宽度不应大于 0.2mm，且不得贯通	用刻度放大镜检查
3	防水混凝土结构厚度及迎水面钢筋保护层厚度	防水混凝土结构厚度不应小于 250mm，其允许偏差应为 +8mm、-5mm；主体结构迎水面钢筋保护层厚度不应小于 50mm，其允许偏差应为 ±5mm	尺量检查和检查隐蔽工程验收记录

二、水泥砂浆防水层

水泥砂浆防水层适用于地下工程主体结构的迎水面或背水面，不适用于受持续振动或环境温度高于 80℃ 的地下工程。地下工程的水泥砂浆防水层应采取聚合物水泥防水砂浆、掺外加剂或掺合料的防水砂浆，宜采用多层抹压法施工。

1. 水泥砂浆防水层对原材料的要求

水泥砂浆防水层所用的材料应符合以下规定：

（1）水泥应采用普通硅酸盐水泥、硅酸盐水泥或特种水泥，不得使用过期或受潮结块的水泥。

（2）砂宜采用中砂，含泥量不应大于1％，硫化物和硫酸盐含量不应大于1％。

（3）拌制水泥砂浆用水，应采用不含有害物质的洁净水，应符合国家现行标准《混凝土用水标准》JGJ 63的有关规定。

（4）聚合物乳液的外观，应为均匀液体，无杂质、无沉淀、不分层，聚合物乳液的质量要求应符合国家现行标准《建筑防水涂料用聚合物乳液》JC/T 1017的有关规定。

（5）外加剂的技术性能应符合现行国家有关标准的质量要求。

（6）防水砂浆的主要性能应符合表4-16的要求。

2. 水泥砂浆防水层的监理要点

（1）水泥砂浆防水层应在基础垫层、初期支护、围护结构及内衬结构验收合格后方可施工。

（2）水泥砂浆防水层的基层质量应符合以下规定：①基层表面应平整、坚实、清洁，并应充分湿润、无明水；②基层表面的孔洞、缝隙，应采用与防水层相同的防水砂浆堵塞并抹平；③施工前应将埋设件、穿墙管预留凹槽内嵌填密封材料后，再进行水泥砂浆防水层的施工。

（3）水泥砂浆防水层的施工应符合以下规定：①水泥砂浆的配制，应按所掺材料的技术要求准确计量，防水砂浆的配合比和施工方法应符合所掺材料的规定，其中聚合物水泥防水砂浆的用水量应包括乳液中的含水量；②水泥砂浆防水层应分层铺抹或喷涂，铺抹时应压实、抹平，最后一层表面应提浆压光；③聚合物水泥防水砂浆拌合后应在规定时间内用完，施工时不得任意加水；④水泥砂浆防水层各层应紧密粘合，每层宜连续施工，若必须留设施工缝时，应采用阶梯坡形槎，但与阴阳角的距离不得小于200mm；⑤水泥砂浆防水层不得在雨天、五级及以上大风中施工，冬期施工时，气温不应低于5℃，夏季不宜在30℃以上或烈日照射下施工；⑥水泥砂浆终凝后应及时进行养护，养护温度不宜低于15℃，并应保持砂浆表面湿润，养护时间不得少于14d。聚合物水泥防水砂浆未达到硬化状态时，不得浇水养护或直接受雨水冲刷，硬化后应采用干湿交替的养护方法，潮湿环境中，可在自然条件下养护。

3. 水泥砂浆防水层的监理验收

水泥砂浆防水层分项工程检验批的抽样检验数量，应按施工面积每100m² 抽查1处，每处10m²，且不得少于3处，主控项目的检验标准应符合表5-10的规定，一般项目的检验标准应符合表5-11的规定。

水泥砂浆防水层主控项目检验　　　　　　　　　　　　表 5-10

序号	项目	合格质量标准	检验方法
1	原材料及配合比要求	防水砂浆的原材料及配合比必须符合设计规定	检查产品合格证、产品性能检测报告、计量措施和材料进场检验报告

序号	项目	合格质量标准	检验方法
2	防水层与基层的结合	水泥砂浆防水层与基层之间应结合牢固，无空鼓现象	观察和用小锤轻击检查
3	粘结强度、抗渗性能	防水砂浆的粘结强度和抗渗性能必须符合设计规定	检查砂浆粘结强度、抗渗性能检验报告

水泥砂浆防水层一般项目检验 表 5-11

序号	项目	合格质量标准	检验方法
1	表面质量	水泥砂浆防水层表面应密实、平整，不得有裂纹、起砂、麻面等缺陷	观察检查
2	留槎和接槎	水泥砂浆防水层施工缝留槎位置应正确，接槎应按层次顺序操作，层层搭接紧密	观察检查和检查隐蔽工程验收记录
3	平均厚度与最小厚度	水泥砂浆防水层的平均厚度应符合设计要求，最小厚度不得小于设计厚度的85%	用针测法检查
4	平整度	水泥砂浆防水层表面平整度允许偏差应为5mm	用2m靠尺和楔形塞尺寸检查

三、卷材防水层

卷材防水层宜用于经常处在地下水环境，且受侵蚀性介质作用或受振动作用的地下工程。卷材防水层应铺设在混凝土结构的迎水面，卷材防水层应用于建筑物地下室时，应铺设在结构底板垫层至墙体防水设防高度的结构基面上；应用于单建式的地下工程时，应从结构底板垫层铺设至顶板基面，并应在外围形成封闭的防水层。

1. 卷材防水层对原材料的要求

（1）卷材防水层应采用高聚物改性沥青防水卷材和合成高分子防水卷材，所选用的基层处理剂、胶粘剂、密封材料等均应与铺贴的卷材相匹配。卷材防水层所采用的卷材品种可按表5-12选用，并应符合以下规定：①卷材外观质量、品种规格应符合国家现行有关标准的规定；②卷材及其胶粘剂应具有良好的耐水性、耐久性、耐穿刺性、耐腐蚀性和耐菌性。

卷材防水层的卷材品种 表 5-12

类 别	品 种 名 称
高聚物改性沥青类防水卷材	弹性体改性沥青防水卷材
	改性沥青聚乙烯胎防水卷材
	自粘聚合物改性沥青防水卷材
合成高分子类防水卷材	三元乙丙橡胶防水卷材
	聚氯乙烯防水卷材
	聚乙烯丙纶复合防水卷材
	高分子自粘胶膜防水卷材

（2）聚合物改性沥青类防水卷材的主要物理性能应符合表4-5的要求；合成高分子类

防水卷材的主要物理性能应符合表 4-6 的要求。

（3）粘贴各类防水卷材应采用与卷材材性相容的胶粘材料，其粘结质量应符合表 5-13 的要求；聚乙烯丙纶复合防水卷材应采用聚合物水泥防水粘结材料，其物理性能应符合表 4-7 的要求。

（4）在进场材料检验的同时，防水卷材接缝粘结质量的检验应按现行国家标准《地下防水工程质量验收规范》GB 50208—2011 附录 D 规定执行。

（5）卷材防水层的厚度应符合表 5-14 的要求。

防水卷材粘结质量要求 表 5-13

项 目		自粘聚合物改性沥青防水卷材粘合面		三元乙丙橡胶和聚氯乙烯防水卷材胶粘剂	合成橡胶胶粘带	高分子自粘胶膜防水卷材粘合面
		聚酯毡胎体	无胎体			
剪切状态下的粘合性（卷材-卷材）≥	标准试验条件（N/10mm）≥	40 或卷材断裂	20 或卷材断裂	20 或卷材断裂	20 或卷材断裂	40 或卷材断裂
粘结剥离强度（卷材-卷材）	标准试验条件（N/10mm）≥	15 或卷材断裂		15 或卷材断裂	4 或卷材断裂	—
	浸水 168h 后保持率（%）≥	70		70	80	—
与混凝土粘结强度（卷材-混凝土）	标准试验条件（N/10mm）≥	15 或卷材断裂		15 或卷材断裂	6 或卷材断裂	20 或卷材断裂

不同品种卷材的厚度 表 5-14

卷材品种	高聚物改性沥青类防水卷材			合成高分子类防水卷材			
	弹性体改性沥青防水卷材、改性沥青聚乙烯胎防水卷材	自粘聚合物改性沥青防水卷材		三元乙丙橡胶防水卷材	聚氯乙烯防水卷材	聚乙烯丙纶复合防水卷材	高分子自粘胶膜防水卷材
		聚酯毡胎体	无胎体				
单层厚度（mm）	≥4	≥3	≥1.5	≥1.5	≥1.5	卷材：≥0.9 粘结料：≥1.3 芯材厚度≥0.6	≥1.2
双层总厚度（mm）	≥(4+3)	≥(3+3)	≥(1.5+1.5)	≥(1.2+1.2)	≥(1.2+1.2)	卷材：≥(0.7+0.7) 粘结料：≥(1.3+1.3) 芯材厚度≥0.5	—

注：1 带有聚酯毡胎体的自粘聚合物改性沥青防水卷材应执行国家现行标准《自粘聚合物改性沥青聚酯胎防水卷材》JC 898。

2 无胎体的自粘聚合物改性沥青防水卷材应执行国家现行标准《自粘橡胶沥青防水卷材》JC 840。

2. 卷材防水层的监理要点

卷材防水层的监理要点如下：

（1）卷材防水层的基面应坚实、平整、清洁，基层阴阳角应做成圆弧或 45°坡角，其尺寸应根据所用卷材品种的施工要求确定；在转角处、变形缝、施工缝、穿墙管等部位应铺贴卷材加强层，其加强层宽度不应小于 500mm。

（2）在铺贴防水卷材施工前，基面应干净、干燥，并应涂刷基层处理剂；当基面潮湿时，应涂刷湿固化型胶粘剂或潮湿界面隔离剂。

基层处理剂的配制与施工应符合以下的要求：①基层处理剂应与卷材及其粘结材料的材性相容；②基层处理剂采用喷涂或刷涂应均匀一致，不应露底，表面干燥之后，方可铺贴防水卷材。

（3）铺贴卷材严禁在雨天、雪天、五级及以上大风中施工；冷粘法、自粘法施工的环境气温不宜低于 5℃，热熔法、焊接法施工的环境气温不宜低于 -10℃，施工过程中下雨或下雪时，应做好已铺卷材的防护工作。

（4）不同品种防水卷材的搭接宽度，应符合表 5-15 的要求。若铺贴双层卷材时，上下两层和相邻两幅卷材的接缝应错开 1/3～1/2 幅宽，且两层卷材不得相应垂直铺贴。

防水卷材搭接宽度　　　　　　　　　　　　　　　　　　　　　　表 5-15

卷 材 品 种	搭 接 宽 度（mm）
弹性体改性沥青防水卷材	100
改性沥青聚乙烯胎防水卷材	100
自粘聚合物改性沥青防水卷材	80
三元乙丙橡胶防水卷材	100/60（胶粘剂/胶粘带）
聚氯乙烯防水卷材	60/80（单焊缝/双焊缝）
	100（胶粘剂）
聚乙烯丙纶复合防水卷材	100（粘结料）
高分子自粘胶膜防水卷材	70/80（自粘胶/胶粘带）

（5）铺贴各类防水卷材应符合以下规定：①应铺设卷材加强层；②结构底板垫层混凝土部位的卷材可采用空铺法或点粘法施工，其粘结位置、点粘面积应按设计要求确定，侧墙采用外防外贴法的卷材及顶板部位的卷材应采用满粘法施工；③卷材与基面、卷材与卷材间的粘结应紧密、牢固，铺贴完成的卷材应平整顺直，搭接尺寸应准确，不得产生扭曲和皱折；④卷材搭接处和接头部位应粘贴牢固，接缝口应封严或采用材性相容的密封材料封缝；⑤铺贴立面卷材防水层时，应采取防止卷材下滑的措施。

（6）弹性体改性沥青防水卷材、改性沥青聚乙烯胎防水卷材等采用热熔法工艺施工铺贴的防水卷材应符合下列规定：①火焰加热器加热卷材应加热均匀，不得加热不足或烧穿卷材；②卷材表面热熔后应立即滚铺，排除卷材下面的空气，并粘贴牢固；③铺贴卷材应平整、顺直，搭接尺寸准确，不得扭曲、皱折；④卷材搭接缝部位应溢出热熔的改性沥青胶料，并粘贴牢固，封闭严密。

（7）铺贴三元乙丙橡胶防水卷材应采用冷粘法施工，冷粘法铺贴卷材应符合以下规定：①基层胶粘剂应涂刷均匀，不得露底、堆积；②应根据胶粘剂的性能，控制胶粘剂涂刷与卷材铺贴的间隔时间；③铺贴卷材时，不得用力拉伸卷材，排除卷材下面的空气，采用辊压工艺辊压卷材，使卷材粘贴牢固；④铺贴卷材应平整、顺直，搭接尺寸准确，不得扭曲、皱折；⑤卷材的搭接缝部位粘合面应清理干净，并应采用接缝专用胶粘剂或胶粘带满粘，接缝口应用密封材料封严，其宽度不应小于10mm。

（8）铺贴自粘聚合物改性沥青防水卷材等则采用自粘法施工，自粘法铺贴防水卷材应符合以下规定：①铺贴卷材时，应将有黏性的一面朝向主体结构；②在外墙、顶板上铺贴时，应排除卷材下面的空气，辊压粘贴牢固；③基层表面应平整、干净、干燥，无尖锐突起物或孔隙；④铺贴卷材应平整、顺直，搭接尺寸准确，不得扭曲、皱折或起泡；⑤立面卷材铺贴完成后，应将卷材端头固定或嵌入墙体顶部的凹槽内，并应用密封材料封严；⑥低温施工时，宜对卷材和基面采用热风适当加热，然后铺贴卷材。

（9）铺贴聚氯乙烯防水卷材等卷材产品，其接缝应采用焊接法工艺施工，卷材的搭接缝采用焊接法施工应符合以下规定：①焊接前卷材应铺放平整，搭接尺寸准确，焊接缝的结合面应清扫干净，焊接应严密；②卷材的搭接缝可采用单焊缝或双焊缝。单焊缝的搭接宽度应为60mm，有效焊接宽度不应小于30mm；双焊缝搭接宽度应为80mm，中间应留设10～20mm的空腔，有效焊接宽度不宜小于10mm；③焊接时应先焊长边搭接缝，后焊短边搭接缝；④控制热风加热温度和时间，焊接处不得漏焊、跳焊或焊接不牢；⑤焊接时不得损害非焊接部位的卷材。

（10）铺贴聚乙烯丙纶复合防水卷材应符合以下规定：①应采用配套的聚合物水泥防水粘结材料；②卷材与基层粘贴应采用满粘法工艺，粘结面积不应小于90％，刮涂粘结料应均匀，不得露底、堆积、流淌；③固化后的粘结料厚度不应小于1.3mm；④卷材接缝部位应挤出粘结料，接缝表面处应涂刮1.3mm厚、50mm宽的聚合物水泥粘结料封边；⑤聚合物水泥粘结料固化前，不得在其上行走或进行后续作业，施工完的防水层应及时做保护层。

（11）高分子自粘膜防水卷材宜采用预铺反粘法工艺施工，并应符合以下规定：①卷材宜单层铺设；②在潮湿基面铺设时，基面应平整坚固，无明显积水；③卷材长边应采用自粘边搭接，短边应采用胶粘带搭接，卷材端部搭接区应相互错开；④立面施工时，在自粘边位置距离卷材边缘10～20mm内，应每隔400～600mm进行机械固定，并应保证固定位置被卷材完全覆盖；⑤在浇筑结构混凝土时不得损伤防水层。

（12）采用外防外贴法工艺铺贴卷材防水层时，应符合以下规定：①应先铺平面，后铺立面，交接处应交叉搭接；②临时性保护墙宜采用石灰砂浆砌筑，内表面宜做找平层；③从底面折向立面的卷材与永久性保护墙的接触部位，应采用空铺法施工，卷材与临时性保护墙或围护结构模板的接触部位应将卷材临时贴附在该墙上或模板上，并应将顶端临时固定；④当不设保护墙时，从底面折向立面的卷材接槎部位应采取可靠的保护措施；⑤混凝土结构完成，铺贴立面卷材时，应先将接槎部位的各层卷材揭开，并应将其表面清理干净，如卷材有局部损伤，应及时进行修补，卷材接槎的搭接长度，高聚物改性沥青类防水卷材应为150mm，合成高分子类防水卷材应为100mm，当使用两层卷材时，卷材应错槎接缝，上层卷材应盖过下层卷材。卷材防水层甩槎、接槎构造参见图5-2。

（13）采用外防内贴法工艺铺贴卷材防水层时，应符合以下规定：①混凝土结构的保护墙内表面应抹厚度为20mm的1∶3水泥砂浆找平层，然后铺贴卷材；②卷材宜先铺立面，后铺平面，在铺贴立面时，应先铺转角，后铺大面。

（14）卷材防水层完工并经验收合格之后，应及时做保护层，保护层应符合以下规定：

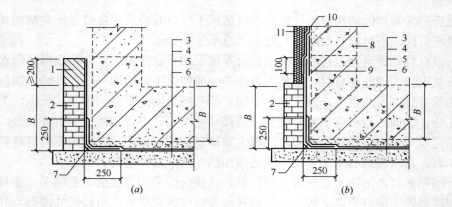

图 5-2　卷材防水层甩槎、接槎构造

（a）甩槎；（b）接槎

1—临时保护墙；2—永久保护墙；3—细石混凝土保护层；4—卷材防水层；
5—水泥砂浆找平层；6—混凝土垫层；7—卷材加强层；8—结构墙体；
9—卷材加强层；10—卷材防水层；11—卷材保护层

①顶板上的防水层与细石混凝土保护层之间宜设置隔离层，细石混凝土保护层的厚度：采用机械碾压回填土对不宜小于 70mm，采用人工回填土时不宜小于 50mm；②底板的细石混凝土保护层厚度不应小于 50mm；③侧墙卷材防水层宜采用软质保护材料或铺抹 20mm 厚的 1：2.5 水泥砂浆层。

3. 卷材防水层的监理验收

卷材防水层分项工程检验批的抽样检验数量，应按铺贴面积每 100m² 抽查 1 处，每处 10m²，且不得少于 3 处，主控项目的检验标准应符合表 5-16 的规定，一般项目的检验标准应符合表 5-17 规定。

卷材防水层主控项目检验　　　　　　　　　　　　　　　　表 5-16

序号	项目	合格质量标准	检验方法
1	材料要求	卷材防水层所用卷材及其配套材料必须符合设计要求	检查产品合格证、产品性能检测报告和材料进场检验报告
2	细部做法	卷材防水层在转角处、变形缝、施工缝、穿墙管等部位做法必须符合设计要求	观察检查和检查隐蔽工程验收记录

卷材防水层一般项目检验　　　　　　　　　　　　　　　　表 5-17

序号	项目	合格质量标准	检验方法
1	搭接缝	卷材防水层的搭接缝应粘贴或焊接牢固，密封严密，不得有扭曲、折皱、翘边和起泡等缺陷	观察检查
2	搭接宽度	采用外防外贴法铺贴卷材防水层时，立面卷材接槎的搭接宽度，高聚物改性沥青类卷材应为 150mm，合成高分子类卷材应为 100mm，且上层卷材应盖过下层卷材	观察和尺量检查

续表

序号	项目	合格质量标准	检验方法
3	保护层	侧墙卷材防水层的保护层与防水层应结合紧密，保护层厚度应符合设计要求	观察和尺量检查
4	卷材搭接宽度的允许偏差	卷材搭接宽度的允许偏差为—10mm	观察和尺量检查

四、涂料防水层

涂料防水层适用于受侵蚀性介质作用或受振动作用的地下工程。涂料防水层所采用的涂料应包括无机防水涂料和有机防水涂料，无机防水涂料应采用掺外加剂、掺合料的水泥基防水涂料、水泥基渗透结晶型防水涂料；有机防水涂料应采用反应型、水乳型、聚合物水泥等防水涂料。无机防水涂料宜用于主体结构的迎水面或背水面，有机防水涂料宜用于主体结构的迎水面，用于背水面的有机防水涂料应具有较高的抗渗性，且与基层有较好的粘结性。

1. 涂料防水层对原材料的要求

（1）涂料防水层所选用的涂料应符合以下规定：①应具有良好的耐水性、耐久性、耐腐蚀性及耐菌性；②应无毒、难燃、低污染；③无机防水涂料应具有良好的湿干粘结性和耐磨性，有机防水涂料应具有较好的延伸性及较大适应基层变形能力。

（2）无机防水涂料的性能指标应符合表4-9的规定；有机防水涂料的性能指标应符合表4-8的规定。

2. 涂料防水层的监理要点

涂料防水层的监理要点如下：

（1）有机防水涂料基层表面应干燥，不应有气孔、凹凸不平、蜂窝麻面等缺陷，岩基层较潮湿时，则应涂刷湿固化型胶结剂或潮湿界面隔离剂；无机防水涂料施工前，基层应充分润湿，但不得有明水，基层表面应干净、平整、无浮浆。

（2）涂料防水层严禁在雨天、雾天、五级及以上大风时施工，不得在施工环境温度低于5℃及高于35℃或烈日暴晒对施工。涂膜固化前如有降雨可能时，应及时做好已完涂层的保护工作。

（3）涂料防水层的施工应符合以下规定：①多组分涂料应按照配合比准确计量，搅拌均匀，并应根据有效时间确定每次配制的用量，防水涂料的配制应按涂料的技术要求进行；②防水涂料应分层涂刷或喷涂，涂层应均匀，不得漏制漏涂，涂刷应待前一遍涂层干燥成膜后再进行，每遍涂刷时应交替改变涂层的涂刷方向，同一层涂膜的先后搭压宽度宜为30~50mm；③涂料防水层的甩槎处接槎宽度不应小于100mm，接涂前应将其甩槎表面处理干净；④采用有机防水涂料时，基层的阴阳角处应做圆弧，在转角处、变形缝、施工缝、穿墙管等部位应增加胎体增强材料和增涂防水涂料，宽度不应小于500mm；⑤铺贴胎体增强材料时，应使胎体层充分浸透防水涂料，不得有露槎及褶皱，胎体增强材料的搭接宽度不应小于100mm，上下两层和相邻两幅胎体的接缝应错开1/3幅宽，且上下两层胎体不得相互垂直铺贴。

（4）涂料防水层在施工结束并经验收合格后应及时做保护层，保护层应符合本节三 2.（14）的规定。

3．涂料防水层的监理验收

涂料防水层分项工程检验批的抽样检验数量，应按涂层面积每 $100m^2$ 抽查 1 处，每处 $10m^2$，且不得少于 3 处，主控项目的检验标准应符合表 5-18 的规定，一般项目的检验标准应符合表 5-19 的规定。

涂料防水层主控项目检验　　　　　　　　　　　　表 5-18

序号	项目	合格质量标准	检验方法
1	材料及配合比要求	涂料防水层所用材料及配合比必须符合设计要求	检查产品合格证、产品性能检测报告、计量措施和材料进场检验报告
2	平均厚度	涂料防水层的平均厚度应符合设计要求，最小厚度不得小于设计厚度的 90%	用针测法检查
3	细部做法	涂料防水层在转角处、变形缝、施工缝、穿墙管等部位做法必须符合设计要求	观察检查和检查隐蔽工程验收记录

涂料防水层一般项目检验　　　　　　　　　　　　表 5-19

序号	项目	合格质量标准	检验方法
1	基层质量	涂料防水层应与基层粘结牢固，涂刷均匀，不得流淌、鼓泡、露槎	观察检查
2	涂层间材料	涂层间夹铺胎体增强材料时，应使防水涂料浸透胎体覆盖完全，不得有胎体外露现象	观察检查
3	保护层与防水层粘结	侧墙涂料防水层的保护层与防水层应结合紧密，保护层厚度应符合设计要求	观察检查

五、塑料防水板防水层

塑料防水板防水层适用于经常承受水压、侵蚀性介质或有振动作用的地下工程。塑料防水板防水层宜铺设在复合式衬砌的初期支护与二次衬砌之间。塑料防水板防水层宜在初期支护结构趋于基本稳定后铺设。

1．塑料防水板防水层对原材料的要求

（1）塑料防水板可选用乙烯-醋酸乙烯共聚物、乙烯-沥青共混聚合物、聚氯乙烯、高密度聚乙烯类或其他性能相近的材料。

（2）塑料防水板应符合以下规定：①幅宽宜为 2～4m；②厚度不得小于 1.2mm；③应具有良好的耐刺穿性、耐久性、耐水性、耐腐蚀性、耐菌性；④塑料防水板的主要性能指标应符合有关的规定。

（3）缓冲层宜采用无纺布或聚乙烯泡沫塑料，缓冲层材料的性能指标应符合表 5-20 的规定。

缓冲层材料性能指标　　　　　　　　　　　表 5-20

性能指标 材料名称	抗拉强度 （N/50mm）	伸长率（%）	质量 （g/m²）	顶破强度 （kN）	厚度 （mm）
聚乙烯泡沫塑料	＞0.4	≥100	—	≥5	≥5
无纺布	纵横向≥700	纵横向≥50	＞300	—	—

（4）暗钉圈应采用与塑料防水板相容的材料制作，直径不应小于 80mm。

2. 塑料防水板防水层的监理要点

塑料防水板防水层的监理要点如下：

（1）塑料防水板防水层的基面应平整、无尖锐突出物；基面平整度 D/L 不应大于1/6（注：D 为初期支护基面相邻两凸面间凹进去的深度；L 为初期支护基面相邻两凸面间的距离）。

（2）初期支护的渗漏水，应在塑料防水板防水层铺设前封堵或引排。

（3）塑料防水板的铺设应符合以下规定：①铺设塑料防水板前应先铺设缓冲层，缓冲层应采用暗钉圈固定在基面上（图 5-3），缓冲层的搭接宽度不应小于 50mm，铺设塑料防水板时，宜由拱顶向两侧展铺，应边铺边用压焊机将塑料防水板与暗钉圈焊接牢靠，不得有漏焊、假焊和焊穿现象；②两幅塑料防水板的搭接宽度不应小于 100mm，下部塑料防水板应压住上部塑料防水板，接缝焊接时，塑料防水板的搭接层数不得超过 3 层；③塑料防水板的搭接缝应采用双焊缝，每条焊缝的有效宽度不应小于 10mm；④环向铺设时，应先拱后墙，下部防水板应压住上部防水板；⑤塑料防水板铺设时宜设置分区预埋注浆系统；⑥分段设置塑料防水板防水层时，两端应采取封闭措施；⑦塑料防水板铺设时应少留或不留接头，当留设接头时，应对接头进行保护，再次焊接时应将接头处的塑料防水板擦拭干净。⑧铺设塑料防水板时，不应绷得太紧，宜根据基面的平整度留有充分的余地。

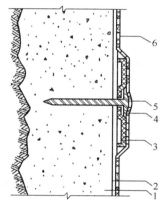

图 5-3　暗钉圈固定缓冲层

1—初期支护；2—缓冲层；

3—热塑性暗钉圈；4—金属

垫圈；5—射钉；6—塑料防水板

（4）防水板的铺设应超前二次衬砌混凝土施工，超前距离宜为 5～20m，并应设临时挡板防止机械损伤和电火花灼伤防水板。

（5）塑料防水板应牢固地固定在基面上，固定点间距应根据基面平整情况确定，拱部宜为 0.5～0.8m，边墙宜为 1.0～1.5m，底部宜为 1.5～2.0m，局部凹凸较大时，应在凹处加密固定点。

（6）二次衬砌混凝土施工时应符合以下规定：①绑扎、焊接钢筋时应采取防刺穿、灼伤防水板的措施；②混凝土出料口和振捣棒不得直接接触塑料防水板。

（7）塑料防水板防水层铺设完毕后，应进行质量检查，并应在验收合格后方可进行下道工序的施工。

3. 塑料防水板防水层的监理验收

塑料防水板防水层分项工程检验批的抽样检验数量，应按铺设面积每 100m² 抽查 1

处，每处 10m²，且不得少于 3 处。焊缝检验应按焊缝余数抽查 5%，每条焊缝为 1 处，且不得少于 3 处，主控项目的检验标准应符合表 5-21 的规定，一般项目的检验标准应符合表 5-22 的规定。

塑料防水板防水层主控项目检验   表 5-21

序号	项目	合格质量标准	检验方法
1	材料要求	塑料防水板及其配套材料必须符合设计要求	检查产品合格证、产品性能检测报告和材料进场检验报告
2	搭接缝焊接	塑料防水板的搭接缝必须采用双缝热熔焊接，每条焊缝的有效宽度不应小于 10mm	双焊缝间空腔内充气检查和尺量检查

塑料防水板防水层一般项目检验   表 5-22

序号	项目	合格质量标准	检验方法
1	固定点间距	塑料防水板应采用无钉孔铺设，固定点间距应根据基面平整情况确定，拱部宜为 0.5～0.8m，边墙宜为 1.0～1.5m，底部宜为 1.5～2.0m；局部凹凸较大时，应在凹处加密固定点	观察和尺量检查
2	塑料板与暗钉圈焊接	塑料防水板与暗钉圈应焊接牢靠，不得漏焊、假焊和焊穿	观察检查
3	塑料板铺设	塑料防水板的铺设应平顺，不得有下垂、绷紧和破损现象	观察检查
4	塔接宽度	塑料防水板搭接宽度的允许偏差应为 -10mm	尺量检查

六、金属板防水层

金属板防水层适用于抗渗性能要求较高的地下工程，可用于长期浸水、水压较大的水工及过水隧道，金属板应铺设在主体结构的迎水面。

1. 金属板防水层对材料的要求

金属板防水层所采用的金属材料和保护材料应符合设计要求，所采用的金属板及其焊接材料的规格、外观质量和主要物理性能应符合国家现行有关标准的规定。

2. 金属板防水层的监理要点

（1）金属板的拼接及金属板与工程结构的锚固件连接应采用焊接工艺，金属板的拼接焊缝应严密，竖向金属板的垂直接缝应相互错开，金属板的拼接焊缝应进行外观检查和无损检验。

（2）主体结构内侧设置金属板防水层，金属板应与结构内的钢筋焊牢，也可在金属板防水层上焊接一定数量的锚固件（图 5-4）；主体结构外侧设置金属板防水层时，金属板应焊在混凝土结构的预埋件上，金属板经焊缝检查合格后，应将其与结构间的空隙用水泥砂浆灌实（图 5-5）。

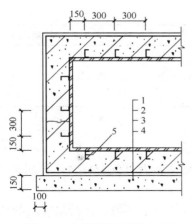
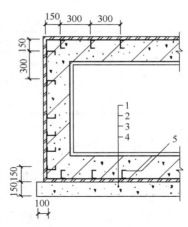

图 5-4　金属板防水层（一）　　　　　图 5-5　金属板防水层（二）
1—金属板；2—主体结构；　　　　　　1—防水砂浆；2—主体结构；
3—防水砂浆；4—垫层；　　　　　　　3—金属板；4—垫层；
5—锚固筋　　　　　　　　　　　　　5—锚固筋

（3）金属板防水层应用临时支撑加固，金属板防水层底板上应预留浇捣孔，并应保证混凝土浇筑密实，待底板混凝土浇筑完后应补焊严密。

（4）金属板防水层如先焊成箱体，再整体吊装就位时，应在其内部加设临时支撑。

（5）金属板防水层应采取防锈措施，若金属板表面有锈蚀、麻点或划痕等缺陷时，其深度不得大于该板材厚度的负偏差值。

3. 金属板防水层的监理验收

金属板防水层分项工程检验批的抽样检验数量，应按铺设面积每 $10m^2$ 抽查 1 处，每处 $1m^2$，且不得少于 3 处。焊缝表面缺陷检验应按焊缝的条数抽查 5%，且不得少于 1 条焊缝；每条焊缝检查 1 处，总抽查数不得少于 10 处，主控项目的检验标准应符合表 5-23 的规定，一般项目的检验标准应符合表 5-24 的规定。

金属板防水层主控项目检验　　　　　　　　　　　　　　　　表 5-23

序号	项目	合格质量标准	检验方法
1	材料要求	金属板和焊接材料必须符合设计要求	检查产品合格证、产品性能检测报告和材料进场检验报告
2	焊工合格证	焊工应持有有效的执业资格证书	检查焊工执业资格证书和考核日期

金属板防水层一般项目检验　　　　　　　　　　　　　　　　表 5-24

序号	项目	合格质量标准	检验方法
1	表面质量	金属板表面不得有明显凹面和损伤	观察检查
2	焊缝质量	焊缝不得有裂纹、未熔合、夹渣、焊瘤、咬边、烧穿、弧坑、针状气孔等缺陷	观察检查和使用放大镜、焊缝量规及钢尺检查，必要时采用渗透或磁粉探伤检查

序号	项目	合格质量标准	检验方法
3	焊缝外观及保护涂层	焊缝的焊波应均匀，焊渣和飞溅物应清除干净；保护涂层不得有漏涂、脱皮和反锈现象	观察检查

七、膨润土防水材料防水层

膨润土防水材料包括膨润土防水毯和膨润土防水板及其配套材料，膨润土防水材料采用机械固定法工艺铺设。

膨润土防水材料防水层应用于 pH 值为 4～10 的地下环境，含盐量较高的地下环境应采用经过改性处理的膨润土，并应经检测合格后方可使用。膨润土防水材料防水层应用于复合式衬砌的初期支护与二次衬砌之间以及明挖法地下工程主体结构的迎水面，防水层两侧应具有一定的夹持力。

1. 膨润土防水材料防水层对材料的要求

（1）膨润土防水材料应符合以下规定：①膨润土防水材料中的膨润土颗粒应采用钠基膨润土，不应采用钙基膨润土；②膨润土防水材料应具有良好的不透水性、耐久性、耐腐蚀性和耐菌性；③膨润土防水毯非织布层外表面宜附加一层高密度聚乙烯膜；④膨润土防水毯的织布层和非织布层之间应连结紧密、牢固，膨润土颗粒应分布均匀；⑤膨润土防水板的膨润土颗粒应分布均匀，粘贴牢固，基材应采用厚度为 0.6～1.0mm 的高密度聚乙烯片材。

（2）膨润土防水材料的性能指标应符合有关要求。

2. 膨润土防水材料防水层的监理要点

（1）膨润土防水材料防水层基面应坚实、清洁，不得有明水和积水，基面平整度应平整、无尖锐突出物，基面平整度 D/L 不应大于 1/6。（注：D 为初期支护基面相邻两凸面间凹进去的深度；L 为初期支护基面相邻两凸面间的距离）。基层阴阳角应做成圆弧或坡角。

（2）膨润土防水毯的织布面和膨润土防水板的膨润土面，均应与结构外表面或底板垫层混凝土密贴。

（3）膨润土防水材料应采用水泥钉和垫片固定，立面和斜面上的固定间距宜为 400～500mm，平面上应在搭接缝处固定。

（4）膨润土防水材料应采用搭接法连接，搭接宽度应大于 100mm，搭接部位的固定间距宜为 200～300mm，固定点与搭接边缘的距离宜为 25～30mm，搭接处应涂抹膨润土密封膏，平面搭接缝可干撒膨润土颗粒，其用量宜为 0.3～0.5kg/m。

（5）立面和斜面铺设膨润土防水材料时，应上层压着下层，卷材与基层、卷材与卷材之间应密贴，并应平整无褶皱。

（6）膨润土防水材料分段铺设时，应采取临时遮挡防护措施。

（7）甩槎与下幅防水材料连接时，应将收口压板、临时保护膜等去掉，并应将搭接部位清理干净，涂抹膨润土密封膏，然后搭接固定。

（8）膨润土防水材料的永久收口部位应采用金属压条和水泥钉固定，并应采用膨润土密封膏覆盖。

（9）转角处和变形缝、施工缝，后浇带等部位均应设置宽度不小于 500mm 的加强层，加强层应设置在防水层与结构外表面之间，穿墙管件部位宜采用膨润土橡胶止水条、膨润土密封膏进行加强处理。

（10）膨润土防水材料与其他防水材料过渡时，过渡搭接宽度应大于 400mm，搭接范围内应涂抹膨润土密封膏或铺撒膨润土粉。

（11）破损部位应采用与防水层相同的材料进行修补，补丁边缘与破损部位边缘的距离不应小于 100mm；膨润土防水板表面膨润土颗粒损失严重时应涂抹膨润土密封膏。

3. 膨润土防水材料防水层的监理验收

膨润土防水材料的防水层分项工程检验批的抽样检验数量，应按铺设面积每 $100m^2$ 抽查 1 处，每处 $10m^2$，且不得少于 3 处，主控项目的检验标准应符合表 5-25 的规定，一般项目的检验标准应符合表 5-26 的规定。

膨润土防水材料防水层主控项目检验　　表 5-25

序号	项目	合格质量标准	检验方法
1	材料要求	膨润土防水材料必须符合设计要求	检查产品合格证、产品性能检测报告和材料进场检验报告
2	细部做法	膨润土防水材料防水层在转角处和变形缝、施工缝、后浇带、穿墙管等部位做法必须符合设计要求	观察检查和检查隐蔽工程验收记录

膨润土防水材料防水层一般项目检验　　表 5-26

序号	项目	合格质量标准	检验方法
1	膨润土面	膨润土防水毯的织布面或防水板的膨润土面，应朝向工程主体结构的迎水面	观察检查
2	防水层与基层	立面或斜面铺设的膨润土防水材料应上层压在下层，防水层与基层、防水层与防水层之间应紧贴并应平整无折皱	观察检查
3	搭接与收口部位	膨润土防水材料的搭接和收口部位应符合以下要求： a. 膨润土防水材料应采用水泥钉和垫片固定：立面和斜面上的固定间距宜为 400～500mm，平面上应在搭接缝处固定。 b. 膨润土防水材料的搭接宽度应大于 100mm；搭接部位的固定间距宜为 200～300mm，固定点与搭接边缘的距离宜为 25～30mm，搭接处应涂抹膨润土密封膏。平面搭接缝处可干撒膨润土颗粒，其用量宜为 0.3～0.5kg/m。 c. 膨润土防水材料的收口部门应采用金属压条和水泥钉固定，并用膨润土密封膏覆盖	观察和尺量检查
4	搭接宽度允许偏差	膨润土防水材料搭接宽度的允许偏差应为－10mm	观察和尺量检查

第二节　细部构造防水工程的监理

一、施工缝

1. 施工缝对材料的要求

施工缝所用止水带、遇水膨胀止水条或止水胶、水泥基渗透结晶型防水涂料和预埋注浆管必须符合设计要求。

2. 施工缝的监理要点

（1）防水混凝土应连续浇筑，宜少留施工缝，当留设施工缝时，应符合以下规定：①墙体水平施工缝不应留在剪力最大处或底板与侧墙的交接处，应留在高出底板表面不小于300mm的墙体上，拱（板）墙结合的水平施工缝，宜留在拱（板）墙接缝线以下150～300mm处，墙体有预留孔洞时，施工缝距孔洞边缘不应小于300mm；②垂直施工缝应避开地下水和裂隙水较多的地段，并宜与变形缝相结合；③施工缝防水构造形式宜按图5-6～图5-9选用，当采用两种以上构造措施时可进行有效组合。

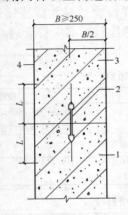

图 5-6　施工缝防水构造（一）
钢板止水带 $L \geqslant 150$；橡胶止水带 $L \geqslant 200$；
钢边橡胶止水带 $L \geqslant 120$；
1—先浇混凝土；2—中埋止水带；
3—后浇混凝土；4—结构迎水面

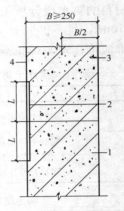

图 5-7　施工缝防水构造（二）
外贴止冰带 $L \geqslant 150$；外涂防水涂料
$L = 200$；外抹防水砂浆 $L = 200$；
1—先浇混凝土；2—外贴止水带；
3—后浇混凝土；4—结构迎水面

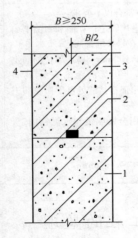

图 5-8　施工缝防水构造（三）
1—先浇混凝土；2—遇水膨胀止水条（胶）；
3—后浇混凝土；4—结构迎水面

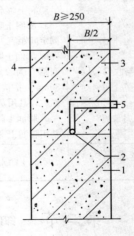

图 5-9　施工缝防水构造（四）
1—先浇混凝土；2—预埋注浆管，3—后浇混凝土；
4—结构迎水面；5—注浆导管

（2）施工缝的施工应符合以下规定：①水平施工缝浇筑混凝土前，应将其表面浮浆和杂物清除，然后铺设净浆或涂刷混凝土界面处理剂、水泥基渗透结晶型防水涂料等材料，再铺30～50mm厚的1：1水泥砂浆，并应及时浇筑混凝土；②垂直施工缝浇筑混凝土前，应将其表面清理干净，再涂刷混凝土界面处理剂或水泥基渗透结晶型防水涂料，并应及时浇筑混凝土；③遇水膨胀止水条（胶）应与接缝表面密贴；④选用的遇水膨胀止水条（胶）应具有缓胀性能，7d的净膨胀率不宜大于最终膨胀率的60％，最终膨胀率宜大于220％；⑤采用中埋式止水带或预埋式注浆管时，应定位准确、固定牢靠。

3. 施工缝的监理验收

施工缝分项工程检验批的检验数量应全数检查，主控项目的检验标准应符合表5-27的规定，一般项目的检验标准应符合表5-28的规定。

施工缝主控项目检验　　　　　　　　　　　　　表 5-27

序号	项目	合格质量标准	检验方法
1	材料要求	施工缝用止水带、遇水膨胀止水条或止水胶、水泥基渗透结晶型防水涂料和预埋注浆管必须符合设计要求	检查产品合格证、产品性能检测报告和材料进场检验报告
2	防水构造	施工缝防水构造必须符合设计要求	观察检查和检查隐蔽工程验收记录

施工缝一般项目检验　　　　　　　　　　　　　表 5-28

序号	项目	合格质量标准	检验方法
1	水平施工缝	墙体水平施工缝应留设在高出底板表面不小于300mm的墙体上。拱、板与墙结合的水平施工缝，宜留在拱、板与墙交接处以下150～300mm处；垂直施工缝应避开地下水和裂隙水较多的地段，并宜与变形缝相结合	观察检查和检查隐蔽工程验收记录
2	抗压强度	在施工缝处继续浇筑混凝土时，已浇筑的混凝土抗压强度不应小于1.2MPa	
3	表面处理	水平施工缝浇筑混凝土前，应将其表面浮浆和杂物清除，然后铺设净浆、涂刷混凝土界面处理剂或水泥基渗透结晶型防水涂料，再铺30～50mm厚的1：1水泥砂浆，并及时浇筑混凝土	
4	垂直施工缝处理	垂直施工缝浇筑混凝土前，应将其表面清理干净，再涂刷混凝土界面处理剂或水泥基渗透结晶型防水涂料，并及时浇筑混凝土	
5	止水带埋设	中埋式止水带及外贴式止水带埋设位置应准确，固定应牢靠	
6	止水条安装	遇水膨胀止水条应具有缓膨胀性能；止水条与施工缝基面应密贴，中间不得有空鼓、脱离等现象；止水条应牢固地安装在缝表面或预留凹槽内；止水条采用搭接连接时，搭接宽度不得小于300mm	
7	止水胶使用	遇水膨胀止水胶应采用专用注胶器挤出粘结在施工缝表面，并做到连续、均匀、饱满、无气泡和孔洞，挤出宽度及厚度应符合设计要求；止水胶挤出成形后，固化期内应采取临时保护措施；止水胶固化前不得浇筑混凝土	
8	注浆管处理	预埋注浆管应设置在施工缝断面中部，注浆管与施工缝基面应密贴并固定牢靠，固定间距宜为200～300mm；注浆导管与注浆管的连接应牢固、严密，导管埋入混凝土内的部分应与结构钢筋绑扎牢固，导管的末端应临时封堵严密	

二、变形缝

变形缝应满足密封防水、适应变形、施工方便、检修容易等要求。用于伸缩的变形缝宜少设，可根据不同的工程结构类别、工程地质情况采用后浇带、加强带、诱导缝等替代措施。变形缝处混凝土结构的厚度不应小于 300mm。

1. 变形缝对材料的要求

（1）变形缝用橡胶止水带的物理性能应符合表 4-10 的要求。

（2）密封材料应采用混凝土建筑接缝用密封胶，不同模量的建筑接缝用密封胶的物理性能应符合表 4-11 的要求。

2. 变形缝的监理要点

（1）中埋式止水带的施工应符合以下规定：①止水带的埋设位置应准确，其中间空心圆环应与变形缝的中心线重合；②止水带应固定，顶、底板内止水带应成盆状安设；③中埋式止水带先施工一侧混凝土时，其端模应支撑牢固，并应严防漏浆；④止水带的接缝宜为一处，应设在边墙较高位置上，不得设在结构转角处，接头宜采用热压焊接；⑤中埋式止水带在转弯处应做成圆弧形，（钢边）橡胶止水带的转角半径不应小于 200mm，转角半径应随止水带的宽度增大而相应加大。

（2）安设于结构内侧的可卸式止水带施工时应符合以下规定：①所需配件应一次配齐；②转角处应做成 45°折角，并应增加紧固件的数量。

（3）变形缝与施工缝均用外贴式止水带（中埋式）时，其相交部位宜采用十字配件（图 5-10），变形缝用外贴式止水带的转角部位宜采用直角配件（图 5-11）。

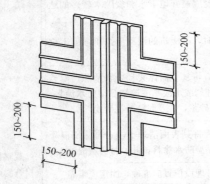

图 5-10　外贴式止水带在施工缝与
变形缝相交处的十字配件

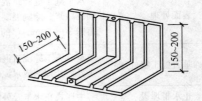

图 5-11　外贴式止水带在转角处
的直角配件

（4）密封材料嵌填施工时，应符合以下的规定：①缝内两侧基面应平整干净、干燥，并应刷涂与密封材料相容的基层处理剂；②嵌缝底部应设置背衬材料；③嵌填应密实连续、饱满，并应粘结牢固。

（5）在缝表面粘贴卷材或涂刷涂料前，应在缝上设置隔离层，卷材防水层、涂料防水层的施工应符合本章第一节三、四的有关规定。

3. 变形缝的监理验收

变形缝分项工程检验批的检验数量应全数检查，主控项目的检验标准应符合表 5-29

的规定，一般项目的检验标准应符合表 5-30 的规定。

变形缝主控项目检验   表 5-29

序号	项目	合格质量标准	检验方法
1	材料要求	变形缝用止水带、填缝材料和密封材料必须符合设计要求	检查产品合格证、产品性能检测报告和材料进场检验报告
2	变形缝构造	变形缝防水构造必须符合设计要求	观察检查和检查隐蔽工程验收记录
3	中埋式止水带埋设位置	中埋式止水带埋设位置应准确，其中间空心圆环与变形缝的中心线应重合	

变形缝一般项目检验   表 5-30

序号	项目	合格质量标准	检验方法
1	中埋式止水带的接缝处置	中埋式止水带的接缝应设在边墙较高位置上，不得设在结构转角处；接头宜采用热压焊接，接缝应平整、牢固，不得有裂口和脱胶现象	观察检查和检查隐蔽工程验收记录
2	中埋式止水带埋设	中埋式止水带在转角处应做成圆弧形；顶板、底板内止水带应安装成盆状，并宜采用专用钢筋套或扁钢固定	
3	外贴式止水带埋设	外贴式止水带在变形缝与施工缝相交部位宜采用十字配件；外贴式止水带在变形缝转角部位宜采用直角配件。止水带埋设位置应准确，固定应牢靠，并与固定止水带的基层密贴，不得出现空鼓、翘边等现象	
4	可卸式止水带埋设	安设于结构内侧的可卸式止水带所需配件应一次配齐，转角处应做成 45°坡角，并增加紧固件的数量	
5	嵌填密封材料	嵌填密封材料的缝内两侧基面应平整、洁净、干燥，并应涂刷基层处理剂；嵌缝底部应设置背衬材料；密封材料嵌填应严密、连续、饱满，粘结牢固	
6	变形缝外表面	变形缝处表面粘贴卷材或涂刷涂料前，应在缝上设置隔离层和加强层	

三、后浇带

后浇带宜用于不允许留设变形缝的工程部位，后浇带应在其两侧混凝土龄期达到 42d 后再施工；高层建筑的后浇带施工应按规定时间进行。后浇带应采用补偿收缩混凝土浇筑，其抗渗和抗压强度等级不应低于两侧混凝土。

1. 后浇带对材料的要求

（1）用于补偿收缩混凝土的水泥、砂、石、拌合水及外加剂、掺合料等应符合本章第一节一（一）的要求。

（2）混凝土膨胀剂的物理性能应符合表 5-31 的要求。

混凝土膨胀剂物理性能 表 5-31

项　目			性能指标
细度	比表面积（m²/kg）		≥250
	0.08mm 筛余（%）		≤12
	1.25mm 筛余（%）		≤0.5
凝结时间	初凝（min）		≥45
	终凝（h）		≤10
限制膨胀率（%）	水中	7d	≥0.025
		28d	≤0.10
	空气中	21d	≥−0.020
抗压强度（MPa）	7d		≥25.0
	28d		≥45.0
抗折强度（MPa）	7d		≥4.5
	28d		≥6.5

2. 后浇带的监理要点

（1）补偿收缩混凝土的配合比除应符合国家标准 GB 50108—2008 第 4.1.16 条的规定外，尚应符合以下要求：①膨胀剂掺量不宜大于 12%；②膨胀剂掺量应以胶凝材料总量的百分比表示。

（2）后浇带混凝土施工前，后浇带部位和外贴式止水带应防止落入杂物和损伤外贴止水带。

（3）后浇带两侧的接缝处理应符合本节一2（2）的规定。

（4）采用膨胀剂拌制补偿收缩混凝土时，应按配合比准确计量。

（5）后浇带混凝土应一次浇筑，不得留设施工缝，混凝土浇筑后应及时养护，养护时间不得少于 28d。

（6）后浇带需超前止水时，后浇带部位的混凝土应局部加厚，并应增设外贴式或中埋式止水带（图 5-12）。

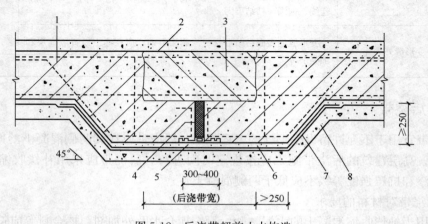

图 5-12　后浇带超前止水构造

1—混凝土结构；2—钢丝网片；3—后浇带；4—填缝材料；

5—外贴式止水带；6—细石混凝土保护层；7—卷材防水层；8—垫层混凝土

3. 后浇带的监理验收

后浇带分项工程检验批的检验数量应全数检查，主控项目的检验标准应符合表 5-32 的规定，一般项目的检验标准应符合表 5-33 的规定。

后浇带主控项目检验　　　　　　　　　　　　　　　表 5-32

序号	项目	合格质量标准	检验方法
1	材料要求	后浇带用遇水膨胀止水条或止水胶、预埋注浆管、外贴式止水带必须符合设计要求	检查产品合格证、产品性能检测报告和材料进场检验报告
2	补偿收缩混凝土原材料及配合比	补偿收缩混凝土的原材料及配合比必须符合设计要求	检查产品合格证、产品性能检测报告、计量措施和材料进场检验报告
3	防水构造	后浇带防水构造必须符合设计要求	观察检查和检查隐蔽工程验收记录
4	抗压强度、抗渗性等	采用掺膨胀剂的补偿收缩混凝土，其抗压强度、抗渗性能和限制膨胀率必须符合设计要求	检查混凝土抗压强度、抗渗性能和水中养护 14d 后的限制膨胀率检验报告

后浇带一般项目检验　　　　　　　　　　　　　　　表 5-33

序号	项目	合格质量标准	检验方法
1	后浇带与外贴式止水带	补偿收缩混凝土浇筑前，后浇带部位和外贴式止水带应采取保护措施	观察检查
2	表面处理	后浇带两侧的接缝表面应先清理干净，再涂刷混凝土界面处理剂或水泥基渗透结晶型防水涂料；后浇混凝土的浇筑时间应符合设计要求	观察检查
3	止水条、止水胶、止水带	遇水膨胀止水条的施工应符合"表 5-28 中序号 6"的规定；遇水膨胀止水胶的施工应符合"表 5-28 中序号 7"的规定；预埋注浆管的施工应符合"表 5-28 中序号 8"的规定；外贴式止水带的施工应符合"表 5-30 中序号 3"的规定	观察检查和检查隐蔽工程验收记录
4	养护时间	后浇带混凝土应一次浇筑，不得留设施工缝；混凝土浇筑后应及时养护，养护时间不得少于 28d	

四、穿墙管

1. 穿墙管对材料的要求

穿墙管所采用的遇水膨胀止水条和密封材料必须符合设计的要求。

2. 穿墙管的监理要点

（1）穿墙管（盒）应在浇筑混凝土前进行预埋。

（2）穿墙管与内墙角、凹凸部位的距离应大于 250mm。

（3）结构变形或管道伸缩量较小时，穿墙管可采用主管直接埋入混凝土内的固定式防水法，主管应加焊止水环或环绕遇水膨胀止水圈，并应在迎水面预留凹槽，槽内应采用密封材料嵌填密实。其防水构造形式宜采用图 5-13 和图 5-14 的构造。

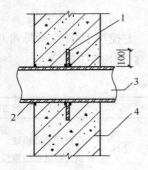

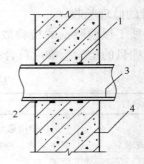

图 5-13 固定式穿墙管
防水构造（一）

1—止水环；2—密封材料；
3—主管；4—混凝土结构

图 5-14 固定式穿墙管防水
构造（二）

1—遇水膨胀止水圈；2—密封材料；
3—主管；4—混凝土结构

（4）结构变形或管道伸缩量较大或有更换要求时，应采用套管式防水法，套管应加焊止水环（图 5-15）。

（5）穿墙管防水施工应符合以下要求：①金属止水环应与主管或套管满焊密实，采用套管式穿墙防水构造时，翼环与套管应满焊密实，并应在施工前将套管内表面清理干净；②相邻穿墙管间的间距应大于 300mm；③采用遇水膨胀止水圈的穿墙管，管径宜小于50mm，止水圈应采用胶粘剂满粘固定于管上，并应涂缓胀剂或采用缓胀型遇水膨胀止水圈。

（6）穿墙管线较多时，宜相对集中，并应采用穿墙盒方法，穿墙盒的封口钢板应与墙上的预埋角钢焊严，并应从钢板上的预留浇注孔注入柔性密封材料或细石混凝土（图 5-16）。

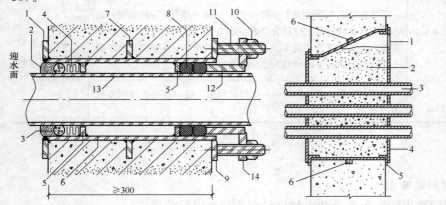

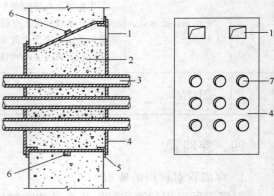

图 5-15 套管式穿墙管防水构造

1—翼环；2—密封材料；3—背衬材料；
4—充填材料；5—挡圈；6—套管；
7—止水环；8—橡胶圈；9—翼盘；
10—螺母；11—双头螺栓；12—短管；
13—主管；14—法兰盘

图 5-16 穿墙群管防水构造

1—浇筑孔；2—柔性材料或细石混凝土；
3—穿墙管；4—封口钢板；5—固定角钢；
6—遇水膨胀止水条；7—预留孔

（7）当工程有防护要求时，穿墙管除应采取防水措施外，尚应采取满足防护要求的措施。

（8）穿墙管伸出外墙的部位，应采取防止回填时将管体损坏的措施。

3. 穿墙管的监理验收

穿墙管分项工程检验批的检验数量应全数检查，主控项目的检验标准应符合表 5-34 的规定，一般项目的检验标准应符合表 5-35 的规定。

穿墙管主控项目检验　　　　　　　　　　表 5-34

序号	项目	合格质量标准	检验方法
1	材料要求	穿墙管用遇水膨胀止水条和密封材料必须符合设计要求	检查产品合格证、产品性能检测报告和材料进场检验报告
2	防水构造	穿墙管防水构造必须符合设计要求	观察检查和检查隐蔽工程验收记录

穿墙管一般项目检验　　　　　　　　　　表 5-35

序号	项目	合格质量标准	检验方法
1	固定式穿墙管	固定式穿墙管应加焊止水环或环绕遇水膨胀止水圈，并作好防腐处理；穿墙管应在主体结构迎水面预留凹槽，槽内应用密封材料嵌填密实	观察检查和检查隐蔽工程验收记录
2	套管式穿墙管	套管式穿墙管的套管与止水环及翼环应连续满焊，并作好防腐处理；套管内表面应清理干净，穿墙管与套管之间应用密封材料和橡胶密封圈进行密封处理，并采用法兰盘及螺栓进行固定	
3	焊接质量	穿墙盒的封口钢板与混凝土结构墙上预埋的角钢应焊严，并从钢板上的预留浇注孔注入改性沥青密封材料或细石混凝土，封填后将浇注孔口用钢板焊接封闭	
4	加强层	当主体结构迎水面有柔性防水层时，防水层与穿墙管连接处应增设加强层	
5	密封材料	密封材料嵌填应密实、连续、饱满，粘结牢固	

五、埋设件

1. 埋设件的监理要点

（1）结构上的埋设件应采用预埋或预留孔（槽）等。

（2）埋设件端部或预留孔（槽）底部的混凝土厚度不得小于 250mm，当厚度小于 250mm 时，应采取局部加厚或其他防水措施（图 5-17）。

（3）预留孔（槽）内的防水层，宜与孔（槽）外的结构防水层保持连续。

2. 埋设件的监理验收

埋设件分项工程检验批的检验数量应全数检查，主控项目的检验标准应符合表 5-36 的规定，一般项目的检验标准应符合表 5-37 的规定。

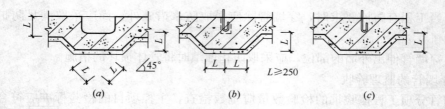

图 5-17　预埋件或预留孔（槽）处理

（*a*）预留槽；（*b*）预留孔；（*c*）预埋件

埋设件主控项目检验　　　　　　　　　　　　　表 5-36

序号	项目	合格质量标准	检验方法
1	材料要求	埋设件用密封材料必须符合设计要求	检查产品合格证、产品性能检测报告、材料进场检验报告
2	防水构造	埋设件防水构造必须符合设计要求	观察检查和检验隐蔽工程验收记录

埋设件一般项目检验　　　　　　　　　　　　　表 5-37

序号	项目	合格质量标准	检验方法
1	防腐处理	埋设件应位置准确，固定牢靠；埋设件应进行防腐处理	观察、尺量和手扳检查
2	混凝土厚度	埋设件端部或预留孔、槽底部的混凝土厚度不得小于250mm；当混凝土厚度小于250mm时，应局部加厚或采取其他防水措施	尺量检查和检查隐蔽工程验收记录
3	预留凹槽	结构迎水面的埋设件周围应预留凹槽，凹槽内应用密封材料填实	观察检查和检查隐蔽工程验收记录
4	螺栓与凹槽处理	用于固定模板的螺栓必须穿过混凝土结构时，可采用工具式螺栓或螺栓加堵头，螺栓上应加焊止水环。拆模后留下的凹槽应用密封材料封堵密实，并用聚合物水泥砂浆找平	观察检查和检查隐蔽工程验收记录
5	防水层之间处理	预留孔、槽内的防水层应与主体防水层保持连续	
6	密封材料	密封材料嵌填应密实、连续、饱满，粘结牢固	

六、预留通道接头

1. 预留通道接头对材料的要求

预留通道接头所用中埋式止水带、遇水膨胀止水条或止水胶、预埋注浆管、密封材料和可卸式止水带必须符合设计要求。

2. 预留通道接头的监理要点

（1）预留通道接头处的最大沉降差值不得大于 30mm。

（2）预留通道接头应采取变形缝防水构造形式（图 5-18 和图 5-19）。

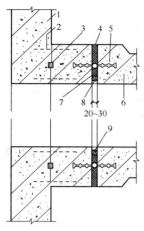
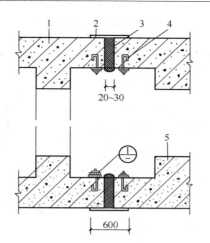
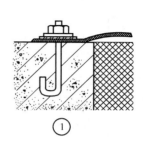

图 5-18 预留通道接头
防水构造 （一）

1—先浇混凝土结构；2—连接钢筋；
3—遇水膨胀止水条（胶）；4—填缝
材料；5—中埋式止水带；6—后浇
混凝土结构；7—遇水膨胀橡胶条
（胶）；8—密封材料；9—填充材料

图 5-19 预留通道接头防水构造 （二）
1—先浇混凝土结构；2—防水涂料；
3—填缝材料；4—可卸式止水带；
5—后浇混凝土结构

（3）预留通道接头的防水施工应符合以下规定：①中埋式止水带、遇水膨胀橡胶条（胶）、预埋注浆管、密封材料、可卸式止水带的施工应符合本节二的有关规定；②预留通道先施工部位的混凝土、中埋式止水带和防水相关的预埋件等应及时保护，并应确保端部表面混凝土和中埋式止水带清洁，埋设件不得锈蚀；③采用图 5-18 的防水构造时，在接头混凝土施工前应将先浇混凝土端部表面凿毛，露出钢筋或预埋的钢筋接驳器钢板，与待浇混凝土部位的钢筋焊接或连接好后再行浇筑；④当先浇混凝土中未预埋可卸式止水带的预埋螺栓时，可选用金属或尼龙的膨胀螺栓固定可卸式止水带。采用金属膨胀螺栓时，可选用不锈钢材料或用金属涂膜、环氧涂料等涂层进行防锈处理。

3. 预留通道接头的监理验收

预留通道接头分项工程检验批的检验数量应全数检查，主控项目的检验标准应符合表5-38 的规定；一般项目的检验标准应符合表 5-39 的规定。

预留通道接头主控项目检验 　　　　　　表 5-38

序号	项目	合格质量标准	检验方法
1	材料要求	预留通道接头用中埋式止水带、遇水膨胀止水条或止水胶、预埋注浆管、密封材料和可卸式止水带必须符合设计要求	检查产品合格证、产品性能检测报告、材料进场检验报告
2	防水构造	预留通道接头防水构造必须符合设计要求	观察检查和检查隐蔽工程验收记录
3	中埋式止水带埋设位置	中埋式止水带埋设位置应准确，其中间空心圆环与通道接头中心线应重合	

预留通道接头一般项目检验 表 5-39

序号	项目	合格质量标准	检验方法
1	防锈处理	预留通道先浇混凝土结构、中埋式止水带和预埋件应及时保护，预埋件应进行防锈处理	观察检查
2	止水条、止水胶预埋注浆管	遇水膨胀止水条的施工应符合"表 5-28 中序号 6"的规定；遇水膨胀止水胶的施工应符合"表 5-28 中序号 7"的规定；预埋注浆管的施工应符合"表 5-28 中序号 8"的规定	观察检查和检查隐蔽工程验收记录
3	密封材料	密封材料嵌填应密实、连续、饱满，粘结牢固	
4	螺栓处理	用膨胀螺栓固定可卸式止水带时，止水带与紧固件压块以及止水带与基面之间应结合紧密。采用金属膨胀螺栓时，应选用不锈钢材料或进行防锈处理	
5	保护墙	预留通道接头外部应设保护墙	

七、桩头

1. 桩头对材料的要求

桩头用聚合物水泥防水砂浆、水泥基渗透结晶型防水涂料、遇水膨胀止水条或止水胶以及密封材料必须符合设计要求。

桩头所用的防水材料应具有良好的粘结性、湿固化性。

2. 桩头的监理要点

（1）桩头的防水构造形式应符合图 5-20 和图 5-21 的规定。

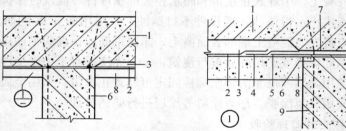

图 5-20　桩头防水构造（一）

1—结构底板；2—底板防水层；3—细石混凝土保护层；4—防水层；5—水泥基渗透结晶型防水涂料；6—桩基受力筋；7—遇水膨胀止水条（胶）；8—混凝土垫层；9—桩基混凝土

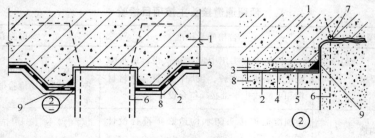

图 5-21　桩头防水构造（二）

1—结构底板；2—底板防水层；3—细石混凝土保护层；4—聚合物水泥防水砂浆；5—水泥基渗透结晶型防水涂料；6—桩基受力筋；7—遇水膨胀止水条（胶）；8—混凝土垫层；9—密封材料

（2）桩头防水材料应与垫层防水层连为一体。

（3）桩头防水施工应符合以下规定：①应按设计要求将桩顶剔凿至混凝土密实处，并应清洗干净；②破桩后如发现渗漏水，应及时采取堵漏措施；③涂刷水泥基渗透结晶型防水涂料时，应连续、均匀，不得少涂或漏涂，并应及时进行养护；④采用其他防水材料时，基面应符合施工要求；⑤应对遇水膨胀止水条（胶）进行保护。

3. 桩头的监理验收

桩头分项工程检验批的检验数量应全数检查，主要项目的检验标准应符合表 5-40 的规定，一般项目的检验标准应符合表 5-41 的规定。

桩头主控项目检验　　　　　　　　　　　　　　　　　　　表 5-40

序号	项目	合格质量标准	检验方法
1	材料要求	桩头用聚合物水泥防水砂浆、水泥基渗透结晶型防水涂料、遇水膨胀止水条或止水胶和密封材料必须符合设计要求	检查产品合格证、产品性能检测报告和材料进场检验报告
2	防水构造	桩头防水构造必须符合设计要求	观察检查和检查隐蔽工程验收记录
3	密封处理	桩头混凝土应密实，如发现渗漏水应及时采取封堵措施	

桩头一般项目检验　　　　　　　　　　　　　　　　　　　表 5-41

序号	项目	合格质量标准	检验方法
1	裸露处和桩头处理	桩头顶面和侧面裸露处应涂刷水泥基渗透结晶型防水涂料，并延伸到结构底板垫层 150mm 处；桩头四周 300mm 范围内应抹聚合物水泥防水砂浆过渡层	观察检查和检查隐蔽工程验收记录
2	接缝处理	结构底板防水层应做在聚合物水泥防水砂浆过渡层上并延伸至桩头侧壁，其与桩头侧壁接缝处应采用密封材料嵌填	
3	受力钢筋根部处理	桩头的受力钢筋根部应采用遇水膨胀止水条或止水胶，并应采取保护措施	
4	止水条、止水胶	遇水膨胀止水条的施工应符合"表 5-28 中序号 6"的规定；遇水膨胀止水胶的施工应符合"表 5-28 中序号 7"的规定	
5	密封材料	密封材料嵌填应密实、连续、饱满、粘结牢固	

八、孔口

1. 孔口对材料的要求

孔口所用的防水卷材、防水涂料和密封材料必须符合设计要求。

2. 孔口的监理要点

（1）地下工程通向地面的各种类型的孔口均应采取防止地面水倒灌的措施，人员出入口高出地面的高度宜为 500mm，汽车出入口设置明沟排水时，其高度宜为 150mm，并应采取防雨措施。

（2）窗井的底部在最高地下水位以上时，窗井的底板和墙应做防水处理，并宜与主体

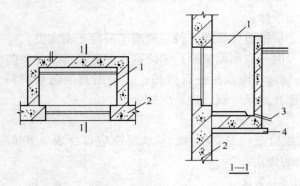

图 5-22　窗井防水构造（一）

1—窗井；2—主体结构；3—排水管；4—垫层

井窗下缘离室外地面高度不得小于 500mm。

结构断开（图 5-22）。

（3）窗井或窗井的一部分在最高地下水位以下时，窗井应与主体结构连成整体，其防水层也应连成整体，并应在窗井内设置集水井（图 5-23）。

（4）无论地下水位高低，窗台下部的墙体和底板均应做防水层。

（5）窗井内的底板，应低于窗下缘300mm，窗井墙高出地面不得小于500mm。窗井外地面应做散水，散水与墙面间应采用密封材料嵌填。

（6）通风口应与窗井同样处理，竖

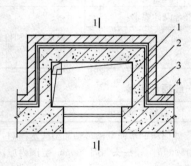
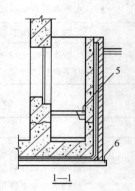

图 5-23　窗井防水构造（二）

1—窗井；2—防水层；3—主体结构；
4—防水层保护层；5—集水井；6—垫层

3. 孔口的监理验收

孔口分项工程检验批的检验数量应全数检查，主控项目的检验标准应符合表 5-42 的规定，一般项目的检验标准应符合表 5-43 的规定。

孔口主控项目检验　　　　　　　　　　　　　　　　表 5-42

序号	项目	合格质量标准	检验方法
1	材料要求	孔口用防水卷材、防水涂料和密封材料必须符合设计要求	检查产品合格证、产品性能检测报告、材料进场检验报告
2	防水构造	孔口防水构造必须符合设计要求	观察检查和检查隐蔽工程验收记录

孔口一般项目检验　　　　　　　　　　　　　　　　表 5-43

序号	项目	合格质量标准	检验方法
1	防雨措施	人员出入口高出地面不应小于 500mm，汽车出入口设置明沟排水时，其高出地面宜为 150mm，并应采取防雨措施	观察和尺量检查

序号	项目	合格质量标准	检验方法
2	防水处理	窗井的底部在最高地下水位以上时，窗井的墙体和底板应作防水处理，并宜与主体结构断开。窗井下部的墙体和底板应做防水层	观察检查和检查隐蔽工程验收记录
3	窗井设置	窗井或窗井的一部分在最高地下水位以下时，窗井应与主体结构连成整体，其防水层也应连成整体，并应在窗井内设置集水井。窗台下部的墙体和底板应做防水层	
4	散水设置	窗井内的底板应低于窗下缘 300mm。窗井墙高出室外地面不得小于 500mm；窗井外地面应做散水，散水与墙面间应采用密封材料嵌填	
5	密封材料	密封材料嵌填应密实、连续、饱满，粘结牢固	

九、坑、池

1. 坑、池的监理要点

（1）坑、地、储水库宜采用防水混凝土整体浇筑，内部应设防水层，受振动作用时应设柔性防水层。

（2）底板以下的坑、池，其局部底板应相应降低，并应使防水层保持连续（图 5-24）。

2. 坑、池的监理验收

坑、池分项工程检验批的检验数量应全数检查，主控项目的检验标准应符合表 5-44 的规定，一般项目的检验标准应符合表 5-45 的规定。

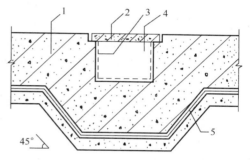

图 5-24 底板下坑、池的防水构造
1—底板；2—盖板；3—坑、池防水层；
4—坑、池；5—主体结构防水层

坑、池、储水库主控项目检验 表 5-44

序号	项目	合格质量标准	检验方法
1	原材料、配合比、坍落度要求	坑、池防水混凝土的原材料、配合比及坍落度必须符合设计要求	检查产品合格证、产品性能检测报告、计量措施和材料进场检验报告
2	防水构造	坑、池防水构造必须符合设计要求	观察检查和检查隐蔽工程验收记录
3	蓄水试验	坑、池、储水库内部防水层完成后，应进行蓄水试验	观察检查和检查蓄水试验记录

坑、池、储水库一般项目检验 表 5-45

序号	项目	合格质量标准	检验方法
1	表面处理	坑、池、储水库宜采用防水混凝土整体浇筑，混凝土表面应坚实、平整，不得有露筋、蜂窝和裂缝等缺陷	观察检查和检查隐蔽工程验收记录

序号	项目	合格质量标准	检验方法
2	混凝土的厚度	坑、池底板的混凝土厚度不应小于250mm；当底板的厚度小于250mm时，应采取局部加厚措施，并应使防水层保持连续	观察检查和检查隐蔽工程验收记录
3	养护处理	坑、池施工完后，应及时遮盖和防止杂物堵塞	观察检查

第三节   特殊施工法结构防水工程的监理

一、锚喷支护

在地下建筑工程中，采用锚杆、喷射混凝土、钢筋网喷射混凝土、锚杆喷射混凝土和锚杆钢筋网喷射混凝土等材料来加固洞室围岩的一类支护方式，统称为锚杆支护结构或喷锚支护结构。锚喷支护实际上可分为两大部分：其一是喷混凝土；其二是设置锚杆。在洞室开挖之后，在岩石表面进行清洗，然后立即喷上一层混凝土，以防止其围岩过分松动，若这层混凝土尚不足以支护围岩，则应根据具体情况及时加设锚杆或再加厚混凝土的喷层。

锚喷支护适用于暗挖法地下工程的支护结构以及复合式衬砌的初期支护。

1. 锚喷支护对原材料的要求

(1) 喷射混凝土所用的原材料应符合下列规定：①选用普通硅酸盐水泥或硅酸盐水泥；②中砂或粗砂的细度模数宜大于2.5，含泥量不应大于3.0%；干法喷射时，含水率宜为5%～7%；③采用卵石或碎石，粒径不应大于15mm，含泥量不应大于1.0%；使用碱性速凝剂时，不得使用含有活性二氧化硅的石料；④不含有害物质的洁净水；⑤速凝剂的初凝时间不应大于5min，终凝时间不应大于10min。

(2) 混合料必须计量准确，搅拌均匀，并应符合以下规定：①水泥与砂石的质量比宜为1∶4～1∶4.5，砂率宜为45%～55%，水胶比不得大于0.45，外加剂和外掺料的掺量应通过试验确定；②水泥和速凝剂称量允许偏差均为±2%，砂、石称量允许偏差均为±3%；③混合料在运输和存放过程中应严防受潮，存放时间不应超过2h；当掺入速凝剂时，存放时间不应超过20min。

(3) 喷射混凝土试件制作的组数应符合以下规定：①地下铁道工程应按区间或小于区间断面的结构，每20延米拱和墙各取抗压试件一组，车站取抗压试件两组，其他工程应按每喷射50m³ 同一配合比的混合料或混合料小于50m³ 的独立工程取抗压试件一组；②地下铁道工程应按区间结构每40延米取抗渗试件一组，车站每20延米取抗渗试件一组，其他工程当设计有抗渗要求时，则可增做抗渗性能试验。

(4) 锚杆必须进行抗拔力试验，同一批锚杆每100根应取一组试件，每组3根，不足100根也取3根，同一批试件抗拔力平均值不应小于设计锚固力，且同一批试件抗拔力的最小值不应小于设计锚固力的90%。

2. 锚杆支护的监理要点

锚杆支护的监理要点如下：

（1）在喷射混凝土施工前，应根据围岩裂隙及渗漏水的具体情况，预先采用引排或注浆堵水，若采用引排措施时，应采用耐侵蚀、耐久性好的塑料丝盲沟或弹塑性软式导水管等导水材料。

（2）锚喷支护用作工程内衬墙时，应符合以下规定：①宜用于防水等级为三级的工程；②喷射混凝土宜掺入速凝剂、膨胀剂或者复合型外加剂、钢纤维与合成纤维等材料，其品种及掺量应通过试验确定；③喷射混凝土的厚度应大于 80mm，对地下工程变截面及轴线转折点的阳角部位，则应增加 50mm 以上厚度的喷射混凝土；④喷射混凝土设置预埋件时，应采取防水处理；⑤喷射混凝土终凝 2h 后，应喷水养护，养护时间不得少于 14d，当气温低于 5℃时，不得喷水养护。

（3）锚喷支护作为复合衬砌的一部分时，其应符合以下规定：①宜用于防水等级为一、二级工程的初期支护；②锚喷支护的施工应符合本节一 2（2）中②～⑤的规定。

（4）锚喷支护、塑料防水板、防水混凝土内衬的复合式衬砌，应根据工程情况选用，也可将锚喷支护和离壁式衬砌，衬套结合使用。

3. 锚喷支护的监理验收

锚喷支护分项工程检验批的抽样检验数量，应按区间或者小于区间断面的结构每 20 延米抽查 1 处，车站每 10 延米抽查 1 处，每处 10m²，且不得少于 3 处。其主控项目的检验标准应符合表 5-46 的规定，一般项目的检验标准应符合表 5-47 的规定。

锚喷支护主控项目检验　　　　　　　　　　　　　表 5-46

序号	项目	合格质量标准	检验方法
1	原材料要求	喷射混凝土所用原材料、混合料配合比以及钢筋网、锚杆、钢拱架等必须符合设计要求	检查产品合格证、产品性能检测报告、计量措施和材料进场检验报告
2	混凝土抗压、抗渗、抗拔	喷射混凝土抗压强度、抗渗性能及锚杆抗拔力必须符合设计要求	检查混凝土抗压强度、抗渗性能检验报告和锚杆抗拔力检验报告
3	渗漏水量	锚杆支护的渗漏水量必须符合设计要求	观察检查和检查渗漏水检测记录

锚喷支护一般项目检验　　　　　　　　　　　　　表 5-47

序号	项目	合格质量标准	检验方法
1	喷层与围岩粘结	喷层与围岩及喷层之间应粘结紧密，不得有空鼓现象	用小锤轻击检查
2	喷层厚度	喷层厚度有 60% 以上检查点，不应小于设计厚度，最小厚度不得小于设计厚度的 50%，且平均厚度不得小于设计厚度	用针探法或凿孔法检查
3	表面质量	喷射混凝土应密实、平整，无裂缝、脱落、漏喷、露筋	观察检查
4	表面平整度	喷射混凝土表面平整度 D/L 不得大于 1/6	尺量检查

二、地下连续墙

地下连续墙适用于地下工程的主体结构、支护结构以及复合式衬砌的初期支护。地下连续墙的防水主要是指在地下工程和基础工程中采用钢筋混凝土地下连续墙的形式进行截水及防水。

1. 地下连续墙对原材料的要求

地下连续墙对原材料的要求如下：

（1）地下连续墙应采用防水混凝土，其胶凝材料的用量不应小于400kg/m³，水胶比不得大于0.55，坍落度不得小于180mm。

（2）地下连续墙在施工时，混凝土应按照每一个单元槽留置一组抗压试件，每5个槽段留置一组抗渗试件。

2. 地下连续墙的监理要点

地下连续墙的监理要点如下：

（1）叠合式侧墙的地下连续墙与内衬结构连接处，应凿毛并清洗干净，必要时应做特殊防水处理。

（2）地下连续墙应根据工程的要求和施工条件划分单元槽段，并宜减少模段的数量，地下连续墙墙体幅间接缝应避开拐角部位。

（3）当地下连续墙用作主体结构时，应符合以下规定：①单层地下连续墙不应直接用于防水等级为一级的地下工程墙体，用于地下工程墙体时，应使用高分子聚合物泥浆护壁材料；②墙的厚度宜大于600mm；③应根据地质条件选择护壁泥浆以及配合比，若遇到地下水含盐或受到化学污染时，其泥浆的配合比应进行调整；④单元槽段整修后墙平整度的允许偏差不宜大于50mm；⑤在浇筑混凝土前应清槽、置换泥浆和清除沉渣，沉渣的厚度不应大于100mm，并应将接缝面的泥皮、杂物清理干净；⑥钢筋笼浸泡泥浆时间不应超过10h，钢筋保护层其厚度不应小于70min；⑦幅间接缝应采用工字钢或者十字钢板接头，锁口管应能承受混凝土浇筑时的侧压力，浇筑混凝土时不得发生位移和混凝土绕管；⑧胶泥材料用量不得少于400kg/m³，水胶比应小于0.55，坍落度不得小于180mm，石子粒径不宜大于导管直径的1/8，浇筑导管埋入混凝土深度宜为1.5～3m，在槽段端部的浇筑导管与端部的距离宜为1～1.5m，混凝土浇筑应连续进行，冬期施工时应采取保温措施，墙顶混凝土未达到设计强度50%时，不得受冻；⑨支撑的预埋件应设置止水片或遇水膨胀止水条（胶），支撑部位及墙体的裂缝、孔洞等缺陷应采用防水砂浆及时修补；墙体幅间的接缝如有渗漏，应采用注浆、嵌填弹性密封材料等进行防水处理，并应采取引排措施；⑩底板混凝土应达到设计强度后方可停止降水，并应将降水井封堵密实；⑪墙体与工程顶板、底板、中楼板的连接处均应凿毛，并清洗干净，同时应设置1～2道遇水膨胀止水条（胶），接驳器处宜喷涂水泥基渗透结晶型防水涂料或者涂抹聚合物水泥防水砂浆。

（4）地下连续墙与内衬构成的复合式衬砌，应符合以下规定：①应用作防水等级为一、二级的工程；②应根据基坑的基础形式、支护方式、内衬构造特点选择防水层；③墙体施工应符合本节二2（3）③～⑩的规定，并应按照设计规定对墙面、墙缝渗漏水进行处理，并应在基面找平满足设计要求后施工防水层及浇筑内衬混凝土；④内衬墙应采用防水混凝土浇筑，施工缝、变形缝和诱导缝的防水措施应按表5-3要求选用，并应与地下连续墙墙缝互相错开，施工要求应符合防水混凝土和变形缝的有关规定。

（5）地下连续墙作为围护并与内衬墙构成叠合结构时，其抗渗等级要求可比《地下工程防水技术规范》GB 50108 第 4.1.4 条规定的抗渗等级降低一级；地下连续墙与内衬墙构成分离式结构时，可不要求地下连续墙的混凝土抗渗等级。

（6）地下连续墙如有裂缝、孔洞、露筋等缺陷，应采用聚合物水泥砂浆进行修补；地下连续墙槽段接缝如有渗漏，则应采用引排或注浆封堵。

3. 地下连续墙的监理验收

地下连续墙分项工程检验批的抽样检验数量，应按每连续 5 个槽段抽查 1 个槽段，且不得少于 3 个槽段。其主控项目的检验标准应符合表 5-48 的规定，一般项目的检验标准应符合表 5-49 的规定。

地下连续墙主控项目检验 表 5-48

序号	项目	合格质量标准	检验方法
1	原材料质量及配合比要求	防水混凝土的原材料、配合比以及坍落度必须符合设计要求	检查产品合格证、产品性能检测报告、计量措施和材料进场检验报告
2	混凝土抗压、防渗试件	防水混凝土的抗压强度和抗渗性能必须符合设计要求	检查混凝土抗压强度、抗渗性能检验报告
3	渗漏水量	地下连续墙的渗漏水量必须符合设计要求	观察检查和检查渗漏水检测记录

地下连续墙一般项目检验 表 5-49

序号	项目	合格质量标准	检验方法
1	接缝处理	地下连续墙的槽段接缝构造应符合设计要求	观察检查和检查隐蔽工程验收记录
2	墙面露筋	地下连续墙墙面不得有露筋、露石和夹泥现象	观察检查
3	表面平整度允许偏差	地下连续墙墙体表面平整度，临时支护墙体允许偏差为 50mm，单一或复合墙体允许偏差为 30mm	尺量检查

三、盾构法隧道

盾构法施工是指采用盾构机械在地面以下软土层中进行暗挖隧道的一种全机械化暗挖法施工方法。盾构隧道适用于在软土和软岩土中采用盾构掘进和拼装管片方法修建的衬砌结构，采用盾构法可以修建水底隧道、公路隧道、地下铁道等。盾构法施工的隧道，宜采用钢筋混凝土管片、复合管片等装配式衬砌或现浇混凝土衬砌，衬砌管片应采用防水混凝土制作，当隧道处于侵蚀性介质的地层时，应采取相应的耐侵蚀混凝土或外涂耐侵蚀的外防水涂层的措施，当处于严重腐蚀地层时，可同时采取耐侵蚀混凝土和外涂耐侵蚀的外防水涂层措施。不同防水等级的盾构隧道衬砌防水措施应符合表 5-50 的要求。

不同防水等级盾构隧道的衬砌防水措施　　　表 5-50

防水措施 防水等级（措施选择）	高精度管片	接缝防水				混凝土内衬或其他内衬	外防水涂料
		密封垫	嵌缝	注入密封剂	螺孔密封圈		
一级	必选	必选	全隧道或部分区段应选	可选	必选	宜选	对混凝土有中等以上腐蚀的地层应选，在非腐蚀地层宜选
二级	必选	必选	部分区段宜选	可选	必选	局部宜选	对混凝土有中等以上腐蚀的地层宜选
三级	应选	必选	部分区段宜选	—	应选	—	对混凝土有中等以上腐蚀的地层宜选
四级	可选	宜选	可选				

1. 盾构法隧道对原材料的要求

钢筋混凝土管片应采用高精度钢模制作，钢模宽度及弧、弦长允许偏差宜为 ±0.4mm。

钢筋混凝土管片的质量应符合以下规定：①管片混凝土抗压强度和抗渗性能以及混凝土氯离子扩散系数均应符合设计要求；②管片不应有露筋、孔洞、疏松、夹渣、有害裂缝、缺棱掉角、飞边等缺陷；③单块管片制作尺寸的允许偏差应符合下列规定：宽度应为：±1mm；弧长、弦长应为：±1mm；厚度应为：+3mm，−1mm。

弹性橡胶密封垫材料、遇水膨胀橡胶密封垫胶料的物理性能应符合表 4-14 和表 4-15 的规定。

2. 盾构法隧道防水的监理要点

（1）钢筋混凝土管片防水混凝土的抗渗等级应符合《地下工程防水技术规范》GB 50108—2008 国家标准表 4.1.4 的规定，且不得小于 P8。管片应进行混凝土氯离子扩散系数或混凝土渗透系数的检测，并宜进行管片的单块抗渗检漏。

①钢筋混凝土管片抗压和抗渗试件的制作应符合以下规定：①直径 8m 以下的隧道，同一配合比按每生产 10 环制作抗压试件一组，每生产 30 环制作抗渗试件一组；②直径 8m 以上的隧道，同一配合比按每工作台班制作抗压试件一组，每生产 10 环制作抗渗试件一组。

②钢筋混凝土管片的单块抗渗检漏应符合以下规定：①检验数量：管片每生产 100 环应抽查 1 块管片进行检漏测试，连续 3 块达到检漏标准，则改为每生产 200 环抽查 1 块管片，再连续 3 次达到检验标准，按最终检测频率为 400 环抽查 1 块管片进行检漏测试；如出现一次不达标，则恢复每 100 环抽查 1 块管片的最初检漏频率，再按上述要求进行抽验；当检漏频率为每 100 环抽查 1 块时，如出现不达标，则应双倍复检，如再出现不达标时，则必须逐块检漏。②检漏标准：管片外表在 0.8MPa 水压力下，恒压 3h，渗水进入管片外背高度不超过 50mm 为合格。

（2）钢筋混凝土管片的拼装应符合下列规定：①钢筋混凝土管片经验收合格后，方可运至施工现场，拼装前应编号并进行防水处理；②钢筋混凝土管片拼装顺序应先就位底部管片，然后自上而上左右交叉进行安装，每环相邻管片应均布摆匀并控制环面的平整度和封口尺寸，最后插入封顶管片成环；③管片拼装后螺栓应拧紧，环向及纵向螺栓应全部穿进。

（3）钢筋混凝土管片的接缝防水应符合下列规定：

① 管片至少应设置一道密封垫沟槽，接缝密封垫宜选择具有合理的构造形式，良好的弹性或遇水膨胀性、耐久性、耐水性的橡胶类材料，其外形应与沟槽相匹配。

弹性橡胶密封垫材料、遇水膨胀橡胶密封垫胶料等管片接缝密封垫应被完全压入密封垫沟槽内，密封垫沟槽的截面积应大于或等于密封垫的截面积，其关系宜符合下式：

$$A = (1 \sim 1.15)A_0 \tag{5-1}$$

式中　　A——密封垫沟槽截面积；

　　　　A_0——密封垫截面积。

管片接缝密封垫应满足在计算的接缝最大张开量和估算的错位量下，埋深水头的 $2 \sim 3$ 倍水压下不渗漏的技术要求；重要工程中选用的接缝密封垫，应进行一字缝或十字缝水密性的试验检测。

盾构隧道衬砌的管片密封垫防水应符合以下规定：①密封垫沟槽表面应干燥、无灰尘，雨天不得进行密封垫粘贴施工；②密封垫应与沟槽紧密贴合，粘贴牢固、平整严密、位置正确，不得有起鼓、超长和缺口现象；③在管片拼装之前，应逐块对粘贴的密封垫进行检查，密封垫粘贴完毕并达到规定强度后，方可进行管片拼装；④采用遇水膨胀橡胶密封垫时，非粘贴面应涂刷缓膨胀剂或采取符合缓膨胀的措施；⑤管片在拼装时不得损坏密封垫，若有嵌缝防水要求的，应在隧道基本稳定之后进行。

② 盾构法隧道衬砌的管片嵌缝材料防水应符合以下规定：a. 应根据盾构施工方法和隧道的稳定性，确定嵌缝作业开始的时间；b. 在管片内侧环纵向边沿设置嵌缝槽，其深宽比不应小于 2.5，槽深宜为 $25 \sim 55 \mathrm{mm}$，单面槽宽宜为 $5 \sim 10 \mathrm{mm}$，嵌缝槽断面构造形状应符合图 5-25 的规定，嵌缝槽表面应坚实、平整、洁净、干燥；c. 嵌缝材料应具有良好的不透水性、潮湿基面粘结性、耐久性、弹性和抗下坠性；d. 应根据隧道使用功能和表5-50 中的防水等级要求，确定嵌缝作业区的

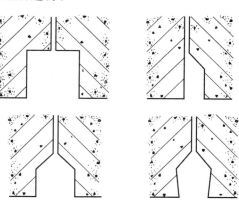

图 5-25　管片嵌缝槽断面构造形式

范围与嵌填嵌缝槽的部位，并采取嵌缝堵水或引排水措施；e. 嵌缝防水施工应在盾构千斤顶顶力影响范围外进行；f. 嵌缝作业应在接缝堵漏和无明显渗水后进行，嵌缝槽表面混凝土如有缺损，应采用与管片混凝土强度等级相同或超过混凝土本体的聚合物水泥砂浆或特种水泥修补，嵌缝材料嵌填时，应先刷涂基层处理剂，嵌填应密实平整。

③ 盾构隧道衬砌的管片密封剂防水应符合以下规定：a. 接缝管片渗漏时，应采用密封剂堵漏；b. 密封剂的注入口应无缺损，其注入通道应畅通；c. 在密封剂材料注入施工

前，应采取控制注入范围的措施。

④ 盾构隧道衬砌的管片拼装接缝连接螺栓孔之间应按设计加设螺孔密封圈。其防水应符合以下规定：a. 管片肋腔的螺孔口应设置锥形倒角的螺孔密封圈构槽；h. 螺孔密封圈的外形应与沟槽相匹配，并应有利于压密止水或膨胀止水，在满足止水的要求下，螺孔密封圈的断面宜小，螺孔密封圈应为合成橡胶或遇水膨胀橡胶类制品，其技术性能指标应符合表 4-14 和表 4-15 的要求；c. 在螺栓拧紧之前，应确保螺栓孔密封圈定位准确，并与螺栓孔沟槽相贴合；d. 螺栓孔渗漏时，应采取封堵措施；e. 不得使用已破损或提前膨胀的密封圈。

（4）复合式衬砌的内层衬砌混凝土浇筑之前，应将外层管片的渗漏水引排或封堵，采用塑料防水板等夹层防水层的复合式衬砌，应根据隧道排水情况选用相应的缓冲层和防水板材料，并应按照《地下工程防水技术规范》GB 50108—2008 第 4.5 节和第 6.4 节的相关规定执行。

（5）管片外防水涂料宜采用环氧或改性环氧涂料等封闭型材料、水泥基渗透结晶型或硅氧烷类等渗透自愈型材料，并应符合以下的规定：①具有良好的耐化学腐蚀性、抗微生物侵蚀性、耐水性和耐磨性，且应无毒或低毒；②在管片外弧面混凝土裂缝宽度达到 0.3mm 时，应仍能在最大埋深处水压下不渗漏；③应具有防杂散电流的功能，体积电阻率应高。

（6）竖井与隧道结合处，可采用刚性接头，但接缝宜采用柔性材料密封处理，并宜加固竖井洞圈周围土体。在软土地层距竖井结合处一定范围内的衬砌段，宜增设变形缝，变形缝环面应贴设垫片，同时应采用适应变形量大的弹性密封垫。

（7）盾构隧道的连接通道及其与隧道接缝的防水应符合以下规定：①采用双层衬砌的连续通道，内衬应采用防水混凝土，衬砌支护与内衬间宜设塑料防水板与土工织物组成的夹层防水层，并宜配以分区注浆系统加强防水；②当采用内防水层时，内防水层宜为聚合物水泥砂浆等抗裂抗渗材料；③连接通道与盾构隧道接头应选用缓膨涨型遇水膨胀类止水条（胶）、预留注浆管以及接头密封材料。

3. 盾构法隧道防水的监理验收

盾构隧道分项工程检验批的抽样检验数量，应按每连续 5 环抽查 1 环，且不得少于 3 环。其主控项目的检验标准应符合表 5-51 的规定，一般项目的检验标准应符合表 5-52 的规定。

盾构法隧道主控项目检验 表 5-51

序号	项目	合格质量标准	检验方法
1	材料要求	盾构隧道衬砌所采用防水材料必须符合设计要求	检查产品合格证、产品性能检测报告和材料进场检验报告
2	管片抗压、抗渗	钢筋混凝土管片的抗压强度和抗渗性能必须符合设计要求	检查混凝土抗压强度、抗渗性能报告和管片单块检漏测试报告
3	渗漏水量	盾构隧道衬砌的渗漏水量必须符合设计要求	观察检查和检查渗漏水检测记录

盾构法隧道一般项目检验 表 5-52

序号	项目	合格质量标准	检验方法
1	管片接缝密封垫及其沟槽的断面尺寸	管片接缝密封垫及其沟槽的断面尺寸应符合设计要求	观察检查和检查隐蔽工程验收记录
2	密封垫连接	密封垫在沟槽内应套箍和粘结牢固，不得歪斜、扭曲	观察检查
3	管片嵌缝槽的深度和断面构造形式、尺寸	管片嵌缝槽的深宽比及断面构造形式、尺寸应符合设计要求	观察检查和检查隐蔽工程验收记录
4	嵌缝材料	嵌缝材料嵌填应密实、连续、饱满，表面平整，密贴牢固	观察检查
5	螺栓安装及防腐	管片的环向及纵向螺栓应全部穿进并拧紧；衬砌内表面的外露铁件防腐处理应符合设计要求	观察检查

四、沉井

沉井是将位于地下一定深度的建（构）筑物先在地面以上制作，形成一个筒状结构（作为地下结构的竖向墙壁、起承重、挡土、挡水作用），然后在筒状结构内不断地挖土，借助井体自重而逐步下沉到一定深度时，在地面上接长井壁，然后在筒状结构内继续挖土下沉，直至下沉到设计标高为止，接着进行沉井封底，并构筑筒体内的底板、梁、楼板、内隔墙以及顶板等构件，最终形成一个能防水的地下建（构）筑物基础的一种施工方法。

沉井适用于下沉施工的地下建筑物或构筑物。沉井广泛应用于桥梁墩台基础、大型设备基础、地下工业厂房、地下仓库、盾构拼装井、地下车道与车站、地下构筑物围壁等。

1. 沉井防水的监理要点

沉井防水的监理要点如下：

（1）沉井的井壁既是施工时的挡土和防水的围堰，又是永久性的衬砌，故井壁必须要有足够的强度和抗渗性，使其在地层的侧压力和地下水的渗透压力作用下不致破坏而导致变形和渗漏，沉井结构应采用防水混凝土浇筑，分段制作时，施工缝的防水措施应根据其防水等级按表 5-3 选用，应符合《地下防水工程质量验收规范》GB 50208—2011 第 5.1节的有关规定；沉井施工缝的施工应符合《地下工程防水技术规范》GB 50108—2008 第4.1.25 条的规定，固定模板的螺栓穿过混凝土井壁时，螺栓部位的防水处理应符合《地下工程防水技术规范》GB 50108—2008 第 4.1.28 条和《地下防水工程质量验收规范》GB 50208—2011 第 5.5.6 条的规定。

（2）沉井的干封底应符合以下规定：①沉井基底土面应完全挖至设计标高，待其下沉稳定之后再将井内的积水排干；②封底前应清除浮土杂物，底板与井壁的连续部位应凿毛，清洗干净或涂刷混凝土界面处理剂，然后应及时浇筑防水混凝土封底；③先浇筑垫层混凝土，待垫层混凝土达到 50% 设计强度后，浇筑混凝土底板，应一次浇筑，并应分格连续对称进行；④在进行封底混凝土施工过程中，应从底板上的集水井中不间断地抽水，地下水位应降至底板底高程 500mm 以下，降水作业应在底板混凝土达到设计强度，且沉井内部结构完成并满足抗浮要求后方可停止抽水；⑤降水用的集水井应采用微膨胀混凝土填筑密实，并用法兰、焊接钢板等方法封平。

（3）沉井水下封底施工应符合以下规定：①应将井底浮泥清除干净，并铺碎石垫层；②底板与井壁连接部位应冲刷干净；③封底宜采用水下不分散混凝土，其坍落度宜为180～220mm；④封底混凝土应在沉井全部底面积上连续均匀浇筑，浇筑时导管插入混凝土深度不宜小于1.5m；⑤防水混凝土底板应连续浇筑，不得留设施工缝。施工要求应符合《地下工程防水技术规范》GB 50108—2008第4.1.25条和《地下防水工程质量验收规范》GB 50208—2011第5.1节的有关规定；⑥封底混凝土应达到设计强度后，方可从井内抽水，并应检查封底质量，对渗漏水部位应进行堵漏处理。

（4）当沉井与位于不透水层内的地下工程连接时，应先封住井壁外侧含水层的渗水通道。

2. 沉井防水的监理验收

沉井分项工程检验批的抽样检验数量，应按混凝土外露面积每100m²抽查1处，每处10m²，且不得少于3处。其主控项目的检验标准应符合表5-53的规定，一般项目的检验标准应符合表5-54的规定。

沉井主控项目检验

表 5-53

序号	项目	合格质量标准	检验方法
1	材料要求	沉井混凝土的原材料、配合比及坍落度必须符合设计要求	检查产品合格证、产品性能检测报告、计量措施和材料进场检验报告
2	抗压强度、抗渗性能	沉井混凝土的抗压强度和抗渗性能必须符合设计要求	检查混凝土抗压强度、抗渗性能检验报告
3	渗漏水量	沉井的渗漏水量必须符合设计要求	观察检查和检查渗漏水检测记录

沉井一般项目检验

表 5-54

序号	项目	合格质量标准	检验方法
1	施工要求	沉井干封底和水下封底的施工应符合 GB 50208—2011 规范中 6.4.3 条和 6.4.4 条的规定	观察检查和检查隐蔽工程验收记录
2	防水处理	沉井底板与井壁接缝处的防水处理应符合设计要求	

五、逆筑结构

逆筑法施工是指通过建筑物地下连续墙、逆作柱及地下室结构各层梁板的组合形成稳定的支护体系，使地上、地下结构工程能同时交叉施工的一类施工方法。逆作结构适用于地下连续墙为主体结构或地下连续墙与内衬构成复合式衬砌进行逆作法施工的地下工程。

1. 逆筑结构防水的监理要点

地下防水工程逆筑结构的监理要点如下：

（1）地下连续墙为主体结构的逆作法施工应符合以下规定：①直接采用地下连续墙作围护的逆筑结构，应符合本节二 2. 地下连续墙的监理要点（2）和（3）的规定；②地下连续墙的墙面应凿毛、清洗干净，并宜做水泥砂浆防水层；③地下连续墙施工缝的施工应符合《地下防水工程质量验收规范》GB 50208—2011第5.1节的有关规定。

（2）采用地下连续墙和防水混凝土内衬的复合式衬砌逆作法施工除了应符合《地下防水工程质量验收规范》GB 50208—2011第6.5.2条的规定和《地下工程防水技术规范》GB 50108—2008第8.3.2条第3～8、10款的规定外，尚应符合下列规定：①可用于防水等级为一、二级的工程；②顶板、楼板及下部500mm内衬墙体应同时浇筑，内衬墙的下部应做成斜坡形；斜坡形下部应预留300～500mm空间，并应待下部先浇混凝土施工14d后再行浇筑；③浇筑混凝土前，内衬墙的所有接缝面均应凿毛、清洗干净，并应设置遇水膨胀止水条（胶）和预埋注浆管；④上部施工缝设置遇水膨胀止水条时，应使用胶粘剂和射钉（或水泥钉）固定牢固；⑤内衬墙的后浇筑混凝土应采用补偿收缩混凝土，浇筑口宜高于斜坡顶端200mm以上，逆筑法施工接缝的防水构造参见图5-26；⑥底板应连续浇筑，不宜留设施工缝，底板与桩头相交处的防水处理应符合《地下工程防水技术规范》GB 50108—2008第5.6节和《地下防水工程质量验收规范》GB 50208—2011第5.7节的有关规定；⑦内衬墙的垂直施工缝应与地下连续墙的槽段接缝相互错开2.0～3.0m。

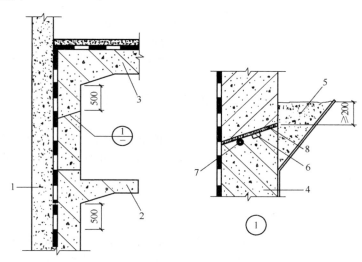

图5-26　逆筑法施工接缝防水构造

1—地下连续墙；2—楼板；3—顶板；4—补偿收缩混凝土；5—应凿去的混凝土；
6—遇水膨胀止水条或预埋注浆管；7—遇水膨胀止水胶；8—胶粘剂

（3）采用桩基支护逆筑法施工时，应符合以下规定：①可应用于各防水等级的工程；②侧墙水平、垂直施工缝应采取两道防水措施；③逆筑施工缝、底板、底板与桩头的接缝做法应符合《地下工程防水技术规范》GB 50108—2008第8.4.2条第3、4款的规定。

（4）底板混凝土达到设计强度后方可停止降水，并应将降水井封堵密实。

2. 逆作结构防水的监理验收

逆筑结构分项工程检验批的抽样检验数量，应按混凝土外露面积每100m²抽查1处，每处10m²，且不得少于3处。其主控项目的检验标准应符合表5-55的规定，一般项目的检验标准应符合表5-56的规定。

逆作结构主控项目检验　　　　　　　　　　　　　　　　　　**表 5-55**

序号	项目	合格质量标准	检验方法
1	原材料、配合比、坍落度要求	补偿收缩混凝土的原材料、配合比及坍落度必须符合设计要求	检查产品合格证、产品性能检测报告和材料进场检验报告
2	止水条、止水胶与预埋注浆管	内衬墙接缝用遇水膨胀止水条或止水胶和预埋注浆管必须符合设计要求	
3	渗漏水量	逆筑结构的渗漏水量必须符合设计要求	观察检查和检查渗漏水检测记录

逆作结构一般项目检验　　　　　　　　　　　　　　　　　　**表 5-56**

序号	项目	合格质量标准	检验方法
1	施工要求	逆筑结构的施工应符合 GB 50208—2011 规范中第 6.5.2 条和第 6.5.3 条的规定	观察检查和检查隐蔽工程验收记录
2	止水条、止水胶、预埋注浆管	遇水膨胀止水条的施工应符合 GB 50208—2011 规范 5.1.8 条的规定；遇水膨胀止水胶的施工应符合 GB 50208—2011 规范中 5.1.9 条的规定；预埋注浆管的施工应符合 GB 50208—2011 规范中 5.1.10 条的规定	

第四节　地下排水工程的监理

地下工程的排水，是指采用疏导的方法，将地下水有组织地经过排水系统排走，以削弱地下水对地下工程结构的压力，减少水对地下结构的渗透作用，从而辅助地下工程达到防水目的的一种方法。

一、渗排水、盲沟排水

渗排水适用于无自流排水条件，但防水要求较高且有抗浮要求的地下工程。

盲沟排水适用于地基为弱透水性土层、地下水量不大或排水面积较小、地下水位在结构底板以下或在丰水期地下水位高于结构底板的地下工程。

1. 渗排水、盲沟排水的监理要点

渗排水和盲沟排水的监理要点如下：

(1) 集水管宜采用无砂混凝土管、硬质塑料管或者软式透水管。

(2) 渗排水、盲沟排水沟应在地基工程验收合格之后方可进行施工。

(3) 渗排水应符合以下规定：①渗排水层所用的砂、石应洁净，含泥量不应大于 2.0%，不得有杂质；②粗砂过滤层其总厚度宜为 300mm，如较厚时应分层铺垫；过滤层与基坑土层的接触处，应采用厚度为 100～150mm、粒径为 5～10mm 的石子铺垫；③集水管应设置在粗砂过滤层下部，坡度不宜小于 1%，且不得有倒坡现象，集水管之间的距离宜为 5～10m，并与集水井相通；④工程底板与渗排水层之间应做隔水层，建筑周围的渗排水层顶面应做散水坡。

(4) 盲沟排水应符合以下规定：①盲沟的成型尺寸和坡度应符合设计要求；②盲沟的

类型及盲沟与基础的距离应符合设计要求；③盲沟所采用的砂、石应洁净，不得有杂质，含泥量不应大于2.0%；④盲沟反滤层的层次和粒径组成应符合表5-57的规定；⑤盲沟在转弯处和高低处应设置检查井，出水口处应设置滤水箅子。

盲沟反滤层的层次和粒径组成　　　　　　　　　表5-57

反滤层的层次	建筑物地区地层为砂性土时（塑性指数 $I_P<3$）	建筑地区地层为黏性土时（塑性指数 $I_P>3$）
第一层（贴天然土）	用1～3mm粒径砂子组成	用2～5mm粒径砂子组成
第二层	用3～10mm粒径小卵石组成	用5～10mm粒径小卵石组成

2. 渗排水、盲沟排水的监理验收

渗排水、盲沟排水分项工程检验批的抽样检验数量，应按照10%抽查，其中按两轴线间或10延米为1处，且不得少于3处。其主控项目的检验标准应符合表5-58的规定，一般项目的检验标准应符合表5-59的规定。

渗排水、盲沟排水主控项目检验　　　　　　　　表5-58

序号	项目	合格质量标准	检验方法
1	反滤层构造	盲沟反滤层的层次和粒径组成必须符合设计要求	检查砂、石试验报告和隐蔽工程验收记录
2	集水管埋深及坡度	集水管的埋置深度及坡度必须符合设计要求	观察和尺量检查

渗排水、盲沟排水一般项目检验　　　　　　　　表5-59

序号	项目	合格质量标准	检验方法
1	渗排水层构造	渗排水层的构造应符合设计要求	观察检查和检查隐蔽工程验收记录
2	渗排水层铺设	渗排水层的铺设应分层、铺平、拍实	
3	盲沟排水构造	盲沟排水构造应符合设计要求	
4	集水管	集水管采用平接式或承插式接口应连接牢固，不得扭曲变形和错位	观察检查

二、隧道排水、坑道排水

隧道排水、坑道排水适用于贴壁式、复合式、离壁式衬砌。

1. 隧道排水、坑道排水的监理要点

隧道排水、坑道排水的监理要点如下：

（1）隧道或坑道内如设置排水泵房时，主排水泵站和辅助排水泵站、集水池的有效容积应符合设计要求。

（2）主排水泵站、辅助排水泵站和污水泵房的废水及污水，应分别排入城市雨水和污水管道系统，污水的排放尚应符合国家现行有关标准的确定。

（3）坑道排水应符合有关特殊功能设计的要求；隧道贴壁式、复合式衬砌围岩疏导排水应符合以下规定：①集中地下水出露处，宜在初砌背后设置盲沟、盲管或钻孔等引排措施；②水量较大、出水面广时，衬砌背后应设置环向、纵向盲沟组成的排水系统，将水集排至排水沟内；③当地下水丰富，含水层明显且有补给来源时，可采用辅助坑道或泄水洞等截排水设施。

（4）盲沟中心宜采用无砂混凝土管或硬质塑料管，其管周围应设置反滤层；盲管应采用软式透水管。

（5）排水明沟的纵向坡度应与隧道或坑道坡度一致，排水明沟应设置盖板和检查井。

（6）隧道离壁式衬砌侧墙处排水沟应做成明沟，其纵向坡度不应小于 0.5%。

2. 隧道排水、坑道排水的监理验收

隧道排水、坑道排水分项工程检验批的抽样检验数量，应按 10% 抽查，其中按两轴线间每 10 延米为 1 处，且不得少于 3 处。其主控项目的检验标准应符合表 5-60 的规定，一般项目的检验标准应符合表 5-61 的规定。

隧道排水、坑道排水主控项目检验　　　　　　　　　表 5-60

序号	项目	合格质量标准	检验方法
1	盲沟反滤层构造	盲沟反滤层的层次和粒径组成必须符合设计要求	检查砂、石试验报告
2	无砂混凝土管、硬质塑料管或软式透水管	无砂混凝土管、硬质塑料管或软式透水管必须符合设计要求	检查产品合格证和产品性能检测报告
3	隧道、坑道排水系统	隧道、坑道排水系统必须通畅	观察检查

隧道排水、坑道排水一般项目检验　　　　　　　　　表 5-61

序号	项目	合格质量标准	检验方法
1	盲沟、盲管及横向导水管的管径、间距、坡度	盲沟、盲管及横向导水管的管径、间距、坡度均应符合设计要求	观察和尺量检查
2	隧道或坑道内排水明沟及离壁式衬砌外排水沟，其断面尺寸及坡度	隧道或坑道内排水明沟及离壁式衬砌外排水沟，其断面尺寸及坡度应符合设计要求	
3	盲管连接	盲管应与岩壁或初期支护密贴，并应固定牢固；环向、纵向盲管接头宜与盲管相配套	观察检查
4	盲沟与混凝土衬砌接触部位	贴壁式、复合式衬壁的盲沟与混凝土衬砌接触部位应做隔浆层	观察检查和检查隐蔽工程验收记录

三、塑料排水板排水

塑料排水板适用于无自流排水条件且防水要求较高的地下工程以及地下工程种植顶板的排水。

1. 塑料排水板排水的监理要点

塑料排水板排水的监理要点如下：

（1）塑料排水板应选用抗压强度大、且耐久性能好的凸凹型排水板。

（2）塑料排水板的排水构造应符合设计要求，并宜符合以下工艺流程：

① 室内底板排水按：混凝土底板→铺设塑料排水板（支点向下）→混凝土垫层→配筋混凝土面层等顺序进行；

② 室内侧墙排水按：混凝土侧墙→粘贴塑料排水板（支点向墙面）→钢丝网固定→水泥砂浆面层等顺序进行；

③ 种植顶板排水按：混凝土顶板→找坡层→防水层→混凝土保护层→铺设塑料排水板（支点向上）→铺设土工布→覆土等顺序进行；

④ 隧道或坑道排水按：初期支护→铺设土工布→铺设塑料排水板（支点向初期支护）→二次衬砌结构等顺序进行。

（3）铺设塑料排水板应采用搭接法工艺施工，长短边的搭接宽度均不应小于100mm，塑料排水板的接缝处宜采用配套的胶粘剂粘结或采用热熔焊接。

（4）地下工程种植顶板种植土低于周边的土体，塑料排水板排水层必须结合排水沟或盲沟分区设置，并保证排水畅通。

（5）塑料排水板应与土工布复合使用，土工布宜采用 $200\sim400g/m^2$ 的聚酯无纺布。土工布应铺设在塑料排水板的凸面上，相邻土工布搭接宽度不应小于200mm，搭接部位应采用粘合或缝合。

2. 塑料排水板排水的监理验收

塑料排水板排水分项工程检验批的抽样检验数量，应按铺设面积每 $100m^2$ 抽查1处，每处 $10m^2$，且不得少于3处。其主控项目的检验标准应符合表5-62的规定，一般项目的检验标准应符合表5-63的规定。

塑料排水板排水主控项目检验　　表 5-62

序号	项目	合格质量标准	检验方法
1	材料要求	塑料排水板和土工布必须符合设计要求	检查产品合格证、产品性能检测报告
1	排水要求	塑料排水板排水层必须与排水系统连通，不得有堵塞现象	观察检查

塑料排水板排水一般项目检验　　表 5-63

序号	项目	合格质量标准	检验方法
1	排水层构造	塑料排水板排水层构造做法应符合 GB 50208—2011 规范第 7.3.3 条的规定	观察检查和检查隐蔽工程验收记录
2	搭接宽度和方法	塑料排水板的搭接宽度和搭接方法应符合 GB 50208—2011 规范第 7.3.4 条的规定	观察和尺量检查
3	土工布的铺设	土工布铺设应平整，无折皱，土工布的搭接宽度和搭接方法应符合 GB 50208—2011 规范第 7.3.6 条的规定	观察和尺量检查

第五节　注浆工程的监理

注浆防水又称灌浆防水，是指在渗漏水的地层、围岩、回填、初砌内，利用液压、气压或电化学原理，通过注浆管把无机或有机浆液均匀地注入其内，浆液以填充、渗透和挤密等方式，将土颗粒或岩石裂隙中的水分和空气排除后，占据其位置，并将原来松散的土粒或裂隙胶结成一个整体，形成一个强大的、防水性能高、化学稳定性良好的"固结体"的一种防水技术。

一、预注浆、后注浆

注浆包括预注浆（含高压喷射注浆）和后注浆（初砌前围岩注浆、回填注浆、衬砌内注浆、衬砌后围岩注浆等），应根据工程地质及水文地质条件按下列要求选择注浆的方案：①在工程开挖之前，预计涌水量大的地段、断层破碎带和软弱地层，宜采用预注浆；②在工程开挖之后，出现大股涌水或大面积渗漏水时，应采取衬砌前围岩注浆；③初砌后渗漏水严重的地段或充填壁后的空隙地段，宜采用回填注浆；④初砌后或回填注浆后仍有渗漏水时，宜采用衬砌内注浆或衬砌后围岩注浆。

1. 预注浆、后注浆对原材料的要求

预注浆、后注浆对原材料的要求如下：

（1）注浆材料应符合以下规定：①具有较好的可注性；②具有固结体收缩小，良好的粘结性、抗渗性、耐久性和化学稳定性；③低毒并对环境污染小；④注浆工艺简单，施工操作方便，安全可靠。

（2）注浆浆液应符合以下规定：①预注浆宜采用水泥浆液、黏土水泥浆液或化学浆液；②后注浆宜采用水泥浆液、水泥砂浆或掺有石灰、黏土、膨润土、粉煤灰的水泥浆液；③注浆浆液的配合比应经现场试验确定。

2. 预注浆、后注浆的监理要点

预注浆、后注浆的监理要点如下：

（1）在砂卵石层中宜采用渗透注浆法；在黏土层中宜采用劈裂注浆法；在淤泥质软土中宜采用高压喷射注浆法。

（2）注浆过程控制应符合以下规定：①根据工程地质条件、注浆目的等控制注浆压力和注浆量；②回填注浆应在衬砌混凝土达到设计强度的 70% 后进行，衬砌后围岩注浆应在充填注浆固结体达到设计强度的 70% 后进行；③浆液不得溢出地面和超出有效注浆范围，地面注浆结束后注浆孔应封填密实；④注浆范围和建筑物的水平距离很近时，应加强对邻近建筑物和地下埋设物的现场监控；⑤注浆点距离饮用水源或公共水域较近时，注浆施工如有污染应及时采取相应措施。

3. 预注浆、后注浆的监理验收

预注浆、后注浆分项工程检验批的抽样检验数量，应按加固或堵漏面积每 100m² 抽查 1 处，每处 10m²，且不得少于 3 处。其主控项目的检验标准应符合表 5-64 的规定，一般项目的检验标准应符合表 5-65 的规定。

预注浆、后注浆主控项目检验

表 5-64

序号	项目	合格质量标准	检验方法
1	原材料及配合比要求	配制浆液的原材料及配合比必须符合设计要求	检查产品合格证、产品性能检测报告、计量措施和材料进场检验报告
2	注浆效果	预注浆及后注浆的注浆效果必须符合设计要求	采用钻孔取芯法检查；必要时采取压水或抽水试验方法检查

预注浆、后注浆一般项目检验

表 5-65

序号	项目	合格质量标准	检验方法
1	注浆孔	注浆孔的数量、布置间距、钻孔深度及角度应符合设计要求	尺量检查和检查隐蔽工程验收记录
2	压力和进浆量控制	注浆各阶段的控制压力和注浆量应符合设计要求	观察检查和检查隐蔽工程验收记录
3	注浆范围	注浆时浆液不得溢出地面和超出有效注浆范围	观察检查
4	注浆对地面产生的沉降量及隆起	注浆对地面产生的沉降量不得超过 30mm，地面的隆起不得超过 20mm	用水准仪测量

二、结构裂缝注浆

结构裂缝注浆适用于混凝土结构宽度大于 0.2mm 的静止裂缝、贯穿性裂缝等堵水注浆。

1. 结构裂缝注浆的监理要点

结构裂缝注浆的监理要点如下：

（1）裂缝注浆应待结构基本稳定和混凝土达到设计强度后进行。

（2）结构裂缝堵水注浆宜选用聚氨酯、丙烯酸盐等化学浆液；补强加固的结构裂缝注浆宜选用改性环氧树脂、超细水泥等浆液。

（3）结构裂缝注浆应符合以下规定：①在施工前，应沿缝清除基面上的油污杂质；②浅裂缝应骑缝粘埋注浆嘴，必要时沿缝开凿"U"形槽并用速凝水泥砂浆封缝；③深裂缝应骑缝钻孔或斜向钻孔至裂缝的深部，孔内安设注浆管或注浆嘴，间距应根据裂缝宽度而定，但每条裂缝至少有一个进浆孔和一个排气孔；④注浆嘴及注浆管应设在裂缝的交叉处、较宽处以及贯穿处等部位，对封缝的密封效果应当进行检查；⑤注浆后待缝内浆液固化后，方可拆下注浆嘴并进行封口抹平。

2. 结构裂缝注浆的监理验收

结构裂缝注浆分项工程检验批的抽样检验数量，应按裂缝的条数抽查 10%，每条裂缝检查 1 处，且不得少于 3 处。其主控项目的检验标准应符合表 5-66 的规定，一般项目的检验标准应符合表 5-67 的规定。

结构裂缝主控项目检验   表 5-66

序号	项目	合格质量标准	检验方法
1	材料及配合比要求	注浆材料及其配合比必须符合设计要求	检查产品合格证、产品性能检测报告、计量措施和材料进场检验报告
2	注浆效果	结构裂缝注浆的注浆效果必须符合设计要求	观察检查和压水或压气检查，必要时钻取芯样采取劈裂抗拉强度试验方法检查

结构裂缝一般项目检验   表 5-67

序号	项目	合格质量标准	检验方法
1	注浆孔	注浆孔的数量、布置间距、钻孔深度及角度应符合设计要求	尺量检查和检查隐蔽工程验收记录
2	控制压力和注浆量	注浆各阶段的控制压力和注浆量应符合设计要求	观察检查和检查隐蔽工程验收记录

第六节　子分部工程的质量验收

一、地下防水工程质量验收的要求

地下防水工程质量验收的要求如下：

（1）地下防水工程质量验收的程序和组织，应符合现行国家标准《建设工程施工质量验收统一标准》GB 50300 的有关规定。

（2）检验批的合格判定应符合以下规定：①主控项目的质量经抽样检验全部合格；②一般项目的质量经抽样检验 80％以上检测点合格，其余不得有影响使用功能的缺陷；对有允许偏差的检验项目，其最大偏差不得超过《地下防水工程质量验收规范》GB 50208 规定允许偏差的 1.5 倍；③施工具有明确的操作依据和完整的质量检查记录。

（3）分项工程质量验收合格应符合以下规定：①分项工程所含检验批的质量均应验收合格；②分项工程所含检验批的质量验收记录应完整。

（4）子分部工程质量验收合格应符合以下规定：①子分部所含分项工程的质量均应验收合格；②质量控制资料应完整；③地下工程渗漏水检测应符合设计的防水等级标准要求；④观感质量检查应符合要求。

（5）地下防水工程应对下列部位作好隐蔽工程验收记录：①防水层的基层；②防水混凝土结构和防水层被掩盖的部位；③施工缝、变形缝、后浇带等防水构造做法；④管道穿过防水层的封固部位；⑤渗排水层、盲沟和坑槽；⑥结构裂缝注浆处理部位；⑦衬砌前围岩渗漏水处理部位；⑧基坑的超挖和回填。

（6）地下防水工程的观感质量检查应符合以下规定：①防水混凝土应密实，表面应平整，不得有露筋、蜂窝等缺陷，裂缝宽度不得大于 0.2mm，并不得贯通；②水泥砂浆防水层应密实、平整、粘结牢固，不得有空鼓、裂纹、起砂、麻面等缺陷；③卷材防水层的接缝应粘贴牢固，封闭严密，防水层不得有损伤、空鼓、折皱等缺陷；④涂膜防水层应与基层粘结牢固，不得有脱皮、流淌、鼓泡、露胎、折皱等缺陷；⑤塑料防水板防水层应铺设牢固、平整，搭接焊缝严密，不得有下垂、绷紧破损现象；⑥金属板防水层焊缝不得有裂纹、未熔合、夹渣、焊瘤、咬边、烧穿、弧坑、针状气孔等缺陷；⑦施工缝、变形缝、后浇带、穿墙管、埋设件、预留通道接头、桩头、孔口、坑、池等防水构造应符合设计要求；⑧锚喷支护、地下连续墙、盾构隧道、沉井、逆筑结构等防水构造应符合设计要求；⑨排水系统不淤积、不堵塞，确保排水畅通；⑩结构裂缝的注浆效果应符合设计要求。

（7）地下工程出现渗漏水时，应及时进行治理，符合设计的防水等级标准要求后方可进行验收。

二、地下防水工程的验收资料

地下防水工程竣工和记录资料应符合表 5-68 的规定。地下防水工程验收后，应填写子分部工程质量验收记录，随同工程验收资料分别由建设单位和施工单位存档。

地下防水工程竣工和记录资料

表 5-68

序号	项 目	竣工和记录资料
1	防水设计	施工图、设计交底记录、图纸会审记录、设计变更通知单和材料代用核定单
2	资质、资格证明	施工单位资质及施工人员上岗证复印证件
3	施工方案	施工方法、技术措施、质量保证措施
4	技术交底	施工操作要求及安全等注意事项
5	材料质量证明	产品合格证、产品性能检测报告、材料进场检验报告
6	混凝土、砂浆质量证明	试配及施工配合比，混凝土抗压强度、抗渗性能检验报告，砂浆粘结强度、抗渗性能检验报告
7	中间检查记录	施工质量验收记录、隐蔽工程验收记录、施工检查记录
8	检验记录	渗漏水检测记录、观感质量检查记录
9	施工日志	逐日施工情况
10	其他资料	事故处理报告、技术总结

第六章　屋面工程的监理

屋面是指建筑物屋顶的表面，是由结构层、找坡层、找平层、保温隔热层、防水层、隔离层、保护层、饰面层、瓦材等构造层次以及屋面板、椽子、檩条等不同的支承层次所组成。由于房屋的使用功能、屋面材料、承重结构形式和建筑造型的不同，屋面可以分为平屋面、坡屋面和异型屋面。平屋面按其使用功能的不同，可分为非上人屋面和上人屋面，上人屋面视用途不同，有停车或停机屋面层、运动场所屋面、种植屋面等多种。屋面按其是否具有保温隔热功能，可分为保温隔热屋面和非保温隔热屋面，若保温层设置在屋面板之下则称之为内保温屋面，若保温层设置在屋面板之上则称之为外保温屋面；外保温屋面的保温层一般设置在防水层下面，称之为正置式屋面，若保温层设置在防水层上面，则称之为倒置式屋面。屋面按其采用的材料不同可分为卷材防水屋面、涂膜防水屋面、复合防水屋面、单层卷材防水屋面、采光顶以及金属屋面、瓦材屋面等。

屋面是建筑物最上层，抵御着风雨雪霜、太阳辐射、气温变化等不利因素的影响，从而保证建筑物内部有一个良好的使用环境。屋面应满足坚固耐久、保温隔热、防水排水、防火和抵御各种不良影响的功能要求，作为项目监理机构，则应当高度重视屋面工程的质量，精心监理，严格把关。

第一节　屋面工程监理的基本要求

屋面渗漏是房屋建筑中最为突出的质量通病，因此，屋面工程的监理工作尤为重要。

一、屋面工程的基本规定

屋面工程是建设工程的一个重要的分部工程，《屋面工程质量验收规范》GB 50207—2012 和《屋面工程技术规范》GB 50345—2012 对屋面工程提出的基本规定要点如下：

（1）屋面工程应符合以下基本要求：①具有良好的排水功能和阻止水侵入建筑物内的作用；②冬季保温减少建筑物的热损失和防止结露；③夏季隔热降低建筑物对太阳辐射热的吸收；④适应主体结构的受力变形和温差变形；⑤承受风、雪荷载的作用不产生破坏；⑥具有阻止火势蔓延的性能；⑦满足建筑外形美观和使用的要求。

（2）屋面工程设计应遵照"保证功能、构造合理、防排结合、优选用材、美观耐用"的原则。屋面的基本构造层次宜符合表 6-1 的要求，设计人员可根据建筑物的性质、使用的功能、气候条件等因素进行设计。

屋面的基本构造层次　　　　　　　　　　　　　　　　　　　　表 6-1

屋面类型	基本构造层次（自上而下）
卷材、涂膜屋面	保护层、隔离层、防水层、找平层、保温层、找平层、找坡层、结构层

续表

屋面类型	基本构造层次（自上而下）
卷材、涂膜屋面	保护层、保温层、防水层、找平层、找坡层、结构层
	种植隔热层、保护层、耐根穿刺防水层、防水层、找平层、保温层、找平层、找坡层、结构层
	架空隔热层、防水层、找平层、保温层、找平层、找坡层、结构层
	蓄水隔热层、隔离层、防水层、找平层、保温层、找平层、找坡层、结构层
瓦屋面	块瓦、挂瓦条、顺水条、持钉层、防水层或防水垫层、保温层、结构层
	沥青瓦、持钉层、防水层或防水垫层、保温层、结构层
金属板屋面	压型金属板、防水垫层、保温层、承托网、支承结构
	上层压型金属板、防水垫层、保温层、底层压型金属板、支承结构
	金属面绝热夹芯板、支承结构
玻璃采光顶	玻璃面板、金属框架、支承结构
	玻璃面板、点支承装置、支承结构

注： 1 表中结构层包括混凝土基层和木基层；防水层包括卷材和涂膜防水层；保护层包括块体材料、水泥砂浆、细石混凝土保护层。
2 有隔汽要求的屋面，应在保温层与结构层之间设隔汽层。

（3）屋面工程施工应遵照"按图施工、构造合理、防排结合、过程控制、质量验收"的原则。

（4）屋面工程施工前应通过图纸会审，施工单位应掌握施工图中的细部构造及有关的技术要求，施工单位应编制屋面工程专项施工方案，并应经监理单位或建设单位审查确认之后方可执行；施工单位应取得建筑防水和保温工程相应等级的资质证书，作业人员应持证上岗；施工单位应建立、健全施工质量的检验制度，严格工序管理，作好隐蔽工程的质量检查和记录；屋面工程应建立管理、维修、保养制度。

（5）屋面防水工程应根据建筑物的类别、重要程度、使用功能要求确定防水等级，并应按相应等级进行防水设防；对防水有特殊要求的建筑屋面，应进行专项防水设计。屋面防水等级和设防要求应符合表 6-2 的规定。屋面排水系统应保持畅通，应防止水落口、檐沟、天沟堵塞和积水。

屋面防水等级和设防要求   表 6-2

防水等级	建筑类别	设防要求
Ⅰ级	重要建筑和高层建筑	两道防水设防
Ⅱ级	一般建筑	一道防水设防

（6）建筑屋面的传热系数和热惰性指标，均应符合现行国家标准《民用建筑热工设计规范》GB 50176、《公共建筑节能设计标准》GB 50189，现行行业标准《严寒和寒冷地区居住建筑节能设计标准》JGJ 26、《夏热冬暖地区居住建筑节能设计标准》JGJ 75 和《夏热冬冷地区居住建筑节能设计标准》JGJ 134 的有关规定。

（7）屋面工程所用材料的燃烧性能和耐火极限，应符合现行国家标准《建筑设计防火规范》GB 50016 的有关规定。

（8）屋面工程的防雷设计应符合现行国家标准《建筑物防雷设计规范》GB 50057 的有关规定；金属板屋面和玻璃采光顶的防雷设计尚应符合下列规定：①金属板屋面和玻璃

采光顶的防雷体系应和主体结构的防雷体系有可靠的连接；②金属板屋面应按现行国家标准《建筑物防雷设计规范》GB 50057 的有关规定采取防直击雷、防雷电感应和防雷电波侵入的措施；③金属板屋面和玻璃采光顶按滚球法计算，且不在建筑物接闪器保护范围之内时，金属屋面和玻璃采光顶应按现行国家标准《建筑物防雷设计规范》GB 50057 的有关规定装设接闪器，并应与建筑物防雷引下线可靠连接。

（9）屋面工程所使用的防水、保温等材料应符合国家现行有关标准对材料有害物质限量的规定，不得对周围环境造成污染，不得使用国家明令禁止及淘汰的材料。

（10）屋面工程所用的防水、保温材料应有产品合格证书和性能检测报告，材料的品种、规格、性能等必须符合国家现行产品标准和设计要求，产品质量应由经过省级以上建设行政主管部门对其资质认可和质量技术监督部门对其计量认证的质量检测单位进行检测。

（11）屋面工程各构造层的组成材料，应分别与相邻层次的材料相容。

（12）防水保温材料进场验收应符合以下规定：①应根据设计要求对材料的质量证明文件进行检查，并应经监理工程师或建设单位代表确认，纳入工程技术档案；②应对材料的品种、规格、包装、外观和尺寸等进行检查验收，并应经监理工程师或建设单位代表确认，形成相应验收记录；③建筑防水材料的进场检验项目及材料标准应符合表 4-1 和表 4-2 的规定；建筑保温材料的进场检验项目及材料标准应符合表 6-3 和表 6-4 的规定。材料进场检验应执行见证取样送检制度，并应提出进场检验报告；④进场检验报告的全部项目指标均达到技术标准规定，不合格材料不得在工程中使用。

屋面保温材料进场检验项目
表 6-3

序号	材料名称	组批及抽样	外观质量检验	物理性能检验
1	模塑聚苯乙烯泡沫塑料	同规格按 100m³ 为一批，不足 100m³ 的按一批计。 在每批产品中随机抽取 20 块进行规格尺寸和外观质量检验。从规格尺寸和外观质量检验合格的产品中，随机取样进行物理性能检验	色泽均匀，阻燃型应掺有颜色的颗粒；表面平整，无明显收缩变形和膨胀变形；熔结良好；无明显油渍和杂质	表观密度、压缩强度、导热系数、燃烧性能
2	挤塑聚苯乙烯泡沫塑料	同类型、同规格按 50m³ 为一批，不足 50m³ 的按一批计。 在每批产品中随机抽取 10 块进行规格尺寸和外观质量检验。从规格尺寸和外观质量检验合格的产品中，随机取样进行物理性能检验	表面平整，无夹杂物，颜色均匀；无明显起泡、裂口、变形	压缩强度、导热系数、燃烧性能
3	硬质聚氨酯泡沫塑料	同原料、同配方、同工艺条件按 50m³ 为一批，不足 50m³ 的按一批计。 在每批产品中随机抽取 10 块进行规格尺寸和外观质量检验。从规格尺寸和外观质量检验合格的产品中，随机取样进行物理性能检验	表面平整，无严重凹凸不平	表观密度、压缩强度、导热系数、燃烧性能

续表

序号	材料名称	组批及抽样	外观质量检验	物理性能检验
4	泡沫玻璃绝热制品	同品种、同规格按 250 件为一批，不足 250 件的按一批计。 在每批产品中随机抽取 6 个包装箱，每箱各抽 1 块进行规格尺寸和外观质量检验。从规格尺寸和外观质量检验合格的产品中，随机取样进行物理性能检验	垂直度、最大弯曲度、缺棱、缺角、孔洞、裂纹	表观密度、抗压强度、导热系数、燃烧性能
5	膨胀珍珠岩制品（憎水型）	同品种、同规格按 2000 块为一批，不足 2000 块的按一批计。 在每批产品中随机抽取 10 块进行规格尺寸和外观质量检验。从规格尺寸和外观质量检验合格的产品中，随机取样进行物理性能检验	弯曲度、缺棱、掉角、裂纹	表观密度、抗压强度、导热系数、燃烧性能
6	加气混凝土砌块	同品种、同规格、同等级按 200m³ 为一批，不足 200m³ 的按一批计。 在每批产品中随机抽取 50 块进行规格尺寸和外观质量检验。从规格尺寸和外观质量检验合格的产品中，随机取样进行物理性能检验	缺棱掉角、裂纹、爆裂、粘膜和损坏深度；表面疏松、层裂；表面油污	干密度、抗压强度、导热系数、燃烧性能
7	泡沫混凝土砌块		缺棱掉角；平面弯曲；裂纹、粘膜和损坏深度、表面酥松、层裂；表面油污	干密度、抗压强度、导热系数、燃烧性能
8	玻璃棉、岩棉、矿渣棉制品	同原料、同工艺、同品种、同规格按 1000m² 为一批，不足 1000m² 的按一批计。 在每批产品中随机抽取 6 个包装箱或卷进行规格尺寸和外观质量检验。从规格尺寸和外观质量检验合格的产品中，抽取 1 个包装箱或卷进行物理性能检验	表面平整，伤痕、污迹、破损，覆层与基材粘贴	表观密度、导热系数、燃烧性能
9	金属面绝热夹芯板	同原料、同生产工艺、同厚度按 150 块为一批，不足 150 块的按一批计。 在每批产品中随机抽取 5 块进行规格尺寸和外观质量检验，从规格尺寸和外观质量检验合格的产品中，随机抽取 3 块进行物理性能检验	表面平整，无明显凹凸、翘曲、变形；切口平直、切面整齐，无毛刺；芯板切面整齐，无剥落	剥离性能、抗弯承载力、防火性能

现行屋面保温材料标准 表 6-4

类 别	标准名称	标准编号
聚苯乙烯泡沫塑料	1. 绝热用模塑聚苯乙烯泡沫塑料	GB/T 10801.1
	2. 绝热用挤塑聚苯乙烯泡沫塑料（XPS）	GB/T 10801.2
硬质聚氨酯泡沫塑料	1. 建筑绝热用硬质聚氨酯泡沫塑料	GB/T 21558
	2. 喷涂聚氨酯硬泡体保温材料	JC/T 998
无机硬质绝热制品	1. 膨胀珍珠岩绝热制品（憎水型）	GB/T 10303
	2. 蒸压加气混凝土砌块	GB 11968
	3. 泡沫玻璃绝热制品	JC/T 647
	4. 泡沫混凝土砌块	JC/T 1062
纤维保温材料	1. 建筑绝热用玻璃棉制品	GB/T 17795
	2. 建筑用岩棉、矿渣棉绝热制品	GB/T 19686
金属面绝热夹芯板	1. 建筑用金属面绝热夹芯板	GB/T 23932

（13）对屋面工程中采用的新技术，应按照有关规定经过科技成果鉴定、评估或者新产品、新技术鉴定。施工单位应对新的或首次采用的新技术进行工艺评价，并应制定相应的技术质量标准。

（14）当进行下道工序或相邻工程施工时，应对屋面已完成的部分采取保护措施。伸出屋面的管道、设备或预埋件等，应在保温层和防水层施工前安设完毕，屋面保温层和防水层完工之后，不得进行凿孔、打洞或重物冲击等有损屋面的作业。屋面防水工程完工后，应进行观感质量检查和雨后观察或淋水、蓄水试验，不得有渗漏和积水现象。

（15）屋面工程施工的防火安全应符合以下规定：①可燃类防水、保温材料进场后，应远离火源，若露天堆放时，则应采用不燃材料完全覆盖；②防火隔离施工应与保温材料施工同步进行；③不得直接在可燃类防水、保温材料上进行热熔或热粘法施工；④喷涂硬泡聚氨酯作业时，应避开高温环境，施工工艺、工具及服装等应采取防静电措施；⑤在施工作业区应配备消防灭火器材；⑥火源、热源等火灾危险源应加强管理；⑦屋面上需要进行焊接、钻孔等施工作业时，周围环境应采取防火安全措施。

（16）屋面工程施工必须符合以下的安全规定：①严禁在雨天、雪天和五级风及其以上时施工；②屋面周边和预留孔洞部位，必须按临边、洞口防护规定设置安全护栏和安全网；③屋面坡度大于30％时，应采取防滑措施；④施工人员应穿防滑鞋，特殊情况下无可靠安全措施时，操作人员必须系好安全带并扣好保险钩。

（17）在屋面工程施工时，应建立各道工序的自检、交接检和专职人员检查的"三检"制度，并应有完整的检查记录。每道工序施工完成后，应经监理单位或建设单位检查验收，并应在合格后再进行下道工序的施工。

（18）屋面工程各子分部工程和分项工程的划分应符合表 6-5 的要求。屋面工程各分项工程宜按屋面面积每 500～1000m² 划分为一个检验批，不足 500m² 应按一个检验批，每个检验批的抽验数量应按本章第 2～6 节的规定执行。

屋面工程各子分部工程和分项工程的划分　　　　　　　　表 6-5

分部工程	子分部工程	分项工程
屋面工程	基层与保护	找坡层、找平层、隔汽层、隔离层、保护层
	保温与隔热	板状材料保温层、纤维材料保温层、喷涂硬泡聚氨酯保温层、现浇泡沫混凝土保温层、种植隔热层、架空隔热层、蓄水隔热层
	防水与密封	卷材防水层、涂膜防水层、复合防水层、接缝密封防水
	瓦面与板面	烧结瓦和混凝土瓦铺装、沥青瓦铺装、金属板铺装、玻璃采光顶铺装
	细部构造	檐口、檐沟和天沟、女儿墙和山墙、水落口、变形缝、伸出屋面管道、屋面出入口、反梁过水孔、设施基座、屋脊、屋顶窗

二、《屋面工程技术规范》对防水保温材料提出的主要性能指标

1. 防水材料的主要性能指标

高聚物改性沥青防水卷材的主要性能指标应符合表 6-6 的要求；合成高分子防水卷材的主要性能指标应符合表 6-7 的要求；基层处理剂、胶粘剂、胶粘带的主要性能指标应符合表 6-8 的要求。

高聚物改性沥青防水卷材主要性能指标 表 6-6

项 目	指 标				
	聚酯毡胎体	玻纤毡胎体	聚乙烯胎体	自粘聚酯胎体	自粘无胎体
可溶物含量（g/m²）	3mm 厚≥2100 4mm 厚≥2900		—	2mm 厚≥1300 3mm 厚≥2100	—
拉力（N/50mm）	≥500	纵向≥350	≥200	2mm 厚≥350 3mm 厚≥450	≥150
延伸率（%）	最大拉力时 SBS≥30 APP≥25	—	断裂时 ≥120	最大拉力时 ≥30	最大拉力时 ≥200
耐热度（℃，2h）	SBS 卷材 90，APP 卷材 110，无滑动、流淌、滴落		PEE 卷材 90，无流淌、起泡	70，无滑动、流淌、滴落	70，滑动不超过 2mm
低温柔性（℃）	SBS 卷材−20；APP 卷材−7；PEE 卷材−20			−20	
不透水性 压力（MPa）	≥0.3	≥0.2	≥0.4	≥0.3	≥0.2
保持时间（min）	≥30				≥120

注：SBS 卷材为弹性体改性沥青防水卷材；APP 卷材为塑性体改性沥青防水卷材；PEE 卷材为改性沥青聚乙烯胎防水卷材。

合成高分子防水卷材主要性能指标 表 6-7

项 目	指 标			
	硫化橡胶类	非硫化橡胶类	树脂类	树脂类（复合片）
断裂拉伸强度（MPa）	≥6	≥3	≥10	≥60 N/10mm
扯断伸长率（%）	≥400	≥200	≥200	≥400
低温弯折（℃）	−30	−20	−25	−20
不透水性 压力（MPa）	≥0.3	≥0.2	≥0.3	≥0.3
保持时间（min）	≥30			
加热收缩率（%）	＜1.2	＜2.0	≤2.0	≤2.0
热老化保持率（80℃×168h，%） 断裂拉伸强度	≥80		≥85	≥80
扯断伸长率	≥70		≥80	≥70

基层处理剂、胶粘剂、胶粘带主要性能指标 表 6-8

项　目	指　标			
	沥青基防水卷材用基层处理剂	改性沥青胶粘剂	高分子胶粘剂	双面胶粘带
剥离强度（N/10mm）	≥8	≥8	≥15	≥6
浸水 168h 剥离强度保持率（%）	≥8 N/10mm	≥8 N/10mm	70	70
固体含量（%）	水性≥40 溶剂性≥30	—	—	—
耐热性	80℃无流淌	80℃无流淌	—	—
低温柔性	0℃无裂纹	0℃无裂纹	—	—

高聚物改性沥青防水涂料的主要性能指标应符合表 6-9 的要求；合成高分子防水涂料（反应型固化）的主要性能指标应符合表 6-10 的要求；合成高分子防水涂料（挥发固化型）的主要性能指标应符合表 6-11 的要求；聚合物水泥防水涂料的主要性能指标应符合表 6-12 的要求；聚合物水泥防水胶结材料的主要性能指标应符合表 6-13 的要求；胎体增强材料的主要性能指标应符合表 6-14 的要求。

高聚物改性沥青防水涂料主要性能指标 表 6-9

项　目		指　标	
		水乳型	溶剂型
固体含量（%）		≥45	≥48
耐热性（80℃，5h）		无流淌、起泡、滑动	
低温柔性（℃，2h）		−15，无裂纹	−15，无裂纹
不透水性	压力（MPa）	≥0.1	≥0.2
	保持时间（min）	≥30	≥30
断裂伸长率（%）		≥600	—
抗裂性（mm）		—	基层裂缝 0.3mm，涂膜无裂纹

合成高分子防水涂料（反应型固化）主要性能指标 表 6-10

项　目		指　标	
		Ⅰ类	Ⅱ类
固体含量（%）		单组分≥80；多组分≥92	
拉伸强度（MPa）		单组分，多组分≥1.9	单组分，多组分≥2.45
断裂伸长率（%）		单组分≥550；多组分≥450	单组分，多组分≥450
低温柔性（℃，2h）		单组分−40；多组分−35，无裂纹	
不透水性	压力（MPa）	≥0.3	
	保持时间（min）	≥30	

注：产品按拉伸性能分Ⅰ类和Ⅱ类。

合成高分子防水涂料（挥发固化型）主要性能指标 表 6-11

项 目		指 标
固体含量（%）		≥65
拉伸强度（MPa）		≥1.5
断裂伸长率（%）		≥300
低温柔性（℃，2h）		—20，无裂纹
不透水性	压力（MPa）	≥0.3
	保持时间（min）	≥30

聚合物水泥防水涂料主要性能指标 表 6-12

项 目		指 标
固体含量（%）		≥70
拉伸强度（MPa）		≥1.2
断裂伸长率（%）		≥200
低温柔性（℃，2h）		—10，无裂纹
不透水性	压力（MPa）	≥0.3
	保持时间（min）	≥30

聚合物水泥防水胶结材料主要性能指标 表 6-13

项 目		指 标
与水泥基层的拉伸粘结强度（MPa）	常温 7d	≥0.6
	耐水	≥0.4
	耐冻融	≥0.4
可操作时间（h）		≥2
抗渗性能（MPa，7d）	抗渗性	≥1.0
抗压强度（MPa）		≥9
柔韧性 28d	抗压强度/抗折强度	≤3
剪切状态下的粘合性（N/mm，常温）	卷材与卷材	≥2.0
	卷材与基底	≥1.8

胎体增强材料主要性能指标 表 6-14

项目		指 标	
		聚酯无纺布	化纤无纺布
外观		均匀，无团状，平整无皱折	
拉力（N/50mm）	纵向	≥150	≥45
	横向	≥100	≥35
延伸率（%）	纵向	≥10	≥20
	横向	≥20	≥25

改性石油沥青密封材料的主要性能指标应符合表 6-15 的要求；合成高分子密封材料

的主要性能指标应符合表 6-16 的要求。

改性石油沥青密封材料主要性能指标　表 6-15

项　目		指　标	
		Ⅰ 类	Ⅱ 类
耐热性	温度（℃）	70	80
	下垂值（mm）	≤4.0	
低温柔性	温度（℃）	−20	−10
	粘结状态	无裂纹和剥离现象	
拉伸粘结性（%）		≥125	
浸水后拉伸粘结性（%）		125	
挥发性（%）		≤2.8	
施工度（mm）		≥22.0	≥20.0

注：产品按耐热度和低温柔性分为Ⅰ类和Ⅱ类。

合成高分子密封材料主要性能指标　表 6-16

项　目		指　标						
		25LM	25HM	20LM	20HM	12.5E	12.5P	7.5P
拉伸模量（MPa）	23℃ −20℃	≤0.4 和≤0.6	>0.4 或>0.6	≤0.4 和≤0.6	>0.4 或>0.6	—		
定伸粘结性		无破坏				—		
浸水后定伸粘结性		无破坏				—		
热压冷拉后粘结性		无破坏				—		
拉伸压缩后粘结性		—				无破坏		
断裂伸长率（%）		—				—	≥100	≥20
浸水后断裂伸长率（%）		—				—	≥100	≥20

注：产品按位移能力分为 25、20、12.5、7.5 四个级别；25 级和 20 级密封材料按伸拉模量分为低模量（LM）和高模量（HM）两个次级别；12.5 级密封材料按弹性恢复率分为弹性（E）和塑性（P）两个次级别。

　　烧结瓦的主要性能指标应符合表 6-17 的要求；混凝土瓦的主要性能指标应符合表 6-18 的要求；沥青瓦的主要性能指标应符合表 6-19 的要求。

烧结瓦主要性能指标　表 6-17

项　目	指　标	
	有釉类	无釉类
抗弯曲性能（N）	平瓦 1200，波形瓦 1600	
抗冻性能（15 次冻融循环）	无剥落、掉角、掉棱及裂纹增加现象	
耐急冷急热性（10 次急冷急热循环）	无炸裂、剥落及裂纹延长现象	
吸水率（浸水 24h，%）	≤10	≤18
抗渗性能（3h）		背面无水滴

混凝土瓦主要性能指标　　　　　　　　　　　　　　　　　表 6-18

项　目	指　标			
	波形瓦		平板瓦	
	覆盖宽度 ≥300mm	覆盖宽度 ≤200mm	覆盖宽度 ≥300mm	覆盖宽度 ≤200mm
承载力标准值（N）	1200	900	1000	800
抗冻性（25 次冻融循环）	外观质量合格，承载力仍不小于标准值			
吸水率（浸水 24h，%）	≤10			
抗渗性能（24h）	背面无水滴			

沥青瓦主要性能指标　　　　　　　　　　　　　　　　　表 6-19

项　目		指　标
可溶物含量（g/m²）		平瓦≥1000；叠瓦≥1800
拉力（N/50mm）	纵向	≥500
	横向	≥400
耐热度（℃）		90，无流淌、滑动、滴落、气泡
柔度（℃）		10，无裂纹
撕裂强度（N）		≥9
不透水性（0.1MPa，30min）		不透水
人工气候老化 （720h）	外观	无气泡、渗油、裂纹
	柔度	10℃无裂纹
自粘胶耐热度	50℃	发　黏
	70℃	滑动≤2mm
叠层剥离强度（N）		≥20

防水透气膜的主要性能指标应符合表 6-20 的要求。

防水透气膜主要性能指标　　　　　　　　　　　　　　　　　表 6-20

项　目		指　标	
		Ⅰ类	Ⅱ类
水蒸气透过量（g/m² · 24h，23℃）		≥1000	
不透水性（mm，2h）		≥1000	
最大拉力（N/50mm）		≥100	≥250
断裂伸长率（%）		≥35	≥10
撕裂性能（N，钉杆法）		≥40	
热老化（80℃， 168h）	拉力保持率（%）	≥80	
	断裂伸长率保持率（%）		
	水蒸气透过量保持率（%）		

2. 保温材料的主要性能指标

板状保温材料的主要性能指标应符合表 6-21 的要求；纤维保温材料的主要性能指标应符合表 6-22 的要求；喷涂硬泡聚氨酯的主要性能指标应符合表 6-23 的要求；现浇泡沫混凝土的主要性能指标应符合表 6-24 的要求；金属面绝热夹芯板的主要性能指标应符合表 6-25 的要求。

板状保温材料主要性能指标　　　　　　　　　　　　表 6-21

项　　目	指　　标						
	聚苯乙烯泡沫塑料		硬质聚氨酯泡沫塑料	泡沫玻璃	憎水型膨胀珍珠岩	加气混凝土	泡沫混凝土
	挤塑	模塑					
表观密度或干密度（kg/m³）	—	≥20	≥30	≤200	≤350	≤425	≤530
压缩强度（kPa）	≥150	≥100	≥120	—	—	—	—
抗压强度（MPa）	—	—	—	≥0.4	≥0.3	≥1.0	≥0.5
导热系数［W/(m・K)］	≤0.030	≤0.041	≤0.024	≤0.070	≤0.087	≤0.120	≤0.120
尺寸稳定性（70℃,48h,％）	≤2.0	≤3.0	≤2.0				
水蒸气渗透系数［ng/(Pa・m・s)］	≤3.5	≤4.5	≤6.5				
吸水率（v/v,％）	≤1.5	≤4.0	≤4.0	≤0.5	—	—	—
燃烧性能	不低于 B₂ 级			A 级			

纤维保温材料主要性能指标　　　　　　　　　　　　表 6-22

项　　目	指　　标			
	岩棉、矿渣棉板	岩棉、矿渣棉毡	玻璃棉板	玻璃棉毡
表观密度（kg/m³）	≥40	≥40	≥24	≥10
导热系数［W/(m・K)］	≤0.040	≤0.040	≤0.043	≤0.050
燃烧性能	A 级			

喷涂硬泡聚氨酯主要性能指标　　　　　　　　　　　　表 6-23

项　　目	指　　标	项　　目	指　　标
表观密度（kg/m³）	≥35	闭孔率（％）	≥92
导热系数［W/(m・K)］	≤0.024	水蒸气渗透系数［ng/(Pa・m・s)］	≤5
压缩强度（kPa）	≥150	吸水率（v/v,％）	≤3
尺寸稳定性（70℃，48h,％）	≤1	燃烧性能	不低于 B₂ 级

现浇泡沫混凝土主要性能指标 表 6-24

项　目	指标	项　目	指标
干密度（kg/m³）	≤600	吸水率（%）	≤20%
导热系数［W/(m·K)］	≤0.14	燃烧性能	A级
抗压强度（MPa）	≥0.5		

金属面绝热夹芯板主要性能指标 表 6-25

项　目	指标				
	模塑聚苯乙烯夹芯板	挤塑聚苯乙烯夹芯板	硬质聚氨酯夹芯板	岩棉、矿渣棉夹芯板	玻璃棉夹芯板
传热系数［W/(m²·K)］	≤0.68	≤0.63	≤0.45	≤0.85	≤0.90
粘结强度（MPa）	≥0.10	≥0.10	≥0.10	≥0.06	≥0.03
金属面材厚度	彩色涂层钢板基板≥0.5mm，压型钢板≥0.5mm				
芯材密度（kg/m³）	≥18	—	≥38	≥100	≥64
剥离性能	粘结在金属面材上的芯材应均匀分布，并且每个剥离面的粘结面积不应小于85%				
抗弯承载力	夹芯板挠度为支座间距的1/200时，均布荷载不应小于0.5 kN/m²				
防火性能	芯材燃烧性能按《建筑材料及制品燃烧性能分级》GB 8624 的有关规定分级。 岩棉、矿渣棉夹芯板，当夹芯板厚度小于或等于80mm 时，耐火极限应大于或等于30min；当夹芯板厚度大于80mm 时，耐火极限应大于或等于60min				

第二节　基层与保护工程的监理

本节介绍与屋面保温层和防水层相关的找坡层、找平层、隔汽层、隔离层、保护层等分项工程的监理要点和质量验收。

一、一般规定

（1）屋面混凝土结构层的施工应符合现行国家标准《混凝土结构工程施工质量验收规范》GB 50204 的有关规定；

（2）上人屋面或其他使用功能屋面，其保护及铺面的施工除了应符合本节的规定外，尚应符合现行国家标准《建筑地面工程施工质量验收规范》GB 50209 等的有关规定；

（3）基层与保护工程各分项工程每个检验批的抽验数量，应按屋面面积每 100m² 抽查一处，每处为 10m²，且不得少于 3 处。

二、找坡层和找平层

1. 找坡层和找平层的监理要点
找坡层和找平层的监理要点如下：

（1）找坡层和找平层的施工环境温度不宜低于 5℃；

（2）装配式钢筋混凝土板的板缝嵌填施工应符合以下要求：①嵌填混凝土时，板缝内应清理干净，并应保持湿润；②当板缝宽度大于 40mm 或上窄下宽时，板缝内应按照设计要求配置钢筋；③嵌填细石混凝土的强度等级不应低于 C20，嵌填深度宜低于板面 10～20mm，且应振捣密实和浇水养护；④板端缝应按设计要求增加防裂的构造措施。

（3）找坡层和找平层基层的施工应符合以下规定：①应清理结构层、保温层上面的松散杂物，凸出基层表面的硬物应剔平扫净；②在抹找平层前，宜对基层洒水湿润；③突出屋面的管道、支架等根部，应用细石混凝土堵实和固定；④对于不易与找平层结合的基层应做界面处理。

（4）屋面找坡应满足设计排水坡度的要求，结构找坡不应小于 3％，材料找坡宜为 2％；檐沟、天沟纵向找坡不应小于 1％，沟底水落差不得超过 200mm。找坡应按屋面排水方向和设计坡度要求进行，找坡层最薄处厚度不宜小于 20mm。

（5）找坡层宜采用轻骨料混凝土，找坡材料应分层铺设和适当压实，表面宜平整和粗糙，并应适时浇水养护，找坡层所用材料的质量和配合比应符合设计要求，并应做到计量准确和机械搅拌。

（6）找平层宜采用水泥砂浆或细石混凝土材料，找平层所用材料的质量和配合比应符合设计要求，并应做到计量准确和机械搅拌，找平层应在水泥初凝前压实抹平，在水泥终凝前完成收水后应二次压光，并应及时取出分格条，终凝后应进行养护，养护时间不得少于 7d。

（7）找平层分格缝其纵横间距不宜大于 6m，分格缝的宽度宜为 5～20mm。

（8）卷材防水层的基层与突出屋面结构的交接处，以及基层的转角处，找平层均应做成圆弧形，且应整齐平顺。找平层圆弧半径应符合表 6-26 的规定。

找平层圆弧半径（mm）　　　　　　　　　　　　　　　表 6-26

卷材种类	圆弧半径
高聚物改性沥青防水卷材	50
合成高分子防水卷材	20

2. 找坡层和找平层的监理验收

找坡层和找平层主控项目的检验标准应符合表 6-27 的规定，一般项目的检验标准应符合表 6-28 的规定。

找坡层和找平层主控项目检验　　　　　　　　　　　　表 6-27

序号	项目	合格质量标准	检验方法
1	材料和配合比要求	找坡层和找平层所用材料的质量及配合比，应符合设计要求	检查出厂合格证、质量检验报告和计量措施
2	排水坡度	找坡层和找平层的排水坡度，应符合设计要求	坡度尺检查

找坡层和找平层一般项目检验　　　　　　　　　　　　表 6-28

序号	项目	合格质量标准	检验方法
1	表面质量	找平层应抹平、压光，不得有酥松、起砂、起皮现象	观察检查

序号	项目	合格质量标准	检验方法
2	交接处与转角处	卷材防水层的基层与突出屋面结构的交接处，以及基层的转角处，找平层应做成圆弧形，且应整齐平顺	观察检查
3	分格缝	找平层分格缝的宽度和间距，均应符合设计要求	观察和尺量检查
4	表面平整度	找坡层表面平整度的允许偏差为 7mm，找平层表面平整度的允许偏差为 5mm	2m 靠尺和塞尺检查

三、隔汽层

隔汽层应选用气密封、水密性好的材料，其应设置在结构层和保温层之间。

1. 隔汽层的监理要点

隔汽层的施工应符合以下要求：

（1）在隔汽层施工之前，基层应进行清理，要求平整、干净、干燥，宜进行找平处理。

（2）在屋面与墙的连接处，隔汽层应沿墙面向上连续铺设，高出保温层上表面不得小于 150mm。

（3）采用卷材做隔汽层时，卷材宜空铺，卷材搭接缝应满粘，其搭接宽度不应小于 80mm；采用涂膜做隔汽层时，涂料涂刷应均匀，涂层不得有堆积、起泡和露底现象。

（4）穿过隔汽层的管线周围应封严，转角处应无折损；隔汽层凡有缺陷或破损的部位，均应进行返修。

2. 隔汽层的监理验收

隔汽层主控项目的检验标准应符合表 6-29 的规定，一般项目的检验标准应符合表 6-30 的规定。

隔汽层主控项目检验　　　　　　　　　　表 6-29

序号	项目	合格质量标准	检验方法
1	材料要求	隔汽层所用材料的质量，应符合设计要求	检查出厂合格证、质量检验报告和进场检验报告
2	破损现象	隔汽层不得有破损现象	观察检查

隔汽层一般项目检验　　　　　　　　　　表 6-30

序号	项目	合格质量标准	检验方法
1	卷材表面质量	卷材隔汽层应铺设平整，卷材搭接缝应粘结牢固，密封应严密，不得有扭曲、皱折和起泡等缺陷	观察检查
2	涂膜表面质量	涂膜隔汽层应粘结牢固，表面平整，涂布均匀，不得有堆积、起泡和露底等缺陷	

四、隔离层和保护层

施工后的防水层应进行雨后观察，淋水或蓄水试验，并应在防水层检验合格后再进行隔离层和保护层的施工。在进行隔离层和保护层施工前，防水层和保温层的表面应平整、干净。隔离层和保护层施工时，应避免损坏防水层或保温层。

(一) 隔离层和保护层的监理要点

1. 隔离层的监理要点

隔离层的监理要点如下：

(1) 块体材料。水泥砂浆或细石混凝土保护层与卷材防水层、涂膜防水层之间应设置隔离层。隔离层可采用干铺塑料膜、土工膜、卷材或铺抹低强度等级砂浆。

(2) 隔离层的施工环境温度应符合以下规定：①干铺塑料膜、土工布、卷材可在负温下施工；②铺抹低强度等级砂浆的温度宜为 5～35℃。

(3) 干铺塑料膜土工布、卷材时，其搭接宽度不应小于 50mm，铺设应平整，不得有皱折；铺抹低强度等级砂浆时，其表面应平整、压实，不得有起壳和起砂等现象。隔离层的铺设不得有破损和漏铺现象。

(4) 隔离层材料的贮运、保管应符合以下规定：①塑料膜、土工布、卷材贮运时，应防止日晒、雨淋、重压；②塑料膜、土工布、卷材保管时，应保证室内干燥、通风；③塑料膜、土工布、卷材的保管环境应远离火源、热源。

2. 保护层的监理要点

保护层的监理要点如下：

(1) 防水层上的保护层施工，应待卷材铺贴完工或涂料固化成膜，并经检验合格之后方可进行。

(2) 块体材料、水泥砂浆、细石混凝土保护层表面的坡度应符合设计要求，不得有积水现象。

(3) 保护层的施工环境温度应符合以下规定：①块体材料干铺不宜低于−5℃，湿铺不宜低于 5℃；②水泥砂浆及细石混凝土宜为 5～35℃；③浅色涂料不宜低于 5℃。

(4) 块体材料保护层的铺设应符合以下规定：①在砂结合层上铺设块体材料时，砂结合层应平整，块体间应预留 10mm 的缝隙，缝内应填砂，并应用 1：2 水泥砂浆勾缝；②在水泥砂浆结合层上铺设块体材料时，应先在防水层上做隔离层，块体间应预留 10mm 的缝隙，缝内应用 1：2 水泥砂浆勾缝；③块体表面应洁净，色译一致，应无裂纹、掉角和缺楞等缺陷；④用块体材料做保护层时，宜设置分格缝，分格缝纵横间距不应大于 10m，分格缝宽度宜为 20mm。

(5) 水泥砂浆及细石混凝土保护层的铺设应符合以下规定：①在水泥砂浆及细石混凝土保护层铺设前，应在防水层上做隔离层；②采用水泥砂浆做保护层时，表面应抹平压光，不得有裂纹、脱皮、麻面、起砂等缺陷，并应设表面分隔缝，分格面积宜为 1m²；③采用细石混凝土做保护层时，混凝土应振捣密实，表面应抹平压光，不得有裂纹、脱皮、麻面、起砂等缺陷，分格缝纵横间距不应大于 6m，分格缝的宽度宜为 10～20mm，细石混凝土铺设不宜留施工缝，当施工间隙超过时间规定时，应对接槎进行处理。

(6) 块体材料、水泥砂浆或细石混凝土保护层与女儿墙和山墙之间，应预留宽度为

30mm 的缝隙，缝内宜填塞聚苯乙烯泡沫塑料，并应用密封材料嵌填密实。

（7）浅色涂料保护层的施工应符合以下规定：①浅色涂料应与卷材防水层、涂膜防水层相容，材料用量应根据产品说明书的规定使用；②浅色涂料应多遍涂刷，当防水层为涂膜时，应在涂膜固化后方可进行浅色涂料的涂刷；③涂层应与防水层粘结牢固，厚薄应均匀，不得漏涂；④涂层表面应平整，不得流淌和堆积。

（8）保护层材料的贮运、保管应符合以下规定：①水泥贮运、保管时应采取防尘、防雨、防潮措施；②块体材料应按类别、规格分别堆放；③浅色涂料贮运、保管环境温度：反应型及水乳型不宜低于 5℃，溶剂型不宜低于 0℃；④溶剂型涂料保管环境应干燥、通风，并应远离火源和热源。

（二）隔离层和保护层的监理验收

1. 隔离层的监理验收

主控项目的检验标准应符合表 6-31 的规定，一般项目的检验标准应符合表 6-32 的规定。

隔离层主控项目检验　　表 6-31

序号	项目	合格质量标准	检验方法
1	材料及配合比要求	隔离层所用材料的质量及配合比，应符合设计要求	检查出厂合格证和计量措施
2	破损与漏铺	隔离层不得有破损和漏铺现象	观察检查

隔离层一般项目检验　　表 6-32

序号	项目	合格质量标准	检验方法
1	铺设要求	塑料膜、土工布、卷材应铺设平整，其搭接宽度不应小于 50mm，不得有皱折	观察和尺量检查
2	表面质量	低强度等级砂浆表面应压实、平整，不得有起壳、起砂现象	观察检查

2. 保护层的监理验收

主控项目的检验标准应符合表 6-33 的规定，一般项目的检验标准应符合表 6-34 的规定。

保护层主控项目检验　　表 6-33

序号	项目	合格质量标准	检验方法
1	材料及配合比要求	保护层所用材料的质量及配合比，应符合设计要求	检查出厂合格证、质量检验报告和计量措施
2	强度等级	块体材料、水泥砂浆或细石混凝土保护层的强度等级，应符合设计要求	检查块体材料、水泥砂浆或混凝土抗压强度试验报告
3	排水坡度	保护层的排水坡度，应符合设计要求	坡度尺检查

保护层一般项目检验　　　　　　　　　　　表 6-34

序号	项目	合格质量标准	检验方法
1	表面质量	块体材料保护层表面应干净，接缝应平整，周边应顺直，镶嵌应正确，应无空鼓现象	小锤轻击和观察检查
2	施工质量	水泥砂浆、细石混凝土保护层不得有裂纹、脱皮、麻面和起砂等现象	观察检查
3	涂料施工要求	浅色涂料应与防水层粘结牢固，厚薄应均匀，不得漏涂	观察检查
4	保护层允许偏差	保护层的允许偏差和检验方法应符合表 6-35	见表 6-35

保护层的允许偏差和检验方法　　　　　　　表 6-35

项　目	允许偏差（mm）			检验方法
	块体材料	水泥砂浆	细石混凝土	
表面平整度	4.0	4.0	5.0	2m 靠尺和塞尺检查
缝格平直	3.0	3.0	3.0	拉线和尺量检查
接缝高低差	1.5	—	—	直尺和塞尺检查
板块间隙宽度	2.0	—	—	尺量检查
保护层厚度	设计厚度的 10%，且不得大于 5mm			钢针插入和尺量检查

第三节　保温与隔热工程的监理

本节适用于板状材料、纤维材料、喷涂硬泡聚氨酯、现浇泡沫混凝土保温层和种植、架空、蓄水隔热层分项工程的施工质量监理验收。

一、一般规定

保温和隔热工程的一般规定如下：

（1）严寒和寒冷地区屋面热桥部位，应按设计要求采取节能保温等隔断热桥的措施。

（2）保温层的施工环境温度应符合以下规定：①干铺的保温材料可在负温度下施工；②用水泥砂浆粘贴的板状保温材料不宜低于 5℃；③喷涂硬泡聚氨酯宜为 15～35℃，空气相对湿度宜小于 85%，风速不宜大于三级；④现浇泡沫混凝土宜为 5～35℃。

（3）倒置式屋面保温层的施工应符合以下规定：①施工结束的防水层，应进行淋水或蓄水试验，并应在合格后再进行保温层的铺设；②板状保温层的铺设应平稳，拼缝应严密；③进行保护层施工时，应避免损坏保温层和防水层。

（4）铺设保温层的基层应平整、干燥和干净；保温与隔热工程的构造及选用材料应符合设计要求。

（5）种植、架空、蓄水隔热层施工前，防水层应验收合格。

（6）保温与隔热工程的质量验收除应符合《屋面工程质量验收规范》GB 50207—2012 第 5 章保温与隔热工程的规定外，尚应符合现行国家标准《建筑节能工程施工质量验收规范》GB 50411 的有关规定。

（7）保温与隔热工程各分项工程每个检验批的抽检数量，应按屋面面积每 100m² 抽查 1 处，每处应为 10m²，且不得少于 3 处。

二、保温与隔热工程对原材料的要求

保温与隔热工程对原材料的要求如下：

（1）保温材料在施工过程中应采取防潮、防水和防火等措施。

（2）保温材料在使用对的含水率，应相当于该材料在当地自然风干状态下的平衡含水率。

（3）保温材料的导热系数、表观密度或干密度、抗压强度或压缩强度、燃烧性能，必须符合设计要求。

（4）保温材料的贮存、保管应符合以下规定：①保温材料应采取防雨、防潮、防火的措施，并应分类存放；②板状保温材料搬运时应轻拿轻放；③纤维保温材料应在干燥、通风的房间内贮存，搬运时应轻拿轻放。

（5）进场的保温材料应检验以下项目：①板状保温材料：表观密度或干密度、压缩强度或抗压强度、导热系数、燃烧性能；②纤维保温材料：表观密度、导热系数、燃烧性能。

三、板状材料保温层

1. 板状材料保温层的监理要点

板状材料保温层的监理要点如下：

（1）基层应平整、干燥、干净；

（2）相邻的板块应错缝拼接，若分层铺设的板块上下层之间的接缝应相互错开，板间的缝隙应采用同类材料嵌填密实；

（3）板状材料保温层若采用干铺法工艺施工时，板状保温材料应紧靠在基层表面上，应铺平垫稳；

（4）板状材料保温层若采用粘贴法工艺施工时，胶粘剂应与保温材料的材性相容，并应贴严、粘牢；板状材料保温层的平面接缝应挤紧拼严，不得在板块侧面涂抹胶粘剂，超过 2mm 的缝隙应采用相同材料的板条或片填塞严实，板状保温材料粘结之后在胶粘剂固化之前不得上人踩踏。

（5）板状材料保温层若采用机械固定法工艺施工时，应选择专用螺钉和垫片，固定件与结构层之间应连接牢固，固定件的间距应符合设计要求。

2. 板状材料保温层的监理验收

主控项目的检验标准应符合表 6-36 的规定，一般项目的检验标准应符合表 6-37 的规定。

板状材料保温层主控项目检验　　　　　　　　　　表 6-36

序号	项目	合格质量标准	检验方法
1	材料要求	板状保温材料的质量，应符合设计要求	检查出厂合格证、质量检验报告和进场检验报告
2	厚度偏差	板状材料保温层的厚度应符合设计要求，其正偏差应不限，负偏差应为 5%，且不得大于 4mm	钢针插入和尺量检查
3	"热桥"处理	屋面热桥部位处理应符合设计要求	观察检查

板状材料保温层一般项目检验 表 6-37

序号	项目	合格质量标准	检验方法
1	铺设要求	板状保温材料铺设应紧贴基层，应铺平垫稳，拼缝应严密，粘贴应牢固	观察检查
2	固定件要求	固定件的规格、数量和位置均应符合设计要求；垫片应与保温层表面齐平	
3	表面平整度	板状材料保温层表面平整度的允许偏差为 5mm	2m 靠尺和塞尺检查
4	接缝高低差	板状材料保温层接缝高低差的允许偏差为 2mm	直尺和塞尺检查

四、纤维材料保温层

1. 纤维材料保温层的监理要点

纤维材料保温层的监理要点如下：

（1）基层应平整、干燥、干净；

（2）纤维保温材料在施工时，应避免重压，并应采取防潮措施；

（3）纤维保温材料铺设时，应紧靠在基层表面上，平面拼接缝应贴紧拼严，上下层拼接缝应相互错开；

（4）若屋面坡度较大时，纤维保温材料宜采用机械固定法工艺施工，采用金属或塑料专用固定件将纤维保温材料与基层固定；

（5）纤维材料填充后，不得上人踩踏；

（6）装配式骨架纤维保温材料施工时，应先在基层上铺设保温龙骨或金属龙骨，龙骨之间应填充纤维保温材料，再在龙骨上铺钉水泥纤维板，金属龙骨和固定件应经防锈处理，金属龙骨与基层之间应采取隔热断桥措施。

（7）在铺设纤维保温材料时，应做好劳动保护工作。

2. 纤维材料保温层的监理验收

主控项目的检验标准应符合表 6-38 的规定，一般项目的检验标准应符合表 6-39 的规定。

纤维材料保温层主控项目检验 表 6-38

序号	项目	合格质量标准	检验方法
1	材料要求	纤维保温材料的质量，应符合设计要求	检查出厂合格证、质量检验报告和进场检验报告
2	正负偏差	纤维材料保温层的厚度应符合设计要求，其正偏差应不限，毡不得有负偏差，板负偏差应为 4%，且不得大于 3mm	钢针插入和尺量检查
3	热桥部位处理	屋面热桥部位处理应符合设计要求	观察检查

纤维材料保温层一般项目检验 表 6-39

序号	项目	合格质量标准	检验方法
1	铺设要求	纤维保温材料铺设应紧贴基层，拼缝应严密，表面应平整	观察检查
2	固定件与垫片	固定件的规格、数量和位置应符合设计要求；垫片应与保温层表面齐平	观察检查
3	骨架与纤维板	装配式骨架和水泥纤维板应铺钉牢固，表面应平整；龙骨间距和板材厚度应符合设计要求	观察和尺量检查
4	密封	具有抗水蒸气渗透外覆面的玻璃棉制品，其外覆面应朝向室内，拼缝应用防水密封胶带封严	观察检查

五、喷涂硬泡聚氨酯保温层

1. 喷涂硬泡聚氨酯保温层的监理要点

喷涂硬泡聚氨酯保温层的监理要点如下：

（1）基层应平整、干燥、干净；

（2）在保温层施工前应对喷涂设备进行调试，并应制备试样进行喷涂硬泡聚氨酯保温材料的性能检测；

（3）喷涂硬泡聚氨酯组分的配比应准确计量，发泡厚度应均匀一致；

（4）在进行喷涂施工时，喷嘴与施工基面的间距应由试验确定；

（5）一个作业面应分遍喷涂完成，每遍厚度不宜大于 15mm，当日的作业面应当日连续地喷涂施工完毕；

（6）硬泡聚氨酯喷涂后 20min 内严禁上人，喷涂硬泡聚氨酯保温层完成之后，应及时做保护层；

（7）喷涂作业时，应采取防止污染的遮挡措施。

2. 喷涂硬泡聚氨酯保温层的监理验收

主控项目的检验标准应符合表 6-40 的规定，一般项目的检验标准应符合表 6-41 的规定。

喷涂硬泡聚氨酯保温层主控项目检验 表 6-40

序号	项目	合格质量标准	检验方法
1	材料与配合比要求	喷涂硬泡聚氨酯所用原材料的质量及配合比，应符合设计要求	检查原材料出厂合格证、质量检验报告和计量措施
2	正、负偏差	喷涂硬泡聚氨酯保温层的厚度应符合设计要求，其正偏差应不限，不得有负偏差	钢针插入和尺量检查
3	热桥处理	屋面热桥部位处理应符合设计要求	观察检查

喷涂硬泡聚氨酯保温层一般项目检验 表 6-41

序号	项目	合格质量标准	检验方法
1	喷涂质量要求	喷涂硬泡聚氨酯应分遍喷涂，粘结应牢固，表面应平整，找坡应正确	观察检查
2	表面平整度	喷涂硬泡聚氨酯保温层表面平整度的允许偏差为 5mm	2m 靠尺和塞尺检查

六、现浇泡沫混凝土保温层

1. 现浇泡沫混凝土保温层的监理要点

现浇泡沫混凝土保温层的监理要点如下:

（1）在浇筑泡沫混凝土之前，应将基层上的杂物和油污清理干净，基层应浇水湿润，但不得有积水。

（2）在保温层施工前，应对设备进行调试，并应制备试样进行泡沫混凝土的性能检测。

（3）泡沫混凝土应按设计要求的干密度和抗压强度进行配合比设计，配合比应准确计量，制备好的泡沫加入水泥料浆中应搅拌均匀。

（4）泡沫混凝土应按设计的厚度设定浇筑面标高线，找坡时宜采取挡板辅助措施。

（5）泡沫混凝土的浇筑出料口离基层的高度不宜超过1m，泵送时应采取低压泵送，泡沫混凝土应分层浇筑，一次浇筑厚度不宜超过200mm，在浇筑的过程中，应随时检查泡沫混凝土的湿密度。

（6）泡沫混凝土终凝后应进行保湿养护，养护时间不得少于7d。

2. 现浇泡沫混凝土保温层的监理验收

主控项目的检验标准应符合表6-42的规定，一般项目的检验标准应符合表6-43的规定。

现浇泡沫混凝土保温层主控项目检验　　　　　　　　　　　　　表 6-42

序号	项目	合格质量标准	检验方法
1	材料及配合比要求	现浇泡沫混凝土所用原材料的质量及配合比，应符合设计要求	检查原材料出厂合格证、质量检验报告和计量措施
2	正、负偏差	现浇泡沫混凝土保温层的厚度应符合设计要求，其正负偏差应为5%，且不得大于5mm	钢针插入和尺量检查
3	热桥处理	屋面热桥部位处理应符合设计要求	观察检查

现浇泡沫混凝土保温层一般项目检验　　　　　　　　　　　　　表 6-43

序号	项目	合格质量标准	检验方法
1	铺设要求	现浇泡沫混凝土应分层施工，粘结应牢固，表面应平整，找坡应正确	观察检查
2	表面质量	现浇泡沫混凝土不得有贯通性裂缝，以及疏松、起砂、起皮现象	
3	表面平整度	现浇泡沫混凝土保温层表面平整度的允许偏差为5mm	2m靠尺和塞尺检查

七、种植隔热层

1. 种植隔热层的监理要点

种植隔热层的监理要点如下:

（1）种植隔热层与防水层之间宜设置细石混凝土保护层，种植隔热层的屋面坡度大于

20％时，其排水层、种植土层应采取防滑措施。

（2）种植隔热层挡墙或挡板的下部应设泄水孔，孔周围应放置疏水粗细骨料，在挡墙或挡板施工时，所留设的泄水孔位置应准确，并不得堵塞。

（3）凹凸型排水板宜采用搭接法施工，搭接宽度应根据产品的规格具体确定；网状交织排水板宜采用对接法施工；采用陶粒作排水层时，铺设应平整，厚度应均匀，陶粒的粒径不应小于25mm，大粒径应在下，小粒径应在上。

（4）排水层上应铺设过滤层土工布，过滤层土工布铺设应平整，无皱折，其搭接宽度不应小于100mm，搭接方法宜采用粘合或缝合处理，过滤层土工布应沿种植土周边向上铺设至种植土高度，并应与挡墙或挡板粘牢。

（5）种植土的厚度及自重应符合设计要求，种植土表面应低于挡墙高度100mm。

（6）种植土、植物等应在屋面上均匀堆放，且不得损坏防水层。

2. 种植隔热层的监理验收

主控项目的检验标准应符合表6-44的规定，一般项目的检验标准应符合表6-45的规定。

种植隔热层主控项目检验　　　　　　表6-44

序号	项目	合格质量标准	检验方法
1	材料要求	种植隔热层所用材料的质量，应符合设计要求	检查出厂合格证和质量检验报告
2	排水层与排水系统	排水层应与排水系统连通	观察检查
3	挡板或泄水孔	挡墙或挡板泄水孔的留设应符合设计要求，并不得堵塞	观察和尺量检查

种植隔热层一般项目检验　　　　　　表6-45

序号	项目	合格质量标准	检验方法
1	隔粒要求	陶粒应铺设平整、均匀，厚度应符合设计要求	
2	排水板铺设	排水板应铺设平整，接缝方法应符合国家现行有关标准的规定	观察和尺量检查
3	土工布铺设	过滤层土工布应铺设平整、接缝严密，其搭接宽度的允许偏差为−10mm	
4	种植土厚度	种植土应铺设平整、均匀，其厚度的允许偏差为±5％，且不得大于30mm	尺量检查

八、架空隔热层

1. 架空隔热层的监理要点

架空隔热层的监理要点如下：

（1）架空隔热层的高度应按屋面宽度或者坡度大小确定，若设计无要求时，架空隔热层的高度宜为180～300mm；当屋面宽度大于10m时，应在屋面中部设置通风屋脊，通风口处应设置通风箅子。

（2）架空隔热制品的质量应符合以下要求：①非上人屋面的砌块强度等级不应低于

MU7.5，上人屋面的砌块强度等级不应低于 MU10；②混凝土板的强度等级不应低于C20，板厚及配筋应符合设计要求。

（3）架空隔热层在施工前，应将屋面清扫干净，并应根据架空隔热制品的尺寸弹出支座中线。

（4）架空隔热制品支座底部的卷材防水层、涂膜防水层应采取加强措施。

（5）铺设架空隔热制品时，应随时清扫屋面防水层上的落灰、杂物等，操作时不得损伤已完工的防水层；架空隔热制品的铺设应平整、稳固，缝隙应勾填密实。

2. 架空隔热层的监理验收

主控项目的检验标准应符合表 6-46 的规定，一般项目的检验标准应符合表 6-47 的规定。

架空隔热层主控项目检验　　　　表 6-46

序号	项目	合格质量标准	检验方法
1	材料要求	架空隔热制品的质量，应符合设计要求	检查材料或构件合格证和质量检验报告
2	铺设要求	架空隔热制品的铺设应平整、稳固，缝隙勾填应密实	观察检查

架空隔热层一般项目检验　　　　表 6-47

序号	项目	合格质量标准	检验方法
1	间距要求	架空隔热制品距山墙或女儿墙不得小于 250mm	观察和尺量检查
2	施工要求	架空隔热层的高度及通风屋脊、变形缝做法，应符合设计要求	
3	接缝高低差	架空隔热制品接缝高低差的允许偏差为 3mm	直尺和塞尺检查

九、蓄水隔热层

1. 蓄水隔热层的监理要点

蓄水隔热层的监理要点如下：

（1）蓄水隔热层与屋面防水层之间应设置隔离层。

（2）蓄水池的所有孔洞应预留，不得后凿；所设置的给水管、排水管和溢水管等，均应在蓄水池混凝土施工前安装完毕。

（3）蓄水池的防水混凝土施工时，环境气温宜为 5～35℃，并应避免在冬期和高温期施工；每个蓄水池的防水混凝土应一次浇筑完毕，不得留置施工缝。

（4）防水混凝土应用机械振捣密实，表面应抹平和压光，蓄水池的防水混凝土完工后，初凝后应及时覆盖进行养护，终凝后浇水养护不得少于 14d，蓄水后不得断水。

（5）蓄水池的溢水口标高、数量、尺寸应符合设计要求，过水孔应设在分仓墙底部，排水管应与水落管连通。

2. 蓄水隔热层的监理验收

主控项目的检验标准应答合表 6-48 的规定，一般项目的检验标准应符合表 6-49 的规定。

蓄水隔热层主控项目检验　　　　　　　　　　表 6-48

序号	项目	合格质量标准	检验方法
1	材质及配合比	防水混凝土所用材料的质量及配合比，应符合设计要求	检查出厂合格证、质量检验报告、进场检验报告和计量措施
2	抗压强度、抗渗性能	防水混凝土的抗压强度和抗渗性能，应符合设计要求	检查混凝土抗压和抗渗试验报告
3	蓄水池	蓄水池不得有渗漏现象	蓄水至规定高度观察检查

蓄水隔热层一般项目检验　　　　　　　　　　表 6-49

序号	项目	合格质量标准	检验方法
1	表面质量	防水混凝土表面应密实、平整，不得有蜂窝、麻面、露筋等缺陷	观察检查
2	裂缝宽度	防水混凝土表面的裂缝宽度不应大于 0.2mm，并不得贯通	刻度放大镜检查
3	留设口的布置	蓄水池上所留设的溢水口、过水孔、排水管、溢水管等，其位置、标高和尺寸均应符合设计要求	观察和尺量检查
4	允许偏差	蓄水池结构的允许偏差和检验方法应符合表 6-50 的规定	见表 6-50

蓄水池结构的允许偏差和检验方法　　　　　　表 6-50

项　　目	允许偏差（mm）	检验方法
长度、宽度	+15，−10	尺量检查
厚度	±5	
表面平整度	5	2m 靠尺和塞尺检查
排水坡度	符合设计要求	坡度尺检查

第四节　防水与密封工程的监理

　　本节适用于卷材防水层、涂膜防水层、复合防水层和接缝密封防水等分项工程的施工质量的验收。

一、一般规定

　　（1）在防水层施工之前，基层应坚实，平整、干净、干燥；基层处理剂配比应准确，并应搅拌均匀，喷涂或涂刷基层处理剂应均匀一致，待其干燥之后，应及时进行卷材、涂膜防水层以及接缝密封防水的施工。

　　（2）防水层完工并经过验收合格之后，则应及时做好成品保护。

　　（3）防水和密封工程各分项工程每个检验批的抽验数量，防水层应按屋面面积每 100m² 抽查一处，每处应为 10m²，且不得少于 3 处；接缝密封防水应按每 50m² 抽查一处，每处应为 5m，且不得少于 3 处。

二、卷材防水层

1. 卷材防水层的监理要点

卷材防水层的监理要点如下：

（1）卷材防水层的施工环境温度应符合以下规定：①热熔法和焊接法不宜低于 $-10℃$；②冷粘法和热粘法不宜低于 $5℃$；③自粘法不宜低于 $10℃$。

（2）卷材防水层的基层应坚实、干净、平整，应无孔隙、起砂和裂缝。基层的干燥程度应根据所选用防水卷材的特性来确定。

（3）防水卷材铺贴的顺序和方向应符合以下规定：①在卷材防水层施工时，应先进行细部构造的处理，然后由屋面最低标高向上进行铺贴；②檐沟、天沟卷材施工时，宜顺檐沟、天沟方向铺贴，搭接缝应顺流水方向；③卷材宜平行屋脊铺贴，上下层卷材不得相互垂直铺贴。

（4）立面或大坡面铺贴卷材时，应采用满粘法，并宜减少卷材短边搭接，屋面坡度大于 25% 时，卷材应采取满粘和钉压固定的措施。

（5）采用基层处理剂时，其配比和施工应符合以下规定：①基层处理剂应与卷材材性相容；②基层处理剂配比应准确，并应搅拌均匀；③喷、涂基层处理剂前，应先对屋面细部进行涂刷；④基层处理剂可选用喷涂或涂刷施工工艺，喷、涂应均匀一致，干燥后应及时进行卷材铺贴施工。

（6）卷材搭接缝的处理应符合以下规定：①平行屋脊的卷材搭接应顺流水方向，卷材的搭接宽度应符合表 6-51 的规定；②同一层面相邻的两幅卷材短边搭接缝应错开，且不得小于 $500mm$；③上下层卷材长边搭接缝应错开，且不得小于幅宽的 $1/3$；④叠层铺贴的各层卷材，在天沟与屋面的交接处，应采用叉接法搭接，搭接缝应错开；搭接缝宜留在屋面与天沟侧面，不宜留在沟底。

卷材搭接宽度

表 6-51

卷材类别		搭接宽度（mm）
合成高分子防水卷材	胶粘剂	80
	胶粘带	50
	单缝焊	60，有效焊接宽度不小于 25
	双缝焊	80，有效焊接宽度 10×2＋空腔宽
高聚物改性沥青防水卷材	胶粘剂	100
	自粘	80

（7）采用冷粘法施工工艺铺贴防水卷材应符合以下规定：①胶粘剂涂刷应均匀，不得露底、堆积，卷材空铺、点粘、条粘时，应按照规定的位置及面积涂刷胶粘剂；②应根据胶粘剂的性能与施工环境、气温条件等，控制胶粘剂涂刷与卷材铺贴的间隔时间；③铺贴卷材时应排除卷材下面的空气，并应辊压粘贴牢固；④铺贴的卷材应平整顺直，搭接尺寸应准确，不得扭曲、皱折；搭接部位的接缝应满涂胶粘剂，辊压应粘贴牢固；⑤合成高分子防水卷材铺好压粘后，应将搭接部位的粘合面清理干净，并应采用与卷材配套的接缝专用胶粘剂，在搭接缝粘合面上应涂刷均匀，不得露底、堆积，应排除缝间的空气，并用辊

压粘贴牢固;⑥合成高分子防水卷材搭接部位采用胶粘带粘结时,粘合面应清理干净,必要时可涂刷与卷材及胶粘带材性相容的基层胶粘剂,撕去胶粘带隔离纸后应及时粘合接缝部位的卷材,并应辊压粘贴牢固,低温施工时,宜采用热风机加热;⑦搭接缝口应用材性相容的密封材料封严,宽度不应小于 10mm。

(8) 采用热粘法施工工艺铺贴防水卷材应符合以下规定:①在熔化热熔型改性沥青胶结料时,宜采用专用导热油炉加热,加热温度不应高于 200℃,使用温度不宜低于 180℃;②粘贴卷材的热熔型改性沥青胶结料厚度宜为 1.0~1.5mm;③采用热熔型改性沥青胶结料铺贴卷材时,应随刮随滚铺,并应展平压实。

(9) 采用热熔法施工工艺铺贴防水卷材应符合以下规定:①火焰加热器的喷嘴距卷材面的距离应适中,幅宽内加热应均匀,不得加热不足或加热过分烧穿卷材,应以卷材表面熔融至光亮黑色为度,厚度小于 3mm 的高聚物改性沥青防水卷材,严禁采用热熔法施工;②卷材表面沥青热熔后应立即滚铺卷材,滚铺时应排除卷材下面的空气,并应辊压粘贴牢固;③卷材搭接缝部位宜以溢出热熔的改性沥青胶结料为度,溢出的改性沥青胶结料宽度宜为 8mm,并宜均匀顺直,当接缝处的卷材上有矿物粒料或片料时,应用火焰烘烤及清除干净后再进行热熔和接缝处理;④铺贴卷材时应平整顺直,搭接尺寸应准确,不得扭曲。

(10) 采用自粘法施工工艺铺贴防水卷材应符合以下规定:①铺贴卷材之前,基层表面应均匀涂刷基层处理剂,干燥之后应及时铺贴卷材,铺贴卷材时,应将自粘胶底面的隔离纸完全撕净;②铺贴卷材时应排除卷材下面的空气,并应辊压粘贴牢固;③铺贴的卷材应平整顺直,搭接尺寸应准确,不得扭曲、皱折;低温施工时,立面、大坡面及接缝部位宜采用热风机加热,并应随即粘贴牢固;④搭接缝口应采用与材性相容的密封材料封严,宽度不应小于 10mm。

(11) 采用焊接法施工工艺铺贴防水卷材应符合以下规定:①对于热塑性防水卷材的搭接缝可采用单缝焊或者双缝焊,焊接应严密;②焊接前,卷材应铺放平整、顺直,搭接尺寸应准确,不得扭曲、皱折,卷材焊接缝的结合面,应干净、干燥,不得有水滴、油污及附着物;③焊接时应先焊长边搭接缝,后焊短边搭接缝;应控制加热温度和时间,焊接缝不得有漏焊、跳焊、焊焦或焊接不牢现象;④焊接时不得损害非焊接部位的卷材。

(12) 采用机械固定法施工工艺铺贴防水卷材应符合以下规定:①卷材应采用专用固定件进行机械固定;②固定件应垂直钉入结构层连接牢固,固定件的数量和位置应符合设计要求,固定件间距应根据抗风揭试验和当地的使用环境与条件确定,并不宜大于 600mm;③固定件应设置在卷材搭接缝内,外露固定件应采用卷材封严;④卷材搭接缝应粘结或焊接牢固,密封应严密;⑤卷材防水层周边 800mm 范围内应满粘,卷材收头应采用金属压条钉压固定并应进行密封处理。

(13) 防水卷材的贮运、保管应符合以下规定:①不同品种、规格的防水卷材应分别堆放;②防水卷材应贮存在阴凉通风处,应避免雨淋、日晒和受潮,严禁接近火源;③卷材应避免与化学介质以及有机溶剂等有害物质接触。

(14) 胶粘剂和胶粘带的贮运、保管应符合以下规定:①不同品种、规格的胶粘剂和胶粘带应分别用密封桶或纸箱包装;②胶粘剂和胶粘带应贮存在阴凉通风的室内,严禁接近火源和热源。

(15) 进场的防水卷材应检验以下项目:①高聚物改性沥青防水卷材的可溶物含量、

拉力、最大拉力时延伸率、耐热度、低温柔性、不透水性；②合成高分子防水卷材的断裂拉伸强度、扯断伸长率、低温弯折性、不透水性。

（16）进场的基层处理剂、胶粘剂和胶粘带，应检验以下项目：①沥青基防水卷材用基层处理剂的固体含量、耐热性、低温柔性、剥离强度；②高分子胶粘剂的剥离强度、浸水 168h 后的剥离强度保持率；③改性沥青胶粘剂的剥离强度；④合成橡胶胶粘带的剥离强度、浸水 168h 后的剥离强度保持率。

（17）屋面的排汽构造其施工应符合以下的规定：①排汽道及排汽孔的设置应符合《屋面工程技术规范》GB 50345—2012 第 4.4.5 条的有关规定；②排汽道应与保温层连通，排汽道内可填入透气性好的材料；③施工时，排汽道及排汽孔均不得被堵塞；④屋面纵横排汽道的交叉处可埋设金属或塑料排汽管，排汽管宜设置在结构层上，穿过保温层及排汽道的管壁四周应打孔，排汽管应作好防水处理。

2. 卷材防水层

主控项目的检验标准应符合表 6-52 的规定，一般项目的检验标准应符合表 6-53 的规定。

卷材防水层主控项目检验　　　　　　　　表 6-52

序号	项目	合格质量标准	检验方法
1	材料要求	防水卷材及其配套材料的质量，应符合设计要求	检查出厂合格证、质量检验报告和进场检验报告
2	防水层	卷材防水层不得有渗漏和积水现象	雨后观察或淋水、蓄水试验
3	防水构造	卷材防水层在檐口、檐沟、天沟、水落口、泛水、变形缝和伸出屋面管道的防水构造，应符合设计要求	观察检查

卷材防水层一般项目检验　　　　　　　　表 6-53

序号	项目	合格质量标准	检验方法
1	搭接缝	卷材的搭接缝应粘结或焊接牢固，密封应严密，不得扭曲、皱折和翘边	观察检查
2	收头、密封	卷材防水层的收头应与基层粘结，钉压应牢固，密封应严密	
3	排汽道	屋面排汽构造的排汽道应纵横贯通，不得堵塞；排汽管应安装牢固，位置应正确，封闭应严密	观察和尺量检查
4	允许偏差	卷材防水层的铺贴方向应正确，卷材搭接宽度的允许偏差为 −10mm	观察检查

三、涂膜防水层

1. 涂膜防水层的监理要点

涂膜防水层的监理要点如下：

（1）涂膜防水层的施工环境温度应符合以下规定：①水乳型和反应型防水涂料宜为5～35℃；②溶剂型防水涂料宜为－5～35℃；③热熔型防水涂料不宜低于－10℃；④聚合物水泥防水涂料宜为5～35℃。

（2）涂膜防水层的基层应坚实、平整、干净，应无孔隙、起砂和裂缝。基层的干燥程度应根据所选用的防水涂料特性确定；若采用溶剂型、热熔型和反应固化型防水涂料时，其基层应干燥。

（3）基层处理剂的施工应符合以下规定：①基层处理剂应与防水涂料的材性相容；②基层处理剂应配比准确，并应搅拌均匀；③在喷涂基层处理剂之前，应先对屋面细部进行涂刷；④基层处理剂可以选用喷涂或者涂刷施工工艺，喷涂或涂刷均应均匀一致，待干燥之后应及时进行涂膜防水层的施工。

（4）双组分或多组分的防水涂料应按照配比准确计量，并应采用电动机具搅拌均匀，应根据有效时间确定每次配制的数量，已配制的涂料应及时使用，配料时，可加入适量的缓凝剂或促凝剂调节固化时间，但不得混合已固化的涂料。

（3）涂膜防水层施工工艺的选用应符合以下规定：①水乳型防水涂料、溶剂型防水涂料宜选用滚涂或喷涂工艺施工；②反型固化型防水涂料宜选用刮涂或喷涂工艺施工；③热熔型防水涂料宜选用刮涂工艺施工；④聚合物水泥防水涂料宜选用刮涂工艺施工；⑤所有防水涂料若用于细部构造时，宜选用刷涂或喷涂工艺施工。

（6）涂膜防水层的施工应符合以下规定：①防水涂料应多遍均匀涂布，并应待前一遍涂布的涂料干燥成膜后方可再涂布后一遍涂料，且前后两遍涂料的涂布方向应相互垂直，涂膜的总厚度应符合设计要求；②涂膜间夹铺胎体增强材料时，宜边涂布边铺胎体材料，胎体增强材料宜采用聚酯无纺布或化纤无防布，胎体材料应铺贴平整，应排除气泡，并应与涂料粘结牢固，在胎体上涂布涂料时，应使涂料浸透胎体，并应覆盖完全，不得有胎体外露现象，最上面的涂膜厚度不应小于1.0mm，上下层胎体增强材料的长边搭接缝应错开，且不得小于幅宽的1/3；上下层胎体增强材料不得相互垂直铺设，胎体增强材料长边搭接宽度不应小于50mm，短边搭接宽度不应小于70mm；③涂膜施工应先做好细部处理，再进行大面积涂布；④屋面转角及立面的涂膜应薄涂多遍，不得流淌和堆积。

（7）防水涂料和胎体增强材料的贮运、保管应符合以下规定：①防水涂料的包装容器应密封，容器表面应标明涂料名称、生产厂家、执行标准号、生产日期和产品有效期，并应分类存放；②反应型和水乳型防水涂料贮运和保管环境温度不宜低于5℃；③溶剂型防水涂料贮运和保管环境温度不宜低于0℃，并不得日晒、碰撞和渗漏；保管环境应干燥、通风，并应远离火源、热源；④胎体增强材料贮运、保管环境应干燥、通风，并应远离火源、热源。

（8）进场的防水涂料和胎体增强材料应检验下列项目：①高聚物改性沥青防水涂料的固体含量、耐热性、低温柔性、不透水性、断裂伸长率或抗裂性；②合成高分子防水涂料和聚合物水泥防水涂料的固体含量、低温柔性、不透水性、拉伸强度、断裂伸长率；③胎体增强材料的拉力、延伸率。

2. 涂膜防水层的监理验收

主控项目的检验标准应符合表6-54的规定，一般项目的检验标准应符合表6-55的规定。

涂膜防水层主控项目检验　　　　　　　表 6-54

序号	项目	合格质量标准	检验方法
1	材料要求	防水涂料和胎体增强材料的质量，应符合设计要求	检查出厂合格证、质量检验报告和进场检验报告
2	防水层	涂膜防水层不得有渗漏和积水现象	雨后观察或淋水、蓄水试验
3	防水构造	涂膜防水层在檐口、檐沟、天沟、水落口、泛水、变形缝和伸出屋面管道的防水构造，应符合设计要求	观察检查
4	平均厚度	涂膜防水层的平均厚度应符合设计要求，且最小厚度不得小于设计厚度的 80%	针测法或取样量测

涂膜防水层一般项目检验　　　　　　　表 6-55

序号	项目	合格质量标准	检验方法
1	表面质量	涂膜防水层与基层应粘结牢固，表面应平整，涂布应均匀，不得有流淌、皱折、起泡和露胎体等缺陷	观察检查
2	收头	涂膜防水层的收头应用防水涂料多遍涂刷	
3	搭接宽度	铺贴胎体增强材料应平整顺直，搭接尺寸应准确，应排除气泡，并应与涂料粘结牢固；胎体增强材料搭接宽度的允许偏差为 -10mm	观察和尺量检查

四、复合防水层

1. 复合防水层的监理要点

复合防水层的监理要点如下：

（1）防水卷材与防水涂料复合使用时，涂膜防水层宜设置在卷材防水层的下面。

（2）卷材与涂料复合使用时，防水卷材的粘结质量应符合表 6-56 的规定。

防水卷材的粘结质量　　　　　　　表 6-56

项目	自粘聚合物改性沥青防水卷材和带自粘层防水卷材	高聚物改性沥青防水卷材胶粘剂	合成高分子防水卷材胶粘剂
粘结剥离强度（N/10mm）	≥10 或卷材断裂	≥8 或卷材断裂	≥15 或卷材断裂
剪切状态下的粘合强度（N/10mm）	≥20 或卷材断裂	≥20 或卷材断裂	≥20 或卷材断裂
浸水 168h 后粘结剥离强度保持率（%）	—	—	≥70

注：防水涂料作为防水卷材粘结材料复合使用时，应符合相应的防水卷材胶粘剂规定。

（3）复合防水层施工质量应符合《屋面工程质量验收规范》GB 50207—2012 第 6.2 节卷材防水层和第 6.3 节涂膜防水层（参见本节二、三）的有关规定。

2. 复合防水层的监理验收

主控项目的检验标准应符合表 6-57 的规定，一般项目的检验标准应符合表 6-58 的规定。

复合防水层主控项目检验　　　　　　　　　　　　　　　　　　　表 6-57

序号	项目	合格质量标准	检验方法
1	材料要求	复合防水层所用防水材料及其配套材料的质量，应符合设计要求	检查出厂合格证、质量检验报告和进场检验报告
2	防水层	复合防水层不得有渗漏和积水现象	雨后观察或淋水、蓄水试验
3	防水构造	复合防水层在天沟、檐沟、檐口、水落口、泛水、变形缝和伸出屋面管道的防水构造，应符合设计要求	观察检查

复合防水层一般项目检验　　　　　　　　　　　　　　　　　　　表 6-58

序号	项目	合格质量标准	检验方法
1	卷材与涂膜粘贴	卷材与涂膜应粘贴牢固，不得有空鼓和分层现象	观察检查
2	防水层总厚度	复合防水层的总厚度应符合设计要求	针测法或取样量测

五、接缝密封防水

1. 接缝密封防水的监理要点

接缝密封防水的监理要点如下：

（1）接缝密封防水的施工环境温度应符合下列规定：①改性沥青密封材料和溶剂型合成高分子密封材料宜为 0～35℃；②乳胶型及反应型合成高分子密封材料宜为 5～35℃。

（2）密封防水部位的基层应符合以下要求：①基层应牢固，表面应平整，密实，不得有裂缝、蜂窝、麻面、起皮和起砂现象；②基层应清洁、干燥，并应无油污、无灰尘；③嵌入的背衬材料与接缝壁间不得留有空隙；④密封防水部位的基层宜涂刷基层处理剂，涂刷应当均匀，不得漏涂。

（3）多组分密封材料应按配合比准确计量，拌合应均匀，并应根据有效时间确定每次配制的数量。

（4）密封材料的嵌填应密实、连续、饱满，应与基层粘结牢固；表面应平滑，缝边应顺直，不得有气泡、孔洞、开裂、剥离等现象。

（5）改性沥青密封材料防水施工应符合以下规定：①采用冷嵌法施工时，宜分次将密封材料嵌填在缝内，并应防止裹入空气；②采用热灌法施工时，应由下向上进行，并宜减少接头，密封材料熬制及浇灌温度，应按不同材料要求严格控制。

（6）合成高分子密封材料防水施工应符合以下规定：①单组分密封材料可直接使用，多组分密封材料应根据规定的比例准确计量，并应拌合均匀，每次拌合量、拌合时间和拌合的温度，应按照所用密封材料的要求严格控制；②采用挤出枪嵌填时；应根据接缝的宽度选用口径合适的挤出嘴，应均匀挤出密封材料进行嵌填，并应由底部逐渐充满整个接缝；③密封材料嵌填后，应在密封材料表干前用腻子刀嵌填修整。

（7）密封材料嵌填完成后，在固化前应避免灰尘、破损及污染，且不得踩踏。

（8）密封材料的贮运、保管应符合以下规定：①运输时应防止日晒、雨淋、撞击、挤压；②贮运、保管环境应通风，干燥，防止日光直接照射，并应远离火源、热源；乳胶型密封材料在冬季时应采取防冻措施；③密封材料应按类别、规格分别存放。

（9）进场的密封材料应检验以下项目：①改性石油沥青密封材料的耐热性、低温柔性、拉伸粘结性、施工度；②合成高分子密封材料的拉伸模量、断裂伸长率、定伸粘结性。

2. 接缝密封防水的监理验收

主控项目的检验标准应符合表 6-59 的规定，一般项目的检验标准应符合表 6-60 的规定。

接缝密封防水主控项目检验　　　　　　　　　　　　表 6-59

序号	项目	合格质量标准	检验方法
1	材料要求	密封材料及其配套材料的质量，应符合设计要求	检查出厂合格证、质量检验报告和进场检验报告
2	密封质量	密封材料嵌填应密实、连续、饱满、粘结牢固，不得有气泡、开裂、脱落等缺陷	观察检查

接缝密封防水一般项目检验　　　　　　　　　　　　表 6-60

序号	项目	合格质量标准	检验方法
1	基层要求	密封防水部位的基层应符合本节五中1（2）的规定	观察检查
2	嵌填深度	接缝宽度和密封材料的嵌填深度应符合设计要求，接缝宽度的允许偏差为±10%	尺量检查
3	表面质量	嵌填的密封材料表面应平滑，缝边应顺直，应无明显不平和周边污染现象	观察检查

第五节　瓦面与板面工程的监理

本节适用于烧结瓦、混凝土瓦、沥青瓦和金属板、玻璃采光顶铺装等分项工程的施工质量验收。

一、一般规定

（1）瓦面与板面工程在进行施工前，应对主体结构进行质量验收，并应符合现行国家标准《混凝土结构工程施工质量验收规范》GB 50204、《钢结构工程施工质量验收规范》GB 50205 和《木结构工程施工质量验收规范》GB 50206 的有关规定。

（2）木质望板、檩条、顺水条、挂瓦条等构件的防腐、防火及防蛀处理，以及金属顺水条、挂瓦条、金属板、固定件的防锈蚀处理，均应符合设计要求。

（3）屋面木基层应铺钉牢固、表面平整；钢筋混凝土基层的表面应平整、干净、干燥。

（4）瓦材或板材与山墙及突出屋面结构的交接处，均应做泛水处理；在大风及地震设防地区或屋面坡度大于100％时，瓦材应采取固定加强措施；严寒和寒冷地区的檐口部位，应采取防雪融冰坠的安全措施。

（5）在瓦材的下面应铺设防水层或防水垫层，其品种、厚度和搭接宽度均应符合设计要求。防水垫层的铺设应符合以下规定：①防水垫层宜采用自粘聚合物沥青防水垫层、聚合物改性沥青防水垫层，其最小厚度和搭接宽度应符合表6-61的规定；②防水垫层可采用空铺、满粘或机械固定；③防水垫层在瓦屋面构造层次中的位置应符合设计要求；④防水垫层宜自下而上平行屋脊铺设，应顺水流方向搭接；⑤防水垫层应铺设平整，下道工序施工时，应注意不得损坏已铺设完成的防水垫层。

防水垫层的最小厚度和搭接宽度　　　　表 6-61

防水垫层的品种	最小厚度（mm）	搭接宽度（mm）
自粘聚合物沥青防水垫层	1.0	80
聚合物改性沥青防水垫层	2.0	100

（6）持钉层的铺设应符合以下规定：①屋面无保温层时，木基层或钢筋混凝土基层可视为持钉层，若钢筋混凝土基层不平整的，宜采用1：2.5的水泥砂浆进行找平；②屋面有保温层时，保温层上应按设计要求做细石混凝土持钉层，内配钢筋网应骑跨屋脊，并应绷直，与屋脊和檐口、檐沟部位的预埋锚筋连牢，预埋锚筋穿过防水层或防水垫层时，破损处应进行局部密封处理；③水泥砂浆或细石混凝土持钉层可不设分格缝，持钉层与突出屋面结构的交接处应预留30mm宽的缝隙。

（7）瓦面与板面工程各分项工程每个检验批的抽检数量，应按屋面面积每100m² 抽查一处，每处应为10m²，且不得少于3处。

二、烧结瓦和混凝土瓦屋面

1.烧结瓦和混凝土瓦屋面的监理要点

烧结瓦和混凝土瓦屋面的监理要点如下：

（1）铺设瓦屋面时，瓦片应均匀分散堆放在两坡屋面基层上，严禁集中堆放，铺瓦时，应由两坡从下向上同时对称铺设。

（2）平瓦和脊瓦应边缘整齐，表面光洁，不得有分层、裂纹和露砂等缺陷；平瓦的瓦爪与瓦槽的尺寸应配合。

（3）基层、顺水条、挂瓦条的铺设应符合以下规定：①基层应平整、干净、干燥；持钉层应符合设计要求；②顺水条应垂直正脊方向铺钉在基层上，顺水条的表面应平整，其间距不宜大于500mm；顺水条应铺钉牢固、平整；③挂瓦条的间距应根据瓦片尺寸和屋面坡长经计算确定，钉挂瓦条时应拉通线，挂瓦条应铺钉平整、牢固，上棱应成一直线。

（4）挂瓦应符合以下规定：①挂瓦应从两坡的檐口同时对称进行，瓦后爪应与挂瓦条挂牢，并应与邻边、下面两瓦落槽密合；②檐口瓦、斜天沟瓦应用镀锌铁丝拴牢在挂瓦条上，每片瓦均应与挂瓦条固定牢固；③檐口第一根挂瓦条应保证瓦头出檐口50～70mm，屋脊两坡最上面的一根挂瓦条，应保证脊瓦在坡面瓦上的搭盖宽度不小于 40mm；钉檐口条或封檐板时，均应高出挂瓦条 20～30mm；④整坡瓦片应铺成整齐的行列，行列应横平竖直，并应彼此紧密搭接，应做到瓦榫落槽、瓦脚挂牢、瓦头排齐，且无翘角和张口现象，檐口应成一直线；⑤脊瓦搭盖间距应均匀，脊瓦与坡面瓦之间的缝隙应采用聚合物水泥砂浆填实抹平，正脊和斜脊应铺平挂直，脊瓦搭盖应顺主导风向和流水方向，沿山墙一行瓦宜用聚合物水泥砂浆做出披水线。

（5）烧结瓦和混凝土瓦铺装的有关尺寸，应符合以下规定：①瓦屋面檐口挑出墙面的长度不宜小于 300mm；②脊瓦在两坡面瓦上的搭接宽度，每边不应小于 40mm；③脊瓦下端距坡面瓦的高度不宜大于 80mm；④瓦头伸入檐沟、天沟内的长度宜为 50～70mm；⑤金属檐沟、天沟伸入瓦内的宽度不应小于 150mm；⑥瓦头挑出檐口的长度宜为 50～70mm；⑦突出屋面结构的侧面瓦伸入泛水的宽度不应小于 50mm。

（6）烧结瓦、混凝土瓦屋面完工后，应避免屋面受物体冲击，严禁任意上人或堆放物件。

（7）烧结瓦和混凝土瓦的贮运、保管应符合以下规定：①烧结瓦、混凝土瓦运输时应轻拿轻放，不得抛扔、碰撞；②进入现场后应堆垛整齐。

（8）进场的烧结瓦、混凝土瓦应检验抗渗性、抗冻性和吸水率等项目。

2. 烧结瓦和混凝土瓦屋面的监理验收

主控项目的检验标准应符合表 6-62 的规定，一般项目的检验标准应符合表 6-63 的规定。

烧结瓦和混凝土瓦屋面主控项目检验　　　　　　　表 6-62

序号	项目	合格质量标准	检验方法
1	材料要求	瓦材及防水垫层的质量，应符合设计要求	检查出厂合格证、质量检验报告和进场检验报告
2	屋面防水要求	烧结瓦、混凝土瓦屋面不得有渗漏现象	雨后观察或淋水试验
3	加固措施	瓦片必须铺置牢固。在大风及地震设防地区或屋面坡度大于 100% 时，应按设计要求采取固定加强措施	观察或手扳检查

烧结瓦和混凝土瓦屋面一般项目检验　　　　　　　表 6-63

序号	项目	合格质量标准	检验方法
1	铺、接质量	挂瓦条应分档均匀，铺钉应平整、牢固；瓦面应平整，行列应整齐，搭接应紧密，檐口应平直	观察检查
2	脊瓦施工质量	脊瓦应搭盖正确，间距应均匀，封固应严密；正脊和斜脊应顺直，应无起伏现象	
3	泛水做法	泛水做法应符合设计要求，并应顺直整齐、结合严密	
4	铺装尺寸	烧结瓦和混凝土瓦铺装的有关尺寸，应符合设计要求	尺量检查

三、沥青瓦屋面

1. 沥青瓦屋面的监理要点

沥青瓦屋面的监理要点如下：

（1）沥青瓦边缘应整齐，切槽应清晰、厚薄应均匀，表面应无孔洞、楞伤、裂纹、皱折和起泡等缺陷。

（2）铺设沥青瓦前，应在基层上弹出水平及垂直基准线，并应按线铺设；檐口部位宜先铺设金属滴水板或双层檐口瓦，并应将其固定在基层上，再铺设防水垫层和起始瓦片。

（3）沥青瓦应自檐口向上铺设，起始层瓦应由瓦片经切除垂片部分后制得，且起始层瓦沿檐口应平行铺设并伸出檐口10mm，再用沥青基胶结材料和基层粘结；第一层瓦应与起始层瓦叠合，但瓦切口应向下指向檐口，第二层瓦应压在第一层瓦上且露出瓦切口，但不得超过切口长度，相邻两层沥青瓦的拼缝及切口应均匀错开。

（4）铺设脊瓦时，宜将沥青瓦沿切口剪开分成三块作为脊瓦，每片脊瓦应用两个固定钉固定，同时应用沥青基胶粘材料密封，脊瓦搭盖应顺主导风向搭接。

（5）沥青瓦屋面与立墙或伸出屋面的烟囱、管道的交接处应做泛水，在其周边与立面250mm的范围内应铺设附加层，然后在其表面用沥青基胶结材料满粘一层沥青瓦片。

（6）铺设沥青瓦屋面的天沟应顺直，瓦片应粘结牢固，搭接缝应密封严密，排水亦应通畅。

（7）沥青瓦的固定应符合以下规定：①沥青瓦铺设时，每张瓦片的固定钉不得少于4个，在大风地区或屋面坡度大于100%时，每张瓦片的固定钉不得少于6个；②在沥青瓦上钉固定钉时，应将钉垂直钉入沥青瓦压盖面，固定钉的钉帽应与瓦片表面齐平，不得外露在沥青瓦表面；③固定钉钉入持钉层的深度应符合设计要求，固定钉穿入细石混凝土持钉层的深度不应小于20mm，穿入木质持钉层的深度不应小于15mm；④檐口、屋脊等屋面的边缘部位的沥青瓦之间，以及起始层沥青瓦与基层之间，均应采用沥青基胶粘材料满粘牢固。

（8）沥青瓦铺装的有关尺寸应符合以下规定：①脊瓦在两坡面瓦上的搭接宽度，每边不应小于150mm；②脊瓦与脊瓦的压盖面不应小于脊瓦面积的1/2；③沥青瓦挑出檐口的长度宜为10~20mm；④金属泛水板与沥青瓦的搭盖宽度不应小于100mm；⑤金属泛水板与突出屋面墙体的搭接高度不应小于250mm；⑥金属滴水板伸入沥青瓦下的宽度不应小于80mm。

（9）沥青瓦的贮运、保管应符合以下规定：①不同类型、规格的产品应分别堆放；②贮存温度不应高于45℃，并应平放贮存；③应避免雨淋、日晒、受潮，并应注意通风和避免接近热源。

（10）进场的沥青瓦应检验可溶物含量、拉力、耐热度、柔度、不透水性、叠层剥离强度等项目。

2. 沥青瓦屋面的监理验收

主控项目的检验标准应符合表6-64的规定，一般项目的检验标准应符合表6-65的规定。

沥青瓦屋面主控项目检验   表 6-64

序号	项目	合格质量标准	检验方法
1	材料要求	沥青瓦及防水垫层的质量,应符合设计要求	检查出厂合格证、质量检验报告和进场检验报告
2	屋面防水要求	沥青瓦屋面不得有渗漏现象	雨后观察或淋水试验
3	铺设要求	沥青瓦铺设应搭接正确,瓦片外露部分不得超过切口长度	观察检查

沥青瓦屋面一般项目检验   表 6-65

序号	项目	合格质量标准	检验方法
1	固定钉	沥青瓦所用固定钉应垂直钉入持钉层,钉帽不得外露	观察检查
2	粘钉质量	沥青瓦应与基层粘钉牢固,瓦面应平整,檐口应平直	
3	泛水做法	泛水做法应符合设计要求,并应顺直整齐、结合紧密	
4	铺装尺寸	沥青瓦铺装的有关尺寸,应符合设计要求	尺量检查

四、金属板屋面

1. 金属板屋面的监理要点

金属板屋面的监理要点如下:

(1) 金属板屋面的施工应在主体结构和支承结构验收合格后进行。

(2) 金属板屋面在施工前应根据施工图纸进行深化排版图设计,金属板材铺设时,应根据金属板板型技术要求和深化设计的排版图铺设,并应按照设计图纸规定的连续方式固定。

(3) 金属板固定支架或支座位置应准确,安装应牢固。

(4) 金属板屋面施工测量应与主体结构测量相配合,其误差应及时调整,不得积累,在施工过程中应定期对金属板的安装定位基准点进行校核。

(5) 金属板应边缘整齐,表面应光滑,色泽应均匀,外形应规则,不得有翘曲、脱膜和锈蚀等缺陷。

(6) 金属板屋面的构件及配件应有产品合格证和性能检测报告,其材料的品种、规格、性能等应符合设计要求和产品标准的规定。

(7) 金属板的长度应根据屋面排水坡度、板型连接构造、环境温差及吊装运输条件等综合确定。

(8) 金属板的横向搭接方向宜顺主导风向,当在多维曲面上雨水可能翻越金属板板肋横流时,金属板的纵向搭接应顺流水方向。

(9) 在金属板铺设施工的过程中,应对金属板采取临时固定措施,当天就位的金属板材应及时连接固定。

(10) 金属板的安装应平整、顺滑,板面不应有施工残留物,檐口线、屋脊线应顺直,不得有起伏不平现象。

(11) 金属板屋面施工完毕之后, 应进行雨后观察、整体或局部淋水试验, 檐沟、天沟应进行蓄水试验, 并应填写淋水和蓄水试验记录。

(12) 金属板屋面完工之后, 应避免屋面受物体的冲击, 并不宜对金属面板进行焊接、开孔等作业, 严禁任意上人或堆放物件。

(13) 金属板屋面铺装的有关尺寸应符合以下规定: ①金属板檐口挑出墙面的长度不应小于 200mm; ②金属板伸入檐沟、天沟内的长度不应小于 100mm; ③金属泛水板与突出屋面墙体的搭接高度不应小于 250mm; ④金属泛水板、变形缝盖板与金属板的搭接宽度不应小于 200mm; ⑤金属屋脊盖板在两坡面金属板上的搭盖宽度不应小于 250mm。

(14) 金属板的吊运、保管应符合以下规定: ①金属板材应采用专用的吊具进行吊运, 在吊装和运输的过程中不得损伤金属板材; ②金属板堆放地点宜选择在安装现场附近, 堆放场地应平整坚实且便于排除地面水。

(15) 进场的彩色涂层钢板及钢带应检验屈服强度、抗拉强度、断后伸长率、镀层重量、涂层厚度等项目。

(16) 金属面绝热夹芯板的贮运、保管应符合以下规定: ①夹芯板应采取防雨、防潮、防火措施; ②夹芯板之间应采用衬垫隔离, 并应分类堆放, 以避免夹芯板受压或者遭受机械损伤。

(17) 进场的金属面绝热夹芯板应检验剥离性能、抗弯承载力、防火性能等项目。

2. 金属板屋面的监理验收

主控项目的检验标准应符合表 6-66 的规定, 一般项目的检验标准应符合表 6-67 的规定。

金属板屋面主控项目检验　　　　　　　　　　　　　　表 6-66

序号	项目	合格质量标准	检验方法
1	材料要求	金属板材及其辅助材料的质量, 应符合设计要求	检查出厂合格证、质量检验报告和进场检验报告
2	屋面防水要求	金属板屋面不得有渗漏现象	雨后观察或淋水试验

金属板屋面一般项目检验　　　　　　　　　　　　　　表 6-67

序号	项目	合格质量标准	检验方法
1	施工要求	金属板铺装应平整、顺滑; 排水坡度应符合设计要求	坡度尺检查
2	咬口锁边连接	压型金属板的咬口锁边连接应严密、连续、平整, 不得扭曲和裂口	观察检查
3	紧固件及密封处理	压型金属板的紧固连接应采用带防水垫圈的自攻螺钉, 固定点应设在波峰上; 所有自攻螺钉外露的部位均应密封处理	
4	纵横向搭接	金属面绝热夹芯板的纵向和横向搭接, 应符合设计要求	
5	直线段、曲线段要求	金属板的屋脊、檐口、泛水, 直线段应顺直, 曲线段应顺畅	
6	允许偏差	金属板材铺装的允许偏差和检验方法, 应符合表 6-68 的规定	见表 6-68

金属板铺装的允许偏差和检验方法   表 6-68

项　目	允许偏差（mm）	检验方法
檐口与屋脊的平行度	15	
金属板对屋脊的垂直度	单坡长度的 1/800，且不大于 25	
金属板咬缝的平整度	10	拉线和尺量检查
檐口相邻两板的端部错位	6	
金属板铺装的有关尺寸	符合设计要求	尺量检查

五、玻璃采光顶

1. 玻璃采光顶的监理要点

玻璃采光顶的监理要点如下：

（1）玻璃采光顶施工应在主体结构验收合格后方可进行，采光顶的支承结构与主体结构连接的预埋件应按照设计要求埋设，安装应牢固。玻璃采光顶与周边墙体之间的连接，应符合设计要求。

（2）采光顶玻璃及玻璃组件的制作，应符合现行行业标准《建筑玻璃采光顶》JG/T 231 的有关规定；采光顶玻璃表面应平整、洁净，颜色应均匀一致。

（3）玻璃采光顶的施工测量应与主体结构测量相配合，测量偏差应及时调整，不得积累；在施工过程中应定期对采光顶的安装定位基准点进行校核。

（4）玻璃采光顶的支承构件、玻璃组件以及附件，其材料的品种、规格、色泽和性能应符合设计要求和技术标准的规定。

（5）玻璃采光顶施工完毕之后，应进行雨后观察、整体或局部淋水试验，檐沟、天沟应进行蓄水试验，并应填写淋水和蓄水试验记录。

（6）框支承玻璃采光顶的安装施工应符合以下规定：①应根据采光顶分格测量，确定采光顶各分格点的空间定位；②支承结构应按顺序安装，采光顶框架组件安装就位，调整后应及时紧固，不同金属材料的接触面应采用隔离材料；③采光顶的周边封堵收口、屋脊处压边收口、支座处封口处理，均应铺设平整且可靠固定；④采光顶天沟、排水槽、通气槽及雨水排出口等细部构造应符合设计要求；⑤装饰压板应顺流水方向设置，表面应平整，接缝应符合设计要求。

（7）点支承玻璃采光顶的安装施工应符合以下规定：①应根据采光顶分格测量，确定采光顶各分格点的空间定位；②钢桁架及网架结构安装就位，调整之后应及时紧固，钢索杆结构的拉索、拉杆预应力施加应符合设计要求；③采光顶应采用不锈钢驳接组件装配，爪件在安装前应精确定出其安装位置；④玻璃宜采用机械吸盘安装，并应采取必要的安全措施；⑤玻璃接缝应采用硅酮耐候密封胶；⑥中空玻璃钻孔周边应采取多道密封措施。

（8）明框玻璃组件的组装应符合以下规定：①玻璃与构件槽口的配合应符合设计要求和技术标准的规定；②玻璃四周密封胶条的材质、型号应符合设计要求，镶嵌应平整、密实，胶条的长度宜大于边框内槽口长度 1.5%～2.0%，胶条在转角处应斜面断开，并应用胶粘剂粘结牢固；③组件中的导气孔及排水孔设置应符合设计要求，组装时应保持孔道通畅；④明框玻璃组件应拼装严密，框缝密封应采用硅酮耐候密封胶。

（9）隐框及半隐框玻璃组件的组装应符合以下规定：①玻璃及框料粘结表面的尘埃、油渍和其他污物，应分别使用带溶剂的擦布和干擦布清除干净，并应在清洁 1h 内嵌填密封胶；②所使用的结构粘结材料应采用硅酮结构密封胶，其性能应符合现行国家标准《建筑用硅酮结构密封胶》GB 16776 的有关规定，硅酮结构密封胶应在有效期内使用；③硅酮结构密封胶应嵌填饱满，并应在温度 15～30℃、相对湿度 50％以上、洁净的室内进行，不得在现场进行嵌填；④硅酮结构密封胶的粘结宽度和厚度应符合设计要求，胶缝的表面应平整光滑，不得出现气泡；⑤硅酮结构密封胶固化期间，组件不得长期处于单独受力状态。

（10）玻璃接缝密封胶的施工应符合以下规定：①玻璃接缝密封应采用硅酮耐候密封胶，其性能应符合现行行业标准《幕墙玻璃接缝用密封胶》JC/T 882 的有关规定，密封胶的级别和模量应符合设计要求；②密封胶的嵌填应密实、连续、饱满，胶缝应平整光滑、缝边顺直；③玻璃间的接缝宽度和密封胶的嵌填深度应符合设计要求；④不宜在夜间、雨天嵌填密封胶，嵌填温度应符合产品说明书规定，嵌填密封胶的基面应清洁、干燥。

（11）玻璃采光顶材料的贮运、保管应符合以下规定：①采光顶部件在搬运时应轻拿轻放，严禁发生互相碰撞；②采光玻璃在运输中应采用有足够承载力和刚度的专用货架，部件之间应用衬垫固定，并应相互隔开；③采光顶部件应放在专用货架上，存放场地应平整、坚实、通风、干燥，并严禁与酸碱等类的物质接触。

2. 玻璃采光顶的监理验收

主控项目的检验标准应符合表 6-69 的规定，一般项目的检验标准应符合表 6-70 的规定。

玻璃采光顶主控项目检验　　　　　　　　　　　　　表 6-69

序号	项目	合格质量标准	检验方法
1	材料要求	采光顶玻璃及其配套材料的质量，应符合设计要求	检查出厂合格证和质量检验报告
2	采光顶防水要求	玻璃采光顶不得有渗漏现象	雨后观察或淋水试验
3	密封胶	硅酮耐候密封胶的打注应密实、连续、饱满，粘结应牢固，不得有气泡、开裂、脱落等缺陷	观察检查

玻璃采光顶一般项目检验　　　　　　　　　　　　　表 6-70

序号	项目	合格质量标准	检验方法
1	铺装质量	玻璃采光顶铺装应平整、顺直；排水坡度应符合设计要求	观察和坡度尺检查
2	冷凝水收集器与排除	玻璃采光顶的冷凝水收集和排除构造，应符合设计要求	观察检查
3	金属框或压条	明框玻璃采光顶的外露金属框或压条应横平竖直，压条安装应牢固；隐框玻璃采光顶的玻璃分格拼缝应横平竖直，均匀一致	观察和手扳检查

续表

序号	项目	合格质量标准	检验方法
4	支承装置	点支承玻璃采光顶的支承装置应安装牢固，配合应严密；支承装置不得与玻璃直接接触	观察检查
5	密封处理	采光顶玻璃的密封胶缝应横平竖直，深浅应一致，宽窄应均匀，应光滑顺直	
6	玻璃采光顶铺装的允许偏差	明框玻璃、隐藏玻璃、点支承玻璃采光顶铺装的允许偏差和检验方法，应分别符合表6-71、表6-72和表6-73的规定	见表6-71、表6-72、表6-73

明框玻璃采光顶铺装的允许偏差和检验方法   表 6-71

项 目		允许偏差（mm）		检验方法
		铝构件	钢构件	
通长构件水平度（纵向或横向）	构件长度≤30m	10	15	水准仪检查
	构件长度≤60m	15	20	
	构件长度≤90m	20	25	
	构件长度≤150m	25	30	
	构件长度>150m	30	35	
单一构件直线度（纵向或横向）	构件长度≤2m	2	3	拉线和尺量检查
	构件长度>2m	3	4	
相邻构件平面高低差		1	2	直尺和塞尺检查
通长构件直线度（纵向或横向）	构件长度≤35m	5	7	经纬仪检查
	构件长度>35m	7	9	
分格框对角线差	对角线长度≤2m	3	4	尺量检查
	对角线长度>2m	3.5	5	

隐框玻璃采光顶铺装的允许偏差和检验方法   表 6-72

项 目		允许偏差（mm）	检验方法
通长接缝水平度（纵向或横向）	接缝长度≤30m	10	水准仪检查
	接缝长度≤60m	15	
	接缝长度≤90m	20	
	接缝长度≤150m	25	
	接缝长度>150m	30	
相邻板块的平面高低差		1	直尺和塞尺检查
相邻板块的接缝直线度		2.5	拉线和尺量检查
通长接缝直线度（纵向或横向）	接缝长度≤35m	5	经纬仪检查
	接缝长度>35m	7	
玻璃间接缝宽度（与设计尺寸比）		2	尺量检查

点支承玻璃采光顶铺装的允许偏差和检验方法　　　　　　　表 6-73

项　　目		允许偏差 （mm）	检验方法
通长接缝水平度 （纵向或横向）	接缝长度≤30m	10	水准仪检查
	接缝长度≤60m	15	
	接缝长度＞60m	20	
相邻板块的平面高低差		1	直尺和塞尺检查
相邻板块的接缝直线度		2.5	拉线和尺量检查
通长接缝直线度 （纵向或横向）	接缝长度≤35m	5	经纬仪检查
	接缝长度＞35m	7	
玻璃间接缝宽度（与设计尺寸比）		2	尺量检查

第六节　细部构造工程的监理

本节适用于檐口、檐沟和天沟、女儿墙和山墙、水落口、变形缝、伸出屋面管道、屋面出入口、反梁过水孔、设施基座、屋脊、屋顶窗等分项工程的施工质量验收。

一、一般规定

（1）细部构造的设计应做到多道设防、复合用材、连续密封、局部增强，并应满足使用功能、温差变形、施工环境条件和可操作性等要求。

（2）细部构造所采用的密封材料的选择应符合以下规定：①应根据当地历年最高气温、最低气温、屋面构造特点和使用条件等因素，选择耐热度、低温柔性相适应的密封材料；②应根据屋面接缝变形的大小以及接缝的宽度，选择位移能力相适应的密封材料；③应根据屋面接缝粘结性要求，选择与基层材料相容的密封材料；④应根据屋面接缝的暴露程度，选择耐高低温、耐紫外线、耐老化和耐潮湿等性能相适应的密封材料。

（3）屋面细部构造中容易形成热桥的部位均应进行保温处理。

（4）细部构造所使用的卷材、涂料和密封材料的质量应符合设计要求，两种材料之间应具有相容性。

（5）檐口、檐沟外侧下端以及女儿墙压顶内侧下端等部位均应做滴水处理，滴水槽宽度和深度不宜小于10mm。

（6）细部构造工程各分项工程每个检验批应全数进行检验。

二、檐口

1. 檐口的监理要点

檐口的监理要点如下：

（1）卷材防水屋面檐口 800mm 范围内的卷材应满粘，卷材收头应采用金属压条钉压，并应采用密封材料封严，檐口下端应做鹰嘴和滴水槽（图 6-1）。

（2）涂膜防水屋面檐口的涂膜收头，应用防水涂料多遍涂刷，檐口下端应做鹰嘴和滴水槽（图 6-2）。

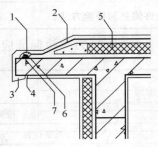

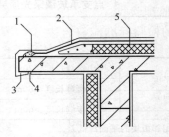

图 6-1 卷材防水屋面檐口

1—密封材料；2—卷材防水层；

3—鹰嘴；4—滴水槽；5—保温层；

6—金属压条；7—水泥钉

图 6-2 涂膜防水屋面檐口

1—涂料多遍涂刷；2—涂膜防水层；

3—鹰嘴；4—滴水槽；5—保温层

（3）烧结瓦和混凝土瓦屋面的瓦头挑出檐口的长度宜为 50～70mm（图 6-3 和图 6-4）。

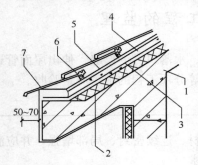

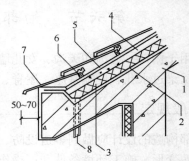

图 6-3 烧结瓦、混凝土
瓦屋面檐口（一）

1—结构层；2—保温层；3—防水层或
防水垫层；4—持钉层；5—顺水条；
6—挂瓦条；7—烧结瓦或混凝土瓦

图 6-4 烧结瓦、混凝土
瓦屋面檐口（二）

1—结构层；2—防水层或防水垫层；3—保温层；
4—持钉层；5—顺水条；6—挂瓦条；7—烧结
瓦或混凝土瓦；8—泄水管

（4）沥青瓦屋面的瓦头挑出檐口的长度宜为 10～20mm，金属滴水板应固定在基层上，伸入沥青瓦下宽度不应小于 80mm，向下延伸长度不应小于 60mm（图 6-5）。

（5）金属板屋面檐口挑出墙面的长度不应小于 200mm，屋面板与墙板交接处应设置金属封檐板和压条（图 6-6）。

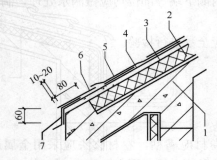

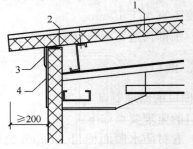

图 6-5 沥青瓦屋面檐口

1—结构层；2—保温层；3—持钉层；4—防水层或防水垫层；
5—沥青瓦；6—起始层沥青瓦；7—金属滴水板

图 6-6 金属板屋面檐口

1—金属板；2—通长密封条；
3—金属压条；4—金属封檐板

2. 檐口的监理验收

主控项目的检验标准应符合表 6-74 的规定，一般项目的检验标准应符合表 6-75 的规定。

檐口主控项目检验　　　　　　　　　　　表 6-74

序号	项目	合格质量标准	检验方法
1	防水构造	檐口的防水构造应符合设计要求	观察检查
2	排水坡度	檐口的排水坡度应符合设计要求；檐口部位不得有渗漏和积水现象	坡度尺检查和雨后观察或淋水试验

檐口一般项目检验　　　　　　　　　　　表 6-75

序号	项目	合格质量标准	检验方法
1	满粘范围	檐口 800mm 范围内的卷材应满粘	观察检查
2	卷材收头	卷材收头应在找平层的凹槽内用金属压条钉压固定，并应用密封材料封严	
3	涂膜收头	涂膜收头应用防水涂料多遍涂刷	
4	檐口端部	檐口端部应抹聚合物水泥砂浆，其下端应做成鹰嘴和滴水槽	

三、檐沟和天沟

1. 檐沟和天沟的监理要点

檐沟和天沟的监理要点如下：

（1）卷材或涂膜防水屋面檐沟（图 6-7）和天沟的防水构造，应符合以下规定：①檐沟和天沟的防水层下应增设附加层，附加层伸入屋面的宽度不应小于 250mm；②檐沟防水层和附加层应由沟底翻上至外侧顶部，卷材收头应用金属压条钉压，并应采用密封材料封严，涂膜收头应用防水涂料多遍涂刷；③檐沟外侧下端应做鹰嘴或滴水槽；④檐沟外侧高于屋面结构板时，应设置溢水沟。

（2）烧结瓦、混凝土瓦屋面檐沟（图 6-8）和天沟的防水构造，应符合以下规定：①檐沟和天沟防水层下应增设附加层，附加层伸入屋面的

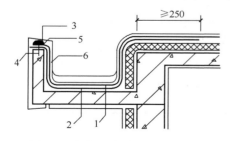

图 6-7　卷材、涂膜防水屋面檐沟
1—防水层；2—附加层；3—密封材料；
4—水泥钉；5—金属压条；6—保护层

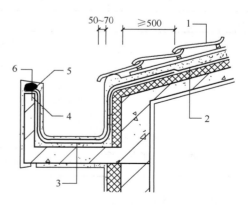

图 6-8　烧结瓦、混凝土瓦屋面檐沟
1—烧结瓦或混凝土瓦；2—防水层或防水垫层；
3—附加层；4—水泥钉；5—金属压条；6—密封材料

宽度不应小于 500mm；②檐沟和天沟防水层伸入瓦内的宽度不应小于 150mm，并应与屋面防水层或防水垫层顺流水方向搭接；③檐沟防水层和附加层应由沟底翻上至外侧顶部，卷材收头应用金属压条钉压，并应采用密封材料封严，涂膜收头应用防水涂料多遍涂刷；④烧结瓦、混凝土瓦伸入檐沟、天沟内的长度，宜为 50～70mm。

（3）沥青瓦屋面的檐沟和天沟的防水构造应符合以下规定：①檐沟防水层下应增设附加层，附加层伸入屋面的宽度不应小于 500mm；②檐沟防水层伸入瓦内的宽度不应小于 150mm，并应与屋面防水层或防水垫层顺流水方向搭接；③檐沟防水层和附加防水层应由沟底翻上至外侧顶部，卷材收头应用金属压条钉压，并应采用密封材料封严；涂膜收头应用防水涂料多遍涂刷；④沥青瓦伸入檐沟内的长度宜为 10～20mm；⑤天沟采用搭接式或编织式铺设时，沥青瓦下应增设不小于 1000mm 宽的附加层（图 6-9）；⑥天沟采用敞开式铺设时，在防水层或防水垫层上应铺设厚度不小于 0.45mm 的防锈金属板材，

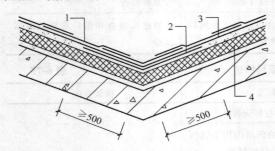

图 6-9　沥青瓦屋面天沟
1—沥青瓦；2—附加层；3—防水层或防水垫层；
4—保温层

沥青瓦与金属板材应顺流水方向搭接，搭接缝应用沥青基胶结材料粘结，搭接宽度不应小于 100mm。

2. 檐沟和天沟的监理验收

主控项目的检验标准应符合表 6-76 的规定，一般项目的检验标准应符合表 6-77 的规定。

檐沟和天沟主控项目检验　　　　　表 6-76

序号	项目	合格质量标准	检验方法
1	防水构造	檐沟、天沟的防水构造应符合设计要求	观察检查
2	排水坡度	檐沟、天沟的排水坡度应符合设计要求；沟内不得有渗漏和积水现象	坡度尺检查和雨后观察或淋水、蓄水试验

檐沟和天沟一般项目检验　　　　　表 6-77

序号	项目	合格质量标准	检验方法
1	附加层铺设	天沟附加层铺设应符合设计要求	观察和尺量检查
2	施工要求	檐沟防水层应由沟底翻上至外侧顶部，卷材收头应用金属压条钉压固定，并应用密封材料封严；涂膜收头应用防水涂料多遍涂刷	观察检查
3	檐沟外侧顶部及侧面	檐沟外侧顶部及侧面均应抹聚合物水泥砂浆，其下端应做成鹰嘴或滴水槽	

四、女儿墙和山墙

1. 女儿墙和山墙的监理要点

女儿墙和山墙的监理要点如下：

（1）女儿墙的防水构造应符合以下规定：①女儿墙压顶可采用混凝土或金属制品，压顶向内排水坡度不应小于5%，压顶内侧下端应做滴水处理；②女儿墙泛水处的防水层下应增设附加层，附加层在平面和立面的宽度均不应小于250mm；③低女儿墙泛水处的防水层可直接铺贴或涂刷至压顶下，卷材收头应用金属压条钉压固定，并应采用密封材料封严，涂膜收头应用防水涂料多遍涂刷（图6-10）；④高女儿墙泛水处的防水层泛水高度不应小于250mm，防水层收头应符合③的规定，泛水上部的墙体应作防水处理（图6-11）；⑤女儿墙泛水处的防水层表面，宜采用涂刷浅色涂料或浇筑细石混凝土保护层。

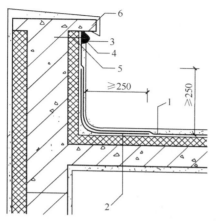

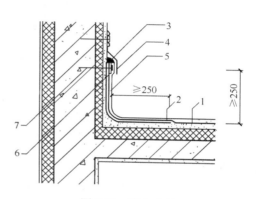

图 6-10　低女儿墙

1—防水层；2—附加层；3—密封材料；

4—金属压条；5—水泥钉；6—压顶

图 6-11　高女儿墙

1—防水层；2—附加层；3—密封材料；

4—金属盖板；5—保护层；6—金属压条；7—水泥钉

（2）山墙的防水构造应符合以下规定：①山墙压顶可采用混凝土或金属制品，压顶应向内排水，坡度不应小于5%，压顶内侧下端应作滴水处理；②山墙泛水处的防水层下应增设附加层，附加层平面和立面的宽度均不应小于250mm；③烧结瓦、混凝土瓦屋面山墙泛水应采用聚合物水泥砂浆抹成，侧面瓦伸入泛水的高度不应小于50mm（图6-12）；④沥青瓦屋面山墙泛水应采用沥青基胶粘材料满粘一层沥青瓦片，防水层和沥青瓦收头应用金属压条钉压固定，并应用密封材料封严（图6-13）；⑤金属板屋面山墙泛水应铺钉厚

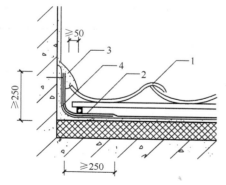

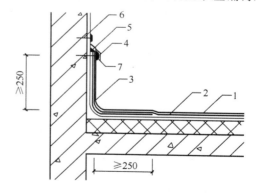

图 6-12　烧结瓦、混凝土瓦屋面山墙

1—烧结瓦或混凝土瓦；2—防水层或防水垫层；

3—聚合物水泥砂浆；4—附加层

图 6-13　沥青瓦屋面山墙

1—沥青瓦；2—防水层或防水垫层；3—附加层；

4—金属盖板；5—密封材料；6—水泥钉；7—金属压条

度不小于 0.45mm 的金属泛水板，并应顺流水方向搭接，金属泛水板与墙体的搭接高度不应小于 250mm，与压型金属板的搭盖宽度宜为 1～2 波，并应在波峰处采用拉铆钉连接（图 6-14）。

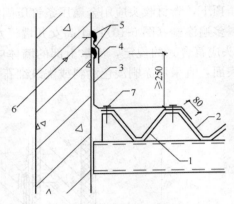

图 6-14   压型金属板屋面山墙

1—固定支架；2—压型金属板；3—金属泛水板；
4—金属盖板；5—密封材料；6—水泥钉；7—拉铆钉

2. 女儿墙和山墙的监理验收

主控项目的检验标准应符合表 6-78 的规定，一般项目的检验标准应符合表 6-79 的规定。

女儿墙和山墙主控项目检验   表 6-78

序号	项目	合格质量标准	检验方法
1	防水构造	女儿墙和山墙的防水构造应符合设计要求	观察检查
2	排水坡度	女儿墙和山墙的压顶向内排水坡度不应小于 5%，压顶内侧下端应做成鹰嘴或滴水槽	观察和坡度尺检查
3	女儿墙和山墙	女儿墙和山墙的根部不得有渗漏和积水现象	雨后观察或淋水试验

女儿墙和山墙一般项目检验   表 6-79

序号	项目	合格质量标准	检验方法
1	泛水高度及附加层	女儿墙和山墙的泛水高度及附加层铺设应符合设计要求	观察和尺量检查
2	满粘与卷材收头	女儿墙和山墙的卷材应满粘，卷材收头应用金属压条钉压固定，并应用密封材料封严	观察检查
3	女儿墙与山墙	女儿墙和山墙的涂膜应直接涂刷至压顶下，涂膜收头应用防水涂料多遍涂刷	

五、水落口

1. 水落口的监理要点

水落口的监理要点如下：

（1）重力式排水的水落口（图 6-15 和图 6-16）防水构造应符合以下规定：①水落口可采用塑料或金属制品，水落口的金属配件均应做防锈处理；②水落口杯应牢固地固定在承重结构上，其埋设标高应根据附加层的厚度及排水坡度加大的尺寸确定；③水落口周围直径 500mm 范围内坡度不应小于 5％，防水层下应增设涂膜附加层；④防水层和附加层伸入水落口杯内不应小于 50mm，并应粘结牢固。

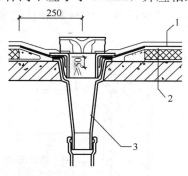

图 6-15　直式水落口
1—防水层；2—附加层；3—水落斗

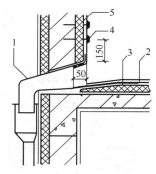

图 6-16　横式水落口
1—水落斗；2—防水层；3—附加层；
4—密封材料；5—水泥钉

（2）虹吸式排水的水落口防水构造应进行专项设计。

2. 水落口的监理验收

主控项目的检验标准应符合表 6-80 的规定，一般项目的检验标准应符合表 6-81 的规定。

水落口主控项目检验　　　　　　　　　　　　　　　　　　**表 6-80**

序号	项目	合格质量标准	检验方法
1	防水构造	水落口的防水构造应符合设计要求	观察检查
2	水落口杯口上口设置	水落口杯上口应设在沟底的最低处；水落口处不得有渗漏和积水现象	雨后观察或淋水、蓄水试验

水落口一般项目检验　　　　　　　　　　　　　　　　　　**表 6-81**

序号	项目	合格质量标准	检验方法
1	数量与位置	水落口的数量和位置应符合设计要求；水落口杯应安装牢固	观察和手扳检查
2	内坡度与附加层铺设	水落口周围直径 500mm 范围内坡度不应小于 5％，水落口周围的附加层铺设应符合设计要求	观察和尺量检查
3	防水层及附加层处理	防水层及附加层伸入水落口杯内不应小于 50mm，并应粘结牢固	

六、变形缝

1. 变形缝的监理要点

变形缝的防水构造监理要点如下：

（1）变形缝泛水处的防水层下应增设附加层，附加层在平面和立面的宽度不应小于250mm，防水层应铺贴或涂刷至泛水墙的顶部。

（2）变形缝内应预填不燃保温材料，上部应采用防水卷材封盖，并放置衬垫材料，再在其上干铺一层卷材。

（3）等高变形缝顶部宜加扣混凝土或金属盖板（图6-17）。

（4）高低跨变形缝在立墙泛水处，应采用有足够变形能力的材料和构造做密封处理（图6-18）。

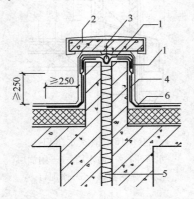

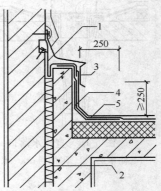

图6-17　等高变形缝

1—卷材封盖；2—混凝土盖板；

3—衬垫材料；4—附加层；

5—不燃保温材料；6—防水层

图6-18　高低跨变形缝

1—卷材封盖；2—不燃保温材料；

3—金属盖板；4—附加层；

5—防水层

2. 变形缝的监理验收

主控项目的检验标准应符合表6-82的规定，一般项目的检验标准应符合表6-83的规定。

变形缝主控项目检验　　　　　　　　　　　　表6-82

序号	项目	合格质量标准	检验方法
1	防水构造	变形缝的防水构造应符合设计要求	观察检查
2	渗漏与积水	变形缝处不得有渗漏和积水现象	雨后观察或淋水试验

变形缝一般项目检验　　　　　　　　　　　　表6-83

序号	项目	合格质量标准	检验方法
1	泛水高度及附加层铺设	变形缝的泛水高度及附加层铺设应符合设计要求	观察和尺量检查
2	涂刷位置	防水层应铺贴或涂刷至泛水墙的顶部	
3	密封及防锈处理	等高变形缝顶部宜加扣混凝土或金属盖板，混凝土盖板的接缝应用密封材料封严；金属盖板应铺钉牢固，搭接缝应顺流水方向，并应做好防锈处理	观察检查
4	密封处理	高低跨变形缝在高跨墙面上的防水卷材封盖和金属盖板，应用金属压条钉压固定，并应用密封材料封严	

七、伸出屋面管道

1. 伸出屋面管道的监理要点

伸出屋面管道的监理要点如下：

（1）伸出屋面管道（图6-19）的防水构造应符合以下规定：①管道周围的找平层应抹出高度不小于30mm的排水坡；②管道泛水处的防水层下应增设附加层，附加层在平面和立面的宽度均不应小于250mm；③管道泛水处的防水层泛水高度不应小于250mm；④卷材收头应采用金属箍紧固和密封材料封严，涂膜收头应采用防水涂料多遍涂刷。

（2）烧结瓦、混凝土瓦屋面烟囱（图6-20）的防水构造，应符合以下规定：①烟囱泛水处的防水层或防水垫层下应增设附加层，附加层在平面和立面的宽度不应小于250mm；②屋面烟囱泛水应采用聚合物水泥砂浆抹成；③烟囱与屋面的交接处，应在迎水面中部抹出分水线，并应高出两侧各30mm。

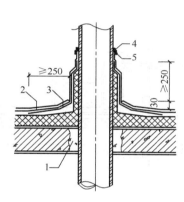

图 6-19 伸出屋面管道

1—细石混凝土；2—卷材防水层；

3—附加层；4—密封材料；5—金属箍

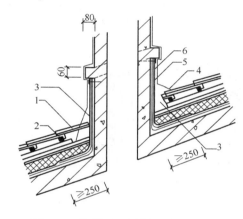

图 6-20 烧结瓦、混凝土瓦屋面烟囱

1—烧结瓦或混凝土瓦；2—挂瓦条；3—聚合物水泥砂浆；

4—分水线；5—防水层或防水垫层；6—附加层

2. 伸出屋面管道的监理验收

主控项目的检验标准应符合表6-84的规定，一般项目的检验标准应符合表6-85的规定。

伸出屋面管道主控项目检验　　　　　　　　　　　　　　　　　　　　　　表 6-84

序号	项目	合格质量标准	检验方法
1	防水构造	伸出屋面管道的防水构造应符合设计要求	观察检查
2	渗漏与积水	伸出屋面管道根部不得有渗漏和积水现象	雨后观察或淋水试验

伸出屋面管道一般项目检验　　　　　　　　　　　　　　　　　　　　　　表 6-85

序号	项目	合格质量标准	检验方法
1	泛水高度及附加层铺设	伸出屋面管道的泛水高度及附加层铺设，应符合设计要求	观察和尺量检查
2	排水坡处理	伸出屋面管道周围的找平层应抹出高度不小于30mm的排水坡	

续表

序号	项目	合格质量标准	检验方法
3	密封处理	卷材防水层收头应用金属箍固定,并应用密封材料封严;涂膜防水层收头应用防水涂料多遍涂刷	观察检查

八、屋面出入口

1. 屋面出入口的监理要点

屋面出入口的监理要点如下:

(1)屋面垂直出入口泛水处应增设附加层,附加层在平面和立面的宽度均不应小于250mm;防水层收头应在混凝土压顶圈下(图 6-21)。

(2)屋面水平出入口泛水处应增设附加层和护墙,附加层在平面上的宽度不应小于250mm,防水层收头应压在混凝土踏步下(图 6-22)。

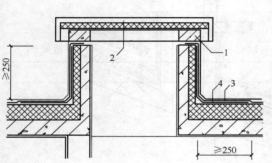

图 6-21 垂直出入口

1—混凝土压顶圈;2—上人孔盖;3—防水层;4—附加层

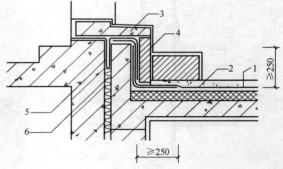

图 6-22 水平出入口

1—防水层;2—附加层;3—踏步;
4—护墙;5—防水卷材封盖;6—不燃保温材料

2. 屋面出入口的监理验收

主控项目的检验标准应符合表 6-86 的规定,一般项目的检验标准应符合表 6-87 的规定。

屋面出入口主控项目检验 表 6-86

序号	项目	合格质量标准	检验方法
1	防水构造	屋面出入口的防水构造应符合设计要求	观察检查
2	渗漏与积水	屋面出入口处不得有渗漏和积水现象	雨后观察或淋水试验

屋面出入口一般项目检验 表 6-87

序号	项目	合格质量标准	检验方法
1	垂直出入口收头处理	屋面垂直出入口防水层收头应压在压顶圈下,附加层铺设应符合设计要求	观察检查
2	水平出入口收头处理	屋面水平出入口防水层收头应压在混凝土踏步下,附加层铺设和护墙应符合设计要求	
3	泛水高度	屋面出入口的泛水高度不应小于 250mm	观察和尺量检查

九、反梁过水孔

1. 反梁过水孔的监理要点

反梁过水孔构造的监理要点如下：

（1）应根据排水坡度留设反梁过水孔，图纸应注明孔底标高。

（2）反梁过水孔宜采用预埋管道，其管径不得小于 75mm。

（3）过水孔可采用防水涂料、密封材料防水，预埋管道两端周围与混凝土接触处应留凹槽，并应用密封材料封严。

2. 反梁过水孔的监理验收

主控项目的检验标准应符合表 6-88 的规定，一般项目的检验标准应符合表 6-89 的规定。

反梁过水孔主控项目检验　　　　　　表 6-88

序号	项目	合格质量标准	检验方法
1	防水构造	反梁过水孔的防水构造应符合设计要求	观察检查
2	渗漏与积水	反梁过水孔处不得有渗漏和积水现象	雨后观察或淋水试验

反梁过水孔一般项目检验　　　　　　表 6-89

序号	项目	合格质量标准	检验方法
1	标高、管径	反梁过水孔的孔底标高、孔洞尺寸或预埋管管径，均应符合设计要求	尺量检查
2	密封处理	反梁过水孔的孔洞四周应涂刷防水涂料；预埋管道两端周围与混凝土接触处应留凹槽，并应用密封材料封严	观察检查

十、设施基座

1. 设施基座的监理要点

设施基座的监理要点如下：

（1）设施基座与结构层相连时，防水层应包裹设施基座的上部，并应在地脚螺栓周围做密封处理。

（2）在防水层上放置设施时，防水层下应增设卷材附加层，必要时应在其上浇筑细石混凝土，其厚度不应小于 50mm。

2. 设置基座的监理验收

主控项目的检验标准应符合表 6-90 的规定，一般项目的检验标准应符合表 6-91 的规定。

设施基座主控项目检验　　　　　　表 6-90

序号	项目	合格质量标准	检验方法
1	防水构造	设施基座的防水构造应符合设计要求	观察检查
2	渗漏与积水	设施基座处不得有渗漏和积水现象	雨后观察或淋水试验

设施基座一般项目检验   表 6-91

序号	项目	合格质量标准	检验方法
1	密封处理	设施基座与结构层相连时，防水层应包裹设施基座的上部，并应在地脚螺栓周围做密封处理	观察检查
2	混凝土厚度	设施基座直接放置在防水层上时，设施基座下部应增设附加层，必要时应在其上浇筑细石混凝土，其厚度不应小于 50mm	
3	铺设要求	需经常维护的设施基座周围和屋面出入口至设施之间的人行道，应铺设块体材料或细石混凝土保护层	

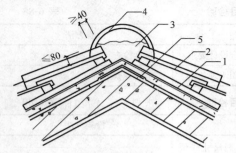

图 6-23　烧结瓦、混凝土瓦屋面屋脊
1—防水层或防水垫层；2—烧结瓦或混凝土瓦；
3—聚合物水泥砂浆；4—脊瓦；5—附加层

十一、屋脊

1. 屋脊的监理要点

屋脊的监理要点如下：

（1）烧结瓦、混凝土瓦屋面的屋脊处应增设宽度不小于 250mm 的卷材附加层，屋脊下端距坡面瓦的高度不宜大于 80mm，脊瓦在两坡瓦面上的搭盖宽度，每边不应小于 40mm，脊瓦与坡瓦面之间的缝隙应采用聚合物水泥砂浆填实抹平（图 6-23）。

（2）沥青瓦屋面的屋脊处应增设宽度不小于 250mm 的卷材附加层。脊瓦在两坡面瓦上的搭接宽度，每边不应小于 150mm（图 6-24）。

（3）金属板屋面的屋脊盖板在两坡面金属板上的搭盖宽度每边不应小于 250mm，屋面板端头应设置挡水板和堵头板（图 6-25）。

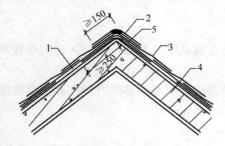

图 6-24　沥青瓦屋面屋脊
1—防水层或防水垫层；2—脊瓦；3—沥青瓦；
4—结构层；5—附加层

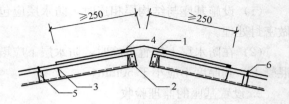

图 6-25　金属板材屋面屋脊
1—屋脊盖板；2—堵头板；3—挡水板；
4—密封材料；5—固定支架；6—固定螺栓

2. 屋脊的监理验收

主控项目的检验标准应符合表 6-92 的规定，一般项目的检验标准应符合表 6-93 的规定。

屋脊主控项目检验　　　　　　　　　　表 6-92

序号	项目	合格质量标准	检验方法
1	防水构造	屋脊的防水构造应符合设计要求	观察检查
2	屋脊处防水要求	屋脊处不得有渗漏现象	雨后观察或淋水试验

屋脊一般项目检验　　　　　　　　　　表 6-93

序号	项目	合格质量标准	检验方法
1	铺设要求	平脊和斜脊铺设应顺直，无起伏现象	观察检查
2	搭盖要求	脊瓦应搭盖正确，间距应均匀，封固应严密	观察和手扳检查

十二、屋顶窗

1. 屋顶窗的监理要点

屋顶窗的监理要点如下：

（1）烧结瓦、混凝土瓦与屋顶窗交接处，应采用金属排水板、窗框固定铁脚、窗口附加防水卷材、支瓦条等连接（图 6-26）。

（2）沥青瓦屋面与屋顶窗交接处应采用金属排水板、窗框固定铁脚、窗口附加防水卷材等与结构层连接（图 6-27）。

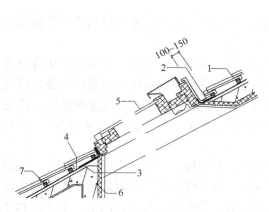

图 6-26　烧结瓦、混凝土瓦屋面屋顶窗

1—烧结瓦或混凝土瓦；2—金属排水板；3—窗口
附加防水卷材；4—防水层或防水垫层；5—屋顶窗；
6—保温层；7—支瓦条

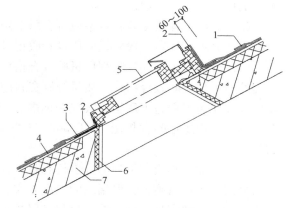

图 6-27　沥青瓦屋面屋顶窗

1—沥青瓦；2—金属排水板；3—窗口附加防水卷材；
4—防水层或防水垫层；5—屋顶窗；6—保温层；
7—结构层

2. 屋顶窗的监理验收

主控项目的检验标准应符合表 6-94 的规定，一般项目的检验标准应符合表 6-95 的规定。

屋顶窗主控项目检验　　　　　　　　　　表 6-94

序号	项目	合格质量标准	检验方法
1	防水构造	屋顶窗的防水构造应符合设计要求	观察检查
2	屋顶窗防水要求	屋顶窗及其周围不得有渗漏现象	雨后观察或淋水试验

屋顶窗一般项目检验　　　　　　　　　　　　　　　　表 6-95

序号	项目	合格质量标准	检验方法
1	连接要求	屋顶窗用金属排水板、窗框固定铁脚应与屋面连接牢固	观察检查
2	铺贴要求	屋顶窗用窗口防水卷材应铺贴平整，粘结应牢固	

第七节　屋面工程的质量验收

一、屋面工程质量验收的要求

屋面工程质量验收的要求如下：

（1）屋面工程施工质量验收的程序和组织，应符合现行国家标准《建筑工程施工质量验收统一标准》GB 50300 的有关规定。

（2）检验批质量验收合格应符合以下规定：①主控项目的质量应经抽查检验合格；②一般项目的质量应经抽查检验合格，有允许偏差值的项目，其抽查点应有 80% 及其以上在允许偏差范围内，且最大偏差值不得超过允许偏差值的 1.5 倍；③应具有完整的施工操作依据和质量检查记录。

（3）分项工程质量验收合格应符合以下规定：①分项工程所含检验批的质量均应验收合格；②分项工程所含检验批的质量验收记录应完整。

（4）分部（子分部）工程质量验收合格应符合以下规定：①分部（子分部）所含分项工程的质量均应验收合格；②质量控制资料应完整；③安全与功能抽样检验应符合现行国家标准《建筑工程施工质量验收统一标准》GB 50300 的有关规定；④观感质量检查应符合《屋面工程质量验收规范》GB 50207—2012 国家标准第 9.0.7 条（参见本节一（6））的规定。

（5）屋面工程应对下列部位进行隐蔽工程验收：①卷材、涂膜防水层的基层；②保温层的隔汽和排汽措施；③保温层的铺设方式、厚度、板材缝隙填充质量及热桥部位的保温措施；④接缝的密封处理；⑤瓦材与基层的固定措施；⑥檐沟、天沟、泛水、水落口和变形缝等细部做法；⑦在屋面易开裂和渗水部位的附加层；⑧保护层与卷材、涂膜防水层之间的隔离层；⑨金属板材与基层的固定以及板缝之间的密封处理；⑩坡度较大时，防水卷材和保温层的防下滑的措施。

（6）屋面工程观感质量检查应符合下列要求：①卷材铺贴方向应正确，搭接缝应粘结或焊接牢固，搭接宽度应符合设计要求，表面应平整，不得有扭曲、皱折和翘边等缺陷；②涂膜防水层粘结应牢固，表面应平整，涂刷应均匀，不得有流淌、起泡和露胎体等缺陷；③嵌填的密封材料应与接缝两侧粘结牢固，表面应平滑，缝边应顺直，不得有气泡、开裂和剥离等缺陷；④檐口、檐沟、天沟、女儿墙、山墙、水落口、变形缝和伸出屋面管道等防水构造，应符合设计要求；⑤烧结瓦、混凝土瓦铺装应平整、牢固、行列整齐，搭接应紧密，檐口应顺直，脊瓦应搭盖正确，间距应均匀，封固应严密，正脊与斜脊应顺直，无起伏现象，泛水应顺直整齐，结合应严密；⑥沥青瓦铺装应搭接正确，瓦片外露部分不得超过切口长度，钉帽不得外露，沥青瓦应与基层钉粘牢固，瓦面应平整，檐口应顺直，泛水应顺直整齐，结合应严密；⑦金属板铺装应平整、顺滑，连接应正确，接缝应严密，屋脊、檐口、泛水直线段应顺直，曲线段应顺畅；⑧玻璃采光顶铺装应平整、顺直，外露金属框或压条应横平竖直，压条应安装牢固，玻璃密封胶缝应横平竖直，深浅一致，宽窄应均匀，光滑顺直；⑨上人屋面或其他使用功能屋面，其保护及铺面应符合设计要求。

（7）检查屋面有无渗漏、积水和排水系统是否通畅，应在雨后或持续淋水 2h 后进行，并应填写淋水试验记录，具备蓄水条件的檐沟天沟应进行蓄水试验，蓄水时间不得少于 24h，并填写蓄水试验记录。

（8）对于安全和功能有特殊要求的建筑屋面，工程质量验收除应符合《屋面工程质量验收规范》GB 50207 的规定外，尚应按照合同的约定和设计要求进行专项检验（检测）和专项验收。

二、屋面工程的验收资料

屋面工程的验收资料和记录应符合表 6-96 的规定。屋面工程验收后，应填写分部工程质量验收记录，并交建设单位和施工单位存档。

屋面工程验收资料和记录 表 6-96

资料项目	验 收 资 料
防水设计	设计图纸及会审记录、设计变更通知单和材料代用核定单
施工方案	施工方法、技术措施、质量保证措施
技术交底记录	施工操作要求及注意事项
材料质量证明文件	出厂合格证、型式检验报告、出厂检验报告、进场验收记录和进场检验报告
施工日志	逐日施工情况
工程检验记录	工序交接检验记录、检验批质量验收记录、隐蔽工程验收记录、淋水或蓄水试验记录、观感质量检查记录、安全与功能抽样检验（检测）记录
其他技术资料	事故处理报告、技术总结

第七章 建筑外墙及室内防水工程的监理

第一节 建筑外墙防水工程的监理

墙体是建筑物竖直方向的主要构件，是建筑物的承重构件、围护构件和分隔空间的构件，作为围护构件，墙体起着遮挡雨水、风雪等各种因素的侵袭和保温隔热隔声、防止太阳辐射的作用。根据墙体所在位置的不同，可分为外墙和内墙、纵墙和横墙。外墙位于建筑物的四周，与自然界直接交接，起着挡风遮雨、保温隔热的作用。建筑外墙防水是指阻止水渗入建筑外墙，满足墙体使用功能的一类构造以及措施。

建筑外墙防水根据设防方式的不同，可分为墙面整体防水和节点构造防水，墙面整体防水根据其墙体是否为外墙外保温，又可分为无外保温外墙防水和外保温外墙防水。建筑外墙防水根据所采用防水材料的不同，可分为砂浆防水层、涂膜防水层和防水透气膜防水层。建筑外墙防水层的分类参见图7-1。

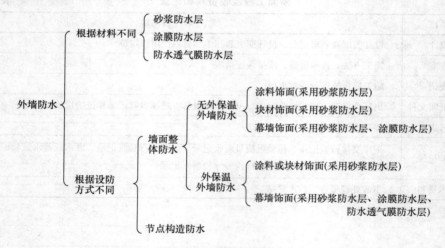

图 7-1 外墙防水的分类

墙面整体防水主要应用于南方地区，沿海地区以及降雨量大、风压强的地区，各地采用外墙外保温的建筑均采取了墙面整体防水的设防方式；节点构造防水（对墙面节点构造部位采取防水措施）主要应用于降雨量较小、风压较弱的地区和多层建筑以及未采用外保温墙体的建筑。墙面整体防水又可分为两类：一类是指降水量大、风压强的无外保温外墙，其包含了"年降水量大于等于800mm地区的高层建筑外墙"和"年降水量大于等于600mm、基本风压大于等于0.5kN/m² 地区的外墙"等两种情况；另一类是指降水量较大、风压较强的有外保温外墙，其包含了"年降水量大于等于400mm且基本风压大于等于 0.4kN/m² 地区有外保温的外墙"、"年降水量大于等于 500mm 且基本风压大于等于 0.35kN/m² 地区有外保温的外墙"和"年降水量大于等于 600mm 且基本风压大于等于 0.3kN/m² 地区有外保温的外墙"等三种情形。

墙面整体防水包括所有外墙面的防水和节点构造部位的防水。节点构造防水是指门窗洞口、雨篷、阳台、变形缝、伸出外墙管道、女儿墙压顶、外墙预埋件、预制构件等交接部位的防水。

一、建筑外墙防水工程对材料提出的要求

《建筑外墙防水工程技术规程》JGJ/T 235—2011 行业标准对防水材料、密封材料和配套材料等提出的要求如下：

(1) 建筑外墙防水工程所用材料应与外墙相关构造层材料相容。

(2) 防水材料的性能指标应符合国家现行有关材料标准的规定。普通防水砂浆主要性能应符合表 7-1 的规定，检验方法应按现行国家标准《预拌砂浆》GB/T 25181 的有关规定执行；聚合物水泥防水砂浆的主要性能应符合表 7-2 的规定，检验方法应按现行行业标准《聚合物水泥防水砂浆》JC/T 984 的有关规定执行；聚合物水泥防水涂料的主要性能应符合表 7-3 的规定，检验方法应按现行国家标准《聚合物水泥防水涂料》GB/T 23445 的有关规定执行；聚合物乳液防水涂料的主要性能应符合表 7-4 的规定，检验方法应按现行行业标准《聚合物乳液建筑防水涂料》JC/T 864 的有关规定执行；聚氨酯防水涂料主要性能应符合表 7-5 的规定，检验方法应按现行国家标准《聚氨酯防水涂料》GB/T 19250 的有关规定执行；防水透水膜主要性能应符合表 7-6 的规定，检验方法应按现行国家标准《建筑防水卷材试验方法》GB/T 328 和《塑料薄膜和片材透水蒸气性试验方法 杯式法》GB/T 1037 的有关规定执行。

普通防水砂浆主要性能 表 7-1

项 目		指 标
稠度（mm）		50，70，90
终凝时间（h）		≥8，≥12，≥24
抗渗压力（MPa）	28d	≥0.6
拉伸粘结强度（MPa）	14d	≥0.20
收缩率（%）	28d	≤0.15

聚合物水泥防水砂浆主要性能 表 7-2

项 目		指 标	
		干粉类	乳液类
凝结时间	初凝（min）	≥45	≥45
	终凝（h）	≤12	≤24
抗渗压力（MPa）	7d	≥1.0	
粘结强度（MPa）	7d	≥1.0	
抗压强度（MPa）	28d	≥24.0	

续表

项 目		指 标	
		干粉类	乳液类
抗折强度（MPa）	28d	28d	≥8.0
收缩率（%）	28d		≤0.15
压折比		≤3	

聚合物水泥防水涂料主要性能　　　　　表 7-3

项目	指标	项目	指标
固体含量(%)	≥70	低温柔性(φ10mm棒)	−10℃，无裂纹
拉伸强度(无处理)(MPa)	≥1.2	粘结强度(无处理)(MPa)	≥0.5
断裂伸长率(无处理)(%)	≥200	不透水性(0.3MPa，30min)	不透水

聚合物乳液防水涂料主要性能　　　　　表 7-4

试验项目		指标	
		Ⅰ类	Ⅱ类
拉伸强度（MPa）		≥1.0	≥1.5
断裂延伸率（%）		≥300	
低温柔性（绕φ10mm棒，棒弯180°）		−10℃，无裂纹	−20℃，无裂纹
不透水性（0.3MPa，30min）		不透水	
固体含量（%）		≥65	
干燥时间（h）	表干时间	≤4	
	实干时间	≤8	

聚氨酯防水涂料主要性能　　　　　表 7-5

项目	指标			
	单组分		多组分	
	Ⅰ类	Ⅱ类	Ⅰ类	Ⅱ类
拉伸强度（MPa）	≥1.90	≥2.45	≥1.90	≥2.45
断裂延伸率（%）	≥550	≥450	≥450	≥450
低温弯折性（℃）	≤−40		≤−35	
不透水性（0.3MPa，30min）	不透水		不透水	
固体含量（%）	≥80		≥92	
表干时间（h）	≤12		≤8	
实干时间（h）	≤24		≤24	

防水透气膜主要性能　　　　　表 7-6

项目	指标		检验方法
	Ⅰ类	Ⅱ类	
水蒸气透过量[g/(m²·24h)，23℃]	≥1000		应按现行国家标准《塑料薄膜和片材透水蒸气性试验方法　杯式法》GB/T 1037 中 B 法的规定执行

续表

项目	指标		检验方法
	Ⅰ类	Ⅱ类	
不透水性(mm，2h)	≥1000		应按《建筑防水卷材试验方法》GB/T 328.10 中 A 法的规定执行
最大拉力(N/50mm)	≥100	≥250	应按《建筑防水卷材料试验方法》GB/T 328.9 中 A 法的规定执行
断裂伸长率(%)	≥35	≥10	应按《建筑防水卷材试验方法》GB/T 328.9 中 A 法的规定执行
撕裂性能(N，钉杆法)	≥40		应按《建筑防水卷材试验方法》GB/T 328.18 的规定执行
热老化 (80℃，168h)	拉力保持率(%)	≥80	应按《建筑防水卷材试验方法》GB/T 328.9 中 A 法的规定执行
	断裂伸长率保持率(%)		
	水蒸气透过量保持率(%)		应按现行国家标准《塑料薄膜和片材透水蒸气性试验方法 杯式法》GB/T 1037 中 B 法的规定执行

（3）硅酮建筑密封胶的主要性能应符合表 7-7 的规定，检验方法应按现行国家标准《硅酮建筑密封胶》GB/T 14683 的相关规定执行；聚氨酯建筑密封胶主要性能应符合表 7-8 的规定，检验方法应按现行行业标准《聚氨酯建筑密封胶》JC/T 482 的相关规定执行；聚硫建筑密封胶主要性能应符合表 7-9 的规定，检验方法应按现行行业标准《聚硫建筑密封胶》JC/T 483 的有关规定执行；丙烯酸酯建筑密封胶主要性能应符合表 7-10 的规定，检验方法应按现行行业标准《丙烯酸酯建筑密封胶》JC/T 484 的有关规定执行。

硅酮建筑密封胶主要性能 表 7-7

项目		指标			
		25HM	20HM	25LM	20LM
下垂度(mm)	垂直	≤3			
	水平	无变形			
表干时间(h)		≤3			
挤出性(mL/min)		≥80			
弹性恢复率(%)		≥80			
抗伸模量(MPa)		>0.4(23℃时) 或>0.6(−20℃时)		≤0.4(23℃时) 且≤0.6(−20℃时)	
定伸粘结性		无破坏			

聚氨酯建筑密封胶主要性能 表 7-8

项目		指标		
		20HM	25LM	20LM
流动性	下垂度(N 型)(mm)	≤3		
	流平性(L 型)	光滑平整		

续表

项目	指标		
	20HM	25LM	20LM
表干时间(h)	≤24		
挤出性(mL/min)	≥80		
适用期(h)	≥1		
弹性恢复率(%)	≥70		
拉伸模量(MPa)	>0.4(23℃时) 或>0.6(−20℃时)	≤0.4(23℃时) 且≤0.6(−20℃时)	
定伸粘结性	无破坏		

注：1　挤出性仅适用于单组分产品。

2　适用期仅适用于多组分产品。

聚硫建筑密封胶主要性能　　　　　　　　　　　表 7-9

项目		指标		
		20HM	25LM	20LM
流动性	下垂度(N 型)(mm)	≤3		
	流平性(L 型)	光滑平整		
表干时间(h)		≤24		
拉伸模量(MPa)		>0.4(23℃时) 或>0.6(−20℃时)	≤0.4(23℃时) 且≤0.6(−20℃时)	
适用期(h)		≥2		
弹性恢复率(%)		≥70		
定伸粘结性		无破坏		

丙烯酸酯建筑密封胶主要性能　　　　　　　　　表 7-10

项目	指标		
	12.5E	12.5P	7.5P
下垂度(mm)	≤3		
表干时间(h)	≤1		
挤出性(mL/min)	≥100		
弹性恢复率(%)	≥40	报告实测值	
定伸粘结性	无破坏	—	
低温柔性(℃)	−20	−5	

（4）配套材料：耐碱玻璃纤维网布主要性能应符合表 7-11 的规定，检验方法应按现行行业标准《耐碱玻璃纤维网布》JC/T 841 的有关规定执行；界面处理剂主要性能应符合表 7-12 的规定，检验方法应按现行行业标准《混凝土界面处理剂》JC/T 907 的有关规定执行；热镀锌电焊网主要性能应符合表 7-13 的要求，检验方法应按现行行业标准《镀锌电焊网》QB/T 3897 的有关规定执行；密封胶粘带主要性能应符合表 7-14 的要求，检

验方法应按现行行业标准《丁基橡胶防水密封胶粘带》JC/T 942 的有关规定执行。

耐碱玻璃纤维网布主要性能　　表 7-11

项目	指标	项目	指标
单位面积质量(g/m²)	≥130	耐碱断裂强力保留率(经、纬向)(%)	≥75
耐碱断裂强力(经、纬向)(N/50mm)	≥900	断裂伸长率(经、纬向)(%)	≤4.0

界面处理剂主要性能　　表 7-12

项目			指标	
			Ⅰ 型	Ⅱ 型
剪切粘结强度 (MPa)	7d		≥1.0	≥0.7
	14d		≥1.5	≥1.0
拉伸粘结强度 (MPa)	未处理	7d	≥0.4	≥0.3
		14d	≥0.6	≥0.5
	浸水处理		≥0.5	≥0.3
	热处理			
	冻融循环处理			
	碱处理			

热镀锌电焊网主要性能　　表 7-13

项目	指标	项目	指标
工艺	热镀锌电焊网	焊点抗拉力(N)	>65
丝径(mm)	0.90±0.04	镀锌层质量(g/m²)	≥122
网孔大小(mm)	12.7×12.7		

密封胶粘带主要性能　　表 7-14

试验项目		指标
持粘性(min)		≥20
耐热性(80℃，2h)		无流淌、龟裂、变形
低温柔性(−40℃)		无裂纹
剪切状态下的粘合性(N/mm)		≥2.0
剥离强度(N/mm)		≥0.4
剥离强度保持率(%)	热处理(80℃，168h)	≥80
	碱处理(饱和氢氧化钙溶液，168h)	
	浸水处理(168h)	

注：剪切状态下的粘合性仅针对双面胶粘带。

二、建筑外墙防水工程的监理要点

建筑外墙防水工程的监理要点如下：

（1）建筑外墙防水应具有阻止雨水、雪水侵入墙体的基本功能，并应具有抗冻融、耐高低温、承受风荷载等性能。

① 在正常使用和合理维护的条件下，有以下情况之一的建筑外墙，宜进行墙面整体

防水：a. 年降水量大于等于 800mm 地区的高层建筑外墙；b. 年降水量大于等于 600mm 且基本风压大于等于 0.5kN/m² 地区的外墙；c. 年降水量大于等于 400mm 且基本风压大于等于 0.40kN/m² 地区有外保温的外墙；d. 年降水量大于等于 500mm 且基本风压大于等于 0.35kN/m² 地区有外保温的外墙；e. 年降水量大于等于 600mm 且基本风压大于等于 0.30kN/m² 地区有外保温的外墙；

② 除①规定的建筑外；年降水量大于等于 400mm 地区的其他建筑外墙应采用节点构造防水措施；

③ 全国主要城镇基本风压和年降水量表可按《建筑外墙防水工程技术规程》JGJ/T 235—2011 行业标准附录 A 采用；

④ 居住建筑外墙外保温系统的防水性能应符合现行行业标准《外墙外保温工程技术规程》JGJ 144 的规定；

⑤ 建筑外墙防水采用的防水材料及配套材料除应符合外墙各构造层的要求外，尚应满足安全及环保的要求。

（2）建筑外墙的防水层应设置在迎水面。不同结构材料的交接处应采用每边不少于 150mm 的耐碱玻璃纤维网布或热镀锌电焊网作抗裂增强处理。外墙相关构造层之间应粘结牢固，并宜进行界面处理，界面处理材料包括界面砂浆、界面处理剂，应根据不同的构造层材料选择相应的界面处理材料以及施工工艺，通常界面砂浆采用刮涂、喷涂等施工工艺，界面处理剂采用滚涂、刷涂、喷涂等施工工艺。建筑外墙防水材料应根据工程所在地区的气候环境特点选用。

（3）建筑外墙整体防水应包括以下内容：外墙防水工程的构造；防水层材料的选择；节点的密封防水构造等。

① 无外保温外墙的整体防水层，其包括外墙无保温、外墙自保温和外墙内保温等三种构造做法。整体防水层应符合以下规定：a. 结构墙体若采用涂料饰面时，其防水层应设在找平层和涂料饰面层之间（图 7-2），防水层宜采用聚合物水泥防水砂浆或普通防水砂浆；b. 结构墙体若采用块材饰面时，防水层应设在找平层和块材粘结层之间（图 7-3），防水层宜采用聚合物水泥防水砂浆或普通防水砂浆；c. 结构墙体若采用幕墙饰面时，防水层应设在找平层和幕墙饰面之间（图 7-4），防水层宜采用聚合物水泥防水砂浆、普通防水砂浆、聚合物水泥防水涂料、聚合物乳液防水涂料或聚氨酯防水涂料。

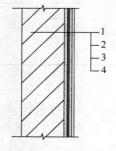

图 7-2　涂料饰面外墙整体防水构造
1—结构墙体；2—找平层；
3—防水层；4—涂料面层

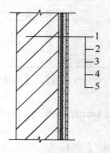

图 7-3　块材饰面外墙整体防水构造
1—结构墙体；2—找平层；3—防水层；
4—粘结层；5—块材饰面层

② 外保温外墙的整体防水层应符合以下规定：a. 结构墙体若采用涂料饰面或块材饰面时，防水层宜设在保温层和墙体基层之间（图 7-5），防水层可采用聚合物水泥防水砂浆或普通防水砂浆；b. 结构墙体若采用幕墙饰面时，设在找平层上的防水层宜采用聚合物水泥防水砂浆、普通防水砂浆、聚合物水泥防水涂料、聚合物乳液防水涂料或聚氨酯防水涂料；当外墙保温层选用矿物棉保温材料时，宜在保温层与幕墙面板之间采用防水透气膜作防水层（图 7-6）。

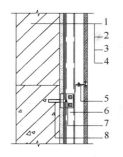 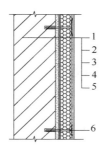 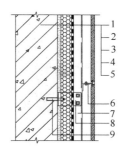

图 7-4　幕墙饰面外墙整体　　　　图 7-5　涂料或块材饰面　　　　图 7-6　幕墙饰面外保温外
防水构造　　　　外保温外墙整体防水构造　　　　墙整体防水构造

1—结构墙体；2—找平层；　　1—结构墙体；2—找平层；3—防　　1—结构墙体；2—找平层；
3—防水层；4—面板；　　　　水层；4—保温层；5—饰面层；　　3—保温层；4—防水透气膜；
5—挂件；6—竖向龙骨；　　　　6—锚栓　　　　　　　　　　　5—面板；6—挂件；
7—连接件；8—锚栓　　　　　　　　　　　　　　　　　　　　7—竖向龙骨；8—连接件；
　　　　　　　　　　　　　　　　　　　　　　　　　　　　9—锚栓

③ 砂浆防水层中可增设耐碱玻璃纤维网布或热镀锌电焊网增强，并宜用锚栓固定于结构墙体中。

④ 防水层最小厚度应符合表 7-15 的规定。

防水层最小厚度（mm）　　　　　　　　　　　　　　表 7-15

墙体基层种类	饰面层种类	聚合物水泥防水砂浆		普通防水砂浆	防水涂料
		干粉类	乳液类		
现浇混凝土	涂料	3	5	8	1.0
	面砖				—
	幕墙				1.0
砌体	涂料	5	8	10	1.2
	面砖				—
	干挂幕墙				1.2

⑤ 砂浆防水层宜留分格缝，分格缝宜设置在墙体结构不同材料交接处，水平分格缝宜与窗口上沿或下沿平齐，垂直分格缝间距不宜大于 6m，且宜与门、窗框两边线对齐。分格缝宽宜为 8～10mm，缝内应采用密封材料做密封处理。

⑥ 外墙防水层应与地下墙体的防水层搭接。

（4）建筑外墙节点构造防水包括门窗洞口、雨篷、阳台、变形缝、伸出外墙管道、女儿墙压顶、外墙预埋件、预制构件等交接部位的防水设防。

① 门窗框与墙体间的缝隙宜采用聚合物水泥防水砂浆或发泡聚氨酯填充；外墙防水层应延伸至门窗框，防水层与门窗框间应预留凹槽，并应嵌填密封材料；门窗上楣的外口应做滴水线；外窗台应设置不小于5%的外排水坡度（图7-7和图7-8）。

② 雨篷应设置不应小于1%的外排水坡度，外口下沿应做滴水线；雨篷与外墙交接处的防水层应连续；雨篷防水层应沿外口下翻至滴水线（图7-9）。

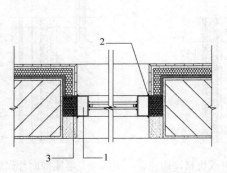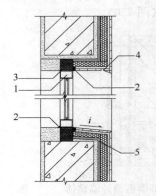

图 7-7　门窗框防水平剖面构造
1—窗框；2—密封材料；3—聚合物水泥
防水砂浆或发泡聚氨酯

图 7-8　门窗框防水立剖面构造
1—窗框；2—密封材料；3—聚合物
水泥防水砂浆或发泡聚氨酯；4—滴
水线；5—外墙防水层

③ 阳台应向水落口设置不小于1%的排水坡度，水落口周边应留槽嵌填密封材料。阳台外口下沿应做滴水线（图7-10）。

④ 变形缝部位应增设合成高分子防水卷材附加层，卷材两端应满粘于墙体，满粘的宽度不应小于150mm，并应钉压固定；卷材收头应用密封材料密封（图7-11）。

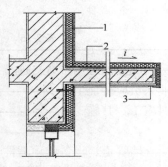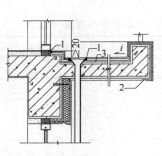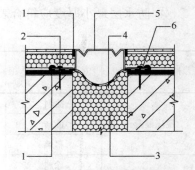

图 7-9　雨篷防水构造
1—外墙保温层；2—防水层；
3—滴水线

图 7-10　阳台防水构造
1—密封材料；2—滴水线；
3—防水层

图 7-11　变形缝防水构造
1—密封材料；2—锚栓；3—衬垫材料；
4—合成高分子防水卷材（两端粘结）；
5—不锈钢板；6—压条

⑤ 穿过外墙的管道宜采用套管，套管应内高外低，坡度不应小于5%，套管周边应做防水密封处理（图7-12和图7-13）。

⑥ 女儿墙压顶宜采用现浇钢筋混凝土或金属压顶，压顶应向内找坡，其坡度不应小于2%，当采用混凝土压顶时，外墙防水层应延伸至压顶内侧的滴水线部位（图7-14）；当采用金属压顶时，外墙防水层应做到压顶的顶部，金属压顶应采用专用的金属配件固定（图7-15）。

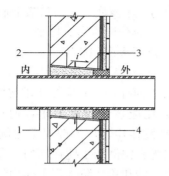

图 7-12　伸出外墙管道防水构造（一）

1—伸出外墙管道；2—套管；

3—密封材料；4—聚合物水泥防水砂浆

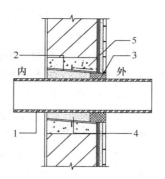

图 7-13　伸出外墙管道防水构造（二）

1—伸出外墙管道；2—套管；3—密封材料；

4—聚合物水泥防水砂浆；5—细石混凝土

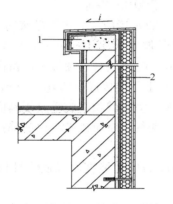

图 7-14　混凝土压顶女儿墙防水构造

1—混凝土压顶；2—防水层

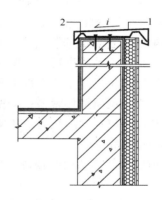

图 7-15　金属压顶女儿墙防水构造

1—金属压顶；2—金属配件

⑦ 外墙预埋件四周应采用密封材料封闭严密，密封材料与防水层应连续。

（5）外墙防水工程应按照设计的要求进行施工，施工前应编制专项施工方案并进行技术交底；外墙防水应由有相应资质的专业队伍进行施工，作业人员应持证上岗。

（6）外墙防水工程严禁在雨天、雪天和五级风及其以上时施工，其施工的环境温度宜为 5～35℃，施工时应采取安全防护措施。

（7）防水材料进场时应抽样复验；外墙门框、窗框、伸出外墙管道、设备或预埋件等应在建筑外墙防水施工前安装完毕；外墙防水层的基层找平层应平整、坚实、牢固、干净，不得酥松、起砂、起皮；块材的勾缝应连续、平直、密实、无裂缝、无空鼓；外墙防水工程完工后，应采取保护措施，不得损坏防水层；外墙防水工程在施工时，每道工序完成后，应经检查合格后再进行下道工序的施工。

（8）无外保温外墙防水工程施工要求如下：

① 外墙结构表面的油污、浮浆应清除，孔洞、缝隙应堵塞抹平；不同结构材料交接处的增强处理材料应固定牢固。

② 外墙结构表面宜进行找平处理，找平层施工应符合以下规定：a. 外墙基层表面应清理干净之后，方可进行界面处理；b. 界面处理材料的品种和配合比应符合设计要求，

拌合应均匀一致，无粉团、沉淀等缺陷，涂层应均匀，不露底，并应待表面收水后再进行找平层的施工；c. 找平层砂浆的厚度超过 10mm 时，应分层压实、抹平。

③ 外墙防水层施工前，宜先做好节点处理，再进行大面积施工。

④ 砂浆防水层的施工应符合下列规定：

a. 基层表面应为平整的毛面，光滑表面应进行界面处理，并应按要求湿润。

b. 防水砂浆的配制应满足以下要求：ⓐ配合比应按照设计要求，通过试验确定；ⓑ在配制乳液类聚合物水泥防水砂浆前，乳液应先搅拌均匀，再按规定比例加入拌合料中，搅拌均匀；ⓒ干粉类聚合物水泥防水砂浆应按规定比例加水搅拌均匀；ⓓ采用粉状防水剂配制普通防水砂浆时，应先将规定比例的水泥、砂和粉状防水剂干拌均匀，然后再加水搅拌均匀；ⓔ液态防水剂配制普通防水砂浆时，应先将规定比例的水泥和砂干拌均匀，再加入用水稀释的液态防水剂搅拌均匀。

c. 配制好的防水砂浆宜在 1h 内用完，在施工过程中不得加水。

d. 界面处理材料涂刷厚度应均匀、覆盖完全，收水后应及时进行砂浆防水层的施工。

e. 防水砂浆的铺抹施工应符合以下的规定：ⓐ厚度大于 10mm 时，应分层施工，第二层应待前一层指触不粘时进行，各层应粘结牢固；ⓑ每层宜连续施工，留槎时，应采用阶梯坡形槎，接槎部位离阴阳角不得小于 200mm；上下层接槎应错开 300mm 以上，接茬应依层次顺序操作，层层搭接紧密；ⓒ喷涂施工时，喷枪的喷嘴应垂直于基面，合理调整压力、喷嘴与基面距离；ⓓ涂沫时应压实，抹平；遇气泡时应挑破，保证铺抹密实；ⓔ抹平、压实应在初凝前完成。

f. 窗台、窗楣和凸出墙面的腰线等部位上表面的排水坡度应准确，外口下檐的滴水线应连续、顺直。

g. 砂浆防水层分隔缝的留设位置和尺寸应符合设计要求，在嵌填密封材料前，应将分格缝清理干净，密封材料应嵌填密实。

h. 砂浆防水层转角宜抹成圆弧形，圆弧半径不应小于 5mm，转角抹压应顺直。

i. 门框、窗框、伸出外墙管道、预埋件等与防水层交接处应留 8～10mm 宽的凹槽，并应按 g 的规定进行密封处理。

j. 砂浆防水层未达到硬化状态时，不得浇水养护或直接受雨水冲刷，聚合物水泥防水砂浆硬化后应采用干湿交替的养护方式；普通防水砂浆防水层应在终凝后进行保湿养护，养护期间不得受冻。

⑤ 涂膜防水层的施工应符合下列规定：

a. 在施工前应对节点部位进行密封或增强处理。

b. 涂料的配制和搅拌应满足以下要求：ⓐ双组分涂料在配制和搅拌之前，应将液体组分搅拌均匀，配料应按照规定要求进行，不得任意改变配合比；ⓑ应采用机械搅拌，配制好的涂料应色泽均匀，无粉团、沉淀。

c. 基层的干燥程度应根据涂料的品种和性能确定；防水涂料涂布前，宜涂刷基层处理剂。

d. 涂膜宜多遍涂布而完成，后遍涂布应在前遍涂层干燥成膜后进行，挥发性涂料的每遍用量每平方米不宜大于 0.6kg。

e. 每遍涂布应交替改变涂层的涂布方向，同一涂层涂布时，先后接茬的宽度宜为

30～50mm。

f. 涂膜防水层的甩茬部位不得污损，接茬宽度不应小于100mm。

g. 胎体增强材料应铺贴平整，不得有褶皱和胎体外露，胎体层充分浸透防水涂料；胎体的搭接宽度不应小于50mm。胎体的底层和面层涂膜厚度均不应小于0.5mm。

h. 涂膜防水层完工并经检验合格后，应及时做好饰面层。

⑥ 防水层中设置的耐碱玻璃纤维网布或热镀锌电焊网片不得外露，热镀锌电焊网片应与基层墙体固定牢固；耐碱玻璃纤维网布应铺贴平整，无皱褶，两幅间的搭接宽度不应小于50mm。

（9）外保温外墙防水工程施工要求如下：

① 防水层的基层表面应平整、干净；防水层与保温层应相容。

② 砂浆防水层、涂膜防水层的施工应符合《建筑外墙防水工程技术规程》JGJ/T 235—2011行业标准第6.2.4条、第6.2.5条和第6.2.6条的规定，参见本节二（8）④、⑤、⑥。

③ 防水透气膜防水层的施工应符合下列规定：

a. 基层表面应干净、牢固，不得有尖锐凸起物。

b. 防水透气膜的铺设宜从外墙底部一侧开始，沿建筑立面自下而上横向铺设，并应顺流水方向搭接。

c. 防水透气膜横向搭接宽度不得小于100mm，纵向搭接宽度不得小于150mm，相邻两幅膜的纵向搭接缝应相互错开，间距不应小于500mm，搭接缝应采用密封胶粘带覆盖密封。

d. 防水透水膜应随铺随固定，固定部位应预先粘贴小块密封胶粘带，用带塑料垫片的塑料锚栓将防水透气膜固定在基层上，固定点每平方米不得少于3处。

e. 铺设在窗洞或其他洞口处的防水透气膜，应以"I"字形裁开，并应用密封胶粘带固定在洞口内侧；与门、窗框连接处应使用配套的密封胶粘带满粘密封，四角用密封材料封严。

f. 穿透防水透气膜的连接件周围应用密封胶粘带封严。

三、建筑外墙防水工程的监理验收

1. 建筑外墙防水工程质量检查的规定

建筑外墙防水工程质量检查的一般规定如下：

（1）建筑外墙防水工程的质量应符合以下规定：①防水层不得有渗漏现象；②采用的材料应符合设计要求；③找平层应平整、坚固，不得有空鼓、酥松、起砂、起皮现象；④门窗洞口、伸出外墙管道、预埋件及收头等部位的防水构造应符合设计要求；⑤砂浆防水层应坚固、平整，不得有空鼓、开裂、酥松、起砂、起皮现象；⑥涂膜防水层的厚度应符合设计要求，无裂纹、皱褶、流淌、鼓泡和露胎体现象；⑦防水透气膜应铺设平整、固定牢固，不得有皱褶、翘边等现象；搭接宽度应符合设计的要求，搭接缝和节点部位应密封严密。

（2）外墙防水材料应有产品合格证和出厂检验报告，材料的品种、规格、性能等应符合国家现行有关标准和设计要求；进场的防水材料应抽样复验，不合格的材料不得在工程中使用。

（3）外墙防水层完工后应进行检验验收，防水层渗漏检查应在雨后或持续淋水 30min 后进行。

（4）外墙防水应按照外墙面面积 $500\sim1000m^2$ 为一个检验批，不足 $500m^2$ 时也应划分为一个检验批；每个检验批每 $100m^2$ 应至少抽查一处，每处不得小于 $10m^2$，且不得少于 3 处，节点构造应全部进行检查。

（5）外墙防水材料现场抽样数量和复验项目应按表 7-16 的要求执行。

2. 建筑外墙防水工程质量检验的标准

（1）砂浆防水层主控项目的检验标准应符合表 7-17 的规定，一般项目的检验标准应符合表 7-18 的规定。

（2）涂膜防水层主控项目的检验标准应符合表 7-19 的规定，一般项目的检验标准应符合表 7-20 的规定。

（3）防水透气膜防水层主控项目的检验标准应符合表 7-21 的规定，一般项目的检验标准应符合表 7-22 的规定。

3. 建筑外墙防水工程的工程验收

（1）外墙防水质量验收的程序和组织，应符合现行国家标准《建筑工程施工质量验收统一标准》GB 50300 的规定。

防水材料现场抽样数量和复验项目

表 7-16

序号	材料名称	现场抽样数量	复验项目	
			外观质量	主要性能
1	普通防水砂浆	每 $10m^3$ 为一批，不足 $10m^3$ 按一批抽样	均匀，无凝结团状	应满足表 7-1 的要求
2	聚合物水泥防水砂浆	每 10t 为一批，不足 10t 按一批抽样	包装完好无损，标明产品名称、规格、生产日期、生产厂家、产品有效期	应满足表 7-2 的要求
3	防水涂料	每 5t 为一批，不足 5t 按一批抽样	包装完好无损，标明产品名称、规格、生产日期、生产厂家、产品有效期	应满足表 7-3、表 7-4 和表 7-5 的要求
4	防水透气膜	每 $3000m^2$ 为一批，不足 $3000m^2$ 按一批抽样	包装完好无损，标明产品名称、规格、生产日期、生产厂家、产品有效期	应满足表 7-6 的要求
5	密封材料	每 1t 为一批，不足 1t 按一批抽样	均匀膏状物，无结皮、凝胶或不易分散的固体团状	应满足表 7-7、表 7-8、表 7-9 和表 7-10 的要求
6	耐碱玻璃纤维网布	每 $3000m^2$ 为一批，不足 $3000m^2$ 按一批抽样	均匀，无团状，平整，无褶皱	应满足表 7-11 的要求
7	热镀锌电焊网	每 $3000m^2$ 为一批，不足 $3000m^2$ 按一批抽样	网面平整，网孔均匀，色泽基本均匀	应满足表 7-13 的要求

砂浆防水层主控项目检验 表 7-17

序号	项目	合格质量标准	检验方法
1	材料要求	砂浆防水层的原材料、配合比及性能指标应符合设计要求	检查出厂合格证、质量检验报告、配合比试验报告和抽样复验报告
2	防水层质量要求	砂浆防水层不得有渗漏现象	雨后或持续淋水 30min 后观察
3	防水层粘结	砂浆防水层与基层之间及防水层各层之间应结合牢固，不得有空鼓	观察和用小锤轻击检查
4	节点做法	砂浆防水层在门窗洞口、伸出外墙管道、预埋件、分格缝及收头等部位的节点做法，应符合设计要求	观察检查和检查隐蔽工程验收记录

砂浆防水层一般项目检验 表 7-18

序号	项目	合格质量标准	检验方法
1	防水层表面质量要求	砂浆防水层表面应密实、平整，不得有裂纹、起砂、麻面等缺陷	观察检查
2	防水层留茬、接茬要求	砂浆防水层留茬位置应正确，接茬应按层次顺序操作，应做到层层搭接紧密	
3	防水层厚度	砂浆防水层的平均厚度应符合设计要求，最小厚度不得小于设计值的 80%	观察和尺量检查

涂膜防水层主控项目检验 表 7-19

序号	项目	合格质量标准	检验方法
1	材料要求	防水层所用防水涂料及配套材料应符合设计要求	检查出厂合格证、质量检验报告和抽样复验报告
2	防水层质量要求	涂膜防水层不得有渗漏现象	雨后或持续淋水 30min 后观察检查
3	节点做法	涂膜防水层在门窗洞口、伸出外墙管道、预埋件及收头等部位的节点做法，应符合设计要求	观察检查和检查隐蔽工程验收记录

涂膜防水层一般项目检验 表 7-20

序号	项目	合格质量标准	检验方法
1	防水层厚度	涂膜防水层的平均厚度应符合设计要求，最小厚度不应小于设计值的 80%	针测法或割取 20mm×20mm 实样用长尺测量
2	防水层粘结	涂膜防水层应与基层粘结牢固，表面平整，涂刷均匀，不得有流淌、皱褶、鼓泡、露胎体和翘边等缺陷	观察检查

防水透气膜防水层主控项目检验　　　　表 7-21

序号	项目	合格质量标准	检验方法
1	材料要求	防水透气膜及其配套材料应符合设计要求	检查出厂合格证、质量检验报告和抽样复验报告
2	防水层质量要求	防水透气膜防水层不得有渗漏现象	雨后或持续淋雨 30min 后观察检查
3	节点做法	防水透气膜在门窗洞口、伸出外墙管道、预埋件及收头等部位的节点做法，应符合设计要求	观察检查和检查隐蔽工程验收记录

防水透水膜防水层一般项目检验　　　　表 7-22

序号	项目	合格质量标准	检验方法
1	防水层铺贴要求	防水透气膜的铺贴应顺直，与基层应固定牢固，膜表面不得有皱褶、伤痕、破裂等缺陷	观察检查
2	防水层铺贴方向、搭接宽度的要求	防水透气膜的铺贴方向应正确，纵向搭接缝应错开，搭接宽度的负偏差不应大于 10mm	观察和尺量检查
3	搭接缝、收头的粘结和密封	防水透气膜的搭接缝应粘结牢固、密封严密；收头应与基层粘结并固定牢固，缝口应封严，不得有翘边现象	观察检查

（2）外墙防水工程验收时，应提交下列技术资料并归档：①外墙防水工程的设计文件、图纸会审、设计变更、洽商记录单；②主要材料的产品合格证、质量检验报告、进场抽检复验报告、现场施工质量检测报告；③施工方案及安全技术措施文件；④隐蔽工程验收记录；⑤雨后或淋水检验记录；⑥施工记录和施工质量检验记录；⑦施工单位的资质证书及操作人员的上岗证书。

第二节　住宅室内防水工程的监理

住宅室内防水工程是指覆盖在住宅房屋内部的卫生间、厨房、浴室、设有配水点的封闭阳台、独立水容器等设防区域所进行的防水设防工程。住宅室内防水应包括以下内容：楼面和地面的防水及排水系统、细部构造的防水和密封措施；室内墙体的防水和防潮、细部构造的防水和密封措施；独立水容器的防水和防渗等。

住宅室内防水工程针对其设防区域管道多、形状复杂、面积较小、变截面以及对防水要求较高等特点，为确保防水工程的质量，在设计和施工时应遵循"防排结合、刚柔相济、因地制宜、经济合理、安全环保、综合治理"的原则进行设防。

室内防水工程是房屋建筑防水工程的一个重要组成部分，其防水质量的好坏将直接关系到建筑的使用功能，尤其是卫生间、厨房间、浴室和有防水要求的楼层、地面（含有地下室的底层地面）、墙面如发生渗漏现象，则将严重影响到人们的正常生活和居住环境，因此，做好室内防水工程，是建筑工程中的一项极其重要的内容。

住宅室内防水工程的设计和施工应遵守国家有关结构安全、环境保护和防火安全的规定；住宅室内防水工程的设计、施工和质量验收除应符合《住宅室内防水工程技术规范》JGJ 298—2013 行业标准的规定外，尚应符合国家现行有关标准的规定。

防水材料及防水施工过程不得对环境造成污染，住宅室内防水工程完成后，楼、地面和独立水容器的防水性能应通过蓄水试验进行检验，住宅室内外排水系统应保持畅通，住宅室内防水工程应积极采用通过技术评估或鉴定，并经工程实践证明质量可靠的新材料、新技术、新工艺。

一、住宅室内防水工程对材料提出的要求

《住宅室内防水工程技术规范》JGJ 298—2013 行业标准对防水材料提出的要求如下：

（1）住宅室内防水工程宜根据不同的设防部位，按柔性防水涂料、防水卷材、刚性防水材料的顺序，选用适宜的防水材料，且相邻材料之间应具有相容性；密封材料宜采用与主体防水层相匹配的材料。

（2）住宅室内防水工程宜使用聚氨酯防水涂料、聚合物乳液防水涂料、聚合物水泥防水涂料和水乳型沥青防水涂料等水性或反应型防水涂料；住宅室内防水工程不得使用溶剂型防水涂料；对于住宅室内长期浸水的部位，不宜使用遇水产生溶胀的防水涂料；住宅室内防水工程采用防水涂料时，其涂膜防水层的厚度应符合表 7-23 的规定。住宅室内防水工程宜使用的防水涂料其技术性能要求如下：

①聚氨酯防水涂料的性能指标应符合表 7-24 的规定；聚合物乳液防水涂料的性能指标应符合表 7-25 的规定；聚合物水泥防水涂料的性能指标应符合表 7-26 的规定，其中Ⅰ型产品不宜用于长期浸水环境的防水工程，Ⅱ型产品可用于长期浸水环境和干湿交替环境的防水工程，Ⅲ型产品宜用于住宅室内墙面或顶棚的防潮；水乳型沥青防水涂料的性能指标应符合表 7-27 的规定。

② 防水涂料的有害物质限量应分别符合表 7-28 和表 7-29 的规定。

③ 用于附加层的胎体材料宜选用（30～50）g/m² 的聚酯纤维无纺布、聚丙烯纤维无纺布或耐碱玻璃纤维网格布。

涂膜防水层厚度　　　　　　　　　　　　　　　　表 7-23

防水涂料	涂膜防水层厚度（mm）	
	水平面	垂直面
聚合物水泥防水涂料	≥1.5	≥1.2
聚合物乳液防水涂料	≥1.5	≥1.2
聚氨酯防水涂料	≥1.5	≥1.2
水乳型沥青防水涂料	≥2.0	≥1.5

聚氨酯防水涂料的性能指标 表 7-24

项 目		性能指标	
		单组分	双组分
拉伸强度（MPa）		≥1.9	
断裂伸长率（%）		≥450	
撕裂强度（N/mm）		≥12	
不透水性（0.3MPa，30min）		不透水	
固体含量（%）		≥80	≥92
加热伸缩率 (%)	伸长	≤1.0	
	缩短	≤4.0	
热处理	拉伸强度保持率（%）	80～150	
	断裂伸长率（%）	≥400	
碱处理	拉伸强度保持率（%）	60～150	
	断裂伸长率（%）	≥400	
酸处理	拉伸强度保持率（%）	80～150	
	断裂伸长率（%）	≥400	

注：对于加热伸缩率及热处理后的拉伸强度保持率和断裂伸长率，仅当聚氨酯防水涂料用于地面辐射采暖工程时才作要求。

聚合物乳液防水涂料的性能指标 表 7-25

项 目		性能指标
拉伸强度（MPa）		≥1.0
断裂延伸率（%）		≥300
不透水性（0.3MPa，30min）		不透水
固体含量（%）		≥65
干燥时间 (h)	表干时间	≤4
	实干时间	≤8
处理后的拉伸强度保持率 (%)	加热处理	≥80
	碱处理	≥60
	酸处理	≥40
处理后的断裂延伸率 (%)	加热处理	≥200
	碱处理	≥200
	酸处理	≥200
加热伸缩率 (%)	伸长	≤1.0
	缩短	≤1.0

注：对于加热伸缩率及热处理后的拉伸强度保持率和断裂伸长率，仅当聚合物乳液防水涂料用于地面辐射采暖工程时才作要求。

聚合物水泥防水涂料的性能指标　　　　　　　　　　　　　　**表 7-26**

项　目		性能指标		
		Ⅰ型	Ⅱ型	Ⅲ型
固体含量（%）		≥70	≥70	≥70
拉伸强度	无处理（MPa）	≥1.2	≥1.8	≥1.8
	加热处理后保持率（%）	≥80	≥80	≥80
	碱处理后保持率（%）	≥60	≥70	≥70
断裂伸长率	无处理（%）	≥200	≥80	≥30
	加热处理（%）	≥150	≥65	≥20
	碱处理（%）	≥150	≥65	≥20
粘结强度	无处理（MPa）	≥0.5	≥0.7	≥1.0
	潮湿基层（MPa）	≥0.5	≥0.7	≥1.0
	碱处理（MPa）	≥0.5	≥0.7	≥1.0
	浸水处理（MPa）	≥0.5	≥0.7	≥1.0
不透水性（0.3MPa，30min）		不透水	不透水	不透水
抗渗性（砂浆背水面）（MPa）		—	≥0.6	≥0.8

注：对于加热处理后的拉伸强度和断裂伸长率，仅当聚合物水泥防水涂料用于地面辐射采暖工程时才作要求。

水乳型沥青防水涂料的性能指标　　　　　　　　　　　　　　**表 7-27**

项　目		性能指标
固体含量（%）		≥45
耐热度（℃）		80±2，无流淌、滑移、滴落
不透水性（0.1MPa，30min）		不透水
粘结强度（MPa）		≥0.30
断裂伸长率（%）	标准条件	≥600
	碱处理	≥600
	热处理	≥600

注：对于耐热度及热处理后的断裂伸长率，仅当水乳型沥青防水涂料用于地面辐射采暖工程时才作要求。

水性防水涂料中有害物质含量指标　　　　　　　　　　　　　　**表 7-28**

项　目		水性防水涂料
挥发性有机化合物（VOC）（g/L）		≤120
游离甲醛（mg/kg）		≤200
苯、甲苯、乙苯和二甲苯总和（mg/kg）		≤300
氨（mg/kg）		≤1000
可溶性重金属（mg/kg）	铅	≤90
	隔	≤75
	铬	≤60
	汞	≤60

注：对于无色、白色、黑色防水涂料，不需测定可溶性重金属。

反应型防水涂料中有害物质含量指标 表 7-29

项 目		反应型防水涂料
挥发性有机化合物（VOC）（g/L）		≤200
甲苯＋乙苯＋二甲苯（g/kg）		≤1.0
苯（mg/kg）		≤200
苯酚（mg/kg）		≤500
蒽（mg/kg）		≤100
萘（mg/kg）		≤500
游离 TDI（g/kg）		≤7
可溶性重金属（mg/kg）	铅	≤90
	隔	≤75
	铬	≤60
	汞	≤60

注：1 游离 TDI 仅适用于聚氨酯类防水涂料。
  2 对于无色、白色、黑色防水涂料，不需测定可溶性重金属。

（3）住宅室内防水工程可选用自粘聚合物改性沥青防水卷材和聚乙烯丙纶复合防水卷材，自粘聚合物改性沥青防水卷材的性能指标应符合表 7-30 和表 7-31 的规定，聚乙烯丙纶复合防水卷材应采用与之相配套的聚合物水泥防水粘结料，共同组成复合防水层，聚乙烯丙纶复合防水卷材和聚合物水泥防水粘结料的性能指标应分别符合表 7-32 和表 7-33 的规定；防水卷材宜采用冷粘法施工，胶粘剂应与防水卷材相容，并应与基层粘结可靠，防水卷材胶粘剂应具有良好的耐水性、耐腐蚀性和耐霉变性，且有害物质限量值应符合表 7-34 的规定，卷材防水层的厚度应符合表 7-35 的规定。

（4）防水砂浆应使用由专业生产厂家生产的商品砂浆，并应符合现行行业标准《商品砂浆》JGJ/T 230 的规定；掺防水剂的防水砂浆的性能指标应符合表 7-36 的规定，聚合物水泥防水砂浆的性能指标应符合表 7-37 的规定；防止砂浆的厚度应符合表 7-38 的规定。

无胎基（N 类）自粘聚合物改性沥青防水卷材的性能指标 表 7-30

项 目		性能指标	
		PE 类	PET 类
拉伸性能	拉力（N/50mm）	≥150	≥150
	最大拉力时延伸率（%）	≥200	≥30
耐热性		70℃滑动不超过 2mm	
不透水性		0.2MPa，120min 不透水	
剥离强度（N/mm）	卷材与卷材	≥1.0	
	卷材与铝板	≥1.5	
热老化	拉力保持率（%）	≥80	
	最大拉力时延伸率（%）	≥200	≥30
	剥离强度（N/mm）	≥1.5	
热稳定性	外观	无起鼓、皱折、滑动、流淌	
	尺寸变化（%）	≤2	

注：对于耐热性、热老化和热稳定性，仅当 N 类自粘聚合物改性沥青防水卷材用于地面辐射采暖工程时才作要求。

聚酯胎基（PY 类）自粘聚合物改性沥青防水卷材的性能指标　　　　表 7-31

项　　目			性能指标
可溶物含量（g/m²）	2.0mm		≥1300
	3.0mm		≥2100
	4.0mm		≥2900
拉伸性能	拉力（N/50mm）	2.0mm	≥350
		3.0mm	≥450
		4.0mm	≥450
	最大拉力时延伸率（%）		≥30
耐热性			70℃滑动不超过 2mm
不透水性			0.3MPa，120min 不透水
剥离强度（N/mm）	卷材与卷材		≥1.0
	卷材与铝板		≥1.5
热老化	最大拉力时延伸率（%）		≥30
	剥离强度（N/mm）		≥1.5

注：对于耐热性和热老化，仅当 PY 类自粘聚合物改性沥青防水卷材用于地面辐射采暖工程时才作要求。

聚乙烯丙纶复合防水卷材的性能指标　　　　表 7-32

项　　目		性能指标
断裂拉伸强度（常温）（N/cm）		≥60×80%
扯断伸长率（常温）（%）		≥400×50%
热空气老化（80℃×168h）	断裂拉伸强度保持率（%）	≥80
	扯断伸长率保持率（%）	≥70
不透水性（0.3MPa，30min）		不透水
撕裂强度（N）		≥20

注：对于热空气老化，仅当聚乙烯丙纶复合防水卷材用于地面辐射采暖工程时才作要求。

聚合物水泥防水粘结料的性能指标　　　　表 7-33

项　　目		性能指标
与水泥基面的粘结拉伸强度（MPa）	常温 7d	≥0.6
	耐水性	≥0.4
剪切状态下的粘合性（卷材与卷材，标准试验条件）（N/mm）		≥2.0 或卷材断裂
剪切状态下的粘合性（卷材与水泥基面，标准试验条件）（N/mm）		≥1.8 或卷材断裂
抗渗性（MPa，7d）		≥1.0

防水卷材胶粘剂有害物质限量值 表 7-34

项　　目	指　　标
总挥发性有机物（g/L）	≤350
甲苯＋二甲苯（g/kg）	≤10
苯（g/kg）	≤0.2
游离甲醛（g/kg）	≤1.0

卷材防水层厚度 表 7-35

防水卷材	卷材防水层厚度（mm）	
自粘聚合物改性沥青防水卷材	无胎基≥1.5	聚酯胎基≥2.0
聚乙烯丙纶复合防水卷材	卷材≥0.7（芯材≥0.5），胶结料≥1.3	

（5）用于配制防水混凝土的水泥应符合以下规定：①水泥宜采用硅酸盐水泥、普通硅酸盐水泥，并应符合现行国家标准《通用硅酸盐水泥》GB 175 的规定，②不得使用过期或受潮结块的水泥，不得将不同品种或强度等级的水泥混合使用；用于配制防水混凝土的化学外加剂、矿物掺合料、砂、石及拌合用水等均应符合国家现行有关标准的规定。

（6）住宅室内防水工程的密封材料宜采用丙烯酸酯建筑密封胶、聚氨酯建筑密封胶或硅酮建筑密封胶。对于地漏、大便器、排水立管等穿越楼板的管道根部，宜使用丙烯酸酯建筑密封胶或聚氨酯建筑密封胶进行嵌填，其性能指标应分别符合表 7-39 和表 7-40 的规定；对于热水管管根部、套管与穿墙管间隙及长期浸水的部位，宜使用硅酮建筑密封胶（F 类）进行嵌填，其性能指标应符合表 7-41 的规定。

掺防水剂的防水砂浆的性能指标 表 7-36

项　　目		性能指标
净浆安定性		合格
凝结时间	初凝（min）	≥45
	终凝（h）	≤10
抗压强度比	7d（%）	≥95
	28d（%）	≥85
渗水压力比（%）		≥200
48h 吸水量比（%）		≤75

聚合物水泥防水砂浆性能的性能指标 表 7-37

项　　目		性能指标	
		干粉类（Ⅰ类）	乳液类（Ⅱ类）
凝结时间	初凝（min）	≥45	≥45
	终凝（h）	≤12	≤24
抗渗压力（MPa）	7d	≥1.0	
	28d	≥1.5	
抗压强度（MPa）	28d	≥24.0	

续表

项 目		性能指标	
		干粉类（Ⅰ类）	乳液类（Ⅱ类）
抗折强度（MPa）	28d	≥8.0	
压折比		≤3.0	
粘结强度（MPa）	7d	≥1.0	
	28d	≥1.2	
耐碱性（饱和 Ca（OH）$_2$ 溶液，168h）		无开裂，无剥落	
耐热性（100℃水，5h）		无开裂，无剥落	

注：1 凝结时间可根据用户需要及季节变化进行调整；
   2 对于耐热性，仅当聚合物水泥防水砂浆用于地面辐射采暖工程时才作要求。

防水砂浆的厚度 表 7-38

防水砂浆		砂浆层厚度（mm）
掺防水剂的防水砂浆		≥20
聚合物水泥防水砂浆	涂刮型	≥3.0
	抹压型	≥15

（7）墙面、顶棚宜采用防水砂浆、聚合物水泥防水涂料做防潮层；无地下室的地面可采用聚氨酯防水涂料、聚合物乳液防水涂料、水乳型沥青防水涂料和防水卷材做防潮层。采用不同材料做防潮层时，其防潮层的厚度可按照表 7-42 的规定。

丙烯酸酯建筑密封胶的性能指标 表 7-39

项 目	性能指标
表干时间（h）	≤1
挤出性（mL/min）	≥100
弹性恢复率（%）	≥40
定伸粘结性	无破坏
浸水后定伸粘结性	无破坏

聚氨酯建筑密封胶的性能指标 表 7-40

项 目	性能指标
表干时间（h）	≤24
挤出性（mL/min）①	≥80
弹性恢复率（%）	≥70
定伸粘结性	无破坏
浸水后定伸粘结性	无破坏

注：①对于挤出性，仅适用于单组分产品。

硅酮建筑密封胶（F 类）的性能指标 表 7-41

项　目	性能指标
表干时间（h）	≤3
挤出性（mL/min）	≥80
弹性恢复率（%）	≥70
定伸粘结性	无破坏
浸水后定伸粘结性	无破坏

防潮层厚度 表 7-42

材料种类			防潮层厚度（mm）
防水砂浆	掺防水剂的防水砂浆		15～20
	涂刷型聚合物水泥防水砂浆		2～3
	抹压型聚合物水泥防水砂浆		10～15
防水涂料	聚合物水泥防水涂料		1.0～1.2
	聚合物乳液防水涂料		1.0～1.2
	聚氨酯防水涂料		1.0～1.2
	水乳型沥青防水涂料		1.0～1.5
防水卷材	自粘聚合物改性沥青防水卷材	无胎基	1.2
		聚酯毡基	2.0
	聚乙烯丙纶复合防水卷材		卷材≥0.7（芯材≥0.5），胶结料≥1.3

二、住宅室内防水工程的监理要点

住宅室内防水工程的监理要点如下：

（1）住宅室内防水工程应包括的内容：①防水和密封材料的选择；②防水构造、排水系统；③细部构造的防水、密封措施。

（2）楼、地面的防水应符合下列规定：

① 对于有排水要求的房间，应绘制放大布置平面图，并应以门口及沿墙周边为标志标高，标注主要排水坡度和地漏表面标高。

② 对于无地下室的住宅，地面宜采用强度等级为 C15 的混凝土作为刚性垫层，且厚度不宜小于 60mm。楼面基层宜为现浇钢筋混凝土楼板，当为预制钢筋混凝土条板时，板缝间应采用防水砂浆堵严抹平，并应沿通缝涂刷宽度不小于 300mm 的防水涂料形成防水涂膜带。

③ 混凝土找坡层最薄处的厚度不应小于 30mm；砂浆找坡层最薄处的厚度不应小于 20mm。找平层兼找坡层时，应采用强度等级为 C20 的细石混凝土，需设填充层铺设管道时，宜与找平层合并，填充材料宜选用轻骨料混凝土。

④ 装饰层宜采用不透水材料和构造，主要排水坡度应为 0.5%～1.0%，粗糙面层排水坡度不应小于 1.0%。

⑤ 防水层应符合以下规定：a. 对于有排水的楼、地面，应低于相邻房间楼，地面

20mm 或做挡水门槛，当需进行无障碍设计时，应低于相邻房间面层 15mm，并应以斜坡过渡；b. 当防水层需要采取保护措施时，可采用 20mm 厚 1：3 水泥砂浆做保护层。

（3）墙面防水应符合下列规定：

① 卫生间、浴室和设有配水点的封闭阳台等墙面应设置防水层，其防水层高度宜距楼面、地面面层 1.2m。

② 当卫生间有非封闭式洗浴设施时，花洒所在墙面及其邻近墙面的防水层高度不应小于 1.8m。

（4）功能房间是指有防水、防潮功能要求的房间。其防水设防要求如下：

① 卫生间、浴室等，其楼地面应设置防水层，其墙面除已设置防水层的部分墙面外，其余部分的墙面和顶棚均应设置防潮层，门口应有阻水积水外溢的措施。

② 厨房的楼、地面应设置防水层，墙面宜设置防潮层，厨房布置在无用水点房间的下层时，顶棚应设置防潮层。当厨房设有采暖系统的分集水器、生活热水控制总阀门时，楼、地面宜就近设置地漏。

③ 排水立管不应穿越下层住户的居室；当厨房设有地漏时，地漏的排水支管不应穿过楼板进入下层住房的居室。厨房的排水立管支架和洗涤池不应直接安装在与卧室相邻的墙体上。

④ 设有配水点的封闭阳台、墙面应设防水层，顶棚宜防潮，楼、地面应有排水措施，并应设置防水层。

⑤ 独立水容器是指现场浇筑或工厂预制成型的，不以住宅主体结构或填充体作为部分或全部壁体的水容器。独立水容器应有整体的防水构造，现场浇筑的独立水容器应采用刚柔结合的防水设计。钢筋混凝土结构独立水容器的防水、防渗应符合以下规定：a. 应采用强度等级为 C30、抗渗等级为 P6 的防水钢筋混凝土结构，且受力壁体厚度不宜小于 200mm；b. 水容器内侧应设置柔性防水层；c. 设备与水容器壁体连接处应做防水密封处理。

⑥ 采用地面辐射采暖的无地下室住宅，底层无配水点的房间地面应在绝热层下部设置防潮层。

（5）住宅室内防水工程细部构造的防水设防应符合以下规定：

① 楼、地面的防水层在门口处应水平延展，且向外延展的长度不应小于 500mm，向两侧延展的宽度不应小于 200mm（图 7-16）。

② 穿越楼板的管道应设置防水套管，其高度应高出装饰层完成面 20mm 以上；套管与管道之间应采用防水密封材料嵌填压实（图 7-17）。

③ 地漏、大便器、排水立管等穿越楼板的管道根部应采用密封材料嵌填压实（图 7-18）。

④ 水平管道在下降楼板上采用同层排水措施时，楼板、楼面应做双层防水设防，对降板后可能出现的管道渗水，应有密闭的措施（图 7-19），且宜在贴临下降楼板上表面处设泄水管，并宜采取增设独立的泄水立管的措施。

⑤ 对于同层排水的地漏，其旁通水平支管宜与下降楼板上表面处的泄水管联通，并接至增设的独立泄水立管上（图 7-20）。

⑥ 当墙面设置防潮层时，楼、地面防水层应沿墙面上翻，且至少应高出饰面层 200mm，当卫生间、厨房采用轻质隔墙时，应做全防水墙面，其四周根部除门洞外，应

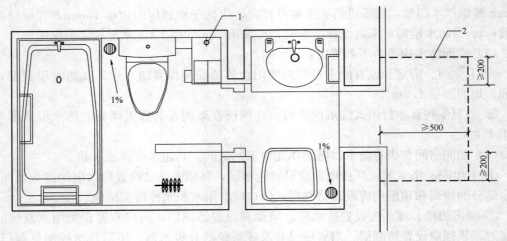

图 7-16 楼、地面门口处防水层延展示意

1—穿越楼板的管道及其防水套管；2—门口处防水层延展范围

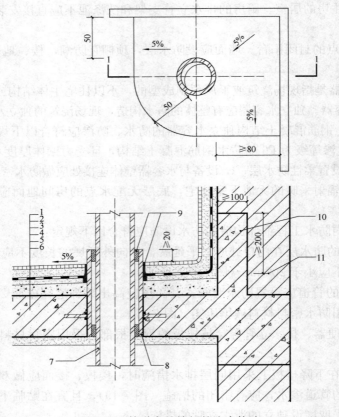

图 7-17 管道穿越楼板的防水构造

1—楼、地面面层；2—粘结层；3—防水层；4—找平层；5—垫层或找坡层；

6—钢筋混凝土楼板；7—排水立管；8—防水套管；9—密封膏；

10—C20 细石混凝土翻边；11—装饰层完成面高度

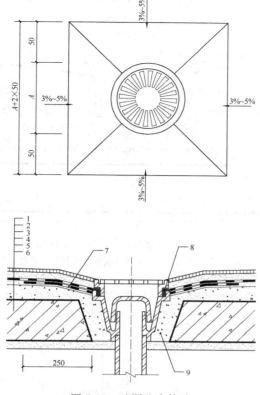

图 7-18 地漏防水构造

1—楼、地面面层；2—粘结层；3—防水层；4—找平层；5—垫层或找坡层；

6—钢筋混凝土楼板；7—防水层的附加层；8—密封膏；9—C20 细石混凝土掺聚合物填实

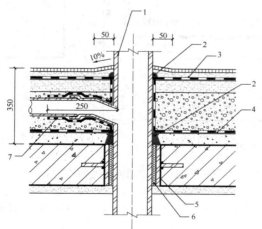

图 7-19 同层排水时管道穿越楼板的防水构造

1—排水立管；2—密封膏；3—设防房间装修面层下设防的防水层；

4—钢筋混凝土楼板基层上设防的防水层；5—防水套管；

6—管壁间用填充材料塞实；7—附加层

做 C20 细石混凝土坎台，并应至少高出相连房间的楼、地面饰面层 200mm（图 7-21）。

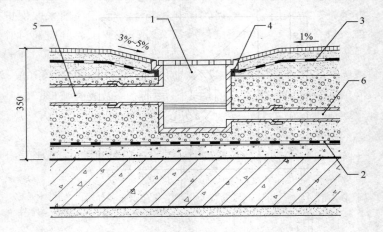

图 7-20　同层排水时的地漏防水构造

1—产品多通道地漏；2—下降的钢筋混凝土楼板基层上设防的防水层；
3—设防房间装修面层下设防的防水层；4—密封膏；5—排水支管接至排水立管；
6—旁通水平支管接至增设的独立泄水立管

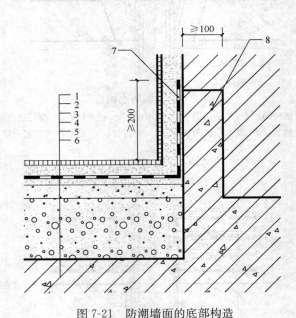

图 7-21　防潮墙面的底部构造

1—楼、地面面层；2—粘结层；3—防水层；4—找平层；5—垫层或找坡层；
6—钢筋混凝土楼板；7—防水层翻起高度；8—C20 细石混凝土翻边

（6）住宅室内防水工程应按照设计施工，其施工单位应有专业施工资质，作业人员应持证上岗，施工前应通过图纸会审和现场勘查，明确细部构造和技术要求，并应编制施工方案。

（7）住宅室内防水工程的施工环境温度宜为 5～35℃；穿越楼板、防水墙面的管道和预埋件等，应在防水施工前完成安装；进场的防水材料，应抽样复验，并应提供检验报告，严禁使用不合格材料；住宅室内防水工程的施工，应遵守过程控制和质量检验程序，并应有完整的检查记录；防水层完成之后，应在进行下一道工序前采取保护措施。

（8）基层处理应符合以下要求：①基层应符合设计的要求，并应通过验收，基层表面应坚实平整，无浮浆、起砂、裂缝现象；②与基层相连接的各类管道、地漏、预埋件、设备支座等应安装牢固；③管根、地漏与基层的交接部位，应预留宽 10mm、深 10mm 的环形凹槽，槽内应嵌填密封材料；④基层的阴、阳角部位宜做成圆弧形；⑤基层表面不得有积水，基层的含水率应满足施工要求。

（9）防水涂料的施工应符合以下要求：

① 在防水涂料施工时，应先采用与涂料配套的基层处理剂涂刷基层，基层处理剂的涂刷应均匀、不流淌、不堆积。

② 防水涂料在大面积施工前，应先在阴阳角、管根、地漏、排水口、设备基础等部位施做附加层，并应夹铺胎体增强材料，附加层的宽度和厚度应符合设计要求。

③ 防水涂料施工操作应符合以下规定：a. 双组分涂料应按照配比要求在现场配制，并应使用机械搅拌均匀，不得有颗粒悬浮物；b. 防水涂料应薄涂，多遍施工，前后两遍的涂刷方向应相互垂直，涂层厚度应均匀，不得有漏刷或堆积现象；c. 应在前一遍涂层实干后，再涂刷下一遍涂料；d. 施工时宜先涂刷立面，后涂刷平面；e. 若需夹铺胎体增强材料时，应使防水涂料充分浸透胎体层，胎体增强材料不得有折皱、翘边现象。

④ 防水涂膜最后一遍施工时，可在涂层表面撒砂。

（10）防水卷材的施工应符合以下要求：

① 防水卷材与基层的粘贴应采用满粘工艺施工，防水卷材之间的搭接缝应采用与基材相容的密封材料封严。

② 涂刷基层处理剂应符合以下规定：a. 基层潮湿时，应涂刷湿固化胶粘剂或潮湿界面隔离剂；b. 基层处理剂不得在施工现场配制或添加溶剂稀释；c. 基层处理剂应涂刷均匀，无露底、堆积；d. 基层处理剂干燥之后应立即进行下道工序的施工。

③ 防水卷材的施工应符合以下规定：a. 防水卷材应在阴阳角、管根、地漏等部位先铺设附加层，附加层材料可采用与防水层同品种的卷材或与卷材相容的涂料，b. 卷材与基层应满粘施工，表面应平整、顺直，不得有空鼓、起泡、皱折；c. 防水卷材应与基层粘结牢固，搭接缝处应粘结牢固。

④ 聚乙烯丙纶复合防水卷材施工时，基层应湿润，但不得有明水。

⑤ 自粘聚合物改性沥青防水卷材在低温施工时，搭接部位宜采用热风加热。

（11）防水砂浆的施工应符合以下要求：

① 在砂浆防水层施工前，应洒水润湿基层，但不得有明水，并宜做界面处理。

② 防水砂浆应采用机械搅拌均匀，并应随拌随用；防水砂浆宜连续施工，当需留施工缝时，应采用坡形接槎，相邻两层接槎应锚开 100mm 以上，距转角不得小于 200mm。

③ 水泥砂浆防水层终凝后，应及时进行保湿养护，养护温度不宜低于 5℃；聚合物防水砂浆应按产品的使用要求进行养护。

（12）密封防水的施工应符合以下要求：

① 基层应干净、干燥，可根据需要涂刷基层处理剂。

② 密封施工宜在卷材、涂料防水层施工之前，刚性防水层施工之后完成；双组分密

封材料应配比准确，混合均匀；密封材料施工宜采用胶枪挤注施工，也可以用腻子刀等嵌填压实；密封材料应根据预留凹槽的尺寸、形状和材料的性能采用一次或多次嵌填。

③ 密封材料嵌填完成后，在硬化前应避免灰尘、破损及污染等。

三、住宅室内防水工程的监理验收

1. 住宅室内防水工程质量验收的规定

住宅室内防水工程质量验收的一般规定如下：

（1）室内防水工程质量验收的程序和组织，应符合现行国家标准《建筑工程施工质量验收统一标准》GB 50300 的规定。住宅室内防水工程分项工程的划分应符合表 7-43 的规定。

（2）住宅室内防水工程施工所使用的各种材料应有产品合格证书和性能检测报告。材料的品种、规格、性能等应符合国家现行有关标准和防水设计的要求。

（3）防水涂料、防水卷材、防水砂浆和密封胶等防水、密封材料应进行见证取样复验，其复验项目及现场抽样要求应符合表 7-44 的规定。

室内防水工程分项工程的划分 表 7-43

部位	分项工程
基层	找平层　找坡层
防水与密封	防水层、密封、细部构造
面层	保护层

防水材料复验项目及现场抽样要求 表 7-44

序号	材料名称	现场抽样数量	外观质量检验	物理性能检验
1	聚氨酯防水涂料	（1）同一生产厂，以甲组分每 5t 为一验收批，不足 5t 也按一批计算。乙组分按产品重量配比相应增加 （2）每一验收批按产品的配比分别取样，甲、乙组分样品总重为 2kg （3）单组产品随机抽取，抽样数应不低于 $\sqrt{\dfrac{n}{2}}$（n 是产品的桶数）	产品为均匀黏稠体，无凝胶、结块	固体含量、拉伸强度、断裂伸长率、不透水性、挥发性有机化合物、苯＋甲苯＋乙苯＋二甲苯、游离 TDI
2	聚合物乳液防水涂料	（1）同一生产厂、同一品种、同一规格每 5t 产品为一验收批，不足 5t 也按一批计 （2）随机抽取，抽样数应不低于 $\sqrt{\dfrac{n}{2}}$（n 是产品的桶数）	产品经搅拌后无结块，呈均匀状态	固体含量、拉伸强度、断裂延伸率、不透水性、挥发性有机化合物、苯＋甲苯＋乙苯＋二甲苯、游离甲醛

续表

序号	材料名称	现场抽样数量	外观质量检验	物理性能检验
3	聚合物水泥防水涂料	（1）同一生产厂每 10t 产品为一验收批，不足 10t 也按一批计 （2）产品的液体组分抽样数应不低于 $\sqrt{\dfrac{n}{2}}$（n 是产品的桶数） （3）配套固体组分的抽样按《水泥取样方法》GB/T 12573 中的袋装水泥的规定进行，两组分共取 5kg 样品	产品的两组分经分别搅拌后，其液体组分应为无杂质、无凝胶的均匀乳液；固体组分应为无杂质、无结块的粉末	固体含量、拉伸强度、断裂延伸率、粘结强度、不透水性、挥发性有机化合物、苯＋甲苯＋乙苯＋二甲苯、游离甲醛
4	水乳型沥青防水涂料	（1）同一生产厂、同一品种、同一规格每 5t 产品为一验收批，不足 5t 也按一批计 （2）随机抽取，抽样数应不低于 $\sqrt{\dfrac{n}{2}}$（n 是产品的桶数）	产品搅拌后为黑色或黑灰色均匀膏体或黏稠体	固体含量、断裂延伸率、粘结强度、不透水性、挥发性有机化合物、苯＋甲苯＋乙苯＋二甲苯、游离甲醛
5	自粘聚合物改性沥青防水卷材	同一生产厂的同一品种、同一等级的产品，大于 1000 卷抽 5 卷，500～1000 卷抽 4 卷，100～499 卷抽 3 卷，100 卷以下抽 2 卷	卷材表面应平整，不允许有孔洞、结块、气泡、缺边和裂口；PY 类卷材胎基应浸透，不应有未被浸渍的浅色条纹	拉力、最大拉力时延伸率、不透水性、卷材与铝板剥离强度
6	聚乙烯丙纶卷材	（1）同一生产厂的同一品种、同一等级的产品，大于 1000 卷抽 5 卷，500～1000 卷抽 4 卷，100～499 卷抽 3 卷，100 卷以下抽 2 卷 （2）聚合物水泥防水粘结料的抽样数量同聚合物水泥防水涂料	卷材表面应平整，不能有影响使用性能的杂质、机械损伤、折痕及异常粘着等缺陷；聚合物水泥胶粘料的两组分经分别搅拌后，其液体组分应为无杂质、无凝胶的均匀乳液；固体组分应为无杂质、无结块的粉末	断裂拉伸强度、扯断伸长率、撕裂强度、不透水性、剪切状态下的粘合性（卷材—卷材、卷材—水泥基面）
7	聚合物水泥防水砂浆	（1）同一生产厂的同一品种、同一等级的产品，每 400t 为一验收批，不足 400t 也按一批计 （2）每批从 20 个以上的不同部位取等量样品，总质量不少于 15kg （3）乳液类产品的抽样数量同聚合物水泥防水涂料	干粉类：均匀、无结块； 乳液类：液体经搅拌后均匀、无沉淀，粉料均匀、无结块	凝结时间、7d 抗渗压力、7d 粘结强度、压折比

续表

序号	材料名称	现场抽样数量	外观质量检验	物理性能检验
8	砂浆防水剂	(1) 同一生产厂的同一品种、同一等级的产品，30t 为一验收批，不足 30t 也按一批计 (2) 从不少于三个点取等量样品混匀 (3) 取样数量，不少于 0.2t 水泥所需量	—	净浆安定性、凝结时间、抗压强度比、渗水压力比、48h 吸水量比
9	丙烯酸酯建筑密封胶	(1) 以同一生产厂、同等级、同类型产品每 2t 为一验收批，不足 2t 也按一批计。每批随机抽取试样 1 组，试样量不少于 1kg (2) 随机抽取试样，抽样数应不低于 $\sqrt{\dfrac{n}{2}}$（n 是产品的桶数或支数）	产品应为无结块、无离析的均匀细腻膏状体	表干时间、挤出性、弹性恢复率、定伸粘结性、浸水后定伸粘结性
10	聚氨酯建筑密封胶		产品应为细腻、均匀膏状物或黏稠液，不应有气泡	表干时间、挤出性、弹性恢复率、定伸粘结性、浸水后定伸粘结性
11	硅酮建筑密封胶		产品应为细腻、均匀膏状物，不应有气泡、结皮和凝胶	表干时间、挤出性、弹性恢复率、定伸粘结性、浸水后定伸粘结性

（4）住宅室内防水工程应以每一个自然间或每一个独立水容器作为检验批，逐一检验。

（5）室内防水工程验收后，工程质量验收记录应进行存档。

2. 住宅室内防水工程质量检验的标准

（1）基层主控项目的检验标准应符合表 7-45 的规定，一般项目的检验标准应符合表 7-46 的规定。

（2）防水与密封主控项目的检验标准应符合表 7-47 的规定，一般项目的检验标准应符合表 7-48 的规定。

（3）保护层主控项目的检验标准应符合表 7-49 的规定，一般项目的检验标准应符合表 7-50 的规定。

基层主控项目检验 表 7-45

序号	项目	合格质量标准	检验方法	检验数量
1	材料要求	防水基层所用材料的质量及配合比，应符合设计要求	检查出厂合格证、质量检验报告和计量措施	按材料进场批次为一检验批
2	坡度	防水基层的排水坡度，应符合设计要求	用坡度尺检查	全数检查

基层一般项目检验 表 7-46

序号	项目	合格质量标准	检验方法	检验数量
1	基层表面的要求	防水基层应抹平、压光、不得有疏松、起砂、裂缝	观察检查	全数检查
2	阴、阳角	阴、阳角处宜按设计要求做成圆弧形，且应整齐平顺	观察和尺量检查	全数检查
3	平整度	防水基层表面平整度的允许偏差不宜大于 4mm	用 2m 靠尺和楔形塞尺检查	全数检查

防水与密封主控项目检验 表 7-47

序号	项目	合格质量标准	检验方法	检验数量
1	材料要求	防水材料、密封材料、配套材料的质量应符合设计要求，计量、配合比应准确	检查出厂合格证、计量措施、质量检验报告和现场抽样复验报告	进场检验按材料进场批次为一检验批，现场抽样复验按表 7-44 执行
2	细部构造	在转角、地漏、伸出基层的管道等部位，防水层的细部构造应符合设计要求	观察检查和检查隐蔽工程验收记录	全数检验
3	防水层厚度	防水层的平均厚度应符合设计要求，最小厚度不应小于设计厚度的 90%	用涂层测厚仪量测或现场取 20mm×20mm 的样品，用卡尺测量	在每一个自然间的楼地面及墙面各取一处；在一个独立水容器的水平面及立面各取一处
4	密封材料的嵌填厚度和深度	密封材料的嵌填厚度和深度应符合设计要求	观察和尺量检查	全数检验
5	密封材料的嵌填质量	密封材料嵌填应密实、连续、饱满，粘结牢固、无气泡、开裂、脱落等缺陷	观察检验	全数检验
6	防水层蓄水试验	防水层不得渗漏	在防水层完成后进行蓄水试验，楼、地面蓄水高度不应小于 20mm，蓄水时间不应少于 24h；独立水容器应满池蓄水，蓄水时间不应少于 24h	每一自然间或每一独立水容器逐一检验

防水与密封一般项目检验 表 7-48

序号	项 目	合格质量标准	检验方法	检验数量
1	涂膜防水层的涂刷	涂膜防水层与基层应粘结牢固，表面平整，涂刷均匀，不得有流淌、皱折、鼓泡、露胎体和翘边等缺陷	观察检查	全数检验
2	胎体增强材料的铺贴	涂膜防水层的胎体增强材料应铺贴平整，每层的短边搭接缝应错开	观察检查	
3	防水卷材的铺贴	防水卷材的搭接缝应牢固，不得有皱折、开裂、翘边和鼓泡等缺陷；卷材在立面上的收头应与基层粘贴牢固	观察检查	
4	防水砂浆的铺设	防水砂浆各层之间应结合牢固，无空鼓；表面应密实、平整，不得有开裂、起砂、麻面等缺陷；阴阳角部位应做圆弧状	观察和用小锤轻击检查	
5	密封材料的嵌填	密封材料表面应平滑、缝边应顺直，周边无污染	观察检查	
6	密封材料宽度的允许偏差	密封材料宽度的允许偏差应为设计宽度的±10%	尺量检查	

保护层主控项目检验 表 7-49

序号	项 目	合格质量标准	检验方法	检验数量
1	材料要求	防水保护层所用材料的质量及配合比应符合设计要求	检查出厂合格证、质量检验报告和计量措施	按材料进场批次为一检验批
2	保护层强度	水泥砂浆、混凝土的强度应符合设计要求	检查砂浆、混凝土的抗压强度试验报告	
3	保护层坡度	防水保护层表面的坡度应符合设计要求，不得有倒坡或积水	用坡度尺检查和淋水检验	全数检验
4	防水层蓄水试验	防水层不得渗漏	在保护层完成后应再次作蓄水试验，楼、地面蓄水高度不应小于 20mm，蓄水时间不应少于 24h，独立水容器应满池蓄水，蓄水时间不应少于 24h	每一自然间或每一独立水容器逐一检验

保护层一般项目检验　　　　　　　　　　　　表 7-50

序号	项　　目	合格质量标准	检验方法	检验数量
1	保护层的粘结	保护层应与防水层粘结牢固、结合紧密、无空鼓	观察检查，用小锤轻击检查	全数检验
2	保护层表面质量要求	保护层应表面平整，不得有裂缝、起壳、起砂等缺陷	观察检查，用 2m 靠尺和楔形塞尺检查	
3	保护层厚度允许偏差	保护层厚度的允许偏差应为设计厚度的 ±10%，且不应大于 5mm	用钢针插入和尺量检查	在每一自然间的楼、地面及墙面各取一处；在每一个独立水容器的水平面及立面各取一处

附录一 《建设工程监理合同（示范文本）》GF—2012—0202

《建设工程监理合同（示范文本）》GF—2012—0202

关于印发《建设工程监理合同（示范文本）》的通知

建市〔2012〕46号

各省、自治区住房和城乡建设厅、工商行政管理局，直辖市建委（建交委）、工商行政管理局，新疆生产建设兵团建设局、工商局，国务院有关部门建设司，国资委管理的有关企业：

为规范建设工程监理活动，维护建设工程监理合同当事人的合法权益，住房和城乡建设部、国家工商行政管理总局对《建设工程委托监理合同（示范文本）》（GF—2000—2002）进行了修订，制定了《建设工程监理合同（示范文本）》（GF—2012—0202），现印发给你们，供参照执行。在推广使用过程中，有何问题请与住房和城乡建设部建筑市场监管司、国家工商行政管理总局市场规范管理司联系。

本合同自颁布之日起执行，原《建设工程委托监理合同（示范文本）》（GF—2000—2002）同时废止。

附件：《建设工程监理合同（示范文本）》（GF—2012—0202）

中华人民共和国住房和城乡建设部
中华人民共和国国家工商行政管理总局
二〇一二年三月二十七日

（GF—2012—0202）

建设工程监理合同

（示范文本）

住 房 和 城 乡 建 设 部
国家工商行政管理总局 制定

第一部分　协　议　书

委托人（全称）：＿＿＿＿＿＿＿＿＿＿＿＿＿＿＿＿＿＿＿＿＿＿＿＿＿

监理人（全称）：＿＿＿＿＿＿＿＿＿＿＿＿＿＿＿＿＿＿＿＿＿＿＿＿＿

根据《中华人民共和国合同法》、《中华人民共和国建筑法》及其他有关法律、法规，遵循平等、自愿、公平和诚信的原则，双方就下述工程委托监理与相关服务事项协商一致，订立本合同。

一、工程概况

1. 工程名称：＿＿＿＿＿＿＿＿＿＿＿＿＿＿＿＿＿＿＿＿＿。

2. 工程地点：＿＿＿＿＿＿＿＿＿＿＿＿＿＿＿＿＿＿＿＿＿。

3. 工程规模：＿＿＿＿＿＿＿＿＿＿＿＿＿＿＿＿＿＿＿＿＿。

4. 工程概算投资额或建筑安装工程费：＿＿＿＿＿＿＿＿＿＿＿。

二、词语限定

协议书中相关词语的含义与通用条件中的定义与解释相同。

三、组成本合同的文件

1. 协议书；

2. 中标通知书（适用于招标工程）或委托书（适用于非招标工程）；

3. 投标文件（适用于招标工程）或监理与相关服务建议书（适用于非招标工程）；

4. 专用条件；

5. 通用条件；

6. 附录，即：

附录 A　相关服务的范围和内容

附录 B　委托人派遣的人员和提供的房屋、资料、设备

本合同签订后，双方依法签订的补充协议也是本合同文件的组成部分。

四、总监理工程师

总监理工程师姓名：＿＿＿＿＿＿，身份证号码：＿＿＿＿＿，注册号：＿＿＿＿＿＿。

五、签约酬金

签约酬金（大写）：＿＿＿＿＿＿＿＿（￥　　　）。

包括：

1. 监理酬金：＿＿＿＿＿＿＿＿＿＿＿＿＿＿＿。

2. 相关服务酬金：＿＿＿＿＿＿＿＿＿＿＿＿＿＿＿。

其中：

(1) 勘察阶段服务酬金：＿＿＿＿＿＿＿＿＿＿＿＿。

(2) 设计阶段服务酬金：＿＿＿＿＿＿＿＿＿＿＿＿。

(3) 保修阶段服务酬金：＿＿＿＿＿＿＿＿＿＿＿＿。

(4) 其他相关服务酬金：＿＿＿＿＿＿＿＿＿＿＿＿。

六、期限

1. 监理期限：

自＿＿＿＿＿年＿＿月＿＿日始，至＿＿＿＿＿年＿＿月＿＿日止。

2. 相关服务期限：

（1）勘察阶段服务期限自＿＿＿年＿月＿日始，至＿＿＿年＿月＿日止。

（2）设计阶段服务期限自＿＿＿年＿月＿日始，至＿＿＿年＿月＿日止。

（3）保修阶段服务期限自＿＿＿年＿月＿日始，至＿＿＿年＿月＿日止。

（4）其他相关服务期限自＿＿＿年＿月＿日始，至＿＿＿年＿月＿日止。

七、双方承诺

1. 监理人向委托人承诺，按照本合同约定提供监理与相关服务。

2. 委托人向监理人承诺，按照本合同约定派遣相应的人员，提供房屋、资料、设备，并按本合同约定支付酬金。

八、合同订立

1. 订立时间：＿＿＿＿＿年＿＿＿月＿＿＿日。

2. 订立地点：＿＿＿＿＿＿＿＿＿＿＿＿＿＿＿。

3. 本合同一式＿＿＿份，具有同等法律效力，双方各执＿＿＿份。

委托人：＿＿（盖章）　　　监理人：＿＿＿＿＿（盖章）

住所：＿＿＿＿＿＿＿＿＿　　住所：＿＿＿＿＿＿＿＿＿＿

邮政编码：＿＿＿＿＿＿＿　　邮政编码：＿＿＿＿＿＿＿＿

法定代表人或其授权的代理人：（签字）

法定代表人或其授权的代理人：（签字）

开户银行：＿＿＿＿＿＿＿　　开户银行：＿＿＿＿＿＿＿＿

账号：＿＿＿＿＿＿＿＿＿　　账号：＿＿＿＿＿＿＿＿＿＿

电话：＿＿＿＿＿＿＿＿＿　　电话：＿＿＿＿＿＿＿＿＿＿

传真：＿＿＿＿＿＿＿＿＿　　传真：＿＿＿＿＿＿＿＿＿＿

电子邮箱：＿＿＿＿＿＿＿　　电子邮箱：＿＿＿＿＿＿＿＿

第二部分 通 用 条 件

1. 定义与解释

1.1 定义

除根据上下文另有其意义外，组成本合同的全部文件中的下列名词和用语应具有本款所赋予的含义：

1.1.1 "工程"是指按照本合同约定实施监理与相关服务的建设工程。

1.1.2 "委托人"是指本合同中委托监理与相关服务的一方，及其合法的继承人或受让人。

1.1.3 "监理人"是指本合同中提供监理与相关服务的一方，及其合法的继承人。

1.1.4 "承包人"是指在工程范围内与委托人签订勘察、设计、施工等有关合同的当事人，及其合法的继承人。

1.1.5 "监理"是指监理人受委托人的委托，依照法律法规、工程建设标准、勘察设计文件及合同，在施工阶段对建设工程质量、进度、造价进行控制，对合同、信息进行管理，对工程建设相关方的关系进行协调，并履行建设工程安全生产管理法定职责的服务活动。

1.1.6 "相关服务"是指监理人受委托人的委托，按照本合同约定，在勘察、设计、保修等阶段提供的服务活动。

1.1.7 "正常工作"指本合同订立时通用条件和专用条件中约定的监理人的工作。

1.1.8 "附加工作"是指本合同约定的正常工作以外监理人的工作。

1.1.9 "项目监理机构"是指监理人派驻工程负责履行本合同的组织机构。

1.1.10 "总监理工程师"是指由监理人的法定代表人书面授权，全面负责履行本合同、主持项目监理机构工作的注册监理工程师。

1.1.11 "酬金"是指监理人履行本合同义务，委托人按照本合同约定给付监理人的金额。

1.1.12 "正常工作酬金"是指监理人完成正常工作，委托人应给付监理人并在协议书中载明的签约酬金额。

1.1.13 "附加工作酬金"是指监理人完成附加工作，委托人应给付监理人的金额。

1.1.14 "一方"是指委托人或监理人；"双方"是指委托人和监理人；"第三方"是指除委托人和监理人以外的有关方。

1.1.15 "书面形式"是指合同书、信件和数据电文（包括电报、电传、传真、电子数据交换和电子邮件）等可以有形地表现所载内容的形式。

1.1.16 "天"是指第一天零时至第二天零时的时间。

1.1.17 "月"是指按公历从一个月中任何一天开始的一个公历月时间。

1.1.18 "不可抗力"是指委托人和监理人在订立本合同时不可预见，在工程施工过程中不可避免发生并不能克服的自然灾害和社会性突发事件，如地震、海啸、瘟疫、水灾、骚乱、暴动、战争和专用条件约定的其他情形。

1.2 解释

1.2.1 本合同使用中文书写、解释和说明。如专用条件约定使用两种及以上语言文字时，应以中文为准。

1.2.2 组成本合同的下列文件彼此应能相互解释、互为说明。除专用条件另有约定外，本合同文件的解释顺序如下：

（1）协议书；

（2）中标通知书（适用于招标工程）或委托书（适用于非招标工程）；

（3）专用条件及附录 A、附录 B；

（4）通用条件；

（5）投标文件（适用于招标工程）或监理与相关服务建议书（适用于非招标工程）。

双方签订的补充协议与其他文件发生矛盾或歧义时，属于同一类内容的文件，应以最新签署的为准。

2. 监理人的义务

2.1 监理的范围和工作内容

2.1.1 监理范围在专用条件中约定。

2.1.2 除专用条件另有约定外，监理工作内容包括：

（1）收到工程设计文件后编制监理规划，并在第一次工地会议 7 天前报委托人。根据有关规定和监理工作需要，编制监理实施细则；

（2）熟悉工程设计文件，并参加由委托人主持的图纸会审和设计交底会议；

（3）参加由委托人主持的第一次工地会议；主持监理例会并根据工程需要主持或参加专题会议；

（4）审查施工承包人提交的施工组织设计，重点审查其中的质量安全技术措施、专项施工方案与工程建设强制性标准的符合性；

（5）检查施工承包人工程质量、安全生产管理制度及组织机构和人员资格；

（6）检查施工承包人专职安全生产管理人员的配备情况；

（7）审查施工承包人提交的施工进度计划，核查承包人对施工进度计划的调整；

（8）检查施工承包人的试验室；

（9）审核施工分包人资质条件；

（10）查验施工承包人的施工测量放线成果；

（11）审查工程开工条件，对条件具备的签发开工令；

（12）审查施工承包人报送的工程材料、构配件、设备质量证明文件的有效性和符合性，并按规定对用于工程的材料采取平行检验或见证取样方式进行抽检；

（13）审核施工承包人提交的工程款支付申请，签发或出具工程款支付证书，并报委托人审核、批准；

（14）在巡视、旁站和检验过程中，发现工程质量、施工安全存在事故隐患的，要求施工承包人整改并报委托人；

（15）经委托人同意，签发工程暂停令和复工令；

（16）审查施工承包人提交的采用新材料、新工艺、新技术、新设备的论证材料及相关验收标准；

（17）验收隐蔽工程、分部分项工程；

（18）审查施工承包人提交的工程变更申请，协调处理施工进度调整、费用索赔、合同争议等事项；

（19）审查施工承包人提交的竣工验收申请，编写工程质量评估报告；

（20）参加工程竣工验收，签署竣工验收意见；

（21）审查施工承包人提交的竣工结算申请并报委托人；

（22）编制、整理工程监理归档文件并报委托人。

2.1.3　相关服务的范围和内容在附录 A 中约定。

2.2　监理与相关服务依据

2.2.1　监理依据包括：

（1）适用的法律、行政法规及部门规章；

（2）与工程有关的标准；

（3）工程设计及有关文件；

（4）本合同及委托人与第三方签订的与实施工程有关的其他合同。

双方根据工程的行业和地域特点，在专用条件中具体约定监理依据。

2.2.2　相关服务依据在专用条件中约定。

2.3　项目监理机构和人员

2.3.1　监理人应组建满足工作需要的项目监理机构，配备必要的检测设备。项目监理机构的主要人员应具有相应的资格条件。

2.3.2　本合同履行过程中，总监理工程师及重要岗位监理人员应保持相对稳定，以保证监理工作正常进行。

2.3.3　监理人可根据工程进展和工作需要调整项目监理机构人员。监理人更换总监理工程师时，应提前 7 天向委托人书面报告，经委托人同意后方可更换；监理人更换项目监理机构其他监理人员，应以相当资格与能力的人员替换，并通知委托人。

2.3.4　监理人应及时更换有下列情形之一的监理人员：

（1）严重过失行为的；

（2）有违法行为不能履行职责的；

（3）涉嫌犯罪的；

（4）不能胜任岗位职责的；

（5）严重违反职业道德的；

（6）专用条件约定的其他情形。

2.3.5　委托人可要求监理人更换不能胜任本职工作的项目监理机构人员。

2.4　履行职责

监理人应遵循职业道德准则和行为规范，严格按照法律法规、工程建设有关标准及本合同履行职责。

2.4.1　在监理与相关服务范围内，委托人和承包人提出的意见和要求，监理人应及时提出处置意见。当委托人与承包人之间发生合同争议时，监理人应协助委托人、承包人协商解决。

2.4.2　当委托人与承包人之间的合同争议提交仲裁机构仲裁或人民法院审理时，监理人应提供必要的证明资料。

2.4.3 监理人应在专用条件约定的授权范围内，处理委托人与承包人所签订合同的变更事宜。如果变更超过授权范围，应以书面形式报委托人批准。

在紧急情况下，为了保护财产和人身安全，监理人所发出的指令未能事先报委托人批准时，应在发出指令后的 24 小时内以书面形式报委托人。

2.4.4 除专用条件另有约定外，监理人发现承包人的人员不能胜任本职工作的，有权要求承包人予以调换。

2.5 提交报告

监理人应按专用条件约定的种类、时间和份数向委托人提交监理与相关服务的报告。

2.6 文件资料

在本合同履行期内，监理人应在现场保留工作所用的图纸、报告及记录监理工作的相关文件。工程竣工后，应当按照档案管理规定将监理有关文件归档。

2.7 使用委托人的财产

监理人无偿使用附录 B 中由委托人派遣的人员和提供的房屋、资料、设备。除专用条件另有约定外，委托人提供的房屋、设备属于委托人的财产，监理人应妥善使用和保管，在本合同终止时将这些房屋、设备的清单提交委托人，并按专用条件约定的时间和方式移交。

3. 委托人的义务

3.1 告知

委托人应在委托人与承包人签订的合同中明确监理人、总监理工程师和授予项目监理机构的权限。如有变更，应及时通知承包人。

3.2 提供资料

委托人应按照附录 B 约定，无偿向监理人提供工程有关的资料。在本合同履行过程中，委托人应及时向监理人提供最新的与工程有关的资料。

3.3 提供工作条件

委托人应为监理人完成监理与相关服务提供必要的条件。

3.3.1 委托人应按照附录 B 约定，派遣相应的人员，提供房屋、设备，供监理人无偿使用。

3.3.2 委托人应负责协调工程建设中所有外部关系，为监理人履行本合同提供必要的外部条件。

3.4 委托人代表

委托人应授权一名熟悉工程情况的代表，负责与监理人联系。委托人应在双方签订本合同后 7 天内，将委托人代表的姓名和职责书面告知监理人。当委托人更换委托人代表时，应提前 7 天通知监理人。

3.5 委托人意见或要求

在本合同约定的监理与相关服务工作范围内，委托人对承包人的任何意见或要求应通知监理人，由监理人向承包人发出相应指令。

3.6 答复

委托人应在专用条件约定的时间内，对监理人以书面形式提交并要求作出决定的事宜，给予书面答复。逾期未答复的，视为委托人认可。

3.7　支付

委托人应按本合同约定，向监理人支付酬金。

4. 违约责任

4.1　监理人的违约责任

监理人未履行本合同义务的，应承担相应的责任。

4.1.1　因监理人违反本合同约定给委托人造成损失的，监理人应当赔偿委托人损失。赔偿金额的确定方法在专用条件中约定。监理人承担部分赔偿责任的，其承担赔偿金额由双方协商确定。

4.1.2　监理人向委托人的索赔不成立时，监理人应赔偿委托人由此发生的费用。

4.2　委托人的违约责任

委托人未履行本合同义务的，应承担相应的责任。

4.2.1　委托人违反本合同约定造成监理人损失的，委托人应予以赔偿。

4.2.2　委托人向监理人的索赔不成立时，应赔偿监理人由此引起的费用。

4.2.3　委托人未能按期支付酬金超过 28 天，应按专用条件约定支付逾期付款利息。

4.3　除外责任

因非监理人的原因，且监理人无过错，发生工程质量事故、安全事故、工期延误等造成的损失，监理人不承担赔偿责任。

因不可抗力导致本合同全部或部分不能履行时，双方各自承担其因此而造成的损失、损害。

5. 支付

5.1　支付货币

除专用条件另有约定外，酬金均以人民币支付。涉及外币支付的，所采用的货币种类、比例和汇率在专用条件中约定。

5.2　支付申请

监理人应在本合同约定的每次应付款时间的 7 天前，向委托人提交支付申请书。支付申请书应当说明当期应付款总额，并列出当期应支付的款项及其金额。

5.3　支付酬金

支付的酬金包括正常工作酬金、附加工作酬金、合理化建议奖励金额及费用。

5.4　有争议部分的付款

委托人对监理人提交的支付申请书有异议时，应当在收到监理人提交的支付申请书后 7 天内，以书面形式向监理人发出异议通知。无异议部分的款项应按期支付，有异议部分的款项按第 7 条约定办理。

6. 合同生效、变更、暂停、解除与终止

6.1　生效

除法律另有规定或者专用条件另有约定外，委托人和监理人的法定代表人或其授权代理人在协议书上签字并盖单位章后本合同生效。

6.2 变更

6.2.1 任何一方提出变更请求时，双方经协商一致后可进行变更。

6.2.2 除不可抗力外，因非监理人原因导致监理人履行合同期限延长、内容增加时，监理人应当将此情况与可能产生的影响及时通知委托人。增加的监理工作时间、工作内容应视为附加工作。附加工作酬金的确定方法在专用条件中约定。

6.2.3 合同生效后，如果实际情况发生变化使得监理人不能完成全部或部分工作时，监理人应立即通知委托人。除不可抗力外，其善后工作以及恢复服务的准备工作应为附加工作，附加工作酬金的确定方法在专用条件中约定。监理人用于恢复服务的准备时间不应超过 28 天。

6.2.4 合同签订后，遇有与工程相关的法律法规、标准颁布或修订的，双方应遵照执行。由此引起监理与相关服务的范围、时间、酬金变化的，双方应通过协商进行相应调整。

6.2.5 因非监理人原因造成工程概算投资额或建筑安装工程费增加时，正常工作酬金应作相应调整。调整方法在专用条件中约定。

6.2.6 因工程规模、监理范围的变化导致监理人的正常工作量减少时，正常工作酬金应作相应调整。调整方法在专用条件中约定。

6.3 暂停与解除

除双方协商一致可以解除本合同外，当一方无正当理由未履行本合同约定的义务时，另一方可以根据本合同约定暂停履行本合同直至解除本合同。

6.3.1 在本合同有效期内，由于双方无法预见和控制的原因导致本合同全部或部分无法继续履行或继续履行已无意义，经双方协商一致，可以解除本合同或监理人的部分义务。在解除之前，监理人应作出合理安排，使开支减至最小。

因解除本合同或解除监理人的部分义务导致监理人遭受的损失，除依法可以免除责任的情况外，应由委托人予以补偿，补偿金额由双方协商确定。

解除本合同的协议必须采取书面形式，协议未达成之前，本合同仍然有效。

6.3.2 在本合同有效期内，因非监理人的原因导致工程施工全部或部分暂停，委托人可通知监理人要求暂停全部或部分工作。监理人应立即安排停止工作，并将开支减至最小。除不可抗力外，由此导致监理人遭受的损失应由委托人予以补偿。

暂停部分监理与相关服务时间超过 182 天，监理人可发出解除本合同约定的该部分义务的通知；暂停全部工作时间超过 182 天，监理人可发出解除本合同的通知，本合同自通知到达委托人时解除。委托人应将监理与相关服务的酬金支付至本合同解除日，且应承担第 4.2 款约定的责任。

6.3.3 当监理人无正当理由未履行本合同约定的义务时，委托人应通知监理人限期改正。若委托人在监理人接到通知后的 7 天内未收到监理人书面形式的合理解释，则可在 7 天内发出解除本合同的通知，自通知到达监理人时本合同解除。委托人应将监理与相关服务的酬金支付至限期改正通知到达监理人之日，但监理人应承担第 4.1 款约定的责任。

6.3.4 监理人在专用条件 5.3 中约定的支付之日起 28 天后仍未收到委托人按本合同约定应付的款项，可向委托人发出催付通知。委托人接到通知 14 天后仍未支付或未提出监理人可以接受的延期支付安排，监理人可向委托人发出暂停工作的通知并可自行暂停全部或部分工作。暂停工作后14天内监理人仍未获得委托人应付酬金或委托人的合理答复，监理人可向委托人发出解除本合同的通知，自通知到达委托人时本合同解除。委托人应承担第4.2.3款约定的责任。

6.3.5 因不可抗力致使本合同部分或全部不能履行时，一方应立即通知另一方，可暂停或解除本合同。

6.3.6 本合同解除后，本合同约定的有关结算、清理、争议解决方式的条件仍然有效。

6.4 终止

以下条件全部满足时，本合同即告终止：

（1）监理人完成本合同约定的全部工作；

（2）委托人与监理人结清并支付全部酬金。

7. 争议解决

7.1 协商

双方应本着诚信原则协商解决彼此间的争议。

7.2 调解

如果双方不能在14天内或双方商定的其他时间内解决本合同争议，可以将其提交给专用条件约定的或事后达成协议的调解人进行调解。

7.3 仲裁或诉讼

双方均有权不经调解直接向专用条件约定的仲裁机构申请仲裁或向有管辖权的人民法院提起诉讼。

8. 其他

8.1 外出考察费用

经委托人同意，监理人员外出考察发生的费用由委托人审核后支付。

8.2 检测费用

委托人要求监理人进行的材料和设备检测所发生的费用，由委托人支付，支付时间在专用条件中约定。

8.3 咨询费用

经委托人同意，根据工程需要由监理人组织的相关咨询论证会以及聘请相关专家等发生的费用由委托人支付，支付时间在专用条件中约定。

8.4 奖励

监理人在服务过程中提出的合理化建议，使委托人获得经济效益的，双方在专用条件中约定奖励金额的确定方法。奖励金额在合理化建议被采纳后，与最近一期的正常工作酬金同期支付。

8.5 守法诚信

监理人及其工作人员不得从与实施工程有关的第三方处获得任何经济利益。

8.6 保密

双方不得泄露对方申明的保密资料，亦不得泄露与实施工程有关的第三方所提供的保密资料，保密事项在专用条件中约定。

8.7　通知

本合同涉及的通知均应当采用书面形式，并在送达对方时生效，收件人应书面签收。

8.8　著作权

监理人对其编制的文件拥有著作权。

监理人可单独或与他人联合出版有关监理与相关服务的资料。除专用条件另有约定外，如果监理人在本合同履行期间及本合同终止后两年内出版涉及本工程的有关监理与相关服务的资料，应当征得委托人的同意。

第三部分 专 用 条 件

1. 定义与解释

1.2 解释

1.2.1 本合同文件除使用中文外，还可用_____。

1.2.2 约定本合同文件的解释顺序为：_____。

2. 监理人义务

2.1 监理的范围和内容

2.1.1 监理范围包括：_____

_____。

2.1.2 监理工作内容还包括：_____

_____。

2.2 监理与相关服务依据

2.2.1 监理依据包括：_____

_____。

2.2.2 相关服务依据包括：_____。

2.3 项目监理机构和人员

2.3.1 更换监理人员的其他情形：_____

2.4 履行职责

2.4.3 对监理人的授权范围：_____。

_____

在涉及工程延期_____天内和（或）金额_____万元内的变更，监理人不需请示委托人即可向承包人发布变更通知。

2.4.4 监理人有权要求承包人调换其人员的限制条件：_____。

2.5 提交报告

监理人应提交报告的种类（包括监理规划、监理月报及约定的专项报告）、时间和份数：_____

_____。

2.7 使用委托人的财产

附录 B 中由委托人无偿提供的房屋、设备的所有权属于：_____。

_____。

监理人应在本合同终止后_____天内移交委托人无偿提供的房屋、设备，移交的时间和方式为：_____。

3. 委托人义务

3.4 委托人代表

委托人代表为：_____。

3.6 答复

委托人同意在_____天内，对监理人书面提交并要求做出决定的事宜给予书面答复。

4. 违约责任

4.1 监理人的违约责任

4.1.1 监理人赔偿金额按下列方法确定：

赔偿金＝直接经济损失×正常工作酬金÷工程概算投资额（或建筑安装工程费）

4.2 委托人的违约责任

4.2.3 委托人逾期付款利息按下列方法确定：

逾期付款利息＝当期应付款总额×银行同期贷款利率×拖延支付天数

5. 支付

5.1 支付货币

币种为：＿＿＿＿＿＿＿，比例为：＿＿＿＿＿＿＿，汇率为：＿＿＿＿＿＿＿。

5.3 支付酬金

正常工作酬金的支付：

支付次数	支付时间	支付比例	支付金额（万元）
首付款	本合同签订后 7 天内		
第二次付款			
第三次付款			
……			
最后付款	监理与相关服务期届满 14 天内		

6. 合同生效、变更、暂停、解除与终止

6.1 生效

本合同生效条件：＿＿＿＿＿＿＿＿＿＿＿＿＿＿＿＿＿＿＿＿＿＿＿＿＿＿＿＿＿。

6.2 变更

6.2.2 除不可抗力外，因非监理人原因导致本合同期限延长时，附加工作酬金按下列方法确定：

附加工作酬金＝本合同期限延长时间（天）×正常工作酬金÷协议书约定的监理与相关服务期限（天）

6.2.3 附加工作酬金按下列方法确定：

附加工作酬金＝善后工作及恢复服务的准备工作时间（天）×正常工作酬金÷协议书约定的监理与相关服务期限（天）

6.2.5 正常工作酬金增加额按下列方法确定：

正常工作酬金增加额＝工程投资额或建筑安装工程费增加额×正常工作酬金÷工程概算投资额（或建筑安装工程费）

6.2.6 因工程规模、监理范围的变化导致监理人的正常工作量减少时，按减少工作量的比例从协议书约定的正常工作酬金中扣减相同比例的酬金。

7. 争议解决

7.2 调解

本合同争议进行调解时，可提交＿＿＿＿＿＿＿＿进行调解。

7.3　仲裁或诉讼

合同争议的最终解决方式为下列第_____种方式：

（1）提请_____仲裁委员会进行仲裁。

（2）向_____人民法院提起诉讼。

8. 其他

8.2　检测费用

委托人应在检测工作完成后_____天内支付检测费用。

8.3　咨询费用

委托人应在咨询工作完成后_____天内支付咨询费用。

8.4　奖励

合理化建议的奖励金额按下列方法确定为：

$$奖励金额＝工程投资节省额×奖励金额的比率；$$

奖励金额的比率为_____％。

8.6　保密

委托人申明的保密事项和期限：_____。

监理人申明的保密事项和期限：_____。

第三方申明的保密事项和期限：_____。

8.8　著作权

监理人在本合同履行期间及本合同终止后两年内出版涉及本工程的有关监理与相关服务的资料的限制条件：_____

_____。

9. 补充条款

_____

_____。

附录 A　相关服务的范围和内容

A-1　勘察阶段：_____

_____。

A-2　设计阶段：_____

_____。

A-3　保修阶段：_____

_____。

A-4　其他（专业技术咨询、外部协调工作等）：_____

_____。

附录 B 委托人派遣的人员和提供的房屋、资料、设备

委托人派遣的人员　　　　　　　　　　　　　　　　B-1

名　　称	数量	工作要求	提供时间
1. 工程技术人员			
2. 辅助工作人员			
3. 其他人员			

委托人提供的房屋　　　　　　　　　　　　　　　　B-2

名　　称	数量	面积	提供时间
1. 办公用房			
2. 生活用房			
3. 试验用房			
4. 样品用房			
用餐及其他生活条件			

委托人提供的资料　　　　　　　　　　　　　　　　B-3

名　　称	份数	提供时间	备注
1. 工程立项文件			
2. 工程勘察文件			
3. 工程设计及施工图纸			
4. 工程承包合同及其他相关合同			
5. 施工许可文件			
6. 其他文件			

委托人提供的设备　　　　　　　　　　　　　　　　B-4

名　　称	数量	型号与规格	提供时间
1. 通讯设备			
2. 办公设备			
3. 交通工具			
4. 检测和试验设备			

附录二　《建设工程施工合同（示范合同）》 GF—2013—0201

《建设工程施工合同（示范文本）》GF—2013—0201

住房城乡建设部　工商总局关于印发建设
工程施工合同（示范文本）的通知
建市〔2013〕56 号

各省、自治区住房城乡建设厅、工商行政管理局，直辖市建委（建交委）、工商行政管理局，新疆生产建设兵团建设局，国务院有关部门建设司，有关中央企业：

为规范建筑市场秩序，维护建设工程施工合同当事人的合法权益，住房城乡建设部、工商总局对《建设工程施工合同（示范文本）》（GF—1999—0201）进行了修订，制定了《建设工程施工合同（示范文本）》（GF—2013—0201），现印发给你们。在执行过程中有何问题，请与住房城乡建设部建筑市场监管司、工商总局市场规范管理司联系。

本合同自 2013 年 7 月 1 日起执行，原《建设工程施工合同（示范文本）》（GF—1999—0201）同时废止。

附件：《建设工程施工合同（示范文本）》（GF—2013—0201）

住房城乡建设部
工商总局
2013 年 4 月 3 日

（GF—2013—0201）

建设工程施工合同

（示范文本）

住房和城乡建设部
国家工商行政管理总局 制定

说　明

为了指导建设工程施工合同当事人的签约行为，维护合同当事人的合法权益，依据《中华人民共和国合同法》、《中华人民共和国建筑法》、《中华人民共和国招标投标法》以及相关法律法规，住房城乡建设部、国家工商行政管理总局对《建设工程施工合同（示范文本）》（GF—1999—0201）进行了修订，制定了《建设工程施工合同（示范文本）》（GF—2013—0201）《以下简称（示范文本）》。为了便于合同当事人使用《示范文本》，现就有关问题说明如下：

一、《示范文本》的组成

《示范文本》由合同协议书、通用合同条款和专用合同条款三部分组成。

（一）合同协议书

《示范文本》合同协议书共计13条，主要包括：工程概况、合同工期、质量标准、签约合同价和合同价格形式、项目经理、合同文件构成、承诺以及合同生效条件等重要内容，集中约定了合同当事人基本的合同权利义务。

（二）通用合同条款

通用合同条款是合同当事人根据《中华人民共和国建筑法》、《中华人民共和国合同法》等法律法规的规定，就工程建设的实施及相关事项，对合同当事人的权利义务作出的原则性约定。

通用合同条款共计20条，具体条款分别为：一般约定、发包人、承包人、监理人、工程质量、安全文明施工与环境保护、工期和进度、材料与设备、试验与检验、变更、价格调整、合同价格、计量与支付、验收和工程试车、竣工结算、缺陷责任与保修、违约、不可抗力、保险、索赔和争议解决。前述条款安排既考虑了现行法律法规对工程建设的有关要求，也考虑了建设工程施工管理的特殊需要。

（三）专用合同条款

专用合同条款是对通用合同条款原则性约定的细化、完善、补充、修改或另行约定的条款。合同当事人可以根据不同建设工程的特点及具体情况，通过双方的谈判、协商对相应的专用合同条款进行修改补充。在使用专用合同条款时，应注意以下事项：

1. 专用合同条款的编号应与相应的通用合同条款的编号一致；

2. 合同当事人可以通过对专用合同条款的修改，满足具体建设工程的特殊要求，避免直接修改通用合同条款；

3. 在专用合同条款中有横道线的地方，合同当事人可针对相应的通用合同条款进行细化、完善、补充、修改或另行约定；如无细化、完善、补充、修改或另行约定，则填写"无"或划"/"。

二、《示范文本》的性质和适用范围

《示范文本》为非强制性使用文本。《示范文本》适用于房屋建筑工程、土木工程、线路管道和设备安装工程、装修工程等建设工程的施工承发包活动，合同当事人可结合建设工程具体情况，根据《示范文本》订立合同，并按照法律法规规定和合同约定承担相应的法律责任及合同权利义务。

目　　录

1. 一般约定

2. 发包人

3. 承包人

4. 监理人

5. 工程质量

6. 安全文明施工与环境保护

7. 工期和进度

8. 材料与设备

9. 试验与检验

10. 变更

11. 价格调整

12. 合同价格、计量与支付

13. 验收和工程试车

14. 竣工结算

15. 缺陷责任期与保修

16. 违约

17. 不可抗力

18. 保险

19. 索赔

20. 争议解决

附件

第一部分 合同协议书

发包人（全称）：_____。

承包人（全称）：_____。

根据《中华人民共和国合同法》、《中华人民共和国建筑法》及有关法律规定，遵循平等、自愿、公平和诚实信用的原则，双方就

工程施工及有关事项协商一致，共同达成如下协议：

一、工程概况

1. 工程名称：_____。

2. 工程地点：_____。

3. 工程立项批准文号：_____。

4. 资金来源：_____。

5. 工程内容：_____。

群体工程应附《承包人承揽工程项目一览表》（附件1）。

6. 工程承包范围：

_____

_____。

二、合同工期

计划开工日期：____年__月__日。

计划竣工日期：____年__月__日。

工期总日历天数：____天。工期总日历天数与根据前述计划开竣工日期计算的工期天数不一致的，以工期总日历天数为准。

三、质量标准

工程质量符合_____标准。

四、签约合同价与合同价格形式

1. 签约合同价为：

人民币（大写）_____（￥____元）；

其中：

（1）安全文明施工费：

人民币（大写）_____（￥____元）；

（2）材料和工程设备暂估价金额：

人民币（大写）_____（￥____元）；

（3）专业工程暂估价金额：

人民币（大写）_____（￥____元）；

（4）暂列金额：

人民币（大写）_____（￥____元）。

2. 合同价格形式：_____。

五、项目经理

承包人项目经理：_____。

六、合同文件构成

本协议书与下列文件一起构成合同文件：

（1）中标通知书（如果有）；

（2）投标函及其附录（如果有）；

（3）专用合同条款及其附件；

（4）通用合同条款；

（5）技术标准和要求；

（6）图纸；

（7）已标价工程量清单或预算书；

（8）其他合同文件。

在合同订立及履行过程中形成的与合同有关的文件均构成合同文件组成部分。

上述各项合同文件包括合同当事人就该项合同文件所作出的补充和修改，属于同一类内容的文件，应以最新签署的为准。专用合同条款及其附件须经合同当事人签字或盖章。

七、承诺

1. 发包人承诺按照法律规定履行项目审批手续、筹集工程建设资金并按照合同约定的期限和方式支付合同价款。

2. 承包人承诺按照法律规定及合同约定组织完成工程施工，确保工程质量和安全，不进行转包及违法分包，并在缺陷责任期及保修期内承担相应的工程维修责任。

3. 发包人和承包人通过招投标形式签订合同的，双方理解并承诺不再就同一工程另行签订与合同实质性内容相背离的协议。

八、词语含义

本协议书中词语含义与第二部分通用合同条款中赋予的含义相同。

九、签订时间

本合同于_____年__月__日签订。

十、签订地点

本合同在_____ 签订。

十一、补充协议

合同未尽事宜，合同当事人另行签订补充协议，补充协议是合同的组成部分。

十二、合同生效

本合同自_____ 生效。

十三、合同份数

本合同一式__份，均具有同等法律效力，发包人执__份，承包人执__份。

发包人：（公章）　　　　　　　　承包人：（公章）

法定代表人或其委托代理人：　　　法定代表人或其委托代理人：

（签字）　　　　　　　　　　　　（签字）

组织机构代码：＿＿＿＿＿＿＿　　　组织机构代码：＿＿＿＿＿＿＿

地　　址：＿＿＿＿＿＿＿　　　地　　址：＿＿＿＿＿＿＿

邮政编码：＿＿＿＿＿＿＿　　　邮政编码：＿＿＿＿＿＿＿

法定代表人：＿＿＿＿＿＿＿　　　法定代表人：＿＿＿＿＿＿＿

委托代理人：＿＿＿＿＿＿＿　　　委托代理人：＿＿＿＿＿＿＿

电　　话：＿＿＿＿＿＿＿　　　电　　话：＿＿＿＿＿＿＿

传　　真：＿＿＿＿＿＿＿　　　传　　真：＿＿＿＿＿＿＿

电子信箱：＿＿＿＿＿＿＿　　　电子信箱：＿＿＿＿＿＿＿

开户银行：＿＿＿＿＿＿＿　　　开户银行：＿＿＿＿＿＿＿

账　　号：＿＿＿＿＿＿＿　　　账　　号：＿＿＿＿＿＿＿

第二部分 通用合同条款

1. 一般约定

1.1 词语定义与解释

合同协议书、通用合同条款、专用合同条款中的下列词语具有本款所赋予的含义：

1.1.1 合同

1.1.1.1 合同：是指根据法律规定和合同当事人约定具有约束力的文件，构成合同的文件包括合同协议书、中标通知书（如果有）、投标函及其附录（如果有）、专用合同条款及其附件、通用合同条款、技术标准和要求、图纸、已标价工程量清单或预算书以及其他合同文件。

1.1.1.2 合同协议书：是指构成合同的由发包人和承包人共同签署的称为"合同协议书"的书面文件。

1.1.1.3 中标通知书：是指构成合同的由发包人通知承包人中标的书面文件。

1.1.1.4 投标函：是指构成合同的由承包人填写并签署的用于投标的称为"投标函"的文件。

1.1.1.5 投标函附录：是指构成合同的附在投标函后的称为"投标函附录"的文件。

1.1.1.6 技术标准和要求：是指构成合同的施工应当遵守的或指导施工的国家、行业或地方的技术标准和要求，以及合同约定的技术标准和要求。

1.1.1.7 图纸：是指构成合同的图纸，包括由发包人按照合同约定提供或经发包人批准的设计文件、施工图、鸟瞰图及模型等，以及在合同履行过程中形成的图纸文件。图纸应当按照法律规定审查合格。

1.1.1.8 已标价工程量清单：是指构成合同的由承包人按照规定的格式和要求填写并标明价格的工程量清单，包括说明和表格。

1.1.1.9 预算书：是指构成合同的由承包人按照发包人规定的格式和要求编制的工程预算文件。

1.1.1.10 其他合同文件：是指经合同当事人约定的与工程施工有关的具有合同约束力的文件或书面协议。合同当事人可以在专用合同条款中进行约定。

1.1.2 合同当事人及其他相关方

1.1.2.1 合同当事人：是指发包人和（或）承包人。

1.1.2.2 发包人：是指与承包人签订合同协议书的当事人及取得该当事人资格的合法继承人。

1.1.2.3 承包人：是指与发包人签订合同协议书的，具有相应工程施工承包资质的当事人及取得该当事人资格的合法继承人。

1.1.2.4 监理人：是指在专用合同条款中指明的，受发包人委托按照法律规定进行工程监督管理的法人或其他组织。

1.1.2.5 设计人：是指在专用合同条款中指明的，受发包人委托负责工程设计并具备相应工程设计资质的法人或其他组织。

1.1.2.6 分包人：是指按照法律规定和合同约定，分包部分工程或工作，并与承包人签订分包合同的具有相应资质的法人。

1.1.2.7　发包人代表：是指由发包人任命并派驻施工现场在发包人授权范围内行使发包人权利的人。

1.1.2.8　项目经理：是指由承包人任命并派驻施工现场，在承包人授权范围内负责合同履行，且按照法律规定具有相应资格的项目负责人。

1.1.2.9　总监理工程师：是指由监理人任命并派驻施工现场进行工程监理的总负责人。

1.1.3　工程和设备

1.1.3.1　工程：是指与合同协议书中工程承包范围对应的永久工程和（或）临时工程。

1.1.3.2　永久工程：是指按合同约定建造并移交给发包人的工程，包括工程设备。

1.1.3.3　临时工程：是指为完成合同约定的永久工程所修建的各类临时性工程，不包括施工设备。

1.1.3.4　单位工程：是指在合同协议书中指明的，具备独立施工条件并能形成独立使用功能的永久工程。

1.1.3.5　工程设备：是指构成永久工程的机电设备、金属结构设备、仪器及其他类似的设备和装置。

1.1.3.6　施工设备：是指为完成合同约定的各项工作所需的设备、器具和其他物品，但不包括工程设备、临时工程和材料。

1.1.3.7　施工现场：是指用于工程施工的场所，以及在专用合同条款中指明作为施工场所组成部分的其他场所，包括永久占地和临时占地。

1.1.3.8　临时设施：是指为完成合同约定的各项工作所服务的临时性生产和生活设施。

1.1.3.9　永久占地：是指专用合同条款中指明为实施工程需永久占用的土地。

1.1.3.10　临时占地：是指专用合同条款中指明为实施工程需要临时占用的土地。

1.1.4　日期和期限

1.1.4.1　开工日期：包括计划开工日期和实际开工日期。计划开工日期是指合同协议书约定的开工日期；实际开工日期是指监理人按照第7.3.2项〔开工通知〕约定发出的符合法律规定的开工通知中载明的开工日期。

1.1.4.2　竣工日期：包括计划竣工日期和实际竣工日期。计划竣工日期是指合同协议书约定的竣工日期；实际竣工日期按照第13.2.3项〔竣工日期〕的约定确定。

1.1.4.3　工期：是指在合同协议书约定的承包人完成工程所需的期限，包括按照合同约定所作的期限变更。

1.1.4.4　缺陷责任期：是指承包人按照合同约定承担缺陷修复义务，且发包人预留质量保证金的期限，自工程实际竣工日期起计算。

1.1.4.5　保修期：是指承包人按照合同约定对工程承担保修责任的期限，从工程竣工验收合格之日起计算。

1.1.4.6　基准日期：招标发包的工程以投标截止日前28天的日期为基准日期，直接发包的工程以合同签订日前28天的日期为基准日期。

1.1.4.7 天：除特别指明外，均指日历天。合同中按天计算时间的，开始当天不计入，从次日开始计算，期限最后一天的截止时间为当天 24：00 时。

1.1.5 合同价格和费用

1.1.5.1 签约合同价：是指发包人和承包人在合同协议书中确定的总金额，包括安全文明施工费、暂估价及暂列金额等。

1.1.5.2 合同价格：是指发包人用于支付承包人按照合同约定完成承包范围内全部工作的金额，包括合同履行过程中按合同约定发生的价格变化。

1.1.5.3 费用：是指为履行合同所发生的或将要发生的所有必需的开支，包括管理费和应分摊的其他费用，但不包括利润。

1.1.5.4 暂估价：是指发包人在工程量清单或预算书中提供的用于支付必然发生但暂时不能确定价格的材料、工程设备的单价、专业工程以及服务工作的金额。

1.1.5.5 暂列金额：是指发包人在工程量清单或预算书中暂定并包括在合同价格中的一笔款项，用于工程合同签订时尚未确定或者不可预见的所需材料、工程设备、服务的采购，施工中可能发生的工程变更、合同约定调整因素出现时的合同价格调整以及发生的索赔、现场签证确认等的费用。

1.1.5.6 计日工：是指合同履行过程中，承包人完成发包人提出的零星工作或需要采用计日工计价的变更工作时，按合同中约定的单价计价的一种方式。

1.1.5.7 质量保证金：是指按照第 15.3 款〔质量保证金〕约定承包人用于保证其在缺陷责任期内履行缺陷修补义务的担保。

1.1.5.8 总价项目：是指在现行国家、行业以及地方的计量规则中无工程量计算规则，在已标价工程量清单或预算书中以总价或以费率形式计算的项目。

1.1.6 其他

1.1.6.1 书面形式：是指合同文件、信函、电报、传真等可以有形地表现所载内容的形式。

1.2 语言文字

合同以中国的汉语简体文字编写、解释和说明。合同当事人在专用合同条款中约定使用两种以上语言时，汉语为优先解释和说明合同的语言。

1.3 法律

合同所称法律是指中华人民共和国法律、行政法规、部门规章，以及工程所在地的地方性法规、自治条例、单行条例和地方政府规章等。

合同当事人可以在专用合同条款中约定合同适用的其他规范性文件。

1.4 标准和规范

1.4.1 适用于工程的国家标准、行业标准、工程所在地的地方性标准，以及相应的规范、规程等，合同当事人有特别要求的，应在专用合同条款中约定。

1.4.2 发包人要求使用国外标准、规范的，发包人负责提供原文版本和中文译本，并在专用合同条款中约定提供标准规范的名称、份数和时间。

1.4.3 发包人对工程的技术标准、功能要求高于或严于现行国家、行业或地方标准的，应当在专用合同条款中予以明确。除专用合同条款另有约定外，应视为承包人在签订合同前已充分预见前述技术标准和功能要求的复杂程度，签约合同价中已包含由此产生的费用。

1.5　合同文件的优先顺序

组成合同的各项文件应互相解释，互为说明。除专用合同条款另有约定外，解释合同文件的优先顺序如下：

（1）合同协议书；

（2）中标通知书（如果有）；

（3）投标函及其附录（如果有）；

（4）专用合同条款及其附件；

（5）通用合同条款；

（6）技术标准和要求；

（7）图纸；

（8）已标价工程量清单或预算书；

（9）其他合同文件。

上述各项合同文件包括合同当事人就该项合同文件所作出的补充和修改，属于同一类内容的文件，应以最新签署的为准。

在合同订立及履行过程中形成的与合同有关的文件均构成合同文件组成部分，并根据其性质确定优先解释顺序。

1.6　图纸和承包人文件

1.6.1　图纸的提供和交底

发包人应按照专用合同条款约定的期限、数量和内容向承包人免费提供图纸，并组织承包人、监理人和设计人进行图纸会审和设计交底。发包人至迟不得晚于第 7.3.2 项〔开工通知〕载明的开工日期前 14 天向承包人提供图纸。

因发包人未按合同约定提供图纸导致承包人费用增加和（或）工期延误的，按照第 7.5.1 项〔因发包人原因导致工期延误〕约定办理。

1.6.2　图纸的错误

承包人在收到发包人提供的图纸后，发现图纸存在差错、遗漏或缺陷的，应及时通知监理人。监理人接到该通知后，应附具相关意见并立即报送发包人，发包人应在收到监理人报送的通知后的合理时间内作出决定。合理时间是指发包人在收到监理人的报送通知后，尽其努力且不懈怠地完成图纸修改补充所需的时间。

1.6.3　图纸的修改和补充

图纸需要修改和补充的，应经图纸原设计人及审批部门同意，并由监理人在工程或工程相应部位施工前将修改后的图纸或补充图纸提交给承包人，承包人应按修改或补充后的图纸施工。

1.6.4　承包人文件

承包人应按照专用合同条款的约定提供应当由其编制的与工程施工有关的文件，并按照专用合同条款约定的期限、数量和形式提交监理人，并由监理人报送发包人。

除专用合同条款另有约定外，监理人应在收到承包人文件后 7 天内审查完毕，监理人对承包人文件有异议的，承包人应予以修改，并重新报送监理人。监理人的审查并不减轻或免除承包人根据合同约定应当承担的责任。

1.6.5　图纸和承包人文件的保管

除专用合同条款另有约定外，承包人应在施工现场另外保存一套完整的图纸和承包人文件，供发包人、监理人及有关人员进行工程检查时使用。

1.7　联络

1.7.1　与合同有关的通知、批准、证明、证书、指示、指令、要求、请求、同意、意见、确定和决定等，均应采用书面形式，并应在合同约定的期限内送达接收人和送达地点。

1.7.2　发包人和承包人应在专用合同条款中约定各自的送达接收人和送达地点。任何一方合同当事人指定的接收人或送达地点发生变动的，应提前3天以书面形式通知对方。

1.7.3　发包人和承包人应当及时签收另一方送达至送达地点和指定接收人的来往信函。拒不签收的，由此增加的费用和（或）延误的工期由拒绝接收一方承担。

1.8　严禁贿赂

合同当事人不得以贿赂或变相贿赂的方式，谋取非法利益或损害对方权益。因一方合同当事人的贿赂造成对方损失的，应赔偿损失，并承担相应的法律责任。

承包人不得与监理人或发包人聘请的第三方串通损害发包人利益。未经发包人书面同意，承包人不得为监理人提供合同约定以外的通讯设备、交通工具及其他任何形式的利益，不得向监理人支付报酬。

1.9　化石、文物

在施工现场发掘的所有文物、古迹以及具有地质研究或考古价值的其他遗迹、化石、钱币或物品属于国家所有。一旦发现上述文物，承包人应采取合理有效的保护措施，防止任何人员移动或损坏上述物品，并立即报告有关政府行政管理部门，同时通知监理人。

发包人、监理人和承包人应按有关政府行政管理部门要求采取妥善的保护措施，由此增加的费用和（或）延误的工期由发包人承担。

承包人发现文物后不及时报告或隐瞒不报，致使文物丢失或损坏的，应赔偿损失，并承担相应的法律责任。

1.10　交通运输

1.10.1　出入现场的权利

除专用合同条款另有约定外，发包人应根据施工需要，负责取得出入施工现场所需的批准手续和全部权利，以及取得因施工所需修建道路、桥梁以及其他基础设施的权利，并承担相关手续费用和建设费用。承包人应协助发包人办理修建场内外道路、桥梁以及其他基础设施的手续。

承包人应在订立合同前查勘施工现场，并根据工程规模及技术参数合理预见工程施工所需的进出施工现场的方式、手段、路径等。因承包人未合理预见所增加的费用和（或）延误的工期由承包人承担。

1.10.2　场外交通

发包人应提供场外交通设施的技术参数和具体条件，承包人应遵守有关交通法规，严格按照道路和桥梁的限制荷载行驶，执行有关道路限速、限行、禁止超载的规定，并配合交通管理部门的监督和检查。场外交通设施无法满足工程施工需要的，由发包人负责完善并承担相关费用。

1.10.3　场内交通

发包人应提供场内交通设施的技术参数和具体条件，并应按照专用合同条款的约定向承包人免费提供满足工程施工所需的场内道路和交通设施。因承包人原因造成上述道路或交通设施损坏的，承包人负责修复并承担由此增加的费用。

除发包人按照合同约定提供的场内道路和交通设施外，承包人负责修建、维修、养护和管理施工所需的其他场内临时道路和交通设施。发包人和监理人可以为实现合同目的使用承包人修建的场内临时道路和交通设施。

场外交通和场内交通的边界由合同当事人在专用合同条款中约定。

1.10.4　超大件和超重件的运输

由承包人负责运输的超大件或超重件，应由承包人负责向交通管理部门办理申请手续，发包人给予协助。运输超大件或超重件所需的道路和桥梁临时加固改造费用和其他有关费用，由承包人承担，但专用合同条款另有约定除外。

1.10.5　道路和桥梁的损坏责任

因承包人运输造成施工场地内外公共道路和桥梁损坏的，由承包人承担修复损坏的全部费用和可能引起的赔偿。

1.10.6　水路和航空运输

本款前述各项的内容适用于水路运输和航空运输，其中"道路"一词的涵义包括河道、航线、船闸、机场、码头、堤防以及水路或航空运输中其他相似结构物；"车辆"一词的涵义包括船舶和飞机等。

1.11　知识产权

1.11.1　除专用合同条款另有约定外，发包人提供给承包人的图纸、发包人为实施工程自行编制或委托编制的技术规范以及反映发包人要求的或其他类似性质的文件的著作权属于发包人，承包人可以为实现合同目的而复制、使用此类文件，但不能用于与合同无关的其他事项。未经发包人书面同意，承包人不得为了合同以外的目的而复制、使用上述文件或将之提供给任何第三方。

1.11.2　除专用合同条款另有约定外，承包人为实施工程所编制的文件，除署名权以外的著作权属于发包人，承包人可因实施工程的运行、调试、维修、改造等目的而复制、使用此类文件，但不能用于与合同无关的其他事项。未经发包人书面同意，承包人不得为了合同以外的目的而复制、使用上述文件或将之提供给任何第三方。

1.11.3　合同当事人保证在履行合同过程中不侵犯对方及第三方的知识产权。承包人在使用材料、施工设备、工程设备或采用施工工艺时，因侵犯他人的专利权或其他知识产权所引起的责任，由承包人承担；因发包人提供的材料、施工设备、工程设备或施工工艺导致侵权的，由发包人承担责任。

1.11.4　除专用合同条款另有约定外，承包人在合同签订前和签订时已确定采用的专利、专有技术、技术秘密的使用费已包含在签约合同价中。

1.12　保密

除法律规定或合同另有约定外，未经发包人同意，承包人不得将发包人提供的图纸、文件以及声明需要保密的资料信息等商业秘密泄露给第三方。

除法律规定或合同另有约定外，未经承包人同意，发包人不得将承包人提供的技术秘密及声明需要保密的资料信息等商业秘密泄露给第三方。

1.13 工程量清单错误的修正

除专用合同条款另有约定外，发包人提供的工程量清单，应被认为是准确的和完整的。出现下列情形之一时，发包人应予以修正，并相应调整合同价格：

（1）工程量清单存在缺项、漏项的；

（2）工程量清单偏差超出专用合同条款约定的工程量偏差范围的；

（3）未按照国家现行计量规范强制性规定计量的。

2. 发包人

2.1 许可或批准

发包人应遵守法律，并办理法律规定由其办理的许可、批准或备案，包括但不限于建设用地规划许可证、建设工程规划许可证、建设工程施工许可证、施工所需临时用水、临时用电、中断道路交通、临时占用土地等许可和批准。发包人应协助承包人办理法律规定的有关施工证件和批件。

因发包人原因未能及时办理完毕前述许可、批准或备案，由发包人承担由此增加的费用和（或）延误的工期，并支付承包人合理的利润。

2.2 发包人代表

发包人应在专用合同条款中明确其派驻施工现场的发包人代表的姓名、职务、联系方式及授权范围等事项。发包人代表在发包人的授权范围内，负责处理合同履行过程中与发包人有关的具体事宜。发包人代表在授权范围内的行为由发包人承担法律责任。发包人更换发包人代表的，应提前7天书面通知承包人。

发包人代表不能按照合同约定履行其职责及义务，并导致合同无法继续正常履行的，承包人可以要求发包人撤换发包人代表。

不属于法定必须监理的工程，监理人的职权可以由发包人代表或发包人指定的其他人员行使。

2.3 发包人人员

发包人应要求在施工现场的发包人人员遵守法律及有关安全、质量、环境保护、文明施工等规定，并保障承包人免于承受因发包人人员未遵守上述要求给承包人造成的损失和责任。

发包人人员包括发包人代表及其他由发包人派驻施工现场的人员。

2.4 施工现场、施工条件和基础资料的提供

2.4.1 提供施工现场

除专用合同条款另有约定外，发包人应最迟于开工日期7天前向承包人移交施工现场。

2.4.2 提供施工条件

除专用合同条款另有约定外，发包人应负责提供施工所需要的条件，包括：

（1）将施工用水、电力、通讯线路等施工所必需的条件接至施工现场内；

（2）保证向承包人提供正常施工所需要的进入施工现场的交通条件；

（3）协调处理施工现场周围地下管线和邻近建筑物、构筑物、古树名木的保护工作，

并承担相关费用；

（4）按照专用合同条款约定应提供的其他设施和条件。

2.4.3 提供基础资料

发包人应当在移交施工现场前向承包人提供施工现场及工程施工所必需的毗邻区域内供水、排水、供电、供气、供热、通信、广播电视等地下管线资料，气象和水文观测资料，地质勘察资料，相邻建筑物、构筑物和地下工程等有关基础资料，并对所提供资料的真实性、准确性和完整性负责。

按照法律规定确需在开工后方能提供的基础资料，发包人应尽其努力及时地在相应工程施工前的合理期限内提供，合理期限应以不影响承包人的正常施工为限。

2.4.4 逾期提供的责任

因发包人原因未能按合同约定及时向承包人提供施工现场、施工条件、基础资料的，由发包人承担由此增加的费用和（或）延误的工期。

2.5 资金来源证明及支付担保

除专用合同条款另有约定外，发包人应在收到承包人要求提供资金来源证明的书面通知后28天内，向承包人提供能够按照合同约定支付合同价款的相应资金来源证明。

除专用合同条款另有约定外，发包人要求承包人提供履约担保的，发包人应当向承包人提供支付担保。支付担保可以采用银行保函或担保公司担保等形式，具体由合同当事人在专用合同条款中约定。

2.6 支付合同价款

发包人应按合同约定向承包人及时支付合同价款。

2.7 组织竣工验收

发包人应按合同约定及时组织竣工验收。

2.8 现场统一管理协议

发包人应与承包人、由发包人直接发包的专业工程的承包人签订施工现场统一管理协议，明确各方的权利义务。施工现场统一管理协议作为专用合同条款的附件。

3. 承包人

3.1 承包人的一般义务

承包人在履行合同过程中应遵守法律和工程建设标准规范，并履行以下义务：

（1）办理法律规定应由承包人办理的许可和批准，并将办理结果书面报送发包人留存；

（2）按法律规定和合同约定完成工程，并在保修期内承担保修义务；

（3）按法律规定和合同约定采取施工安全和环境保护措施，办理工伤保险，确保工程及人员、材料、设备和设施的安全；

（4）按合同约定的工作内容和施工进度要求，编制施工组织设计和施工措施计划，并对所有施工作业和施工方法的完备性和安全可靠性负责；

（5）在进行合同约定的各项工作时，不得侵害发包人与他人使用公用道路、水源、市政管网等公共设施的权利，避免对邻近的公共设施产生干扰。承包人占用或使用他人的施工场地，影响他人作业或生活的，应承担相应责任；

（6）按照第6.3款〔环境保护〕约定负责施工场地及其周边环境与生态的保护工作；

（7）按第6.1款〔安全文明施工〕约定采取施工安全措施，确保工程及其人员、材料、设备和设施的安全，防止因工程施工造成的人身伤害和财产损失；

（8）将发包人按合同约定支付的各项价款专用于合同工程，且应及时支付其雇用人员工资，并及时向分包人支付合同价款；

（9）按照法律规定和合同约定编制竣工资料，完成竣工资料立卷及归档，并按专用合同条款约定的竣工资料的套数、内容、时间等要求移交发包人；

（10）应履行的其他义务。

3.2 项目经理

3.2.1 项目经理应为合同当事人所确认的人选，并在专用合同条款中明确项目经理的姓名、职称、注册执业证书编号、联系方式及授权范围等事项，项目经理经承包人授权后代表承包人负责履行合同。项目经理应是承包人正式聘用的员工，承包人应向发包人提交项目经理与承包人之间的劳动合同，以及承包人为项目经理缴纳社会保险的有效证明。承包人不提交上述文件的，项目经理无权履行职责，发包人有权要求更换项目经理，由此增加的费用和（或）延误的工期由承包人承担。

项目经理应常驻施工现场，且每月在施工现场时间不得少于专用合同条款约定的天数。项目经理不得同时担任其他项目的项目经理。项目经理确需离开施工现场时，应事先通知监理人，并取得发包人的书面同意。项目经理的通知中应当载明临时代行其职责的人员的注册执业资格、管理经验等资料，该人员应具备履行相应职责的能力。

承包人违反上述约定的，应按照专用合同条款的约定，承担违约责任。

3.2.2 项目经理按合同约定组织工程实施。在紧急情况下为确保施工安全和人员安全，在无法与发包人代表和总监理工程师及时取得联系时，项目经理有权采取必要的措施保证与工程有关的人身、财产和工程的安全，但应在 48 小时内向发包人代表和总监理工程师提交书面报告。

3.2.3 承包人需要更换项目经理的，应提前 14 天书面通知发包人和监理人，并征得发包人书面同意。通知中应当载明继任项目经理的注册执业资格、管理经验等资料，继任项目经理继续履行第 3.2.1 项约定的职责。未经发包人书面同意，承包人不得擅自更换项目经理。承包人擅自更换项目经理的，应按照专用合同条款的约定承担违约责任。

3.2.4 发包人有权书面通知承包人更换其认为不称职的项目经理，通知中应当载明要求更换的理由。承包人应在接到更换通知后 14 天内向发包人提出书面的改进报告。发包人收到改进报告后仍要求更换的，承包人应在接到第二次更换通知的 28 天内进行更换，并将新任命的项目经理的注册执业资格、管理经验等资料书面通知发包人。继任项目经理继续履行第 3.2.1 项约定的职责。承包人无正当理由拒绝更换项目经理的，应按照专用合同条款的约定承担违约责任。

3.2.5 项目经理因特殊情况授权其下属人员履行其某项工作职责的，该下属人员应具备履行相应职责的能力，并应提前 7 天将上述人员的姓名和授权范围书面通知监理人，并征得发包人书面同意。

3.3 承包人人员

3.3.1 除专用合同条款另有约定外，承包人应在接到开工通知后 7 天内，向监理人提交承包人项目管理机构及施工现场人员安排的报告，其内容应包括合同管理、施工、技术、材料、质量、安全、财务等主要施工管理人员名单及其岗位、注册执业资格等，以及各工种技术工人的安排情况，并同时提交主要施工管理人员与承包人之间的劳动关系证明和缴纳社会保险的有效证明。

3.3.2 承包人派驻到施工现场的主要施工管理人员应相对稳定。施工过程中如有变动，承包人应及时向监理人提交施工现场人员变动情况的报告。承包人更换主要施工管理人员时，应提前7天书面通知监理人，并征得发包人书面同意。通知中应当载明继任人员的注册执业资格、管理经验等资料。

特殊工种作业人员均应持有相应的资格证明，监理人可以随时检查。

3.3.3 发包人对于承包人主要施工管理人员的资格或能力有异议的，承包人应提供资料证明被质疑人员有能力完成其岗位工作或不存在发包人所质疑的情形。发包人要求撤换不能按照合同约定履行职责及义务的主要施工管理人员的，承包人应当撤换。承包人无正当理由拒绝撤换的，应按照专用合同条款的约定承担违约责任。

3.3.4 除专用合同条款另有约定外，承包人的主要施工管理人员离开施工现场每月累计不超过5天的，应报监理人同意；离开施工现场每月累计超过5天的，应通知监理人，并征得发包人书面同意。主要施工管理人员离开施工现场前应指定一名有经验的人员临时代行其职责，该人员应具备履行相应职责的资格和能力，且应征得监理人或发包人的同意。

3.3.5 承包人擅自更换主要施工管理人员，或前述人员未经监理人或发包人同意擅自离开施工现场的，应按照专用合同条款约定承担违约责任。

3.4 承包人现场查勘

承包人应对基于发包人按照第2.4.3项〔提供基础资料〕提交的基础资料所做出的解释和推断负责，但因基础资料存在错误、遗漏导致承包人解释或推断失实的，由发包人承担责任。

承包人应对施工现场和施工条件进行查勘，并充分了解工程所在地的气象条件、交通条件、风俗习惯以及其他与完成合同工作有关的其他资料。因承包人未能充分查勘、了解前述情况或未能充分估计前述情况所可能产生后果的，承包人承担由此增加的费用和（或）延误的工期。

3.5 分包

3.5.1 分包的一般约定

承包人不得将其承包的全部工程转包给第三人，或将其承包的全部工程肢解后以分包的名义转包给第三人。承包人不得将工程主体结构、关键性工作及专用合同条款中禁止分包的专业工程分包给第三人，主体结构、关键性工作的范围由合同当事人按照法律规定在专用合同条款中予以明确。

承包人不得以劳务分包的名义转包或违法分包工程。

3.5.2 分包的确定

承包人应按专用合同条款的约定进行分包，确定分包人。已标价工程量清单或预算书中给定暂估价的专业工程，按照第10.7款〔暂估价〕确定分包人。按照合同约定进行分包的，承包人应确保分包人具有相应的资质和能力。工程分包不减轻或免除承包人的责任和义务，承包人和分包人就分包工程向发包人承担连带责任。除合同另有约定外，承包人应在分包合同签订后7天内向发包人和监理人提交分包合同副本。

3.5.3 分包管理

承包人应向监理人提交分包人的主要施工管理人员表，并对分包人的施工人员进行实名制管理，包括但不限于进出场管理、登记造册以及各种证照的办理。

3.5.4 分包合同价款

（1）除本项第（2）目约定的情况或专用合同条款另有约定外，分包合同价款由承包人与分包人结算，未经承包人同意，发包人不得向分包人支付分包工程价款；

（2）生效法律文书要求发包人向分包人支付分包合同价款的，发包人有权从应付承包人工程款中扣除该部分款项。

3.5.5 分包合同权益的转让

分包人在分包合同项下的义务持续到缺陷责任期届满以后的，发包人有权在缺陷责任期届满前，要求承包人将其在分包合同项下的权益转让给发包人，承包人应当转让。除转让合同另有约定外，转让合同生效后，由分包人向发包人履行义务。

3.6 工程照管与成品、半成品保护

（1）除专用合同条款另有约定外，自发包人向承包人移交施工现场之日起，承包人应负责照管工程及工程相关的材料、工程设备，直到颁发工程接收证书之日止。

（2）在承包人负责照管期间，因承包人原因造成工程、材料、工程设备损坏的，由承包人负责修复或更换，并承担由此增加的费用和（或）延误的工期。

（3）对合同内分期完成的成品和半成品，在工程接收证书颁发前，由承包人承担保护责任。因承包人原因造成成品或半成品损坏的，由承包人负责修复或更换，并承担由此增加的费用和（或）延误的工期。

3.7 履约担保

发包人需要承包人提供履约担保的，由合同当事人在专用合同条款中约定履约担保的方式、金额及期限等。履约担保可以采用银行保函或担保公司担保等形式，具体由合同当事人在专用合同条款中约定。

因承包人原因导致工期延长的，继续提供履约担保所增加的费用由承包人承担；非因承包人原因导致工期延长的，继续提供履约担保所增加的费用由发包人承担。

3.8 联合体

3.8.1 联合体各方应共同与发包人签订合同协议书。联合体各方应为履行合同向发包人承担连带责任。

3.8.2 联合体协议经发包人确认后作为合同附件。在履行合同过程中，未经发包人同意，不得修改联合体协议。

3.8.3 联合体牵头人负责与发包人和监理人联系，并接受指示，负责组织联合体各成员全面履行合同。

4. 监理人

4.1 监理人的一般规定

工程实行监理的，发包人和承包人应在专用合同条款中明确监理人的监理内容及监理权限等事项。监理人应当根据发包人授权及法律规定，代表发包人对工程施工相关事项进行检查、查验、审核、验收，并签发相关指示，但监理人无权修改合同，且无权减轻或免除合同约定的承包人的任何责任与义务。

除专用合同条款另有约定外，监理人在施工现场的办公场所、生活场所由承包人提供，所发生的费用由发包人承担。

4.2　监理人员

发包人授予监理人对工程实施监理的权利由监理人派驻施工现场的监理人员行使，监理人员包括总监理工程师及监理工程师。监理人应将授权的总监理工程师和监理工程师的姓名及授权范围以书面形式提前通知承包人。更换总监理工程师的，监理人应提前7天书面通知承包人；更换其他监理人员，监理人应提前48小时书面通知承包人。

4.3　监理人的指示

监理人应按照发包人的授权发出监理指示。监理人的指示应采用书面形式，并经其授权的监理人员签字。紧急情况下，为了保证施工人员的安全或避免工程受损，监理人员可以口头形式发出指示，该指示与书面形式的指示具有同等法律效力，但必须在发出口头指示后24小时内补发书面监理指示，补发的书面监理指示应与口头指示一致。

监理人发出的指示应送达承包人项目经理或经项目经理授权接收的人员。因监理人未能按合同约定发出指示、指示延误或发出了错误指示而导致承包人费用增加和（或）工期延误的，由发包人承担相应责任。除专用合同条款另有约定外，总监理工程师不应将第4.4款〔商定或确定〕约定应由总监理工程师作出确定的权力授权或委托给其他监理人员。

承包人对监理人发出的指示有疑问的，应向监理人提出书面异议，监理人应在48小时内对该指示予以确认、更改或撤销，监理人逾期未回复的，承包人有权拒绝执行上述指示。

监理人对承包人的任何工作、工程或其采用的材料和工程设备未在约定的或合理期限内提出意见的，视为批准，但不免除或减轻承包人对该工作、工程、材料、工程设备等应承担的责任和义务。

4.4　商定或确定

合同当事人进行商定或确定时，总监理工程师应当会同合同当事人尽量通过协商达成一致，不能达成一致的，由总监理工程师按照合同约定审慎做出公正的确定。

总监理工程师应将确定以书面形式通知发包人和承包人，并附详细依据。合同当事人对总监理工程师的确定没有异议的，按照总监理工程师的确定执行。任何一方合同当事人有异议，按照第20条〔争议解决〕约定处理。争议解决前，合同当事人暂按总监理工程师的确定执行；争议解决后，争议解决的结果与总监理工程师的确定不一致的，按照争议解决的结果执行，由此造成的损失由责任人承担。

5. 工程质量

5.1　质量要求

5.1.1　工程质量标准必须符合现行国家有关工程施工质量验收规范和标准的要求。有关工程质量的特殊标准或要求由合同当事人在专用合同条款中约定。

5.1.2　因发包人原因造成工程质量未达到合同约定标准的，由发包人承担由此增加的费用和（或）延误的工期，并支付承包人合理的利润。

5.1.3　因承包人原因造成工程质量未达到合同约定标准的，发包人有权要求承包人返工直至工程质量达到合同约定的标准为止，并由承包人承担由此增加的费用和（或）延误的工期。

5.2 质量保证措施

5.2.1 发包人的质量管理

发包人应按照法律规定及合同约定完成与工程质量有关的各项工作。

5.2.2 承包人的质量管理

承包人按照第 7.1 款〔施工组织设计〕约定向发包人和监理人提交工程质量保证体系及措施文件，建立完善的质量检查制度，并提交相应的工程质量文件。对于发包人和监理人违反法律规定和合同约定的错误指示，承包人有权拒绝实施。

承包人应对施工人员进行质量教育和技术培训，定期考核施工人员的劳动技能，严格执行施工规范和操作规程。

承包人应按照法律规定和发包人的要求，对材料、工程设备以及工程的所有部位及其施工工艺进行全过程的质量检查和检验，并作详细记录，编制工程质量报表，报送监理人审查。此外，承包人还应按照法律规定和发包人的要求，进行施工现场取样试验、工程复核测量和设备性能检测，提供试验样品、提交试验报告和测量成果以及其他工作。

5.2.3 监理人的质量检查和检验

监理人按照法律规定和发包人授权对工程的所有部位及其施工工艺、材料和工程设备进行检查和检验。承包人应为监理人的检查和检验提供方便，包括监理人到施工现场，或制造、加工地点，或合同约定的其他地方进行察看和查阅施工原始记录。监理人为此进行的检查和检验，不免除或减轻承包人按照合同约定应当承担的责任。

监理人的检查和检验不应影响施工正常进行。监理人的检查和检验影响施工正常进行的，且经检查检验不合格的，影响正常施工的费用由承包人承担，工期不予顺延；经检查检验合格的，由此增加的费用和（或）延误的工期由发包人承担。

5.3 隐蔽工程检查

5.3.1 承包人自检

承包人应当对工程隐蔽部位进行自检，并经自检确认是否具备覆盖条件。

5.3.2 检查程序

除专用合同条款另有约定外，工程隐蔽部位经承包人自检确认具备覆盖条件的，承包人应在共同检查前 48 小时书面通知监理人检查，通知中应载明隐蔽检查的内容、时间和地点，并应附有自检记录和必要的检查资料。

监理人应按时到场并对隐蔽工程及其施工工艺、材料和工程设备进行检查。经监理人检查确认质量符合隐蔽要求，并在验收记录上签字后，承包人才能进行覆盖。经监理人检查质量不合格的，承包人应在监理人指示的时间内完成修复，并由监理人重新检查，由此增加的费用和（或）延误的工期由承包人承担。

除专用合同条款另有约定外，监理人不能按时进行检查的，应在检查前 24 小时向承包人提交书面延期要求，但延期不能超过 48 小时，由此导致工期延误的，工期应予以顺延。监理人未按时进行检查，也未提出延期要求的，视为隐蔽工程检查合格，承包人可自行完成覆盖工作，并作相应记录报送监理人，监理人应签字确认。监理人事后对检查记录有疑问的，可按第 5.3.3 项〔重新检查〕的约定重新检查。

5.3.3 重新检查

承包人覆盖工程隐蔽部位后，发包人或监理人对质量有疑问的，可要求承包人对已覆盖的部位进行钻孔探测或揭开重新检查，承包人应遵照执行，并在检查后重新覆盖恢复原状。经检查证明工程质量符合合同要求的，由发包人承担由此增加的费用和（或）延误的工期，并支付承包人合理的利润；经检查证明工程质量不符合合同要求的，由此增加的费用和（或）延误的工期由承包人承担。

5.3.4 承包人私自覆盖

承包人未通知监理人到场检查，私自将工程隐蔽部位覆盖的，监理人有权指示承包人钻孔探测或揭开检查，无论工程隐蔽部位质量是否合格，由此增加的费用和（或）延误的工期均由承包人承担。

5.4 不合格工程的处理

5.4.1 因承包人原因造成工程不合格的，发包人有权随时要求承包人采取补救措施，直至达到合同要求的质量标准，由此增加的费用和（或）延误的工期由承包人承担。无法补救的，按照第13.2.4项〔拒绝接收全部或部分工程〕约定执行。

5.4.2 因发包人原因造成工程不合格的，由此增加的费用和（或）延误的工期由发包人承担，并支付承包人合理的利润。

5.5 质量争议检测

合同当事人对工程质量有争议的，由双方协商确定的工程质量检测机构鉴定，由此产生的费用及因此造成的损失，由责任方承担。

合同当事人均有责任的，由双方根据其责任分别承担。合同当事人无法达成一致的，按照第4.4款〔商定或确定〕执行。

6. 安全文明施工与环境保护

6.1 安全文明施工

6.1.1 安全生产要求

合同履行期间，合同当事人均应当遵守国家和工程所在地有关安全生产的要求，合同当事人有特别要求的，应在专用合同条款中明确施工项目安全生产标准化达标目标及相应事项。承包人有权拒绝发包人及监理人强令承包人违章作业、冒险施工的任何指示。

在施工过程中，如遇到突发的地质变动、事先未知的地下施工障碍等影响施工安全的紧急情况，承包人应及时报告监理人和发包人，发包人应当及时下令停工并报政府有关行政管理部门采取应急措施。

因安全生产需要暂停施工的，按照第7.8款〔暂停施工〕的约定执行。

6.1.2 安全生产保证措施

承包人应当按照有关规定编制安全技术措施或者专项施工方案，建立安全生产责任制度、治安保卫制度及安全生产教育培训制度，并按安全生产法律规定及合同约定履行安全职责，如实编制工程安全生产的有关记录，接受发包人、监理人及政府安全监督部门的检查与监督。

6.1.3 特别安全生产事项

承包人应按照法律规定进行施工，开工前做好安全技术交底工作，施工过程中做好各项安全防护措施。承包人为实施合同而雇用的特殊工种的人员应受过专门的培训并已取得政府有关管理机构颁发的上岗证书。

承包人在动力设备、输电线路、地下管道、密封防震车间、易燃易爆地段以及临街交通要道附近施工时，施工开始前应向发包人和监理人提出安全防护措施，经发包人认可后实施。

实施爆破作业，在放射、毒害性环境中施工（含储存、运输、使用）及使用毒害性、腐蚀性物品施工时，承包人应在施工前7天以书面通知发包人和监理人，并报送相应的安全防护措施，经发包人认可后实施。

需单独编制危险性较大分部分项专项工程施工方案的，及要求进行专家论证的超过一定规模的危险性较大的分部分项工程，承包人应及时编制和组织论证。

6.1.4 治安保卫

除专用合同条款另有约定外，发包人应与当地公安部门协商，在现场建立治安管理机构或联防组织，统一管理施工场地的治安保卫事项，履行合同工程的治安保卫职责。

发包人和承包人除应协助现场治安管理机构或联防组织维护施工场地的社会治安外，还应做好包括生活区在内的各自管辖区的治安保卫工作。

除专用合同条款另有约定外，发包人和承包人应在工程开工后7天内共同编制施工场地治安管理计划，并制定应对突发治安事件的紧急预案。在工程施工过程中，发生暴乱、爆炸等恐怖事件，以及群殴、械斗等群体性突发治安事件的，发包人和承包人应立即向当地政府报告。发包人和承包人应积极协助当地有关部门采取措施平息事态，防止事态扩大，尽量避免人员伤亡和财产损失。

6.1.5 文明施工

承包人在工程施工期间，应当采取措施保持施工现场平整，物料堆放整齐。工程所在地有关政府行政管理部门有特殊要求的，按照其要求执行。合同当事人对文明施工有其他要求的，可以在专用合同条款中明确。

在工程移交之前，承包人应当从施工现场清除承包人的全部工程设备、多余材料、垃圾和各种临时工程，并保持施工现场清洁整齐。经发包人书面同意，承包人可在发包人指定的地点保留承包人履行保修期内的各项义务所需要的材料、施工设备和临时工程。

6.1.6 安全文明施工费

安全文明施工费由发包人承担，发包人不得以任何形式扣减该部分费用。因基准日期后合同所适用的法律或政府有关规定发生变化，增加的安全文明施工费由发包人承担。

承包人经发包人同意采取合同约定以外的安全措施所产生的费用，由发包人承担。未经发包人同意的，如果该措施避免了发包人的损失，则发包人在避免损失的额度内承担该措施费。如果该措施避免了承包人的损失，由承包人承担该措施费。

除专用合同条款另有约定外，发包人应在开工后28天内预付安全文明施工费总额的50%，其余部分与进度款同期支付。发包人逾期支付安全文明施工费超过7天的，承包人有权向发包人发出要求预付的催告通知，发包人收到通知后7天内仍未支付的，承包人有权暂停施工，并按第16.1.1项〔发包人违约的情形〕执行。

承包人对安全文明施工费应专款专用，承包人应在财务账目中单独列项备查，不得挪作他用，否则发包人有权责令其限期改正；逾期未改正的，可以责令其暂停施工，由此增加的费用和（或）延误的工期由承包人承担。

6.1.7 紧急情况处理

在工程实施期间或缺陷责任期内发生危及工程安全的事件，监理人通知承包人进行抢救，承包人声明无能力或不愿立即执行的，发包人有权雇佣其他人员进行抢救。此类抢救按合同约定属于承包人义务的，由此增加的费用和（或）延误的工期由承包人承担。

6.1.8　事故处理

工程施工过程中发生事故的，承包人应立即通知监理人，监理人应立即通知发包人。发包人和承包人应立即组织人员和设备进行紧急抢救和抢修，减少人员伤亡和财产损失，防止事故扩大，并保护事故现场。需要移动现场物品时，应作出标记和书面记录，妥善保管有关证据。发包人和承包人应按国家有关规定，及时如实地向有关部门报告事故发生的情况，以及正在采取的紧急措施等。

6.1.9　安全生产责任

6.1.9.1　发包人的安全责任

发包人应负责赔偿以下各种情况造成的损失：

（1）工程或工程的任何部分对土地的占用所造成的第三者财产损失；

（2）由于发包人原因在施工场地及其毗邻地带造成的第三者人身伤亡和财产损失；

（3）由于发包人原因对承包人、监理人造成的人员人身伤亡和财产损失；

（4）由于发包人原因造成的发包人自身人员的人身伤害以及财产损失。

6.1.9.2　承包人的安全责任

由于承包人原因在施工场地内及其毗邻地带造成的发包人、监理人以及第三者人员伤亡和财产损失，由承包人负责赔偿。

6.2　职业健康

6.2.1　劳动保护

承包人应按照法律规定安排现场施工人员的劳动和休息时间，保障劳动者的休息时间，并支付合理的报酬和费用。承包人应依法为其履行合同所雇用的人员办理必要的证件、许可、保险和注册等，承包人应督促其分包人为分包人所雇用的人员办理必要的证件、许可、保险和注册等。

承包人应按照法律规定保障现场施工人员的劳动安全，并提供劳动保护，并应按国家有关劳动保护的规定，采取有效的防止粉尘、降低噪声、控制有害气体和保障高温、高寒、高空作业安全等劳动保护措施。承包人雇佣人员在施工中受到伤害的，承包人应立即采取有效措施进行抢救和治疗。

承包人应按法律规定安排工作时间，保证其雇佣人员享有休息和休假的权利。因工程施工的特殊需要占用休假日或延长工作时间的，应不超过法律规定的限度，并按法律规定给予补休或付酬。

6.2.2　生活条件

承包人应为其履行合同所雇用的人员提供必要的膳宿条件和生活环境；承包人应采取有效措施预防传染病，保证施工人员的健康，并定期对施工现场、施工人员生活基地和工程进行防疫和卫生的专业检查和处理，在远离城镇的施工场地，还应配备必要的伤病防治和急救的医务人员与医疗设施。

6.3　环境保护

承包人应在施工组织设计中列明环境保护的具体措施。在合同履行期间，承包人应采取合理措施保护施工现场环境。对施工作业过程中可能引起的大气、水、噪音以及固体废物污染采取具体可行的防范措施。

承包人应当承担因其原因引起的环境污染侵权损害赔偿责任，因上述环境污染引起纠纷而导致暂停施工的，由此增加的费用和（或）延误的工期由承包人承担。

7. 工期和进度

7.1 施工组织设计

7.1.1 施工组织设计的内容

施工组织设计应包含以下内容：

（1）施工方案；

（2）施工现场平面布置图；

（3）施工进度计划和保证措施；

（4）劳动力及材料供应计划；

（5）施工机械设备的选用；

（6）质量保证体系及措施；

（7）安全生产、文明施工措施；

（8）环境保护、成本控制措施；

（9）合同当事人约定的其他内容。

7.1.2 施工组织设计的提交和修改

除专用合同条款另有约定外，承包人应在合同签订后 14 天内，但至迟不得晚于第 7.3.2 项〔开工通知〕载明的开工日期前 7 天，向监理人提交详细的施工组织设计，并由监理人报送发包人。除专用合同条款另有约定外，发包人和监理人应在监理人收到施工组织设计后 7 天内确认或提出修改意见。对发包人和监理人提出的合理意见和要求，承包人应自费修改完善。根据工程实际情况需要修改施工组织设计的，承包人应向发包人和监理人提交修改后的施工组织设计。

施工进度计划的编制和修改按照第 7.2 款〔施工进度计划〕执行。

7.2 施工进度计划

7.2.1 施工进度计划的编制

承包人应按照第 7.1 款〔施工组织设计〕约定提交详细的施工进度计划，施工进度计划的编制应当符合国家法律规定和一般工程实践惯例，施工进度计划经发包人批准后实施。施工进度计划是控制工程进度的依据，发包人和监理人有权按照施工进度计划检查工程进度情况。

7.2.2 施工进度计划的修订

施工进度计划不符合合同要求或与工程的实际进度不一致的，承包人应向监理人提交修订的施工进度计划，并附具有关措施和相关资料，由监理人报送发包人。除专用合同条款另有约定外，发包人和监理人应在收到修订的施工进度计划后 7 天内完成审核和批准或提出修改意见。发包人和监理人对承包人提交的施工进度计划的确认，不能减轻或免除承包人根据法律规定和合同约定应承担的任何责任或义务。

7.3 开工

7.3.1 开工准备

除专用合同条款另有约定外，承包人应按照第7.1款〔施工组织设计〕约定的期限，向监理人提交工程开工报审表，经监理人报发包人批准后执行。开工报审表应详细说明按施工进度计划正常施工所需的施工道路、临时设施、材料、工程设备、施工设备、施工人员等落实情况以及工程的进度安排。

除专用合同条款另有约定外，合同当事人应按约定完成开工准备工作。

7.3.2　开工通知

发包人应按照法律规定获得工程施工所需的许可。经发包人同意后，监理人发出的开工通知应符合法律规定。监理人应在计划开工日期7天前向承包人发出开工通知，工期自开工通知中载明的开工日期起算。

除专用合同条款另有约定外，因发包人原因造成监理人未能在计划开工日期之日起90天内发出开工通知的，承包人有权提出价格调整要求，或者解除合同。发包人应当承担由此增加的费用和（或）延误的工期，并向承包人支付合理利润。

7.4　测量放线

7.4.1　除专用合同条款另有约定外，发包人应在至迟不得晚于第7.3.2项〔开工通知〕载明的开工日期前7天通过监理人向承包人提供测量基准点、基准线和水准点及其书面资料。发包人应对其提供的测量基准点、基准线和水准点及其书面资料的真实性、准确性和完整性负责。

承包人发现发包人提供的测量基准点、基准线和水准点及其书面资料存在错误或疏漏的，应及时通知监理人。监理人应及时报告发包人，并会同发包人和承包人予以核实。发包人应就如何处理和是否继续施工作出决定，并通知监理人和承包人。

7.4.2　承包人负责施工过程中的全部施工测量放线工作，并配置具有相应资质的人员、合格的仪器、设备和其他物品。承包人应矫正工程的位置、标高、尺寸或准线中出现的任何差错，并对工程各部分的定位负责。

施工过程中对施工现场内水准点等测量标志物的保护工作由承包人负责。

7.5　工期延误

7.5.1　因发包人原因导致工期延误

在合同履行过程中，因下列情况导致工期延误和（或）费用增加的，由发包人承担由此延误的工期和（或）增加的费用，且发包人应支付承包人合理的利润：

（1）发包人未能按合同约定提供图纸或所提供图纸不符合合同约定的；

（2）发包人未能按合同约定提供施工现场、施工条件、基础资料、许可、批准等开工条件的；

（3）发包人提供的测量基准点、基准线和水准点及其书面资料存在错误或疏漏的；

（4）发包人未能在计划开工日期之日起7天内同意下达开工通知的；

（5）发包人未能按合同约定日期支付工程预付款、进度款或竣工结算款的；

（6）监理人未按合同约定发出指示、批准等文件的；

（7）专用合同条款中约定的其他情形。

因发包人原因未按计划开工日期开工的，发包人应按实际开工日期顺延竣工日期，确保实际工期不低于合同约定的工期总日历天数。因发包人原因导致工期延误需要修订施工进度计划的，按照第7.2.2项〔施工进度计划的修订〕执行。

7.5.2 因承包人原因导致工期延误

因承包人原因造成工期延误的，可以在专用合同条款中约定逾期竣工违约金的计算方法和逾期竣工违约金的上限。承包人支付逾期竣工违约金后，不免除承包人继续完成工程及修补缺陷的义务。

7.6 不利物质条件

不利物质条件是指有经验的承包人在施工现场遇到的不可预见的自然物质条件、非自然的物质障碍和污染物，包括地表以下物质条件和水文条件以及专用合同条款约定的其他情形，但不包括气候条件。

承包人遇到不利物质条件时，应采取克服不利物质条件的合理措施继续施工，并及时通知发包人和监理人。通知应载明不利物质条件的内容以及承包人认为不可预见的理由。监理人经发包人同意后应当及时发出指示，指示构成变更的，按第 10 条〔变更〕约定执行。承包人因采取合理措施而增加的费用和（或）延误的工期由发包人承担。

7.7 异常恶劣的气候条件

异常恶劣的气候条件是指在施工过程中遇到的，有经验的承包人在签订合同时不可预见的，对合同履行造成实质性影响的，但尚未构成不可抗力事件的恶劣气候条件。合同当事人可以在专用合同条款中约定异常恶劣的气候条件的具体情形。

承包人应采取克服异常恶劣的气候条件的合理措施继续施工，并及时通知发包人和监理人。监理人经发包人同意后应当及时发出指示，指示构成变更的，按第 10 条〔变更〕约定办理。承包人因采取合理措施而增加的费用和（或）延误的工期由发包人承担。

7.8 暂停施工

7.8.1 发包人原因引起的暂停施工

因发包人原因引起暂停施工的，监理人经发包人同意后，应及时下达暂停施工指示。情况紧急且监理人未及时下达暂停施工指示的，按照第 7.8.4 项〔紧急情况下的暂停施工〕执行。

因发包人原因引起的暂停施工，发包人应承担由此增加的费用和（或）延误的工期，并支付承包人合理的利润。

7.8.2 承包人原因引起的暂停施工

因承包人原因引起的暂停施工，承包人应承担由此增加的费用和（或）延误的工期，且承包人在收到监理人复工指示后 84 天内仍未复工的，视为第 16.2.1 项〔承包人违约的情形〕第（7）目约定的承包人无法继续履行合同的情形。

7.8.3 指示暂停施工

监理人认为有必要时，并经发包人批准后，可向承包人作出暂停施工的指示，承包人应按监理人指示暂停施工。

7.8.4 紧急情况下的暂停施工

因紧急情况需暂停施工，且监理人未及时下达暂停施工指示的，承包人可先暂停施工，并及时通知监理人。监理人应在接到通知后 24 小时内发出指示，逾期未发出指示，视为同意承包人暂停施工。监理人不同意承包人暂停施工的，应说明理由，承包人对监理人的答复有异议，按照第 20 条〔争议解决〕约定处理。

7.8.5 暂停施工后的复工

暂停施工后，发包人和承包人应采取有效措施积极消除暂停施工的影响。在工程复工前，监理人会同发包人和承包人确定因暂停施工造成的损失，并确定工程复工条件。当工程具备复工条件时，监理人应经发包人批准后向承包人发出复工通知，承包人应按照复工通知要求复工。

承包人无故拖延和拒绝复工的，承包人承担由此增加的费用和（或）延误的工期；因发包人原因无法按时复工的，按照第7.5.1项〔因发包人原因导致工期延误〕约定办理。

7.8.6　暂停施工持续56天以上

监理人发出暂停施工指示后56天内未向承包人发出复工通知，除该项停工属于第7.8.2项〔承包人原因引起的暂停施工〕及第17条〔不可抗力〕约定的情形外，承包人可向发包人提交书面通知，要求发包人在收到书面通知后28天内准许已暂停施工的部分或全部工程继续施工。发包人逾期不予批准的，则承包人可以通知发包人，将工程受影响的部分视为按第10.1款〔变更的范围〕第（2）项的可取消工作。

暂停施工持续84天以上不复工的，且不属于第7.8.2项〔承包人原因引起的暂停施工〕及第17条〔不可抗力〕约定的情形，并影响到整个工程以及合同目的实现的，承包人有权提出价格调整要求，或者解除合同。解除合同的，按照第16.1.3项〔因发包人违约解除合同〕执行。

7.8.7　暂停施工期间的工程照管

暂停施工期间，承包人应负责妥善照管工程并提供安全保障，由此增加的费用由责任方承担。

7.8.8　暂停施工的措施

暂停施工期间，发包人和承包人均应采取必要的措施确保工程质量及安全，防止因暂停施工扩大损失。

7.9　提前竣工

7.9.1　发包人要求承包人提前竣工的，发包人应通过监理人向承包人下达提前竣工指示，承包人应向发包人和监理人提交提前竣工建议书，提前竣工建议书应包括实施的方案、缩短的时间、增加的合同价格等内容。发包人接受该提前竣工建议书的，监理人应与发包人和承包人协商采取加快工程进度的措施，并修订施工进度计划，由此增加的费用由发包人承担。承包人认为提前竣工指示无法执行的，应向监理人和发包人提出书面异议，发包人和监理人应在收到异议后7天内予以答复。任何情况下，发包人不得压缩合理工期。

7.9.2　发包人要求承包人提前竣工，或承包人提出提前竣工的建议能够给发包人带来效益的，合同当事人可以在专用合同条款中约定提前竣工的奖励。

8. 材料与设备

8.1　发包人供应材料与工程设备

发包人自行供应材料、工程设备的，应在签订合同时在专用合同条款的附件《发包人供应材料设备一览表》中明确材料、工程设备的品种、规格、型号、数量、单价、质量等级和送达地点。

承包人应提前30天通过监理人以书面形式通知发包人供应材料与工程设备进场。承包人按照第7.2.2项〔施工进度计划的修订〕约定修订施工进度计划时，需同时提交经修订后的发包人供应材料与工程设备的进场计划。

8.2 承包人采购材料与工程设备

承包人负责采购材料、工程设备的，应按照设计和有关标准要求采购，并提供产品合格证明及出厂证明，对材料、工程设备质量负责。合同约定由承包人采购的材料、工程设备，发包人不得指定生产厂家或供应商，发包人违反本款约定指定生产厂家或供应商的，承包人有权拒绝，并由发包人承担相应责任。

8.3 材料与工程设备的接收与拒收

8.3.1 发包人应按《发包人供应材料设备一览表》约定的内容提供材料和工程设备，并向承包人提供产品合格证明及出厂证明，对其质量负责。发包人应提前 24 小时以书面形式通知承包人、监理人材料和工程设备到货时间，承包人负责材料和工程设备的清点、检验和接收。

发包人提供的材料和工程设备的规格、数量或质量不符合合同约定的，或因发包人原因导致交货日期延误或交货地点变更等情况的，按照第 16.1 款〔发包人违约〕约定办理。

8.3.2 承包人采购的材料和工程设备，应保证产品质量合格，承包人应在材料和工程设备到货前 24 小时通知监理人检验。承包人进行永久设备、材料的制造和生产的，应符合相关质量标准，并向监理人提交材料的样本以及有关资料，并应在使用该材料或工程设备之前获得监理人同意。

承包人采购的材料和工程设备不符合设计或有关标准要求时，承包人应在监理人要求的合理期限内将不符合设计或有关标准要求的材料、工程设备运出施工现场，并重新采购符合要求的材料、工程设备，由此增加的费用和（或）延误的工期，由承包人承担。

8.4 材料与工程设备的保管与使用

8.4.1 发包人供应材料与工程设备的保管与使用

发包人供应的材料和工程设备，承包人清点后由承包人妥善保管，保管费用由发包人承担，但已标价工程量清单或预算书已经列支或专用合同条款另有约定除外。因承包人原因发生丢失毁损的，由承包人负责赔偿；监理人未通知承包人清点的，承包人不负责材料和工程设备的保管，由此导致丢失毁损的由发包人负责。

发包人供应的材料和工程设备使用前，由承包人负责检验，检验费用由发包人承担，不合格的不得使用。

8.4.2 承包人采购材料与工程设备的保管与使用

承包人采购的材料和工程设备由承包人妥善保管，保管费用由承包人承担。法律规定材料和工程设备使用前必须进行检验或试验的，承包人应按监理人的要求进行检验或试验，检验或试验费用由承包人承担，不合格的不得使用。

发包人或监理人发现承包人使用不符合设计或有关标准要求的材料和工程设备时，有权要求承包人进行修复、拆除或重新采购，由此增加的费用和（或）延误的工期，由承包人承担。

8.5 禁止使用不合格的材料和工程设备

8.5.1 监理人有权拒绝承包人提供的不合格材料或工程设备，并要求承包人立即进行更换。监理人应在更换后再次进行检查和检验，由此增加的费用和（或）延误的工期由承包人承担。

8.5.2 监理人发现承包人使用了不合格的材料和工程设备，承包人应按照监理人的指示立即改正，并禁止在工程中继续使用不合格的材料和工程设备。

8.5.3 发包人提供的材料或工程设备不符合合同要求的，承包人有权拒绝，并可要求发包人更换，由此增加的费用和（或）延误的工期由发包人承担，并支付承包人合理的利润。

8.6 样品

8.6.1 样品的报送与封存

需要承包人报送样品的材料或工程设备，样品的种类、名称、规格、数量等要求均应在专用合同条款中约定。样品的报送程序如下：

（1）承包人应在计划采购前28天向监理人报送样品。承包人报送的样品均应来自供应材料的实际生产地，且提供的样品的规格、数量足以表明材料或工程设备的质量、型号、颜色、表面处理、质地、误差和其他要求的特征。

（2）承包人每次报送样品时应随附申报单，申报单应载明报送样品的相关数据和资料，并标明每件样品对应的图纸号，预留监理人批复意见栏。监理人应在收到承包人报送的样品后7天向承包人回复经发包人签认的样品审批意见。

（3）经发包人和监理人审批确认的样品应按约定的方法封样，封存的样品作为检验工程相关部分的标准之一。承包人在施工过程中不得使用与样品不符的材料或工程设备。

（4）发包人和监理人对样品的审批确认仅为确认相关材料或工程设备的特征或用途，不得被理解为对合同的修改或改变，也并不减轻或免除承包人任何的责任和义务。如果封存的样品修改或改变了合同约定，合同当事人应当以书面协议予以确认。

8.6.2 样品的保管

经批准的样品应由监理人负责封存于现场，承包人应在现场为保存样品提供适当和固定的场所并保持适当和良好的存储环境条件。

8.7 材料与工程设备的替代

8.7.1 出现下列情况需要使用替代材料和工程设备的，承包人应按照第8.7.2项约定的程序执行：

（1）基准日期后生效的法律规定禁止使用的；

（2）发包人要求使用替代品的；

（3）因其他原因必须使用替代品的。

8.7.2 承包人应在使用替代材料和工程设备28天前书面通知监理人，并附下列文件：

（1）被替代的材料和工程设备的名称、数量、规格、型号、品牌、性能、价格及其他相关资料；

（2）替代品的名称、数量、规格、型号、品牌、性能、价格及其他相关资料；

（3）替代品与被替代产品之间的差异以及使用替代品可能对工程产生的影响；

（4）替代品与被替代产品的价格差异；

（5）使用替代品的理由和原因说明；

（6）监理人要求的其他文件。

监理人应在收到通知后14天内向承包人发出经发包人签认的书面指示；监理人逾期

发出书面指示的，视为发包人和监理人同意使用替代品。

8.7.3 发包人认可使用替代材料和工程设备的，替代材料和工程设备的价格，按照已标价工程量清单或预算书相同项目的价格认定；无相同项目的，参考相似项目价格认定；既无相同项目也无相似项目的，按照合理的成本与利润构成的原则，由合同当事人按照第 4.4 款〔商定或确定〕确定价格。

8.8　施工设备和临时设施

8.8.1 承包人提供的施工设备和临时设施

承包人应按合同进度计划的要求，及时配置施工设备和修建临时设施。进入施工场地的承包人设备需经监理人核查后才能投入使用。承包人更换合同约定的承包人设备的，应报监理人批准。

除专用合同条款另有约定外，承包人应自行承担修建临时设施的费用，需要临时占地的，应由发包人办理申请手续并承担相应费用。

8.8.2 发包人提供的施工设备和临时设施

发包人提供的施工设备或临时设施在专用合同条款中约定。

8.8.3 要求承包人增加或更换施工设备

承包人使用的施工设备不能满足合同进度计划和（或）质量要求时，监理人有权要求承包人增加或更换施工设备，承包人应及时增加或更换，由此增加的费用和（或）延误的工期由承包人承担。

8.9　材料与设备专用要求

承包人运入施工现场的材料、工程设备、施工设备以及在施工场地建设的临时设施，包括备品备件、安装工具与资料，必须专用于工程。未经发包人批准，承包人不得运出施工现场或挪作他用；经发包人批准，承包人可以根据施工进度计划撤走闲置的施工设备和其他物品。

9. 试验与检验

9.1　试验设备与试验人员

9.1.1 承包人根据合同约定或监理人指示进行的现场材料试验，应由承包人提供试验场所、试验人员、试验设备以及其他必要的试验条件。监理人在必要时可以使用承包人提供的试验场所、试验设备以及其他试验条件，进行以工程质量检查为目的的材料复核试验，承包人应予以协助。

9.1.2 承包人应按专用合同条款的约定提供试验设备、取样装置、试验场所和试验条件，并向监理人提交相应进场计划表。

承包人配置的试验设备要符合相应试验规程的要求并经过具有资质的检测单位检测，且在正式使用该试验设备前，需要经过监理人与承包人共同校定。

9.1.3 承包人应向监理人提交试验人员的名单及其岗位、资格等证明资料，试验人员必须能够熟练进行相应的检测试验，承包人对试验人员的试验程序和试验结果的正确性负责。

9.2　取样

试验属于自检性质的，承包人可以单独取样。试验属于监理人抽检性质的，可由监理人取样，也可由承包人的试验人员在监理人的监督下取样。

9.3   材料、工程设备和工程的试验和检验

9.3.1   承包人应按合同约定进行材料、工程设备和工程的试验和检验，并为监理人对上述材料、工程设备和工程的质量检查提供必要的试验资料和原始记录。按合同约定应由监理人与承包人共同进行试验和检验的，由承包人负责提供必要的试验资料和原始记录。

9.3.2   试验属于自检性质的，承包人可以单独进行试验。试验属于监理人抽检性质的，监理人可以单独进行试验，也可由承包人与监理人共同进行。承包人对由监理人单独进行的试验结果有异议的，可以申请重新共同进行试验。约定共同进行试验的，监理人未按照约定参加试验的，承包人可自行试验，并将试验结果报送监理人，监理人应承认该试验结果。

9.3.3   监理人对承包人的试验和检验结果有异议的，或为查清承包人试验和检验成果的可靠性要求承包人重新试验和检验的，可由监理人与承包人共同进行。重新试验和检验的结果证明该项材料、工程设备或工程的质量不符合合同要求的，由此增加的费用和（或）延误的工期由承包人承担；重新试验和检验结果证明该项材料、工程设备和工程符合合同要求的，由此增加的费用和（或）延误的工期由发包人承担。

9.4   现场工艺试验

承包人应按合同约定或监理人指示进行现场工艺试验。对大型的现场工艺试验，监理人认为必要时，承包人应根据监理人提出的工艺试验要求，编制工艺试验措施计划，报送监理人审查。

10. 变更

10.1   变更的范围

除专用合同条款另有约定外，合同履行过程中发生以下情形的，应按照本条约定进行变更：

（1）增加或减少合同中任何工作，或追加额外的工作；

（2）取消合同中任何工作，但转由他人实施的工作除外；

（3）改变合同中任何工作的质量标准或其他特性；

（4）改变工程的基线、标高、位置和尺寸；

（5）改变工程的时间安排或实施顺序。

10.2   变更权

发包人和监理人均可以提出变更。变更指示均通过监理人发出，监理人发出变更指示前应征得发包人同意。承包人收到经发包人签认的变更指示后，方可实施变更。未经许可，承包人不得擅自对工程的任何部分进行变更。

涉及设计变更的，应由设计人提供变更后的图纸和说明。如变更超过原设计标准或批准的建设规模时，发包人应及时办理规划、设计变更等审批手续。

10.3   变更程序

10.3.1   发包人提出变更

发包人提出变更的，应通过监理人向承包人发出变更指示，变更指示应说明计划变更的工程范围和变更的内容。

10.3.2   监理人提出变更建议

监理人提出变更建议的，需要向发包人以书面形式提出变更计划，说明计划变更工程范围和变更的内容、理由，以及实施该变更对合同价格和工期的影响。发包人同意变更的，由监理人向承包人发出变更指示。发包人不同意变更的，监理人无权擅自发出变更指示。

10.3.3 变更执行

承包人收到监理人下达的变更指示后，认为不能执行，应立即提出不能执行该变更指示的理由。承包人认为可以执行变更的，应当书面说明实施该变更指示对合同价格和工期的影响，且合同当事人应当按照第 10.4 款〔变更估价〕约定确定变更估价。

10.4 变更估价

10.4.1 变更估价原则

除专用合同条款另有约定外，变更估价按照本款约定处理：

（1）已标价工程量清单或预算书有相同项目的，按照相同项目单价认定；

（2）已标价工程量清单或预算书中无相同项目，但有类似项目的，参照类似项目的单价认定；

（3）变更导致实际完成的变更工程量与已标价工程量清单或预算书中列明的该项目工程量的变化幅度超过 15％的，或已标价工程量清单或预算书中无相同项目及类似项目单价的，按照合理的成本与利润构成的原则，由合同当事人按照第 4.4 款〔商定或确定〕确定变更工作的单价。

10.4.2 变更估价程序

承包人应在收到变更指示后 14 天内，向监理人提交变更估价申请。监理人应在收到承包人提交的变更估价申请后 7 天内审查完毕并报送发包人，监理人对变更估价申请有异议，通知承包人修改后重新提交。发包人应在承包人提交变更估价申请后 14 天内审批完毕。发包人逾期未完成审批或未提出异议的，视为认可承包人提交的变更估价申请。

因变更引起的价格调整应计入最近一期的进度款中支付。

10.5 承包人的合理化建议

承包人提出合理化建议的，应向监理人提交合理化建议说明，说明建议的内容和理由，以及实施该建议对合同价格和工期的影响。

除专用合同条款另有约定外，监理人应在收到承包人提交的合理化建议后 7 天内审查完毕并报送发包人，发现其中存在技术上的缺陷，应通知承包人修改。发包人应在收到监理人报送的合理化建议后 7 天内审批完毕。合理化建议经发包人批准的，监理人应及时发出变更指示，由此引起的合同价格调整按照第 10.4 款〔变更估价〕约定执行。发包人不同意变更的，监理人应书面通知承包人。

合理化建议降低了合同价格或者提高了工程经济效益的，发包人可对承包人给予奖励，奖励的方法和金额在专用合同条款中约定。

10.6 变更引起的工期调整

因变更引起工期变化的，合同当事人均可要求调整合同工期，由合同当事人按照第 4.4 款〔商定或确定〕并参考工程所在地的工期定额标准确定增减工期天数。

10.7 暂估价

暂估价专业分包工程、服务、材料和工程设备的明细由合同当事人在专用合同条款中约定。

10.7.1　依法必须招标的暂估价项目

对于依法必须招标的暂估价项目，采取以下第 1 种方式确定。合同当事人也可以在专用合同条款中选择其他招标方式。

第 1 种方式：对于依法必须招标的暂估价项目，由承包人招标，对该暂估价项目的确认和批准按照以下约定执行：

（1）承包人应当根据施工进度计划，在招标工作启动前 14 天将招标方案通过监理人报送发包人审查，发包人应当在收到承包人报送的招标方案后 7 天内批准或提出修改意见。承包人应当按照经过发包人批准的招标方案开展招标工作；

（2）承包人应当根据施工进度计划，提前 14 天将招标文件通过监理人报送发包人审批，发包人应当在收到承包人报送的相关文件后 7 天内完成审批或提出修改意见；发包人有权确定招标控制价并按照法律规定参加评标；

（3）承包人与供应商、分包人在签订暂估价合同前，应当提前 7 天将确定的中标候选供应商或中标候选分包人的资料报送发包人，发包人应在收到资料后 3 天内与承包人共同确定中标人；承包人应当在签订合同后 7 天内，将暂估价合同副本报送发包人留存。

第 2 种方式：对于依法必须招标的暂估价项目，由发包人和承包人共同招标确定暂估价供应商或分包人的，承包人应按照施工进度计划，在招标工作启动前 14 天通知发包人，并提交暂估价招标方案和工作分工。发包人应在收到后 7 天内确认。确定中标人后，由发包人、承包人与中标人共同签订暂估价合同。

10.7.2　不属于依法必须招标的暂估价项目

除专用合同条款另有约定外，对于不属于依法必须招标的暂估价项目，采取以下第 1 种方式确定：

第 1 种方式：对于不属于依法必须招标的暂估价项目，按本项约定确认和批准：

（1）承包人应根据施工进度计划，在签订暂估价项目的采购合同、分包合同前 28 天向监理人提出书面申请。监理人应当在收到申请后 3 天内报送发包人，发包人应当在收到申请后 14 天内给予批准或提出修改意见，发包人逾期未予批准或提出修改意见的，视为该书面申请已获得同意；

（2）发包人认为承包人确定的供应商、分包人无法满足工程质量或合同要求的，发包人可以要求承包人重新确定暂估价项目的供应商、分包人；

（3）承包人应当在签订暂估价合同后 7 天内，将暂估价合同副本报送发包人留存。

第 2 种方式：承包人按照第 10.7.1 项〔依法必须招标的暂估价项目〕约定的第 1 种方式确定暂估价项目。

第 3 种方式：承包人直接实施的暂估价项目

承包人具备实施暂估价项目的资格和条件的，经发包人和承包人协商一致后，可由承包人自行实施暂估价项目，合同当事人可以在专用合同条款约定具体事项。

10.7.3　因发包人原因导致暂估价合同订立和履行迟延的，由此增加的费用和（或）延误的工期由发包人承担，并支付承包人合理的利润。因承包人原因导致暂估价合同订立和履行迟延的，由此增加的费用和（或）延误的工期由承包人承担。

10.8　暂列金额

暂列金额应按照发包人的要求使用，发包人的要求应通过监理人发出。合同当事人可以在专用合同条款中协商确定有关事项。

10.9　计日工

需要采用计日工方式的，经发包人同意后，由监理人通知承包人以计日工计价方式实施相应的工作，其价款按列入已标价工程量清单或预算书中的计日工计价项目及其单价进行计算；已标价工程量清单或预算书中无相应的计日工单价的，按照合理的成本与利润构成的原则，由合同当事人按照第 4.4 款〔商定或确定〕确定计日工的单价。

采用计日工计价的任何一项工作，承包人应在该项工作实施过程中，每天提交以下报表和有关凭证报送监理人审查：

（1）工作名称、内容和数量；

（2）投入该工作的所有人员的姓名、专业、工种、级别和耗用工时；

（3）投入该工作的材料类别和数量；

（4）投入该工作的施工设备型号、台数和耗用台时；

（5）其他有关资料和凭证。

计日工由承包人汇总后，列入最近一期进度付款申请单，由监理人审查并经发包人批准后列入进度付款。

11. 价格调整

11.1　市场价格波动引起的调整

除专用合同条款另有约定外，市场价格波动超过合同当事人约定的范围，合同价格应当调整。合同当事人可以在专用合同条款中约定选择以下一种方式对合同价格进行调整：

第 1 种方式：采用价格指数进行价格调整。

（1）价格调整公式

因人工、材料和设备等价格波动影响合同价格时，根据专用合同条款中约定的数据，按以下公式计算差额并调整合同价格：

$$\Delta P = P_0\left[A + \left(B_1 \times \frac{F_{t1}}{F_{01}} + B_2 \times \frac{F_{t2}}{F_{02}} + B_3 \times \frac{F_{t3}}{F_{03}} + \cdots + B_n \times \frac{F_{tn}}{F_{0n}}\right) - 1\right]$$

公式中　ΔP——需调整的价格差额；

P_0——约定的付款证书中承包人应得到的已完成工程量的金额。此项金额应不包括价格调整、不计质量保证金的扣留和支付、预付款的支付和扣回。约定的变更及其他金额已按现行价格计价的，也不计在内；

A——定值权重（即不调部分的权重）；

$B_1；B_2；B_3\cdots\cdots B_n$——各可调因子的变值权重（即可调部分的权重），为各可调因子在签约合同价中所占的比例；

$F_{t1}；F_{t2}；F_{t3}\cdots\cdots F_{tn}$——各可调因子的现行价格指数，指约定的付款证书相关周期最后一天的前 42 天的各可调因子的价格指数；

$F_{01}；F_{02}；F_{03}\cdots\cdots F_{0n}$——各可调因子的基本价格指数，指基准日期的各可调因子的价格指数。

以上价格调整公式中的各可调因子、定值和变值权重，以及基本价格指数及其来源在投标函附录价格指数和权重表中约定，非招标订立的合同，由合同当事人在专用合同条款中约定。价格指数应首先采用工程造价管理机构发布的价格指数，无前述价格指数时，可采用工程造价管理机构发布的价格代替。

（2）暂时确定调整差额

在计算调整差额时无现行价格指数的，合同当事人同意暂用前次价格指数计算。实际价格指数有调整的，合同当事人进行相应调整。

（3）权重的调整

因变更导致合同约定的权重不合理时，按照第4.4款〔商定或确定〕执行。

（4）因承包人原因工期延误后的价格调整

因承包人原因未按期竣工的，对合同约定的竣工日期后继续施工的工程，在使用价格调整公式时，应采用计划竣工日期与实际竣工日期的两个价格指数中较低的一个作为现行价格指数。

第2种方式：采用造价信息进行价格调整。

合同履行期间，因人工、材料、工程设备和机械台班价格波动影响合同价格时，人工、机械使用费按照国家或省、自治区、直辖市建设行政管理部门、行业建设管理部门或其授权的工程造价管理机构发布的人工、机械使用费系数进行调整；需要进行价格调整的材料，其单价和采购数量应由发包人审批，发包人确认需调整的材料单价及数量，作为调整合同价格的依据。

（1）人工单价发生变化且符合省级或行业建设主管部门发布的人工费调整规定，合同当事人应按省级或行业建设主管部门或其授权的工程造价管理机构发布的人工费等文件调整合同价格，但承包人对人工费或人工单价的报价高于发布价格的除外。

（2）材料、工程设备价格变化的价款调整按照发包人提供的基准价格，按以下风险范围规定执行：

①承包人在已标价工程量清单或预算书中载明材料单价低于基准价格的：除专用合同条款另有约定外，合同履行期间材料单价涨幅以基准价格为基础超过5％时，或材料单价跌幅以在已标价工程量清单或预算书中载明材料单价为基础超过5％时，其超过部分据实调整。

②承包人在已标价工程量清单或预算书中载明材料单价高于基准价格的：除专用合同条款另有约定外，合同履行期间材料单价跌幅以基准价格为基础超过5％时，材料单价涨幅以在已标价工程量清单或预算书中载明材料单价为基础超过5％时，其超过部分据实调整。

③承包人在已标价工程量清单或预算书中载明材料单价等于基准价格的：除专用合同条款另有约定外，合同履行期间材料单价涨跌幅以基准价格为基础超过±5％时，其超过部分据实调整。

④承包人应在采购材料前将采购数量和新的材料单价报发包人核对，发包人确认用于工程时，发包人应确认采购材料的数量和单价。发包人在收到承包人报送的确认资料后5天内不予答复的视为认可，作为调整合同价格的依据。未经发包人事先核对，承包人自行采购材料的，发包人有权不予调整合同价格。发包人同意的，可以调整合同价格。

前述基准价格是指由发包人在招标文件或专用合同条款中给定的材料、工程设备的价格，该价格原则上应当按照省级或行业建设主管部门或其授权的工程造价管理机构发布的信息价编制。

（3）施工机械台班单价或施工机械使用费发生变化超过省级或行业建设主管部门或其授权的工程造价管理机构规定的范围时，按规定调整合同价格。

第3种方式：专用合同条款约定的其他方式。

11.2 法律变化引起的调整

基准日期后，法律变化导致承包人在合同履行过程中所需要的费用发生除第11.1款〔市场价格波动引起的调整〕约定以外的增加时，由发包人承担由此增加的费用；减少时，应从合同价格中予以扣减。基准日期后，因法律变化造成工期延误时，工期应予以顺延。

因法律变化引起的合同价格和工期调整，合同当事人无法达成一致的，由总监理工程师按第4.4款〔商定或确定〕的约定处理。

因承包人原因造成工期延误，在工期延误期间出现法律变化的，由此增加的费用和（或）延误的工期由承包人承担。

12. 合同价格、计量与支付

12.1 合同价格形式

发包人和承包人应在合同协议书中选择下列一种合同价格形式：

1. 单价合同

单价合同是指合同当事人约定以工程量清单及其综合单价进行合同价格计算、调整和确认的建设工程施工合同，在约定的范围内合同单价不作调整。合同当事人应在专用合同条款中约定综合单价包含的风险范围和风险费用的计算方法，并约定风险范围以外的合同价格的调整方法，其中因市场价格波动引起的调整按第11.1款〔市场价格波动引起的调整〕约定执行。

2. 总价合同

总价合同是指合同当事人约定以施工图、已标价工程量清单或预算书及有关条件进行合同价格计算、调整和确认的建设工程施工合同，在约定的范围内合同总价不作调整。合同当事人应在专用合同条款中约定总价包含的风险范围和风险费用的计算方法，并约定风险范围以外的合同价格的调整方法，其中因市场价格波动引起的调整按第11.1款〔市场价格波动引起的调整〕、因法律变化引起的调整按第11.2款〔法律变化引起的调整〕约定执行。

3. 其他价格形式

合同当事人可在专用合同条款中约定其他合同价格形式。

12.2 预付款

12.2.1 预付款的支付

预付款的支付按照专用合同条款约定执行，但至迟应在开工通知载明的开工日期7天前支付。预付款应当用于材料、工程设备、施工设备的采购及修建临时工程、组织施工队伍进场等。

除专用合同条款另有约定外，预付款在进度付款中同比例扣回。在颁发工程接收证书前，提前解除合同的，尚未扣完的预付款应与合同价款一并结算。

发包人逾期支付预付款超过 7 天的，承包人有权向发包人发出要求预付的催告通知，发包人收到通知后 7 天内仍未支付的，承包人有权暂停施工，并按第 16.1.1 项〔发包人违约的情形〕执行。

12.2.2　预付款担保

发包人要求承包人提供预付款担保的，承包人应在发包人支付预付款 7 天前提供预付款担保，专用合同条款另有约定除外。预付款担保可采用银行保函、担保公司担保等形式，具体由合同当事人在专用合同条款中约定。在预付款完全扣回之前，承包人应保证预付款担保持续有效。

发包人在工程款中逐期扣回预付款后，预付款担保额度应相应减少，但剩余的预付款担保金额不得低于未被扣回的预付款金额。

12.3　计量

12.3.1　计量原则

工程量计量按照合同约定的工程量计算规则、图纸及变更指示等进行计量。工程量计算规则应以相关的国家标准、行业标准等为依据，由合同当事人在专用合同条款中约定。

12.3.2　计量周期

除专用合同条款另有约定外，工程量的计量按月进行。

12.3.3　单价合同的计量

除专用合同条款另有约定外，单价合同的计量按照本项约定执行：

（1）承包人应于每月 25 日向监理人报送上月 20 日至当月 19 日已完成的工程量报告，并附具进度付款申请单、已完成工程量报表和有关资料。

（2）监理人应在收到承包人提交的工程量报告后 7 天内完成对承包人提交的工程量报表的审核并报送发包人，以确定当月实际完成的工程量。监理人对工程量有异议的，有权要求承包人进行共同复核或抽样复测。承包人应协助监理人进行复核或抽样复测，并按监理人要求提供补充计量资料。承包人未按监理人要求参加复核或抽样复测的，监理人复核或修正的工程量视为承包人实际完成的工程量。

（3）监理人未在收到承包人提交的工程量报表后的 7 天内完成审核的，承包人报送的工程量报告中的工程量视为承包人实际完成的工程量，据此计算工程价款。

12.3.4　总价合同的计量

除专用合同条款另有约定外，按月计量支付的总价合同，按照本项约定执行：

（1）承包人应于每月 25 日向监理人报送上月 20 日至当月 19 日已完成的工程量报告，并附具进度付款申请单、已完成工程量报表和有关资料。

（2）监理人应在收到承包人提交的工程量报告后 7 天内完成对承包人提交的工程量报表的审核并报送发包人，以确定当月实际完成的工程量。监理人对工程量有异议的，有权要求承包人进行共同复核或抽样复测。承包人应协助监理人进行复核或抽样复测并按监理人要求提供补充计量资料。承包人未按监理人要求参加复核或抽样复测的，监理人审核或修正的工程量视为承包人实际完成的工程量。

（3）监理人未在收到承包人提交的工程量报表后的 7 天内完成复核的，承包人提交的工程量报告中的工程量视为承包人实际完成的工程量。

12.3.5 总价合同采用支付分解表计量支付的，可以按照第 12.3.4 项〔总价合同的计量〕约定进行计量，但合同价款按照支付分解表进行支付。

12.3.6 其他价格形式合同的计量

合同当事人可在专用合同条款中约定其他价格形式合同的计量方式和程序。

12.4 工程进度款支付

12.4.1 付款周期

除专用合同条款另有约定外，付款周期应按照第 12.3.2 项〔计量周期〕的约定与计量周期保持一致。

12.4.2 进度付款申请单的编制

除专用合同条款另有约定外，进度付款申请单应包括下列内容：

（1）截至本次付款周期已完成工作对应的金额；

（2）根据第 10 条〔变更〕应增加和扣减的变更金额；

（3）根据第 12.2 款〔预付款〕约定应支付的预付款和扣减的返还预付款；

（4）根据第 15.3 款〔质量保证金〕约定应扣减的质量保证金；

（5）根据第 19 条〔索赔〕应增加和扣减的索赔金额；

（6）对已签发的进度款支付证书中出现错误的修正，应在本次进度付款中支付或扣除的金额；

（7）根据合同约定应增加和扣减的其他金额。

12.4.3 进度付款申请单的提交

（1）单价合同进度付款申请单的提交

单价合同的进度付款申请单，按照第 12.3.3 项〔单价合同的计量〕约定的时间按月向监理人提交，并附上已完成工程量报表和有关资料。单价合同中的总价项目按月进行支付分解，并汇总列入当期进度付款申请单。

（2）总价合同进度付款申请单的提交

总价合同按月计量支付的，承包人按照第 12.3.4 项〔总价合同的计量〕约定的时间按月向监理人提交进度付款申请单，并附上已完成工程量报表和有关资料。

总价合同按支付分解表支付的，承包人应按照第 12.4.6 项〔支付分解表〕及第 12.4.2 项〔进度付款申请单的编制〕的约定向监理人提交进度付款申请单。

（3）其他价格形式合同的进度付款申请单的提交

合同当事人可在专用合同条款中约定其他价格形式合同的进度付款申请单的编制和提交程序。

12.4.4 进度款审核和支付

（1）除专用合同条款另有约定外，监理人应在收到承包人进度付款申请单以及相关资料后 7 天内完成审查并报送发包人，发包人应在收到后 7 天内完成审批并签发进度款支付证书。发包人逾期未完成审批且未提出异议的，视为已签发进度款支付证书。

发包人和监理人对承包人的进度付款申请单有异议的，有权要求承包人修正和提供补充资料，承包人应提交修正后的进度付款申请单。监理人应在收到承包人修正后的进度付款申请单及相关资料后 7 天内完成审查并报送发包人，发包人应在收到监理人报送的进度付款申请单及相关资料后 7 天内，向承包人签发无异议部分的临时进度款支付证书。存在争议的部分，按照第 20 条〔争议解决〕的约定处理。

（2）除专用合同条款另有约定外，发包人应在进度款支付证书或临时进度款支付证书签发后 14 天内完成支付，发包人逾期支付进度款的，应按照中国人民银行发布的同期同类贷款基准利率支付违约金。

（3）发包人签发进度款支付证书或临时进度款支付证书，不表明发包人已同意、批准或接受了承包人完成的相应部分的工作。

12.4.5　进度付款的修正

在对已签发的进度款支付证书进行阶段汇总和复核中发现错误、遗漏或重复的，发包人和承包人均有权提出修正申请。经发包人和承包人同意的修正，应在下期进度付款中支付或扣除。

12.4.6　支付分解表

1. 支付分解表的编制要求

（1）支付分解表中所列的每期付款金额，应为第 12.4.2 项〔进度付款申请单的编制〕第（1）目的估算金额；

（2）实际进度与施工进度计划不一致的，合同当事人可按照第 4.4 款〔商定或确定〕修改支付分解表；

（3）不采用支付分解表的，承包人应向发包人和监理人提交按季度编制的支付估算分解表，用于支付参考。

2. 总价合同支付分解表的编制与审批

（1）除专用合同条款另有约定外，承包人应根据第 7.2 款〔施工进度计划〕约定的施工进度计划、签约合同价和工程量等因素对总价合同按月进行分解，编制支付分解表。承包人应当在收到监理人和发包人批准的施工进度计划后 7 天内，将支付分解表及编制支付分解表的支持性资料报送监理人。

（2）监理人应在收到支付分解表后 7 天内完成审核并报送发包人。发包人应在收到经监理人审核的支付分解表后 7 天内完成审批，经发包人批准的支付分解表为有约束力的支付分解表。

（3）发包人逾期未完成支付分解表审批的，也未及时要求承包人进行修正和提供补充资料的，则承包人提交的支付分解表视为已经获得发包人批准。

3. 单价合同的总价项目支付分解表的编制与审批

除专用合同条款另有约定外，单价合同的总价项目，由承包人根据施工进度计划和总价项目的总价构成、费用性质、计划发生时间和相应工程量等因素按月进行分解，形成支付分解表，其编制与审批参照总价合同支付分解表的编制与审批执行。

12.5　支付账户

发包人应将合同价款支付至合同协议书中约定的承包人账户。

13. 验收和工程试车

13.1　分部分项工程验收

13.1.1　分部分项工程质量应符合国家有关工程施工验收规范、标准及合同约定，承包人应按照施工组织设计的要求完成分部分项工程施工。

13.1.2　除专用合同条款另有约定外，分部分项工程经承包人自检合格并具备验收条件的，承包人应提前 48 小时通知监理人进行验收。监理人不能按时进行验收的，应在验收前 24 小时向承包人提交书面延期要求，但延期不能超过 48 小时。监理人未按时进行验收，也未提出延期要求的，承包人有权自行验收，监理人应认可验收结果。分部分项工程未经验收的，不得进入下一道工序施工。

分部分项工程的验收资料应当作为竣工资料的组成部分。

13.2　竣工验收

13.2.1　竣工验收条件

工程具备以下条件的，承包人可以申请竣工验收：

（1）除发包人同意的甩项工作和缺陷修补工作外，合同范围内的全部工程以及有关工作，包括合同要求的试验、试运行以及检验均已完成，并符合合同要求；

（2）已按合同约定编制了甩项工作和缺陷修补工作清单以及相应的施工计划；

（3）已按合同约定的内容和份数备齐竣工资料。

13.2.2　竣工验收程序

除专用合同条款另有约定外，承包人申请竣工验收的，应当按照以下程序进行：

（1）承包人向监理人报送竣工验收申请报告，监理人应在收到竣工验收申请报告后 14 天内完成审查并报送发包人。监理人审查后认为尚不具备验收条件的，应通知承包人在竣工验收前承包人还需完成的工作内容，承包人应在完成监理人通知的全部工作内容后，再次提交竣工验收申请报告。

（2）监理人审查后认为已具备竣工验收条件的，应将竣工验收申请报告提交发包人，发包人应在收到经监理人审核的竣工验收申请报告后 28 天内审批完毕并组织监理人、承包人、设计人等相关单位完成竣工验收。

（3）竣工验收合格的，发包人应在验收合格后 14 天内向承包人签发工程接收证书。发包人无正当理由逾期不颁发工程接收证书的，自验收合格后第 15 天起视为已颁发工程接收证书。

（4）竣工验收不合格的，监理人应按照验收意见发出指示，要求承包人对不合格工程返工、修复或采取其他补救措施，由此增加的费用和（或）延误的工期由承包人承担。承包人在完成不合格工程的返工、修复或采取其他补救措施后，应重新提交竣工验收申请报告，并按本项约定的程序重新进行验收。

（5）工程未经验收或验收不合格，发包人擅自使用的，应在转移占有工程后 7 天内向承包人颁发工程接收证书；发包人无正当理由逾期不颁发工程接收证书的，自转移占有后第 15 天起视为已颁发工程接收证书。

除专用合同条款另有约定外，发包人不按照本项约定组织竣工验收、颁发工程接收证书的，每逾期一天，应以签约合同价为基数，按照中国人民银行发布的同期同类贷款基准利率支付违约金。

13.2.3　竣工日期

工程经竣工验收合格的，以承包人提交竣工验收申请报告之日为实际竣工日期，并在工程接收证书中载明；因发包人原因，未在监理人收到承包人提交的竣工验收申请报告 42 天内完成竣工验收，或完成竣工验收不予签发工程接收证书的，以提交竣工验收申请报告的日期为实际竣工日期；工程未经竣工验收，发包人擅自使用的，以转移占有工程之日为实际竣工日期。

13.2.4 拒绝接收全部或部分工程

对于竣工验收不合格的工程，承包人完成整改后，应当重新进行竣工验收，经重新组织验收仍不合格的且无法采取措施补救的，则发包人可以拒绝接收不合格工程，因不合格工程导致其他工程不能正常使用的，承包人应采取措施确保相关工程的正常使用，由此增加的费用和（或）延误的工期由承包人承担。

13.2.5 移交、接收全部与部分工程

除专用合同条款另有约定外，合同当事人应当在颁发工程接收证书后 7 天内完成工程的移交。

发包人无正当理由不接收工程的，发包人自应当接收工程之日起，承担工程照管、成品保护、保管等与工程有关的各项费用，合同当事人可以在专用合同条款中另行约定发包人逾期接收工程的违约责任。

承包人无正当理由不移交工程的，承包人应承担工程照管、成品保护、保管等与工程有关的各项费用，合同当事人可以在专用合同条款中另行约定承包人无正当理由不移交工程的违约责任。

13.3 工程试车

13.3.1 试车程序

工程需要试车的，除专用合同条款另有约定外，试车内容应与承包人承包范围相一致，试车费用由承包人承担。工程试车应按如下程序进行：

（1）具备单机无负荷试车条件，承包人组织试车，并在试车前 48 小时书面通知监理人，通知中应载明试车内容、时间、地点。承包人准备试车记录，发包人根据承包人要求为试车提供必要条件。试车合格的，监理人在试车记录上签字。监理人在试车合格后不在试车记录上签字，自试车结束满 24 小时后视为监理人已经认可试车记录，承包人可继续施工或办理竣工验收手续。

监理人不能按时参加试车，应在试车前 24 小时以书面形式向承包人提出延期要求，但延期不能超过 48 小时，由此导致工期延误的，工期应予以顺延。监理人未能在前述期限内提出延期要求，又不参加试车的，视为认可试车记录。

（2）具备无负荷联动试车条件，发包人组织试车，并在试车前 48 小时以书面形式通知承包人。通知中应载明试车内容、时间、地点和对承包人的要求，承包人按要求做好准备工作。试车合格，合同当事人在试车记录上签字。承包人无正当理由不参加试车的，视为认可试车记录。

13.3.2 试车中的责任

因设计原因导致试车达不到验收要求，发包人应要求设计人修改设计，承包人按修改后的设计重新安装。发包人承担修改设计、拆除及重新安装的全部费用，工期相应顺延。因承包人原因导致试车达不到验收要求，承包人按监理人要求重新安装和试车，并承担重新安装和试车的费用，工期不予顺延。

因工程设备制造原因导致试车达不到验收要求的，由采购该工程设备的合同当事人负责重新购置或修理，承包人负责拆除和重新安装，由此增加的修理、重新购置、拆除及重新安装的费用及延误的工期由采购该工程设备的合同当事人承担。

13.3.3 投料试车

如需进行投料试车的，发包人应在工程竣工验收后组织投料试车。发包人要求在工程竣工验收前进行或需要承包人配合时，应征得承包人同意，并在专用合同条款中约定有关事项。

投料试车合格的，费用由发包人承担；因承包人原因造成投料试车不合格的，承包人应按照发包人要求进行整改，由此产生的整改费用由承包人承担；非因承包人原因导致投料试车不合格的，如发包人要求承包人进行整改的，由此产生的费用由发包人承担。

13.4 提前交付单位工程的验收

13.4.1 发包人需要在工程竣工前使用单位工程的，或承包人提出提前交付已经竣工的单位工程且经发包人同意的，可进行单位工程验收，验收的程序按照第13.2款〔竣工验收〕的约定进行。

验收合格后，由监理人向承包人出具经发包人签认的单位工程接收证书。已签发单位工程接收证书的单位工程由发包人负责照管。单位工程的验收成果和结论作为整体工程竣工验收申请报告的附件。

13.4.2 发包人要求在工程竣工前交付单位工程，由此导致承包人费用增加和（或）工期延误的，由发包人承担由此增加的费用和（或）延误的工期，并支付承包人合理的利润。

13.5 施工期运行

13.5.1 施工期运行是指合同工程尚未全部竣工，其中某项或某几项单位工程或工程设备安装已竣工，根据专用合同条款约定，需要投入施工期运行的，经发包人按第13.4款〔提前交付单位工程的验收〕的约定验收合格，证明能确保安全后，才能在施工期投入运行。

13.5.2 在施工期运行中发现工程或工程设备损坏或存在缺陷的，由承包人按第15.2款〔缺陷责任期〕约定进行修复。

13.6 竣工退场

13.6.1 竣工退场

颁发工程接收证书后，承包人应按以下要求对施工现场进行清理：

（1）施工现场内残留的垃圾已全部清除出场；

（2）临时工程已拆除，场地已进行清理、平整或复原；

（3）按合同约定应撤离的人员、承包人施工设备和剩余的材料，包括废弃的施工设备和材料，已按计划撤离施工现场；

（4）施工现场周边及其附近道路、河道的施工堆积物，已全部清理；

（5）施工现场其他场地清理工作已全部完成。

施工现场的竣工退场费用由承包人承担。承包人应在专用合同条款约定的期限内完成竣工退场，逾期未完成的，发包人有权出售或另行处理承包人遗留的物品，由此支出的费用由承包人承担，发包人出售承包人遗留物品所得款项在扣除必要费用后应返还承包人。

13.6.2 地表还原

承包人应按发包人要求恢复临时占地及清理场地，承包人未按发包人的要求恢复临时占地，或者场地清理未达到合同约定要求的，发包人有权委托其他人恢复或清理，所发生的费用由承包人承担。

14. 竣工结算

14.1　竣工结算申请

除专用合同条款另有约定外，承包人应在工程竣工验收合格后 28 天内向发包人和监理人提交竣工结算申请单，并提交完整的结算资料，有关竣工结算申请单的资料清单和份数等要求由合同当事人在专用合同条款中约定。

除专用合同条款另有约定外，竣工结算申请单应包括以下内容：

（1）竣工结算合同价格；

（2）发包人已支付承包人的款项；

（3）应扣留的质量保证金；

（4）发包人应支付承包人的合同价款。

14.2　竣工结算审核

（1）除专用合同条款另有约定外，监理人应在收到竣工结算申请单后 14 天内完成核查并报送发包人。发包人应在收到监理人提交的经审核的竣工结算申请单后 14 天内完成审批，并由监理人向承包人签发经发包人签认的竣工付款证书。监理人或发包人对竣工结算申请单有异议的，有权要求承包人进行修正和提供补充资料，承包人应提交修正后的竣工结算申请单。

发包人在收到承包人提交竣工结算申请书后 28 天内未完成审批且未提出异议的，视为发包人认可承包人提交的竣工结算申请单，并自发包人收到承包人提交的竣工结算申请单后第 29 天起视为已签发竣工付款证书。

（2）除专用合同条款另有约定外，发包人应在签发竣工付款证书后的 14 天内，完成对承包人的竣工付款。发包人逾期支付的，按照中国人民银行发布的同期同类贷款基准利率支付违约金；逾期支付超过 56 天的，按照中国人民银行发布的同期同类贷款基准利率的两倍支付违约金。

（3）承包人对发包人签认的竣工付款证书有异议的，对于有异议部分应在收到发包人签认的竣工付款证书后 7 天内提出异议，并由合同当事人按照专用合同条款约定的方式和程序进行复核，或按照第 20 条〔争议解决〕约定处理。对于无异议部分，发包人应签发临时竣工付款证书，并按本款第（2）项完成付款。承包人逾期未提出异议的，视为认可发包人的审批结果。

14.3　甩项竣工协议

发包人要求甩项竣工的，合同当事人应签订甩项竣工协议。在甩项竣工协议中应明确，合同当事人按照第 14.1 款〔竣工结算申请〕及 14.2 款〔竣工结算审核〕的约定，对已完合格工程进行结算，并支付相应合同价款。

14.4　最终结清

14.4.1　最终结清申请单

（1）除专用合同条款另有约定外，承包人应在缺陷责任期终止证书颁发后 7 天内，按专用合同条款约定的份数向发包人提交最终结清申请单，并提供相关证明材料。

除专用合同条款另有约定外，最终结清申请单应列明质量保证金、应扣除的质量保证金、缺陷责任期内发生的增减费用。

（2）发包人对最终结清申请单内容有异议的，有权要求承包人进行修正和提供补充资料，承包人应向发包人提交修正后的最终结清申请单。

14.4.2 最终结清证书和支付

（1）除专用合同条款另有约定外，发包人应在收到承包人提交的最终结清申请单后14天内完成审批并向承包人颁发最终结清证书。发包人逾期未完成审批，又未提出修改意见的，视为发包人同意承包人提交的最终结清申请单，且自发包人收到承包人提交的最终结清申请单后15天起视为已颁发最终结清证书。

（2）除专用合同条款另有约定外，发包人应在颁发最终结清证书后7天内完成支付。发包人逾期支付的，按照中国人民银行发布的同期同类贷款基准利率支付违约金；逾期支付超过56天的，按照中国人民银行发布的同期同类贷款基准利率的两倍支付违约金。

（3）承包人对发包人颁发的最终结清证书有异议的，按第20条〔争议解决〕的约定办理。

15. 缺陷责任与保修

15.1 工程保修的原则

在工程移交发包人后，因承包人原因产生的质量缺陷，承包人应承担质量缺陷责任和保修义务。缺陷责任期届满，承包人仍应按合同约定的工程各部位保修年限承担保修义务。

15.2 缺陷责任期

15.2.1 缺陷责任期自实际竣工日期起计算，合同当事人应在专用合同条款约定缺陷责任期的具体期限，但该期限最长不超过24个月。

单位工程先于全部工程进行验收，经验收合格并交付使用的，该单位工程缺陷责任期自单位工程验收合格之日起算。因发包人原因导致工程无法按合同约定期限进行竣工验收的，缺陷责任期自承包人提交竣工验收申请报告之日起开始计算；发包人未经竣工验收擅自使用工程的，缺陷责任期自工程转移占有之日起开始计算。

15.2.2 工程竣工验收合格后，因承包人原因导致的缺陷或损坏致使工程、单位工程或某项主要设备不能按原定目的使用的，则发包人有权要求承包人延长缺陷责任期，并应在原缺陷责任期届满前发出延长通知，但缺陷责任期最长不能超过24个月。

15.2.3 任何一项缺陷或损坏修复后，经检查证明其影响了工程或工程设备的使用性能，承包人应重新进行合同约定的试验和试运行，试验和试运行的全部费用应由责任方承担。

15.2.4 除专用合同条款另有约定外，承包人应于缺陷责任期届满后7天内向发包人发出缺陷责任期届满通知，发包人应在收到缺陷责任期满通知后14天内核实承包人是否履行缺陷修复义务，承包人未能履行缺陷修复义务的，发包人有权扣除相应金额的维修费用。发包人应在收到缺陷责任期届满通知后14天内，向承包人颁发缺陷责任期终止证书。

15.3 质量保证金

经合同当事人协商一致扣留质量保证金的，应在专用合同条款中予以明确。

15.3.1 承包人提供质量保证金的方式

承包人提供质量保证金有以下三种方式：

（1）质量保证金保函；

（2）相应比例的工程款；

（3）双方约定的其他方式。

除专用合同条款另有约定外，质量保证金原则上采用上述第（1）种方式。

15.3.2 质量保证金的扣留

质量保证金的扣留有以下三种方式：

（1）在支付工程进度款时逐次扣留，在此情形下，质量保证金的计算基数不包括预付款的支付、扣回以及价格调整的金额；

（2）工程竣工结算时一次性扣留质量保证金；

（3）双方约定的其他扣留方式。

除专用合同条款另有约定外，质量保证金的扣留原则上采用上述第（1）种方式。

发包人累计扣留的质量保证金不得超过结算合同价格的5%，如承包人在发包人签发竣工付款证书后28天内提交质量保证金保函，发包人应同时退还扣留的作为质量保证金的工程价款。

15.3.3 质量保证金的退还

发包人应按14.4款〔最终结清〕的约定退还质量保证金。

15.4 保修

15.4.1 保修责任

工程保修期从工程竣工验收合格之日起算，具体分部分项工程的保修期由合同当事人在专用合同条款中约定，但不得低于法定最低保修年限。在工程保修期内，承包人应当根据有关法律规定以及合同约定承担保修责任。

发包人未经竣工验收擅自使用工程的，保修期自转移占有之日起算。

15.4.2 修复费用

保修期内，修复的费用按照以下约定处理：

（1）保修期内，因承包人原因造成工程的缺陷、损坏，承包人应负责修复，并承担修复的费用以及因工程的缺陷、损坏造成的人身伤害和财产损失；

（2）保修期内，因发包人使用不当造成工程的缺陷、损坏，可以委托承包人修复，但发包人应承担修复的费用，并支付承包人合理利润；

（3）因其他原因造成工程的缺陷、损坏，可以委托承包人修复，发包人应承担修复的费用，并支付承包人合理的利润，因工程的缺陷、损坏造成的人身伤害和财产损失由责任方承担。

15.4.3 修复通知

在保修期内，发包人在使用过程中，发现已接收的工程存在缺陷或损坏的，应书面通知承包人予以修复，但情况紧急必须立即修复缺陷或损坏的，发包人可以口头通知承包人并在口头通知后48小时内书面确认，承包人应在专用合同条款约定的合理期限内到达工程现场并修复缺陷或损坏。

15.4.4 未能修复

因承包人原因造成工程的缺陷或损坏，承包人拒绝维修或未能在合理期限内修复缺陷或损坏，且经发包人书面催告后仍未修复的，发包人有权自行修复或委托第三方修复，所需费用由承包人承担。但修复范围超出缺陷或损坏范围的，超出范围部分的修复费用由发包人承担。

15.4.5 承包人出入权

在保修期内，为了修复缺陷或损坏，承包人有权出入工程现场，除情况紧急必须立即修复缺陷或损坏外，承包人应提前 24 小时通知发包人进场修复的时间。承包人进入工程现场前应获得发包人同意，且不应影响发包人正常的生产经营，并应遵守发包人有关保安和保密等规定。

16. 违约

16.1 发包人违约

16.1.1 发包人违约的情形

在合同履行过程中发生的下列情形，属于发包人违约：

（1）因发包人原因未能在计划开工日期前 7 天内下达开工通知的；

（2）因发包人原因未能按合同约定支付合同价款的；

（3）发包人违反第 10.1 款〔变更的范围〕第（2）项约定，自行实施被取消的工作或转由他人实施的；

（4）发包人提供的材料、工程设备的规格、数量或质量不符合合同约定，或因发包人原因导致交货日期延误或交货地点变更等情况的；

（5）因发包人违反合同约定造成暂停施工的；

（6）发包人无正当理由没有在约定期限内发出复工指示，导致承包人无法复工的；

（7）发包人明确表示或者以其行为表明不履行合同主要义务的；

（8）发包人未能按照合同约定履行其他义务的。

发包人发生除本项第（7）目以外的违约情况时，承包人可向发包人发出通知，要求发包人采取有效措施纠正违约行为。发包人收到承包人通知后 28 天内仍不纠正违约行为的，承包人有权暂停相应部位工程施工，并通知监理人。

16.1.2 发包人违约的责任

发包人应承担因其违约给承包人增加的费用和（或）延误的工期，并支付承包人合理的利润。此外，合同当事人可在专用合同条款中另行约定发包人违约责任的承担方式和计算方法。

16.1.3 因发包人违约解除合同

除专用合同条款另有约定外，承包人按第 16.1.1 项〔发包人违约的情形〕约定暂停施工满 28 天后，发包人仍不纠正其违约行为并致使合同目的不能实现的，或出现第 16.1.1 项〔发包人违约的情形〕第（7）目约定的违约情况，承包人有权解除合同，发包人应承担由此增加的费用，并支付承包人合理的利润。

16.1.4 因发包人违约解除合同后的付款

承包人按照本款约定解除合同的，发包人应在解除合同后 28 天内支付下列款项，并解除履约担保：

（1）合同解除前所完成工作的价款；

（2）承包人为工程施工订购并已付款的材料、工程设备和其他物品的价款；

（3）承包人撤离施工现场以及遣散承包人人员的款项；

（4）按照合同约定在合同解除前应支付的违约金；

（5）按照合同约定应当支付给承包人的其他款项；

（6）按照合同约定应退还的质量保证金；

（7）因解除合同给承包人造成的损失。

合同当事人未能就解除合同后的结清达成一致的，按照第 20 条〔争议解决〕的约定处理。

承包人应妥善做好已完工程和与工程有关的已购材料、工程设备的保护和移交工作，并将施工设备和人员撤出施工现场，发包人应为承包人撤出提供必要条件。

16.2　承包人违约

16.2.1　承包人违约的情形

在合同履行过程中发生的下列情形，属于承包人违约：

（1）承包人违反合同约定进行转包或违法分包的；

（2）承包人违反合同约定采购和使用不合格的材料和工程设备的；

（3）因承包人原因导致工程质量不符合合同要求的；

（4）承包人违反第 8.9 款〔材料与设备专用要求〕的约定，未经批准，私自将已按照合同约定进入施工现场的材料或设备撤离施工现场的；

（5）承包人未能按施工进度计划及时完成合同约定的工作，造成工期延误的；

（6）承包人在缺陷责任期及保修期内，未能在合理期限对工程缺陷进行修复，或拒绝按发包人要求进行修复的；

（7）承包人明确表示或者以其行为表明不履行合同主要义务的；

（8）承包人未能按照合同约定履行其他义务的。

承包人发生除本项第（7）目约定以外的其他违约情况时，监理人可向承包人发出整改通知，要求其在指定的期限内改正。

16.2.2　承包人违约的责任

承包人应承担因其违约行为而增加的费用和（或）延误的工期。此外，合同当事人可在专用合同条款中另行约定承包人违约责任的承担方式和计算方法。

16.2.3　因承包人违约解除合同

除专用合同条款另有约定外，出现第 16.2.1 项〔承包人违约的情形〕第（7）目约定的违约情况时，或监理人发出整改通知后，承包人在指定的合理期限内仍不纠正违约行为并致使合同目的不能实现的，发包人有权解除合同。合同解除后，因继续完成工程的需要，发包人有权使用承包人在施工现场的材料、设备、临时工程、承包人文件和由承包人或以其名义编制的其他文件，合同当事人应在专用合同条款约定相应费用的承担方式。发包人继续使用的行为不免除或减轻承包人应承担的违约责任。

16.2.4　因承包人违约解除合同后的处理

因承包人原因导致合同解除的，则合同当事人应在合同解除后 28 天内完成估价、付款和清算，并按以下约定执行：

（1）合同解除后，按第 4.4 款〔商定或确定〕商定或确定承包人实际完成工作对应的合同价款，以及承包人已提供的材料、工程设备、施工设备和临时工程等的价值；

（2）合同解除后，承包人应支付的违约金；

（3）合同解除后，因解除合同给发包人造成的损失；

（4）合同解除后，承包人应按照发包人要求和监理人的指示完成现场的清理和撤离；

（5）发包人和承包人应在合同解除后进行清算，出具最终结清付款证书，结清全部款项。

因承包人违约解除合同的，发包人有权暂停对承包人的付款，查清各项付款和已扣款项。发包人和承包人未能就合同解除后的清算和款项支付达成一致的，按照第 20 条〔争议解决〕的约定处理。

16.2.5 采购合同权益转让

因承包人违约解除合同的，发包人有权要求承包人将其为实施合同而签订的材料和设备的采购合同的权益转让给发包人，承包人应在收到解除合同通知后 14 天内，协助发包人与采购合同的供应商达成相关的转让协议。

16.3 第三人造成的违约

在履行合同过程中，一方当事人因第三人的原因造成违约的，应当向对方当事人承担违约责任。一方当事人和第三人之间的纠纷，依照法律规定或者按照约定解决。

17. 不可抗力

17.1 不可抗力的确认

不可抗力是指合同当事人在签订合同时不可预见，在合同履行过程中不可避免且不能克服的自然灾害和社会性突发事件，如地震、海啸、瘟疫、骚乱、戒严、暴动、战争和专用合同条款中约定的其他情形。

不可抗力发生后，发包人和承包人应收集证明不可抗力发生及不可抗力造成损失的证据，并及时认真统计所造成的损失。合同当事人对是否属于不可抗力或其损失的意见不一致的，由监理人按第 4.4 款〔商定或确定〕的约定处理。发生争议时，按第 20 条〔争议解决〕的约定处理。

17.2 不可抗力的通知

合同一方当事人遇到不可抗力事件，使其履行合同义务受到阻碍时，应立即通知合同另一方当事人和监理人，书面说明不可抗力和受阻碍的详细情况，并提供必要的证明。

不可抗力持续发生的，合同一方当事人应及时向合同另一方当事人和监理人提交中间报告，说明不可抗力和履行合同受阻的情况，并于不可抗力事件结束后 28 天内提交最终报告及有关资料。

17.3 不可抗力后果的承担

17.3.1 不可抗力引起的后果及造成的损失由合同当事人按照法律规定及合同约定各自承担。不可抗力发生前已完成的工程应当按照合同约定进行计量支付。

17.3.2 不可抗力导致的人员伤亡、财产损失、费用增加和（或）工期延误等后果，由合同当事人按以下原则承担：

（1）永久工程、已运至施工现场的材料和工程设备的损坏，以及因工程损坏造成的第三人人员伤亡和财产损失由发包人承担；

（2）承包人施工设备的损坏由承包人承担；

（3）发包人和承包人承担各自人员伤亡和财产的损失；

（4）因不可抗力影响承包人履行合同约定的义务，已经引起或将引起工期延误的，应当顺延工期，由此导致承包人停工的费用损失由发包人和承包人合理分担，停工期间必须支付的工人工资由发包人承担；

（5）因不可抗力引起或将引起工期延误，发包人要求赶工的，由此增加的赶工费用由发包人承担；

（6）承包人在停工期间按照发包人要求照管、清理和修复工程的费用由发包人承担。

不可抗力发生后，合同当事人均应采取措施尽量避免和减少损失的扩大，任何一方当事人没有采取有效措施导致损失扩大的，应对扩大的损失承担责任。

因合同一方迟延履行合同义务，在迟延履行期间遭遇不可抗力的，不免除其违约责任。

17.4　因不可抗力解除合同

因不可抗力导致合同无法履行连续超过 84 天或累计超过 140 天的，发包人和承包人均有权解除合同。合同解除后，由双方当事人按照第 4.4 款〔商定或确定〕商定或确定发包人应支付的款项，该款项包括：

（1）合同解除前承包人已完成工作的价款；

（2）承包人为工程订购的并已交付给承包人，或承包人有责任接受交付的材料、工程设备和其他物品的价款；

（3）发包人要求承包人退货或解除订货合同而产生的费用，或因不能退货或解除合同而产生的损失；

（4）承包人撤离施工现场以及遣散承包人人员的费用；

（5）按照合同约定在合同解除前应支付给承包人的其他款项；

（6）扣减承包人按照合同约定应向发包人支付的款项；

（7）双方商定或确定的其他款项。

除专用合同条款另有约定外，合同解除后，发包人应在商定或确定上述款项后 28 天内完成上述款项的支付。

18. 保险

18.1　工程保险

除专用合同条款另有约定外，发包人应投保建筑工程一切险或安装工程一切险；发包人委托承包人投保的，因投保产生的保险费和其他相关费用由发包人承担。

18.2　工伤保险

18.2.1　发包人应依照法律规定参加工伤保险，并为在施工现场的全部员工办理工伤保险，缴纳工伤保险费，并要求监理人及由发包人为履行合同聘请的第三方依法参加工伤保险。

18.2.2　承包人应依照法律规定参加工伤保险，并为其履行合同的全部员工办理工伤保险，缴纳工伤保险费，并要求分包人及由承包人为履行合同聘请的第三方依法参加工伤保险。

18.3　其他保险

发包人和承包人可以为其施工现场的全部人员办理意外伤害保险并支付保险费，包括其员工及为履行合同聘请的第三方的人员，具体事项由合同当事人在专用合同条款约定。

除专用合同条款另有约定外，承包人应为其施工设备等办理财产保险。

18.4 持续保险

合同当事人应与保险人保持联系，使保险人能够随时了解工程实施中的变动，并确保按保险合同条款要求持续保险。

18.5 保险凭证

合同当事人应及时向另一方当事人提交其已投保的各项保险的凭证和保险单复印件。

18.6 未按约定投保的补救

18.6.1 发包人未按合同约定办理保险，或未能使保险持续有效的，则承包人可代为办理，所需费用由发包人承担。发包人未按合同约定办理保险，导致未能得到足额赔偿的，由发包人负责补足。

18.6.2 承包人未按合同约定办理保险，或未能使保险持续有效的，则发包人可代为办理，所需费用由承包人承担。承包人未按合同约定办理保险，导致未能得到足额赔偿的，由承包人负责补足。

18.7 通知义务

除专用合同条款另有约定外，发包人变更除工伤保险之外的保险合同时，应事先征得承包人同意，并通知监理人；承包人变更除工伤保险之外的保险合同时，应事先征得发包人同意，并通知监理人。

保险事故发生时，投保人应按照保险合同规定的条件和期限及时向保险人报告。发包人和承包人应当在知道保险事故发生后及时通知对方。

19. 索赔

19.1 承包人的索赔

根据合同约定，承包人认为有权得到追加付款和（或）延长工期的，应按以下程序向发包人提出索赔：

（1）承包人应在知道或应当知道索赔事件发生后 28 天内，向监理人递交索赔意向通知书，并说明发生索赔事件的事由；承包人未在前述 28 天内发出索赔意向通知书的，丧失要求追加付款和（或）延长工期的权利；

（2）承包人应在发出索赔意向通知书后 28 天内，向监理人正式递交索赔报告；索赔报告应详细说明索赔理由以及要求追加的付款金额和（或）延长的工期，并附必要的记录和证明材料；

（3）索赔事件具有持续影响的，承包人应按合理时间间隔继续递交延续索赔通知，说明持续影响的实际情况和记录，列出累计的追加付款金额和（或）工期延长天数；

（4）在索赔事件影响结束后 28 天内，承包人应向监理人递交最终索赔报告，说明最终要求索赔的追加付款金额和（或）延长的工期，并附必要的记录和证明材料。

19.2 对承包人索赔的处理

对承包人索赔的处理如下：

（1）监理人应在收到索赔报告后 14 天内完成审查并报送发包人。监理人对索赔报告存在异议的，有权要求承包人提交全部原始记录副本；

（2）发包人应在监理人收到索赔报告或有关索赔的进一步证明材料后的 28 天内，由监理人向承包人出具经发包人签认的索赔处理结果。发包人逾期答复的，则视为认可承包人的索赔要求；

（3）承包人接受索赔处理结果的，索赔款项在当期进度款中进行支付；承包人不接受索赔处理结果的，按照第20条〔争议解决〕约定处理。

19.3　发包人的索赔

根据合同约定，发包人认为有权得到赔付金额和（或）延长缺陷责任期的，监理人应向承包人发出通知并附有详细的证明。

发包人应在知道或应当知道索赔事件发生后28天内通过监理人向承包人提出索赔意向通知书，发包人未在前述28天内发出索赔意向通知书的，丧失要求赔付金额和（或）延长缺陷责任期的权利。发包人应在发出索赔意向通知书后28天内，通过监理人向承包人正式递交索赔报告。

19.4　对发包人索赔的处理

对发包人索赔的处理如下：

（1）承包人收到发包人提交的索赔报告后，应及时审查索赔报告的内容、查验发包人证明材料；

（2）承包人应在收到索赔报告或有关索赔的进一步证明材料后28天内，将索赔处理结果答复发包人。如果承包人未在上述期限内作出答复的，则视为对发包人索赔要求的认可；

（3）承包人接受索赔处理结果的，发包人可从应支付给承包人的合同价款中扣除赔付的金额或延长缺陷责任期；发包人不接受索赔处理结果的，按第20条〔争议解决〕约定处理。

19.5　提出索赔的期限

（1）承包人按第14.2款〔竣工结算审核〕约定接收竣工付款证书后，应被视为已无权再提出在工程接收证书颁发前所发生的任何索赔。

（2）承包人按第14.4款〔最终结清〕提交的最终结清申请单中，只限于提出工程接收证书颁发后发生的索赔。提出索赔的期限自接受最终结清证书时终止。

20. 争议解决

20.1　和解

合同当事人可以就争议自行和解，自行和解达成协议的经双方签字并盖章后作为合同补充文件，双方均应遵照执行。

20.2　调解

合同当事人可以就争议请求建设行政主管部门、行业协会或其他第三方进行调解，调解达成协议的，经双方签字并盖章后作为合同补充文件，双方均应遵照执行。

20.3　争议评审

合同当事人在专用合同条款中约定采取争议评审方式解决争议以及评审规则，并按下列约定执行：

20.3.1　争议评审小组的确定

合同当事人可以共同选择一名或三名争议评审员，组成争议评审小组。除专用合同条款另有约定外，合同当事人应当自合同签订后28天内，或者争议发生后14天内，选定争议评审员。

选择一名争议评审员的，由合同当事人共同确定；选择三名争议评审员的，各自选定一名，第三名成员为首席争议评审员，由合同当事人共同确定或由合同当事人委托已选定的争议评审员共同确定，或由专用合同条款约定的评审机构指定第三名首席争议评审员。

除专用合同条款另有约定外，评审员报酬由发包人和承包人各承担一半。

20.3.2 争议评审小组的决定

合同当事人可在任何时间将与合同有关的任何争议共同提请争议评审小组进行评审。争议评审小组应秉持客观、公正原则，充分听取合同当事人的意见，依据相关法律、规范、标准、案例经验及商业惯例等，自收到争议评审申请报告后 14 天内作出书面决定，并说明理由。合同当事人可以在专用合同条款中对本项事项另行约定。

20.3.3 争议评审小组决定的效力

争议评审小组作出的书面决定经合同当事人签字确认后，对双方具有约束力，双方应遵照执行。

任何一方当事人不接受争议评审小组决定或不履行争议评审小组决定的，双方可选择采用其他争议解决方式。

20.4 仲裁或诉讼

因合同及合同有关事项产生的争议，合同当事人可以在专用合同条款中约定以下一种方式解决争议：

（1）向约定的仲裁委员会申请仲裁；

（2）向有管辖权的人民法院起诉。

20.5 争议解决条款效力

合同有关争议解决的条款独立存在，合同的变更、解除、终止、无效或者被撤销均不影响其效力。

第三部分 专用合同条款

1 一般约定
1.1 词语定义
1.1.1 合同
1.1.1.10 其他合同文件包括：＿＿＿＿＿＿＿＿＿＿＿＿＿＿＿＿

＿＿＿＿＿＿＿＿＿＿＿＿＿＿＿＿＿＿＿＿＿＿＿＿＿＿＿＿＿。

1.1.2 合同当事人及其他相关方
1.1.2.4 监理人：

名　　称：＿＿＿＿＿＿＿＿＿＿＿＿＿＿＿＿＿＿＿＿＿＿＿＿；

资质类别和等级：＿＿＿＿＿＿＿＿＿＿＿＿＿＿＿＿＿＿＿＿＿；

联系电话：＿＿＿＿＿＿＿＿＿＿＿＿＿＿＿＿＿＿＿＿＿＿＿＿；

电子信箱：＿＿＿＿＿＿＿＿＿＿＿＿＿＿＿＿＿＿＿＿＿＿＿＿；

通信地址：＿＿＿＿＿＿＿＿＿＿＿＿＿＿＿＿＿＿＿＿＿＿＿＿。

1.1.2.5 设计人：

名　　称：＿＿＿＿＿＿＿＿＿＿＿＿＿＿＿＿＿＿＿＿＿＿＿＿；

资质类别和等级：＿＿＿＿＿＿＿＿＿＿＿＿＿＿＿＿＿＿＿＿＿；

联系电话：＿＿＿＿＿＿＿＿＿＿＿＿＿＿＿＿＿＿＿＿＿＿＿＿；

电子信箱：＿＿＿＿＿＿＿＿＿＿＿＿＿＿＿＿＿＿＿＿＿＿＿＿；

通信地址：＿＿＿＿＿＿＿＿＿＿＿＿＿＿＿＿＿＿＿＿＿＿＿＿。

1.1.3 工程和设备
1.1.3.7 作为施工现场组成部分的其他场所包括：＿＿＿＿＿＿

＿＿＿＿＿＿＿＿＿＿＿＿＿＿＿＿＿＿＿＿＿＿＿＿＿＿＿＿＿。

1.1.3.9 永久占地包括：＿＿＿＿＿＿＿＿＿＿＿＿＿＿＿＿＿。

1.1.3.10 临时占地包括：＿＿＿＿＿＿＿＿＿＿＿＿＿＿＿＿＿。

1.3 法律
适用于合同的其他规范性文件：＿＿＿＿＿＿＿＿＿＿＿＿＿＿＿

＿＿＿＿＿＿＿＿＿＿＿＿＿＿＿＿＿＿＿＿＿＿＿＿＿＿＿＿＿。

1.4 标准和规范
1.4.1 适用于工程的标准规范包括：＿＿＿＿＿＿＿＿＿＿＿＿

＿＿＿＿＿＿＿＿＿＿＿＿＿＿＿＿＿＿＿＿＿＿＿＿＿＿＿＿＿。

1.4.2 发包人提供国外标准、规范的名称：＿＿＿＿＿＿＿＿＿

＿＿＿＿＿＿＿＿＿＿＿＿＿＿＿＿＿＿＿＿＿＿＿＿＿＿＿＿＿；

发包人提供国外标准、规范的份数：＿＿＿＿＿＿＿＿＿＿＿＿＿；

发包人提供国外标准、规范的名称：＿＿＿＿＿＿＿＿＿＿＿＿＿。

1.4.3 发包人对工程的技术标准和功能要求的特殊要求：

＿＿＿＿＿＿＿＿＿＿＿＿＿＿＿＿＿＿＿＿＿＿＿＿＿＿＿＿＿

1.5 合同文件的优先顺序

合同文件组成及优先顺序为：＿＿＿＿＿＿＿＿＿＿＿＿＿＿＿＿＿＿＿＿＿＿＿＿＿。

1.6 图纸和承包人文件

1.6.1 图纸的提供

发包人向承包人提供图纸的期限：＿＿＿＿＿＿＿＿＿＿＿＿＿＿＿＿＿＿＿；

发包人向承包人提供图纸的数量：＿＿＿＿＿＿＿＿＿＿＿＿＿＿＿＿＿＿＿；

发包人向承包人提供图纸的内容：＿＿＿＿＿＿＿＿＿＿＿＿＿＿＿＿＿＿＿。

1.6.4 承包人文件

需要由承包人提供的文件，包括：＿＿＿＿＿＿＿＿＿＿＿＿＿＿＿＿＿＿＿

＿＿＿＿＿＿＿＿＿＿＿＿＿＿＿＿＿＿＿＿＿＿＿＿＿＿＿＿＿＿＿＿＿＿＿；

承包人提供的文件的期限为：＿＿＿＿＿＿＿＿＿＿＿＿＿＿＿＿＿＿＿＿＿；

承包人提供的文件的数量为：＿＿＿＿＿＿＿＿＿＿＿＿＿＿＿＿＿＿＿＿＿；

承包人提供的文件的形式为：＿＿＿＿＿＿＿＿＿＿＿＿＿＿＿＿＿＿＿＿＿；

发包人审批承包人文件的期限：＿＿＿＿＿＿＿＿＿＿＿＿＿＿＿＿＿＿＿＿。

1.6.5 现场图纸准备

关于现场图纸准备的约定：＿＿＿＿＿＿＿＿＿＿＿＿＿＿＿＿＿＿＿＿＿＿。

1.7 联络

1.7.1 发包人和承包人应当在＿＿＿＿天内将与合同有关的通知、批准、证明、证书、指示、指令、要求、请求、同意、意见、确定和决定等书面函件送达对方当事人。

1.7.2 发包人接收文件的地点：＿＿＿＿＿＿＿＿＿＿＿＿＿＿＿＿＿＿＿；

发包人指定的接收人为：＿＿＿＿＿＿＿＿＿＿＿＿＿＿＿＿＿＿＿＿＿＿＿。

承包人接收文件的地点：＿＿＿＿＿＿＿＿＿＿＿＿＿＿＿＿＿＿＿＿＿＿＿；

承包人指定的接收人为：＿＿＿＿＿＿＿＿＿＿＿＿＿＿＿＿＿＿＿＿＿＿＿。

监理人接收文件的地点：＿＿＿＿＿＿＿＿＿＿＿＿＿＿＿＿＿＿＿＿＿＿＿；

监理人指定的接收人为：＿＿＿＿＿＿＿＿＿＿＿＿＿＿＿＿＿＿＿＿＿＿＿。

1.10 交通运输

1.10.1 出入现场的权利

关于出入现场的权利的约定：＿＿＿＿＿＿＿＿＿＿＿＿＿＿＿＿＿＿＿＿＿

＿＿＿＿＿＿＿＿＿＿＿＿＿＿＿＿＿＿＿＿＿＿＿＿＿＿＿＿＿＿＿＿＿＿＿。

1.10.3 场内交通

关于场外交通和场内交通的边界的约定：＿＿＿＿＿＿＿＿＿＿＿＿＿＿＿＿＿

＿＿＿＿＿＿＿＿＿＿＿＿＿＿＿＿＿＿＿＿＿＿＿＿＿＿＿＿＿＿＿＿＿＿＿。

关于发包人向承包人免费提供满足工程施工需要的场内道路和交通设施的约定：＿＿＿＿＿

＿＿＿＿＿＿＿＿＿＿＿＿＿＿＿＿＿＿＿＿＿＿＿＿＿＿＿＿＿＿＿＿＿＿＿。

1.10.4 超大件和超重件的运输

运输超大件或超重件所需的道路和桥梁临时加固改造费用和其他有关费用由＿＿＿＿＿＿

承担。

1.11　知识产权

1.11.1　关于发包人提供给承包人的图纸、发包人为实施工程自行编制或委托编制的技术规范以及反映发包人关于合同要求或其他类似性质的文件的著作权的归属：_____

_____。

关于发包人提供的上述文件的使用限制的要求：_____

_____。

1.11.2　关于承包人为实施工程所编制文件的著作权的归属：_____

关于承包人提供的上述文件的使用限制的要求：_____

_____。

1.11.4　承包人在施工过程中所采用的专利、专有技术、技术秘密的使用费的承担方式：_____

_____。

1.13　工程量清单错误的修正

出现工程量清单错误时，是否调整合同价格：_____。

允许调整合同价格的工程量偏差范围：_____

_____。

2　发包人

2.2　发包人代表

发包人代表：

姓　　名：_____；

身份证号：_____；

职　　务：_____；

联系电话：_____；

电子信箱：_____；

通信地址：_____

发包人对发包人代表的授权范围如下：_____

_____。

2.4　施工现场、施工条件和基础资料的提供

2.4.1　提供施工现场

关于发包人移交施工现场的期限要求：_____

_____。

2.4.2　提供施工条件

关于发包人应负责提供施工所需要的条件，包括：_____

_____。

2.5　资金来源证明及支付担保

发包人提供资金来源证明的期限要求：_____。

发包人是否提供支付担保：_____。

发包人提供支付担保的形式：_____。

3. 承包人

3.1 承包人的一般义务

（9）承包人提交的竣工资料的内容：_____

_____。

承包人需要提交的竣工资料套数：_____

承包人提交的竣工资料的费用承担：_____

承包人提交的竣工资料移交时间：_____

承包人提交的竣工资料形式要求：_____

（10）承包人应履行的其他义务：_____

_____。

3.2 项目经理

3.2.1 项目经理：

姓　　名：_____；

身份证号：_____；

建造师执业资格等级：_____；

建造师注册证书号：_____；

建造师执业印章号：_____；

安全生产考核合格证书号：_____；

联系电话：_____；

电子信箱：_____；

通信地址：_____；

承包人对项目经理的授权范围如下：_____

_____。

关于项目经理每月在施工现场的时间要求：_____

_____。

承包人未提交劳动合同，以及没有为项目经理缴纳社会保险证明的违约责任：_____

_____。

项目经理未经批准，擅自离开施工现场的违约责任：_____

_____。

3.2.3 承包人擅自更换项目经理的违约责任：_____

_____。

3.2.4 承包人无正当理由拒绝更换项目经理的违约责任：_____

_____。

3.3 承包人人员

3.3.1 承包人提交项目管理机构及施工现场管理人员安排报告的期限：_____

_____。

3.3.3 承包人无正当理由拒绝撤换主要施工管理人员的违约责任：_____

_____。

3.3.4 承包人主要施工管理人员离开施工现场的批准要求：_____

_____。

3.3.5 承包人擅自更换主要施工管理人员的违约责任：_____

_____。

承包人主要施工管理人员擅自离开施工现场的违约责任：_____

_____。

3.5 分包

3.5.1 分包的一般约定

禁止分包的工程包括：_____。

主体结构、关键性工作的范围：_____

_____。

3.5.2 分包的确定

允许分包的专业工程包括：_____。

其他关于分包的约定：_____

_____。

3.5.4 分包合同价款

关于分包合同价款支付的约定：_____。

3.6 工程照管与成品、半成品保护

承包人负责照管工程及工程相关的材料、工程设备的起始时间：_____。

3.7 履约担保

承包人是否提供履约担保：_____。

承包人提供履约担保的形式、金额及期限的：_____

_____。

4 监理人

4.1 监理人的一般规定

关于监理人的监理内容：_____。

关于监理人的监理权限：_____。

关于监理人在施工现场的办公场所、生活场所的提供和费用承担的约定：_____

_____。

4.2 监理人员

总监理工程师：

姓　　名：_____；

职　　务：_____；

监理工程师执业资格证书号：_____；

联系电话：_____；

电子信箱：_____；

通信地址：_____；

关于监理人的其他约定：_____。

4.4　商定或确定

在发包人和承包人不能通过协商达成一致意见时，发包人授权监理人对以下事项进行确定：

(1) ＿＿＿＿＿＿＿＿＿＿＿＿＿＿＿＿＿＿＿＿＿＿＿＿＿＿＿＿＿＿＿＿＿＿＿＿＿＿；

(2) ＿＿＿＿＿＿＿＿＿＿＿＿＿＿＿＿＿＿＿＿＿＿＿＿＿＿＿＿＿＿＿＿＿＿＿＿＿＿；

(3) ＿＿＿＿＿＿＿＿＿＿＿＿＿＿＿＿＿＿＿＿＿＿＿＿＿＿＿＿＿＿＿＿＿＿＿＿＿＿。

5　工程质量

5.1　质量要求

5.1.1　特殊质量标准和要求：＿＿＿＿＿＿＿＿＿＿＿＿＿＿＿＿＿＿＿＿＿＿＿＿

＿＿。

关于工程奖项的约定：＿＿＿＿＿＿＿＿＿＿＿＿＿＿＿＿＿＿＿＿＿＿＿＿＿＿＿＿＿

＿＿。

5.3　隐蔽工程检查

5.3.2　承包人提前通知监理人隐蔽工程检查的期限的约定：＿＿＿＿＿＿＿＿＿＿＿

＿＿。

监理人不能按时进行检查时，应提前＿＿＿＿小时提交书面延期要求。

关于延期最长不得超过：＿＿＿＿＿＿＿＿＿小时。

6　安全文明施工与环境保护

6.1　安全文明施工

6.1.1　项目安全生产的达标目标及相应事项的约定：＿＿＿＿＿＿＿＿＿＿＿＿＿

＿＿。

6.1.4　关于治安保卫的特别约定：＿＿＿＿＿＿＿＿＿＿＿＿＿＿＿＿＿＿＿＿＿＿＿

＿＿。

关于编制施工场地治安管理计划的约定：＿＿＿＿＿＿＿＿＿＿＿＿＿＿＿＿＿＿＿＿＿

＿＿。

6.1.5　文明施工

合同当事人对文明施工的要求：＿＿＿＿＿＿＿＿＿＿＿＿＿＿＿＿＿＿＿＿＿＿＿＿＿

＿＿。

6.1.6　关于安全文明施工费支付比例和支付期限的约定：＿＿＿＿＿＿＿＿＿＿＿＿

＿＿

＿＿。

7　工期和进度

7.1　施工组织设计

7.1.1　合同当事人约定的施工组织设计应包括的其他内容：＿＿＿＿＿＿＿＿＿＿

＿＿。

7.1.2　施工组织设计的提交和修改

承包人提交详细施工组织设计的期限的约定：＿＿＿＿＿＿＿＿＿＿＿＿＿＿＿＿＿＿＿

＿＿。

发包人和监理人在收到详细的施工组织设计后确认或提出修改意见的期限：＿＿＿＿＿

＿＿。

7.2　施工进度计划

7.2.2　施工进度计划的修订

发包人和监理人在收到修订的施工进度计划后确认或提出修改意见的期限：_____。

7.3　开工

7.3.1　开工准备

关于承包人提交工程开工报审表的期限：_____。

关于发包人应完成的其他开工准备工作及期限：_____

_____。

关于承包人应完成的其他开工准备工作及期限：_____

_____。

7.3.2　开工通知

因发包人原因造成监理人未能在计划开工日期之日起____天内发出开工通知的，承包人有权提出价格调整要求，或者解除合同。

7.4　测量放线

**7.4.1　发包人通过监理人向承包人提供测量基准点、基准线和水准点及其书面资料的期限：_____。

7.5　工期延误

7.5.1　因发包人原因导致工期延误

（7）因发包人原因导致工期延误的其他情形：_____

_____。

7.5.2　因承包人原因导致工期延误

因承包人原因造成工期延误，逾期竣工违约金的计算方法为：_____。

因承包人原因造成工期延误，逾期竣工违约金的上限：_____

_____。

7.6　不利物质条件

不利物质条件的其他情形和有关约定：_____

_____。

7.7　异常恶劣的气候条件

发包人和承包人同意以下情形视为异常恶劣的气候条件：

（1）_____；

（2）_____；

（3）_____。

7.9　提前竣工的奖励

**7.9.2　提前竣工的奖励：_____。

8　材料与设备

8.4　材料与工程设备的保管与使用

**8.4.1　发包人供应的材料设备的保管费用的承担：_____

_____。

8.6 样品
8.6.1 样品的报送与封存
需要承包人报送样品的材料或工程设备，样品的种类、名称、规格、数量要求：

_____

_____ 。

8.8 施工设备和临时设施
8.8.1 承包人提供的施工设备和临时设施
关于修建临时设施费用承担的约定：_____

_____ 。

9 试验与检验
9.1 试验设备与试验人员
9.1.2 试验设备
施工现场需要配置的试验场所：_____

_____

施工现场需要配备的试验设备：_____

_____

施工现场需要具备的其他试验条件：_____

_____ 。

9.4 现场工艺试验
现场工艺试验的有关约定：_____

_____ 。

10 变更
10.1 变更的范围
关于变更的范围的约定：_____

_____ 。

10.4 变更估价
10.4.1 变更估价原则
关于变更估价的约定：_____

_____ 。

10.5 承包人的合理化建议
监理人审查承包人合理化建议的期限：_____ 。
发包人审批承包人合理化建议的期限：_____ 。
承包人提出的合理化建议降低了合同价格或者提高了工程经济效益的奖励的方法和金额为：_____

_____ 。

10.7 暂估价
暂估价材料和工程设备的明细详见附件 11：《暂估价一览表》。
10.7.1 依法必须招标的暂估价项目
对于依法必须招标的暂估价项目的确认和批准采取第____种方式确定。

10.7.2　不属于依法必须招标的暂估价项目

对于不属于依法必须招标的暂估价项目的确认和批准采取第＿＿＿种方式确定。

第3种方式：承包人直接实施的暂估价项目

承包人直接实施的暂估价项目的约定：＿＿＿＿＿＿＿＿＿＿＿＿＿＿＿＿＿＿＿＿＿

＿＿＿＿＿＿＿＿＿＿＿＿＿＿＿＿＿＿＿＿＿＿＿＿＿＿＿＿＿＿＿＿＿＿＿＿＿＿＿。

10.8　暂列金额

合同当事人关于暂列金额使用的约定：＿＿＿＿＿＿＿＿＿＿＿＿＿＿＿＿＿＿＿＿＿＿

＿＿＿＿＿＿＿＿＿＿＿＿＿＿＿＿＿＿＿＿＿＿＿＿＿＿＿＿＿＿＿＿＿＿＿＿＿＿＿。

11.　价格调整

11.1　市场价格波动引起的调整

市场价格波动是否调整合同价格的约定：＿＿＿＿＿＿＿＿＿＿＿＿＿＿＿＿＿＿＿＿。

因市场价格波动调整合同价格，采用以下第＿＿＿种方式对合同价格进行调整：

第1种方式：采用价格指数进行价格调整。

关于各可调因子、定值和变值权重，以及基本价格指数及其来源的约定：＿＿＿＿＿＿；

第2种方式：采用造价信息进行价格调整。

（2）关于基准价格的约定：＿＿＿＿＿＿＿＿＿＿＿＿＿＿＿＿＿＿＿＿＿＿＿＿＿。

专用合同条款①承包人在已标价工程量清单或预算书中载明的材料单价低于基准价格的：专用合同条款合同履行期间材料单价涨幅以基准价格为基础超过＿＿＿％时，或材料单价跌幅以已标价工程量清单或预算书中载明材料单价为基础超过＿＿＿％时，其超过部分据实调整。

② 承包人在已标价工程量清单或预算书中载明的材料单价高于基准价格的：专用合同条款合同履行期间材料单价跌幅以基准价格为基础超过＿＿＿％时，材料单价涨幅以已标价工程量清单或预算书中载明材料单价为基础超过＿＿＿％时，其超过部分据实调整。

③ 承包人在已标价工程量清单或预算书中载明的材料单价等于基准单价的：专用合同条款合同履行期间材料单价涨跌幅以基准单价为基础超过±＿＿＿％时，其超过部分据实调整。

第3种方式：其他价格调整方式：＿＿＿＿＿＿＿＿＿＿＿＿＿＿＿＿＿＿＿＿＿＿＿＿

12.　合同价格、计量与支付

12.1　合同价格形式

1.单价合同。

综合单价包含的风险范围：＿＿＿＿＿＿＿＿＿＿＿＿＿＿＿＿＿＿＿＿＿＿＿＿＿＿＿

＿＿＿＿＿＿＿＿＿＿＿＿＿＿＿＿＿＿＿＿＿＿＿＿＿＿＿＿＿＿＿＿＿＿＿＿＿＿＿。

风险费用的计算方法：＿＿＿＿＿＿＿＿＿＿＿＿＿＿＿＿＿＿＿＿＿＿＿＿＿＿＿＿＿

＿＿＿＿＿＿＿＿＿＿＿＿＿＿＿＿＿＿＿＿＿＿＿＿＿＿＿＿＿＿＿＿＿＿＿＿＿＿＿。

风险范围以外合同价格的调整方法：＿＿＿＿＿＿＿＿＿＿＿＿＿＿＿＿＿＿＿＿＿＿＿

＿＿＿＿＿＿＿＿＿＿＿＿＿＿＿＿＿＿＿＿＿＿＿＿＿＿＿＿＿＿＿＿＿＿＿＿＿＿＿。

2.总价合同。

总价包含的风险范围：＿＿＿＿＿＿＿＿＿＿＿＿＿＿＿＿＿＿＿＿＿＿＿＿＿＿＿＿＿

＿＿＿＿＿＿＿＿＿＿＿＿＿＿＿＿＿＿＿＿＿＿＿＿＿＿＿＿＿＿＿＿＿＿＿＿＿＿＿。

风险费用的计算方法：_____

_____。

风险范围以外合同价格的调整方法：_____

_____。

3. 其他价格方式：_____

_____

_____。

12.2 预付款

12.2.1 预付款的支付

预付款支付比例或金额：_____。

预付款支付期限：_____。

预付款扣回的方式：_____。

12.2.2 预付款担保

承包人提交预付款担保的期限：_____。

预付款担保的形式为：_____。

12.3 计量

12.3.1 计量原则

工程量计算规则：_____。

12.3.2 计量周期

关于计量周期的约定：_____。

12.3.3 单价合同的计量

关于单价合同计量的约定：_____。

12.3.4 总价合同的计量

关于总价合同计量的约定：_____。

12.3.5 总价合同采用支付分解表计量支付的，是否适用第 12.3.4 项〔总价合同的计量〕约定进行计量：_____

12.3.6 其他价格形式合同的计量

其他价格形式的计量方式和程序：_____

_____。

12.4 工程进度款支付

12.4.1 付款周期

关于付款周期的约定：_____。

12.4.2 进度付款申请单的编制

关于进度付款申请单编制的约定：_____

_____。

12.4.3 进度付款申请单的提交

（1）单价合同进度付款申请单提交的约定：_____。

（2）总价合同进度付款申请单提交的约定：_____。

（3）其他价格形式合同进度付款申请单提交的约定：_____

12.4.4 进度款审核和支付

（1）监理人审查并报送发包人的期限：_____。

发包人完成审批并签发进度款支付证书的期限：_____

_____。

（2）发包人支付进度款的期限：_____。

发包人逾期支付进度款的违约金的计算方式：_____

_____。

12.4.6 支付分解表的编制

2. 总价合同支付分解表的编制与审批：_____

_____。

3. 单价合同的总价项目支付分解表的编制与审批：_____

_____。

13 验收和工程试车

13.1 分部分项工程验收

13.1.2 监理人不能按时进行验收时，应提前_____小时提交书面延期要求。

关于延期最长不得超过：_____小时。

13.2 竣工验收

13.2.2 竣工验收程序

关于竣工验收程序的约定：_____

_____。

发包人不按照本项约定组织竣工验收、颁发工程接收证书的违约金的计算方法：____

_____。

13.2.5 移交、接收全部与部分工程

承包人向发包人移交工程的期限：_____。

发包人未按本合同约定接收全部或部分工程的，违约金的计算方法为：_____。

承包人未按时移交工程的，违约金的计算方法为：_____

_____。

13.3 工程试车

13.3.1 试车程序

工程试车内容：_____

_____。

（1）单机无负荷试车费用由_____承担；

（2）无负荷联动试车费用由_____承担。

13.3.3 投料试车

关于投料试车相关事项的约定：_____

_____。

13.6 竣工退场

13.6.1 竣工退场

承包人完成竣工退场的期限：＿＿＿＿＿＿＿＿＿＿＿＿＿＿＿＿＿＿＿＿。

14 竣工结算

14.1 竣工结算申请

承包人提交竣工结算申请单的期限：＿＿＿＿＿＿＿＿＿＿＿＿＿＿＿＿。

竣工结算申请单应包括的内容：＿＿＿＿＿＿＿＿＿＿＿＿＿＿＿＿＿＿＿＿

＿＿＿＿＿＿＿＿＿＿＿＿＿＿＿＿＿＿＿＿＿＿＿＿＿＿＿＿＿＿＿＿＿＿＿。

14.2 竣工结算审核

发包人审批竣工付款申请单的期限：＿＿＿＿＿＿＿＿＿＿＿＿＿＿＿＿。

发包人完成竣工付款的期限：＿＿＿＿＿＿＿＿＿＿＿＿＿＿＿＿＿＿＿。

关于竣工付款证书异议部分复核的方式和程序：＿＿＿＿＿＿＿＿＿＿＿

＿＿＿＿＿＿＿＿＿＿＿＿＿＿＿＿＿＿＿＿＿＿＿＿＿＿＿＿＿＿＿＿＿＿＿。

14.4 最终结清

14.4.1 最终结清申请单

承包人提交最终结清申请单的份数：＿＿＿＿＿＿＿＿＿＿＿＿＿＿＿＿。

承包人提交最终结算申请单的期限：＿＿＿＿＿＿＿＿＿＿＿＿＿＿＿＿。

14.4.2 最终结清证书和支付

（1）发包人完成最终结清申请单的审批并颁发最终结清证书的期限：＿＿＿＿＿＿。

（2）发包人完成支付的期限：＿＿＿＿＿＿＿＿＿＿＿＿＿＿＿＿＿＿＿。

15 缺陷责任期与保修

15.2 缺陷责任期

缺陷责任期的具体期限：＿＿＿＿＿＿＿＿＿＿＿＿＿＿＿＿＿＿＿＿＿＿

＿＿＿＿＿＿＿＿＿＿＿＿＿＿＿＿＿＿＿＿＿＿＿＿＿＿＿＿＿＿＿＿＿＿＿。

15.3 质量保证金

关于是否扣留质量保证金的约定：＿＿＿＿＿＿＿＿＿＿＿＿＿＿＿＿＿。

15.3.1 承包人提供质量保证金的方式

质量保证金采用以下第＿＿＿＿＿种方式：

（1）质量保证金保函，保证金额为：＿＿＿＿＿＿＿＿＿＿＿＿＿＿＿＿；

（2）＿＿＿＿＿％的工程款；

（3）其他方式：＿＿＿＿＿＿＿＿＿＿＿＿＿＿＿＿＿＿＿＿＿＿＿＿＿。

15.3.2 质量保证金的扣留

质量保证金的扣留采取以下第＿＿＿＿＿种方式：

（1）在支付工程进度款时逐次扣留，在此情形下，质量保证金的计算基数不包括预付款的支付、扣回以及价格调整的金额；

（2）工程竣工结算时一次性扣留质量保证金；

（3）其他扣留方式：＿＿＿＿＿＿＿＿＿＿＿＿＿＿＿＿＿＿＿＿＿＿＿。

关于质量保证金的补充约定：＿＿＿＿＿＿＿＿＿＿＿＿＿＿＿＿＿＿＿＿

＿＿＿＿＿＿＿＿＿＿＿＿＿＿＿＿＿＿＿＿＿＿＿＿＿＿＿＿＿＿＿＿＿＿＿。

15.4　保修

15.4.1　保修责任

工程保修期为：_____

_____。

15.4.3　修复通知

承包人收到保修通知并到达工程现场的合理时间：_____

_____。

16　违约

16.1　发包人违约

16.1.1　发包人违约的情形

发包人违约的其他情形：_____

_____。

16.1.2　发包人违约的责任

发包人违约责任的承担方式和计算方法：

（1）因发包人原因未能在计划开工日期前 7 天内下达开工通知的违约责任：_____

_____。

（2）因发包人原因未能按合同约定支付合同价款的违约责任：_____。

（3）发包人违反第 10.1 款［变更的范围］第（2）项约定，自行实施被取消的工作或转由他人实施的违约责任：_____

_____。

（4）发包人提供的材料、工程设备的规格、数量或质量不符合合同约定，或因发包人原因导致交货日期延误或交货地点变更等情况的违约责任：_____。

（5）因发包人违反合同约定造成暂停施工的违约责任：_____

_____。

（6）发包人无正当理由没有在约定期限内发出复工指示，导致承包人无法复工的违约责任：_____

_____。

（7）其他：_____。

16.1.3　因发包人违约解除合同

承包人按 16.1.1 项［发包人违约的情形］约定暂停施工满____天后发包人仍不纠正其违约行为并致使合同目的不能实现的，承包人有权解除合同。

16.2　承包人违约

16.2.1　承包人违约的情形

承包人违约的其他情形：_____

_____。

16.2.2　承包人违约的责任

承包人违约责任的承担方式和计算方法：_____

_____。

16.2.3　因承包人违约解除合同

关于承包人违约解除合同的特别约定：_____

_____。

发包人继续使用承包人在施工现场的材料、设备、临时工程、承包人文件和由承包人或以其名义编制的其他文件的费用承担方式：_____。

17 不可抗力

17.1 不可抗力的确认

除通用合同条款约定的不可抗力事件之外，视为不可抗力的其他情形：_____。

17.4 因不可抗力解除合同

合同解除后，发包人应在商定或确定发包人应支付款项后____天内完成款项的支付。

18 保险

18.1 工程保险

关于工程保险的特别约定：_____。

18.3 其他保险

关于其他保险的约定：_____。

承包人是否应为其施工设备等办理财产保险：_____

_____。

18.7 通知义务

关于变更保险合同时的通知义务的约定：_____

_____。

20 争议解决

20.3 争议评审

合同当事人是否同意将工程争议提交争议评审小组决定：_____

_____。

20.3.1 争议评审小组的确定

争议评审小组成员的确定：_____。

选定争议评审员的期限：_____。

争议评审小组成员的报酬承担方式：_____。

其他事项的约定：_____。

20.3.2 争议评审小组的决定

合同当事人关于本项的约定：_____。

20.4 仲裁或诉讼

因合同及合同有关事项发生的争议，按下列第____种方式解决：

（1）向_____仲裁委员会申请仲裁；

（2）向_____人民法院起诉。

附件

协议书附件：

附件1：承包人承揽工程项目一览表

专用合同条款附件：

附件2：发包人供应材料设备一览表

附件3：工程质量保修书

附件4：主要建设工程文件目录

附件5：承包人用于本工程施工的机械设备表

附件6：承包人主要施工管理人员表

附件7：分包人主要施工管理人员表

附件8：履约担保格式

附件9：预付款担保格式

附件10：支付担保格式

附件11：暂估价一览表

附件1：

承包人承揽工程项目一览表

单位工程名称	建设规模	建筑面积（平方米）	结构形式	层数	生产能力	设备安装内容	合同价格（元）	开工日期	竣工日期

附件 2：

发包人供应材料设备一览表

序号	材料、设备品种	规格型号	单位	数量	单价（元）	质量等级	供应时间	送达地点	备注

附件 3：

工程质量保修书

发包人（全称）：_____

承包人（全称）：_____

发包人和承包人根据《中华人民共和国建筑法》和《建设工程质量管理条例》，经协商一致就_____（工程全称）签订工程质量保修书。

一、工程质量保修范围和内容

承包人在质量保修期内，按照有关法律规定和合同约定，承担工程质量保修责任。

质量保修范围包括地基基础工程、主体结构工程，屋面防水工程、有防水要求的卫生间、房间和外墙面的防渗漏，供热与供冷系统，电气管线、给排水管道、设备安装和装修工程，以及双方约定的其他项目。具体保修的内容，双方约定如下：

_____

_____

_____。

二、质量保修期

根据《建设工程质量管理条例》及有关规定，工程的质量保修期如下：

1. 地基基础工程和主体结构工程为设计文件规定的工程合理使用年限；

2. 屋面防水工程、有防水要求的卫生间、房间和外墙面的防渗为_____年；

3. 装修工程为_____年；

4. 电气管线、给排水管道、设备安装工程为＿＿＿＿＿＿＿年；

5. 供热与供冷系统为＿＿＿＿＿＿＿个采暖期、供冷期；

6. 住宅小区内的给排水设施、道路等配套工程为＿＿＿＿＿＿年；

7. 其他项目保修期限约定如下：

_____

_____

_____。

质量保修期自工程竣工验收合格之日起计算。

三、缺陷责任期

工程缺陷责任期为＿＿＿＿＿＿＿个月，缺陷责任期自工程实际竣工之日起计算。单位工程先于全部工程进行验收，单位工程缺陷责任期自单位工程验收合格之日起算。

缺陷责任期终止后，发包人应退还剩余的质量保证金。

四、质量保修责任

1. 属于保修范围、内容的项目，承包人应当在接到保修通知之日起 7 天内派人保修。承包人不在约定期限内派人保修的，发包人可以委托他人修理。

2. 发生紧急事故需抢修的，承包人在接到事故通知后，应当立即到达事故现场抢修。

3. 对于涉及结构安全的质量问题，应当按照《建设工程质量管理条例》的规定，立即向当地建设行政主管部门和有关部门报告，采取安全防范措施，并由原设计人或者具有相应资质等级的设计人提出保修方案，承包人实施保修。

4. 质量保修完成后，由发包人组织验收。

五、保修费用

保修费用由造成质量缺陷的责任方承担。

六、双方约定的其他工程质量保修事项： ＿＿＿＿＿＿＿＿＿＿＿＿＿＿＿

_____

_____。

工程质量保修书由发包人、承包人在工程竣工验收前共同签署，作为施工合同附件，其有效期限至保修期满。

发包人（公章）：＿＿＿＿＿＿＿＿＿　　承包人（公章）：＿＿＿＿＿＿＿＿＿

地　　址：＿＿＿＿＿＿＿＿＿＿＿＿＿　　地　　址：＿＿＿＿＿＿＿＿＿＿＿＿

法定代表人（签字）：＿＿＿＿＿＿＿　　法定代表人（签字）：＿＿＿＿＿＿＿

委托代理人（签字）：＿＿＿＿＿＿＿　　委托代理人（签字）：＿＿＿＿＿＿＿

电　　话：＿＿＿＿＿＿＿＿＿＿＿＿＿　　电　　话：＿＿＿＿＿＿＿＿＿＿＿＿

传　　真：＿＿＿＿＿＿＿＿＿＿＿＿＿　　传　　真：＿＿＿＿＿＿＿＿＿＿＿＿

开户银行：＿＿＿＿＿＿＿＿＿＿＿＿＿　　开户银行：＿＿＿＿＿＿＿＿＿＿＿＿

账　　号：＿＿＿＿＿＿＿＿＿＿＿＿＿　　账　　号：＿＿＿＿＿＿＿＿＿＿＿＿

邮政编码：＿＿＿＿＿＿＿＿＿＿＿＿＿　　邮政编码：＿＿＿＿＿＿＿＿＿＿＿＿

附件 4：

主要建设工程文件目录

文件名称	套数	费用（元）	质量	移交时间	责任人

附件 5：

承包人用于本工程施工的机械设备表

序号	机械或设备名称	规格型号	数量	产地	制造年份	额定功率（kW）	生产能力	备注

附件 6：

承包人主要施工管理人员表

名　　　称	姓名	职务	职称	主要资历、经验及承担过的项目
一、总部人员				
项目主管				
其他人员				
二、现场人员				
项目经理				
项目副经理				
技术负责人				
造价管理				
质量管理				
材料管理				
计划管理				
安全管理				
其他人员				

附件 7：

分包人主要施工管理人员表

名　　称	姓名	职务	职称	主要资历、经验及承担过的项目
一、总部人员				
项目主管				
其他人员				
二、现场人员				
项目经理				
项目副经理				
技术负责人				
造价管理				
质量管理				
材料管理				
计划管理				
安全管理				
其他人员				

附件8：

履 约 担 保

_____（发包人名称）：

　　鉴于_____（发包人名称，以下简称"发包人"）与_____（承包人名称）（以下称"承包人"）于_____年____月____日就_____（工程名称）施工及有关事项协商一致共同签订《建设工程施工合同》。我方愿意无条件地、不可撤销地就承包人履行与你方签订的合同，向你方提供连带责任担保。

　　1. 担保金额人民币（大写）_____元（￥_____）。

　　2. 担保有效期自你方与承包人签订的合同生效之日起至你方签发或应签发工程接收证书之日止。

　　3. 在本担保有效期内，因承包人违反合同约定的义务给你方造成经济损失时，我方在收到你方以书面形式提出的在担保金额内的赔偿要求后，在7天内无条件支付。

　　4. 你方和承包人按合同约定变更合同时，我方承担本担保规定的义务不变。

　　5. 因本保函发生的纠纷，可由双方协商解决，协商不成的，任何一方均可提请_____仲裁委员会仲裁。

　　6. 本保函自我方法定代表人（或其授权代理人）签字并加盖公章之日起生效。

担　保　人：_____（盖单位章）

法定代表人或其委托代理人：_____（签字）

地　　　　址：_____

邮政编码：_____

电　　话：_____

传　　真：_____

_____年_____月_____日

附件9：

预 付 款 担 保

_____（发包人名称）：

　　根据_____（承包人名称）（以下称"承包人"）与_____（发包人名称）（以下简称"发包人"）于_____年____月____日签订的_____（工程名称）《建设工程施工合同》，承包人按约定的金额向你方提交一份预付款担保，即有权得到你方支付相等金额的预付款。我方愿意就你方提供给承包人的预付款为承包人提供连带责任担保。

　　1. 担保金额人民币（大写）_____元（￥_____）。

　　2. 担保有效期自预付款支付给承包人起生效，至你方签发的进度款支付证书说明已完全扣清止。

　　3. 在本保函有效期内，因承包人违反合同约定的义务而要求收回预付款时，我方在收到你方的书面通知后，在7天内无条件支付。但本保函的担保金额，在任何时候不应超过预付款金额减去你方按合同约定在向承包人签发的进度款支付证书中扣除的金额。

4. 你方和承包人按合同约定变更合同时，我方承担本保函规定的义务不变。

5. 因本保函发生的纠纷，可由双方协商解决，协商不成的，任何一方均可提请＿＿＿＿仲裁委员会仲裁。

6. 本保函自我方法定代表人（或其授权代理人）签字并加盖公章之日起生效。

担保人：＿＿＿＿＿＿＿＿＿＿＿＿＿＿＿＿＿＿＿＿＿（盖单位章）

法定代表人或其委托代理人：＿＿＿＿＿＿＿＿＿＿＿＿（签字）

地　　址：＿＿＿＿＿＿＿＿＿＿＿＿＿＿＿＿＿＿＿＿＿＿＿

邮政编码：＿＿＿＿＿＿＿＿＿＿＿＿＿＿＿＿＿＿＿＿＿＿＿

电　　话：＿＿＿＿＿＿＿＿＿＿＿＿＿＿＿＿＿＿＿＿＿＿＿

传　　真：＿＿＿＿＿＿＿＿＿＿＿＿＿＿＿＿＿＿＿＿＿＿＿

＿＿＿＿＿＿＿年＿＿＿＿月＿＿＿＿日

附件 10：

支 付 担 保

＿＿＿＿＿＿＿＿＿＿＿＿＿＿（承包人）：

鉴于你方作为承包人已经与＿＿＿＿＿＿＿＿＿＿＿（发包人名称）（以下称"发包人"）于＿＿＿＿＿＿年＿＿＿＿月＿＿＿＿日签订了＿＿＿＿＿＿＿＿＿＿＿（工程名称）《建设工程施工合同》（以下称"主合同"），应发包人的申请，我方愿就发包人履行主合同约定的工程款支付义务以保证的方式向你方提供如下担保：

一、保证的范围及保证金额

1. 我方的保证范围是主合同约定的工程款。

2. 本保函所称主合同约定的工程款是指主合同约定的除工程质量保证金以外的合同价款。

3. 我方保证的金额是主合同约定的工程款的＿＿＿＿＿＿＿＿＿％，数额最高不超过人民币元（大写：＿＿＿＿＿＿＿＿）。

二、保证的方式及保证期间

1. 我方保证的方式为：连带责任保证。

2. 我方保证的期间为：自本合同生效之日起至主合同约定的工程款支付完毕之日后＿＿＿＿＿＿日内。

3. 你方与发包人协议变更工程款支付日期的，经我方书面同意后，保证期间按照变更后的支付日期做相应调整。

三、承担保证责任的形式

我方承担保证责任的形式是代为支付。发包人未按主合同约定向你方支付工程款的，由我方在保证金额内代为支付。

四、代偿的安排

1. 你方要求我方承担保证责任的，应向我方发出书面索赔通知及发包人未支付主合同约定工程款的证明材料。索赔通知应写明要求索赔的金额，支付款项应到达的账号。

2. 在出现你方与发包人因工程质量发生争议，发包人拒绝向你方支付工程款的情形时，你方要求我方履行保证责任代为支付的，需提供符合相应条件要求的工程质量检测机构出具的质量说明材料。

3. 我方收到你方的书面索赔通知及相应的证明材料后 7 天内无条件支付。

五、保证责任的解除

1. 在本保函承诺的保证期间内，你方未书面向我方主张保证责任的，自保证期间届满次日起，我方保证责任解除。

2. 发包人按主合同约定履行了工程款的全部支付义务的，自本保函承诺的保证期间届满次日起，我方保证责任解除。

3. 我方按照本保函向你方履行保证责任所支付金额达到本保函保证金额时，自我方向你方支付（支付款项从我方账户划出）之日起，保证责任即解除。

4. 按照法律法规的规定或出现应解除我方保证责任的其他情形的，我方在本保函项下的保证责任亦解除。

5. 我方解除保证责任后，你方应自我方保证责任解除之日起_____个工作日内，将本保函原件返还我方。

六、免责条款

1. 因你方违约致使发包人不能履行义务的，我方不承担保证责任。

2. 依照法律法规的规定或你方与发包人的另行约定，免除发包人部分或全部义务的，我方亦免除其相应的保证责任。

3. 你方与发包人协议变更主合同的，如加重发包人责任致使我方保证责任加重的，需征得我方书面同意，否则我方不再承担因此而加重部分的保证责任，但主合同第 10 条〔变更〕约定的变更不受本款限制。

4. 因不可抗力造成发包人不能履行义务的，我方不承担保证责任。

七、争议解决

因本保函或本保函相关事项发生的纠纷，可由双方协商解决，协商不成的，按下列第_____种方式解决：

（1）向_____仲裁委员会申请仲裁；

（2）向_____人民法院起诉。

八、保函的生效

本保函自我方法定代表人（或其授权代理人）签字并加盖公章之日起生效。

担保人：_____（盖章）

法定代表人或委托代理人：_____（签字）

地　　址：_____

邮政编码：_____

传　　真：_____

_____年____月____日

附件 11：

材料暂估价表　　　　　　　　　　　　　　　　　　**11-1**

序号	名称	单位	数量	单价（元）	合价（元）	备注

工程设备暂估价表

11-2

序号	名称	单位	数量	单价（元）	合价（元）	备注

专业工程暂估价表

11-3

序号	专业工程名称	工程内容	金额

序号	专业工程名称	工程内容	金额
小计：			

附录三　工程监理企业资质管理规定

工程监理企业资质管理规定

中华人民共和国建设部令

第 158 号

《工程监理企业资质管理规定》已于 2006 年 12 月 11 日经建设部第 112 次常务会议讨论通过，现予发布，自 2007 年 8 月 1 日起施行。

部　长　汪光焘

二〇〇七年六月二十六日

工程监理企业资质管理规定

第一章　总　　则

第一条　为了加强工程监理企业资质管理，规范建设工程监理活动，维护建筑市场秩序，根据《中华人民共和国建筑法》、《中华人民共和国行政许可法》、《建设工程质量管理条例》等法律、行政法规，制定本规定。

第二条　在中华人民共和国境内从事建设工程监理活动，申请工程监理企业资质，实施对工程监理企业资质监督管理，适用本规定。

第三条　从事建设工程监理活动的企业，应当按照本规定取得工程监理企业资质，并在工程监理企业资质证书（以下简称资质证书）许可的范围内从事工程监理活动。

第四条　国务院建设主管部门负责全国工程监理企业资质的统一监督管理工作。国务院铁路、交通、水利、信息产业、民航等有关部门配合国务院建设主管部门实施相关资质类别工程监理企业资质的监督管理工作。

省、自治区、直辖市人民政府建设主管部门负责本行政区域内工程监理企业资质的统一监督管理工作。省、自治区、直辖市人民政府交通、水利、信息产业等有关部门配合同级建设主管部门实施相关资质类别工程监理企业资质的监督管理工作。

第五条　工程监理行业组织应当加强工程监理行业自律管理。

鼓励工程监理企业加入工程监理行业组织。

第二章 资质等级和业务范围

第六条 工程监理企业资质分为综合资质、专业资质和事务所资质。其中，专业资质按照工程性质和技术特点划分为若干工程类别。

综合资质、事务所资质不分级别。专业资质分为甲级、乙级；其中，房屋建筑、水利水电、公路和市政公用专业资质可设立丙级。

第七条 工程监理企业的资质等级标准如下：

（一）综合资质标准

1. 具有独立法人资格且注册资本不少于600万元。

2. 企业技术负责人应为注册监理工程师，并具有15年以上从事工程建设工作的经历或者具有工程类高级职称。

3. 具有5个以上工程类别的专业甲级工程监理资质。

4. 注册监理工程师不少于60人，注册造价工程师不少于5人，一级注册建造师、一级注册建筑师、一级注册结构工程师或者其他勘察设计注册工程师合计不少于15人次。

5. 企业具有完善的组织结构和质量管理体系，有健全的技术、档案等管理制度。

6. 企业具有必要的工程试验检测设备。

7. 申请工程监理资质之日前一年内没有本规定第十六条禁止的行为。

8. 申请工程监理资质之日前一年内没有因本企业监理责任造成重大质量事故。

9. 申请工程监理资质之日前一年内没有因本企业监理责任发生三级以上工程建设重大安全事故或者发生两起以上四级工程建设安全事故。

（二）专业资质标准

1. 甲级

（1）具有独立法人资格且注册资本不少于300万元。

（2）企业技术负责人应为注册监理工程师，并具有15年以上从事工程建设工作的经历或者具有工程类高级职称。

（3）注册监理工程师、注册造价工程师、一级注册建造师、一级注册建筑师、一级注册结构工程师或者其他勘察设计注册工程师合计不少于25人次；其中，相应专业注册监理工程师不少于《专业资质注册监理工程师人数配备表》（附表1）中要求配备的人数，注册造价工程师不少于2人。

（4）企业近2年内独立监理过3个以上相应专业的二级工程项目，但是，具有甲级设计资质或一级及以上施工总承包资质的企业申请本专业工程类别甲级资质的除外。

（5）企业具有完善的组织结构和质量管理体系，有健全的技术、档案等管理制度。

（6）企业具有必要的工程试验检测设备。

（7）申请工程监理资质之日前一年内没有本规定第十六条禁止的行为。

（8）申请工程监理资质之日前一年内没有因本企业监理责任造成重大质量事故。

（9）申请工程监理资质之日前一年内没有因本企业监理责任发生三级以上工程建设重

大安全事故或者发生两起以上四级工程建设安全事故。

2．乙级

（1）具有独立法人资格且注册资本不少于100万元。

（2）企业技术负责人应为注册监理工程师，并具有10年以上从事工程建设工作的经历。

（3）注册监理工程师、注册造价工程师、一级注册建造师、一级注册建筑师、一级注册结构工程师或者其他勘察设计注册工程师合计不少于15人次。其中，相应专业注册监理工程师不少于《专业资质注册监理工程师人数配备表》（附表1）中要求配备的人数，注册造价工程师不少于1人。

（4）有较完善的组织结构和质量管理体系，有技术、档案等管理制度。

（5）有必要的工程试验检测设备。

（6）申请工程监理资质之日前一年内没有本规定第十六条禁止的行为。

（7）申请工程监理资质之日前一年内没有因本企业监理责任造成重大质量事故。

（8）申请工程监理资质之日前一年内没有因本企业监理责任发生三级以上工程建设重大安全事故或者发生两起以上四级工程建设安全事故。

3．丙级

（1）具有独立法人资格且注册资本不少于50万元。

（2）企业技术负责人应为注册监理工程师，并具有8年以上从事工程建设工作的经历。

（3）相应专业的注册监理工程师不少于《专业资质注册监理工程师人数配备表》（附表1）中要求配备的人数。

（4）有必要的质量管理体系和规章制度。

（5）有必要的工程试验检测设备。

（三）事务所资质标准

1．取得合伙企业营业执照，具有书面合作协议书。

2．合伙人中有3名以上注册监理工程师，合伙人均有5年以上从事建设工程监理的工作经历。

3．有固定的工作场所。

4．有必要的质量管理体系和规章制度。

5．有必要的工程试验检测设备。

第八条　工程监理企业资质相应许可的业务范围如下：

（一）综合资质

可以承担所有专业工程类别建设工程项目的工程监理业务。

（二）专业资质

1．专业甲级资质

可承担相应专业工程类别建设工程项目的工程监理业务（见附表2）。

2．专业乙级资质

可承担相应专业工程类别二级以下（含二级）建设工程项目的工程监理业务（见附表2）。

3. 专业丙级资质

可承担相应专业工程类别三级建设工程项目的工程监理业务（见附表2）。

（三）事务所资质

可承担三级建设工程项目的工程监理业务（见附表2），但是，国家规定必须实行强制监理的工程除外。

工程监理企业可以开展相应类别建设工程的项目管理、技术咨询等业务。

第三章　资质申请和审批

第九条　申请综合资质、专业甲级资质的，应当向企业工商注册所在地的省、自治区、直辖市人民政府建设主管部门提出申请。

省、自治区、直辖市人民政府建设主管部门应当自受理申请之日起20日内初审完毕，并将初审意见和申请材料报国务院建设主管部门。

国务院建设主管部门应当自省、自治区、直辖市人民政府建设主管部门受理申请材料之日起60日内完成审查，公示审查意见，公示时间为10日。其中，涉及铁路、交通、水利、通信、民航等专业工程监理资质的，由国务院建设主管部门送国务院有关部门审核。国务院有关部门应当在20日内审核完毕，并将审核意见报国务院建设主管部门。国务院建设主管部门根据初审意见审批。

第十条　专业乙级、丙级资质和事务所资质由企业所在地省、自治区、直辖市人民政府建设主管部门审批。

专业乙级、丙级资质和事务所资质许可、延续的实施程序由省、自治区、直辖市人民政府建设主管部门依法确定。

省、自治区、直辖市人民政府建设主管部门应当自作出决定之日起10日内，将准予资质许可的决定报国务院建设主管部门备案。

第十一条　工程监理企业资质证书分为正本和副本，每套资质证书包括一本正本，四本副本。正、副本具有同等法律效力。

工程监理企业资质证书的有效期为5年。

工程监理企业资质证书由国务院建设主管部门统一印制并发放。

第十二条　申请工程监理企业资质，应当提交以下材料：

（一）工程监理企业资质申请表（一式三份）及相应电子文档；

（二）企业法人、合伙企业营业执照；

（三）企业章程或合伙人协议；

（四）企业法定代表人、企业负责人和技术负责人的身份证明、工作简历及任命（聘用）文件；

（五）工程监理企业资质申请表中所列注册监理工程师及其他注册执业人员的注册执业证书；

（六）有关企业质量管理体系、技术和档案等管理制度的证明材料；

（七）有关工程试验检测设备的证明材料。

取得专业资质的企业申请晋升专业资质等级或者取得专业甲级资质的企业申请综合资

质的，除前款规定的材料外，还应当提交企业原工程监理企业资质证书正、副本复印件，企业《监理业务手册》及近两年已完成代表工程的监理合同、监理规划、工程竣工验收报告及监理工作总结。

第十三条 资质有效期届满，工程监理企业需要继续从事工程监理活动的，应当在资质证书有效期届满 60 日前，向原资质许可机关申请办理延续手续。

对在资质有效期内遵守有关法律、法规、规章、技术标准，信用档案中无不良记录，且专业技术人员满足资质标准要求的企业，经资质许可机关同意，有效期延续 5 年。

第十四条 工程监理企业在资质证书有效期内名称、地址、注册资本、法定代表人等发生变更的，应当在工商行政管理部门办理变更手续后 30 日内办理资质证书变更手续。

涉及综合资质、专业甲级资质证书中企业名称变更的，由国务院建设主管部门负责办理，并自受理申请之日起 3 日内办理变更手续。

前款规定以外的资质证书变更手续，由省、自治区、直辖市人民政府建设主管部门负责办理。省、自治区、直辖市人民政府建设主管部门应当自受理申请之日起 3 日内办理变更手续，并在办理资质证书变更手续后 15 日内将变更结果报国务院建设主管部门备案。

第十五条 申请资质证书变更，应当提交以下材料：

（一）资质证书变更的申请报告；

（二）企业法人营业执照副本原件；

（三）工程监理企业资质证书正、副本原件。

工程监理企业改制的，除前款规定材料外，还应当提交企业职工代表大会或股东大会关于企业改制或股权变更的决议、企业上级主管部门关于企业申请改制的批复文件。

第十六条 工程监理企业不得有下列行为：

（一）与建设单位串通投标或者与其他工程监理企业串通投标，以行贿手段谋取中标；

（二）与建设单位或者施工单位串通弄虚作假、降低工程质量；

（三）将不合格的建设工程、建筑材料、建筑构配件和设备按照合格签字；

（四）超越本企业资质等级或以其他企业名义承揽监理业务；

（五）允许其他单位或个人以本企业的名义承揽工程；

（六）将承揽的监理业务转包；

（七）在监理过程中实施商业贿赂；

（八）涂改、伪造、出借、转让工程监理企业资质证书；

（九）其他违反法律法规的行为。

第十七条 工程监理企业合并的，合并后存续或者新设立的工程监理企业可以承继合并前各方中较高的资质等级，但应当符合相应的资质等级条件。

工程监理企业分立的，分立后企业的资质等级，根据实际达到的资质条件，按照本规定的审批程序核定。

第十八条 企业需增补工程监理企业资质证书的（含增加、更换、遗失补办），应当持资质证书增补申请及电子文档等材料向资质许可机关申请办理。遗失资质证书的，在申请补办前应当在公众媒体刊登遗失声明。资质许可机关应当自受理申请之日起 3 日内予以办理。

第四章 监督管理

第十九条 县级以上人民政府建设主管部门和其他有关部门应当依照有关法律、法规和本规定，加强对工程监理企业资质的监督管理。

第二十条 建设主管部门履行监督检查职责时，有权采取下列措施：

（一）要求被检查单位提供工程监理企业资质证书、注册监理工程师注册执业证书，有关工程监理业务的文档，有关质量管理、安全生产管理、档案管理等企业内部管理制度的文件；

（二）进入被检查单位进行检查，查阅相关资料；

（三）纠正违反有关法律、法规和本规定及有关规范和标准的行为。

第二十一条 建设主管部门进行监督检查时，应当有两名以上监督检查人员参加，并出示执法证件，不得妨碍被检查单位的正常经营活动，不得索取或者收受财物、谋取其他利益。有关单位和个人对依法进行的监督检查应当协助与配合，不得拒绝或者阻挠。

监督检查机关应当将监督检查的处理结果向社会公布。

第二十二条 工程监理企业违法从事工程监理活动的，违法行为发生地的县级以上地方人民政府建设主管部门应当依法查处，并将违法事实、处理结果或处理建议及时报告该工程监理企业资质的许可机关。

第二十三条 工程监理企业取得工程监理企业资质后不再符合相应资质条件的，资质许可机关根据利害关系人的请求或者依据职权，可以责令其限期改正；逾期不改的，可以撤回其资质。

第二十四条 有下列情形之一的，资质许可机关或者其上级机关，根据利害关系人的请求或者依据职权，可以撤销工程监理企业资质：

（一）资质许可机关工作人员滥用职权、玩忽职守作出准予工程监理企业资质许可的；

（二）超越法定职权作出准予工程监理企业资质许可的；

（三）违反资质审批程序作出准予工程监理企业资质许可的；

（四）对不符合许可条件的申请人作出准予工程监理企业资质许可的；

（五）依法可以撤销资质证书的其他情形。

以欺骗、贿赂等不正当手段取得工程监理企业资质证书的，应当予以撤销。

第二十五条 有下列情形之一的，工程监理企业应当及时向资质许可机关提出注销资质的申请，交回资质证书，国务院建设主管部门应当办理注销手续，公告其资质证书作废：

（一）资质证书有效期届满，未依法申请延续的；

（二）工程监理企业依法终止的；

（三）工程监理企业资质依法被撤销、撤回或吊销的；

（四）法律、法规规定的应当注销资质的其他情形。

第二十六条　工程监理企业应当按照有关规定，向资质许可机关提供真实、准确、完整的工程监理企业的信用档案信息。

工程监理企业的信用档案应当包括基本情况、业绩、工程质量和安全、合同违约等情况。被投诉举报和处理、行政处罚等情况应当作为不良行为记入其信用档案。

工程监理企业的信用档案信息按照有关规定向社会公示，公众有权查阅。

第五章　法　律　责　任

第二十七条　申请人隐瞒有关情况或者提供虚假材料申请工程监理企业资质的，资质许可机关不予受理或者不予行政许可，并给予警告，申请人在1年内不得再次申请工程监理企业资质。

第二十八条　以欺骗、贿赂等不正当手段取得工程监理企业资质证书的，由县级以上地方人民政府建设主管部门或者有关部门给予警告，并处1万元以上2万元以下的罚款，申请人3年内不得再次申请工程监理企业资质。

第二十九条　工程监理企业有本规定第十六条第七项、第八项行为之一的，由县级以上地方人民政府建设主管部门或者有关部门予以警告，责令其改正，并处1万元以上3万元以下的罚款；造成损失的，依法承担赔偿责任；构成犯罪的，依法追究刑事责任。

第三十条　违反本规定，工程监理企业不及时办理资质证书变更手续的，由资质许可机关责令限期办理；逾期不办理的，可处以1千元以上1万元以下的罚款。

第三十一条　工程监理企业未按照本规定要求提供工程监理企业信用档案信息的，由县级以上地方人民政府建设主管部门予以警告，责令限期改正；逾期未改正的，可处以1千元以上1万元以下的罚款。

第三十二条　县级以上地方人民政府建设主管部门依法给予工程监理企业行政处罚的，应当将行政处罚决定以及给予行政处罚的事实、理由和依据，报国务院建设主管部门备案。

第三十三条　县级以上人民政府建设主管部门及有关部门有下列情形之一的，由其上级行政主管部门或者监察机关责令改正，对直接负责的主管人员和其他直接责任人员依法给予处分；构成犯罪的，依法追究刑事责任：

（一）对不符合本规定条件的申请人准予工程监理企业资质许可的；

（二）对符合本规定条件的申请人不予工程监理企业资质许可或者不在法定期限内作出准予许可决定的；

（三）对符合法定条件的申请不予受理或者未在法定期限内初审完毕的；

（四）利用职务上的便利，收受他人财物或者其他好处的；

（五）不依法履行监督管理职责或者监督不力，造成严重后果的。

第六章 附 则

第三十四条 本规定自 2007 年 8 月 1 日起施行。2001 年 8 月 29 日建设部颁布的《工程监理企业资质管理规定》（建设部令第 102 号）同时废止。

附件：1. 专业资质注册监理工程师人数配备表
2. 专业工程类别和等级表

专业资质注册监理工程师人数配备表（单位：人）   附表 1

序号	工程类别	甲级	乙级	丙级
1	房屋建筑工程	15	10	5
2	冶炼工程	15	10	
3	矿山工程	20	12	
4	化工石油工程	15	10	
5	水利水电工程	20	12	5
6	电力工程	15	10	
7	农林工程	15	10	
8	铁路工程	23	14	
9	公路工程	20	12	5
10	港口与航道工程	20	12	
11	航天航空工程	20	12	
12	通信工程	20	12	
13	市政公用工程	15	10	5
14	机电安装工程	15	10	

注：表中各专业资质注册监理工程师人数配备是指企业取得本专业工程类别注册的注册监理工程师人数。

专业工程类别和等级表   附表 2

序号	工程类别		一 级	二 级	三 级
一	房屋建筑工程	一般公共建筑	28 层以上；36m 跨度以上（轻钢结构除外）；单项工程建筑面积 3 万 m² 以上	14～28 层；24～36m 跨度（轻钢结构除外）；单项工程建筑面积 1 万～3 万 m²	14 层以下；24m 跨度以下（轻钢结构除外）；单项工程建筑面积 1 万 m² 以下
		高耸构筑工程	高度 120m 以上	高度 70～120m	高度 70m 以下
		住宅工程	小区建筑面积 12 万 m² 以上；单项工程 28 层以上	建筑面积 6～12 万 m²；单项工程 14～28 层	建筑面积 6 万 m² 以下；单项工程 14 层以下

序号	工程类别		一级	二级	三级
二	冶炼工程	钢铁冶炼、连铸工程	年产 100 万 t 以上；单座高炉炉容 1250m³ 以上；单座公称容量转炉 100t 以上；电炉 50t 以上；连铸年产 100 万 t 以上或板坯连铸单机 1450mm 以上	年产 100 万 t 以下；单座高炉炉容 1250m³ 以下；单座公称容量转炉 100t 以下；电炉 50t 以下；连铸年产 100 万 t 以下或板坯连铸单机 1450mm 以下	
		轧钢工程	热轧年产 100 万 t 以上，装备连续、半连续轧机；冷轧带板年产 100 万 t 以上，冷轧线材年产 30 万 t 以上或装备连续、半连续轧机	热轧年产 100 万 t 以下，装备连续、半连续轧机；冷轧带板年产 100 万 t 以下，冷轧线材年产 30 万 t 以下或装备连续、半连续轧机	
		冶炼辅助工程	炼焦工程年产 50 万 t 以上或炭化室高度 4.3m 以上；单台烧结机 100m² 以上；小时制氧 300m³ 以上	炼焦工程年产 50 万 t 以下或炭化室高度 4.3m 以下；单台烧结机 100m² 以下；小时制氧 300m³ 以下	
		有色冶炼工程	有色冶炼年产 10 万 t 以上；有色金属加工年产 5 万 t 以上；氧化铝工程 40 万 t 以上	有色冶炼年产 10 万 t 以下；有色金属加工年产 5 万 t 以下；氧化铝工程 40 万 t 以下	
		建材工程	水泥日产 2000t 以上；浮化玻璃日熔量 400t 以上；池窑拉丝玻璃纤维、特种纤维；特种陶瓷生产线工程	水泥日产 2000t 以下；浮化玻璃日熔量 400t 以下；普通玻璃生产线；组合炉拉丝玻璃纤维；非金属材料、玻璃钢、耐火材料、建筑及卫生陶瓷厂工程	
三	矿山工程	煤矿工程	年产 120 万 t 以上的井工矿工程；年产 120 万 t 以上的洗选煤工程；深度 800m 以上的立井井筒工程；年产 400 万 t 以上的露天矿山工程	年产 120 万 t 以下的井工矿工程；年产 120 万 t 以下的洗选煤工程；深度 800m 以下的立井井筒工程；年产 400 万 t 以下的露天矿山工程	
		冶金矿山工程	年产 100 万 t 以上的黑色矿山采选工程；年产 100 万 t 以上的有色砂矿采、选工程；年产 60 万 t 以上的有色脉矿采、选工程	年产 100 万 t 以下的黑色矿山采选工程；年产 100 万 t 以下的有色砂矿采、选工程；年产 60 万 t 以下的有色脉矿采、选工程	

续表

序号	工程类别		一　级	二　级	三　级
三	矿山工程	化工矿山工程	年产 60 万 t 以上的磷矿、硫铁矿工程	年产 60 万 t 以下的磷矿、硫铁矿工程	
		铀矿工程	年产 10 万 t 以上的铀矿；年产 200t 以上的铀选冶	年产 10 万 t 以下的铀矿；年产 200t 以下的铀选冶	
		建材类非金属矿工程	年产 70 万 t 以上的石灰石矿；年产 30 万 t 以上的石膏矿、石英砂岩矿	年产 70 万 t 以下的石灰石矿；年产 30 万 t 以下的石膏矿、石英砂岩矿	
四	化工石油工程	油田工程	原油处理能力 150 万 t/年以上、天然气处理能力 150 万 m^3/天以上、产能 50 万 t 以上及配套设施	原油处理能力 150 万 t/年以下、天然气处理能力 150 万 m^3/天以下、产能 50 万 t 以下及配套设施	
		油气储运工程	压力容器 8MPa 以上；油气储罐 10 万 m^3/台以上；长输管道 120km 以上	压力容器 8MPa 以下；油气储罐 10 万 m^3/台以下；长输管道 120km 以下	
		炼油化工工程	原油处理能力在 500 万 t/年以上的一次加工及相应二次加工装置和后加工装置	原油处理能力在 500 万 t/年以下的一次加工及相应二次加工装置和后加工装置	
		基本原材料工程	年产 30 万 t 以上的乙烯工程；年产 4 万 t 以上的合成橡胶、合成树脂及塑料和化纤工程	年产 30 万 t 以下的乙烯工程；年产 4 万 t 以下的合成橡胶、合成树脂及塑料和化纤工程	
		化肥工程	年产 20 万 t 以上合成氨及相应后加工装置；年产 24 万 t 以上磷氨工程	年产 20 万 t 以下合成氨及相应后加工装置；年产 24 万 t 以下磷氨工程	
		酸碱工程	年产硫酸 16 万 t 以上；年产烧碱 8 万 t 以上；年产纯碱 40 万 t 以上	年产硫酸 16 万 t 以下；年产烧碱 8 万 t 以下；年产纯碱 40 万 t 以下	
		轮胎工程	年产 30 万套以上	年产 30 万套以下	
		核化工及加工工程	年产 1000t 以上的铀转换化工工程；年产 100t 以上的铀浓缩工程；总投资 10 亿元以上的乏燃料后处理工程；年产 200t 以上的燃料元件加工工程；总投资 5000 万元以上的核技术及同位素应用工程	年产 1000t 以下的铀转换化工工程；年产 100t 以下的铀浓缩工程；总投资 10 亿元以下的乏燃料后处理工程；年产 200t 以下的燃料元件加工工程；总投资 5000 万元以下的核技术及同位素应用工程	
		医药及其他化工工程	总投资 1 亿元以上	总投资 1 亿元以下	

序号	工程类别		一级	二级	三级
五	水利水电工程	水库工程	总库容 1 亿 m³ 以上	总库容 1 千万～1 亿 m³	总库容 1 千万 m³ 以下
		水力发电站工程	总装机容量 300M·W 以上	总装机容量 50～300M·W	总装机容量 50M·W 以下
		其他水利工程	引调水堤防等级 1 级；灌溉排涝流量 5m³/秒以上；河道整治面积 30 亩以上；城市防洪城市人口 50 万人以上；围垦面积 5 万亩以上；水土保持综合治理面积 1000km² 以上	引调水堤防等级 2、3 级；灌溉排涝流量 0.5～5m³/s；河道整治面积 3～30 亩；城市防洪城市人口 20～50 万人；围垦面积 0.5～5 万亩；水土保持综合治理面积 100～1000 平方公里	引调水堤防等级 4、5 级；灌溉排涝流量 0.5m³/s 以下；河道整治面积 3 亩以下；城市防洪城市人口 20 万人以下；围垦面积 0.5 万亩以下；水土保持综合治理面积 100km² 以下
六	电力工程	火力发电站工程	单机容量 30 万 kW 以上	单机容量 30 万 kW 以下	
		输变电工程	330kV 以上	330kV 以下	
		核电工程	核电站；核反应堆工程		
七	农林工程	林业局（场）总体工程	面积 35 万公顷以上	面积 35 万公顷以下	
		林产工业工程	总投资 5000 万元以上	总投资 5000 万元以下	
		农业综合开发工程	总投资 3000 万元以上	总投资 3000 万元以下	
		种植业工程	2 万亩以上或总投资 1500 万元以上	2 万亩以下或总投资 1500 万元以下	
		兽医/畜牧工程	总投资 1500 万元以上	总投资 1500 万元以下	
		渔业工程	渔港工程总投资 3000 万元以上；水产养殖等其他工程总投资 1500 万元以上	渔港工程总投资 3000 万元以下；水产养殖等其他工程总投资 1500 万元以下	
		设施农业工程	设施园艺工程 1 公顷以上；农产品加工等其他工程总投资 1500 万元以上	设施园艺工程 1 公顷以下；农产品加工等其他工程总投资 1500 万元以下	
		核设施退役及放射性三废处理处置工程	总投资 5000 万元以上	总投资 5000 万元以下	

续表

序号	工程类别		一 级	二 级	三 级
八	铁路工程	铁路综合工程	新建、改建一级干线；单线铁路 40km 以上；双线 30km 以上及枢纽	单线铁路 40km 以下；双线 30km 以下；二级干线及站线；专用线、专用铁路	
		铁路桥梁工程	桥长 500m 以上	桥长 500m 以下	
		铁路隧道工程	单线 3000m 以上；双线 1500m 以上	单线 3000m 以下；双线 1500m 以下	
		铁路通信、信号、电力电气化工程	新建、改建铁路（含枢纽、配、变电所、分区亭）单双线 200km 及以上	新建、改建铁路（不含枢纽、配、变电所、分区亭）单双线 200km 及以下	
九	公路工程	公路工程	高速公路	高速公路路基工程及一级公路	一级公路路基工程及二级以下各级公路
		公路桥梁工程	独立大桥工程；特大桥总长 1000m 以上或单跨跨径 150m 以上	大桥、中桥桥梁总长 30～1000m 或单跨跨径 20～150m	小桥总长 30m 以下或单跨跨径 20m 以下；涵洞工程
		公路隧道工程	隧道长度 1000m 以上	隧道长度 500～1000m	隧道长度 500m 以下
		其他工程	通信、监控、收费等机电工程，高速公路交通安全设施、环保工程和沿线附属设施	一级公路交通安全设施、环保工程和沿线附属设施	二级及以下公路交通安全设施、环保工程和沿线附属设施
十	港口与航道工程	港口工程	集装箱、件杂、多用途等沿海港口工程 20000t 级以上；散货、原油沿海港口工程 30000t 级以上；1000t 级以上内河港口工程	集装箱、件杂、多用途等沿海港口工程 20000t 级以下；散货、原油沿海港口工程 30000t 级以下；1000t 级以下内河港口工程	
		通航建筑与整治工程	1000t 级以上	1000t 级以下	
		航道工程	通航 30000t 级以上船舶沿海复杂航道；通航 1000t 级以上船舶的内河航运工程项目	通航 30000t 级以下船舶沿海航道；通航 1000t 级以下船舶的内河航运工程项目	
		修造船水工工程	10000t 位以上的船坞工程；船体重量 5000t 位以上的船台、滑道工程	10000t 位以下的船坞工程；船体重量 5000t 位以下的船台、滑道工程	
		防波堤、导流堤等水工工程	最大水深 6m 以上	最大水深 6m 以下	
		其他水运工程项目	建安工程费 6000 万元以上的沿海水运工程项目；建安工程费 4000 万元以上的内河水运工程项目	建安工程费 6000 万元以下的沿海水运工程项目；建安工程费 4000 万元以下的内河水运工程项目	

序号	工程类别		一 级	二 级	三 级
十一	航天航空工程	民用机场工程	飞行区指标为 4E 及以上及其配套工程	飞行区指标为 4D 及以下及其配套工程	
		航空飞行器	航空飞行器（综合）工程总投资 1 亿元以上；航空飞行器（单项）工程总投资 3000 万元以上	航空飞行器（综合）工程总投资 1 亿元以下；航空飞行器（单项）工程总投资 3000 万元以下	
		航天空间飞行器	工程总投资 3000 万元以上；面积 3000m² 以上；跨度 18m 以上	工程总投资 3000 万元以下；面积 3000m² 以下；跨度 18m 以下	
十二	通信工程	有线、无线传输通信工程，卫星、综合布线	省际通信、信息网络工程	省内通信、信息网络工程	
		邮政、电信、广播枢纽及交换工程	省会城市邮政、电信枢纽	地市级城市邮政、电信枢纽	
		发射台工程	总发射功率 500kW 以上短波或 600kW 以上中波发射台；高度 200m 以上广播电视发射塔	总发射功率 500kW 以下短波或 600kW 以下中波发射台；高度 200m 以下广播电视发射塔	
十三	市政公用工程	城市道路工程	城市快速路、主干路，城市互通式立交桥及单孔跨径 100m 以上桥梁；长度 1000m 以上的隧道工程	城市次干路工程，城市分离式立交桥及单孔跨径 100m 以下的桥梁；长度 1000m 以下的隧道工程	城市支路工程、过街天桥及地下通道工程
		给水排水工程	10 万 t/日以上的给水厂；5 万 t/日以上污水处理工程；3m³/s 以上的给水、污水泵站；15m³/s 以上的雨泵站；直径 2.5m 以上的给排水管道	2～10 万 t/日的给水厂；1～5 万 t/日污水处理工程；1～3m³/s 的给水、污水泵站；5～15 m³/s 的雨泵站；直径 1～2.5m 的给水管道，直径 1.5～2.5m 的排水管道	2 万 t/日以下的给水厂；1 万 t/日以下污水处理工程；1m³/s 以下的给水、污水泵站；5m³/s 以下的雨泵站；直径 1m 以下的给水管道；直径 1.5m 以下的排水管道
		燃气热力工程	总储存容积 1000m³ 以上液化气贮罐场（站）；供气规模 15 万 m³/日以上的燃气工程；中压以上的燃气管道、调压站；供热面积 150 万 m² 以上的热力工程	总储存容积 1000m³ 以下的液化气贮罐场（站）；供气规模 15 万 m³/日以下的燃气工程；中压以下的燃气管道、调压站；供热面积 50～150 万 m² 的热力工程	供热面积 50 万 m² 以下的热力工程

续表

序号	工程类别		一级	二级	三级
十三	市政公用工程	垃圾处理工程	1200t/日以上的垃圾焚烧和填埋工程	500～1200t/日的垃圾焚烧及填埋工程	500t/日以下的垃圾焚烧及填埋工程
		地铁轻轨工程	各类地铁轻轨工程		
		风景园林工程	总投资 3000 万元以上	总投资 1000 万～3000 万元	总投资 1000 万元以下
十四	机电安装工程	机械工程	总投资 5000 万元以上	总投资 5000 万以下	
		电子工程	总投资 1 亿元以上；含有净化级别 6 级以上的工程	总投资 1 亿元以下；含有净化级别 6 级以下的工程	
		轻纺工程	总投资 5000 万元以上	总投资 5000 万元以下	
		兵器工程	建安工程费 3000 万元以上的坦克装甲车辆、炸药、弹箭工程；建安工程费 2000 万元以上的枪炮、光电工程；建安工程费 1000 万元以上的防化民爆工程	建安工程费 3000 万元以下的坦克装甲车辆、炸药、弹箭工程；建安工程费 2000 万元以下的枪炮、光电工程；建安工程费 1000 万元以下的防化民爆工程	
		船舶工程	船舶制造工程总投资 1 亿元以上；船舶科研、机械、修理工程总投资 5000 万元以上	船舶制造工程总投资 1 亿元以下；船舶科研、机械、修理工程总投资 5000 万元以下	
		其他工程	总投资 5000 万元以上	总投资 5000 万元以下	

说　　明

1. 表中的"以上"含本数，"以下"不含本数。

2. 未列入本表中的其他专业工程，由国务院有关部门按照有关规定在相应的工程类别中划分等级。

3. 房屋建筑工程包括结合城市建设与民用建筑修建的附建人防工程。

附录四 防水防腐保温工程专业承包资质标准

住房城乡建设部关于印发
《建筑业企业资质标准》的通知

建市〔2014〕159号

各省、自治区住房城乡建设厅，直辖市建委，新疆生产建设兵团建设局，国务院有关部门建设司，总后基建营房部工程管理局：

根据《中华人民共和国建筑法》，我部会同国务院有关部门制定了《建筑业企业资质标准》。现印发给你们，请遵照执行。

本标准自2015年1月1日起施行。原建设部印发的《建筑企业资质等级标准》（建〔2001〕82号）同时废止。

附件：建筑业企业资质标准

中华人民共和国住房和城乡建设部
2014年11月6日

《建筑业企业资质标准》摘录

一、总　　则

为规范建筑市场秩序，加强建筑活动监管，保证建设工程质量安全，促进建筑业科学发展，根据《中华人民共和国建筑法》、《中华人民共和国行政许可法》、《建设工程质量管理条例》和《建设工程安全生产管理条例》等法律、法规，制定本资质标准。

一、资质分类

建筑业企业资质分为施工总承包、专业承包和施工劳务三个序列。其中施工总承包序列设有12个类别，一般分为4个等级（特级、一级、二级、三级）；专业承包序列设有36个类别，一般分为3个等级（一级、二级、三级）；施工劳务序列不分类别和等级。本标准包括建筑业企业资质各个序列、类别和等级的资质标准。

二、基本条件

具有法人资格的企业申请建筑业企业资质应具备下列基本条件：

（一）具有满足本标准要求的资产；

（二）具有满足本标准要求的注册建造师及其他注册人员、工程技术人员、施工现场管理人员和技术工人；

（三）具有满足本标准要求的工程业绩；

（四）具有必要的技术装备。

三、业务范围

（一）施工总承包工程应由取得相应施工总承包资质的企业承担。取得施工总承包资质的企业可以对所承接的施工总承包工程内各专业工程全部自行施工，也可以将专业工程依法进行分包。对设有资质的专业工程进行分包时，应分包给具有相应专业承包资质的企业。施工总承包企业将劳务作业分包时，应分包给具有施工劳务资质的企业。

（二）设有专业承包资质的专业工程单独发包时，应由取得相应专业承包资质的企业承担。取得专业承包资质的企业可以承接具有施工总承包资质的企业依法分包的专业工程或建设单位依法发包的专业工程。取得专业承包资质的企业应对所承接的专业工程全部自行组织施工，劳务作业可以分包，但应分包给具有施工劳务资质的企业。

（三）取得施工劳务资质的企业可以承接具有施工总承包资质或专业承包资质的企业分包的劳务作业。

（四）取得施工总承包资质的企业，可以从事资质证书许可范围内的相应工程总承包、工程项目管理等业务。

四、有关说明

（一）本标准"注册建造师或其他注册人员"是指取得相应的注册证书并在申请资质企业注册的人员；"持有岗位证书的施工现场管理人员"是指持有国务院有关行业部门认可单位颁发的岗位（培训）证书的施工现场管理人员，或按照相关行业标准规定，通过有关部门或行业协会职业能力评价，取得职业能力评价合格证书的人员；"经考核或培训合格的技术工人"是指经国务院有关行业部门、地方有关部门以及行业协会考核或培训合格的技术工人。

（二）本标准"企业主要人员"年龄限 60 周岁以下。

（三）本标准要求的职称是指工程序列职称。

（四）施工总承包资质标准中的"技术工人"包括企业直接聘用的技术工人和企业全资或控股的劳务企业的技术工人。

（五）本标准要求的工程业绩是指申请资质企业依法承揽并独立完成的工程业绩。

（六）本标准"配套工程"含厂/矿区内的自备电站、道路、专业铁路、通信、各种管网管线和相应建筑物、构筑物等全部配套工程。

（七）本标准的"以上"、"以下"、"不少于"、"超过"、"不超过"均包含本数。

（八）施工总承包特级资质标准另行制定。

其他（略）

18. 防水防腐保温工程专业承包资质标准

防水防腐保温工程专业承包资质分为一级、二级。

18.1 一级资质标准

18.1.1 企业资产

净资产 1000 万元以上。

18.1.2 企业主要人员

（1）技术负责人具有 8 年以上从事工程施工技术管理工作经历，且具有工程序列中级以上职称或注册建造师执业资格；工程序列中级以上职称和注册建造师合计不少于 15 人，且结构、材料或化工等专业齐全。

（2）持有岗位证书的施工现场管理人员不少于 15 人，且施工员、质量员、安全员、机械员等人员齐全。

（3）经考核或培训合格的防水工、电工、油漆工、抹灰工等技术工人不少于 30 人。

18.1.3　企业工程业绩

近 5 年承担过下列 2 类中的 1 类工程的施工，工程质量合格。

（1）单项合同额 200 万元以上的建筑防水工程 1 项或单项合同额 150 万元以上的建筑防水工程 3 项。

（2）单项合同额 500 万元以上的防腐保温工程 2 项。

18.2　二级资质标准

18.2.1　企业资产

净资产 400 万元以上。

18.1.2　企业主要人员

（1）技术负责人具有 5 年以上从事工程施工技术管理工作经历，且具有工程序列中级以上职称或注册建造师执业资格；工程序列中级以上职称和注册建造师合计不少于 3 人，且结构、材料或化工等专业齐全。

（2）持有岗位证书的施工现场管理人员不少于 10 人，且施工员、质量员、安全员、机械员等人员齐全。

（3）经考核或培训合格的防水工、电工、油漆工、抹灰工等技术工人不少于 15 人。

（4）技术负责人（或注册建造师）主持完成过本类别资质一级标准的要求的工程不少于 2 项。

18.3　承包工程范围

18.3.1　一级资质

可承担各类建筑防水、防腐保温工程的施工。

18.3.2　二级资质

可承担合同额 300 万元以下建筑防水工程的施工，单项合同额 600 万元以下的各类防腐保温工程的施工。

附录五 地下防水工程建设标准强制性条文及条文说明

一、《地下工程防水技术规范》国家标准强制性条文及条文说明

《地下工程防水技术规范》GB 50108—2008 国家标准第 3.1.4、3.2.1、3.2.2、4.1.22、4.1.26（1.2）5.1.3 条（款）为强制性条文，必须严格执行。

3.1.4 地下工程迎水面主体结构应采用防水混凝土，并应根据防水等级的要求采取其他防水措施。

条文说明：

（一）**3.1.4** 防水混凝土自防水结构作为工程主体的防水措施已普遍为地下工程界所接受，根据各地的意见，修编时将原规范中的"地下工程的钢筋混凝土结构应采用防水混凝土浇筑"改为"地下工程迎水面主体结构应采用防水混凝土浇筑"，其意思是地下工程除直接与地下水接触的围护结构采用防水混凝土浇筑外，内部隔墙可以不采用防水混凝土，如民用建筑地下室，其内隔墙可以不采用防水混凝土。

（二）**3.2.1 地下工程的防水等级应分为四级，各等级防水标准应符合表 3.2.1 的规定。**

地下工程防水标准　　　　　　　　　　　　　　　　表 3.2.1

防水等级	防水标准
一级	不允许渗水，结构表面无湿渍
二级	不允许漏水，结构表面可有少量湿渍； 工业与民用建筑：总湿渍面积不应大于总防水面积（包括顶板、墙面、地面）的 1/1000；任意 100m² 防水面积上的湿渍不超过 2 处，单个湿渍的最大面积不大于 0.1m²； 其他地下工程：总湿渍面积不应大于总防水面积的 2/1000；任意 100m² 防水面积上的湿渍不超过 3 处，单个湿渍的最大面积不大于 0.2m²；其中，隧道工程还要求平均渗水量不大于 0.05L/（m²·d），任意 100m² 防水面积上的渗水量不大于 0.15L/（m²·d）
三级	有少量漏水点，不得有线流和漏泥沙； 任意 100m² 防水面积上的漏水或湿渍点数不超过 7 处，单个漏水点的最大漏水量不大于 2.5L/d，单个湿渍的最大面积不大于 0.3m²
四级	有漏水点，不得有线流和漏泥沙； 整个工程平均漏水量不大于 2L/（m²·d）；任意 100m² 防水面积上的平均漏水量不大于 4L/（m²·d）

（三）**3.2.2 地下工程不同防水等级的适用范围，应根据工程的重要性和使用中对防水的要求按表 3.2.2 选定。**

表 3.2.2

不同防水等级的适用范围

防水等级	适用范围
一级	人员长期停留的场所；因有少量湿渍会使物品变质、失效的贮物场所及严重影响设备正常运转和危及工程安全运营的部位；极重要的战备工程、地铁车站
二级	人员经常活动的场所；在有少量湿渍的情况下不会使物品变质、失效的贮物场所及基本不影响设备正常运转和工程安全运营的部位；重要的战备工程
三级	人员临时活动的场所；一般战备工程
四级	对渗漏水无严格要求的工程

条文说明：

3.2.1、3.2.2　原规范规定的防水等级划分为四级，经过五年来的使用，从防水工程界的反映来看基本上是符合实际、切实可行的。因此这次修编仍保留原防水等级的划分，但对二级防水等级标准进行了局部修改，理由如下：

1　二级防水等级标准是按湿渍来反映的，这是它合理的一面。与"工业与民用建筑……任意 $100m^2$ 防水面积的湿渍不超过 2 处，单个湿渍的最大面积不大于 $0.1m^2$"的规定是匹配的。理由是"任意 $100m^2$"是指包括建筑中渗水最集中区，因此与整个建筑总湿面积为总防水面积的 1/1000 绝不应对等，更何况以上的表述还意味着任意 $100m^2$ 防水面积的湿渍还小于建筑总湿面积的平均值。理论上讲，"任意 $100m^2$ 防水面积上的湿渍比例"应是"建筑总湿面积的比例的"2 倍。

2　关于隧道渗漏水量的比较和检测，国内外早已达成的共识是：规定单位面积的渗水量（或包括单位时间），如：渗水量 $L/(m^2 \cdot d)$、湿渍面积×湿渍数/$100m^2$，这样就撇开了工程断面和长度，可比性强，也比较客观。

3　隧道工程还要求"平均渗水量不大于 $0.05L/(m^2 \cdot d)$，任意 $100m^2$ 防水面积上的渗水量不大于 $0.15L/(m^2 \cdot d)$"，基本是合理的。"整体"与"任意"的关系，与其他地下工程一样分别为2～4倍，考虑到隧道的总内表面积通常较大，故定为 3 倍。

4　考虑到国外的有关隧道等级标准（包括二级）都与渗水量挂钩〔$L/(m^2 \cdot d)$〕，目前国内设计上，防水等级为二级的隧道工程，尤其是圆形隧道或房屋建筑的地下建筑的渗水量的提法有所差别，即隧道工程已按国际惯例提出 $L/(m^2 \cdot d)$ 的指标，包括整体与局部，其倍数关系，应与湿迹一致，因此，这次修编时增补了这方面的内容。

在进行防水设计时，可根据表中规定的适用范围，结合工程的实际情况合理确定工程的防水等级。如办公用房属人员长期停留场所，档案库、文物库属少量湿迹会使物品变质、失效的贮物场所，配电间、地下铁道车站顶部属少量湿迹会严重影响设备正常运转和危及工程安全运营的场所或部位，指挥工程属极重要的战备工程，故都应定为一级；而一般生产车间属人员经常活动的场所，地下车库属有少量湿迹不会使物品变质、失效的场所，电气化隧道、地铁隧道、城市公路隧道、公路隧道侧墙属有少量湿迹基本不影响设备正常运转和工程安全运营的场所或部位，人员掩蔽工程属重要的战备工程，故应定为二级；城市地下公共管线沟属人员临时活动场所，战备交通隧道和疏散干道属一般战备工程，可定为三级。对于一个工程（特别是大型工程），因工程内部各部分的用途不同，其防水等级可以有所差别，设计时可根据表中适用范围的原则分别予以确定。但设计时要防止防水等级低的部位的渗漏水影响防水等级高的部位的情况。

（四）4.1.22　防水混凝土拌合物在运输后如出现离析，必须进行二次搅拌。当坍落度损失后不能满足施工要求时，应加入原水胶比的水泥浆或掺加同品种的减水剂进行搅拌，严禁直接加水。

条文说明：

4.1.22　针对施工中遇到坍落度不满足施工要求时有随意加水的现象，本条做了严禁直接加水的规定。因随意加水将改变原有规定的水灰比，而水灰比的增大将不仅影响混凝土的强度，而且对混凝土的抗渗性影响极大，将会造成渗漏水的隐患。

（五）4.1.26　施工缝的施工应符合下列规定：

　　1　水平施工缝浇筑混凝土前，应将其表面浮浆和杂物清除，然后铺设净浆或涂刷混凝土界面处理剂、水泥基渗透结晶型防水涂料等材料，再铺 30～50mm 厚的 1：1 水泥砂浆，并应及时浇筑混凝土；

　　2　垂直施工缝浇筑混凝土前，应将其表面清理干净，再涂刷混凝土界面处理剂或水泥基渗透结晶型防水涂料，并应及时浇筑混凝土；

条文说明：

4.1.26　施工缝的防水质量除了与选用的构造措施有关外，还与施工质量有很大的关系，本条根据各地的实践经验，对原条文进行了修改。

　　1　水平施工缝防水措施中增加了涂刷水泥基渗透结晶型防水涂料的内容，做法是在混凝土终凝后（一般来说，夏季在混凝土浇筑后 24h，冬季则在 36～48h，具体视气温、混凝土强度等级而定，气温高、混凝土强度等级高者可短些），立即用钢丝刷将表面浮浆刷除，边刷边用水冲洗干净，并保持湿润，然后涂刷水泥基渗透结晶型防水涂料或界面处理剂，目的是使新老混凝土结合得更好。如不先铺水泥砂浆层或铺的厚度不够，将会出现工程界俗称的"烂根"现象，极易造成施工缝的渗漏水。还应注意铺水泥砂浆层或刷界面处理剂、水泥基渗透结晶型防水涂料后，应及时浇筑混凝土，若时间间隔过久，水泥砂浆已凝固，则起不到使新老混凝土紧密结合的作用，仍会留下渗漏水的隐患。

施工缝凿毛也是增强新老混凝土结合力的有效方法，但在垂直施工缝中凿毛作业难度较大，不宜提倡。

本条规定的施工缝防水措施，对于具体工程而言，并不是所列的方法都采用，而是根据具体情况灵活掌握，如采用水泥基渗透结晶型防水涂料，就不一定采用界面处理剂，但水泥砂浆是要采用的，这是保证新老混凝土结合的主要措施。

（六）5.1.3　变形缝处混凝土结构的厚度不应小于 300mm。

条文说明：

5.1.3　因变形缝处是防水的薄弱环节，特别是采用中埋式止水带时，止水带将此处的混凝土分为两部分，会对变形缝处的混凝土造成不利影响，因此条文作了变形缝处混凝土局部加厚的规定。

二、《地下防水工程质量验收规范》国家标准强制性条文及条文说明

《地下防水工程质量验收规范》GB 50208—2011 国家标准第 4.1.16、4.4.8、5.2.3、5.3.4、7.2.12 条为强制性条文，必须严格执行。

（一）4.1.16　防水混凝土结构的施工缝、变形缝、后浇带、穿墙管、埋设件等设置和构造必须符合设计要求。

检验方法：观察检查和检查隐蔽工程验收记录。

条文说明：

4.1.16　对本条说明如下：

1　防水混凝土应连续浇筑，宜少留施工缝，以减少渗水隐患。墙体上的垂直施工缝宜与变形缝相结合。墙体最低水平施工缝应高出底板表面不小于 300mm，距墙孔洞边缘不应小于 300mm，并避免设在墙体承受剪力最大的部位。

2　变形缝应考虑工程结构的沉降、伸缩的可变性，并保证其在变化中的密闭性，不产生渗漏水现象。变形缝处混凝土结构的厚度不应小于 300mm，变形缝的宽度宜为 20mm～30mm。全埋式地下防水工程的变形缝应为环状；半地下防水工程的变形缝应为 U 字形，U 字形变形缝的设计高度应超出室外地坪 500mm 以上。

3　后浇带采用补偿收缩混凝土、遇水膨胀止水条或止水胶等防水措施，补偿收缩混凝土的抗压强度和抗渗等级均不得低于两侧混凝土。

4　穿墙管道应在浇筑混凝土前预埋。当结构变形或管道伸缩量较小时，穿墙管可采用主管直接埋入混凝土内的固定式防水法；当结构变形或管道伸缩量较大或有更换要求时，应采用套管式防水法。穿墙管线较多时宜相对集中，采用封口钢板式防水法。

5　埋设件端部或预留孔、槽底部的混凝土厚度不得小于 250mm；当厚度小于 250mm 时，应采取局部加厚或加焊止水钢板的防水措施。

（二）　4.4.8　**涂料防水层的平均厚度应符合设计要求，最小厚度不得小于设计厚度的 90%。**

检验方法：用针测法检查。

条文说明：

4.4.8　防水涂料必须具有一定的厚度，保证其防水功能和防水层耐久性。在工程实践中，经常出现材料用量不足或涂刷不匀的缺陷，因此控制涂层的平均厚度和最小厚度是保证防水层质量的重要措施。《地下工程防水技术规范》GB 50108－2008 规定：掺外加剂、掺合料的水泥基防水涂料厚度不得小于 3.0mm；水泥基渗透结晶型防水涂料的用量不应小于 1.5kg/m²，且厚度不应小于 1.0mm；有机防水涂料的厚度不得小于 1.2mm。本条保留了原规范涂料防水层的平均厚度应符合设计要求，将最小厚度由原规范的不得小于设计厚度 80% 提高到 90%，以防止涂层厚薄不均匀而影响防水质量。检验方法宜采用针测法检查，取消割取实样用卡尺测量。

有关涂料防水层的厚度测量，建议采用下列方法：

1　按每处 10m² 抽取 5 个点，两点间距不小于 2.0m，计算 5 点的平均值为该处涂层平均厚度，并报告最小值；

2　涂层平均厚度符合设计规定，且最小厚度大于或等于设计厚度的 90% 为合格标准；

3　每个检验批当有一处涂层厚度不合格时，则允许再抽取一处按上法测量，若重新抽取一处涂层厚度不合格，则判定检验批不合格。

（三）　5.2.3　**中埋式止水带埋设位置应准确，其中间空心圆环与变形缝的中心线应重合。**

检验方法：观察检查和检查隐蔽工程验收记录。

条文说明：

5.2.3～5.2.5 变形缝的渗漏水除设计不合理的原因之外，施工质量也是一个重要的原因。

中埋式止水带施工时常存在以下问题：一是埋设位置不准，严重时止水带一侧往往折至缝边，根本起不到止水的作用。过去常用铁丝固定止水带，铁丝在振捣力的作用下会变形甚至振断，其效果不佳，目前推荐使用专用钢筋套或扁钢固定。二是顶、底板止水带下部的混凝土不易振捣密实，气泡也不易排出，且混凝土凝固时产生的收缩易使止水带与下面的混凝土产生缝隙，从而导致变形缝漏水。根据这种情况，条文中规定顶、底板中的止水带安装成盆形，有助于消除上述弊端。三是中埋式止水带的安装，在先浇一侧混凝土时，此时端模被止水带分为两块，这给模板固定造成困难，施工时由于端模支撑不牢，不仅造成漏浆，而且也不敢按规定进行振捣，致使变形缝处的混凝土密实性较差，从而导致渗漏水。四是止水带的接缝是止水带本身的防水薄弱处，因此接缝愈少愈好，考虑到工程规模不同，缝的长度不一，对接缝数量未作严格的限定。五是转角处止水带不能折成直角，条文规定转角处应做成圆弧形，以便于止水带的安设。

（四）**5.3.4** 采用掺膨胀剂的补偿收缩混凝土，其抗压强度、抗渗性能和限制膨胀率必须符合设计要求。

检验方法：检查混凝土抗压强度、抗渗性能和水中养护 14d 后的限制膨胀率检验报告。

条文说明

5.3.4 后浇带应采用补偿收缩混凝土浇筑，其抗压强度和抗渗等级均不应低于两侧混凝土。采用掺膨胀剂的补偿收缩混凝土，应根据设计的限制膨胀率要求，经试验确定膨胀剂的最佳掺量，只有这样才能达到控制结构裂缝的效果。

（五）**7.2.12** 隧道、坑道排水系统必须通畅。

检验方法：观察检查。

条文说明

7.2.12 隧道防排水应视水文地质条件因地制宜地采取"以排为主，防、排、截、堵相结合"的综合治理原则，达到排水通畅、防水可靠、经济合理、不留后患的目的。"防"是指衬砌抗渗和衬砌外围防水，包括衬砌外围防水层和压浆。"排"是指使衬砌背后空隙及围岩不积水，减少衬砌背后的渗水压力和渗水量。为此，对表面水、地下水应采取妥善的处理，使隧道内外形成一个完整的畅通的防排水系统。一般公路隧道应做到：1 拱部、边墙不滴水；2 路面不冒水、不积水，设备箱洞处均不渗水；3 冻害地区隧道衬砌背后不积水，排水沟不冻结。

隧道、坑道排水是按不同衬砌排水构造采取各种排水措施，将地下水和地面水引排至隧道以外。为了排水的需要，隧道一般应设置纵向排水沟、横向排水坡、横向排水暗沟或盲沟等排水设施。排水沟必须符合设计要求，隧道、坑道排水系统必须畅通，以保证正常使用和行车安全。

附录六　屋面工程建设标准
强制性条文及条文说明

一、《屋面工程技术规范》中的强制性条文及条文说明

《屋面工程技术规范》GB 50345—2012 中含有 8 条强制性条文；其条文及条文说明如下。

（一）**3.0.5**[1]　屋面防水工程应根据建筑物的类别、重要程度、使用功能要求确定防水等级，并应按相应等级进行防水设防；对防水有特殊要求的建筑屋面，应进行专项防水设计。屋面防水等级和设防要求应符合表 3.0.5 的规定。

表 3.0.5　屋面防水等级和设防要求

防水等级	建筑类别	设防要求
Ⅰ级	重要建筑和高层建筑	两道防水设防
Ⅱ级	一般建筑	一道防水设防

条文说明

3.0.5　本条对屋面防水等级和设防要求作了较大的修订。原规范对屋面防水等级分为四级，Ⅰ级为特别重要或对防水有特殊要求的建筑，由于这类建筑极少采用，本次修订作了"对防水有特殊要求的建筑屋面，应进行专项防水设计"的规定；原规范Ⅳ级为非永久性建筑，由于这类建筑防水要求很低，本次修订给予删除，故本条根据建筑物的类别、重要程度、使用功能要求，将屋面防水等级分为Ⅰ级和Ⅱ级，设防要求分别为两道防水设防和一道防水设防。

本规范征求意见稿和送审稿中，都曾明确将屋面防水等级分为Ⅰ级和Ⅱ级，防水层的合理使用年限分别定为 20 年和 10 年，设防要求分别为两道防水设防和一道防水设防。关于防水层合理使用年限的确定，主要是根据建设部《关于治理屋面渗漏的若干规定》（1991）370 号文中"……选材要考虑其耐久性能保证 10 年"的要求，以及考虑我国的经济发展水平、防水材料的质量和建设部《关于提高防水工程质量的若干规定》（1991）837 号中有关精神提出的。考虑近年来新型防水材料的门类齐全、品种繁多，防水技术也由过去的沥青防水卷材叠层做法向多道设防、复合防水、单层防水等形式转变。对于屋面的防水功能，不仅要看防水材料本身的材性，还要看不同防水材料组合后的整体防水效果，这一点从历次的工程调研报告中已得到了证实。由于对防水层的合理使用年限的确定，目前尚缺乏相关的实验数据，根据本规范审查专家建议，取消对防水层合理使用年限的规定。

（二）**4.5.1**　卷材、涂膜屋面防水等级和防水做法应符合表 4.5.1 的规定。

---

[1]　章节序号为此工程建设标准中的原序号

表 4.5.1 卷材、涂膜屋面防水等级和防水做法

防水等级	防 水 做 法
Ⅰ级	卷材防水层和卷材防水层、卷材防水层和涂膜防水层、复合防水层
Ⅱ级	卷材防水层、涂膜防水层、复合防水层

注：在Ⅰ级屋面防水做法中，防水层仅作单层卷材时，应符合有关单层防水卷材屋面技术的规定。

条文说明

4.5.1 本条对卷材及涂膜防水屋面不同的防水等级，提出了相应的防水做法。当防水等级为Ⅰ级时，设防要求为两道防水设防，可采用卷材防水层和卷材防水层、卷材防水层和涂膜防水层、复合防水层的防水做法；当防水等级为Ⅱ级时，设防要求为一道防水设防，可采用卷材防水层、涂膜防水层、复合防水层的防水做法。

（三）**4.5.5** 每道卷材防水层最小厚度应符合表 4.5.5 的规定。

表 4.5.5 每道卷材防水层最小厚度（mm）

防水等级	合成高分子防水卷材	高聚物改性沥青防水卷材		
		聚酯胎、玻纤胎、聚乙烯胎	自粘聚酯胎	自粘无胎
Ⅰ级	1.2	3.0	2.0	1.5
Ⅱ级	1.5	4.0	3.0	2.0

（四）**4.5.6** 每道涂膜防水层最小厚度应符合表 4.5.6 的规定。

表 4.5.6 每道涂膜防水层最小厚度（mm）

防水等级	合成高分子防水涂膜	聚合物水泥防水涂膜	高聚物改性沥青防水涂膜
Ⅰ级	1.5	1.5	2.0
Ⅱ级	2.0	2.0	3.0

条文说明

4.5.5、4.5.6 防水层的使用年限，主要取决于防水材料物理性能、防水层的厚度、环境因素和使用条件四个方面，而防水层厚度是影响防水层使用年限的主要因素之一。本条对卷材防水层及涂膜防水层厚度的规定是以合理工程造价为前提，同时又结合国内外的工程应用的情况和现有防水材料的技术水平综合得出的量化指标。卷材防水层及涂膜防水层的厚度若按本条规定的厚度选择，满足相应防水等级是切实可靠的。

（五）**4.5.7** 复合防水层最小厚度应符合表 4.5.7 的规定。

表 4.5.7 复合防水层最小厚度（mm）

防水等级	合成高分子防水卷材＋合成高分子防水涂膜	自粘聚合物改性沥青防水卷材（无胎）＋合成高分子防水涂膜	高聚物改性沥青防水卷材＋高聚物改性沥青防水涂膜	聚乙烯丙纶卷材＋聚合物水泥防水胶结材料
Ⅰ级	1.2＋1.5	1.5＋1.5	3.0＋2.0	(0.7＋1.3)×2
Ⅱ级	1.0＋1.0	1.2＋1.0	3.0＋1.2	0.7＋1.3

条文说明

4.5.7 复合防水层是屋面防水工程中积极推广的一种防水技术,本条对防水等级为Ⅰ、Ⅱ级复合防水层最小厚度作出明确规定。需要说明的是:聚乙烯丙纶卷材物理性能除符合《高分子防水材料　第1部分:片材》GB 18173.1中FS2的技术要求外,其生产原料聚乙烯应是原生料,不得使用再生的聚乙烯;粘贴聚乙烯丙纶卷材的聚合物水泥防水胶结材料主要性能指标,应符合本规范附录第B.1.8条的要求。

（六）**4.8.1** 瓦屋面防水等级和防水做法应符合表4.8.1的规定。

表4.8.1　瓦屋面防水等级和防水做法

防水等级	防水做法
Ⅰ级	瓦+防水层
Ⅱ级	瓦+防水垫层

注:防水层厚度应符合本规范第4.5.5条或第4.5.6条Ⅱ级防水的规定。

条文说明

4.8.1 本条中所指的瓦屋面,包括烧结瓦屋面、混凝土瓦屋面和沥青瓦屋面。近年来随着建筑设计的多样化,为了满足造型和艺术的要求,对有较大坡度的屋面工程也越来越多地采用了瓦屋面。

本次修订规范时将屋面防水等级划分为Ⅰ、Ⅱ两级,本条规定防水等级为Ⅰ级的瓦屋面,防水做法采用瓦+防水层;防水等级为Ⅱ级的瓦屋面,防水做法采用瓦+防水垫层。这就使瓦屋面能在一般建筑和重要建筑的屋面工程中均可以使用,扩大了瓦屋面的使用范围。

（七）**4.9.1** 金属板屋面防水等级和防水做法应符合表4.9.1的规定。

表4.9.1　金属板屋面防水等级和防水做法

防水等级	防水做法
Ⅰ级	压型金属板+防水垫层
Ⅱ级	压型金属板、金属面绝热夹芯板

注:1　当防水等级为Ⅰ级时,压型铝合金板基板厚度不应小于0.9mm;压型钢板基板厚度不应小于0.6mm;
　　2　当防水等级为Ⅰ级时,压型金属板应采用360°咬口锁边连接方式;
　　3　在Ⅰ级屋面防水做法中,仅作压型金属板时,应符合《金属压型板应用技术规范》等相关技术的规定。

条文说明

4.9.1 近几年,大量公共建筑的涌现使得金属板屋面迅猛发展,大量新材料应用及细部构造和施工工艺的创新,对金属板屋面设计提出了更高的要求。

金属板屋面是由金属面板与支承结构组成,金属板屋面的耐久年限与金属板的材质有密切的关系,按现行国家标准《冷弯薄壁型钢结构技术规范》GB 50018的规定,屋面压型钢板厚度不宜小于0.5mm。参照奥运工程金属板屋面防水工程质量控制技术指导意见中对金属板的技术要求,本条规定当防水等级为Ⅰ级时,压型铝合金板基板厚度不应小于0.9mm;压型钢板基板厚度不应小于0.6mm,同时压型金属板应采用360°咬口锁边连接方式。

尽管金属板屋面所使用的金属板材料具有良好的防腐蚀性,但由于金属板的伸缩变形受板型连接构造、施工安装工艺和冬夏季温差等因素影响，使得金属板屋面渗漏水情况比较普遍。根据本规范规定屋面Ⅰ级防水需两道防水设防的原则，同时考虑金属板屋面有一定的坡度和泄水能力好的特点，本条规定Ⅰ级金属板屋面应采用压型金属板＋防水垫层的防水做法；Ⅱ级金属板屋面应采用紧固件连接或咬口锁边连接的压型金属板以及金属面绝热夹芯板的防水做法。

（八）**5.1.6　屋面工程施工必须符合下列安全规定：**

1　严禁在雨天、雪天和五级风及其以上时施工；

2　屋面周边和预留孔洞部位，必须按临边、洞口防护规定设置安全护栏和安全网；

3　屋面坡度大于30%时，应采取防滑措施；

4　施工人员应穿防滑鞋，特殊情况下无可靠安全措施时，操作人员必须系好安全带并扣好保险钩。

条文说明

5.1.6　施工单位应遵守有关施工安全、劳动保护、防火和防毒的法律法规，建立相应的管理制度，并应配备必要的设备、器具和标识。

本条是针对屋面工程的施工范围和特点，着重进行危险源的识别、风险评价和实施必要的措施。屋面工程施工前，对危险性较大的工程作业，应编制专项施工方案，并进行安全交底。坚持安全第一、预防为主和综合治理的方针，积极防范和遏制建筑施工生产安全事故的发生。

二、《屋面工程质量验收规范》中的强制性条文及条文说明

《屋面工程质量验收规范》GB 50207—2012中含有4条强制性条文，其条文及条文说明如下：

（一）**3.0.6　屋面工程所用的防水、保温材料应有产品合格证书和性能检测报告，材料的品种、规格、性能等必须符合国家现行产品标准和设计要求。产品质量应由经过省级以上建设行政主管部门对其资质认可和质量技术监督部门对其计量认证的质量检测单位进行检测。**

条文说明

3.0.6　防水、保温材料除有产品合格证和性能检测报告等出厂质量证明文件外，还应有经当地建设行政主管部门所指定的检测单位对该产品本年度抽样检验认证的试验报告，其质量必须符合国家现行产品标准和设计要求。

（二）**3.0.12　屋面防水工程完工后，应进行观感质量检查和雨后观察或淋水、蓄水试验，不得有渗漏和积水现象。**

条文说明

3.0.12　屋面渗漏是当前房屋建筑中最为突出的质量问题之一，群众对此反映极为强烈。为使房屋建筑工程，特别是量大面广的住宅工程的屋面渗漏问题得到较好的解决，将本条列为强制性条文。屋面工程必须做到无渗漏，才能保证功能要求。无论是屋面防水层的本身还是细部构造，通过外观质量检验只能看到表面的特征是否符合设计和规范的要求，肉眼很难判断是否会渗漏。只有经过雨后或持续淋水2h，使屋面处于工作状态下经受实际考验，才能观察出屋面是否有渗漏。有可能蓄水试验的屋面，还规定其蓄水时间不得少于24h。

（三）**5.1.7　保温材料的导热系数、表观密度或干密度、抗压强度或压缩强度、燃烧性能，必须符合设计要求。**

条文说明

5.1.7　建筑围护结构热工性能直接影响建筑采暖和空调的负荷与能耗，必须予以严格控制。保温材料的导热系数随材料的密度提高而增加，并且与材料的孔隙大小和构造特征有密切关系。一般是多孔材料的导热系数较小，但当其孔隙中所充满的空气、水、冰不同时，材料的导热性能就会发生变化。因此，要保证材料优良的保温性能，就要求材料尽量干燥不受潮，而吸水受潮后尽量不受冰冻，这对施工和使用都有很现实的意义。

保温材料的抗压强度或压缩强度，是材料主要的力学性能。一般是材料使用时会受到外力的作用，当材料内部产生应力增大到超过材料本身所能承受的极限值时，材料就会产生破坏。因此，必须根据材料的主要力学性能因材使用，才能更好地发挥材料的优势。

保温材料的燃烧性能，是可燃性建筑材料分级的一个重要判定。建筑防火关系到人民财产及生命安全和社会稳定，国家给予高度重视，出台了一系列规定，相关标准规范也即将颁布。因此，保温材料的燃烧性能是防止火灾隐患的重要条件。

（四）**7.2.7　瓦片必须铺置牢固。在大风及地震设防地区或屋面坡度大于100%时，应按设计要求采取固定加强措施。**

检验方法：观察或手扳检查。

条文说明

7.2.7　为了确保安全，针对大风及地震设防地区或坡度大于100%的块瓦屋面，应采用固定加强措施。有时几种因素应综合考虑，应由设计给出具体规定。

三、《坡屋面工程技术规范》中的强制性条文及条文说明

《坡屋面工程技术规范》GB 50693—2011中含有4条强制性条文，其条文及条文说明如下。

（一）**3.2.10　屋面坡度大于100%以及大风和抗震设防烈度为7度以上的地区，应采取加强瓦材固定等防止瓦材下滑的措施。**

条文说明

3.2.10　由于瓦材在此环境下容易脱落，产生安全隐患，必须采取加固措施。块瓦和波形瓦一般用金属件锁固，沥青瓦一般用满粘和增加固定钉的措施。

（二）**3.2.17　严寒和寒冷地区的坡屋面檐口部位应采取防冰雪融坠的安全措施。**

条文说明

3.2.17　严寒和寒冷地区冬季屋顶积雪较大，当气温升高时，屋顶的冰雪下部融化，大片的冰雪会沿屋顶坡度方向下坠，易造成安全事故。因此应采取相应的安全措施，如在临近檐口的屋面上增设挡雪栅栏或加宽檐沟等措施。

（三）**3.3.12　坡屋面工程施工应符合下列规定：**

1　屋面周边和预留孔洞部位必须设置安全护栏和安全网或其他防止坠落的防护措施；

2　屋面坡度大于30%时，应采取防滑措施；

3　施工人员应戴安全帽，系安全带和穿防滑鞋；

4　雨天、雪天和五级风及以上时不得施工；

5　施工现场应设置消防设施，并应加强火源管理。

条文说明

3.3.12　坡屋面施工时，由于屋面具有一定坡度，易发生施工人员安全事故，所以本条作为强制性条文。

2　当坡度大于30%时，人和物易滑落，故应采取防滑措施。

（四）10.2.1　单层防水卷材的厚度和搭接宽度应符合表10.2.1-1和表10.2.1-2的规定：

表10.2.1-1　单层防水卷材厚度（mm）

防水卷材名称	一级防水厚度	二级防水厚度
高分子防水卷材	≥1.5	≥1.2
弹性体、塑性体改性沥青防水卷材	≥5	

表10.2.1-2　单层防水卷材搭接宽度（mm）

防水卷材名称	长边、短边搭接方式				
	满粘法	机械固定法			
		热风焊接	搭接胶带		
		无覆盖机械固定垫片	有覆盖机械固定垫片	无覆盖机械固定垫片	有覆盖机械固定垫片
高分子防水卷材	≥80	≥80且有效焊缝宽度≥25	≥120且有效焊缝宽度≥25	≥120且有效粘结宽度≥75	≥200且有效粘结宽度≥150
弹性体、塑性体改性沥青防水卷材	≥100	≥80且有效焊缝宽度≥40	≥120且有效焊缝宽度≥40	—	

条文说明

10.2.1　单层防水卷材的屋面对防水卷材的材料要求高于平屋面用防水卷材，特别是对其耐候性、机械强度和尺寸稳定性等指标有较高要求。并非所有防水卷材都能单层使用。单层防水卷材应满足使用年限的要求，还应达到表10.2.1-1要求的厚度，不得折减。尤其是改性沥青防水卷材，不管是一级还是二级都要达到5mm的厚度。

单层防水卷材搭接宽度既与搭接处防水质量有关，也与抗风揭有关。采用满粘法施工时，由于防水卷材全面积粘结在基层上，可起到抗风揭作用，此时高分子防水卷材长短边搭接宽度不应小于80mm、改性沥青防水卷材长短边搭接宽度不应小于100mm。

采用机械固定法施工热风焊接防水卷材时，大面积是空铺的，为起到抗风揭作用和确保防水质量，高分子防水卷材长短边搭接宽度不应小于80mm，有效焊缝不应小于

25mm；改性沥青防水卷材长短边搭接宽度不应小于 80mm，有效焊缝不应小于 40mm。当搭接部位需要覆盖机械固定垫片时，搭接宽度应按表 10.2.1-2 的要求增加搭接宽度。

一般情况下，PVC、TPO 等高分子防水卷材既采用热风焊接搭接，也可以采用双面自粘搭接胶带搭接；三元乙丙橡胶（EPDM）防水卷材不能采用热风焊接方式搭接，只能采用双面自粘搭接胶带搭接，搭接宽度应按表 10.2.1-2 中的规定执行。

四、《种植屋面工程技术规程》中的强制性条文及条文说明

《种植屋面工程技术规程》JGJ 155—2013 中含有 2 条强制性条文，其条文及条文说明如下。

（一）**3.2.3 种植屋面工程结构设计时应计算种植荷载。既有建筑屋面改造为种植屋面前，应对原结构进行鉴定。**

条文说明：

3.2.3 建筑荷载涉及建筑结构安全，新建种植屋面工程的设计应首先确定种植屋面基本构造层次，根据各层次的荷载进行结构计算。既有建筑屋面改造成种植屋面，应首先对其原结构安全性进行检测鉴定，必要时还应进行检测，以确定是否适宜种植及种植形式。种植荷载主要包括植物荷重和饱和水状态下种植土荷重。

（二）**5.1.7 种植屋面防水层应满足一级防水等级设防要求，且必须至少设置一道具有耐根穿刺性能的防水材料。**

条文说明

5.1.7 鉴于种植屋面工程一次性投资大，维修费用高，若发生渗漏则不易查找与修缮，国外一般要求种植屋面防水层的使用寿命至少 20 年，因此本规程规定屋面防水层应满足《屋面工程技术规范》GB 50345 中一级防水等级要求。为防止植物根系对防水层的穿刺破坏，因此必须设置一道耐根穿刺防水层。

五、《倒置式屋面工程技术规程》中的强制性条文及条文说明

《倒置式屋面工程技术规程》JGJ 230—2010 中含有 4 条强制性条文，其条文及条文说明如下。

（一）**3.0.1 倒置式屋面工程的防水等级应为Ⅰ级，防水层合理使用年限不得少于20 年。**

条文说明

3.0.1 现行国家标准《屋面工程技术规范》GB 50345 中，将倒置式屋面定义为"将保温层设置在防水层上的屋面"，随着挤塑型聚苯乙烯泡沫塑料板（XPS）等憎水性保温材料的大量应用，由于防水层得到保护，避免拉应力、紫外线以及其他因素对防水层的破坏，从而延长了防水层使用寿命和加强了屋面的实际防水效果。新的《屋面工程质量验收规范》（征求意见稿）将屋面防水等级划分为两级，一级屋面防水层合理使用年限为 20 年，根据国内外大量的工程实践证明，倒置式屋面能够达到这一要求，并且符合新的国家标准《屋面工程技术规范》GB 50345（征求意见稿）对防水等级所作的调整。

为充分发挥倒置式屋面防水、保温耐久性的优势，维护公共利益和经济效益，有必要将本条作出强制性规定。

（二）**4.3.1 保温材料的性能应符合下列规定：**

1 导热系数不应大于 0.080W/(m·K)；

2　使用寿命应满足设计要求；

3　压缩强度或抗压强度不应小于 150kPa；

4　体积吸水率不应大于 3％；

5　对于屋顶基层采用耐火极限不小于 1.00h 的不燃烧体的建筑，其屋顶保温材料的燃烧性能不应低于 B₂ 级；其他情况，保温材料的燃烧性能不应低于 B₁ 级。

条文说明

4.3.1　保温材料要有较低的导热系数，是为了保证屋面系统具有良好的保温性能，在目前的各种保温材料中，适用于倒置式屋面工程的保温材料其导热系数不应大于 0.080W/（m·K），否则屋面保温层将过厚，从而影响屋面系统的整体性能。保温材料要求具有较高的强度，主要是为了运输、搬运、施工时及保护层压置后不易损坏，保证屋面工程质量。材料的含水率对导热系数的影响较大，特别是负温度下更使导热系数增大，因此根据倒置式屋面的特点规定应当采用低吸水率的材料。

倒置式屋面将保温材料置于屋面系统的上层，所以保温材料相对于防水材料受到的自然侵蚀更直接更严重，所以对保温材料应有使用寿命的要求。目前已有的国内外工程实践证明，本规程中采用的倒置式屋面保温材料及系统构造是能够满足不低于 20 年使用寿命，保温材料可以做到不低于防水材料使用寿命的最低要求。

根据公安部公通字［2009］46 号文发布的《民用建筑外保温系统及外墙装饰防火暂行规定》对屋面用保温材料的燃烧性能要求：对于屋顶基层采用耐火极限不小于 1.00h 的不燃烧体的建筑，其屋顶的保温材料不应低于 B₂ 级；其他情况，保温材料的燃烧性能不应低于 B₁ 级。

与普通正置式屋面相比，倒置式屋面对保温材料的性能要求很高，为充分体现倒置式屋面节能保温和耐久性好的优点，提高屋面的经济和社会效益，有必要将保温材料的性能作强制性规定。

（三）**5.2.5**　**倒置式屋面保温层的设计厚度应按计算厚度增加 25％取值，且最小厚度不得小于 25mm。**

条文说明

5.2.5　对于开敞式保护层的倒置式屋面，当有雨水进入保温材料下部时，一般情况可完全蒸发掉，而进入封闭式保护层屋面保温层中的雨水可能蒸发不完全；当室外气温低，会在保护层与保温材料交界面及保温材料内部，出现结露；保温材料的长期使用老化，吸水率增大。因此，应考虑 10～20 年后，保温层的导热系数会比初期增大。所以，实际应用中应控制保温层湿度，并适当增大保温层厚度作为补偿；另外保温层受保护层压置后厚度也会减小。故本规程规定保温层的设计厚度按计算厚度增加不低于 25％取值。保温层的厚度如果太薄，不能对防水层形成有效的保护作用，失去了倒置式屋面最根本的意义，而且在施工中和保护层压置后保温层容易损坏，故保温层应保证一定的厚度，本规程规定不得小于 25mm。

为确保倒置式屋面的保温性能在保温层积水、吸水、结露、长期使用老化、保护层压置等复杂条件下持续满足屋面节能的要求，有必要将此条列为强制性条文。

（四）**7.2.1**　**既有建筑倒置式屋面改造工程设计，应由原设计单位或具备相应资质的设计单位承担。当增加屋面荷载或改变使用功能时，应先做设计方案或评估报告。**

条文说明

7.2.1　在勘查的基础上，应尽量由原设计单位做屋面改造工程设计，以便更好地掌握既有建筑的基本情况。当需要增加屋面荷载或改变使用功能时，会对原有结构体系和受力状况产生影响，设计单位应先做方案，进行可行性研究，必要时进行结构可靠性鉴定。

既有建筑情况各异，而且进行倒置式屋面改造涉及既有建筑物的结构安全性问题，特别是增加屋面荷载或改变屋面使用功能的情况下，因此有必要对本条作出强制性规定。

六、《采光顶与金属屋面技术规程》中的强制性条文及条文说明

《采光顶与金属屋面技术规程》JGJ 255—2012 中含有 3 条强制性条文，其条文及条文说明如下。

（一）**3.1.6**　采光顶与金属屋面工程的隔热、保温材料，应采用不燃性或难燃性材料。

条文说明

3.1.6　近些年，由于对节能性能有较高要求，使得保温、隔热材料在建筑上获得普遍应用。但一些采用易燃或可燃隔热、保温材料的工程，发生严重的火灾，造成很大损失。因此考虑到采光顶与金属屋面的重要性，对隔热、保温材料应提高防火性能要求，应采用岩棉、矿棉、玻璃棉、防火板等不燃或难燃材料。岩棉、矿棉应符合现行国家标准《建筑用岩棉、矿渣棉绝热制品》GB/T 19686 的规定，玻璃棉应符合现行国家标准《建筑绝热用玻璃棉制品》GB/T 17795 的规定。根据公安部、住房和城乡建设部联合发布的《民用建筑外保温系统及外墙装饰防火暂行规定》（公通字［2009］46 号）的文件精神："对于屋顶基层采用耐火极限不小于 1.00h 的不燃烧体的建筑，其屋顶的保温材料不应低于 B_2 级；其他情况，保温材料的燃烧性能不应低于 B_1 级。"制定本条文。

（二）**4.5.1**　有热工性能要求时，公共建筑金属屋面的传热系数和采光顶的传热系数、遮阳系数应符合表 4.5.1-1 的规定，居住建筑金属屋面的传热系数应符合表 4.5.1-2 的规定。

表 4.5.1-1　公共建筑金属屋面传热系数和采光顶的传热系数、遮阳系数限值

围护结构	区　域	传热系数[W/(m²·K)]		遮阳系数 SC
		体型系数 ≤0.3	0.3≤体型系数 ≤0.4	
金属屋面	严寒地区 A 区	≤0.35	≤0.30	—
	严寒地区 B 区	≤0.45	≤0.35	—
	寒冷地区	≤0.55	≤0.45	—
	夏热冬冷	≤0.7		—
	夏热冬暖	≤0.9		—
采光顶	严寒地区 A 区	≤2.5		—
	严寒地区 B 区	≤2.6		—
	寒冷地区	≤2.7		≤0.50
	夏热冬冷	≤3.0		≤0.40
	夏热冬暖	≤3.5		≤0.35

表 4.5.1-2　居住建筑金属屋面传热系数限值

区域	传热系数[W/(m²·K)]							
	3层及 3层以下	3层 以上	体型系数≤0.4		体型系数>0.4		D<2.5	D≥2.5
			D≤2.5	D>2.5	D≤2.5	D>2.5		
严寒地区 A 区	0.20	0.25	—	—	—	—	—	—
严寒地区 B 区	0.25	0.30	—	—	—	—	—	—
严寒地区 C 区	0.30	0.40	—	—	—	—	—	—
寒冷地区 A 区寒冷 地区 B 区	0.35	0.45	—	—	—	—	—	—
夏热冬冷	—	—	≤0.8	≤1.0	≤0.5	≤0.6	—	—
夏热冬暖	—	—	—	—	—	—	≤0.5	≤1.0

注：D 为热惰性系数。

条文说明

4.5.1　现行国家标准《公共建筑节能设计标准》GB 50189 针对公共建筑围护结构包括屋面、屋面透明部分提出强制规定，因此公共建筑采光顶与金属屋面的热工设计必须符合其要求。

居住建筑较少采用采光顶、金属屋面，因此在现行行业标准《严寒和寒冷地区居住建筑节能设计标准》JGJ 26、《夏热冬冷地区居住建筑节能设计标准》JGJ 134、《夏热冬暖地区居住建筑节能设计标准》JGJ 75 尚未对透明屋面（采光顶）作出具体规定，但针对屋面提出较高要求。金属屋面是比较理想的屋面维护结构，性能优异，应满足不同地区居住建筑节能设计标准的要求。

（三）**4.6.4**　光伏组件应具有带电警告标识及相应的电气安全防护措施，在人员有可能接触或接近光伏系统的位置，应设置防触电警示标识。

条文说明

4.6.4　人员有可能接触或接近的、高于直流 50V 或 240W 以上的系统属于应用等级 A，适用于应用等级 A 的设备被认为是满足安全等级 Ⅱ 要求的设备，即 Ⅱ 类设备。当光伏系统从交流侧断开后，直流侧的设备仍有可能带电，因此，光伏系统直流侧应设置必要的触电警示和防止触电的安全措施。

七、《压型金属板工程应用技术规范》GB 50896—2013 国家标准强制性条文及条文说明

《压型金属板工程应用技术规范》GB 50896—2013 国家标准中含有 1 条强制性条文，其条文及条文说明如下：

8.3.1　压型金属板围护系统工程施工应符合下列规定：

1　施工人员应戴安全帽，穿防护鞋；高空作业应系安全带，穿防滑鞋；

2　屋面周边和预留孔洞部位应设置安全护栏和安全网，或其他防止坠落的防护措施；

3　雨天、雪天和五级风以上时严禁施工。

条文说明

8.3.2　本条为强制性条文，必须严格执行。压型金属板围护系统工程施工应有防护、防滑、防坠落等安全措施。恶劣天气时严禁施工。

附录七　《住宅室内防水工程技术规范》JGJ 298—2013 行业标准强制性条文及条文说明

《住宅室内防水工程技术规范》JGJ 298—2013 行业标准中含有 4 条强制性条文，其条文及条文说明如下：

（一）**4.1.2**　住宅室内防水工程不得使用溶剂型防水涂料。

条文说明

4.1.2　在本规范中，将溶剂型防水涂料定义为以有机溶剂为分散介质，靠溶剂挥发成膜的防水涂料。根据目前市场上防水涂料的品种，仅溶剂型橡胶沥青防水涂料属于这个范畴，这种涂料的含固量只有 50％左右（行业标准《溶剂型橡胶沥青防水涂料》JC/T 852-1999 要求含固量≥48％）。考虑到住宅内空间不大，不利于溶剂的挥发，且溶剂型橡胶沥青防水涂料的固含量很低（行业标准《溶剂型橡胶沥青防水涂料》JC/T 852 要求固含量≥48％），需要多遍涂刷才可达到设计要求的厚度。此外，环境中高浓度的溶剂挥发物也对施工人员的身体健康造成伤害，同时也存在火灾隐患。

从广义上说，尽管聚氨酯防水涂料也属于溶剂型防水涂料（以溶剂为分散剂，但不是靠溶剂挥发成膜），但这种材料的成膜机理是反应固化，且溶剂的含量不大（国家标准《聚氨酯防水涂料》GB/T 19250-2003 中要求单组分涂料的固体含量≥80％，双组分涂料的固体含量≥92％）。同时，聚氨酯防水涂料是业界公认的综合性能最好的防水涂料。

（二）**5.2.1**　卫生间、浴室的楼、地面应设置防水层，墙面、顶棚应设置防潮层，门口应有阻止积水外溢的措施。

条文说明

5.2.1　为避免水蒸气透过墙体或顶棚，使隔壁房间或住户受潮气影响，导致诸如墙体发霉、破坏装修效果（壁纸脱落、发霉，涂料层起鼓、粉化，地板变形等）等情况发生，本规范要求所有卫生间、浴室墙面、顶棚均做防潮处理。防潮层设计时，材料按本规范第 4.6.1 条选择，厚度按本规范表 4.6.2 确定。

（三）**5.2.4**　排水立管不应穿越下层住户的居室；当厨房设有地漏时，地漏的排水支管不应穿过楼板进入下层住户的居室。

条文说明

5.2.4　本条规定是为避免一旦发生渗漏，污水、洗涤废水通过楼板进入下层住户的居室及维修时给他人的生活造成影响。

（四）**7.3.6**　防水层不得渗漏。

检验方法：在防水层完成后进行蓄水试验，楼、地面蓄水高度不应小于 20mm，蓄水时间不应少于 24h；独立水容器应满池蓄水，蓄水时间不应少于 24h。

检验数量：每一自然间或每一独立水容器逐一检验。

条文说明：

7.3.6 住宅室内设置的防水层质量的好坏（是否渗漏水）将直接影响到住宅的功能和居住环境。因此本条规定住宅室内防水工程验收时，防水层不能出现渗漏现象。关于防水层是否渗漏水的检验方法，卫生间、厨房、浴室、封闭阳台等的楼、地面防水层和独立水容器的防水层通过蓄水试验就能够进行有效的检验；对于墙面的防水层，目前没有特别经济适用的检验方法，而且墙面防水层通常没有水压力的作用，出现渗漏的概率较低，因此本条对于墙面防水层检验未作统一规定。实际工程验收时，重点对楼、地面防水层和独立水容器的防水层进行蓄水试验即可。

附录八 《硬泡聚氨酯保温防水工程技术规范》GB 50404—2007 国家标准强制性条文及条文说明

《硬泡聚氨酯保温防水工程技术规范》GB 50404—2007 国家标准中含有 8 条强制性条文，其条文及条文说明如下：

（一）**3.0.10 喷涂硬泡聚氨酯施工时，应对作业面外易受飞散物料污染的部位采取遮挡措施。**

条文说明

3.0.10 由于喷涂聚氨酯施工受气候条件影响较大，若操作不慎会引起材料飞散，污染环境。由于聚氨酯的粘结性很强，粘污物很难清除，故在屋面或外墙喷涂施工时应对作业面外易受飞散物污染的部位，如屋面边缘、屋面上的设备及外墙门窗洞口等采取遮挡措施。

（二）**3.0.13 硬泡聚氨酯保温及防水工程所采用的材料应有产品合格证书和性能检测报告，材料的品种、规格、性能等应符合设计要求和本规范的规定。**

材料进场后，应按规定抽样复验，提出试验报告，严禁在工程中使用不合格的材料。

注：硬泡聚氨酯及其主要配套辅助材料的检测除应符合有关标准规定外，尚应按本规范附录 A～附录 E 的规定执行。

条文说明

3.0.13 屋面、外墙工程采用的保温、防水材料，除有产品出厂质量证明文件外，还应在材料进场后由施工单位按规定进行抽样复验，并提出试验报告。抽样数量、检验项目和检验方法，应符合国家产品标准和本规范的有关规定。

（三）**4.1.3 硬泡聚氨酯保温层上不得直接进行防水材料热熔、热粘法施工。**

条文说明

4.1.3 I 型硬泡聚氨酯保温层必须另做防水层。屋面防水等级为 I 级或 II 级的屋面采用多道防水设防时，其防水层应选用冷施工。严禁在硬泡聚氨酯表面直接用明火热熔、热粘防水卷材或刮涂温度高于 100℃的热熔型防水涂料做防水层，以免烫坏硬泡聚氨酯。

（四）**4.3.3 平屋面排水坡度不应小于 2%，天沟、檐沟的纵向坡度不应小于 1%。**

条文说明

4.3.3 本条文内容引用了《屋面工程技术规范》GB 50345 的有关规定。

（五）**4.6.2 主控项目的验收应符合下列规定：**

4 硬泡聚氨酯保温层厚度必须符合设计要求。

检验方法：用钢针插入和测量检查。

（六）**5.2.4 胶粘剂的物理性能应符合表 5.2.4 的要求。**

表 5.2.4　胶粘剂物理性能

项　　目		性能要求	试验方法
可操作时间（h）		1.5～4.0	JG 149
拉伸粘结强度（MPa）（与水泥砂浆）	原强度	≥0.60	本规范附录 D
	耐水	≥0.40	
拉伸粘结强度（MPa）（与硬泡聚氨酯）	原强度	≥0.10 并且破坏部位不得位于粘结界面	
	耐水		

（七）**5.5.3**　硬泡聚氨酯板外墙外保温工程施工应符合下列要求：

3　粘贴硬泡聚氨酯板材时，应将胶粘剂涂在板材背面，粘结层厚度应为 3～6mm，粘结面积不得小于硬泡聚氨酯板材面积的 40％。

条文说明

5.5.3　硬泡聚氨酯板材外保温工程施工

3　将胶粘剂涂抹在硬泡聚氨酯板背面并与墙体基层进行粘结。为保证其粘结牢固，考虑到受风荷载作用、安全要求以及现场施工的不确定性，因此要求胶粘剂的粘结面积不得小于硬泡聚氨酯板材面积的 40％。

（八）**5.6.2**　主控项目的验收应符合下列规定：

4　硬泡聚氨酯保温层厚度必须符合设计要求。

检验方法：

1）喷涂硬泡聚氨酯用钢针插入和测量检查。

2）硬泡聚氨酯保温板：检查产品合格证书、出厂检验报告、进场验收记录和复验报告。

条文说明

5.6.2　主控项目的验收

4　喷涂硬泡聚氨酯保温层的厚度较难掌握，验收时要多处多点采用插针法检查，以此控制其厚度，保证符合设计要求。

附录九　建筑防水材料标准题录

一、基础标准
GB/T 13553—1996　胶粘剂分类

GB/T 13759—2009　土工合成材料　术语和定语

GB/T 14682—2006　建筑密封材料术语

GB 18378—2008　防水沥青与防水卷材术语

GB/T 22083—2008　建筑密封胶分级和要求

GB 30184—2013　沥青基防水卷材单位产品能源消耗定额

JGJ/T 191—2009　建筑材料术语标准

JC/T 1072—2008　防水卷材生产企业质量管理规程

二、产品标准
（一）沥青产品标准
GB/T 494—2010　建筑石油沥青

GB/T 2290—2012　煤沥青

GB/T 15180—2010　重交通道路石油沥青

GB/T 26510—2011　防水用塑性体改性沥青

GB/T 26528—2011　防水用弹性体改性沥青

GB/T 30516—2014　高黏高弹道路沥青

JC/T 2218—2014　防水卷材沥青技术要求

SH/T 0002—90（1998）　防水防潮石油沥青

NB/SH/T 0522—2010　道路石油沥青

NB/SH/T 0881—2014　道桥用环氧沥青

YB/T 5194—2015　改质沥青

（二）建筑防水卷材产品标准
GB 326—2007　石油沥青纸胎油毡

GB 12952—2011　聚氯乙烯（PVC）防水卷材

GB 12953—2003　氯化聚乙烯防水卷材

GB/T 14686—2008　石油沥青玻璃纤维胎防水卷材

GB/T 14798—2008　土工合成材料现场鉴别标识

GB/T 17638—1998　土工合成材料　短纤针刺非织造土工布

GB/T 17639—2008　土工合成材料　长丝纺粘针刺非织造土工布

GB/T 17640—2008　土工合成材料　长丝机织土工布

GB/T 17641—1998　土工合成材料　裂膜丝机织土工布

GB/T 17642—2008　土工合成材料　非织造布复合土工膜

GB/T 17643—2011　土工合成材料　聚乙烯土工膜

GB/T 17689—2008　土工合成材料　塑料土工格栅

GB/T 17690—1999　土工合成材料　塑料扁丝编织土工布

GB/T 17987—2000　沥青防水卷材用基胎聚酯非织造布

GB 18242—2008　弹性体改性沥青防水卷材

GB 18243—2008　塑性体改性沥青防水卷材

GB 18173.1—2012　高分子防水材料　第 1 部分　片材

GB/T 18744—2002　土工合成材料　塑料三维土网垫

GB 18840—2002　沥青防水卷材用胎基

GB/T 18887—2002　土工合成材料　机织非织造复合土工布

GB 18967—2009　改性沥青聚乙烯胎防水卷材

GB/T 19274—2003　土工合成材料　塑料土工格室

GB/T 19208—2008　硫化橡胶粉

GB/T 20474—2015　玻纤胎沥青瓦

GB/T 21897—2008　承载防水卷材

GB/T 23260—2009　带自粘层的防水卷材

GB 23441—2009　自粘聚合物改性沥青防水卷材

GB/T 23457—2009　预铺/湿铺防水卷材

GB/T 24138—2009　石油树脂

GB/T 24139—2009　PVC 涂覆织物　防水布规范

GB/T 26518—2011　高分子增强复合防水片材

GB 27789—2011　热塑性聚烯烃（TPO）防水卷材

JC/T 84—1996　石油沥青玻璃布胎油毡

JC 206—1976（96）　再生胶油毡

JC/T 504—2007　铝箔面石油沥青防水卷材

JC 505—1992　煤沥青纸胎油毡

JC/T 645—2012　三元丁橡胶防水卷材

JC/T 684—1997　氯化聚乙烯-橡胶共混防水卷材

JC/T 690—2008　沥青复合胎柔性防水卷材

JC/T 841—2007　耐碱玻璃纤维网布

JC/T 863—2011　高分子防水卷材胶粘剂

JC/T 974—2005　道桥用改性沥青防水卷材

JC/T 1067—2008　坡屋面用防水材料　聚合物改性沥青防水垫层

JC/T 1068—2008　坡屋面用防水材料　自粘聚合物沥青防水垫层

JC/T 1069—2008　沥青基防水卷材用基层处理剂

JC/T 1070—2008　自粘聚合物沥青泛水带

JC/T 1071—2008　沥青瓦用彩砂

JC/T 1075—2008　种植屋面用耐根穿刺防水卷材

JC/T 1076—2008　胶粉改性沥青玻纤毡与玻纤网格布增强防水卷材

JC/T 1077—2008　胶粉改性沥青玻纤毡与聚乙烯膜增强防水卷材

JC/T 1078—2008　胶粉改性沥青聚酯毡与玻纤网格布增强防水卷材

JC/T 2046—2011　改性沥青防水卷材成套生产设备通用技术要求

JC/T 2054—2011　天然钠基膨润土防渗衬垫

JC/T 2112—2012　塑料防护排水板

JC/T 2289—2014　聚苯乙烯防护排水板

JC/T 2290—2014　隔热防水垫层

JC/T 2291—2014　透汽防水垫层

JG/T 193—2006　钠基膨润土防水毯

JT/T 536—2004　路桥用塑性体（APP）沥青防水卷材

JT/T 664—2006　公路工程土工合成材料防水材料

JT/T 992.1—2015　公路工程土工合成材料　土工布　第1部分　聚丙烯短纤针刺非织造土工布

HJ 455—2009　环境标志产品技术要求　防水卷材

CJ/T 234—2006　垃圾填埋场用高密度聚乙烯土工膜

CJ/T 276—2008　垃圾填埋场用线性低密度聚乙烯土工膜

CJ/T 430—2013　垃圾填埋场用非织造土工布

CJ/T 452—2014　垃圾填埋场用土工排水网

SH/T 1610—2011　热塑性弹性体　苯乙烯-丁二烯嵌段共聚物（SBS）

SH/T 1743—2011　乙烯-丙烯-二烯烃橡胶（EPDM）评价方法

FZ/T 64036—2013　钠基膨润土复合防水衬垫

（三）建筑防水涂料产品标准

GB/T 19250—2013　聚氨酯防水涂料

GB/T 23445—2009　聚合物水泥防水涂料

GB/T 23446—2009　喷涂聚脲防水涂料

JC/T 408—2005　水乳型沥青防水涂料

JC/T 674—1997　聚氯乙烯弹性防水涂料

JC/T 797—1984（96）　皂液乳化沥青

JC/T 852—1999　溶剂型橡胶沥青防水涂料

JC/T 864—2008　聚合物乳液建筑防水涂料

JC/T 975—2005　道桥用防水涂料

JC/T 998—2006　喷涂聚氨酯硬泡体保温材料

JC/T 1017—2006　建筑防水涂料用聚合物乳液

JC 1066—2008　建筑防水涂料中有害物质限量

JC/T 2217—2014　环氧树脂防水涂料

JC/T 2251—2014　聚甲基丙烯酸甲酯（PMMA）防水涂料

JC/T 2252—2014　喷涂聚脲用底涂和腻子

JC/T 2253—2014　脂肪族聚氨酯耐候防水涂料

JC/T 2254—2014　喷涂聚脲用层间处理剂

JC/T 2317—2015 喷涂橡胶沥青防水涂料

JG/T 335—2011 混凝土结构防护用成膜型涂料

JG/T 337—2011 混凝土结构防护用渗透型涂料

JG/T 349—2011 硅改性丙烯酸渗透性防水涂料

JG/T 375—2012 金属屋面丙烯酸高弹防水涂料

JT/T 535—2015 路桥用水性沥青基防水涂料

JT/T 983—2015 路桥用溶剂性沥青基防水粘结涂料

HJ 457—2009 环境标志产品技术要求 防水涂料

HG/T 3831—2006 喷涂聚脲防护材料

科技基〔2009〕117 号 客运专线铁路桥梁混凝土桥面喷涂聚脲防水层暂行技术条件

（四）建筑防水密封材料产品标准

GB/T 12002—1989 塑料门窗用密封条

GB/T 14683—2003 硅酮建筑密封胶

GB 16776—2005 建筑用硅酮结构密封胶

GB 18173.2—2014 高分子防水材料第 2 部分止水带

GB/T 18173.3—2014 高分子防水材料第 3 部分遇水膨胀橡胶

GB 18173.4—2010 高分子防水材料第 4 部分：盾构法隧道管片用橡胶密封垫

GB/T 23261—2009 石材用建筑密封胶

GB/T 23660—2009 建筑结构裂缝止裂带

GB/T 23661—2009 建筑用橡胶结构密封垫

GB/T 23662—2009 混凝土道路伸缩缝用橡胶密封件

GB/T 24266—2009 中空玻璃用硅酮结构密封胶

GB/T 24267—2009 建筑用阻燃密封胶

GB/T 24498—2009 建筑门窗、幕墙用密封胶条

GB 30982—2014 建筑胶粘剂中有害物质限量

GB/T 31061—2014 盾构法隧道管片用软木橡胶衬垫

AQ1088—2011 煤矿喷涂堵漏高分子材料技术条件

JC/T 207—2011 建筑防水沥青嵌缝油膏

JC/T 438—2006 水溶性聚乙烯醇建筑胶粘剂

JC/T 482—2003 聚氨酯建筑密封胶

JC/T 483—2006 聚硫建筑密封胶

JC/T 484—2006 丙烯酸酯建筑密封胶

JC/T 485—2007 建筑窗用弹性密封胶

JC/T 486—2001 中空玻璃用弹性密封胶

JC/T 635—2011 建筑门窗密封毛条技术条件

JC/T 798—1997 聚氯乙烯建筑防水接缝材料

JC/T 881—2001 混凝土建筑接缝用密封胶

JC/T 882—2001 幕墙玻璃接缝用密封胶

JC/T 884—2001 彩色涂层钢板用建筑密封胶

JC/T 885—2001　建筑用防霉密封胶

JC 887—2001　干挂石材幕墙用环氧胶粘剂

JC/T 914—2014　中空玻璃用丁基热熔密封胶

JC 936—2004　单组分聚氨酯泡沫填缝剂

JC/T 942—2004　丁基橡胶防水密封胶粘带

JC/T 973—2005　建筑装饰用天然石材防护剂

JC/T 976—2005　道桥用嵌缝密封胶

JC/T 1004—2006　陶瓷墙面地砖填缝剂

JC/T 1022—2007　中空玻璃用复合密封胶条

JC/T 2053—2011　非金属密封材料

JC/T 2255—2014　混凝土接缝密封嵌缝板

JG/T 141—2001　膨润土橡胶遇水膨胀止水条

JG/T 312—2011　遇水膨胀止水胶

JG/T 471—2015　建筑门窗幕墙用中空玻璃弹性密封胶

JG/T 475—2015　建筑幕墙用硅酮结构密封胶

JT /T 203—1995　公路水泥混凝土路面接缝材料

JT /T 589—2014　水泥混凝土路面嵌缝密封材料

JT /T 740—2015　路面加热型密封胶

JT /T 969—2015　路面裂缝贴缝胶

JT /T 970—2015　沥青路面有机硅密封胶

JT /T 990—2015　桥梁混凝土裂缝压注胶和裂缝注浆料

（五）刚性防水和堵漏材料产品标准

GB 2938—2008　低热微膨胀水泥

GB 8076—2008　混凝土外加剂

GB/T 14902—2012　预拌混凝土

GB 18445—2012　水泥基渗透结晶型防水材料

GB/T 18736—2002　高强高性能混凝土用矿物外加剂

GB/T 20973—2007　膨润土

GB/T 22082—2008　预制混凝土衬砌管片

GB 23439—2009　混凝土膨胀剂

GB 23440—2009　无机防水堵漏材料

GB/T 25181—2010　预拌砂浆

GB/T 27798—2011　有机膨润土

GB/T 31538—2015　混凝土接缝防水用预埋注浆管

AQ 1087—2011　煤矿堵水用高分子材料技术条件

AQ 1089—2011　煤矿加固煤岩体用高分子技术材料

AQ 1090—2011　煤矿充堵密闭用高分子发泡材料

JC/T 311—2004　明矾石膨胀水泥

JC474—2008　砂浆、混凝土防水剂

JC475—2004　混凝土防冻剂

JC901—2002　水泥混凝土养护剂

JC/T 902—2002　建筑表面用有机硅防水剂

JC/T 907—2002　混凝土界面处理剂

JC/T 984—2011　聚合物水泥防水砂浆

JC/T 986—2005　水泥基灌浆材料

JC/T 1018—2006　水性渗透型无机防水剂

JC/T 1041—2007　混凝土裂缝用环氧树脂灌浆材料

JC/T 2037—2010　丙烯酸盐灌浆材料

JC/T 2041—2010　聚氨酯灌浆材料

JC/T 2090—2011　聚合物水泥防水浆料

JC/T 2237—2014　无震动防滑车道用聚合物水泥基材料

JG/T 264—2010　混凝土裂缝修复灌浆树脂

JG/T 316—2011　建筑防水维修用快速堵漏材料技术条件

JG/T 333—2011　混凝土裂缝修补灌浆材料技术条件

JG/T 336—2011　混凝土结构修复用聚合物水泥砂浆

JG/T 472—2015　钢纤维混凝土

JT /T 859—2013　水泥混凝土结构渗透型防水材料

HJ456—2009　环境标志产品技术要求　刚性防水材料

（六）瓦材

GB/T 9772—2009　纤维水泥波瓦及其脊瓦

GB/T 21149—2007　烧结瓦

JC/T 567—2008　玻璃纤维增强水泥波瓦及其脊瓦

JC/T 627—2008　非对称截面石棉水泥半坡瓦

JC/T 746—2007　混凝土瓦

JC/T 747—2002　玻纤镁质胶凝材料波瓦及其脊瓦

JC/T 851—2008　钢丝网石棉水泥小波瓦

JC/T 944—2005　彩喷片状模塑料瓦

JG/T 346—2011　合成树脂装饰瓦

（七）其他防水材料产品标准

GB/T 20219—2015　绝热用喷涂硬质聚氨酯泡沫塑料

GB/T 22789.1—2008　硬质聚氯乙烯板材分类、尺寸和性能　第 1 部分　厚度 1mm 以上板材

JC 937—2004　软式透水管

JG/T 478—2015　建筑用穿墙防水对拉螺栓套具

JT/T 665—2006　公路工程土工合成材料料　排水材料

TB/T 2965—2011　铁路混凝土桥面防水层技术条件

三、方法标准

（一）建筑防水卷材方法标准

GB/T 328.1—2007 建筑防水卷材试验方法 第 1 部分 沥青和高分子防水卷材抽样规则

GB/T 328.2—2007 建筑防水卷材试验方法 第 2 部分 沥青防水卷材 外观

GB/T 328.3—2007 建筑防水卷材试验方法 第 3 部分 高分子防水卷材 外观

GB/T 328.4—2007 建筑防水卷材试验方法 第 4 部分 沥青防水卷材 厚度、单位面积质量

GB/T 328.5—2007 建筑防水卷材试验方法 第 5 部分 高分子防水卷材 厚度、单位面积质量

GB/T 328.6—2007 建筑防水卷材试验方法 第 6 部分 沥青 防水卷材 长度、宽度和平直度

GB/T 328.7—2007 建筑防水卷材试验方法 第 7 部分 高分子防水卷材 长度、宽度和平直度

GB/T 328.8—2007 建筑防水卷材试验方法 第 8 部分 沥青防水卷材 拉伸性能

GB/T 328.9—2007 建筑防水卷材试验方法 第 9 部分 高分子防水卷材 拉伸性能

GB/T 328.10—2007 建筑防水卷材试验方法 第 10 部分 沥青和高分子防水卷材 不透水性

GB/T 328.11—2007 建筑防水卷材试验方法 第 1 部分 沥青防水卷材耐热性

GB/T 328.12—2007 建筑防水卷材试验方法 第 12 部分 沥青防水卷材尺寸稳定性

GB/T 328.13—2007 建筑防水卷材试验方法 第 13 部分 高分子防水卷材尺寸稳定性

GB/T 328.14—2007 建筑防水卷材试验方法 第 14 部分 沥青防水卷材低温柔性

GB/T 328.15—2007 建筑防水卷材试验方法 第 15 部分 高分子防水卷材低温弯折性

GB/T 328.16—2007 建筑防水卷材试验方法 第 16 部分 高分子防水卷材耐化学液体（包括水）

GB/T 328.17—2007 建筑防水卷材试验方法 第 17 部分 沥青防水卷材矿物料粘附性

GB/T 328.18—2007 建筑防水卷材试验方法 第 18 部分 沥青防水卷材撕裂性能（钉杆法）

GB/T 328.19—2007 建筑防水卷材试验方法 第 19 部分 高分子防水卷材撕裂性能

GB/T 328.20—2007 建筑防水卷材试验方法 第 20 部分 沥青防水卷材接缝剥离性能

GB/T 328.21—2007 建筑防水卷材试验方法 第 21 部分 高分子防水卷材接缝剥离性能

GB/T 328.22—2007 建筑防水卷材试验方法 第 22 部分 沥青防水卷材 接缝剪切性能

GB/T 328.23—2007 建筑防水卷材试验方法 第 23 部分 高分子防水卷材接缝剪切性能

GB/T 328.24—2007 建筑防水卷材试验方法 第 24 部分 沥青和高分子防水卷材抗冲击性能

GB/T 328.25—2007 建筑防水卷材试验方法 第 25 部分 沥青和高分子防水卷材抗静态荷载

GB/T 328.26—2007 建筑防水卷材试验方法 第 26 部分 沥青防水卷材可溶物含量（浸涂材料含量）

GB/T 328.27—2007 建筑防水卷材试验方法 第 27 部分 沥青和高分子防水卷材吸水性

GB/T 12954.1—2008 建筑胶粘剂试验方法 第 1 部分：陶瓷砖胶粘剂试验方法

GB/T 17146—2015 建筑材料及其制品水蒸气透过性能试验方法

GB/T 17630—1998 土工布及其相关产品 动态穿孔试验 落锥法

GB/T 17631—1998 土工布及其相关产品 抗氧化性能的试验方法

GB/T 17632—1998 土工布及其相关产品 抗酸、碱液性能的试验方法

GB/T 17633—1998 土工布及其相关产品 平面内水流量的测定

GB/T 17634—1998 土工布及其相关产品 有效孔径的测定 湿筛法

GB/T 17635.1—1998 土工布及其相关产品 摩擦特性的测定 第 1 部分：直接剪切试验

GB/T 17636—1998 土工布及其相关产品 抗磨损性能的测定 纱布/滑块法

GB/T 17637—1998 土工布及其相关产品 拉伸蠕变和拉伸蠕变断裂性能的测定

GB/T 18244—2000 建筑防水材料老化试验方法

GB 13761.1—2009 土工合成材料 规定压力下厚度的测定 第 1 部分 单层产品厚度的测定方法

GB 13762—2009 土工合成材料 土工布及其土工布有关产品单位面积质量的测定方法

GB/T 19979.1—2005 土工合成材料 防渗性能 第 1 部分 耐静水压的测定

GB/T 19979.2—2006 土工合成材料、防渗性能第 2 部分 渗透系数的确定

GB/T 31543—2015 单层卷材屋面系统抗风揭试验方法

CCGF 405.1—2015 建筑防水卷材产品质量监督抽查实施规范

（二）建筑防水涂料方法标准

GB/T 16777—2008 建筑防水涂料试验方法

CCGF405.2—2015 建筑防水涂料产品质量监督抽查实施规范

（三）建筑防水密封材料方法标准

GB/T 7125—2014 胶粘带厚度的试验方法

GB/T 13477.1—2002 建筑密封材料试验方法 第 1 部分 试验基材的确定

GB/T 13477.2—2002 建筑密封材料试验方法 第 2 部分 密度的测定

GB/T 13477.3—2002 建筑密封材料试验方法 第 13 部分 使用标准器具定密封材料挤出性的方法

GB/T 13477.4—2002 建筑密封材料试验方法 第 4 部分 原包装单组分密封材料挤出性

GB/T 13477.5—2002 建筑密封材料试验方法 第 5 部分 表干时间的测定

GB/T 13477.6—2002 建筑密封材料试验方法 第 6 部分 流动性的测定

GB/T 13477.7—2002 建筑密封材料试验方法 第 7 部分 低温柔性的测定

GB/T 13477.8—2002 建筑密封材料试验方法 第 8 部分 拉伸粘结性的测定

GB/T 13477.9—2002 建筑密封材料试验方法 第 9 部分 浸水后拉伸粘结性的测定

GB/T 13477.10—2002 建筑密封材料试验方法 第 10 部分 定伸粘结性的测定

GB/T 13477.11—2002 建筑密封材料试验方法 第 11 部分 浸水后定伸粘结性的测定

GB/T 13477.12—2002 建筑密封材料试验方法 第 12 部分 同一温度下拉伸一压缩循环后粘结性的测定

GB/T 13477.13—2002 建筑密封材料试验方法 第 13 部分 冷拉一热压后粘结性的测定

GB/T 13477.14—2002 建筑密封材料试验方法 第 14 部分 浸水及拉伸一压缩循环后粘结性的测定

GB/T 13477.15—2002 建筑密封材料试验方法 第 15 部分 经过热、透过剥离的人工源和水暴露后粘结性的测定

GB/T 13477.16—2002 建筑密封材料试验方法 第 16 部分 压缩特性的测定

GB/T 13477.17—2002 建筑密封材料试验方法 第 17 部分 弹性恢复率的测定

GB/T 13477.18—2002 建筑密封材料试验方法 第 18 部分 剥离粘结性的测定

GB/T 13477.19—2002 建筑密封材料试验方法 第 19 部分 质量与体积变化的测定

GB/T 13477.20—2002 建筑密封材料试验方法 第 20 部分 污染性的测定

GB/T 2794—2013 胶粘剂粘度的测定

GB/T 7123.1—2015 多组分胶粘剂可操作时间的测定

GB/T 7123.2—2015 胶粘剂适用期和贮存期的测定

GB/T 22307—2008 密封垫片高温抗压强度试验方法

GB/T 22308—2008 密封垫板材料密度试验方法

GB/T 23262—2009 非金属密封填料试验方法

GB/T 23654—2009 硫化橡胶和热塑性橡胶 建筑用预定型密封条的分类、要求和试验方法

GB/T 30774—2014 密封胶粘连性的测定

GB/T 30776—2014 胶粘带拉伸强度与断裂伸长率的试验方法

GB/T 30777—2014 胶粘带闪点的测定 闭环法

GB/T 31113—2014 胶粘剂抗流动性试验方法

GB/T 31125—2014 胶粘带初粘性试验方法 环形法

GB/T 31851—2015 硅酮结构密封胶中烷烃增塑剂检测方法

GB/T 32368—2015　胶粘带耐高温高湿　老化的试验方法

GB/T 32369—2015　密封胶固化程度的测定

GB/T 32370—2015　胶粘带长度和宽度的测定

GB/T 32371.1—2015　低溶剂型或无溶剂型胶粘剂涂覆后释放特性的短期测量方法
第1部分：通则

GB/T 32371.2—2015　低溶剂型或无溶剂型胶粘剂涂覆后释放特性的短期测量方法
第2部分：挥发性有机化合物的测定

GB/T 32371.3—2015　低溶剂型或无溶剂型胶粘剂涂覆后释放特性的短期测量方法
第3部分：挥发性醛类化合物的测定

GB/T 32371.4—2015　低溶剂型或无溶剂型胶粘剂涂覆后释放特性的短期测量方法
第4部分：挥发性异氰酸酯的测定

GB/T 32448—2015　胶粘剂中可溶性重金属铅、铬、镉、钡、汞、砷、硒、锑的
测定

JC/T 749—2010　预应力和自应力混凝土管用橡胶密封圈试验方法

（四）刚性防水和堵漏材料方法标准

GB/T 8077—2012　混凝土外加剂匀质性试验方法

JC/T 312—2009　明矾石膨胀水泥化学分析方法

JC/T 313—2009　膨胀水泥膨胀率试验方法

JC/T 1053—2007　烧结砖瓦产品中废渣掺和量测定方法

DL/T 5126—2001　聚合物改性水泥砂浆试验规程

（五）其他防水材料方法标准

GB/T 15227—2007　建筑幕墙气密、水密、抗风压性能检测方法

JC/T 2057—2011　膨润土过滤速度试验方法

JC/T 2058—2011　膨润土活性度试验方法

JC/T 2059—2011　膨润土膨胀指数试验方法

JC/T 2060—2011　膨润土脱色率试验方法

JC/T 2061—2011　膨润土游离酸含量试验方法

JC/T 2062—2011　膨润土铅、砷吸附量试验方法

JTG E50—2006　公路工程土工合成材料试验规程

JTS257—2008　水运工程质量检验标准

附录十　建筑防水施工技术规范题录

GB 50010—2010　混凝土结构设计规范

GB 50015—2003　建筑给水排水设计规范

GB/T 50085—2013　喷灌工程技术规范

GB 50086—2015　岩土锚杆与喷射混凝土支护工程技术规范

GB 50108—2008　地下工程防水技术规范

GB 50119—2013　混凝土外加剂应用技术规范

GB 50125—2010　给水排水工程基本术语标准

GB 50157—2013　地铁设计规范

GB 50207—2012　屋面工程质量验收规范

GB 50208—2011　地下防水工程质量验收规范

GB 50209—2011　建筑地面工程施工质量验收规范

GB 50268—2008　给水排水管道工程施工及验收规范

GB/T 50290—2014　土工合成材料应用技术规范

GB 50299—1999（2003）　地下铁道工程施工及验收规范

GB 50307—2012　城市轨道交通岩土工程勘察规范

GB 50308—2008　城市轨道交通工程测量规范

GB 50345—2012　屋面工程技术规范

GB/T 50362—2005　住宅性能评定技术标准

GB 50404—2007　硬泡聚氨酯保温防水工程技术规范

GB 50446—2008　盾构法隧道施工与验收规范

GB/T 50448—2015　水泥基灌浆材料应用技术规范

GB/T 50589—2010　环氧树脂自流平地面工程技术规范

GB/T 50600—2010　渠道防渗工程技术规范

GB 50693—2011　坡屋面工程技术规范

GB 50869—2013　生活垃圾卫生填埋处理技术规范

GB/T 50934—2013　石油化工工程防渗技术规范

CECS 18：2000　聚合物水泥砂浆防腐蚀工程技术规程

CECS 63：94　增强氯化聚乙烯橡胶卷材防水工程技术规程

CECS 117：2000　给水排水工程混凝土构筑物变形缝设计规程

CECS 146：2003　碳纤维片材加固混凝土结构技术规程

CECS 158：2015　膜结构技术规程

CECS161：2004　喷射混凝土加固技术规程

CECS 183：2015　虹吸式屋面雨水排水系统技术规程

CECS 195—2006 聚合物水泥、渗透结晶型防水材料应用技术规程

CECS 196—2006 建筑室内防水工程技术规程

CECS 199—2006 聚乙烯丙纶卷材复合防水工程技术规程

CECS 203：2006 自密实混凝土应用技术规程

CECS 208：2006 泳池用聚氯乙烯膜片应用技术规程

CECS 217：2006 聚硫、聚氨酯密封胶给水排水工程应用技术规程

CECS 299：2011 乡村建筑屋面泡沫混凝土应用技术规程

CECS 342：2013 丙烯酸盐喷膜防水应用技术规程

CECS 370：2014 隧道工程防水技术规范

CECS 438：2016 住宅卫生间建筑装修一体化技术规程

CJJ/T 66—2011 路面稀浆罩面技术规程

CJJ 113—2007 生活垃圾卫生填埋场防渗系统工程技术规范

CJJ 139—2010 城市桥梁桥面防水工程技术规程

CJJ 142—2014 建筑屋面雨水排水系统技术规程

CJJ 150—2010 生活垃圾渗沥液处理技术规程

CJJ 221—2015 城市地下道路工程设计规范

DL/T 5100—2014 水工混凝土外加剂技术规程

DL/T 5115—2008 混凝土面板堆石坝接缝止水技术规范

DL/T 5126—2001 聚合物改性水泥砂浆试验规程

DL/T 5144—2015 水工混凝土施工规范

DL/T 5148—2012 水工建筑物水泥灌浆施工技术规范

DL/T 5150—2001 水工混凝土试验规范

DL/T 5406—2010 水工建筑物化学灌浆施工规范

JC/T 2279—2014 玻璃纤维增强水泥（GRC）屋面防水应用技术规程

JTG D70—2010 公路隧道设计细则

JTG/TF 30—2014 公路水泥混凝土路面施工技术细则

JGJ/T 53—2011 房屋渗漏修缮技术规程

JGJ 55—2011 普通混凝土配合比设计规程

JGJ/T 70—2009 建筑砂浆基本性能试验方法标准

JGJ/T 98—2010 砌筑砂浆配合比设计规程

JGJ 144—2004 外墙外保温工程技术规程

JGJ 155—2013 种植屋面工程技术规程

JGJ 165—2010 地下建筑工程逆作法技术规程

JGJ 168—2009 建筑外墙清洗维护技术规程

JGJ/T 175—2009 自流平地面工程技术规程

JGJ/T 178—2009 补偿收缩混凝土应用技术规程

JGJ/T 200—2010 喷涂聚脲防水工程技术规程

JGJ/T 211—2010 建设工程水泥-水玻璃双液注浆技术规程

JGJ/T 212—2010 地下工程渗漏治理技术规程

主要参考文献

[1] 建设工程监理规范 GB/T 50319—2013[S]. 北京：中国建筑工业出版社，2013.

[2] 建设工程文件归档规范 GB/T 50328—2014[S]. 北京：中国建筑工业出版社，2014.

[3] 建筑工程施工质量验收统一标准 GB 50300—2013[S]. 北京：中国建筑工业出版社，2013.

[4] 地下防水工程质量验收规范 GB 50208—2011[S]. 北京：中国建筑工业出版社，2011.

[5] 地下工程防水技术规范 GB 50108—2008[S]. 北京：中国计划出版社，2009.

[6] 屋面工程质量验收规范 GB 50207—2012[S]. 北京：中国建筑工业出版社，2012.

[7] 屋面工程技术规范 GB 50345—2012[S]. 北京：中国建筑工业出版社，2012.

[8] 建筑外墙防水工程技术规程 JGJ/T 235—2011[S]. 北京：中国建筑工业出版社，2011.

[9] 住宅室内防水工程技术规范 JGJ 298—2013[S]. 北京：中国建筑工业出版社，2013.

[10] 地下工程渗漏治理技术规程 JGJ/T 212—2010[S]. 北京：中国建筑工业出版社，2010.

[11] 房屋渗漏修缮技术规程 JGJ/T 53—2011[S]. 北京：中国建筑工业版社，2011.

[12] 苏州非金属矿工业设计研究院防水材料设计研究所，中国标准出版社第五编辑室. 建筑防水材料标准汇编 基础及产品卷. 北京：中国标准出版社，2007.

[13] 苏州非金属矿工业设计研究院防水材料设计研究所，中国标准出版社第五编辑室. 建筑防水材料标准汇编 试验方法及施工技术卷. 北京：中国标准出版社，2007.

[14] 苏州非金属矿工业设计研究院防水材料设计研究所，中国标准出版社第五编辑室编. 建筑防水材料标准汇编 基础及产品卷(第2版). 北京：中国标准出版社，2009.

[15] 苏州非金属矿工业设计研究院防水材料设计研究所，中国标准出版社第五编辑室. 建筑防水材料标准汇编 试验方法及施工技术卷(第2版). 北京：中国标准出版社，2009.

[16] 苏州非金属矿工业设计研究院防水材料设计研究所，建筑材料工业技术监督研究中心，中国标准出版社. 建筑材料标准汇编防水材料基础及产品卷. 北京：中国标准出版社，2013.

[17] 苏州非金属矿工业设计研究院防水材料设计研究所，建筑材料工业技术监督研究中心，中国标准出版社. 建筑材料标准汇编防水材料试验方法及施工技术卷. 北京：中国标准出版社，2013.

[18] 苏州非金属矿工业设计研究院防水材料设计研究所，建筑材料工业技术监督研究中心，中国标准出版社。建筑材料标准汇编建筑节能保温材料标准及施工规范汇编(第2版). 北京：中国标准出版社，2013.

[19] 高分子防水材料 第2部分：止水带 GB 18173.2—2014[S]. 北京：中国标准出版社，2014.

[20] 高分子防水材料 第3部分：遇水膨胀橡胶 GB/T 18173.3—2014[S]. 北京：中国标准出版社，2015.

[21] 玻纤胎沥青瓦 GB/T 20474—2015[S]. 北京：中国标准出版社，2016.

[22] 中国建设监理协会组织编写：建设工程监理概论[M]. 北京：中国建筑工业出版社，2014.

[23] 中国建设监理协会组织. 建设工程质量控制[M]. 北京：中国建筑工业出版社，2014.

[24] 中国建设监理协会组织. 建设工程投资控制[M]. 北京：中国建筑工业出版社，2014.

[25] 中国建设监理协会组织. 建设工程进度控制[M]. 北京：中国建筑工业出版社，2014.

[26] 中国建设监理协会组织. 建设工程合同管理[M]. 北京：中国建筑工业出版社，2014.

[27] 中国建设监理协会组织. 建设工程监理相关法规文件汇编[M]. 北京：中国建筑工业出版

社，2014.

[28]　王立信主编．建设工程监理实用手册[M]．北京：中国建筑工业出版社，2014.

[29]　关正美．建筑工程监理工程师一本通[M]．北京：中国建材工业出版社，2014.

[30]　徐伟，金福安，陈东杰，孙坚．建设工程监理规范实施手册（第二版）[M]．北京：中国建筑工业出版社，2014.

[31]　李明安．建设工程监理知识问答[M]．北京：中国建筑工业出版社 2014.

[32]　上官子昌．地基基础与地下防水工程监理细节 100[M]．北京：中国建材工业出版社，2007.

[33]　上官昌子．建筑屋面工程监理细节 100[M]．北京：中国建材工业出版社，2007.

[34]　上官昌子．建筑主体工程监理实务[M]．北京：机械工业出版社，2008.

[35]　《防水工程监理手册》编写组．防水工程监理手册[M]．北京：机械工业出版社，2006.

[36]　欧震修：建筑工程施工监理手册（第三版）[M]．北京：中国建筑工业出版社，2014.

[37]　本书编委会：监理员一本通（第二版）[M]．北京：中国建材工业出版社，2013.

[38]　赵汝斌．工程建设监理知识问答（第二版）[M]．北京：化学工业出版社，2014.

[39]　北京市建设监理协会，张元勃．建筑工程监理人员操作问答[M]．北京：中国电力出版社，2013.

[40]　广东省建设监理协会．建设工程监理实务[M]．北京：中国建材工业出版社，2014.

[41]　李向阳．防水工程施工监理实用手册[M]．北京：中国电力出版社，2005.

[42]　杨效中．主体结构与防水工程监理（第二版）[M]．北京：中国建筑工业出版社，2013.

[43]　冯义显．土建监理员资料编制与工作用表填写范例[M]．北京：中国建筑工业出版社，2014.

[44]　仉建国．房屋建筑工程监理旁站记录填写实例[M]．北京：中国建筑工业出版社，2014.

[45]　北京土木建筑学会，北京筑业志远软件开发有限公司．建设工程监理资料管理与表格填写范例[M]．北京：中国建材工业出版社，2015.

[46]　沈春林．建筑防水设计与施工手册[M]．北京：中国电力出版社，2011.

[47]　沈春材．地下工程防水设计与施工　第二版[M]．北京：化学工业出版社，2016.

[48]　沈春林．屋面工程防水设计与施工　第二版[M]．北京：化学工业出版社，2016.

[49]　沈春林．建筑防水工程造价[M]．北京：中国建筑工业出版社，2014.